钒钛资源绿色低碳冶金

李兰杰　储满生　张彩东　唐　珏　等编著

扫一扫查看本书彩图资源

北　京
冶　金　工　业　出　版　社
2025

内 容 提 要

本书系统阐述了钒钛磁铁矿资源在绿色低碳冶金领域的前沿技术与应用情况，具体包括全球钒钛资源分布特征与利用现状，钒钛矿非高炉冶炼工艺，钒钛矿高炉高效强化冶炼、低碳冶炼、智能化冶炼新技术，钒钛矿氢基竖炉直接还原-电炉熔分新工艺，钒渣、钛渣和固体废弃物的处理与资源化利用。

本书可供从事绿色低碳冶金的工程技术人员和科研人员阅读，也可供相关专业的院校师生参考。

图书在版编目（CIP）数据

钒钛资源绿色低碳冶金 / 李兰杰等编著. -- 北京 ：冶金工业出版社，2025. 8. -- ISBN 978-7-5240-0266-6

Ⅰ. TF53

中国国家版本馆 CIP 数据核字第 2025S5N360 号

钒钛资源绿色低碳冶金

出版发行	冶金工业出版社	**电　　话**	(010)64027926
地　　址	北京市东城区嵩祝院北巷 39 号	**邮　　编**	100009
网　　址	www. mip1953. com	**电子信箱**	service@ mip1953. com

责任编辑　卢　敏　李泓璇　张佳丽　美术编辑　彭子赫　版式设计　郑小利

责任校对　王永欣　责任印制　范天娇

宝蕾元仁浩（天津）印刷有限公司印刷

2025 年 8 月第 1 版，2025 年 8 月第 1 次印刷

787mm×1092mm　1/16；29 印张；698 千字；448 页

定价 169. 00 元

投稿电话　(010)64027932　投稿信箱　tougao@cnmip. com. cn

营销中心电话　(010)64044283

冶金工业出版社天猫旗舰店　yjgycbs. tmall. com

（本书如有印装质量问题，本社营销中心负责退换）

编　写　组

主　编：李兰杰　储满生　张彩东　唐　珏

成　员：（按姓氏拼音排序）

安亚蕊　常福增　杜　浩　冯金格　高明磊
侯　鑫　侯　勇　纪　恒　李仁国　林大帅
刘　彪　刘倩倩　刘帅峰　刘维燥　刘小杰
吕页清　田岩松　王宝华　王海旭　王明洁
王少娜　王世伟　伍康华　杨建旺　杨耀辉
于文倩　曾亚南　张泽栋　赵建琦　赵素兴
赵子川

前　言

在全球能源结构加速转型、绿色发展理念日益深入人心的大背景下，传统冶金工业正经历着一场前所未有的深刻变革。以钢铁、有色金属等为代表的基础原材料行业，面临着从“高消耗、高排放、高污染”向“高效能、低碳化、智能化”转型的迫切需求。钒钛资源作为国家重要的战略性矿产资源，不仅在钢铁强化、新材料制备、国防军工、航空航天、化工催化、清洁能源等关键领域发挥着不可替代的作用，同时也是推动我国先进制造、高端装备、新兴产业可持续发展的重要物质基础。

钒钛磁铁矿是钒钛资源的典型共伴生矿种，在世界范围内储量丰富、分布广泛，具有资源品位高、成矿类型稳定、工业利用潜力大的特点。然而，由于该类矿石中金属共生复杂，钒、钛、铁的富集分离难度大，传统冶金技术路径普遍存在工艺流程长、能源消耗高、资源利用率低、副产物污染严重等问题。长期以来，钒钛磁铁矿的高效综合利用始终是制约我国钒钛产业可持续发展的关键技术瓶颈。在“双碳”目标引领下，我国冶金行业正加快向绿色低碳发展模式转型，尤其是在铁基冶炼领域，节能减排、流程再造、资源协同、固废资源化等成为产业升级的主攻方向。钒钛资源的清洁高效利用，不仅是落实国家生态文明建设战略的重要体现，更是保障国家资源安全、推动高端制造业发展的现实需要。

近年来，在国家科技攻关计划、“双碳”专项、重点研发项目等多重政策支持下，国内一批高校、科研院所、钢铁企业在钒钛冶金领域开展了大量系统深入的技术研发与产业实践，逐步形成了以高炉强化冶炼、非高炉短流程技术、氢冶金、新型烧结与球团、智能控制系统、资源梯级利用、固废无害化处理为核心的绿色低碳技术体系，为钒钛矿资源综合开发提供了技术支撑和理论依据。在此背景下，为系统总结钒钛资源绿色低碳冶金的关键技术成果、工程经验与发展趋势，促进学术交流与产业协同发展，特组织编撰《钒钛资源绿色低碳冶金》。本书汇聚了全国该领域一线专家、技术骨干的集体智慧与实践积累，立足前沿、面向工程，系统呈现了我国在钒钛资源高效清洁利用领域的技术发展全貌和理论创新亮点。

本书一大亮点在于“理论—工艺—实践—系统评价”的四维融合体系：既重视资源物理化学特性、反应机理等基础理论，又突出新型工艺装备与工程应用研究，同时纳入了节能减排、碳足迹、生命周期评价等系统性绿色指标，使本书具备高度的时代价值和实用价值。在编写过程中，作者团队广泛调研国内外相关文献与工程资料，结合数十项国家级、省部级重点课题的研究成果与工程化经验，确保了内容的科学性、先进性和完整性。本书的出版，既是钒钛资源绿色冶金技术发展阶段性成果的集中展示，也是推动我国冶金行业高质量发展、实现绿色低碳转型的重要技术支撑；能够为广大科研人员、工程技术人员、研究生、企业管理者及政策制定者提供有价值的理论参考和技术借鉴，成为钒钛产业链绿色升级的重要知识载体和技术源泉。

全书共分九章，涵盖从资源概况到前沿技术的全链条内容，体现了多学科融合、多技术路径协同、产学研一体化的鲜明特点。第 1 章国内外钒钛资源概况，全面梳理了全球及我国钒钛磁铁矿、钒资源、钛资源的分布、储量与战略价值，厘清了钒钛资源在国家安全和先进制造中的核心地位。第 2 章钒钛磁铁矿综合利用现状与展望，从传统高炉-转炉长流程到非高炉技术路径，详细介绍了当前钒钛磁铁矿资源利用的主流工艺及其存在问题，进一步提出以氢基竖炉-电炉短流程为核心的新一代冶金工艺发展方向，为后续技术章节奠定了坚实的基础。第 3 章至第 5 章，聚焦钒钛磁铁矿在高炉冶炼中的高效强化、低碳转型与智能控制，系统阐述了高炉关键技术基础研究（包括矿粉配比、焦炭混装、渣系优化等），强化冶炼实践经验，超高配比冶炼技术以及高炉智能化监测与操作控制系统等内容，充分展示了我国钢铁企业在低碳冶炼方面的自主创新能力和工业化应用成果。第 6 章深入介绍了一项具有重大突破意义的新工艺路径——钒钛矿氢基竖炉直接还原-电炉熔分短流程技术。该技术融合氢基还原、高温熔分、电热能优化匹配等绿色低碳元素，具有流程短、能耗低、碳排放少、资源适应性强等优势，展现了钒钛冶金领域的重大工艺变革趋势。第 7

章聚焦钒资源的高效清洁利用，从铁水提钒技术、铁水与钒渣直接合金化，到钒渣的无盐焙烧、亚熔盐法钒铬共提工艺，全面呈现了钒在钢铁、化工等领域高值化利用的新路径，对提升钒回收率、减少冶金固废、推动钒产业绿色发展具有重要意义。第 8 章则转向钛渣的绿色低碳资源化利用问题，系统介绍了钛渣提钛、制钛合金、熔盐电解等关键技术，尤其对新型提钛路径与高附加值产品开发提供了可行的技术路线，具有良好的产业推广前景。第 9 章围绕钒钛资源综合利用过程中的固体废弃物资源化利用问题，深入探讨了尾矿、高炉渣、钢渣及钒化工固废的特性与再利用技术，提出了绿色化、规模化利用的解决方案，有助于构建钒钛冶金产业的绿色闭环。

本书主要由河钢集团材料研究院李兰杰、张彩东以及东北大学储满生、唐珏撰写，全书由李兰杰负责统稿、审核并定稿。其中张彩东、常福增、王宝华、杨耀辉、杨建旺、安亚蕊、王海旭负责第 1 章的撰写，李兰杰、赵素兴、侯勇、储满生、吕页清、唐珏负责第 2 章的撰写，储满生、李兰杰、侯勇、纪恒、曾亚南负责第 3 章的撰写，储满生、唐珏、李兰杰、张彩东、张泽栋、田岩松负责第 4 章的撰写，李兰杰、张彩东、李仁国、林大帅、刘小杰、纪恒负责第 5 章的撰写，唐珏、储满生、李兰杰、赵子川、冯金格、王世伟负责第 6 章的撰写，李兰杰、杜浩、刘帅峰、王少娜、王海旭、刘彪、伍康华负责第 7 章的撰写，赵素兴、李兰杰、刘维燥、赵建琦、侯鑫负责第 8 章的撰写，高明磊、李兰杰、杨建旺、于文倩、王明洁、刘倩倩负责第 9 章的撰写。

本书所涉及的研究成果得到了 NSFC-辽宁联合基金重点项目（U23A20608）、国家自然科学基金（52304349）、中央高校基本科研业务费项目（N2325030）以及国家、辽宁省等相关部门的项目资助。在本书编辑出版过程中，还得到了东北大学钢铁共性技术创新中心、低碳钢铁前沿技术教育部工程研究中心、辽宁省低碳钢铁前沿技术工程研究中心和冶金工业出版社的全力支持。另外，书中还引用了国内外同行文献中的部分科研成果，作者们在此一并表示最诚挚的谢意。

由于作者学术水平有限，书中不妥之处，诚请各位专家和读者不吝赐教。

作　者

2025 年 7 月

目　　录

1 国内外钒钛资源概况

1.1 钒钛资源的战略重要性

钒钛资源作为国家战略性资源的重要组成部分，凭借其独特的物理化学性质，在国民经济和国家安全领域发挥着不可替代的战略作用，既是国家工业化和现代化进程的重要支撑，也是保障经济可持续发展与技术进步的基石。其制品深度应用于航空航天、高端装备制造、军工科技等尖端领域，同时应用于钢铁冶金、化工能源、交通运输等传统产业，在基础设施建设、能源开发、新材料研发等关键环节持续释放效能。随着全球对高性能材料需求的增长，钒钛资源的战略地位越发凸显[1]。

（1）传统产业。

钒是钢铁工业中不可或缺的合金元素。添加钒，可以显著提高钢的强度、韧性、耐磨性和耐腐蚀性，使钢材更适用于高强度、高耐久性的应用场景。含钒钢广泛应用于建筑、桥梁、铁路、汽车制造等领域，为国家基础设施建设和制造业升级提供了重要支撑。

钛及其合金具有优异的耐腐蚀性、高强度和轻量化特性，广泛应用于化工设备、电力设备、海水淡化等领域。钛材的使用延长了设备寿命，降低了维护成本，提升了传统产业的效率和竞争力。

（2）航空航天领域。

钛合金是航空航天工业的核心材料之一。其高强度、低密度、耐高温和抗腐蚀的特性，使其成为制造飞机发动机、机身结构、航天器部件的理想材料。钒钛合金的应用不仅减轻了飞行器的重量，还提高了燃油效率和飞行性能，对航空航天技术的发展起到了关键推动作用。

（3）化工行业。

钛及其合金在化工行业中具有不可替代的作用。钛材能够耐受强酸、强碱等极端腐蚀环境，被广泛用于制造化工反应器、热交换器、管道等设备。其优异的耐腐蚀性提高了化工生产的安全性和效率，降低了设备损耗和生产成本。

（4）军工领域。

钒钛合金在军工领域具有重要的战略意义。钛合金被用于制造潜艇、军舰、坦克、导弹等武器装备，其高强度、轻量化和耐腐蚀性显著提升了军事装备的性能。含钒钢在装甲材料和武器制造中发挥着重要作用，增强了国防实力和军事竞争力。

（5）新能源与环保领域。

钒钛资源在新能源和环保领域也有广泛应用。钒电池（全钒液流电池）作为一种高效、环保的储能技术，在风能、太阳能等可再生能源的存储和利用中具有巨大潜力。钛材在海水淡化、污水处理等环保工程中的应用也日益广泛，助力绿色发展和可持续发展目标的实现。

（6）战略资源保障。

钒钛资源的稀缺性和不可替代性使其成为国家战略资源的重要组成部分。保障钒钛资源供应安全，对于维护国家经济安全、国防安全和科技竞争力具有重要意义。各国纷纷将钒钛资源列为关键矿产，加强资源开发、技术研发和战略储备。

钒钛资源在国民经济中具有深远的战略重要性，其应用不仅推动了传统产业的升级，还为航空航天、化工、军工等高端领域提供了关键材料支持。随着科技的进步和新兴产业的崛起，钒钛资源的战略地位将进一步提升，成为国家经济安全和科技发展的重要支柱。因此，加强钒钛资源的开发、利用和技术创新，对于提升国家综合实力和国际竞争力具有重要意义。

1.2　钒钛磁铁矿资源概况

钒钛磁铁矿作为典型的铁钛共生矿床，其成矿作用主要发生于基性、超基性岩体中。该矿石的特征性表现为钛、钒、铬等元素以类质同象形式赋存于钛磁铁矿晶格中，形成复杂的矿物共生体系。矿床内具有工业价值的矿物组合以钛磁铁矿和钛铁矿为主，其次为磁铁矿、赤铁矿及硫化物等。

钛磁铁矿是由磁铁矿与钛铁矿、钛铁晶石、镁铝尖晶石等矿物相构成的固溶体分离结构矿物，其化学组成中 TiO_2 含量为1%~15%，V_2O_5 含量为0.1%~2%。在区域变质作用过程中，该矿物可发生离溶结晶作用，最终分解为钛铁矿与磁铁矿。

钛铁矿（$FeTiO_3$）作为重要的含钛矿物，其 TiO_2 含量为52.66%。该矿物存在典型的 Fe^{2+}-Mg^{2+}-Mn^{2+}完全类质同象替代，形成 $FeTiO_3$-$MgTiO_3$或 $FeTiO_3$-$MnTiO_3$系列：当 FeO 占主导时形成钛铁矿；MgO 为主时过渡为镁钛矿；MnO 占优时则转变为红钛锰矿。物理性质方面，钛铁矿表现为莫氏硬度5~6，密度4.70~4.78 g/cm^3，具有弱磁性特征，比磁化系数介于 224.56×10^{-9}~1173.33×10^{-9} m^3/kg 范围[1]。

1.2.1　国外钒钛磁铁矿资源分布

全球钒钛磁铁矿的储量较大，分布也较为广泛，主要位于俄罗斯、南非、中国、美国、加拿大、挪威、芬兰、瑞典、印度、澳大利亚和新西兰等少数国家和地区，集中分布在非洲南部地区、北美洲和亚太地区。根据公开报道的资料统计，仅上述国家（除中国外）的钒钛磁铁矿的储量即达400亿吨以上，见表1-1。除此之外，巴西、智利、委内瑞拉、纳米比亚、埃及、阿联酋、斯里兰卡、马来西亚、印度尼西亚等国家均发现有钒钛磁铁矿资源。

表1-1　国外主要钒钛磁铁矿分布状况

国家	矿床名称/所在地	储量/万吨	矿石构成类型	精矿成分		
				Fe/TiO_2	TiO_2 含量/%	V_2O_5 含量/%
美国	圣弗尔德·列克	20000	钛磁铁矿-钛铁矿	1.5~2.5	9~12	0.6~0.9
	纽约州桑福德湖	20000	钛铁矿-钛磁铁矿	—	18~20	0.45
	阿拉斯加州西南部	100000	钛磁铁矿	7~10	2~3	0.3~0.5
加拿大	魁北克马格庇矿床	100000	钛铁矿-钛磁铁矿	4	7.6~9.2	0.5~0.54
	魁北克阿德湖	—	—	—	(35)	(0.27~0.35)

续表 1-1

国家	矿床名称/所在地	储量/万吨	矿石构成类型	精矿成分		
				Fe/TiO_2	TiO_2 含量/%	V_2O_5 含量/%
俄罗斯	摩林	200000	钛磁铁矿-磁铁矿	1.5~4.0	1.5~6.1	0.3~0.5
	古谢沃	—	磁铁矿-钛铁矿	—	2.5	0.5
	第一乌拉尔	—	钛磁铁矿	6~13	1~4	0.5~1.0
	恰津	—	钛磁铁矿-钛铁矿	4~6	11~12	0.5~0.6
	斯瓦兰茨	—	钛磁铁矿	10~15	3.2~4.5	0.2~0.6
	沃林	—	钛磁铁矿-钛铁矿	1.5~4.0	8~20	0.7~1.0
	库格达	—	钙钛矿-钛磁铁矿	7~8	8~11	0.1~0.22
	科夫多尔	—	钙钛矿-钛磁铁矿	5~20	—	—
	谢布里雅夫尔	—	钙钛矿-钛磁铁矿	1.0~1.5	7.8	0.2
	格列木雅哈	—	钙钛矿-钛磁铁矿	2~3	14	0.4
	维亚姆	—	钛磁铁矿	15~20	1.3~2.0	0.3~0.7
	朱格朱尔	—	钛铁矿-钛磁铁矿	2~4	14~20	0.06~0.3
南非	布什维尔德	200000	钛铁矿-钛磁铁矿	4	12~18	1.5~2.0
苏兰	奥坦马可	3500	钛铁矿-磁铁矿	3	4.7	1.1
	木斯塔瓦拉	3800	钛磁铁矿	8~9	4~8	1.6
瑞典	塔贝格	150000	钛磁铁矿	3~5	15.3	0.5~1.0
挪威	特尔尼斯矿床	300000	钛铁矿	—	18.4	0.1~1.0
	罗德萨德矿床	10000	—	—	4	0.31
印度	辛格布胡姆	—	钛铁矿-钛磁铁矿	2~5	—	1.5~5.0
	梅尔布罕兹	800	钛铁矿-钛磁铁矿	4	14	0.5~1.8
澳大利亚	巴拉姆比	400	钛铁矿-钛磁铁矿	1.7	29	1.2
	温多维	40	钛铁矿-钛磁铁矿	5	7.5	1.6
新西兰	北岛	65400	—	—	—	0.3~0.5

俄罗斯的钒钛磁铁矿储量十分丰富，全球约60%的钒钛磁铁矿资源都位于该国，其矿物组成也非常多样化。整体来看，俄罗斯的钒钛磁铁矿主要由磁铁矿和钙钛矿构成，大多数矿产属于低钛型，开采产率相对较低。主要矿床分布在乌拉尔地区、科拉半岛、西伯利亚及远东地区。其中，古谢沃戈尔矿、卡契卡纳尔矿和第一乌拉尔露天矿是代表性的矿藏。此外，俄罗斯还有许多 TiO_2 含量较高的钒钛磁铁矿矿藏，例如缅脱维杰夫矿、沃尔科夫矿、科潘矿、普多日矿和齐涅斯克矿等。在这些矿石中，主要的金属矿物是钛磁铁矿，其次为钛铁矿，并含有少量硫化物。脉石矿物则包括斜晶辉石、橄榄石、角闪石、斜长石、绿帘石和蛇纹石。总体而言，这些矿石主要是贫钒钛磁铁矿，平均含铁量为15%~17%，TiO_2含量在0.43%~1.88%之间，而 V_2O_5的平均含量则为0.13%。

南非以高钒高钛低钙型钒钛磁铁矿为主导，主要赋存于布什维尔德杂岩体及罗伊瓦特等火成岩复合矿区。矿床多呈浸染状或块状产出，围岩以辉长岩、斜长岩及碱性岩为主。布什维尔德杂岩体作为核心成矿区，聚集马伯茨、RHOVAN、肯尼迪河谷等典型矿山。其中，马伯茨矿山储量达 2 亿吨，是南非钒钛磁铁矿资源中最大矿山，V_2O_5 品位较高（1.4%~1.9%）属于高钒型矿产。

美国的钒钛磁铁矿储量极为丰富，主要分布在阿拉斯加州、纽约州、怀俄明州和明尼苏达州等地。以纽约州东北部的桑福德湖地区为例，该地区的钒钛磁铁矿与阿迪龙达克山脉的前寒武纪辉长岩和斜长岩的杂岩关系密切，矿体长度达到 1600 m。其下盘岩石为致密的粗粒斜长岩，上盘则是浸染状或致密的细粒至中粒辉长岩，上下盘岩石平行，倾角为 45°。矿石的平均成分为 34%的 TFe、18%~20%的 TiO_2 和 0.45%的 V_2O_5。与此同时，在阿拉斯加州的斯内梯斯哈姆矿，矿石则呈层状透镜状，主要以辉长岩、斜长岩、碱性岩和超镁铁质岩石为主，原矿的品位为 19%的 TFe、2.6%的 TiO_2 和 0.09%的 V_2O_5。

加拿大的钒钛磁铁矿广泛分布于纽芬兰、安大略、马尼托巴、不列颠哥伦比亚和魁北克等省，主要有马格庇、莫林、马塔瓦、乐蒂奥矿山等多个矿床。以魁北克七星岛马格庇矿床为典型，矿石以含钛磁铁矿为主，围岩为辉长岩及镁铁质-超镁铁质岩系。原矿平均品位：TFe 含量为 43%、TiO_2 含量为 10%、V_2O_5 含量为 0.2%~0.35%。莫林、马塔瓦等矿床也具相似成矿特征。

澳大利亚的钒钛磁铁矿床主要分布在西澳大利亚的科茨矿、巴拉矿和巴拉姆比等地。科茨矿位于温多维海滨，其矿体为磁铁矿辉长岩，矿石成分优良；巴拉矿则以高含铁、钒和钛著称，类似于南非的布什维尔德矿；而巴拉姆比和加巴番宁的原矿中，二氧化钛含量为 15%，五氧化二钒含量为 0.7%，总铁含量为 26.0%。

芬兰的钒钛磁铁矿石中，主要金属矿物包括磁铁矿、钛铁矿和黄铁矿，而主要的脉石矿物则为绿泥石、角闪石和斜长石。其中，奥坦马基矿和木斯塔瓦腊矿是两个重要的矿床。奥坦马基矿位于芬兰北部，其矿石类型为浸染状，呈现出矿颈矿墙式的块状产出，主要岩石为辉长岩、斜长岩、碱性岩和超镁铁质岩石；木斯塔瓦腊矿的矿石类型同样为浸染状，其产状和岩石类型与奥坦马基矿相似。

在新西兰的南北两岛西海岸，丰富的钒钛铁矿砂使其成为全球主要的钒钛磁铁矿生产地之一。该地区的矿砂平均总铁含量在 18%~20%之间，波动范围可达 4%~60%。具体而言，矿砂中的 TFe 含量为 22.1%，TiO_2含量为 4.33%，而 V_2O_5的含量为 0.14%。

巴西的钒钛磁铁矿主要矿床包括马拉佳斯和 Campo Alegre de Lourdes。马拉佳斯矿床是典型的高钒矿床，V_2O_5含量为 1.27%，矿物主体为粗晶粒辉长岩或辉岩浸入体，且还含有钛和铂族元素，储量适中。而 Campo Alegre de Lourdes 矿床的主体为铁镁质浸入体，矿石含铁量为 50%，TiO_2含量为 21%，V_2O_5含量为 0.75%，储量也处于适中水平。

在印度，钒铁磁铁矿主要集中在南部的喀拉拉邦特里凡得浪沿岸、奥里萨邦的玛乌尔伯汉吉及哈尔邦锡伯姆，以及泰米尔纳德邦乌德拉斯附近。矿点包括达布拉伯腊和辛格布胡姆等，大部分为海滨矿，原矿中的 TiO_2含量在 15%~30%之间。

挪威的钒钛磁铁矿主要集中在特尔尼斯矿和罗德萨德矿。这些矿石的提取主要以铁和钛为主，通过浮选工艺获得含铜和镍的硫化精矿，从而实现了这两种金属元素的高效利用，使挪威成为欧洲重要的钛矿石生产国。

瑞典的塔贝格和基律纳地区同样具备钒钛磁铁矿资源，矿石类型为浸染状，呈现矿颈矿墙式的块状结构，主要岩石包括辉长岩、斜长岩、碱性岩和超镁铁质岩石。塔贝格的钒钛磁铁矿储量高达 1.5 亿吨，矿石中的 V_2O_5含量较高，达到 0.7%。

1.2.2 国内钒钛磁铁矿资源分布

中国钒钛磁铁矿资源与国外相比，矿物赋存形式更复杂。以四川攀西地区钒钛磁铁矿为例，不仅铁、钛矿物紧密共生，而且钛、钒、铬等元素以类质同象的形式赋存于钛磁铁矿中。通常钒钛磁铁矿矿物之间的嵌布关系较复杂，并且矿石构造和矿物结构多样化。具体来说，钛磁铁矿普遍存在不同程度的榍石化、绿泥石化以及黑云母化，影响铁精矿的品质。此外，钛铁矿的赋存状态以粒状和从钛磁铁矿中出溶的片状为主。钛磁铁矿中极微细粒的钛铁矿片晶难以通过选矿得到有效回收。钛磁铁矿、榍石、辉石等矿物中的钛属于难利用的分散钛，从而制约了钛的回收率[2]。

中国的钒钛磁铁矿资源呈现出广泛的地理分布特征，且储量可观，已探明的储量近百亿吨，而预估的远景储量更是高达300亿吨以上，其资源量在中国铁矿资源中处于领先地位。四川攀西走廊（涵盖攀枝花至西昌区域）与河北承德成为钒钛磁铁矿资源的集中分布地区，同时陕西、湖北、山西、广东、新疆、辽宁等地也有零散分布，见表1-2。这种分布特征为中国钒钛磁铁矿资源的开发及利用提供了多元化的选择。

表1-2 中国主要钒钛磁铁矿资源分布情况

省区	矿区	储量/亿吨	品位/%			
			TFe	TiO_2	V_2O_5	Cr_2O_3
四川	攀枝花	8.22	16.7~43.0	7.7~16.7	0.16~0.44	<0.01
	白马	11.78	17.2~34.4	3.9~8.2	0.13~0.15	<0.02
	红格	37.23	16.2~38.4	7.6~14.0	0.14~0.56	0.02~0.60
	太和	9.00	18.1~36.6	7.7~17.0	0.16~0.42	<0.01
河北	承德大庙式	<87	19.44~47.44	3.15~13.41	0.09~0.67	<0.01
	承德超贫矿		10.82~24.05	1.00~6.00	0.12~0.33	
辽宁	朝阳①	>100	10	2~4	0.3~0.6	<0.01
山西	代县		22.85	5.33	0.35	
广东	兴宁	4.50	27.40	7.87	0.37	
湖北	丹江口		15.05	5.53	0.13	
陕西	洋县	10	27.89	5.85	0.29	<0.08
	安康	20				
新疆	哈密①	29	20~45	4~8	0.24~0.6	
	喀什①	30	17.21	7.02	0.15	

① 根据2024年调研结果进行修正后的数据。

1.2.2.1 攀西钒钛磁铁矿资源

四川攀西地区钒钛磁铁矿资源量极为丰富且分布集中[3]，是我国最大的钒钛磁铁矿区。资源分布于攀枝花至西昌一带，攀枝花、红格、白马、太和四大矿区及其外围共查明大中型矿床70余处。依据《攀西国家级战略资源创新开发试验区建设规划》数据，攀西地区钒钛磁铁矿资源已探明储量为95.35亿吨，有关潜力资源量评估预测为190亿吨，其中铁矿资源占全国总量的19.6%；钛资源（以TiO_2计）储量为8.7亿吨，占全国总量的90.5%，占世界总量的35.2%；钒资源（以V_2O_5计）储量为1862万吨，占全国总量的

52%，占世界总量的 11.6%。

攀西钒钛磁铁矿是一种多金属元素共生赋存的复合磁性铁矿石。化学光谱分析表明，攀西钒钛磁铁矿资源含有各类化学元素 30 余种，有益元素 10 余种。以含铁、钒、钛、铬等重要金属为主，伴生有微量钴、镍、镓、钪等多种有用元素。

攀西钒钛磁铁矿中的主要矿物有钛磁铁矿、钛铁矿和磁铁矿，其次为赤铁矿、褐铁矿、黄铁矿，硫化物以磁黄铁矿为主；还有钴镍黄铁矿、硫钴矿、黄铜矿等。钛磁铁矿是一种含有钛铁矿、钛铁晶石、铝镁尖晶石的固溶体分离物，经固相变化结晶为钛铁矿和磁铁矿；其含钛矿物主要是粒状钛铁矿和钛铁晶石。典型攀西钒钛磁铁矿的矿相见图 1-1。可见，钛铁矿与钛磁铁矿交织共生。

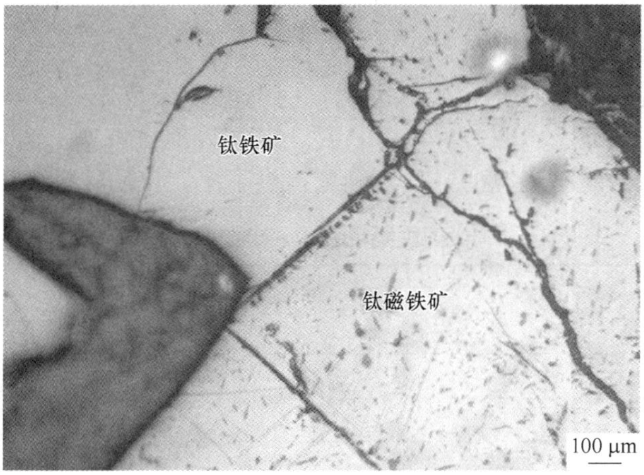

图 1-1　典型攀西钒钛磁铁矿矿相

与国外钒钛磁铁矿相比，攀西地区钒钛磁铁矿开发利用难度较大，主要原因是钛铁致密共生，钛、钒、铬等组元取代了磁铁矿中的铁使矿物呈类质同象存在，同时矿石中 90%以上的钒赋存于钛磁铁矿的主晶磁铁矿中。矿石的铁钛组合是由钛铁矿和钛磁铁矿组成的铁钛混合物，而钛磁铁矿的钛铁晶石和片状钛铁矿的粒度极细并以网络状镶嵌，用机械选矿方法难以实现铁钛分离，只有约 50%的粒状钛铁矿可以通过选矿流程获得分离。钛磁铁矿中含有 4%~7%的镁铝尖晶石，进入铁精矿后会使 MgO 和 Al_2O_3 含量偏高，钛铁矿中的镁铝尖晶石也会造成钛精矿中 MgO 含量偏高[4]。

（1）攀枝花矿区。

攀枝花矿区位于攀枝花市东区境内，从北东至南西依次为朱家包包、兰家火山、尖包包、倒马坎、公山、纳拉箐等六个矿段，已探明储量 8.22 亿吨，平均含 TFe 29.03%、TiO_2 11.50%、V_2O_5 0.26%。

攀枝花矿区经过数十年的生产，开采境界内保有储量仅余 2 亿多吨，根据《四川省铁矿勘查规划》，通过对其深部及外围的资源勘查，可新增资源量 7 亿吨左右。攀枝花矿区六个矿段中，朱家包包、兰家火山、尖包包三个矿段由攀钢矿业公司开采，年开采原矿 1350 万吨，年产钒钛铁精矿 530 万吨，钛精矿 95 万吨。攀枝花矿区倒马坎矿段原由攀枝花谷田科技公司开采，现已经停止采矿。公山、纳拉箐矿段目前尚未设置采矿权。

（2）白马矿区。

白马矿区位于攀枝花市米易县白马乡境内，矿区从北向南，依次由夏家坪、及及坪、田家村、青杠坪及马槟榔五个矿段组成，其中及及坪和田家村是主要矿段。白马矿区已探明储量11.78亿吨，平均含TFe 28.06%、$TiO_2$6.42%、V_2O_5 0.34%。该矿区矿石下属于高铁低钛型，钒高钛低，可选可磨性较好，钒钛铁精矿品位比攀枝花矿区高。

白马矿区及及坪矿段和田家村矿段由攀钢矿业公司开采，设计年产原矿1550万吨，年产钒钛铁精矿510万吨，钛精矿15万吨。青杠坪矿段由德胜、中禾开发，马槟榔矿段由中禾开发，夏家坪矿段目前尚未设置采矿权。

（3）红格矿区。

红格矿区位于攀枝花市红格新九乡和会理小黑箐乡交界的路枯一带，分为南矿区和北矿区，已探明储量37.23亿吨。其中，表内矿储量18.29亿吨，平均含TFe 27.48%、TiO_2 10.87%、V_2O_5 0.24%，是目前攀枝花地区探明储量最大的钒钛磁铁矿床。南矿区分为铜山、马松林、路枯三个矿段，北矿区分为东西两部分。红格矿区属低铁高钛型矿石，不仅体量大，而且富含铬资源，Cr_2O_3品位0.34%。目前北矿区攀枝花部分由龙蟒矿冶公司开采，年产钒钛铁精矿350万吨、钛精矿90万吨，凉山会理部分庙子沟矿由攀枝花丰源矿业公司开发。南矿区已探明储量19.51亿吨，暂实行封闭性保护，尚未设置采矿权。

（4）太和矿区。

太和铁矿位于西昌市，已探明储量9亿吨。矿石中富含铁、钒、钛、钴、镍、硫、磷等多种资源，金属矿物主要为钛磁铁矿和钛铁矿，其次为黄铁矿和磁黄铁矿等；脉石矿物主要为钛普通辉石、斜长石、镁铝尖晶石和钛角闪石。平均含TFe 27.79%、TiO_2 14.41%、V_2O_5 0.28%。重钢西昌矿业公司取得太和矿区采矿权，年产钒钛铁精矿230万吨、钛精矿45万吨。

（5）其他矿区。

米易潘家田钒钛磁铁矿位于米易县垭口镇。潘家田铁矿岩体为含钒钛磁铁矿基性—超基性岩体的一部分，属岩体最北转折端部位。资源量为4.11亿吨，其中低品位矿约1.42亿吨。平均含TFe 26.7%、$TiO_2$10.86%、V_2O_5 0.24%。潘家田矿区由安宁铁钛公司进行开采利用，年产钒钛铁精矿180万吨，钛精矿55万吨。

红格矿区外围铁矿分为中干沟、湾子田、中梁子三个矿段，合计钒钛磁铁矿资源储量3.66亿吨，尚未设置矿权。

1.2.2.2 承德地区钒钛磁铁矿资源

河北承德地区钒钛磁铁矿的探明储量规模庞大，仅次于攀西地区，位居全国前列，是中国北方地区钒钛磁铁矿资源开发与利用的重要基地。承德地区钒钛磁铁矿资源主要类型有大庙式钒钛磁铁矿、铁磷矿和超贫钒钛磁铁矿三种。区内矿石矿物结晶颗粒较粗、矿石结构松散易碎、硬度相对较低，这些特性使得承德地区的钒钛磁铁矿在开采、选矿及后续加工过程中展现出较高的生产效率与成本优势[5]。

到目前为止，承德市已探明鞍山式磁铁矿资源储量1.55亿吨（平均品位TFe 24%~35%）、钒钛磁铁矿资源总量83.72亿吨（其中大庙式钒钛磁铁矿资源量为5.47亿吨，超贫钒钛磁铁矿资源量为78.25亿吨）。下面主要介绍大庙式钒钛磁铁矿和超贫钒钛磁铁矿资源情况。

（1）大庙式钒钛磁铁矿。承德大庙式钒钛磁铁矿资源量为 5.47 亿吨，品位达 TFe 22.78%~41.44%、TiO_2 5.98%~10.71%、V_2O_5 0.17%~0.43%。共伴生钒（V_2O_5）金属量为 115 万吨，伴生钛（TiO_2）金属量超过 3321 万吨。

（2）超贫钒钛磁铁矿。承德超贫钒钛磁铁矿资源量为 78.25 亿吨，品位达 TFe 10.82%~24.05%、$TiO_2$2%~7.13%、$V_2O_5$0.12%~0.33%。已探明钒钛磁铁矿资源总体共伴生钒金属量（V_2O_5）895 万吨、钛金属量（TiO_2）1.85 亿吨。磷矿（矿石）资源储量 3.81 亿吨，平均品位达 V_2O_5 2.53%~10.21%，共半生磷（P_2O_5）1714.5 万吨。

据河北省超低品位钒钛磁铁矿调查报告显示，探测垂深到 300 m 以浅时，承德地区钒钛磁铁矿资源量可达 234 亿吨。其中，大庙式钒钛磁铁矿有 10 亿~15 亿吨，超贫钒钛磁铁矿有 219 亿~224 亿吨，可加工含钒铁精粉 23 亿吨以上。

1.2.2.3　其他钒钛磁铁矿资源

辽宁朝阳钒钛磁铁矿属于超贫钒钛磁铁矿（铁品位低），估计资源储量超过 100 亿吨。目前已开采的钒钛磁铁矿经选矿得到的精矿品质为 TFe 含量 42%~45%、V_2O_5含量 1.5%~2.0%、TiO_2含量 22%~25%。由于铁含量低、钛含量高，传统的高炉冶炼流程不适用于该钒钛磁铁矿。因此，钒钛磁铁矿钒品位高、精矿中含钛高，随着技术突破，综合利用价值潜力大。

新疆钒钛磁铁矿主要分布在天山地区，估算远景资源量超过 35 亿吨，主要分布在哈密、喀什的巴楚县、克州、阿勒泰的青河。哈密市东天山尾亚、鱼峰山、红柳河等地有多处矿床和矿点，是新疆钒钛磁铁矿分布最为密集的地带；西南天山的巴楚县瓦吉里塔格、阿图什市普昌也是新疆钒钛资源重要的分布地带。此外，巴里坤县锅底山、若羌县塔特拉、和布克赛尔蒙古自治县喀勒勒河均有分布。哈密地区钒钛磁铁矿查明资源量 6 亿吨，预测资源储量 29 亿吨，平均 TFe 品位 20%~ 45%、TiO_2品位 4%~8%、V_2O_5品位0.24%~0.6%。喀什地区巴楚县钒钛磁铁矿为辉石岩型高钛型贫矿石，估算资源量 15.67 亿吨，已探明储量 9.17 亿吨。原矿 TFe 品位 17.21%、TiO_2品位 7.02%、V_2O_5品位 0.15%，主要金属矿物为钛磁铁矿、钛铁矿、磁黄铁矿和黄铁矿等。原矿中的主要矿物钛磁铁矿、钛铁矿、脉石矿物粒度都比较粗，大部分直径大于 0.2 mm。

陕西洋县钒钛磁铁矿探明储量 0.43 亿吨，资源量 3.6 亿吨，主要金属矿物为磁铁矿和钛铁矿，属于钒钛磁铁矿贫矿。平均 TFe 含量 15.85%、TiO_2品位 2.94%、V_2O_5品位 0.14%。经选矿后铁品位较高，而钒、钛等含量较低。陕西延长石油公司在安康地区拥有紫阳县安沟—朱溪河一带和岚皋县官元一带钛磁铁矿资源，其中紫阳县安沟—朱溪河一带矿石资源量 12427 万吨，TFe 20.06%，TiO_2资源量 921 万吨，品位 7.44%；岚皋县官元一带矿石资源量 14351 万吨，TFe 16.18%，TiO_2资源量 759.58 万吨，品位 5.29%。两矿区矿石资源量共计约 2.6 亿吨。矿石资源特点为：上述矿石 TFe、TiO_2品位均较低，属于低铁、低钛型钛磁铁矿，矿床均属于北大巴山地区岩浆岩型铁矿床。矿石中主要金属矿物为钛磁铁矿、钛铁矿，含量分别为 16.80%、8.81%；硫化矿含量为 1.10%，以黄铁矿为主；脉石矿物以绿泥石、斜长石为主，含量达 73.29%。矿石资源禀赋欠佳，不仅矿石品位低，而且铁矿物绿泥石化蚀变严重、铁钛镶嵌紧密，获得高质量精矿的难度较大。

1.3 钒资源概况

钒在自然界中的分布广泛而分散，约占地壳质量的0.02%，主要是和金属矿如铁、钛、铀、钼、铜、铅、锌、铝等矿产共伴生，或与碳质矿、磷酸盐矿共生。钒矿常指含有氧化钒的矿物，主要包括钛铁矿、钒钾铀矿、钒云母、绿硫钒矿、硫钒铜矿等天然钒资源，以及钒渣、含钒冶炼渣等人造钒资源。作为钒原料，工业上应用较多的天然钒资源是钒钛磁铁矿、钒页岩；人造钒资源应用较多的是钒渣。

根据美国地质调查局数据，截至2023年底，世界上的钒资源量超过6300万吨，全球钒储量约1900万吨（钒含量），主要存在于磷酸盐矿、钛磁铁矿、含铀的沙岩和粉砂岩以及中石煤矿中[6]。按目前开采规模，全世界已探明的钒资源可持续开采约150年，全球钒储量集中分布在澳大利亚、俄罗斯、中国、南非、巴西和美国六个国家。其中，以澳大利亚、俄罗斯、中国和南非四国资源储量最多，储量分别占全球总储量的比重为45%、26%、23%和4%（表1-3）。

表1-3 2023年全球钒资源储量分布情况

国家	澳大利亚	俄罗斯	中国	南非	巴西	美国	其他	总计
储量/万吨	850.0	500.0	440.0	75.0	12.0	4.5	18.5	1900.0
所占比例/%	45	26	23	4	2			100

数据来源：Mineral Commodity Summaries 2024。

据2024年矿产品概要报告统计，中国钒储量占全球钒储量的比例为23%。我国钒资源主要赋存于钒钛磁铁矿和石煤中，主要分布在四川、河北、广西、甘肃和湖北等地。其中，四川省攀西地区钒资源储量最大。

（1）钒钛磁铁矿是主要的钒资源。

含钒较高的原矿石或钒钛铁精矿可直接作为提钒原料，也可将钒钛铁精矿经高炉冶炼成含钒铁水后，再进行氧化吹炼得到钒渣，作为生产钒产品的原料。钒钛磁铁矿原矿石虽然含钒较低（一般V_2O_5含量为0.2%~2.7%），但储量大、分布广。中国南非、新西兰、澳大利亚、挪威、瑞典、美国、印度、加拿大、菲律宾、波兰、智利、巴西等国家，也都有一定储量的钒钛磁铁矿资源。

四川攀西地区是我国钒钛磁铁矿资源最富集的区域之一，其核心矿区包括攀枝花矿区、红格矿区、白马矿区及太和矿区，其中红格矿区（南矿）为全球规模最大的钒钛磁铁矿区。该地区钒钛磁铁矿资源主要赋存于基性-超基性岩体中，以原生钒钛磁铁矿为主，兼具超贫钒钛磁铁矿资源，矿体集中分布于攀西裂谷带的基性岩杂岩体中。主要矿集区沿攀枝花-西昌断裂带展布，形成以红格、白马等超大型矿床为核心的资源集群。

河北承德地区钒钛磁铁矿资源储量丰富，主要类型有大庙式钒钛磁铁矿、铁磷矿和超贫钒钛磁铁矿三种。河北承德大庙—头沟一带斜长岩杂岩体是我国北方最主要的钒钛磁铁矿矿集区。目前在岩体内已发现黑山铁矿、东大洼铁矿、大乌苏南沟铁矿等三处超亿吨大型矿床；承德超基性岩型超贫钒钛磁铁矿主要沿红石砬—大庙—娘娘庙深断展布，主要的大型超贫钒钛磁铁矿均赋存在铁马、孤山子、娘娘庙等超基性岩体中。

（2）钒页岩是我国独有的一种钒资源。

钒页岩（俗称石煤）的本质是一种炭质页岩，通常由浅海相沉积物在还原环境下经高温和压力作用形成。钒页岩中钒含量通常在0.2%~1.5%，其特点是发热量低、灰分高，除含碳外，还含有钒、铁、铝、钾、硅、磷等多种元素，属于难选难冶的低品位多金属矿产，是生产钒产品的重要原料之一。我国钒页岩资源储量较丰富，国外仅美国、澳大利亚、俄罗斯、瑞典等少数国家有储量偏低的页岩类钒资源。

钒页岩是我国的优势钒资源，储量巨大，占国内钒资源总量的87%。据中国南方石煤资源综合考察报告统计，湖南、湖北、江西、贵州、安徽、河南、陕西、广东、广西9省、自治区的石煤总储量为592.6亿吨，其中已探明的储量为41.2亿吨，综考储量为551.4亿吨，见表1-4。随着勘探工作的不断深入，石煤的总储量及钒的赋存含量数据也在不断地发生变化[7-8]。

表1-4　中国主要石煤中的钒资源情况

石煤产地	含钒矿物	矿石中含量/%	V_2O_5 含量/%	V_2O_5 分配率/%
浙江诸暨	含钒云母	17.0	5.66	89.9
	含钒高岭石	1.2	6.5	7.4
	含钒石榴子石	0.5	3.6	1.7
湖北广石崖	含钒水云母	12.55	3.97	89.29
	炭质	53.02		
	石英	17.16		
	白云石	6.81	0.005	0.05
	黄铁矿	3.33	0.003	0.02
江西皈大	钒云母	0.78	37.50	33.91
	含钒水白云母	8.53	4.41	43.52
	含钒钡水云母	17.01	0.65	12.85
	石英	51.65	0.0075	0.46
	炭质	5.22	0.65	3.94
浙江鸿乌	黏土	33.7	1.48	17.4
	钙钒榴石	2.1	24.86	57.7
	钒钛矿	1.0	33.66	37.1
	橙钒榴石	1	59.6	20.8
甘肃某地	含钒高岭石	2	2.79	
	含钒氧化铁矿物	6	0.48	10.9
	含钒云母类矿物	10	5.55	79.6
	含钒电气石	1	8.42	9.2

（3）钒钾铀矿。

钒钾铀矿主要蕴藏在美国科罗拉多高原和新墨西哥州四角地区，矿石中 V_2O_5 含量为0.5%~1.5%。此外，意大利、墨西哥和土耳其也有此类钒资源。

（4）其他钒资源。

钒与铜、铅、锌的硫化物共生的复合钒酸盐矿，其 V_2O_5 含量为0.2%~0.5%，主要产于纳米比亚的欧塔维、赞比亚的布罗肯山、美国南部亚利桑那州、墨西哥和阿根廷等地。

磷酸盐岩产于美国爱达荷、犹他、蒙大拿和怀俄明州，其 V_2O_5 含量为 0.5%~1.5%。这种矿石生产磷和磷肥时的副产物磷铁可作为提钒原料。原油、沥青岩等燃烧灰渣中钒含量较高，已成为重要的钒资源。美国等国家将此作为提钒原料的主要资源之一，中国已经有厂家利用石油渣和石油焦进行提钒。此外，铝土矿中 V_2O_5 含量通常为 0.001%~0.35%，在拜尔法生产氧化铝时钒进入铝酸钠溶液，可从中予以回收。

1.4 钛资源概况

钛在地壳中的丰度为 0.56%，按元素丰度排列居第 9 位，仅次于氧、硅、铝、铁、钙、钠、钾和镁。按结构金属排列，钛仅次于铝、铁、镁，占第 4 位，比常见的铜、铅、锌金属储量的总和还多。钛属于典型的亲岩石元素，存在于所有的岩浆岩中，主要集中在基性岩中（丰度值达 1.38%）。钛的分布极广，遍布于岩石、砂土、黏土、海水、动植物，甚至存在于月球和陨石中。现已发现 TiO_2 含量大于 1%的钛矿物有 140 多种，但现阶段具有利用价值的只有少数几种矿物，主要是钛铁矿、金红石、白钛矿、锐钛矿和红钛铁矿。

1.4.1 国外钛资源储量及分布

综合近年 USGS、BGS 和 WBMS 等发布的有关数据，国外钛资源储量列于表 1-5。国外钛矿基础储量（以 TiO_2 计）为 10.2 亿吨，储量为 5.53 亿吨。其中，钛铁矿基础储量（以 TiO_2 计）为 9.1 亿吨，储量为 4.9 亿吨；天然金红石基础储量（以 TiO_2 计）为 1.11 亿吨，储量（以 TiO_2 计）为 0.64 亿吨。钛资源储量中，钛铁矿占 85%~90%，天然金红石占 10%~15%[9]。

表 1-5 国外钛铁矿和金红石储量 （万吨）

国家	基础储量（以 TiO_2 计）			储量（以 TiO_2 计）		
	钛铁矿	金红石	小计	钛铁矿	金红石	小计
澳大利亚	16000	3100	19100	13000	2200	15200
印度	21000	2000	23000	8500	740	9240
南非	22000	2400	24400	6300	830	7130
挪威	6000	1000	7000	3700	900	4600
加拿大	3600		3600	3100		3100
莫桑比克	2100	57	2157	1600	48	1648
巴西	1800	250	2050	1200	120	1320
美国	5900	180	6080	600	70	670
乌克兰	1300	250	1550	590	250	840
越南	590		590	240		240
马达加斯加			0			
斯里兰卡	1800		1800			

续表 1-5

国家	基础储量（以 TiO_2 计）			储量（以 TiO_2 计）		
	钛铁矿	金红石	小计	钛铁矿	金红石	小计
马来西亚	100		100			
其他	8770	1900	10670	9990	1284	11274
总计	90960	11137	102097	48820	6442	55262

注：1. 国外钛资源主要是指钛铁矿砂矿和少量高品位钛铁矿岩矿，不包括钒钛磁铁矿中的钛资源。
2. 天然金红石资源，只包括天然金红石砂矿，不包括天然金红石岩矿。
3. 有关世界钛资源的统计数据仅供参考。

钛铁矿主要集中分布在澳大利亚、印度、南非、挪威、加拿大、莫桑比克、美国、越南等国家。金红石矿主要集中分布在澳大利亚、南非、印度、乌克兰等国家。

（1）澳大利亚。

澳大利亚是钛砂矿资源十分丰富的国家，其中钛铁矿基础储量（以 TiO_2 计）为 16000 万吨，储量为 13000 万吨；金红石基础储量（以 TiO_2 计）为 3100 万吨，储量（以 TiO_2 计）为 2200 万吨，该储量占全球的比例将近 40%。澳大利亚既是钛矿的最大生产国，也是最大出口国。

钛砂矿资源分布在澳大利亚的东部和西部沿海地区，其中西澳占 63%，东澳昆士兰州占 26%，南澳的墨累河流域也占有相当一部分。

西海岸钛砂矿床位于以布鲁塞尔顿北部到埃尼巴 1300 km 的斯旺海岸平原及布鲁塞尔顿以南 160 km 的斯科特海岸平原。海滨砂矿床深入腹地 30 km，并在那里与第三纪到第四纪的古海岸线连接，多在海拔较低的地区。

西海岸企业经营范围基本上是在西海岸南部地区和中部地区。其中隶属于莱尼逊金属联合公司（RGC）的埃尼巴矿床目前探明储量达 3520 万吨钛矿物，是最有影响的矿床之一。卡贝尔（Capel）矿砂公司在西澳大利亚州的江加杜普矿山的储量达 3500 万吨，重矿物含量达 5%。布罗希尔公司（BHP）开发的比努普钛铁矿储量已确定为 3300 万吨。

西海岸矿石坚硬，粒度极不均匀，含泥量大，该地区少雨、干旱，用水困难。原矿重矿物品位较高，一般为 5. 5%～50%，平均为 15%～17%，有用矿物以钛铁矿为主，其含量占重矿物 70%以上。除钛铁矿外，还含有金红石、锆英石、白钛石和少量独居石。锆英石与金红石产出比例为 3∶1。

东海岸矿床从新南威尔士向北到昆士兰州约 1700 km 海岸线上，矿体一般均沿海岸线分布，矿体呈狭长状，宽度 1 km 左右，属于坡积矿床或风积矿床或二者混合型。仅东海岸中部的岸滩砂矿，断续延伸 75 km 以上，砂矿中钛铁矿含量为 15～16 kg/m^3。昆士兰州的主要矿床位于北斯特布洛克岛等岛屿，而新南威尔士州，采矿主要集中在马戈矿床，矿体表面有杂草，采前需剥离，矿石粒度较均匀，含泥量较少。海岸海滨砂矿原矿重砂含量为 1%～5%，重矿物中主要有用矿物是钛铁矿、金红石和锆英石，伴生矿物有独居石和磷钇矿，其中钛铁矿占 60%。

（2）印度。

印度也是钛砂矿资源十分丰富的国家，按 USGS 统计数据，其中钛铁矿基础储量（以 TiO_2 计）为 21000 万吨，储量为 8500 万吨；金红石基础储量（以 TiO_2 计）为 2000 万吨，储量（以 TiO_2计）为 740 万吨。据印度矿务局发表的资料，印度拥有 3.48 亿吨钛铁矿资源，占世界钛铁矿资源的 35%；还有 1800 万吨的金红石资源，占世界金红石资源的 10%。

印度钛资源主要分布在东、西海岸，有多种类型的含钛铁矿、金红石、独居石、锆英石、石榴石、硅线石等重砂矿床。矿床主要类型为海滨砂矿，矿床长为 2~20 km，宽为 10~60 m，厚度为 0.5~2 m，有的可达 8 m。砂矿床含重矿物可达 80%，在世界上属最富的矿床。

印度现在最大的海滨砂矿位于西南海岸，在北起喀拉拉邦的卡亚姆库兰，南到泰米尔纳德邦的坎尼亚库马里之间。由喀拉拉邦印度稀土公司或喀拉拉邦矿物和金属公司经营开采喀拉拉邦的卡亚姆库兰和尼恩卡拉之间、奎隆以北的恰互拉海岸地区的矿床。采得的主要产品为钛铁矿，其次为金红石、白钛石、硅线石、锆英石和独居石。原矿平均含钛铁矿 40%。泰米尔纳德邦靠近印度最南端的科摩林角（Cape Komor）有一个马纳瓦拉库里奇（Manavalakurichi）海滨砂矿，其储量比奎隆矿床小，TiO_2含量约为 54%，含独居石较高。

除上述矿床外，印度还有马哈拉施特拉邦的拉特纳吉里（Ratnagiri）、东海岸泰米尔纳德邦的图蒂科林（Tuticorin）、安德拉邦的维沙卡帕特南（Visakhapatnam）、奥里萨邦的甘贾姆（Ganjam），以及加尔各答西南的帕尔梅拉斯角（Palmyras Point）等矿床。此外，印度的保克海峡（Palk Strait）、拉克沙群岛（Lakshadweep）海岸地区也有海滨砂矿存在。

（3）南非。

南非也是钛砂矿资源十分丰富的国家。钛铁矿基础储量（以 TiO_2计）为 22000 万吨，储量为 6300 万吨；金红石基础储量（以 TiO_2计）为 2400 万吨，储量（以 TiO_2计）为 830 万吨。

南非不但有印度洋和大西洋沿岸的砂矿，也有内陆的岩矿。海滨砂矿埋藏在西海岸（弗雷登达尔、纳马卡兰德）和东海岸（东敦和莫桑比克交界处）。目前最重要的海滨砂矿床是纳塔尔省的理查兹湾矿床。该矿床从海港城市理查兹湾以北约 7 km 处开始与海岸平行，宽 2 km，向圣卢西亚方向延伸 17 km。该矿床为大约 80 m 高的砂丘，赋存于海拔 20~30 m 的第四纪黏土砂岩上。矿床含重矿物的矿砂总计 7 亿多吨，含钛铁矿 5%~7%；金红石 0.2%~0.3%；锆英石 0.4%和少量磁铁矿、石榴石和痕量独居石。矿山于 1977 年中开始生产。采矿粗选作业在一个长 200 m，宽 80 m 的矿池内进行。采用两台抽吸式采砂船采矿，选矿厂为一浮动选厂。采矿推进速度为 1~3 m/d。粗选精矿重矿物含量 90%。干选厂（精选）生产能力为钛铁矿精矿 93.4 万吨/年，金红石精矿（含 TiO_2 95%）5.6 万吨/年，锆英石精矿 11.5 万吨/年。

在开普省的弗雷登达尔西北的砂矿床，储量约 5 亿吨含钛铁矿、金红石和锆英石的重矿砂。另外，德兰士瓦省中部布什维尔德火成岩地区有储量 20 亿吨的钒钛磁铁矿，矿中含 TiO_2 12%~14%，该矿中钛铁矿的储量尚未统计在储量中。

（4）挪威。

挪威是钛岩矿资源十分丰富的国家，其中钛铁矿基础储量（以 TiO_2计）为 6000 万吨，储量为 3700 万吨；金红石基础储量（以 TiO_2计）为 1000 万吨，储量（以 TiO_2计）为 900 万吨。挪威西部的岩浆型钛铁矿床分三种类型，包括钛铁矿矿床、钒钛磁铁矿-钛铁矿矿床和磷灰石磁铁矿-钛铁矿矿床。位于挪威西南的特尔尼斯钛铁矿是典型的岩矿床，储量为 3.5 亿吨，也是原矿含钛铁矿 30%的高品位岩矿。

（5）加拿大。

加拿大也是钛矿资源十分丰富的国家，其中钛铁矿基础储量（以 TiO_2计）为 3600 万吨，储量为 3100 万吨。钛铁矿资源主要分布在北部的魁北克省地区，比较著名为阿拉德湖区的世界上最大的岩浆型钛铁矿-赤铁矿型矿床，矿石储量为 1.5 亿吨，是含钛铁矿近 70%的高品位钛铁矿岩矿。在魁北克省的乌尔宾也有一处较大的钛铁矿岩矿床，该矿储量比阿拉德湖矿床小些，矿体产于斜长岩中，系钛铁矿-磁铁矿-赤铁矿型岩矿，原矿含 TiO_2 达 30%以上。另外，魁北克省还发现有含重矿物（Ti、Zr、Fe 等）5.9%的砂矿 21 亿吨，其哈佛圣皮埃尔的钛铁矿也很有开采价值。

（6）莫桑比克。

莫桑比克钛铁矿基础储量（以 TiO_2计）为 2100 万吨，储量（以 TiO_2计）为 1600 万吨。金红石基础储量（以 TiO_2计）为 57 万吨，储量（以 TiO_2计）为 48 万吨。主要分布在东部沿海地区的赞比西亚省和楠普拉省，最重要的矿床之一是楠普拉省的莫马矿床，估计钛铁矿的矿石总储量超过 6 亿吨。

莫桑比克北部的海岸探明有 3 个钛富矿区，海滨砂矿中含重矿物 4%，重矿物储量达 11 亿吨。

（7）巴西。

巴西钛矿物有两种类型，一是原生矿床，二是砂矿床。原生钛矿床是锐钛矿，含 TiO_2 21.6%，估计储量为 1.9 亿吨。大型锐钛矿矿床是位于米纳斯吉拉斯州的塔皮拉矿床。该矿床赋存于一个 6 km 宽，具有同心环构造并有“爆发”侵入特征，被前寒武纪石英岩所包围的杂岩体中，侵入期为晚白垩纪，典型的剖面从上至下是：泥质层、锐钛矿层、磷灰石、碳酸盐岩、富含磷灰石碳酸盐岩。岩石风化深度可达 150 m 以上。

巴西金红石资源基础储量（以 TiO_2计）为 250 万吨，储量（以 TiO_2计）为 120 万吨。

巴西钛铁矿基础储量（以 TiO_2计）为 1200 万吨，储量（以 TiO_2 计）为 1200 万吨，是原生矿风化后迁移、沉积的砂矿。

（8）美国。

美国也是钛矿资源比较丰富的国家，钛铁矿基础储量（以 TiO_2计）为 5900 万吨，储量（以 TiO_2计）为 600 万吨；金红石基础储量（以 TiO_2计）为 180 万吨，储量（以 TiO_2计）为 70 万吨。砂矿主要分布在佛罗里达、佐治亚、新泽西、北卡罗来纳、南卡罗来纳和弗吉尼亚等州的海滨矿床和河砂矿床。岩矿床主要分布在阿拉斯加、纽约、加利福尼亚和明尼苏达等州。美国三分之二以上的钛铁矿产自佛罗里达州和新泽西州的海滨砂矿矿床。

佛罗里达州：矿床位于特雷尔里奇地区（Trail Ridge），西自现有海岸线深入腹地 70 km，位于中央高地的界线附近，东达海岸低地。南北长 30 km，宽 1~2.7 km，厚度局部可达 10 m 以上。原矿含重矿物 1%~4%，在重矿物中，钛铁矿占 49%~57%，金红石占 1%~4%，砂矿储量 5 亿吨以上，按 TiO_2计约为 900 万吨。杜邦公司经营斯塔克（Starke）和高地（Highland）的矿山，汉弗来斯矿山公司经营布拉格内（Boulagne）地区。

新泽西州：曼彻斯特附近的阿萨科（Asarco）海滨砂矿位于纽约城以南 96 km，以东 88 km 的大西洋海岸。该矿床的重矿物中钛铁矿占 81.6%，白钛石占 3.7%，金红石占

1.4%，还有少量锆英石、独居石、十字石和蓝晶石。储量约为 1 亿吨，含重矿物 4%，用一台抽吸式采砂船开采，每小时采矿量为 1100 t，钛精矿平均含 TiO_2 64%，年产钛精矿约 18 万吨。

纽约州：桑福德湖矿床，是大型的岩浆型钛铁矿-磁铁矿型矿床，矿石含钛铁矿 32%，矿石储量 1 亿吨以上。

（9）乌克兰。

乌克兰钛铁矿基础储量（以 TiO_2计）为 1300 万吨，储量（以 TiO_2计）为 590 万吨，金红石储量（以 TiO_2计）为 250 万吨。探明的大、中型钛矿床有 5 处。位于第聂伯罗夫斯克地区的萨姆特坎斯克矿床，是典型的古海滨砂矿，含红钛铁矿 37%～38%、金红石 10%～12%和锆英石等矿物。

（10）越南。

越南已初步探明的钛铁矿储量为 2000 万吨，主要分布在北部地区的太原和宣光（内陆砂矿）、中部沿海的河静省、清化省、平定省和平顺省。

（11）俄罗斯。

俄罗斯探明的大、中型钛矿床有 8 处。钛砂矿主要分布在西伯利亚和后贝加尔等地区，主要是古海滨砂矿。俄罗斯钒钛磁铁矿总储量位居第二，主要在科拉半岛-卡累利阿和乌拉尔。目前开采的中乌拉尔卡奇卡纳尔（Kachkanar）采矿系统（包括古谢沃戈尔 Gusevogorskoye 和卡奇卡纳尔 Kachkanar 矿床）拥有大约 61 亿吨钒钛磁铁矿石储量。奇宁斯克钒钛磁铁矿位于俄罗斯赤塔州北部的北后贝加尔地区。在 1953 年至 1983 年间进行的勘探工作表明，该矿是世界上最大的钒钛磁铁矿之一，铁矿石蕴藏量达到 300 亿吨。据俄罗斯冶金科研机构的研究资料表明，奇宁斯克钒钛磁铁矿中的钒含量比攀枝花钒钛磁铁矿要高出 70%～80%，而且钛含量略低。因此，高炉冶炼奇宁斯克钒钛磁铁矿石的难度要比冶炼攀枝花钒钛磁铁矿低，经济效益要高出许多。该矿床选出的精矿成分为 TFe 59.3%、TiO_2 9.8%、V_2O_5 0.98%。

（12）斯里兰卡。

斯里兰卡钛铁矿基础储量（以 TiO_2计）为 1800 万吨。有高品位的海滨钛砂矿床，矿床位于东海岸木莱提武、亭可马里和卡查维利，以及亭可马里南 200 km 之间，长 280 km 的一段海岸地区内。普尔姆代海滨砂矿，位于亭可马里以北 55 km，矿床含钛铁矿 70%～80%、金红石 8%～12%、锆英石 8%～10%。矿床沿海岸延伸，宽 80～100 m，长 10 km，厚 1.5～3 m，确定原矿储量为 330 万吨。

（13）马达加斯加。

马达加斯加钛铁矿基础储量（以 TiO_2计）为 1900 万吨。

（14）肯尼亚。

肯尼亚有大量的钛铁矿、金红石和锆英石资源。

（15）塞拉利昂。

塞拉利昂海滨砂矿赋存于靠海岸的平原地区，主要为金红石。此外，还有蚀变钛铁矿、锆英石、独居石等砂矿床。这类矿床形成于第三纪到更新纪时期，多呈“凹”状，并被破碎沉积物所填满。矿床特点是沉积物不分层或分层不明显，没有或很少受到后来风化作用的影响。沉积物常常是由等量的砂、黏土、淤泥组成，重矿物富集于从表面到深

20 m 的地段，上层 5~6 m 严重红土化。

现在勘探最好的矿床为姆格威姆和罗蒂丰克矿床。邦巴马的姆格威姆矿床位于弗里敦东南 130 km，离海岸约 40 km。

（16）马拉维。

马拉维湖畔的丘砂（滨湖型砂矿）中含有 6%~11%重矿物，重矿物中钛铁矿含量 50%~90%，还含有少量锆英石和金红石。该矿砂的钛铁矿储量达 4000 万吨以上。

（17）马来西亚。

马来西亚钛铁矿储量基础（以 TiO_2 计）为 100 万吨，主要海滨砂矿是以锡石为主的综合矿床。矿床位于霹雳州和雪兰莪州。每年从选锡的尾矿中可回收钛铁矿 15 万~20 万吨、钛钽铌矿 150 吨、锆英石 5000 吨、独居石 2000 吨。

1.4.2　国内钛资源储量及分布

我国主要有 3 种类型的钛矿资源：钛铁矿砂矿、钛铁矿岩矿和金红石岩矿。我国探明的钛资源分布在 21 个省（自治区、直辖市）共 109 个矿区，已探明的钛矿资源储量见表 1-6，表中统计的储量不包括金红石矿。钛矿基础储量（以 TiO_2 计）为 7.4747 亿吨，储量（以 TiO_2 计）达 1.5985 亿吨。

表 1-6　中国钛资源储量和分布（以 TiO_2 计）　（万吨）

地区	矿区数量	储量①	基础储量②	资源量③	资源储量④
四川	27	14979	20790	40822	61612
河北	8	380	572	1007	1579
广西	10	226	425	334	7585
云南	11	168	256	987	1243
广东	11	43	556	67	623
海南	42	189	409	1696	2105
合计	109	15985	23008	44913	74747

注：资料来源：《中国国土资源年鉴》（2009）。

① 基础储量中“经济的”部分×可采系数。

② 能预测的资源量。

③ 推断的资源量。在下文叙述中的“储量”，基本上为“基础储量”或“资源量”。

④ 基础储量+资源量。

从矿石工业类型上看，钛资源主要是原生钒钛磁铁矿岩矿，约占全国钛资源的 94%；第二是钛铁矿砂矿，占比 4%；第三是金红石岩矿，占比 1.5%；第四是金红石砂矿，占比 0.5%。

钒钛磁铁矿中钛铁矿岩矿资源主要产区为四川攀西地区，其次是河北承德地区。钛铁矿砂矿主要分布在海南、广东、广西、云南、江西等省（区），金红石岩矿主要分布在湖北、山西、陕西等省，金红石砂矿主要分布在海南、广东、广西等省（区）。

1.4.2.1　*钛铁矿砂矿*

全国共有钛铁矿砂矿区 66 处，其中大型 9 处，中型 15 处，小型 42 处。其矿床特点是规模小、品位低。钛铁矿砂矿主要矿床分布在海南省万宁的保定、长安、兴隆，琼海的沙老、南港，陵水的乌石-港坡、万洲坡，文昌的辅前；广西壮族自治区藤县的东胜、三吉壤；广东省化州的平定；云南省的禄劝、武定、富民、禄丰、保山板桥，西双版纳的勐海及滇南的石屏、建水、华宁、蒙自、富宁；江西省定南的车步、赤水；湖南省岳阳的新墙河、华容的三郎堰；陕西省安康的月河恒口；山西省的大同。其中，钛铁矿矿物表内储量为：海南省 1335 万吨，占全国同类储量（3811 万吨）的 35%；云南省 1088 万吨，占 28.6%；广东省 616 万吨，占 16.2%；广西壮族自治区 521 万吨，占 13.7%；江西省 117 万吨，占 3.1%。

（1）海南省。

海南省的砂矿钛铁矿共有 20 处，有 14 个经勘探的矿区，共发现矿体 78 个。合计钛铁矿储量 2099 万吨，锆英石储量 178 万吨，分别占全国已探明同类矿床储量的 69% 和 70%，还伴生有独居石、金红石及少量金、锡石可供综合利用。主要分布在东南沿海一带，北起文昌经琼海、万宁、陵水直到南部的三亚市，沿海岸线断续分布，是我国目前重要的钛矿产地。万宁县的长安、保定、兴隆为 3 个大型矿区，其中长安矿区规模最大。

海南岛海滨砂矿的矿床成因分为滨海沉积和残坡积两种类型。滨海沉积型砂矿的母岩为花岗岩、石英闪长岩和石英正长岩。这些岩石的风化物在海浪长期冲刷淘洗下，有用矿物解体成细粒，并沿有利地段富集成矿，后因地壳上升露出海面而成为海滨砂矿。主要含矿地貌单元是沙堤、沙地、古沙地和干涸泻湖区。矿体沿海岸线呈条带状分布，大部分直接出露地表。残坡积型砂矿的母岩是石英闪长岩和角闪石正长岩。这些岩石风化后首先形成风化壳，在雨水、地表水和地下潜水的共同作用下，不稳定矿物被溶蚀淋失，稳定的有用矿物原地保留下来，富集成矿床。这类矿床的矿体形状和矿石类型大体上与底下的基岩相吻合。在 78 个矿体中，绝大多数矿体的平均厚度为 4~6 m，最大平均厚度不超过10 m。矿体连续性好，底板平缓且大都高于海平面，个别低于海平面。由于矿体位于沙丘、泻湖、平原地带，含矿层为含水层，所以它们都不同程度地受到地下潜水的影响。

海南海滨砂矿潜水面以下矿量占地质总储量的 47.4%，故合理开发利用水下资源将成为发挥海南钛锆砂矿资源优势的重要途径。

（2）云南省。

钛矿是云南省的重要矿种，矿床类型多为残坡积砂矿或风化壳型砂矿，表内储量 1088 万吨。云南省已探明的钛铁矿床有 30 个，其中大型 15 个，中型 5 个，小型 10 个，探明钛铁矿储量 5561 万吨。

云南的钛铁矿砂矿资源也是比较分布分散，单个矿床储量小，矿层簿，难以实现大规模开采。其钛铁矿精矿 TiO_2品位一般在 48%~50%之间，含有 1%~2%的 MgO。

（3）广东省。

广东省有砂矿钛铁 8 处，大都属于残坡积风壳砂矿，主要分布在湛江、汕头、水东、徐闻、化州平定和陆丰等地。

湛江地区东起阳江县南山海，西至徐闻县外罗港，全长超 200 km 的海岸，海砂资源丰富，矿床由东至西南，由以含独居石、锆英石为主，逐步过渡到以钛铁矿为主。同时徐闻、湛江、吴川、电白的海滨砂中富含金红石及变种锐钛矿，板钛矿等矿物。化州市平定钛矿属残坡积风壳型矿床，钛铁矿平均品位 31.5 kg/m^3。

（4）广西壮族自治区。

广西砂矿钛铁矿共有 13 处，大都属于风化矿、原生矿较少。梧州地区的钛铁矿主要分布在藤县、芩溪、苍梧等地，已探明的 TiO_2储量约 600 万吨，原矿品位为 20~40 kg/m^3；最高达 160 kg/m^3。玉林地区的钛铁矿主要分布在陆川、博白、贵县、玉林等地，TiO_2储量 500 万吨以上，原矿品位为 16~25 kg/m^3，最高达 90 kg/m^3。钦州地区的钛铁矿，主要分布在钦州、防城、合浦、灵山以及北海市、北部湾一带，TiO_2储量 500 万吨以上，已探明储量 100 万吨以上。此外在大新、巴马、百色、那坡等地也发现有钛铁矿，估计储量在数千万吨以上。

广西钛铁矿精矿品位较高，TiO_2含量 50%~54%，钙镁含量低，钛铁氧化物总量可达 96%左右，其中北海氧化砂矿的 TiO_2含量可达 60%以上。

此外，在江苏省邳县燕子埠和铜山县汴塘乡马头山境内又发现了两处大型钛铁砂矿床，具有埋藏浅、厚度大、品位高、矿化均匀等特点，有极好的前景。

1.4.2.2　*钛铁矿岩矿*

我国钛铁矿岩矿主要赋存在钒钛磁铁矿中。钒钛磁铁矿主要矿床分布在四川省攀西地区的攀枝花、红格、白马、太和，河北省承德的大庙、黑山，丰宁的招兵沟，崇礼的南天门，山西省左权的桐峪，陕西省洋县的毕机沟等地。新疆的尾亚、河南省舞阳的赵案庄、广东省兴宁的霞岚、黑龙江省的呼玛、北京市昌平的上庄和怀柔的新地等地也发现有钒钛磁铁矿。其中四川省基础储量（以 TiO_2计）为 20790 万吨，储量（以 TiO_2计）为 14979 万吨，占全国同类储量的 95.1%；河北省基础储量（以 TiO_2计）为 572 万吨，储量（以 TiO_2计）为 380 万吨，占 3.3%；陕西省占 0.46%，山西省占 0.35%。

钒钛磁铁矿原矿中的钛矿物有钛铁晶石、钛磁铁矿、钛铁矿、钛辉石等，其中钛铁矿约占原矿中 TiO_2含量的 38%左右。目前在开采利用铁（钒）矿的同时，从选铁尾矿中回收钛铁矿，故这类钛铁矿的产量受钢铁规模的限制。攀西地区钒钛磁铁矿中 TiO_2含量达 10%~12%，从选铁尾矿中回收钛铁矿的经济效益较好。而承德的钒钛磁铁矿中 TiO_2含量只有 8%左右，从选铁尾矿中回收钛铁矿较困难且成本较高。

攀西钛铁矿精矿 TiO_2含量为 47%左右，钙镁氧化物合量高达 6%~8%。采用强磁-浮选工艺选出的钛精矿粒度特别细，适合作为硫酸法生产钛白的原料，要把这种钛精矿加工成为氯化法生产钛白和海绵钛的富钛料的难度较大。

（1）攀西地区的钛资源。

攀西钛资源是以钒钛磁铁矿的形式赋存的，其矿床主要有四大矿区，从北向南依次为太和矿区、白马矿区、红格矿区、攀枝花矿区。其中，太和矿位于四川省凉山州西昌市，白马、红格、攀枝花矿区位于攀枝花市。

根据国土资源部（现自然资源部）2004 年公布的数据（见表 1-7），攀西地区钛资源储量为 5.2 亿吨，储量为 1.5 亿吨，占全国总量的 93.7%。

表 1-7　攀西地区钒钛磁铁矿资源状况（以 TiO_2计）　　（万吨）

矿区	储量	基础储量	资源量	资源储量
攀枝花	551	1083	8827	9910
白马	1659	1796	733	2529

续表 1-7

矿区	储量	基础储量	资源量	资源储量
太和	1373	1374	686	2060
红格	11395	12327	25614	37941
合计	14978	16580	35860	52440

1）攀枝花矿区。

攀枝花矿区钒钛磁铁矿床产于辉长岩体中，含矿层地表露头分布长 15 km，平均厚 210 m，含矿率 65%，自东北向西南分为朱家包包、兰家火山、尖包包、倒马坎、纳拉箐、公山等 6 个矿区。截至 2006 年底，矿石地质储量（见表 1-8）为表内矿（A+B+C+D 级）60637. 1 万吨、表外矿（A+B+C+D 级）49916. 5 万吨、资源量 9709. 28 万吨。

表 1-8 攀枝花矿区资源量

矿段	表内矿（A+B+C+D 级）/万吨	表外矿（A+B+C+D 级）/万吨	TiO_2 平均地质品位 /%	资源量 /万吨
朱家包包	25531. 5	26998. 2	12. 57	5253. 0
兰家火山	14482. 4	9864. 0	11. 40	3025. 0
尖包包	3955. 9	1047. 6	11. 13	556. 9
倒马坎	12663. 6	10059. 1	10. 52	620. 7
纳拉箐	928. 1	829. 1	10. 62	65. 32
公山	3075. 6	1118. 5	12. 29	188. 36
合计	60637. 1	49916. 5		9709. 28

2）红格矿区。

红格矿区由南、北矿区组成。截至 2006 年底，矿石地质储量（见表 1-9）为表内矿（A+B+C+D 级）182889 万吨、表外矿（A+B+C+D 级）172607 万吨、资源量 32390. 5 万吨。

表 1-9 红格矿区资源量

矿段	表内矿（A+B+C+D 级）/万吨	表外矿（A+B+C+D 级）/万吨	TiO_2 平均地质品位 /%	资源量 /万吨
路枯	63212	57566	11. 06	11580. 5
马松林	10772	7190	10. 24	1473
铜山	25383	30131	10. 39	4902
红格北矿	83522	77720	10. 56	14435
合计	182889	172607		32390. 5

3）白马矿区。

截至 2006 年底，矿石地质储量（见表 1-10）为表内矿（A+B+C+D 级）119150. 8 万吨、表外矿（A+B+C+D 级）30427. 6 万吨，资源量 4496. 1 万吨。

表 1-10　白马矿区资源量

矿段	表内矿（A+B+C+D 级）/万吨	表外矿（A+B+C+D 级）/万吨	TiO_2平均地质品位/%	资源量/万吨
夏家坪	4058.6	404.6	6.67	144.8
及及坪	55455.2		6.29	1600
田家村	31381		6.01	922
青杠坪	22442	19021	7.31	1274.6
马槟榔	5814	11002	8.37	554.7
合计	119150.8	30427.6		4496.1

4）攀枝花地区内其他矿区。

攀枝花地区除有攀枝花、红格、白马三大矿区外，还有马鞍山、中梁子、湾子田、中干沟等 7 个矿区。截至 2006 年底，矿石地质储量（见表 1-11）为表内矿（A+B+C+D 级）55254.9 万吨、表外矿（A+B+C+D 级）47542.1 万吨、资源量 5233.2 万吨。

表 1-11　攀枝花其他矿区资源量

矿段	表内矿（A+B+C+D 级）/万吨	表外矿（A+B+C+D 级）/万吨	TiO_2平均地质品位/%	资源量/万吨
马鞍山	1134	693	14.24	100
中梁子	1250	4510	14.07	276.1
湾子田	5058	4706	12.18	489
中干沟	16052.9	7924.6	12.14	1264.2
潘家田	23284	14205	10.86	2000
安宁村	8476	11354	9.29	921.5
新街		4149.5	9.53	182.4
合计	55254.9	47542.1		5233.2

5）西昌太和矿区。

太和矿区资源由浅部和深部两部分组成。截至 2006 年底，矿石地质储量为表内矿（A+B+C+D 级）26039 万吨、表外矿（A+B+C+D 级）106771 万吨、资源量 6223 万吨。

6）凉山州其他矿区。

凉山州德昌县有巴洞钒钛磁铁矿，会理县有白草、秀水河矿区，目前正在开发利用。截至 2006 年底，矿石地质储量（见表 1-12）为表内矿（A+B+C+D 级）26020.2 万吨、表外矿（A+B+C+D 级）15556.7 万吨、资源量 2026 万吨。

表 1-12　凉山其他矿区资源量

矿段	表内矿（A+B+C+D 级）/万吨	表外矿（A+B+C+D 级）/万吨	TiO_2平均地质品位/%	资源量/万吨
白草	17390.6	13585.7	11.80	1500
秀水河	8629.6	1030	11.11	486

续表 1-12

矿段	表内矿（A+B+C+D 级）/万吨	表外矿（A+B+C+D 级）/万吨	TiO_2平均地质品位/%	资源量/万吨
巴洞		941	7.99（表内）	40（表外）
合计	26020.2	15556.7		2026

（2）河北承德地区的钛资源。

河北承德地区钒钛磁铁矿资源，截至 2008 年底全市已探明钒钛磁铁矿资源总量 3.65 亿吨，超贫钒钛磁铁矿资源总量 78.25 亿吨，伴生钒（V_2O_5）金属量 703.06 万吨，伴生钛（TiO_2）量 1.28 亿吨。

钒钛磁铁矿主要分布在承德市双滦区大庙、隆化县韩麻营至中关、承德县黑山、高寺台至头沟一带的斜长岩杂岩体中。截至 2009 年底，全市已探明大庙式钒钛磁铁矿资源储量 3.65 亿吨，保有资源储量 3.28 亿吨（其中，上表矿产地 9 处，保有资源储量 1.87 亿吨；未上表矿产地 19 处，保有资源储量 0.48 亿吨）。在黑山铁矿深部，新增钒钛磁铁矿资源储量 1 亿吨，品位 TFe 22.78%～41.44%、TiO_2 5.98%～10.71%、V_2O_5 0.17%～0.43%，共伴生 V_2O_5金属量 76.60 万吨，TiO_2金属量 2378.36 万吨。隆化县大乌苏南沟铁矿区（M24）勘查，资源储量达 5 亿吨以上。2009 年，河北省国土资源厅（现河北省自然资源厅）在矿区局部地段已批准钒钛磁铁矿资源储量 1.82 亿吨，TiO_2金属量 3321 万吨以上。

承德钛铁矿精矿 TiO_2含量 47%左右，钙镁氧化物合量高达 2%～3%，粒度细（指磁浮选矿），适合作为硫酸法生产钛白的原料。承德钛铁矿精矿中的钙镁氧化物合量比攀西矿低，但有些地区矿中 Al_2O_3含量较高（如黑山矿）。

（3）广东省。

广东省只有兴宁市霞岚钒钛磁铁矿 1 个原生钒钛磁铁矿区，位于兴宁市罗岗镇。该矿远景储量达 4.5 亿吨，潜在价值 300 多亿元，矿区面积 4.52 km^2，总储量居全国第二，仅次于攀枝花的钒钛磁铁矿，开发方便，距矿区 2 km 处规划有济广高速出口。品位为 TiO_2 6.6%、TFe 26.35%、V_2O_5 0.265%，选矿后铁钒精矿品位为 TFe 57.78%、TiO_2 12.87%、V_2O_5 0.92%，精矿中 V_2O_5含量高，目前韶钢已正式开采该矿床。

此外，在中国的山西、陕西、安徽、新疆等地发现有钒钛磁铁矿。

1.4.2.3　*金红石岩矿*

我国已发现的天然金红石资源 80%以上是原生矿，砂矿资源比较少。金红石原生矿储量丰富，已发现金红石矿床分布于 17 个省、市、区，以湖北、河南、陕西、江苏、山西及山东为主。其中湖北省金红石（TiO_2）表内储量（534.43 万吨）占全国同类储量（750.86 万吨）的 71.2%，山西省（154.79 万吨）占 20.6%，陕西省（44.4 万吨）占 5.9%。比较出名的金红石岩矿床有湖北省枣阳的大阜山、山西省代县的碾子沟、河南省新县的杨冲和山东省莱西县的刘家庄。

金红石岩矿的原矿中含有 1%～4%的金红石矿，金红石矿呈细粒状分布在岩石中，要经过采矿、破碎和选矿等复杂工序才能获得金红石精矿，投资大、产品成本高，目前仅有少量开采。这类金红石岩矿在国外很少有开采利用的报道，要进行规模化开采需进行经济效益论证。

1.4.2.4　金红石砂矿

金红石砂矿包括海滨砂矿和残坡积风壳型砂矿。海滨砂矿储量不大，主要分布在海南、广东、广西和福建等省，主要是锆英石矿中的伴生金红石矿，矿中金红石矿含量一般为 1~2 kg/m^3。风化壳型金红石矿主要分布在河南、山东、湖北、陕西等省，总储量约为 260 万吨。其中，河南储量最大，以河南方城柏树岗金红石矿规模最大，矿中金红石 TiO_2 含量达 2%左右。

金红石砂矿主要分布在河南省西峡县的八庙子沟，山东省莱西县的刘家庄和储城市的上崔家沟，湖北省枣阳的大阜山，湖南省湘阴的望湘、岳阳的新墙河、华容的三郎堰，安徽省潜山的黄铺古井，海南省万宁县的保定。其中，河南省金红石砂矿表内储量（218.45 万吨）占全国同类储量（256.86 万吨）的 85%，山东省（17.68 万吨）占 6.9%，湖北省（9.24 万吨）占 3.6%，湖南省（6.99 万吨）占 2.7%，安徽省占 1.15%，海南省占 0.58%。

参考文献

[1] 杨绍利. 钒钛磁铁矿综合利用技术手册 [M]. 北京：冶金工业出版社，2021.

[2] 丁建华，张勇，李立兴，等. 中国钒矿成矿地质特征与资源潜力评价 [J]. 中国地质，2025，52 (1)：22-42.

[3] 中国地质科学院矿产综合利用研究所. 攀西钒钛磁铁矿资源及综合利用技术 [M]. 北京：冶金工业出版社，2015.

[4] 杨耀辉，惠博，颜世强，等. 全球钒钛磁铁矿资源概况与综合利用研究进展 [J]. 矿产综合利用，2023 (4)：1-11.

[5] 王伊杰，刘天科，王雪峰，等. 矿产资源禀赋条件与开发利用异质性：基于河北铁矿资源聚集区的研究 [J]. 矿产综合利用，2022 (5)：119-124.

[6] U. S. Geological Survey. Vanadium Statistics and Information, Mineral Commodity Summaries 2024 [R/OL]. [2025-3-15]. https：//pubs. usgs. gov/periodicals/mcs2024/mcs2024-vanadium . pdf.

[7] 张晓伟，张万益，童英，等. 全球钛矿资源现状与利用趋势 [J]. 矿产保护与利用，2019，39 (5)：68-75.

[8] 李厚民，王登红，李立兴，等. 中国铁矿成矿规律及重点矿集区资源潜力分析 [J]. 中国地质，2012，39 (3)：559-580.

[9] 李政，陈从喜，葛振华，等. 中国钛矿资源开发利用形势探讨 [J]. 国土资源情报，2020 (10)：75-80.

2 钒钛磁铁矿综合利用现状与展望

2.1 钒钛磁铁矿资源利用的整体情况

钒钛磁铁矿作为典型的多金属共伴生矿床，其主要成分为铁、钒、钛三元体系，并赋存钴、镍、铬、钪、镓等多种战略金属元素，具有重要的工业开发价值[1]。其中，钛金属因其独特的物理化学性质（包括优异的耐高低温特性、卓越的耐腐蚀性能以及高强度低密度的机械特性），在航空航天领域被誉为“战略金属”。通过合金化技术，钛可与铁、铝、钒等金属形成高性能复合金属材料，目前已广泛应用于飞行器构件、医用植入体及新能源汽车等高端制造领域。而钒元素则凭借其特殊的电子层结构和催化特性，在新型钒电池储能系统、特种钢强化剂及化工催化剂等方面发挥着关键作用，被称作工业领域的“维生素”[2]。我国作为全球钒钛磁铁矿资源较为丰富的国家，自20世纪中期开展系统开发以来，虽然在选冶技术方面取得突破性进展，但资源开发仍存在综合利用效率偏低、伴生组分流失严重等问题[3]，部分高端钛材仍需依赖进口。因此，亟须通过技术创新和工艺优化实现全组分高效提取，推动该战略资源的价值最大化利用。

目前，国内外对钒钛磁铁矿资源的开发利用普遍采用“先分选后加工”的工艺流程，首先通过选矿获得钒钛磁铁精矿和钛精矿两种主要产品，再分别进行后续处理[4]。其中，钛精矿可应用于酸浸法钛白和氯化法钛白等工业生产领域[5]。以攀西地区钒钛磁铁矿为例，其工业矿物组成中钛磁铁矿类占比43%～45%，钛铁矿类占比8.5%～9.5%，钴镍硫化物类含量为1.5%～2.5%，脉石类矿物含量为43%～47%，经选矿后可得到钒钛磁铁精矿、钛精矿和硫钴精矿3种产品，其中钒钛磁铁精矿的产量占比最大[6]。值得注意的是，在选矿过程中，原矿中约52%的钛和89%的钒会进入钒钛磁铁精矿产品中，使其成为铁、钒、钛综合利用的关键载体。然而，当前攀西地区钒钛磁铁矿的开发利用仍以钢铁冶炼工艺为主，铁、钒、钛的回收利用率分别为70%、47%和15%～20%[7]。虽然钛精矿中钛的回收率可达90%以上，但钒钛磁铁精矿中的钛资源回收率却极低，采用高炉法处理时铁和钒的回收率分别为90%和80%，而钛的回收率几乎为零，因此如何提高钒钛磁铁精矿中钛的回收利用率成为实现该资源高效综合利用的关键技术难题。

钒钛磁铁矿精矿的冶金加工技术体系主要包含高炉-转炉流程与非高炉工艺两大类。现有工艺体系中，非高炉法已发展出预还原-电炉熔分、直接还原-磁选分离、钠化焙烧提钒-电炉还原及钠化焙烧-物理分选等典型技术路线[8]。从资源综合利用效率、工艺稳定性、规模化生产能力、环境负荷及能源消耗等关键指标进行多维技术经济性评估，各工艺的优劣特征如表2-1所示。

表 2-1　钒钛磁铁精矿综合利用方法比较

利用方法		回收效率	工艺特点	产能与工业化	环保影响	能耗特点
高炉法		钒、钛利用率低，产生“渣山”	需配普通矿，炉渣黏稠，渣铁分离困难	产能大，已工业化	烧结和炼焦工序污染严重	烧结和炼焦工序能耗高
非高炉法	预还原-电炉法	钛回收率较高，综合回收效果好	TiO_2 质量分数大于30%时冶炼困难，电炉渣利用难度大	产能大，国外已工业化	无烧结和炼焦工序，污染较小	无烧结和炼焦工序，能耗较低
	直接还原-磨选法	铁、钒、钛回收率较高	难还原，铁晶粒难长大，选矿分选效果低，回转窑工艺易结圈	生产规模小	钠盐存在，腐蚀设备，污染环境	能耗较低
	钠化提钒-预还原-电炉法	铁、钒、钛回收率较高，仅回收钒	残球强度低，残留大量钠盐，易粉化，回转窑易结圈	生产规模较小	钠盐消耗量大，污染环境	能耗较低
	钠化焙烧-磨选法	铁、钒、钛回收率较高	添加剂需使用 Na_2CO_3，影响还原气氛，操作复杂，钒酸钠生成条件苛刻	生产规模小	钠盐消耗量大，污染环境	能耗较低

2.2　基于高炉-转炉长流程的钒钛磁铁矿冶炼实践

2.2.1　钒钛磁铁矿高炉长流程冶炼关键技术

本节以攀西地区钒钛磁铁矿冶炼为例，介绍其冶炼实践和关键技术[9-14]。

攀西地区是中国乃至世界矿产资源最富集的地区之一，也是我国第二大铁矿区，蕴藏着上百亿吨的钒钛磁铁矿资源，钒资源储量占中国的52%，钛资源储量占中国的93.7%，同时还伴生钴、铬、镍、镓、钪等10多种稀有贵重矿产资源，综合利用价值极高。

攀钢是中国钒钛磁铁矿冶炼技术的开拓者与引领者。其高炉炼铁技术以处理高钛型钒钛磁铁矿为核心，克服了传统高炉冶炼高钛矿的难题（如渣铁分离困难、炉缸堆积等），形成了全球独有的高钛矿高炉冶炼技术体系。经过半个多世纪的发展，攀钢已建立了完整的以钒钛磁铁矿为原料、以高炉-转炉为基本工艺的长流程、钒冶金流程和钛冶金流程，实现了三大组元的提取和利用，见图 2-1。

2.2.1.1　*选矿*

钒钛磁铁矿是一种复杂的多金属共生矿，其主要矿物成分为磁铁矿（Fe_3O_4）、钛铁矿（$FeTiO_3$）以及含钒矿物。矿石中铁、钛、钒的含量较高，矿石硬度大、嵌布粒度细，选矿难度较大。

攀钢采用的选矿流程主要包括破碎、磨矿、磁选、浮选、浓缩、过滤等步骤。(1) 破碎与磨矿。原矿经过粗碎、中碎和细碎后，进入球磨机进行细磨，使矿物单体解离。(2) 磁选。利用磁选机对磨矿后的矿浆进行磁选，分离出磁性较强的磁铁矿。

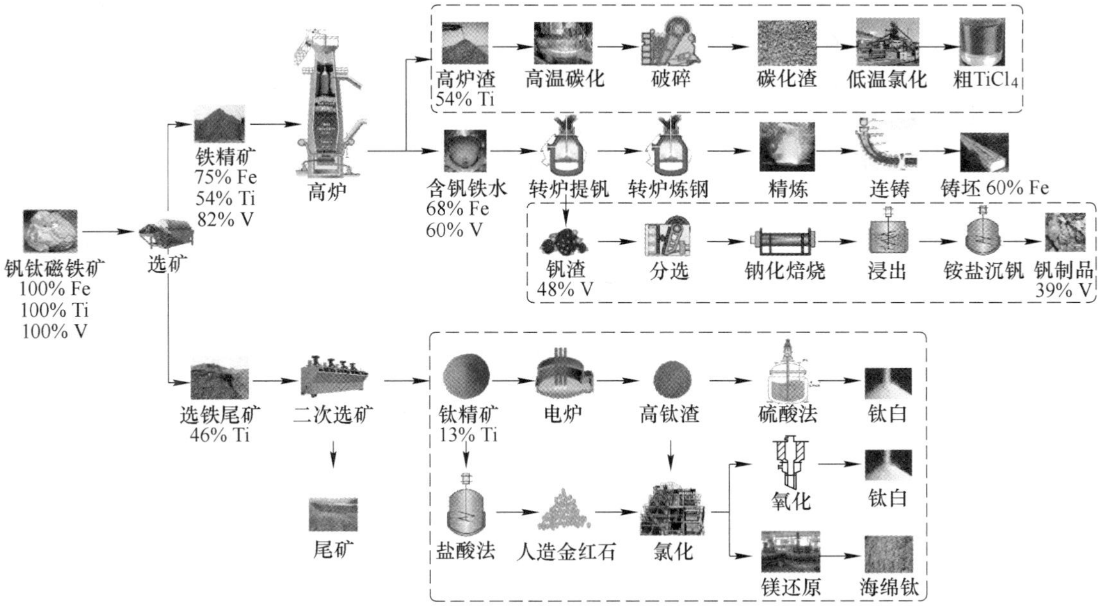

图 2-1 攀钢钒钛磁铁矿高炉-转炉冶炼工艺流程

(3) 浮选。对磁选尾矿进行浮选，回收钛铁矿和含钒矿物。(4) 浓缩与过滤。将选别后的精矿进行浓缩和过滤，得到铁精矿、钛精矿和钒精矿。

通过采用多段磁选和浮选工艺，实现了铁、钛、钒的高效分离。经过 50 多年的建设发展，攀钢已具备年产铁精矿 1350 万吨、钛精矿 150 万吨的生产能力。

2.2.1.2 烧结

在烧结过程中，烧结原料尤其是铁矿石的烧结特性对利用系数、成品率、冷强度等烧结指标的影响较大。攀枝花钒钛磁铁精矿 TFe 含量较低，约 51%，比普通铁精矿低 6%~12%；另外，其 SiO_2含量也较低，仅约 3%。精矿的钛、铝含量高，TiO_2、Al_2O_3分别高达 13%、5%左右，然而这将提高铁矿石的同化温度，对烧结过程的液相产生不利。除了成分外，攀枝花钒钛磁铁精矿的粒度较粗，小于 0.074 mm 的质量比仅占 45%左右，是国内粒度最粗的精矿。精矿颗粒表面光滑平整，棱角分明，亲水性差。以上提及的钒钛磁铁精矿的自身性质，将恶化其烧结基础特性。

随着选矿技术的发展，攀钢对自产的钒钛磁铁精矿进一步细磨提质降杂，提高了钒钛矿品位，同时降低了其粒度。攀钢集团研究院的胡鹏[9]针对提质前后的钒钛磁铁精矿进行了烧结规律研究，发现提质后的精矿 TFe 含量从 53.70%提高到 61.70%，TiO_2含量从 12.25%降低到了 6.08%；粒度大幅度降低，小于 0.074 mm 粒级的比例为 96.6%，平均粒度为 0.042 mm，是提质前精矿粒度的 1/3；对两种精矿进行了单烧配矿与制粒实验，在制粒混合料水分控制基本稳定的前提下，对混合料粒度进行了湿筛和干筛。结果表明：对于混合料+3 mm 的粒级占比，由于超细精矿易于自成球，提质后的精矿湿筛较基准提高 8.09%，干筛则提高 6.16%。细磨后精矿烧结速度提高，转鼓强度降低。随着细磨后精矿替代原始钒钛矿比例提高，烧结矿成品率呈上升的趋势，而转鼓强度则逐渐下降。另外，在控制混合料水分一定的情况下，提质后精矿的比例越高，混合料+3 mm 粒级比例质量分数几乎呈线性增加。

攀钢针对钒钛磁铁精矿难制粒的问题，主要采取了 3 大强化制粒措施[10]：（1）大配比的生石灰与活性灰强化制粒；（2）二次混合机锥形逆流分级圆筒混合造球技术新型衬板强化制粒技术；（3）返矿预润湿改善成球技术。攀钢是以高钛型钒钛磁铁矿为原料进行烧结生产的代表性企业，经过几十年艰苦发展，探索出了一系列的最佳工艺水平。如生石灰强化制粒，改善钒钛磁铁矿制粒性能，增加料层透气性；燃料二次分加技术，优化燃料燃烧条件，提高烧结生产率；推行厚料层烧结，提高烧结矿产质量；复合黏结剂强化制粒，降低料层压降，增产降耗；采用磁辊布料技术实现偏析布料，改善料层燃烧带迁移条件；富氧点火，强化烧结；低负压点火；烧结矿喷洒卤化液，降低低温还原粉化率等。

2.2.1.3 球团

针对钒钛磁铁矿提质后粒度变细，高钛型烧结过程返矿率高、转鼓强度低等问题，同时为了增加自有矿的利用数量，降低炼铁生产成本，攀钢研究院与西昌钢钒有限公司联合开展了“钒钛烧结矿低温黏结相重构及组元（钛、硅、钙）耦合、高碱度厚料层钒钛矿烧结、全钒钛球团矿带式焙烧、钒钛矿高炉全熟料冶炼以及高球团矿比例高炉冶炼控制技术”为主要内容的攀钢高炉高比例全钒钛球团冶炼关键集成技术研究，突破了高钛型钒钛烧结矿转鼓强度长期偏低和总返矿率长期居高不下的技术瓶颈，解决了高钛型钒钛磁铁矿造球难、耗氧量大、焙烧时间长等问题，形成了攀钢大高炉球团矿配比大于 50% 以上的全熟料冶炼关键技术，填补了世界上高钛型钒钛磁铁矿高炉冶炼技术空白。试验期间，吨铁燃料比较基准至少降低 15 kg，高炉利用系数同比提高 0.35 t/(m^3 · d)，生铁产量增幅超过 15%。该项技术的生产应用，不但有利于改善钒钛磁铁矿烧结和高炉冶炼的技术经济指标，而且优化了攀钢球团生产的物流运输和生产组织，使得高钛型全钒钛球团矿的护炉功效更加明显，具有良好的推广应用前景。

2.2.1.4 高炉炼铁

图 2-2 给出了 1970—2020 年攀钢高炉原料、指标变化情况。1970 年，攀钢建成投产 1000 m^{3}的 1 号高炉，标志着工业化实施钒钛磁铁矿高炉冶炼工艺的开始。那段时期高炉原料全部采用产自攀枝花本地的钒钛磁铁矿，入炉烧结矿平均品位为 46%左右，炉渣中 TiO_2含量为 22%~24%。由于高炉冶炼工艺和操作技术没有完全成熟，在冶炼过程中遇到了许多问题，包括渣粘、炉渣泡沫化、铁水“粘罐”、铁损高等。1970—1978 年，攀钢一直采用上述冶炼模式，高炉经济技术指标非常差，高炉平均利用系数只有 1.0 t/(m^3 · d)左右，渣量超过 1000 kg/t，焦比超过 800 kg/t。1978—1985 年，攀钢逐渐开始降低钒钛磁铁矿配比，改全钒钛磁铁矿冶炼为高配比钒钛磁铁矿冶炼，炉渣中 TiO_2 含量控制在 23%以下。这种情况下高炉技术经济指标有所提高，高炉利用系数提高到 1.7 t/(m^3 · d)左右，渣量为 800 kg/t 左右，焦比为 600 kg/t 左右。1985—2001 年，钒钛磁铁矿选矿技术的进步使得入炉原料品位提高，炉渣中 TiO_2 含量也逐年降低。这段时间，攀钢钒钛磁铁矿高炉冶炼技术也取得突破性提升，成功开发出高炉强化冶炼技术，即高风温、富氧鼓风、喷煤、快速停开炉技术。各项技术经济指标得到提升，高炉利用系数超过 2.0 t/(m^3 · d)，渣量为 650 kg/t，焦比下降至 550 kg/t。2001 年以后，攀钢改变了高炉炉料结构，采用全钒钛球团搭配钒钛烧结矿和少量块矿。在国内普遍购买海外高品位铁矿石的背景下，钒钛矿配比降低，炉渣 TiO_2 含量一度接近 20%。当进口铁矿的价格持续攀升后，

2008年攀钢重新开始提高高炉入炉原料中钒钛磁铁矿配比。目前攀钢高炉冶炼钒钛磁铁矿的配比为65%~70%，炉渣 TiO_2 含量为22%~23%，高炉利用系数在2.7 t/(m^3 · d) 左右，渣量为600 kg/t左右，综合焦比约为500 kg/t。

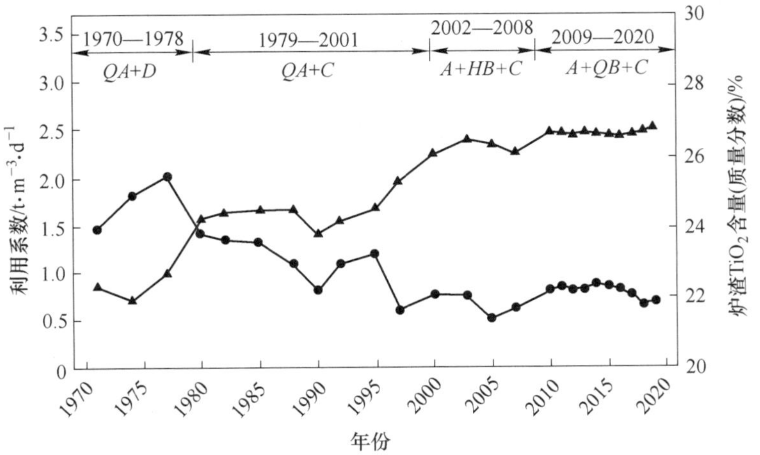

图2-2 1970—2020年攀钢高炉原料、指标变化情况

QB—全钒钛球团矿；*HB*—混合球团矿；*A*—钒钛烧结矿；*QA*—全钒钛烧结矿；*C*—块矿；*D*—灰石

2.2.1.5 转炉提钒与半钢炼钢

攀钢开发了独特的双联法工艺，将转炉提钒和半钢炼钢两个环节在同一转炉内完成，简化了工艺流程，提高了生产效率，降低了能耗。钒元素在高炉内被还原后进入铁水，其中铁水中的钒含量在0.3%~1.0%。含钒铁水进入转炉，通过氧化铁水中的钒，得到钒含量为5%~14%的钒渣和半钢并分离。此时钒在炉渣中富集了近20倍，从炉渣提取氧化钒就显得更为经济合理。提钒后的半钢继续进行脱碳、脱磷等处理，最终得到合格钢水。

在半钢炼钢生产实践中，攀钢已形成了具有自身特色的半钢炼钢技术。早期攀钢半钢炼钢工艺一直沿用高拉补吹、高碱度炉渣的操作方法，转炉内担负着脱磷、脱硫、降碳升温等任务，工艺较为落后。随着攀钢连铸的投产和用户对钢材质量要求的日趋严格，从1995年开始，樊钢通过铁水预处理的应用、转炉提钒工艺的优化、转炉炼钢采用活性石灰造渣和留渣操作，以及降低炉渣碱度，推行一次拉碳的终点控制制度等技术措施，使得半钢炼钢工艺得到大幅改进和完善，取得了良好效果，主要有：(1) 半钢炼钢过程的初渣提前1~2 min形成，冶炼顺行，并有效地抑制了终点钢、渣的氧化性；(2) 缩短了冶炼周期；(3) 提高了攀钢半钢炼钢转炉炉龄。

2.2.1.6 钒渣提钒

钒综合利用方面，攀钢已形成转炉提钒工艺、V_2O_5生产工艺、V_2O_3生产工艺、钒氮合金生产技术、氧化钒清洁生产新工艺等一系列拥有自主知识产权的专有技术，其产品开发、工艺技术和竞争力在国际领先。攀钢现已开发出钒渣、高钒铁、V_2O_3、V_2O_5、钒氮合金等系列产品，形成了年产钒渣29.6万吨、V_2O_5 0.82万吨、V_2O_3 1.44万吨、FeV80 0.82万吨、FeV50 0.76万吨、钒氮合金0.23万吨的生产能力，钒资源利用率达到60%（原矿-钒渣），其钒产品在国内市场占有率达到80%，国际市场占有率达到20%，已经成为中国最大、世界第二的钒制品生产经营企业，具有较强的钒资源开发技术优势。

针对含钒炉渣，目前最为成熟的方法是钠化焙烧提钒工艺：先将钒渣与钠盐在回转窑中进行氧化焙烧，然后将焙烧产物中的钒通过浸出、沉淀、煅烧等工艺得到 V_2O_5产品。攀钢在焙烧阶段通过添加 1%～2% CaO，抑制硅酸盐生成，将钒转化率从 75%提升至 88%。此外，在铵盐沉淀阶段，将 pH 值控制在 2.5～3.0，沉淀率提高至 99%以上，产品硫含量低于 0.02%。该技术虽然成熟并具有许多优点，但也存在一些问题，主要有：(1) 腐蚀性气体（HCl、Cl_2、SO_2、SO_3等）排放量大，环境污染严重；(2) 原料适应性差，对钒渣中钙和硅的含量要求严格，钒渣中每增加 1%的氧化钙会造成 4.7%～9%的钒损失，水浸之后通常需要采用再次酸浸回收残钒；(3) 低熔点钠盐的加入使得炉料易结块，造成粘炉、回转窑结圈，影响生产顺行；(4) 提钒后的废水和废渣不易处理，废水中的铬和氨含量高，需要特别处理后才能排放；废渣中碱金属含量高，不容易实现资源综合利用。钒渣钙化焙烧提钒方法是另一种应用于工业生产的钒渣提钒工艺。在 20 世纪 90 年代，攀钢就对该工艺进行过研究，但因沉钒产品中 V_2O_5含量低和残渣过滤困难等问题使得该法未能在我国工业化应用。近年来，随着环保法规越来越严格，主流的钠化焙烧提钒工艺的环保成本越来越高，相对清洁的钙化焙烧提钒工艺逐渐受到了重视。为实现钙化提钒工艺在国内的产业化，攀钢研究院、承德钢铁公司、重庆大学、中国科学院过程工程研究所等单位积极地开展了相关的实验室研究工作。2005 年至 2009 年，攀钢再次对钙化工艺进行了研究，解决了产品 V_2O_5含量低和残渣过滤困难的问题，并在四川省成都市建立了 500 吨/年 V_2O_5的中试线。根据中试研究工作，攀钢于 2011 年 10 月，在其西昌基地建立了钒渣钙化焙烧工艺生产线，经过了多轮次的工业实验，工艺流程已经打通，但目前最大的问题是钙化焙烧提钒工艺中钒元素转化率偏低，现阶段的工艺水平仍然无法取代钠化焙烧提钒工艺。

2.2.1.7　钛渣利用

目前从资源回收利用的角度看，高炉流程最大的问题是原矿中约 54%的钛进入高炉渣而浪费。攀钢现已建成年处理量 10 万吨的高温碳化-低温氯化工艺中试线，是目前最具有工业前景的含钛高炉渣提钛处理工艺。该工艺的提钛效率可达 80%，意味着全流程钛的回收率将达到 65%。目前，高温碳化-低温氯化示范线虽然技术上已经打通且基本实现了全流程生产，但是必须克服生产成本高的障碍。攀钢经过连续多轮技术攻关，已经在炉衬、电极消耗、电耗等各方面实现了优化。以含钛高炉渣为原料生产 $TiCl_4$的成本虽然不断下降，但是仍然高于以进口钛铁矿为原料生产 $TiCl_4$的边际成本。如果在成本方面无法实现显著突破，新工艺仍然无法实现大规模产业化。那么在技术本身已经优化接近极限的情况下，未来如何解决成本问题成为高炉渣资源回收利用的关键。

2.2.2　高炉流程冶炼钒钛磁铁矿的主要问题

攀钢在高炉法冶炼钒钛磁铁矿领域积累了丰富的实践经验，通过持续优化精料水平和装备技术，逐步建立起独具特色的钒钛矿高炉强化冶炼体系[11-13]。然而该工艺仍存在显著的技术瓶颈：在高炉工况波动或渣铁滞留时间延长时，易生成 TiC、TiN 等高熔点化合物，导致炉渣黏度增大、流动性恶化，进而引发排渣困难、铁损增加等[14]。更为关键的是，攀钢高炉流程仅能有效回收铁和钒元素，其中钛资源以低品位 TiO_2（含量 22%～

25%）形式赋存于高炉渣中。针对这一难题，学界已探索了多种利用途径，包括湿法浸出提钛[15-16]、铁合金冶炼[17]、建筑材料制备[18]、玻璃原料[19]以及电焊条生产[20]等，但这些方法普遍存在处理能力有限、工艺复杂、环境风险较高等缺陷。尽管攀钢高钛型高炉渣的提钛技术已取得阶段性进展，但短期内仍难以实现规模化高效利用，而承钢等企业的中低钛型高炉渣的钛资源回收难度更大。综合评估表明，高炉法不仅存在钛资源回收率低的固有缺陷，还面临着工艺流程冗长、投资规模大、能耗偏高、环境污染严重等系统性挑战，因此从资源综合利用的角度考量，该工艺难以成为钒钛磁铁精矿高效开发的最优选择。

2.3 钒钛矿非高炉冶炼工艺

2.3.1 钒钛矿非高炉工艺开发概况

高炉-转炉流程经过几十年的发展和工艺流程的不断改进与优化已较成熟，但随着优质焦煤资源的日渐枯竭，高炉流程面临着焦炭短缺的危机。所以，应用高炉工艺冶炼钒钛磁铁矿的可持续发展受到了一定的限制。非高炉冶炼工艺不用焦炭作为还原剂和发热剂，应用普通煤炭、天然气或煤气均可。同时，非高炉冶炼工艺冶炼钒钛磁铁矿还有利于实现钒钛磁铁矿中铁、钒、钛资源的综合回收利用。因此，钒钛磁铁矿非高炉冶炼技术大有可为，应用前景广阔。

我国钒钛磁铁矿非高炉冶炼工艺研发及其应用可分为两个阶段[7-8]。

（1）第一阶段：钒钛磁铁矿综合利用新流程研究与技术探索。

我国继普通高炉冶炼攀枝花钒钛磁铁矿技术实现重大突破后，在 20 世纪 70 年代至 80 年代再举全国之力进行钒钛磁铁矿非高炉流程研究，重点突破铁、钒、钛的分离与回收技术。针对钒钛磁铁矿综合利用新流程工艺技术研发，投入大量的人力、物力，动员了国内众多科研院所、高校的科技力量进行攻关。在国家统一领导、组织下，开展了多次大型半工业化、工业化试验，取得了一系列研究成果，为钒钛磁铁矿的综合利用新流程工业化奠定了坚实的基础。

在攀枝花钒钛磁铁矿综合利用新流程研究中，针对钒铁精矿中铁、钛、钒的分离工艺技术，攀钢提出了“先提钒的北方流程”和“后提钒的南方流程”两种工艺路线，并分别进行了半工业化或工业化试验，成功打通了全流程。然而，试验中发现两种流程均存在技术或经济性问题。这些问题短期内难以解决，最终导致两种流程均未能实现工业化生产。

1）“先提钒的北方流程”。该流程的核心步骤包括：钒铁精矿与钠化剂混合造球，球团在回转窑中氧化钠化焙烧，将 V_2O_5 转化为可溶于水的偏钒酸钠，随后通过热水浸出萃取 V_2O_5。浸钒后的球团经煤基回转窑还原，再用电炉熔化分离，最终得到钢水和液态钛渣。该流程的显著特点是钒回收率高（约 90%，远高于高炉-转炉流程的 40%~45%），且钛渣 TiO_2 含量接近理论值，避免了铁水“粘罐”等问题。

然而，“北方流程”也存在明显缺陷：提钒时处理物料量过大、钠盐残留导致球团还原膨胀和粉化严重、回转窑操作稳定性差，且单机生产规模难以满足工业化需求。这些技术经济性问题限制了该流程的工业化应用，最终未能实现大规模生产。

2）“后提钒的南方流程”。根据钒的走向，该流程可分为还原钒（深还原）和不还原钒（浅还原）两个分流程。

还原钒的流程主要包括：钒铁精矿造球后，经一步法回转窑还原（链箅机-回转窑煤基直接还原），还原产品通过矿热电炉加碳深度还原/熔化分离，得到含钒铁水和含钛炉渣。含钒铁水通过吹氧进一步提取钒渣和半钢，最终产品为钒渣、半钢和含钛炉渣。不还原钒的流程则是在还原后直接通过矿热电炉熔化分离，得到半钢和钒钛炉渣，钒钛炉渣用于化学法提钒，提钒后的尾渣作为富钛原料。

“后提钒的南方流程”采用一步法回转窑还原技术，工艺相对简化，能够实现钒铁精矿的初步还原。然而，该流程存在显著的技术缺陷：球团在链箅机上温度较低（<700 ℃）、回转窑尾气为弱还原性（含 CO 和还原剂挥发分），导致球团无法固结成具有足够强度和耐磨性的产品。球团进入回转窑后易产生粉末，影响设备运行的稳定性，同时能耗较高，单机生产规模难以扩大。此外，还原产品在深度还原和分离过程中面临电炉型号选择、电能供应以及钛渣 TiO_2 品位偏低等问题。钛渣品位不足限制了其直接用于钛白生产的可能性，仅能作为配料使用。这些技术经济性问题导致该流程未能实现工业化生产。

中科院过程所还开展了钒铁精矿流化床预还原工艺研究，进行半工业化（吨级连续生产实验装置）试验。试验结果表明，钒铁精矿通过流化床还原铁的金属化率可达约85%，在产品金属化率控制在适当水平条件下运行正常，还原产品完全不受还原气体的“污染”，且钒铁精矿中的部分硫在还原过程中被脱除。但因还原气体来源困难、还原气体一次通过流化床的利用率低、流化床尾气的回收、净化、脱除 H_2O 和 CO_2、重新加压的过程能耗过高、还原产品后加工缺乏成熟技术等原因，该工艺流程未实现工业化。

（2）第二阶段：钒钛磁铁矿非高炉冶炼工业试验与小型工业化突破。

2000 年后，以四川龙蟒和攀钢为代表的多家企业，先后进行了以钒铁精矿转底炉预还原-电炉熔分/深还原工艺为代表的非高炉冶炼新工艺研究，研发了多条工艺路线，在攀枝花建成了多条中试线或工业试验生产线，实现了小型工业化生产，取得了重大进展。

四川龙蟒、攀钢先后建成了规模为 7 万~10 万吨/年的工业试验性生产线，成功进行了工业试生产，打通了工艺流程，生产出了含钒生铁和 50 钛渣。但生产实践发现，由于转底炉采用辐射加热为主对还原团块进行快速加热，其还原率难以稳定达到预期（约90%）；转底炉生产规模大型化造价过高（处理年产 10 万吨投资超过 1.0 亿元），以及采用矿热电炉熔化分离/深还原工序电耗高（每吨铁水大于 500 kW · h）；转底炉采用内配碳团块为原料，还原剂中的灰分进入钛渣，降低了钛渣的 TiO_2 品位，TiO_2 品位偏低（约50%），难以单独用于钛白生产，仅能作为配料使用等原因，该工艺流程的大型化工业生产尚需进一步发展和验证。

在此阶段，许多企业、科研院所还开展了钒钛磁铁矿车底炉、煤基竖炉、流化床还原后再熔化分离、磁选分离的试验研究，取得了实验室或工业性试验的成功，但均未实现大规模工业化生产。

2.3.2　钒钛矿非高炉冶炼工艺分类

钒钛磁铁矿非高炉冶炼工艺是除高炉外不使用焦炭冶炼钒钛磁铁矿的各种工艺方法的统称，其流程见图 2-3。

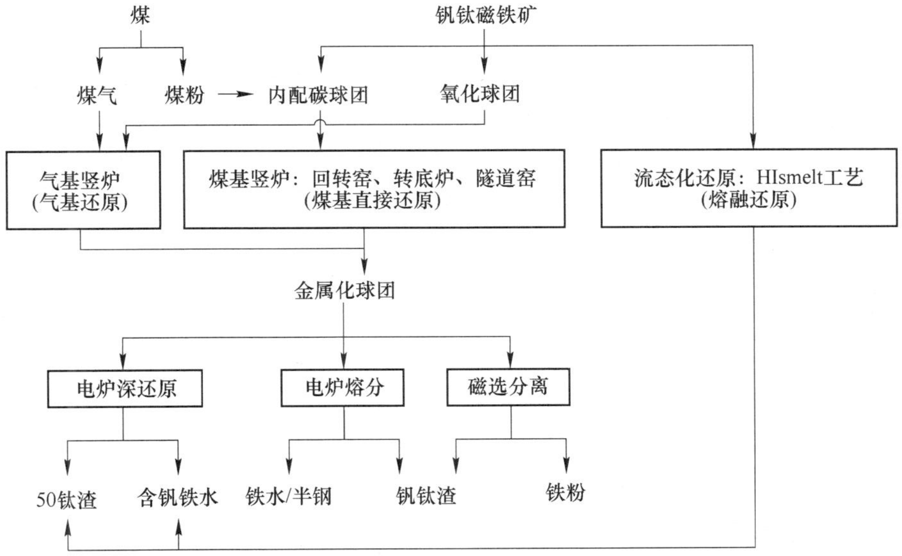

图 2-3　钒钛磁铁矿非高炉冶炼工艺总流程

钒钛磁铁矿非高炉冶炼工艺的分类[21]主要有：

（1）按预还原使用还原剂种类的不同，分为气基预还原-电炉深还原/熔分工艺流程、煤基预还原-电炉深还原/熔分工艺流程。其中，气基预还原主要为气基竖炉预还原；煤基预还原主要有回转窑煤基预还原、转底炉煤基预还原、隧道窑煤基预还原、车底炉煤基预还原及煤基竖炉预还原。

（2）按两步还原的预还原设备不同+熔分深还原工艺组合，分为转底炉预还原-电炉深还原熔分工艺流程、回转窑预还原-电炉深还原熔分工艺流程、隧道窑/车底炉预还原-电炉深还原熔分工艺流程、煤基竖炉预还原-电炉深还原熔分工艺流程、气基竖炉预还原-电炉深还原熔分工艺流程。其中，气基竖炉预还原有 MIDREX 法、HYL 法及 MME 法（PERED 法）。

（3）按一步深还原不同+分离工艺不同的组合，可分为煤基深还原+熔分炉（电炉等）熔分工艺、煤基深还原+磁选分离工艺、气基深还原+熔分炉（电炉等）熔分离工艺、气基深还原+磁选分离工艺。

（4）按被还原的钒钛磁铁矿还原形态不同，分为固态还原工艺、熔融还原工艺及流态化还原工艺。其中，固态还原工艺又可分为氧化球团还原、内配碳球团还原及冷固结球团还原；熔融还原工艺主要有 HIsmelt 熔融还原工艺、流态化还原工艺等。

（5）按钒钛磁铁矿冶炼过程铁、钒、钛的提取先后顺序不同，分为先铁后钒流程和先钒后铁流程两种流程。对于钒钛磁铁矿非高炉冶炼新工艺的研究实践而言，研究较多且进行过工业实践的主要有：转底炉预还原-电炉深还原熔分、回转窑预还原-电炉深还原熔分、隧道窑预还原-电炉深还原熔分、气基竖炉预还原-电炉深还原熔分、煤基竖炉预还原-电炉深还原熔分等工艺流程。这些工艺流程都属于先铁后钒流程。先钒后铁流程有钠化还原焙烧-磨选法、钙化还原焙烧-酸浸法、氧化焙烧-碱浸法、硫酸化焙烧-水浸法、氯化焙烧-水浸法等。

2.3.3　国内外钒钛矿非高炉冶炼工艺流程

目前，国外采用非高炉冶炼工艺应用于工业生产处理钒钛磁铁矿的企业主要有南非海威尔德钢钒公司和新西兰钢铁公司。在工业实践中积累了丰富的生产实践经验，取得了较好的生产效果。这两家公司处理钒钛磁铁矿生产流程，一般是先采用煤粉等固体还原剂预还原钒钛磁铁矿，通常采用回转窑为直接还原设备，得到金属化物料；将金属化物料送至电炉内冶炼，得到含钒铁水和含钛炉渣，再对含钒铁水进行摇包提钒，将钒分离至钒渣中，实现铁、钒的回收。但是，因得到的钛渣中钛资源品位低而没有实现回收利用[21]。

目前，国内采用非高炉冶炼工艺应用于工业生产处理钒钛磁铁矿的企业主要有四川龙蟒和攀钢。其中，四川龙蟒建成了一条规模为 7 万吨/年的转底炉-电炉熔分深还原工业试验性生产线，攀钢建成了一条规模为 10 万吨/年的转底炉-电炉熔分深还原工业试验性生产线，取得了大量的试验研究成果[21]，但均未扩大规模。

2.3.3.1　南非海威尔德钢钒公司非高炉冶炼工艺

南非海威尔德钢钒公司（Highveld Steel and Vanadium Corporation）采用回转窑直接还原-电炉法处理钒钛矿，此工艺在铁和钒的提取上具有较高效率，但钛的回收仍是技术难点，其工艺流程见图 2-4。

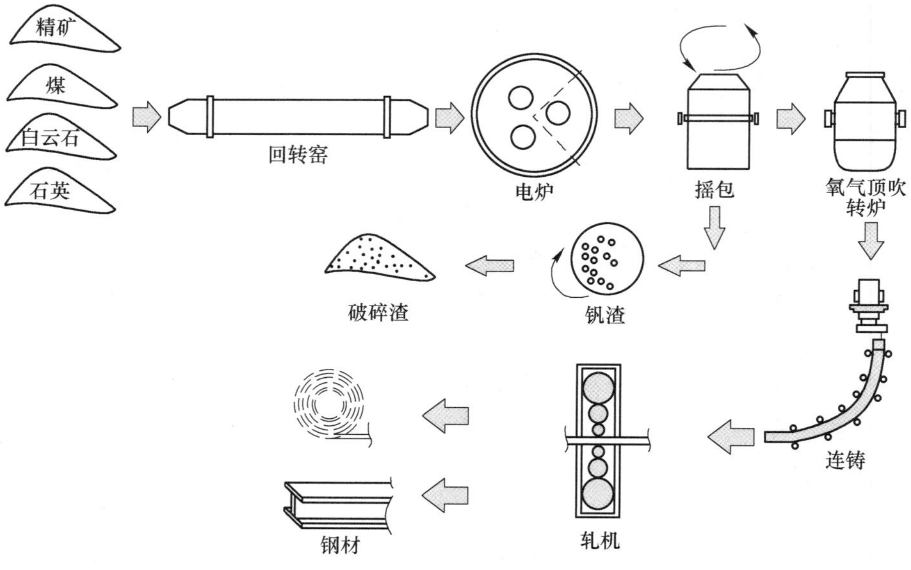

图 2-4　南非海威尔德钢钒公司回转窑直接还原-电炉工艺流程

海威尔德钢钒公司回转窑直接还原-电炉工艺流程主要包括：

（1）原料准备。

破碎与磨矿：将钒钛磁铁矿破碎并细磨至合适粒度（通常要求粒度小于 75 μm 的不低于 50%），以提高后续反应的效率。

造球与干燥：矿粉与黏结剂（如膨润土）混合后造球，制成球团，并在 120～200 ℃下干燥 1～4 h，以增强球团强度和还原性能。

(2) 回转窑直接还原。

还原剂与温度控制：球团与煤粉或焦粉等还原剂混合后送入回转窑，在高温（1000~1100 ℃）下进行还原反应，反应时间 6~8 h。在此过程中，铁氧化物（如 Fe_3O_4）被还原为金属铁，而钒和钛富集于未还原的渣相中。

产物：金属化球团（DRI）的金属化率可达 90%以上，含铁量高。

(3) 电炉熔分。

熔融分离：将金属化球团投入电炉，在 1500~1600 ℃高温下熔融。铁水因密度大沉于炉底，含钒和钛的熔分渣浮于上部。

产物：含钒铁水和钛渣。铁水可直接用于炼钢或进一步精炼；钛渣、钛以钛氧化物（TiO_2）形式富集，渣中 TiO_2 含量为 30%~35%，但品位仍较低，难以直接利用。

(4) 钒的提取。

吹氧提钒：向铁水中吹氧，钒被氧化并形成钒渣（主要成分为 V_2O_5），随后通过水浸或酸浸工艺从渣中提取钒。

精制：浸出液经沉淀、煅烧等步骤，最终得到五氧化二钒（V_2O_5）或其他钒化合物产品。

(5) 炼钢。

将提钒之后的铁水（半钢）运至氧气顶吹转炉中进行吹炼，合格钢水经过连铸等处理后生产出钢材。

海威尔德钢钒公司采用回转窑直接还原-电炉熔分工艺处理钒钛矿，其特点主要体现在：相比高炉工艺，减少了焦炭依赖和 CO_2 排放；通过分步还原和熔融分离，实现了铁和钒的高效回收；铁回收率可达 90%以上，钒回收率约 80%。但因矿石中钛含量低，并且在配料中加入大量白云石及石英调渣，得到的钛渣中 TiO_2 含量低，其中的钛资源未能得到有效回收利用，通常被丢弃或者铺路使用。

2.3.3.2 新西兰钢铁公司非高炉冶炼工艺

新西兰钢铁公司采用多层炉预热矿粉，未采用造球工艺，可降低成本，但只能回收铁和钒，钛渣品位低，无法回收利用，其工艺流程如图 2-5 所示。

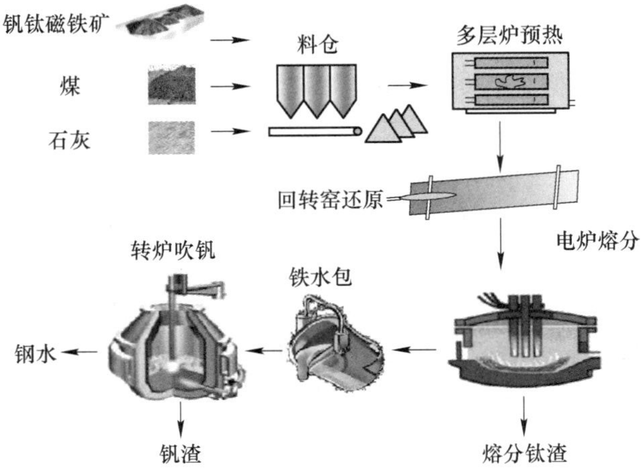

图 2-5 新西兰钢铁公司直接还原-电炉法工艺流程

新西兰钢铁公司直接还原-电炉法工艺流程主要包括：

（1）原料准备。

原料：采用钒钛海砂磁铁矿精作为原料，其颗粒形貌呈圆形，平均粒度为 125 μm。采用产于亨特利的 Waikato 煤田的煤作为还原剂，并配加一定量产于奥托罗杭阿-Waitomode 石灰石作为助熔剂。

配料：将海砂矿精矿、褐煤、石灰石按比例充分混匀。

预热、干燥：将混合物料通过浆体输送管道输送至多层炉中对混合物料进行干燥预热处理。多层炉中的热量可以将煤中的挥发物除去，其中包括焦油、石油、丙烷、丁烷和甲烷等碳氢化合物。

（2）直接还原（预还原）。

预热后的物料经盘式给料机精确送入回转窑，进行直接还原处理，窑内最高还原温度维持在约 1100 ℃。在此过程中，多层炉加热干燥处理后的煤中残余碳作为高效还原剂，参与铁氧化物的还原反应。物料在窑内停留 3 h，确保还原充分，所得产物的金属化率高达 80%。排出时，物料温度稳定在约 950 ℃。这一产物被命名为 RPCC（Reduced Pelletized Coal-based Composite），主要成分包括直接还原铁及未完全反应的还原剂残余物。

（3）电炉深还原。

将回转窑直接还原后的金属化物料通过密闭储罐输送至熔分电炉上部，并采用螺旋给料机进行装料。物料在电炉中冶炼后将含钒铁水和炉渣排出。

（4）摇包提钒。

在 1380～1420 ℃温度下，铁水被转移至摇包中，摇包内吹氧时间在 8～12 min，整个提钒周期在 26～45 min，钒的氧化率为 60%～70%。钒渣中 V_2O_5 含量为 15.5%，TFe 含量为 34%，TiO_2 含量为 13.3%。

（5）炼钢。

将铁水转运至氧气炼钢炉进行冶炼，添加铁合金在钢包炉内精炼达到所需规格，后转移到连铸机铸成钢坯。DRI 年产量为 12.5 万吨，钢年产量为 16 万吨。

新西兰钢铁公司冶炼钒钛磁铁矿的工艺流程的主要特点体现在：矿粉在还原过程中可以保持原有颗粒形状，未采用造球工艺，有利于降低成本。直接还原-电炉法生产含钒铁水和含钛炉渣，可以使钒几乎全部进入铁水，然后通过摇包提钒得到钒渣，铁水用于炼钢，可回收铁、钒资源，但含钛炉渣 TiO_2 含量 32%～35%，品位低，钛资源无法回收利用。直接还原-电炉工艺环境污染小，其烟气发电量可提供内部电力需求的 60%，降低生产成本，但同时也存在着生产规模小、回转窑结圈、还原时间长等问题。

2.3.3.3 四川龙蟒转底炉预还原-电炉熔分/深还原冶炼工艺

钒钛磁铁矿不同的预还原工艺如回转窑、隧道窑等均存在不同程度的问题，制约了钒钛磁铁矿的铁钒钛综合利用。针对钒钛磁铁矿还原难度大、铁钒钛难以分离的特点，四川龙蟒提出了转底炉预还原-电炉熔分处理钒钛磁铁矿的技术思路，工艺流程见图 2-6。

龙蟒转底炉预还原-电炉熔分工艺流程主要包括：

（1）原料准备。

制粉系统：将无烟煤通过 HR-800 中速磨制成一定粒度的煤粉，确保煤粉粒度在 0.3 mm以下，以满足后续造球和还原工艺的需求。

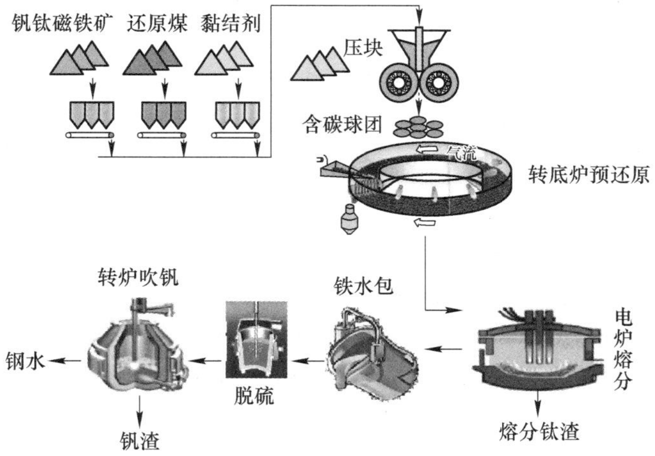

图 2-6 四川龙蟒转底炉预还原-电炉熔分工艺流程

造球系统：将钒钛铁精矿粉与煤粉按比例混合（钒钛铁精矿：煤粉＝3：1～4：1），并加入 4.5%～6%的黏结剂，通过 350 t 压球机压制成球团。球团的粒度要求为−0.074 mm 粒级占 60%，成球压力为 2 MN，成球率需达到 90%以上，确保球团强度满足转底炉还原的要求。

煤气发生炉系统：通过煤气发生炉自产煤气，煤气热值和稳定性经过多次实践验证，能够满足工业生产的能源需求。

（2）转底炉预还原。

转底炉系统：转底炉是预还原的核心设备，主要由炉体、驱动机械、加料系统、排料系统、煤气管线及烧嘴燃烧系统、热风交换炉系统、烟气余热回收系统和自动控制系统等组成。

预还原工艺条件：生球给料量为 8 t/h，转底炉转速为 20 r/min；煤气温度保持在 180 ℃以上，助燃空气温度达到 1000 ℃；通过烟气余热回收技术，实现空气和煤气的双预热，提高还原温度并降低能耗。

预还原效果：在稳定试验条件下，转底炉预还原后的球团残碳平均值为 7.27%，金属化率平均值为 78.9%，为后续电炉熔分提供了优质的原料。

（3）电炉熔分/深还原。

电炉系统：电炉是熔分和深还原的核心设备，主体为 9000 kVA 熔分电炉成套设备，包括加料系统、辅料添加系统、变压器及电极柱系统、液压站、电炉本体、出渣出铁系统、循环冷却水系统、烟气处理系统和自动控制系统等。

布料机：采用自制热态 DRI 环形布料机，确保加料点全面覆盖电炉炉膛高温区，并根据需要而调整布料点，满足热 DRI 连续加料和连续冶炼的工艺要求。

熔分工艺：在电炉中，预还原后的球团经过高温熔分，渣铁易分离，铁、钒、钛等元素被进一步分离，最终得到含钒铁水和 50 钛渣。

（4）产品产出。

含钒铁水：经过电炉熔分后，铁水中的钒组元得以富集，可用于后续的钒提取或直接用于钢铁冶炼。

钛渣：钛渣中 TiO_2 平均值为 51.44%，可作为钛资源进一步加工利用，提取钛金属或用于其他工业用途。

龙蟒转底炉预还原-电炉熔分工艺流程优缺点主要有：转底炉预还原-电炉熔分/深还原新流程能够长周期、稳定运行，获得了较好的工艺技术指标，但转底炉的建设与维护成本较高、产能低，难以大型化生产；电炉熔分后产生的 50 钛渣虽然富含钛资源，但由于使用煤粉作为还原剂，引入了过多杂质，钛渣的成分复杂，进一步提取钛组元的工艺难度较大，导致钛资源的综合利用率较低。

2.3.3.4　煤基竖炉冶炼钒钛磁铁矿工艺技术

武汉科思瑞迪（COSRED）公司、中冶赛迪与陕西有色冶矿集团携手，联合开发出针对低钛型钒钛磁铁矿的煤基竖炉直接还原-电炉熔分新工艺技术。该工艺技术开辟了钒钛磁铁矿非高炉冶炼工艺的全新路径，能够有效解决此类钒钛铁精矿中铁、钒资源的高效分离回收利用问题，进一步提升钒资源的综合回收利用率，实现铁资源的高附加值利用，其工艺流程如图 2-7 所示。

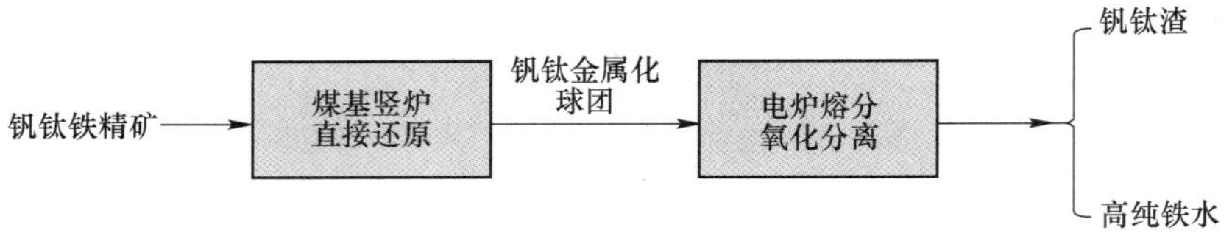

图 2-7　科思瑞迪煤基竖炉-电炉熔分工艺流程

科思瑞迪煤基竖炉-电炉熔分工艺由 COSRED 煤基竖炉直接还原及电炉熔分两部分组成，工艺流程主要包括：

（1）原料准备。

钒钛磁铁矿预处理：将钒钛磁铁矿精矿粉进行干燥处理，确保水分含量降至 6%以下，以便后续造球和还原工艺的顺利进行。

还原剂准备：采用无烟煤、兰炭、焦炭等作为还原剂，还原剂需经过烘干处理，确保水分含量降至 1%以下。

黏结剂与脱硫剂：添加有机专用黏结剂和石灰石作为脱硫剂，以改善球团的强度和还原性能。

（2）煤基竖炉直接还原。

1）造球与烘干。

冷固球团制备：将钒钛磁铁矿精矿粉与少量黏结剂混合，通过压球机压制成冷固球团。球团需在低温下烘干，使其达到一定的强度，以便在竖炉中稳定运行。

球团与还原剂混合：将烘干后的球团与煤颗粒按一定比例混合，作为竖炉的炉料。

2）煤基竖炉还原。

竖炉结构：煤基竖炉采用多膛结构的宽断面多罐位排列炉型，内部设有多个直立式还原室。还原室和燃烧室通过高导热复合型耐火材料隔离，燃烧室内设有多层燃烧器。

还原过程：混合炉料从炉顶加入竖炉还原室，依靠重力从上往下运行；气体燃料（如高炉煤气、转炉煤气、发生炉煤气等）通过燃烧器在燃烧室内燃烧，产生的热量通过高导热材料间接加热还原室内的炉料；炉料在还原室内被加热至还原温度（1050～

1180 ℃)，钒钛磁铁矿球团被还原成金属化球团。

还原后的金属化球团进入还原室下部的冷却装置，冷却后排出竖炉。

3) 还原产品处理。

磁选与筛分：还原后的混合料经过磁选或筛分处理，分离出海绵铁产品。剩余的煤颗粒作为还原剂循环使用。

金属化率：还原后的金属化球团金属化率可达 90%~94%，满足后续电炉熔分的工艺要求。

(3) 电炉熔分。

1) 金属化球团熔分

熔分基本原理：电炉熔分通过电弧和供氧产生的高温条件，将金属化球团中的铁、钒、钛等元素分离。钒化合物进入渣相，铁进入金属相。

熔分电炉结构：电炉系统主要由连续加料系统、电炉本体及辅助系统组成。电炉采用100%金属化球团操作，通过电弧放热和电阻热加热熔化炉料。

2) 熔分工艺流程。

热送热装：金属化球团采用热送热装方式，直接进入电炉加料系统，连续加入熔分电炉内进行冶炼。热装温度通常为 700 ℃，每吨铁水可降低电耗 100~150 kW · h。

熔分操作：电炉内通过电弧和电阻热将金属化球团加热至熔化温度；通过吹氧等操作，调控钒化合物进入渣相、铁进入金属相；熔化后的铁水和炉渣由于密度不同进行渣铁分离，通过出铁口和出渣口定时出铁、出渣。

3) 熔分产品。

高纯铁水：熔分后得到铁含量高于 99.5%的高纯铁水，可直接用于炼钢或进一步加工。

钒钛渣：熔分后产生的钒钛渣富含钒和钛，可作为钒钛资源进一步提取利用。

科思瑞迪煤基竖炉-电炉熔分工艺的主要特点体现在：煤基竖炉直接还原工艺有规模灵活可调、流程短、操作简单、能耗低、环境友好、生产成本低等优势，能规模化处理钒钛磁铁矿，与电炉熔分工艺配合可获得先进技术经济指标；煤基竖炉直接还原工序金属化率达 93%，高于同等规模回转窑工艺 3%~5%，达国际先进；从钒钛铁精矿至钒钛渣的钒回收率最高 95%，超同等规模高炉工艺 35%~38%，达国际领先；熔分后还获铁含量超99.5%的高纯铁水。

由于实验原料是低钛型钒钛磁铁矿，熔分后钛渣中 TiO_2 含量低，该工艺同样没有回收钒钛磁铁矿中的钛资源，所以并未实现钒钛磁铁矿的铁钒钛综合利用。另外，由于使用煤粉作为还原剂，燃烧过程产生大量 CO_2，不符合低碳冶炼的发展趋势，面临碳税或环保政策限制。

2.3.4 钒钛矿氢基竖炉还原-电炉熔分新工艺

在钒钛磁铁矿非高炉冶炼工艺的预还原过程中，现有工艺都存在一定的局限性。回转窑预还原法产量小、能耗高、易结圈，且污染严重；转底炉预还原法产能低，设备大型化面临困难，产品强度欠佳；隧道窑预还原法还原效率低、产能较小，生产成本也相对较高，煤基竖炉使用煤炭作为还原剂，不符合低碳冶炼的发展趋势，并且未实现钛资源的回收利用。

针对以上问题，氢基竖炉直接还原-电炉熔分新工艺技术应运而生。该工艺能够有效解决钒钛矿中铁、钒、钛资源的高效分离回收利用问题，实现低碳高效协同综合利用，工艺流程见图 2-8。

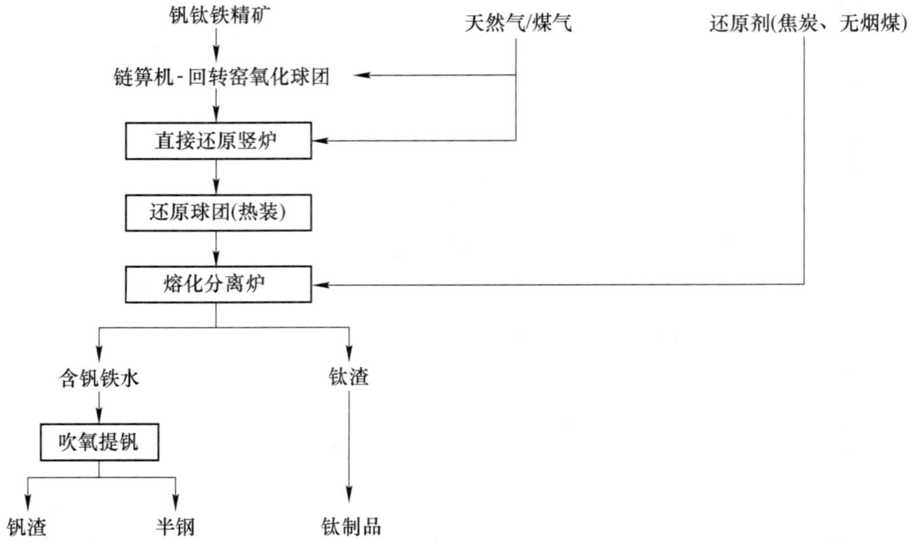

图 2-8　钒钛磁铁矿氢基竖炉直接还原-电炉熔分工艺流程

钒钛磁铁矿氢基竖炉还原-电炉熔分工艺流程主要包括：

（1）原料为钒钛矿氧化球团，可采用技术先进成熟的大型链箅机-回转窑或带式焙烧机生产，成品钒钛氧化球团的冶金性能经优化后可满足氢基竖炉的要求。

（2）预还原工序采用较为成熟的气基竖炉还原技术。气基竖炉是直接还原装置中生产能力最大（占世界直接还原铁总产量约 75%，单机生产能力最大达 250 万吨/年以上）、能耗相对低（气基竖炉能耗低于 11. 0 GJ/t，而高炉能耗约 16. 0 GJ/t，转底炉能耗约 18. 0 GJ/t）、环境影响最小的工艺。

（3）整个新流程的主要能源及还原剂来源广泛。还原剂为还原性气体（H_2+CO），可直接使用天然气、煤制气、焦炉煤气或氢气及其混合气。在缺乏天然气的地区或天然气价格高而动力煤价格低的地区，可以利用成熟的煤制气技术来制备合成气。

（4）还原产品是钒钛矿金属化球团。由于未受还原剂灰分的污染和贫化，最终副产品钛渣的 TiO_2品位提高，活性高，钛渣后续处理加工费用减少，钛渣利用价值显著提升。

（5）电炉熔分：钒钛矿金属化球团装入电炉中，加入还原剂将钒氧化物还原成金属钒进入铁水，钛以氧化物形态富集在渣中，含钒铁水与熔融钛渣因密度差而实现渣铁分离。

（6）后续的钒钛渣处理可采用现有的成熟钒钛提取技术，制取钒钛产品。

钒钛磁铁矿氢基竖炉还原-电炉熔分工艺流程主要特点有：钒钛磁铁矿氢基竖炉能耗低、环境污染小、单机产能大、自动化程度高、生产稳定性高、单位产能投资低、还原剂对还原产品无贫化和污染等，在技术和经济效益方面比回转窑和转底炉更具优势。

该工艺使用清洁的氢基还原，属于低碳冶炼，而且熔分后钛渣中杂质少，活性高，钛资源得以高效回收，可实现钒钛磁铁矿中铁、钒、钛的高效清洁综合利用，因此是钒钛磁铁矿非高炉冶炼的主导方向，且符合当前低碳冶炼的发展趋势。

2.4 钒钛磁铁矿低碳综合利用技术展望

我国钒钛磁铁矿综合利用经过数十年的研发和工业应用，获得了很多宝贵的实践经验，其中也有许多失败的教训，值得认真分析总结。

钒钛磁铁矿高炉流程冶炼困难，有价组元利用率低，能源消耗高，碳排放前度大；煤基非高炉冶炼工艺（如煤基竖炉法、转底炉法、回转窑法）虽在资源利用上取得一定的进展，也仍面临碳排放量大、能耗高、金属化率不稳定、钛资源利用率低等瓶颈问题；钒钛磁铁矿氢基竖炉还原-电炉熔分新工艺，以富氢气体或氢气为还原剂，碳排放强度小，金属化率可达 90%~95%，同时通过电炉熔分高效分离铁、钒、钛有价组元，铁、钒、钛回收率可超过 90%，显著降低能耗并提升资源综合利用率。因此，氢基竖炉还原-电炉熔分是未来大规模低碳高效处理钒钛磁铁矿的主流方向。

国内科研机构和钢铁企业高度重视钒钛矿氢基竖炉还原-电炉熔分技术与装备的研发。2023 年 5 月，河钢全球首例焦炉煤气零重整的氢基竖炉示范工程正式投产，HYL-ZR 氢基竖炉工艺为钒钛磁铁矿资源高效利用奠定了基础，依托其示范工程与东北大学等高校合作，初步打通了中、高钛型钒钛矿的氢基还原-电炉熔分全流程工艺路线。2024 年 1 月，川威集团和中冶赛迪合作，全球首个氢基竖炉冶炼钒钛磁铁矿中试示范项目签约暨开工仪式隆重举行，项目建成后将成为我国首套拥有完全自主知识产权的钒钛矿氢基竖炉中试示范线。

总体而言，我国氢基竖炉-电炉熔分冶炼钒钛矿处于探索起步阶段，亟待深化研究钒钛矿氢基还原行为和矿物重构机理，加强电炉装备研发以及现有技术的有效集成，为钒钛矿氢基竖炉-电炉熔分关键技术和重大装备的熟化应用提供有力支撑。

氢基竖炉还原-电炉熔分工艺通过富氢气体还原、电炉熔分与资源高效分离，实现了低碳化、高效率和产业链升级。未来，随着绿氢制备成本下降和技术成熟，氢基竖炉工艺将成为钒钛磁铁矿综合利用的核心方向，助力钢铁行业实现“双碳”战略目标，并推动钒钛战略资源的全球化竞争布局。

参 考 文 献

[1] 杜鹤桂. 高炉冶炼钒钛磁铁矿原理［M］. 北京：科学出版社，1996.

[2] Moskalyk R R, Alfantazi A M. Processing of vanadium: A review［J］. Minerals Engineering, 2003, 16 (9): 793-805.

[3] 谭若斌. 国内外钒资源的开发利用［J］. 钒钛，1994（5）：4-11.

[4] 朱俊士. 钒钛磁铁矿选矿及综合利用［J］. 金属矿山，2000，29（1）：1-5，11.

[5] 叶恩东. 攀枝花钛精矿制备高品质富钛料工艺分析［J］. 化工生产与技术，2013，20（4）：38-40，52.

[6] 杨绍利. 钒钛磁铁矿非高炉冶炼技术［M］. 北京：冶金工业出版社，2012.

[7] 李兰杰，张彩东，刘洋，等. 钒钛磁铁矿非高炉冶炼与钛渣综合利用技术研究进展［J］. 中国冶金，2025，35（3）：1-15.

[8] 王帅，郭宇峰，姜涛，等. 钒钛磁铁矿综合利用现状及工业化发展方向［J］. 中国冶金，2016，26（10）：40-44.

[9] 胡鹏. 超细粒级钒钛磁铁精矿烧结规律研究［J］. 烧结球团，2020，45（4）：6-11.

[10] 何木光，宋剑，蒋大军. 近5年高钛型钒钛磁铁矿烧结技术发展回顾与未来的展望［C］//中国金属学会. 第八届中国金属学会青年学术年会论文集，2016：9-13.

[11] 付卫国，谢洪恩. 攀钢高炉钒钛磁铁矿冶炼的技术进步［J］. 钢铁，2008，43（10）：21-24.

[12] 刁日升. 对高炉冶炼钒钛磁铁矿问题的新认识［J］. 钢铁，1999，34（6）：12-14，38.

[13] 马家源，孙希文，盛世雄. 钒钛磁铁矿高炉冶炼的强化［J］. 钢铁，2000，35（1）：4-8，12.

[14] 毛建林，林千谷. 攀钢3号高炉钒钛磁铁矿高效生产实践［J］. 炼铁，2009，28（1）：5-7.

[15] 管昊，贾峰，贡湘君，等. 含钛高炉渣的湿法提钛研究进展［J］. 南京师范大学学报（工程技术版），2013（4）：40-46.

[16] Valighazvini F, Rashchi F, Khayyam Nekouei R. Recovery of titanium from blast furnace slag［J］. Industrial and Engineering Chemistry Research, 2013, 52（4）: 1723-1730.

[17] 徐楚韶，刘天福. 用高炉钛渣冶炼复合铁合金［J］. 矿冶工程，1988（2）：43-45，67.

[18] 刘晓华，隋智通，盖国胜. 钛渣用于新型建筑材料的研究［J］. 内蒙古科技大学学报，2008，26（4）：372-374.

[19] 陈蓓，魏瑞航，罗启泉，等. 高炉钛渣和废玻璃生产矿渣微晶玻璃的研究［J］. 重庆大学学报（自然科学版），1992（4）：62-67.

[20] 高守荣，杨兴元. 高炉高钛渣在电焊条中的应用研究［J］. 四川冶金，1982（3）：65-68.

[21] 杨绍利. 钒钛磁铁矿综合利用技术手册［M］. 北京：冶金工业出版社，2021.

3　钒钛矿高炉高效强化冶炼技术

3.1　钒钛矿高炉高效强化冶炼关键技术基础研究

3.1.1　钒钛烧结所用铁矿粉基础特性及其配矿优化

针对承钢常用的铁矿粉，按照烧结基础特性测定步骤，分别对其同化性温度、液相流动性、黏结相强度、连晶性能等特性进行测定，旨在利用单矿烧结基础特性以及混合矿配矿研究，分析单矿烧结基础特性和混合矿烧结基础特性之间的对应关系，初步建立关系模型，确定优化配矿方案，为确定最终符合要求的配矿方案奠定基础。

3.1.1.1　实验原料

实验原料为承钢烧结用铁矿粉，主要包括钒粉、创远矿粉、普粉、蒙古粉、PB 粉、麦克粉以及印度粉。其中，钒粉和创远矿粉为钒钛磁铁矿，普粉、蒙古粉为磁铁矿，PB 粉、麦克粉以及印度粉为赤铁矿。承钢常用铁矿粉的化学成分见表 3-1。

表 3-1　承钢常用铁矿粉的化学成分　（%）

矿种	TFe	FeO	CaO	SiO_2	TiO_2	V_2O_5	MgO	Al_2O_3	P	S
钒粉	63.97	25.85	1.20	3.37	3.77	0.464	0.87	1.70	0.048	0.125
创远矿粉	62.58	29.31	0	3.18	5.18	0.570	0.00	1.95	0.030	0.140
普粉	65.39	21.89	0.25	6.10	0.16	0.034	0.29	0.80	0.019	0.083
蒙古粉	66.96	29.31	0.77	1.61	0.10	0.056	0.00	0.37	0.013	1.500
PB 粉	61.32	0.26	0.10	4.10	0.43	0.033	0.32	2.10	0.101	0.024
麦克粉	60.23	0.15	0.01	5.50	0.03	0.030	0.30	2.44	0.086	0.025
印度粉	56.38	0.44	0.21	7.00	0.25	0.036	0.49	3.14	0.071	0.020

3.1.1.2　实验设备

实验设备主要包括试样制样器（见图 3-1）、烧结基础特性测试仪（见图 3-2）和抗压强度测试仪（见图 3-3）。

图 3-1　试样制样器

制样时将混合料装入制样器的压样模中，压动压杆制样，压力由装置上的油压表读出。将制好的样品放在烧结基础特性测试仪上的样品台正中央处，启动加热装置，推动炉体，将样品置于加热炉内高温区进行烧结。测量抗压强度时，将试样放置于试样台上，按下开关，抗压强度检测装置将自动测量试样的强度。

3.1.1.3　同化性温度

A　实验方法

一般来说，若铁矿粉的同化性好，则其易于和

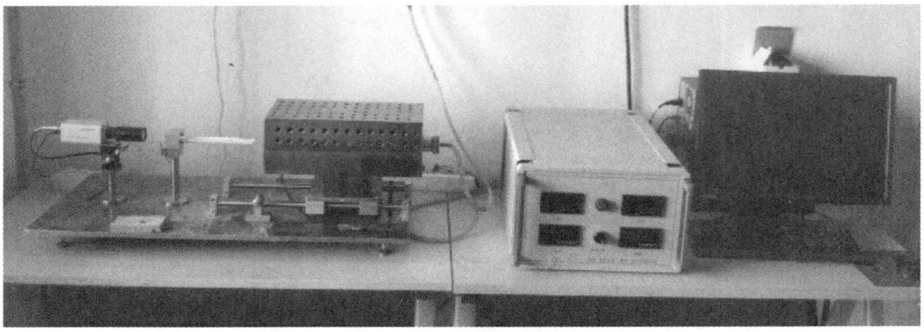

图 3-2　烧结基础特性测试仪

CaO 反应生成铁酸钙液相。铁酸钙液相作为主要黏结相，对烧结矿强度的改善有一定的促进作用。若铁矿粉的同化性不好，则液相量少，不利于铁矿石的黏结，影响烧结矿的强度。但矿石的同化性也不能太高，如果同化性太高，则烧结过程中大量液相的生成会使起骨架作用的核矿石大大减少，从而恶化烧结透气性，影响烧结矿的产量。由此可见，铁矿粉的同化性好坏对烧结矿的性能有很大的影响，因此有必要研究各种铁矿粉的同化性以利于烧结指标的改善。

铁矿粉的同化性能主要根据其同化温度来判定。同化温度为铁矿粉与 CaO 初始反应温度，即观察到铁矿粉小饼与 CaO 小饼接触面上生成略大于铁矿粉小饼一圈的反应物时的温度。在此温度条件下，若铁矿粉同化，则该反应物继续升温；若铁矿粉过熔，则该反应物温度降低。升降温度的范围视具体实验情况而定，一般为 5 ℃或 10 ℃。最后依据实验后铁矿粉的同化温度，确定其同化性的强弱。

铁矿粉同化性能测试过程见图 3-4，同化性温度测定的过程控制参数见表 3-2。实验步骤有：首先打开控制程序，确定升温制度；将试样放入样品台，样品制作方法为将干燥后的铁矿粉和 CaO 试剂分别磨成小于 150 μm 粉状，分别称取 0. 8 g 铁矿粉和 2. 0 g CaO 试剂，然后将铁矿粉压制成直径为 8 mm 的小饼，压制压力为 10 MPa，并在此压力下保持 2 min，将 CaO 试剂压制成直径为 20~22 mm 的小饼，压制压力为 10 MPa，并在此压力下

图 3-3　抗压强度测试仪

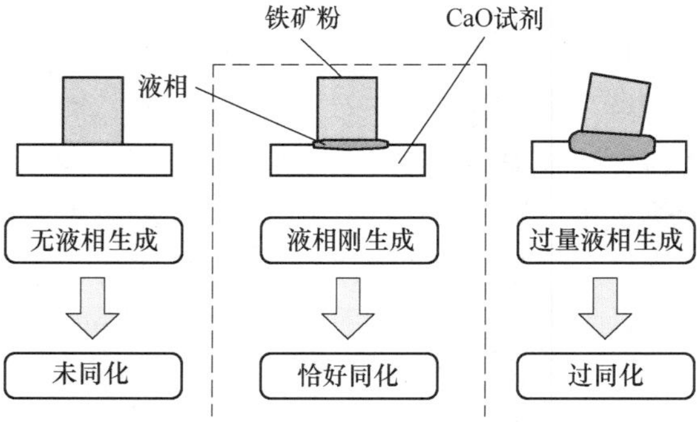

图 3-4　铁矿粉同化性能测试示意图

保持 2 min；点击开环升温，控温热电偶达到 500 ℃时，系统自动进行闭环升温，升温速度自动按照设定升温制度进行；按照设定的实验温度和气氛控制开始实验测定工作，并注意观察试样变化，记录实验温度。如需进行收缩测定，则取景框选取所测定部分。升温过程可观察主图窗温度、时间曲线图；试样冷却到 100 ℃后，取下试样，结束试验。

表 3-2 测定同化性温度的实验温度和气氛控制

温度/℃	室温→600	600→1000	1000→1150	1150→试验温度
时间/min	4.0	1.0	1.5	1.0
气氛	空气（流量 3 L/min）			
温度/℃	试验恒温	试验温度→1150	1150→1000	1000→室温
时间/min	4.0	2.0	1.5	断电自然降温
气氛	空气（流量 3 L/min）			

B 同化性评价

将压制好的试样小饼放入烧结基础特性测试仪中，在空气气氛条件下对升温过程中的图像进行不间断观察，逐渐摸索该铁矿粉同化性温度。每个试样进行 3 次试验，取其平均值作为其同化性温度检测结果如图 3-5 所示。图 3-6 是同化性温度测定之后所得的试样照片。

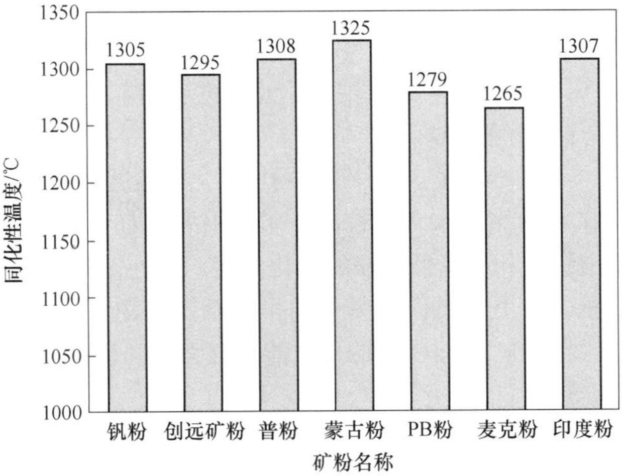

图 3-5 不同铁矿粉的同化性温度

可以看出，不同铁矿粉的同化性能存在较为明显的差别，同化温度越低，其同化能力越强。同化温度由高到低排列顺序为蒙古粉>普粉>印度粉>钒粉>创远矿粉>PB 粉>麦克粉。因此，同化性较好的铁矿粉为麦克粉和 PB 粉，最低同化性温度分别为 1265 ℃和 1279 ℃，其中麦克粉矿同化性温度最低，仅为 1265 ℃。

铁矿粉化学成分对其同化性具有一定的影响，主要有：

（1）铁矿粉 MgO 含量。MgO 有使铁矿粉同化温度升高的作用，如 MgO 含量高的矿粉（印度粉和钒粉）具有较高的同化温度（1307 ℃和 1305 ℃）。MgO 是高熔点物质，含 MgO 烧结料在固相反应以及其后会形成难熔物相，从而使烧结液相生成温度升高。烧结

(a)　(b)　(c)　(d)

(e)　(f)　(g)

图 3-6　同化性温度测试后试样照片

（a）钒粉；（b）创远矿粉；（c）普粉；（d）蒙古粉；（e）PB 粉；（f）麦克粉；（g）印度粉

料中的 MgO 还可促进赤铁矿分解生成磁铁矿，对铁酸钙液相的生成具有抑制作用。故铁矿粉 MgO 含量越高，其同化能力越弱。

（2）铁矿粉 FeO 与结晶水含量。七种铁矿粉中同化性温度最低的是麦克粉（1265 ℃），属赤铁矿，且麦克粉矿粉的结晶水含量较高。矿粉中的 FeO 含量低，表明 Fe_2O_3 含量高，利于形成低熔点的铁酸钙液相，降低矿粉的同化温度。此外，矿粉中结晶水分解产生的气孔加大了反应接触面积，加快 Ca^{2+} 向矿粉中的扩散及铁矿物离子向 CaO 的扩散，利于低熔点液相的快速生成，也使矿粉与 CaO 的反应能力增强，同化温度降低。

3. 1. 1. 4　液相流动性

A　实验方法

一般来说，液相流动性较高时，其黏结周围物料范围较大，可以提高烧结矿的强度。反之，液相流动性过低时，黏结周围物料的能力下降，导致烧结矿中气孔率增加，烧结矿的强度下降。但黏结相的流动性也不能过大，否则周围物料的黏结层厚度会很薄，易形成薄壁大孔结构，使烧结矿整体变脆，烧结矿的强度和还原性变差。由此可见，适当的液相流动性是确保烧结矿有效固结的基础。不同种类的铁矿石由于其自身特性的差异，在烧结过程中产生的液相的流动性不同。

液相流动性测定的过程控制参数见表 3-3，测试过程如图 3-7 所示。具体步骤如下：首先打开控制程序，确定升温制度；将试样放入样品台，样品制作方法为将干燥的铁矿粉和 CaO 试剂分别磨成小于 150 μm 的粉状试样，并将铁矿粉和 CaO 试剂配成二元碱度为 4. 0 的混合料，将混合料压制成高度为 5 mm±0. 1 mm 的小饼，压制压力为 10 MPa，并在此压力下保持 2 min；点击开环升温，控温热电偶达到 500 ℃时，系统自动进行闭环升温，升温速度自动按照设定升温制度进行；按照设定的实验温度和气氛控制开始实验测定工作，并注意观察试样变化，记录实验温度；待试样冷却到 100 ℃后，取下试样，结束试验。

表 3-3 测定液相流动性实验温度和气氛控制

温度/℃	室温→600	600→1000	1000→1150	1150→1280
时间/min	4.0	1.0	1.5	1.0
气氛	空气	N_2		
温度/℃	1280 恒温	1280→1150	1150→1000	1000→室温
时间/min	4.0	2.0	1.5	断电自然降温
气氛	N_2			空气

注：空气和 N_2 的流量均为 3 L/min。

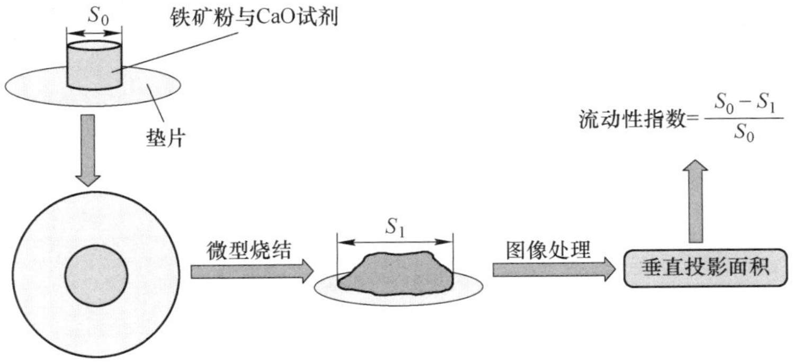

图 3-7 铁矿粉液相流动性测试示意图

B 液相流动性评价

液相流动性指数是指铁矿粉与混合料，在焙烧过程中所形成的液相的垂直投影面积与团块的截面面积的比值。液相流动性指数越大，反映液相流动性越好。图 3-8 给出了试验所用铁矿粉在碱度 4.0 条件下的液相流动性指数的测定结果。测试后的试样照片如图 3-9 所示。

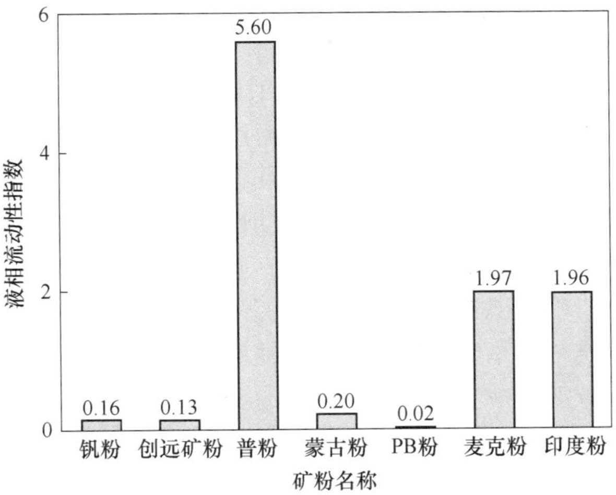

图 3-8 不同铁矿粉的液相流动性指数

从图 3-8 中可以看出，铁矿粉种类不同，其液相流动性也有较大差异，液相流动性由高到低的排列顺序为普粉>麦克粉>印度粉>蒙古粉>钒粉>创远矿粉>PB 粉。液相流动性较好的铁矿粉包括麦克粉和印度粉，它们的液相流动性指数均在 1.8～2.0 之间。七种铁矿粉中普粉液相流动性指数过高，在实际生产中，一方面可能影响烧结过程的透气性，从而降低烧结生产率；另一方面，若铁矿粉的液相流动性过大，则对周围物料的黏结层厚度会变薄，烧结矿易形成薄壁大孔结构，使烧结矿整体变脆，强度降低，也使烧结矿的强度变差，不利于烧结生产。

(a)　(b)　(c)　(d)　(e)　(f)　(g)

图 3-9　液相流动性测试后试样照片

(a) 钒粉；(b) 创远矿粉；(c) 普粉；(d) 蒙古粉；(e) PB 粉；(f) 麦克粉；(g) 印度粉

不同铁矿粉的液相流动性不同，可以从以下方面分析：

(1) 铁矿粉同化性的影响。铁矿粉的同化性是低熔点液相生成的基础。因此，铁矿粉的同化性对其液相流动性具有重要的影响。铁矿粉的同化性越强，生成液相的熔点越低。在烧结温度一定的条件下，液相过热度越大，液相黏度越低，流动性越强。但是，由于还有其他因素影响矿粉的液相流动性，同化性与液相流动性之间并不存在确定的对应关系。本实验所用的麦克粉同化性较强，其液相流动性也较强。但同化性中等的 PB 粉和创远粉，其流动性很差。

(2) 铁矿粉结晶水含量的影响。铁矿粉中的结晶水对同化性与液相流动性具有相反的作用。一方面，结晶水分解产生的气孔可加快同化反应速度，增强矿粉的同化能力；另一方面，残留于液相中的气孔会直接影响液相的黏度，降低矿粉的液相流动能力。两者比较而言，结晶水降低液相流动性的作用更为显著。PB 粉结晶水含量高，其液相流动性较差；普粉的结晶水含量较低，其液相流动性很好。

(3) 铁矿粉 MgO 含量的影响。MgO 可显著降低铁矿粉的液相流动性。一方面，MgO 使烧结液相生成温度升高，铁矿粉同化能力降低；另一方面，MgO 抑制铁酸钙液相生成，导致液相中气孔增加，液相黏度升高。因此，MgO 含量高的矿粉，如钒粉，其液相流动性较差。

(4) 铁矿粉含铁矿物类型的影响。磁铁矿在较低的烧结温度 1100～1200 ℃下，能与 SiO_2、CaO 生成铁橄榄石系和钙铁橄榄石系等低熔点化合物，而赤铁矿与 CaO 反应主要是生成铁酸钙系液相，这一体系的液相熔化温度较铁橄榄石系、钙铁橄榄石系要高。因此，在一定的烧结温度下，由于磁铁矿生成的液相过热度相对较高，一般磁铁矿生成的液相流动性较强。PB 粉矿属赤铁矿，其液相流动性较差。

3.1.1.5 黏结相强度

A 试验方法

根据材料破损理论可知，烧结矿液相固结强度主要受三个方面的影响：核矿粒自身强度、黏结相强度、核矿石与黏结相的结合强度。其中，黏结相强度是指烧结过程中形成的液相黏结其周围核矿粒的能力。

黏结相强度测定的过程控制参数见表 3-4，测试过程见图 3-10。具体步骤如下：首先打开控制程序，确定升温制度；将试样放入样品台，样品制作方法为将干燥的铁矿粉和 CaO 试剂分别磨成小于 150 μm 的粉状，并将铁矿粉和 CaO 试剂配成二元碱度为 2.0 的混合料，将混合料压制成高度为 5 mm±0.1 mm 的小饼，压制压力为 10 MPa，并在此压力下保持 2 min；点击开环升温，控温热电偶达到 500 ℃时，系统自动进行闭环升温，升温速度自动按照设定升温制度进行；按照设定的实验温度和气氛控制开始实验测定工作，并注意观察试样变化，记录实验温度。待试样冷却到 100 ℃后，取下试样，结束试验。

表 3-4 测定黏结相强度实验温度和气氛控制

温度/℃	室温→600	600→1000	1000→1150	1150→1280
时间/min	4.0	1.0	1.5	1.0
气氛	空气	N_2		
温度/℃	1280 恒温	1280→1150	1150→1000	1000→室温
时间/min	4.0	2.0	1.5	断电自然降温
气氛	N_2			空气

注：空气和 N_2 的流量均为 3 L/min。

B 黏结相强度评价

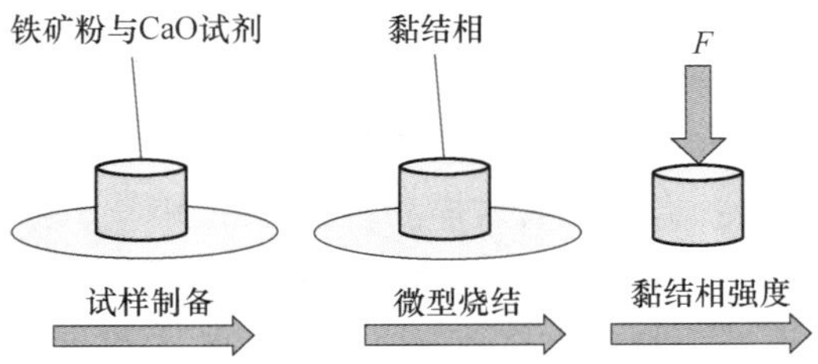

图 3-10 铁矿粉黏结相强度测试示意图

黏结相强度是指铁矿粉与 CaO 的混合料在焙烧后团块的强度。黏结相强度越高，越有利于提高烧结矿的强度。图 3-11 给出了实验用铁矿粉在碱度 2.0 条件下的黏结相强度测定结果。不同铁矿粉的黏结相强度差异比较明显，在碱度 2.0 条件下，黏结相强度最高的是蒙古粉，达到 2368 N，创远矿粉的黏结相强度较低，为 1083 N。虽然铁矿粉黏结相强度参差不齐，但均高于 700 N，表明 7 种铁矿粉的黏结相强度均符合烧结生产需要。

黏结相强度的影响因素主要有：

（1）黏结相的矿物组成。黏结相的矿物组成是决定其自身强度的重要因素。高碱度烧结矿黏结相一般由复合铁酸钙与硅酸盐玻璃质组成。对于包钢含氟矿粉，还含有一定量的枪晶石黏结相。由于枪晶石与玻璃质的强度很低，黏结相中铁酸钙含量高，并且与未熔相呈交织形态存在时，其自身强度可能较高。

（2）铁矿粉的结晶水含量。铁矿粉中结晶水分解，容易使黏结相形成裂纹和内部残留

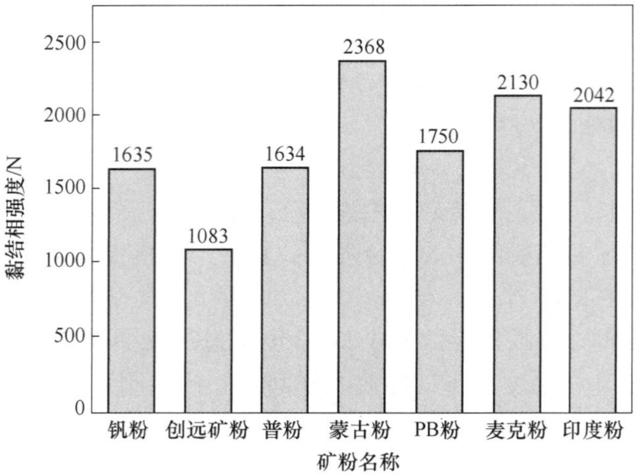

图 3-11　不同铁矿粉的黏结相强度

气孔，从而降低黏结相的自身强度。如蒙古粉结晶水含量较少，其黏结相自身强度较高。

（3）铁矿粉的液相生成能力。烧结过程中铁矿粉主要通过液相固结。因此，能够产生一定量的低熔点液相，且液相黏度适宜的铁矿粉可为生成自身强度高的黏结相奠定基础。一般说来，同化能力较好、液相流动能力适宜的铁矿粉，易获得高强度的黏结相，如本实验所用的麦克粉。液相流动性能较好的铁矿粉，黏结相强度也较好。

3.1.1.6　连晶性能

A　实验方法

液相固结是烧结的主要固结形式，但实际烧结生成中混料无法做到各组分分布完全均匀，存在偏析，局部区域 CaO 含量较少，不足以产生铁酸钙液相现象。同时，在高碱度烧结矿生产过程中由于温度较低及配碳量较少，不可能生成其他液相，如硅酸铁体系。因此，铁矿石之间有可能通过发展连晶来获得强度。

连晶性能是指铁矿粉在烧结过程中靠晶键连接获得强度的能力。连晶性能测定的过程控制参数见表 3-5，测试过程如图 3-12 所示。具体步骤如下：首先打开控制程序，确定升温制度；将试样放入样品台，样品制作方法为将干燥的铁矿粉磨成小于 150 μm 的粉状，并将铁矿粉压制成高度为（5±0.1）mm 的小饼，压制压力为 10 MPa，并在此压力下保持 2 min；点击开环升温，控温热电偶达到 500 ℃时，系统自动进行闭环升温，升温速度自动按照设定升温制度进行；按照设定的实验温度和气氛控制开始实验测定工作，并注意观察试样变化，记录实验温度。

表 3-5　连晶性能测试试验温度和气氛控制条件

温度/℃	室温→600	600→1000	1000→1150	1150→1280
时间/min	4.0	1.0	1.5	1.0
气氛	空气	N_2		
温度/℃	1280 恒温	1280→1150	1150→1000	1000→室温
时间/min	4.0	2.0	1.5	断电自然降温
气氛	N_2			空气

注：空气和 N_2 的流量均为 3 L/min。

B 连晶性能评价

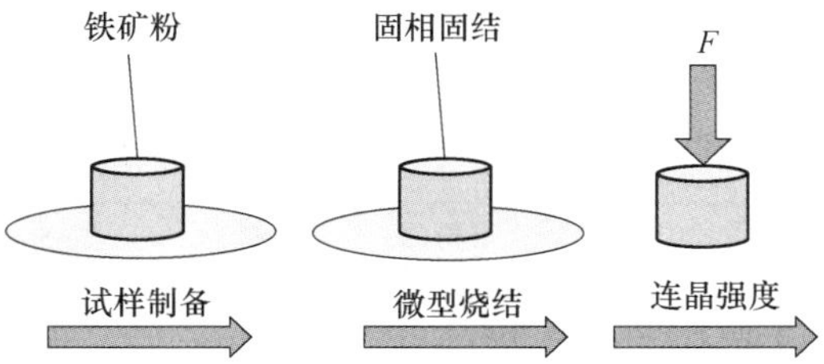

图 3-12 铁矿粉连晶性能测试示意图

图 3-13 给出了实验所用铁矿粉的连晶性能测定结果。由图可知，不同铁矿粉的连晶性能差异比较明显。连晶性能最好的铁矿粉是普粉，连晶强度达到 1561 N，最低为蒙古粉，连晶强度为355 N。7 种铁矿粉连晶性能差别巨大，但是抗压强度均超过 300 N，符合烧结生产需求。

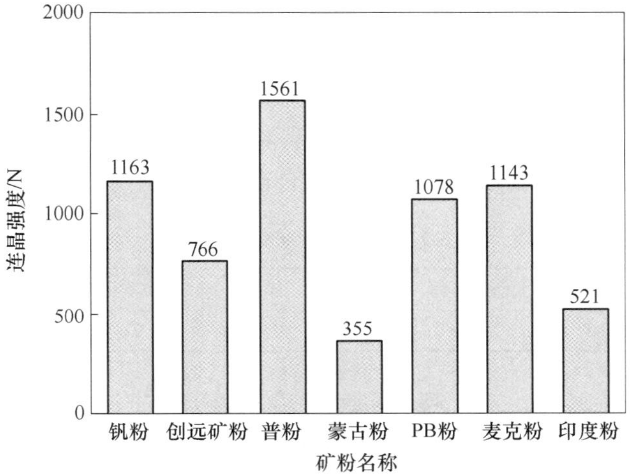

图 3-13 不同铁矿粉的连晶强度

连晶能力可以从以下影响因素分析：

（1）铁矿粉的含铁矿物类型。就连晶固结能力而言，磁铁矿要优于赤铁矿。这是因为在氧化性气氛下，赤铁矿只有在 1300 ℃以上的高温才能发生简单的晶粒长大和再结晶过程，从而获得连晶强度；而在烧结料层局部的还原性气氛下，赤铁矿可被还原成磁铁矿，这时需要加热到 900 ℃发生磁铁矿的再结晶和晶粒长大以获得连晶强度。相比之下，磁铁矿在 200 ℃便开始氧化，并放出热量，生成的 Fe_2O_3 微晶具有高度的迁移能力，其结晶和晶粒长大的速度很快，从而可获得比赤铁矿更高的连晶固结强度。

（2）铁矿粉的脉石含量与分布。连晶固结是单元系颗粒通过固相扩散或多元系通过固相扩散形成固溶体产生连接。由于固相扩散能力有限，当铁矿物晶粒细小、分布集中时，连晶易于产生。相反，铁矿物晶粒粗大，且分布较散时，则不利于产生连晶。铁矿石中的脉石对铁矿物连晶的发展有阻碍作用。当脉石含量较多、粒度较小、分布较广，且与铁矿物颗粒共生时，连晶固结能力表现得弱。反之，铁矿石含铁品位高、脉石颗粒粗大且分布集中时，往往呈现较强的连晶固结能力。

（3）铁矿粉的结晶水含量。结晶水对铁矿粉连晶特性有两方面的影响。一方面，结晶水分解产生的气孔，增大了气-固相接触面积，利于铁矿粉的氧化和还原，对连晶固结起促进作用；另一方面，结晶水分解产生的孔隙，不利于固相扩散和连晶的发展，对连晶固结起阻碍作用。

不同铁矿粉的烧结基础特性测试结果汇总于表 3-6。可知，不同铁矿粉的基础特性不同，需通过合理配矿获得烧结基础特性优化的混合铁矿粉。

表 3-6　铁矿粉烧结基础特性测试结果

矿粉种类	钒粉	创远矿粉	普粉	蒙古粉	PB 粉	麦克粉	印度粉
同化性温度/℃	1305	1295	1308	1325	1279	1265	1307
液相流动性	0. 16	0. 13	5. 60	0. 20	0. 02	1. 97	1. 96
黏结相强度/N	1635	1083	1634	2368	1750	2130	2042
连晶性能/N	1163	766	1561	355	1078	1143	521

3. 1. 1. 7　现场混合矿烧结基础特性

根据现场所提供的配矿方案进行配料，并将该组作为基准组。基准配矿方案列于表 3-7，基准混合料主要由钒粉、创远矿粉、普粉、PB 粉、麦克粉、蒙古粉以及印度粉组成。根据每种矿粉的化学成分，计算基准混合矿的化学成分，列于表 3-8。

表 3-7　基准混合矿的配矿方案

矿粉名称	钒粉	创远矿粉	普粉	PB 粉	麦克粉	蒙古粉	印度粉	总和
比例/%	35. 49	9. 69	5. 41	25. 69	12. 91	3. 27	7. 54	100. 00

表 3-8　基准混合矿的化学成分

化学成分	TFe	FeO	CaO	SiO_2	TiO_2	V_2O_5	MgO	Al_2O_3	P	S
含量/%	62. 27	14. 27	0. 52	4. 18	1. 99	0. 24	0. 48	1. 94	0. 064	0. 122

采用前面的测试方法对基准混合矿进行烧结基础特性实验研究，其同化性温度、液相流动性、黏结相强度、连晶性能的研究结果列于表 3-9。

表 3-9　基准混合矿的烧结基础特性测试结果

同化性温度/℃	液相流动性指数	黏结相强度/N	连晶强度/N
1308	0. 92	1774	1163

根据实验结果可知，基准混合矿的同化性温度偏高，液相流动性指数偏低，黏结相强度和连晶强度均较好。

图 3-14 为同化性对烧结生产的影响。当铁矿粉同化温度过高时，烧结过程中生成的液相量将减少，从而减弱有效固结能力，为强化固结，需要添加更多的燃料，导致燃料比增加。同化温度过低时，混合矿中的粗颗粒过分熔化，液相量过多，料层透气性恶化，从而降低烧结矿质量。

图 3-15 为液相流动性对烧结生产的影响。当混合矿的液相流动性过小时，液相黏结范围较小，黏结物料能力下降；而当流动性过大时，液相黏结范围过大，烧结矿容易形成大孔薄壁结构，进而影响烧结矿的质量。因此，本节着重研究混合矿烧结基础特性中的同化性和液相流动性，通过改变主流矿粉的配矿比例，实现混合矿烧结基础特性的优化。

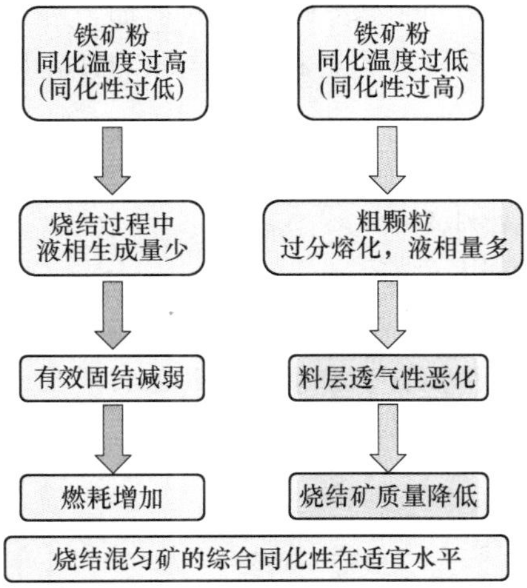

图 3-14 同化性对烧结生产的影响

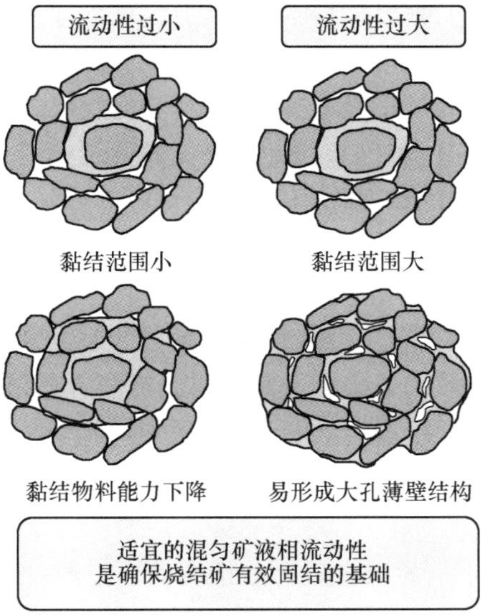

图 3-15 液相流动性对烧结生产影响的示意图

3.1.1.8 烧结配矿比优化研究

A 普粉配比对混合矿基础特性的影响

由前面的研究结果可知，普粉的液相流动性能最好，但其同化性温度较高。在承钢常用配矿比例的基础上，本节根据该钢厂实际采购能力和成本控制，设计 4 组配矿方案，通过逐步增加普粉比例，在其余铁矿粉等比例减少，同时保证其他矿粉之间相对含量不变的条件下，研究普粉配比对混合矿烧结基础特性的影响。配矿方案列于表 3-10。

表 3-10 普粉配比对混合矿烧结基础特性影响的配矿方案 (%)

矿粉名称	普粉	钒粉	创远矿粉	PB 粉	麦克粉	蒙古粉	印度粉	总和
基准	5.41	35.49	9.69	25.69	12.91	3.27	7.54	100
1 号	7.50	34.70	9.47	25.12	12.63	3.20	7.38	100
2 号	10.00	33.77	9.22	24.44	12.29	3.11	7.17	100
3 号	12.50	32.83	8.96	23.76	11.95	3.02	6.98	100
4 号	15.00	31.89	8.71	23.08	11.60	2.94	6.78	100

表 3-11 给出了不同普粉配比条件下的混合矿化学成分。可知，增加普粉，混合矿的化学成分略微有所变化。混合矿的 TFe、SiO_2 含量呈增加趋势，而 TiO_2 含量呈下降的趋势。

表 3-11 不同普粉配比条件下的混合矿化学成分 (%)

化学成分	TFe	FeO	CaO	SiO_2	TiO_2	V_2O_5	MgO	Al_2O_3	P	S
基准	62.27	14.27	0.52	4.18	1.99	0.24	0.48	1.94	0.064	0.122
1 号	62.34	14.44	0.51	4.22	1.94	0.23	0.48	1.91	0.063	0.122
2 号	62.43	14.64	0.51	4.27	1.90	0.23	0.47	1.88	0.062	0.120
3 号	62.51	14.85	0.50	4.32	1.85	0.22	0.47	1.85	0.060	0.119
4 号	62.59	15.05	0.49	4.37	1.80	0.22	0.46	1.82	0.059	0.118

通过烧结基础特性实验，测定了 4 种普粉配矿方案的同化性温度、液相流动性、黏结相强度、连晶强度，实验结果见图 3-16～图 3-18。

图 3-16 给出了普粉配比对混合矿同化性温度的影响。随着普粉配比的增加，混合矿的同化性温度呈线性增加的趋势。对其数据进行回归拟合可获得普粉含量与混合矿粉同化性温度的相互作用关系式：

$$y = 0.87x + 1303 \tag{3-1}$$

式中，y 为混合矿的同化性温度，℃；x 为普粉的配矿比例，%。

该拟合式的线性相关系数为 0.9784，说明其拟合程度良好。

图 3-17 给出了普粉配比对混合矿液相流动性的影响。随着普粉配比的增加，混合矿的液相流动性指数呈线性增加的趋势。对其数据进行回归拟合，获得普粉与混合矿粉液相流动性指数的相互作用关系式如下：

$$y = 0.159x + 0.137 \tag{3-2}$$

式中，y 为混合矿的液相流动性指数；x 为普粉的配矿比例，%。

该拟合式的线性相关系数为 0.894，说明其拟合程度较高。

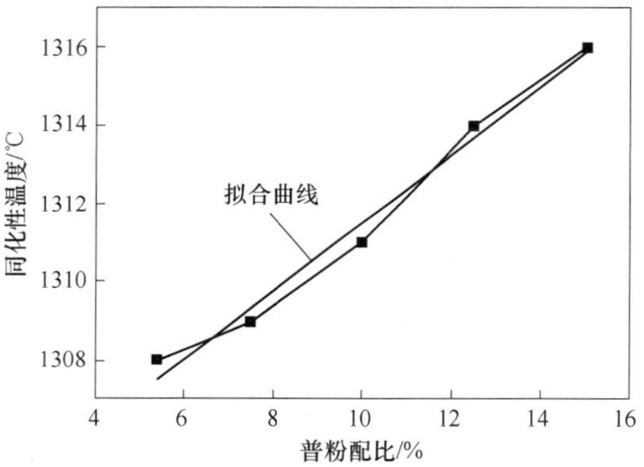

图 3-16　普粉配比对混合矿同化性温度的影响

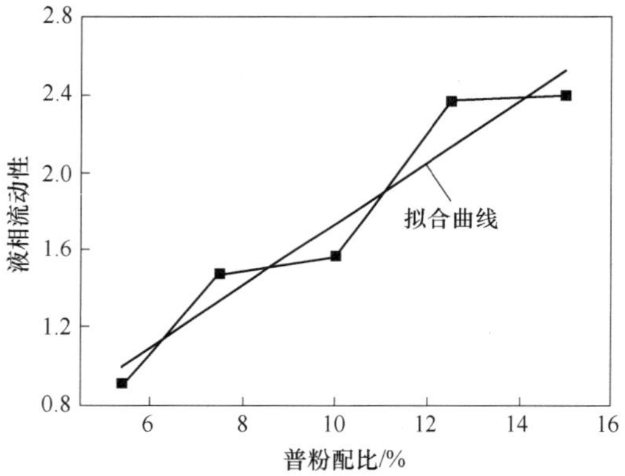

图 3-17　普粉配比对混合矿液相流动性的影响

图 3-18 给出了普粉配比对混合矿黏结相强度和连晶强度的影响。可知，随着普粉配比的增加，混合矿的黏结相强度呈降低的趋势，连晶强度呈上升的趋势，但总体变化幅度不大。

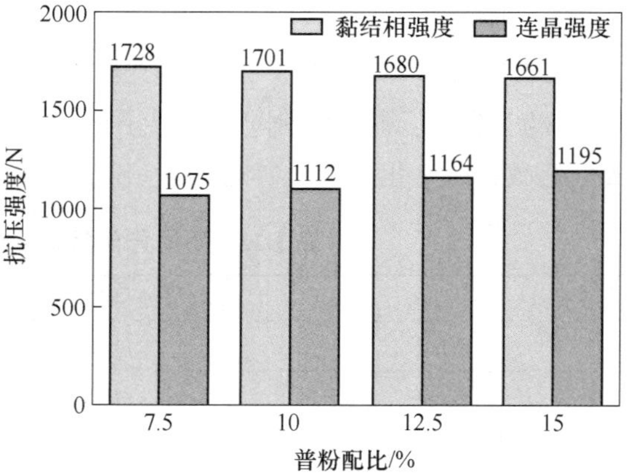

图 3-18　普粉配比对混合矿黏结相强度和连晶强度的影响

图 3-19 和图 3-20 分别是同化性温度和液相流动性测定之后获得的试样照片。从两图中可以看出，当增加普粉含量时，混合矿的同化性温度逐步增加，且同化性温度高于基准组的同化性温度；液相流动性指数大幅增加，改善了混合矿的液相流动性。黏结相强度和连晶强度均已达到烧结生产所需，并且黏结相强度和连晶强度的变化在一定范围内均符合线性变化。

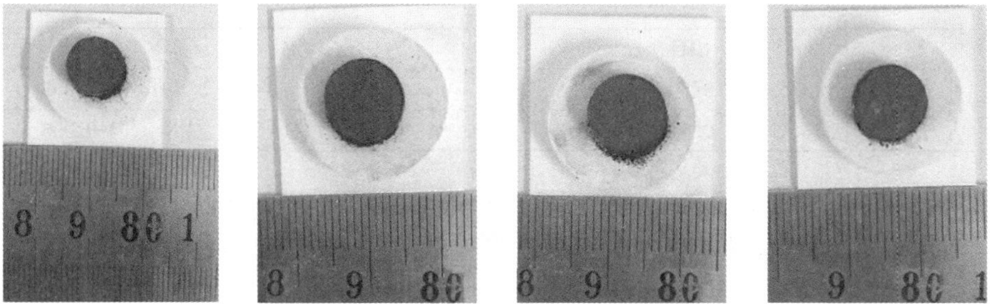

(a)　(b)　(c)　(d)

图 3-19　不同普粉配比的混合矿同化性测试后的试样照片
（a）1号；（b）2号；（c）3号；（d）4号

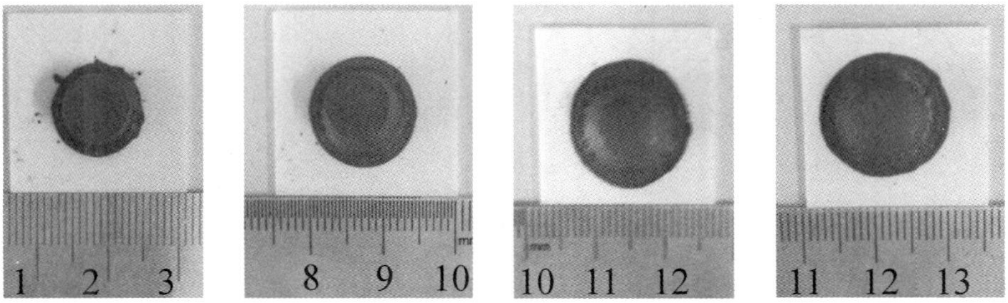

(a)　(b)　(c)　(d)

图 3-20　不同普粉配比的混合矿液相流动性测试后的试样照片
（a）1号；（b）2号；（c）3号；（d）4号

B　麦克粉配比对混合矿基础特性的影响

通过单矿烧结实验研究发现，麦克粉同化性温度最低，并且液相流动性能适中，故研究增加麦克粉对混合矿烧结基础特性的影响。同样，根据该钢厂实际采购能力和成本控制，设计4组配料方案，每次控制麦克粉比例的减少或增加，其余铁矿粉等比例增加或减少，保证其他矿粉之间相对含量不变。麦克粉配比对混合矿烧结基础特性影响的配矿方案列于表 3-12。不同麦克粉配比条件下的混合矿化学成分列于表 3-13。

表 3-12　麦克粉配比对混合矿烧结基础特性影响的配矿方案　（%）

矿粉名称	麦克粉	钒粉	创远矿粉	普粉	PB 粉	蒙古粉	印度粉	总和
基准	12.91	35.49	9.69	5.41	25.69	3.27	7.54	100
5号	10.00	36.67	10.01	5.59	26.55	3.38	7.80	100
6号	15.00	34.64	9.46	5.28	25.07	3.19	7.36	100
7号	17.50	33.62	9.18	5.12	24.33	3.10	7.15	100
8号	20.00	32.60	8.90	4.97	23.60	3.00	6.93	100

表 3-13　不同麦克粉配比条件下的混合矿的化学成分　（%）

化学成分	TFe	FeO	CaO	SiO_2	TiO_2	V_2O_5	MgO	Al_2O_3	P	S
基准	62.27	14.27	0.52	4.18	1.99	0.24	0.48	1.94	0.064	0.122
5号	62.34	14.75	0.53	4.13	2.05	0.25	0.49	1.92	0.063	0.126
6号	62.22	13.94	0.51	4.21	1.94	0.23	0.48	1.95	0.064	0.120

续表 3-13

化学成分	TFe	FeO	CaO	SiO_2	TiO_2	V_2O_5	MgO	Al_2O_3	P	S
7 号	62.16	13.53	0.50	4.25	1.88	0.23	0.47	1.97	0.065	0.117
8 号	62.11	13.12	0.48	4.29	1.83	0.22	0.47	1.98	0.066	0.114

通过烧结基础特性实验研究，测定了 4 种麦克粉配矿方案条件下混合矿的同化性温度、液相流动性、黏结相强度和连晶强度，实验结果列于图 3-21～图 3-23。

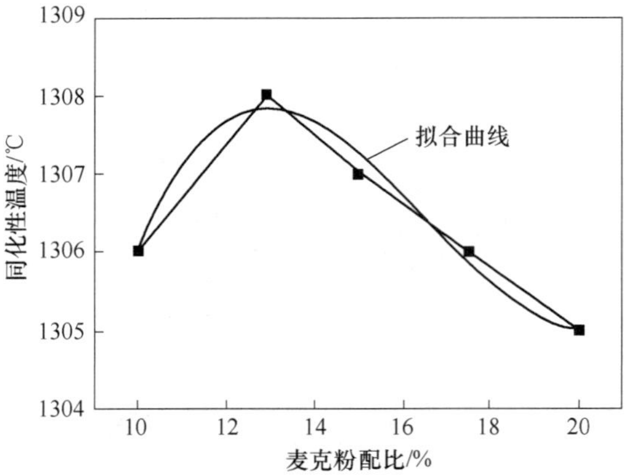

图 3-21　麦克粉配比对混合矿同化性温度的影响

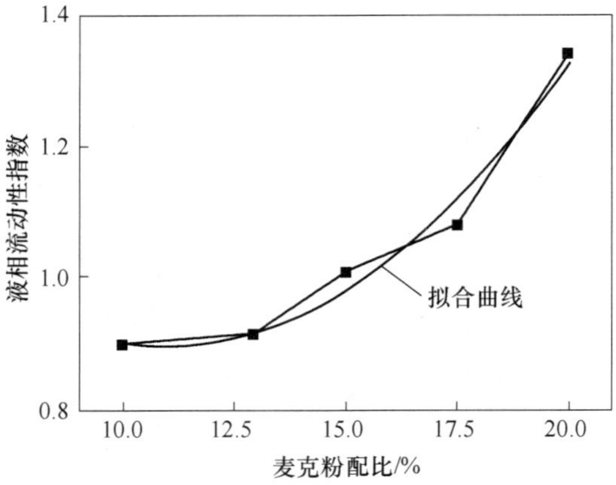

图 3-22　麦克粉配比对混合矿液相流动性的影响

图 3-21 给出了麦克粉配比对混合矿同化性温度的影响。随着麦克配比的增加，混合矿的同化性温度呈先升高后降低的趋势。对其数据进行回归拟合可获得麦克粉含量与混合矿粉同化性温度的相互作用关系式：

$$y = 0.01557x^3 - 0.7695x^2 + 12.08593x + 1246.54991 \tag{3-3}$$

式中，y 为混合矿的同化性温度，℃；x 为麦克粉的配矿比例，%。

该多项拟合式的相关系数为 0.9087，说明其拟合程度良好。

图 3-22 给出了麦克粉配比对混合矿液相流动性的影响。随着麦克粉配比的增加，混合矿的液相流动性指数总体上呈增加的趋势。对其数据进行回归拟合，获得麦克粉与混合矿粉液相流动性指数的相互作用关系式如下：

$$y = 0.0054x^2 - 0.11979x + 1.56303 \tag{3-4}$$

式中，y 为混合矿的液相流动性指数；x 为麦克粉的配矿比例，%。

该拟合式的线性相关系数为 0.95835，说明其拟合程度良好。

图 3-23 给出了麦克粉配比对混合矿黏结相强度和连晶强度的影响。由图可知，随着麦克粉配比的增加，混

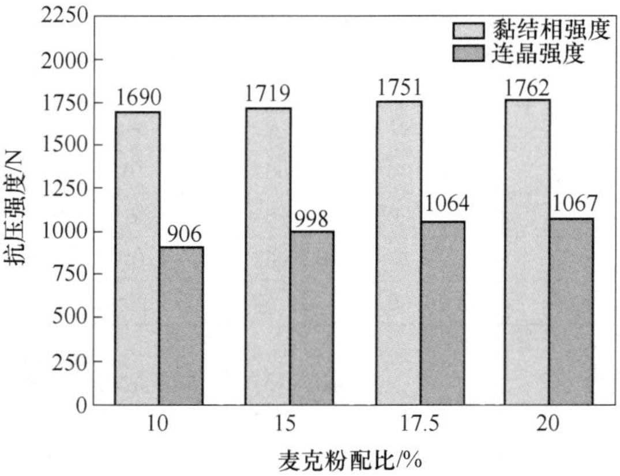

图 3-23　麦克粉配比对混合矿黏结相强度和连晶强度的影响

合矿的黏结相强度呈降低的趋势，连晶强度呈上升的趋势，但总体变化幅度不大。

图 3-24 和图 3-25 分别是经同化性温度和液相流动性测定实验后的试样照片。可知，增加或减少麦克粉含量，混合矿的同化性温度在 1308 ℃上下波动，且波动范围不大。当减少麦克含量时，相比于基准组液相流动性指数会降低，而当增加麦克粉含量时，液相流动性增加，但是增加幅度比前一系列要小，所以增加麦克含量，也可以改善液相流动性。黏结相强度和连晶强度均已达到烧结生产所需，并且黏结相强度和连晶强度变化在一定范围内均符合线性变化。

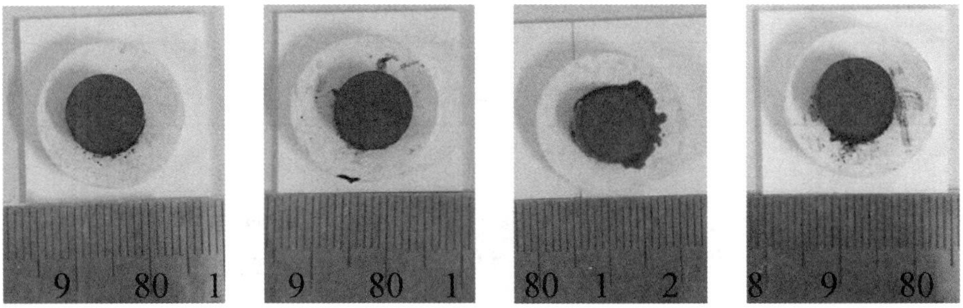

(a) (b) (c) (d)

图 3-24 不同麦克粉配比的混合矿同化性测试后的试样照片

(a) 1 号；(b) 2 号；(c) 3 号；(d) 4 号

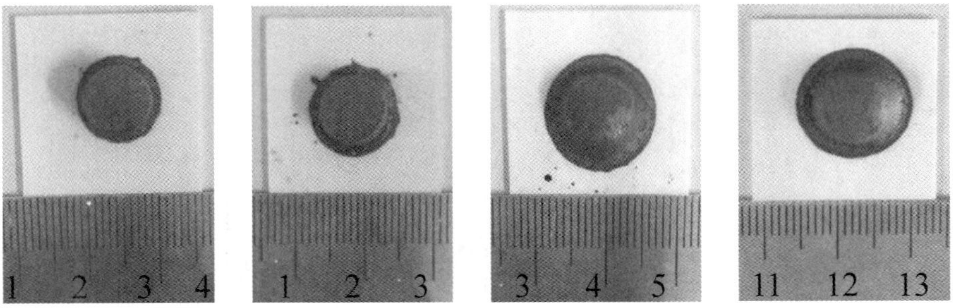

(a) (b) (c) (d)

图 3-25 不同麦克粉配比的混合矿液相流动性测试后的试样照片

(a) 1 号；(b) 2 号；(c) 3 号；(d) 4 号

C 混合矿优化配矿探索研究

通过单矿和混合矿烧结基础特性以及单矿对混合矿影响的实验研究发现，承钢现场所用的配矿方案同化性温度较高、液相流动性能较差，但是黏结相强度和连晶强度均较好，故在优化配矿过程中，主要考虑降低同化性温度和增加液相流动性。7 种铁矿粉和已测出的混合矿黏结相强度和连晶强度均达到了生产需求，在优化配矿的过程中次要考虑黏结相强度和连晶强度。

表 3-14 为混合矿优化配矿探索研究方案。其中 1 号是不使用同化性温度高和液相流动性差的蒙古粉，而将普粉的含量从 5.41%增加到 8.67%。2 号是将 PB 粉的含量从 25.69%减少到 5.69%，将麦克粉的含量从 12.91%增加到 32.90%。表 3-15 给出了优化方

案条件下的混合矿化学成分。可知，优化后的混合矿化学成分中，TFe 略有降低，CaO 含量基本不变，SiO_2 含量略有上升。

表 3-14　混合矿优化配矿实验方案　(%)

名称	钒粉	创远矿粉	普粉	PB 粉	麦克粉	蒙古粉	印度粉	总和
基准	35.49	9.69	5.41	25.69	12.91	3.27	7.54	100.00
1 号	35.49	9.69	8.67	25.69	12.91	0	7.55	100.00
2 号	35.49	9.69	5.41	5.69	32.90	3.27	7.55	100.00

表 3-15　优化配矿条件下的混合矿化学成分　(%)

化学成分	TFe	FeO	CaO	SiO_2	TiO_2	V_2O_5	MgO	Al_2O_3	P	S
基准	62.27	14.27	0.52	4.18	1.99	0.24	0.48	1.94	0.064	0.122
1 号	62.22	14.03	0.50	4.32	1.99	0.24	0.49	1.95	0.064	0.076
2 号	62.05	14.25	0.52	4.46	1.91	0.24	0.48	2.01	0.061	0.123

在此次配矿中，需要考虑在配矿完成后，所得矿粉品位变化不大，然后同时优化其同化性温度和液相流动性。1 号配矿方法考虑到普粉液相流动性强，而蒙古粉液相流动性极弱，并且蒙古粉同化性温度最高。同时，该工厂可以将蒙古粉弃用，所以将 1 号蒙古粉含量降低到 0，同时提高普粉含量至 8.67%。2 号配矿方法考虑到虽然 PB 粉同化性温度较低，但是麦克粉同化性温度更低，并且 PB 粉液相流动性极弱，与此同时，由于小幅增加麦克粉含量对液相流动性的增强效果较小，结合该工厂的要求，决定降低 PB 粉含量至 5%，将麦克粉含量提高至 32.9%。得到的实验结果如图 3-26～图 3-28 所示。可以得出，1 号配矿方案去除蒙古粉的含量，普粉含量增加 3.26%，同化性温度降低 5 ℃，达到 1303 ℃，同时液相流动性指数也增加至 1.22，证明适量增加普粉含量，降低蒙古粉含量有利于改善烧结矿质量。2 号配矿方案降低 PB 粉含量至 5%，麦克粉含量提高至 32.9%，使同化性温度降低 12 ℃，达到 1296 ℃，液相流动性指数增加 0.87，达到 1.85。两种方案均达到优化配矿的目的。图 3-29 和图 3-30分别是经同化性温度和液相流动性测定实验后的试样照片。

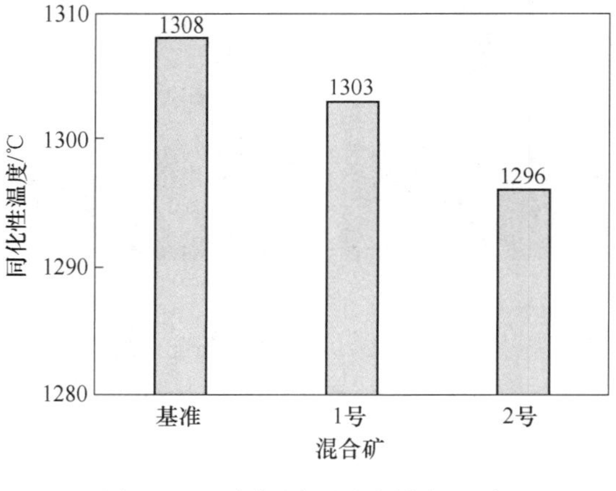

图 3-26　不同混合矿的同化性温度

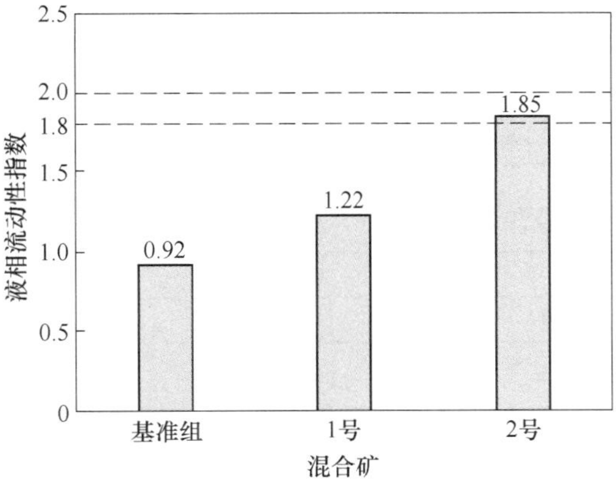

图 3-27 不同混合矿的液相流动性

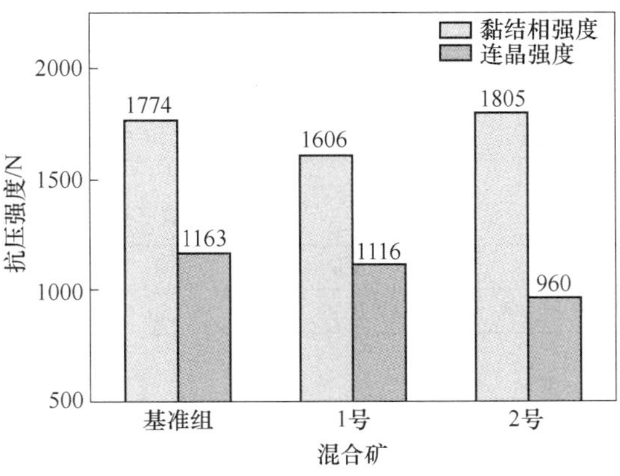

图 3-28 不同混合矿的黏结相强度及连晶强度

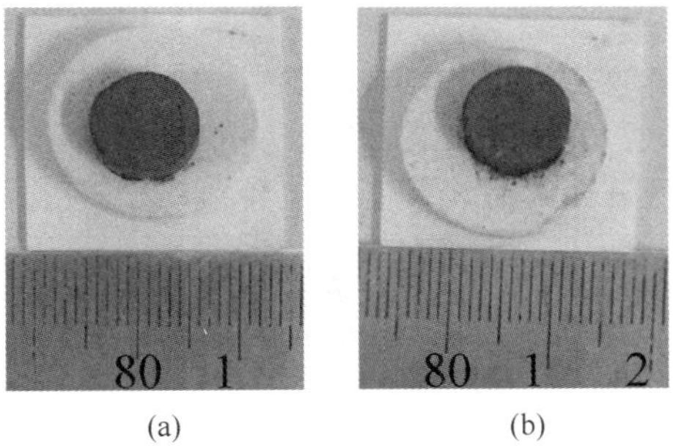

图 3-29 不同混合矿同化性温度测试后的试样照片

(a) 1号；(b) 2号

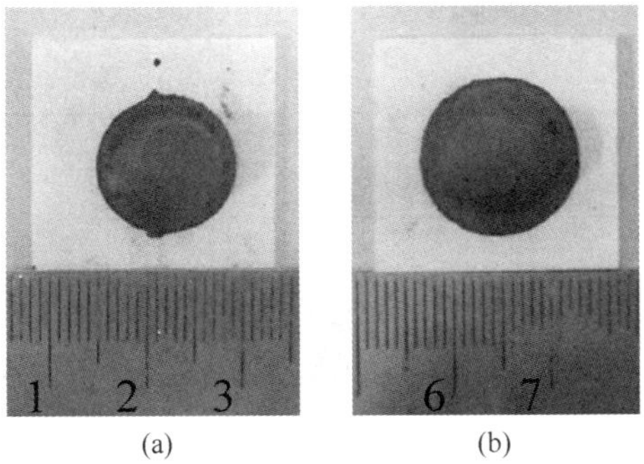

图 3-30 不同混合矿液相流动性测试后的试样照片

(a) 1号；(b) 2号

3.1.2 钒钛矿冶炼高炉矿焦混装技术

3.1.2.1 矿焦混装率对综合炉料熔滴性能的影响

矿焦混装是指除了焦炭与矿石在高炉内成层状分布外，还把一小部分焦丁（或碎焦）混装进矿石层中的技术。焦丁与矿石混装一方面可以回收利用焦丁，以质量较差的焦丁置换焦炭，降低高炉生产成本；另一方面可以改善高炉操作，提高煤气利用率。

本节研究不同矿焦混装率对钒钛磁铁矿高炉冶炼综合炉料熔滴性能和 V 还原的影响，为现场钒钛矿冶炼高炉采用矿焦混装技术改善冶炼操作、提高钒收得率、降低生产成本等提供参考。

A 试验原料

原料包括承钢现场烧结矿、球团矿、块矿以及焦炭。烧结矿、球团矿及块矿的化学成分见表 3-16，焦炭的工业分析及灰成分列于表 3-17。

表 3-16 试验所用烧结矿和球团矿的化学成分 (%)

名称	TFe	SiO_2	CaO	Al_2O_3	MgO	V_2O_5	TiO_2	FeO
烧结矿	54.66	5.33	11.32	2.14	2.12	0.21	1.92	10.42

续表 3-16

名称	TFe	SiO_2	CaO	Al_2O_3	MgO	V_2O_5	TiO_2	FeO
球团矿	59.16	5.86	1.50	1.68	3.02	0.20	2.95	0.98
块矿	61.57	5.66	0.15	0.66	0.19	—	0.13	0.19

表 3-17　焦炭工业分析及灰成分　(%)

FC	Ash	VM	CaO	SiO_2	Al_2O_3	S
85.88	12.55	1.50	0.25	6.38	3.04	0.72

B　试验方法

矿焦混装试验方案见表 3-18。本试验含铁炉料及其配比不变，均与现场实际生产一致(70%烧结矿+22%球团矿+8%块矿)，研究不同矿焦混装率对综合炉料熔滴性能的影响。矿焦混装率依次为 0%、10%、20%、25%、30%、40%、50%，矿焦混装装料方式如图 3-31所示。通过熔滴试验，考察矿焦混装率对钒钛磁铁矿综合炉料熔滴性能及钒收得率的影响。

表 3-18　矿焦混装试验方案

编号	布料方式	烧结矿配比/%	球团矿配比/%	块矿配比/%
1 号	层装	70	22	8
2 号	10%混装	70	22	8
3 号	20%混装	70	22	8
4 号	25%混装	70	22	8
5 号	30%混装	70	22	8
6 号	40%混装	70	22	8
7 号	50%混装	70	22	8

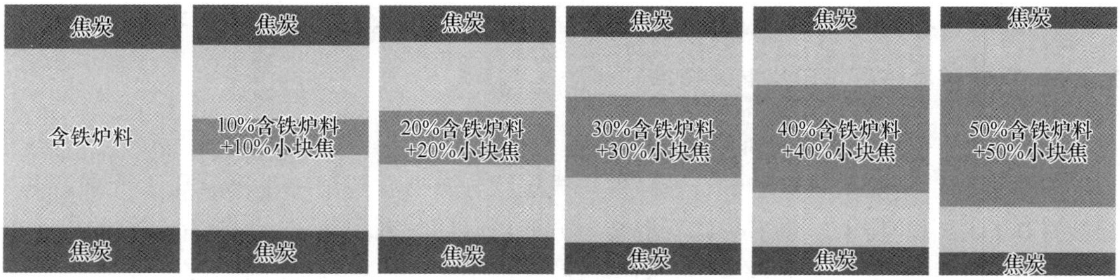

图 3-31　矿焦混装装料方式示意图

C　试验结果

综合炉料的熔滴试验数据见表 3-19 和表 3-20。对熔滴试验的滴落物（初渣和初铁）进行高温熔分，使渣铁分离，化验铁中 V 含量，由此得到滴落初铁中 V 的收得率。

表 3-19　综合炉料熔滴试验结果（一）

编号	T_4/℃	T_{40}/℃	$T_{40}-T_4$/℃	T_S/℃	T_D/℃	T_D-T_S/℃
1 号	1137.4	1240.4	103.0	1259.4	1417.5	158.1
2 号	1137.3	1251.7	114.4	1263.0	1408.5	145.5
3 号	1143.4	1249.9	106.5	1269.7	1407.1	137.4

续表 3-19

编号	T_4/℃	T_{40}/℃	$T_{40}-T_4$/℃	T_S/℃	T_D/℃	T_D-T_S/℃
4 号	1140.5	1250.6	110.1	1278.4	1405.2	126.8
5 号	1142.3	1243.1	100.8	1265.5	1395.9	130.4
6 号	1152.1	1240.8	88.8	1257.7	1392.1	134.4
7 号	1139.9	1233.1	93.2	1260.6	1400.8	140.2

表 3-20　综合炉料熔滴试验结果（二）

编号	Δp_{max}/kPa	$T_{\Delta p_{max}}$/℃	S/kPa·℃	滴落率/%	滴落压差/kPa
1 号	26.247	1310.6	3423.56	63.81	2.869
2 号	24.859	1317.4	1958.19	70.78	2.213
3 号	24.693	1333.3	1906.47	78.72	2.439
4 号	20.650	1346.0	1863.65	80.67	2.265
5 号	20.803	1337.4	1133.29	79.26	2.629
6 号	15.305	1333.5	1101.42	73.57	2.427
7 号	6.719	1328.4	452.26	68.05	2.033

a　收缩率

不同温度条件下矿焦混装率对钒钛矿综合炉料收缩率的影响见图 3-32。在 1200～1400 ℃范围内，相同混装率条件下，料柱收缩率随温度升高逐渐增加；而在相同温度条件下，料柱收缩率随矿焦混装率的增加呈先降低后升高的趋势。由此说明，一定矿焦混装率条件下，混装焦炭可有效降低料柱收缩率，提高焦炭对矿石层的离散作用，有利于软熔层滞留渣量的减少及熔滴层温度区间的收窄。

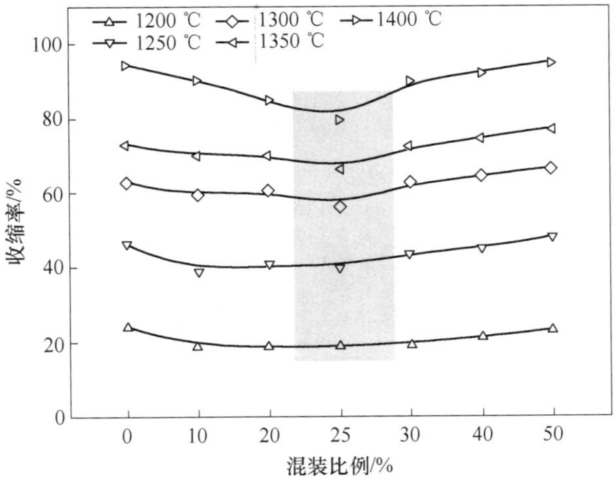

图 3-32　不同温度条件下矿焦混装率对综合炉料收缩率的影响

图 3-33 给出了在未混装及混装率为 25%时钒钛矿综合炉料熔滴过程的收缩率。采用矿焦混装可加速块状带（<1100 ℃）含铁物料的间接还原，同时矿石层中的混装焦炭可有效缓解料柱的膨胀。而在软熔带，由于混装焦炭的骨架作用，降低了相同温度下料柱的

收缩率。当温度为 1400 ℃时，未混装和混装率 25%条件下的料柱收缩率分别为 93.72%和 79.00%，由此看出，矿焦混装明显改善了料柱软熔带的透气性。

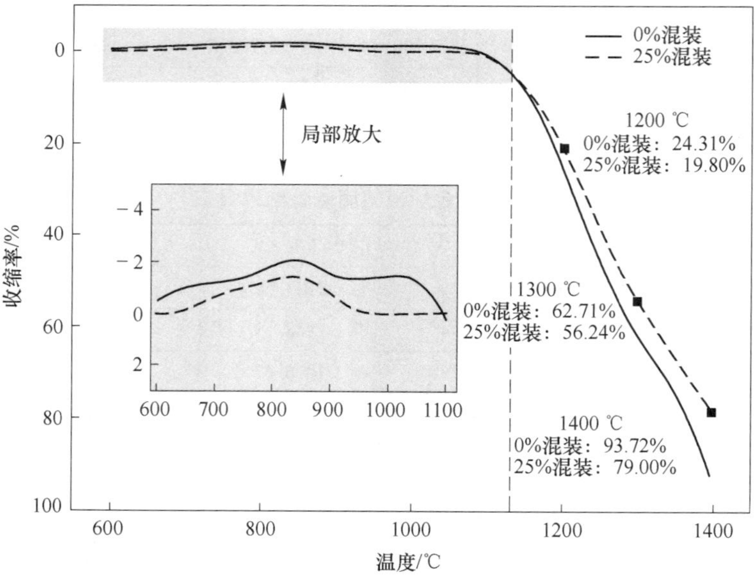

图 3-33　未混装及矿焦混装率 25%条件下综合炉料熔滴过程收缩率

图 3-34 给出了在未混装及混装率为 25%条件下综合炉料熔滴过程不同温度冷却后的形貌照片。当混装率为 25%时，相同温度下综合炉料的收缩率明显降低，这是由于混装层中的焦炭在软熔过程起到骨架作用，强化了焦炭对综合炉料软熔带的离散程度。还可以看出，混装层中的焦炭在高温下增加料柱内部气体通道，有利于改善料柱高温透气性。

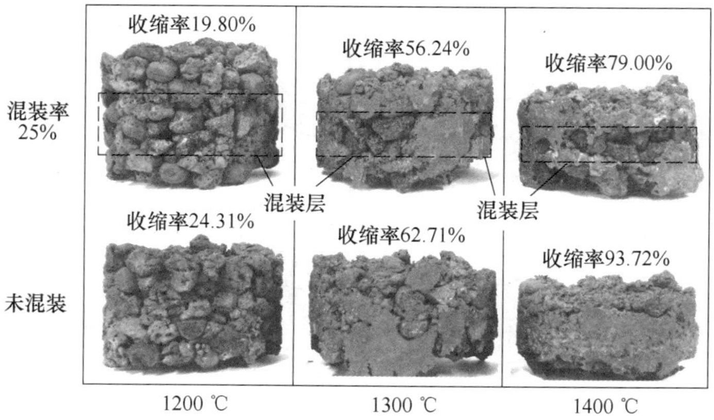

图 3-34　综合炉料不同温度冷却后形貌

b　软化性能

矿焦混装率对钒钛磁铁矿综合炉料软化性能的影响如图 3-35 所示。可以看出，综合炉料软化开始温度 T_4 随矿焦混装率的增加呈先上升后下降的趋势，矿焦混装率由 0%提高到 40%，软化开始温度 T_4 由 1137.4 ℃增加到 1152.1 ℃，当矿焦混装率提高到 50%时，软化开始温度 T_4 降低至 1139.9 ℃。矿焦混装率由 0%提高到 10%，软化终了温度 T_{40} 由

1240.4 ℃增加到 1251.7 ℃，随后基本稳定在 1250 ℃左右，而当矿焦混装率超过 25%后，软化终了温度 T_{40}由1250 ℃降低至 1233.1 ℃；软化区间（$T_{40}-T_4$）随矿焦混装率的增加呈先上升后降低的趋势，当矿焦混装率在 10%~25%区间时，软化区间（$T_{40}-T_4$）稳定在最大值为 110 ℃左右，进一步提高矿焦混装率，软化区间（$T_{40}-T_4$）开始收窄，当矿焦混装率增加至 50%时，软化区间（$T_{40}-T_4$）收窄至 93 ℃。一般认为较宽的软化区间（$T_{40}-T_4$）可促进钒钛矿气固还原，降低高炉下部的还原负荷，因此从软化区间（$T_{40}-T_4$）来看，当矿焦混装率在 10%~25%时，综合炉料软化性能较优。

c 熔化性能

矿焦混装率对钒钛磁铁矿综合炉料熔化性能的影响如图 3-36 所示。熔化开始温度 T_S随矿焦混装率的增加呈先降低后上升的趋势。矿焦混装率由 0%提高到 25%，熔化开始温度 T_S从 1259.4 ℃增大到 1278.4 ℃，矿焦混装率进一步增大，T_S反而逐渐降低。矿焦混装率由 0%提高到 40%，滴落温度 T_D从 1417.5 ℃减小至 1392.7 ℃，之后进一步提高矿焦混装率至 50%，滴落温度 T_D由 1392.7 ℃上升至 1400.8 ℃。矿焦混装率由 0%提高到 25%，熔化区间（T_D-T_S）从 158.1 ℃收窄至 126.8 ℃，继续增大矿焦混装率，熔化区间反而从 126.8 ℃逐渐变宽至 140.2 ℃。由此可知，从层装到矿焦混装率 25%，可使透气性极差的熔化区间明显变窄。

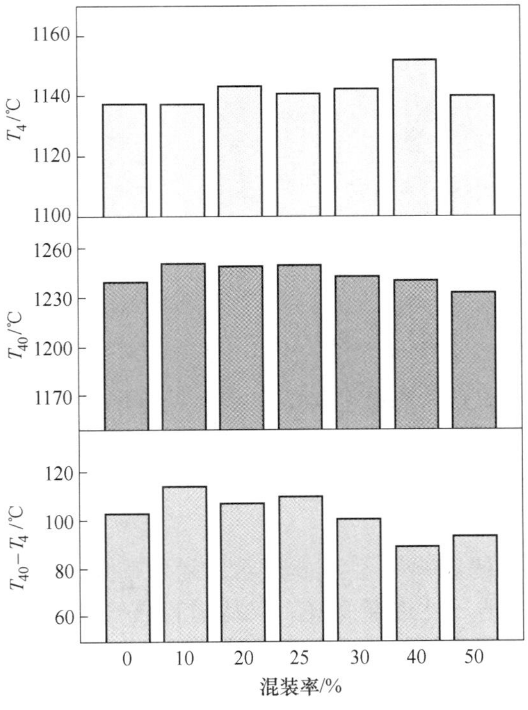

图 3-35 矿焦混装率对综合炉料软化性能的影响

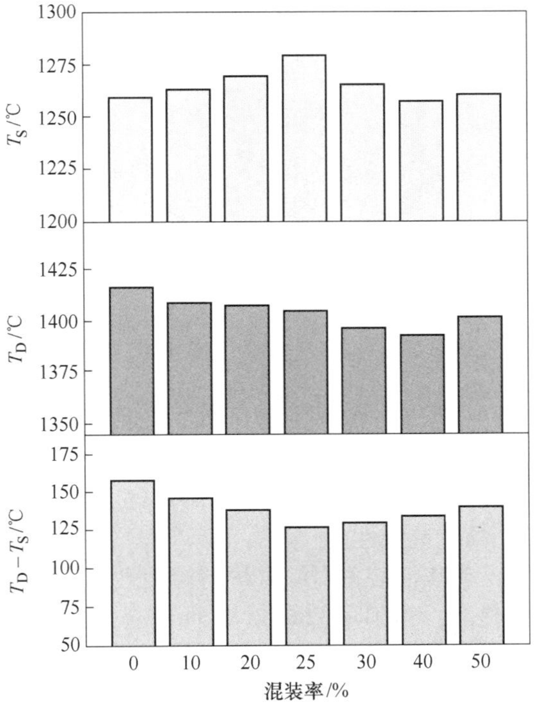

图 3-36 矿焦混装率对综合炉料熔化性能的影响

d 软熔带位置及区间

矿焦混装率对综合炉料软熔带区间的影响如图 3-37 所示。矿焦混装率由 0%提高到 25%，软熔带温度区间明显收窄，矿焦混装率进一步提高，软熔带区间略有变宽。由此看出，在矿焦混装率 25%时，软熔带温度区间均已达到最优。软熔带温度区间的变薄，可有效改善料柱的透气性能。

高炉冶炼过程压差损失主要集中在软熔带，故综合炉料熔滴过程最大压差温度 $T_{\Delta p_{max}}$ 可一定程度上表征软熔带的位置变化。图 3-38 给出了矿焦混装率对钒钛矿综合炉料熔滴过程 $T_{\Delta p_{max}}$ 和 Δp_{max} 的影响。随矿焦混装率提高，最大压差 Δp_{max} 明显降低，由此说明矿焦混装可明显改善料柱透气性。此外，最大压差温度 $T_{\Delta p_{max}}$ 随矿焦混装率的增加呈先升高后降低的趋势，结合图 3-37 可知，矿焦混装率由 0% 提高到 25%，软熔带位置下移，而软熔带的下移扩大了间接还原区，降低了直接还原度，有利于强化高炉冶炼，增产节焦。

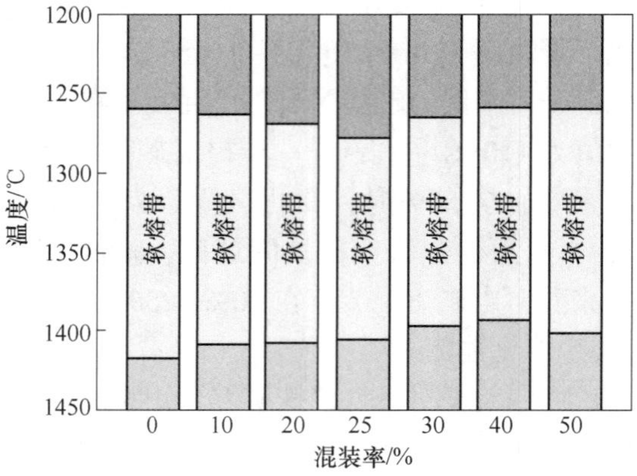

图 3-37　矿焦混装率对综合炉料软熔带位置的影响

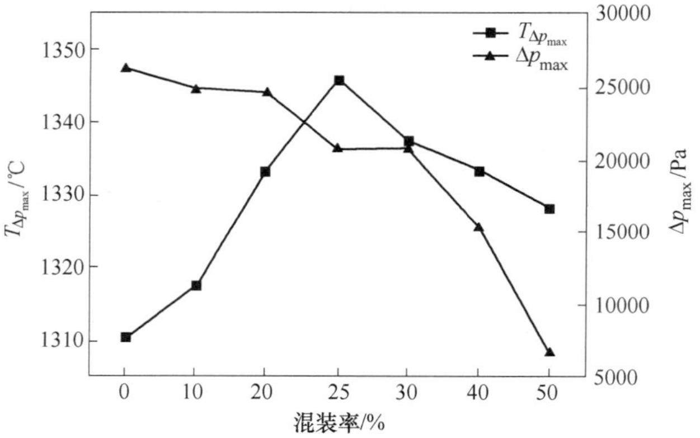

图 3-38　矿焦混装率对 $T_{\Delta p_{max}}$ 和 Δp_{max} 的影响

根据能量平衡原理可知，软熔带宽度与传热面积和传热系数成反比，与煤气流速成正比。因此，矿焦均匀混装入炉时，由于从根本上改善了煤气流与软熔体之间的传热条件，显著提高了传热效率，所以软熔带宽度明显收窄，并呈非致密的和透气性良好的薄壳状存在。

e　透气性能

矿焦混装率对综合炉料熔滴性能总特征值 S 的影响如图 3-39 所示。随着矿焦混装率的提高，S 值明显减小，说明综合炉料软熔带的透气性逐渐变好。仅从炉料透气性而言，矿焦混装有助于综合炉料透气性的改善。矿焦混装率的提高，降低了料柱压差，改善了料柱透气性，主要是由于矿焦混装所造成的焦炭对矿层的离散作用及强化高温浮氏体还原，使软熔层滞留渣量减少以及软熔带温度区间收窄所致。

f　滴落性能

矿焦混装率对综合炉料滴落性能的影响如图 3-40 所示。随着矿焦混装率的提高，综合炉料滴落率先升高后降低，当矿焦混装率在 20%~30%时，滴落率均达到 80%左右。从综合炉料的滴落性能角度考虑，当矿焦混装率超过 30%时，综合炉料的滴落性能大幅度降低。因此，综合考虑透气性和滴落性能，矿焦混装率不能超过 30%，以 25%为宜。

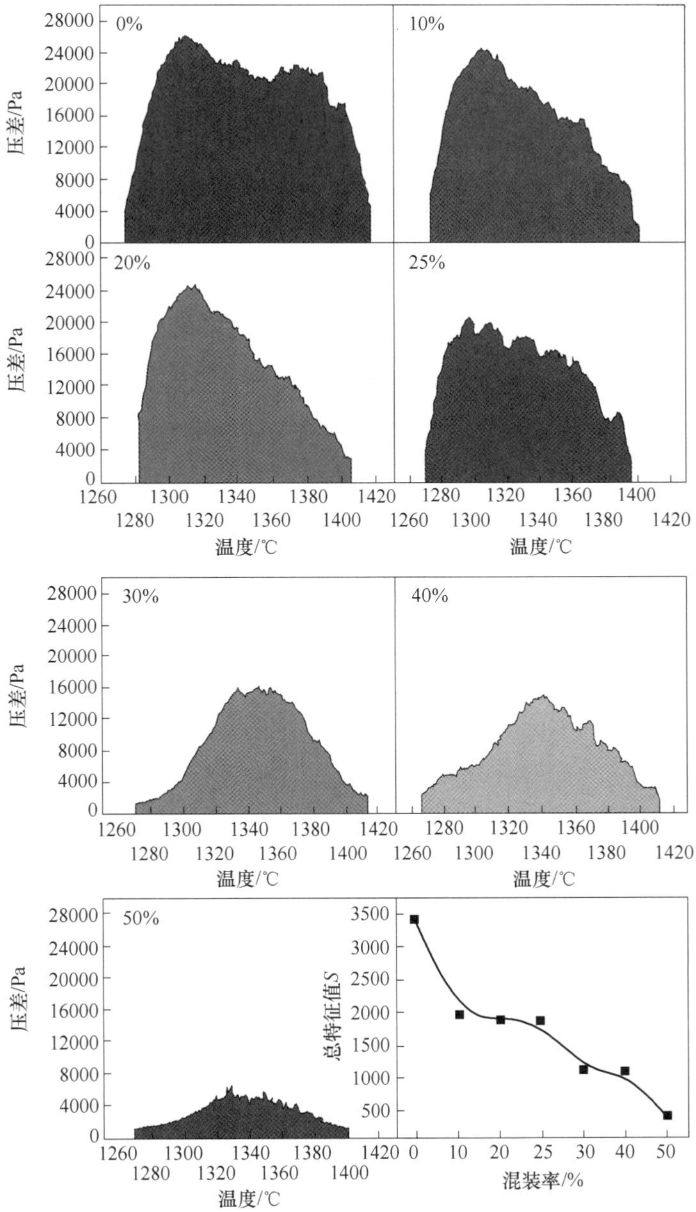

图 3-39　矿焦混装率对综合炉料熔滴性能总特征值 S 的影响

矿焦混装后，对矿层的强化还原以及 Fe 的渗碳作用加强，使综合炉料滴落率上升，矿焦混装率达到 30%之后，进一步提高矿焦混装率，渣中有条件生成 V、Ti 碳化物，增加渣的黏度，导致渣、铁分离不好，加之渣焦间润湿性的增强以及渣流动性恶化等因素的影响，综合炉料滴落率降低。

图 3-41 给出了矿焦混装率对滴落铁中碳含量及理论计算熔点的影响。可以看出，随矿焦混装率的增加，矿焦间接触条件变好，加上对炉料的强化还原作用，使铁的渗碳增多，滴落铁中碳含量由未混装时的 2.75%增加至混装 50%时的 3.53%。由铁碳相图（见图 3-42）可知，铁相熔点随渗碳量的增加明显降低，结合 Factsage 7.0 热力学计算软件可

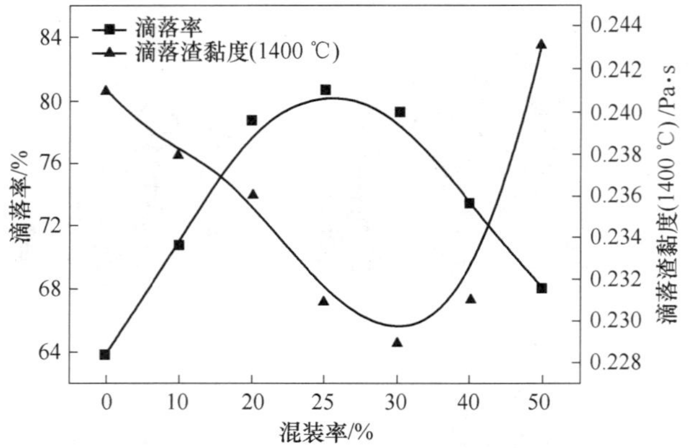

图 3-40　矿焦混装率对综合炉料滴落性能的影响

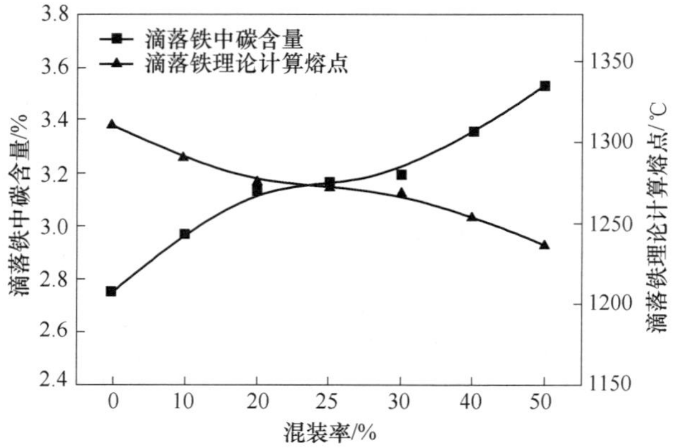

图 3-41　矿焦混装率对滴落铁中 C 含量及理论熔点的影响

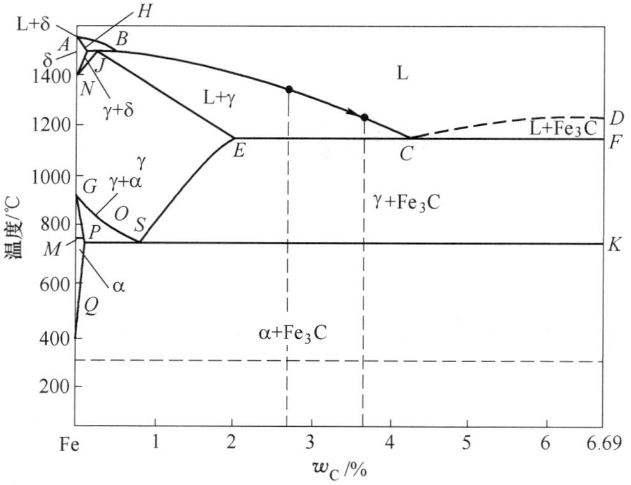

图 3-42　铁碳相图

得出随矿焦混装率由 0%增加至 50%时，滴落铁的理论熔点由 1312 ℃逐渐降低至 1237 ℃。对比滴落温度 T_D 呈先降低后上升的趋势可知，当混装率达 50%时，滴落温度 T_D 的升高与

V、Ti 碳化物的生成有关。

g 滴落渣 XRD 分析

图 3-43 给出了不同矿焦混装率条件下钒钛矿综合炉料滴落渣铁形貌。将不同混装率条件下的滴落渣铁进行高温熔分，对得到的滴落渣进行 XRD 分析，分析结果见图 3-44。

图 3-43 不同矿焦混装率条件下的滴落渣铁形貌

从图 3-44 中可以看出，不同矿焦混装率下滴落渣的主要物相组成包括钙钛矿（$CaTiO_3$）、黄长石（$Ca_2Al_2SiO_7$）以及镁铝尖晶石（$MgAl_2O_4$）。此外，当矿焦混装率在 20%～30%时，滴落渣中镁铝尖晶石（$MgAl_2O_4$）相对较少，而镁铝尖晶石（$MgAl_2O_4$）具备较高熔点。因此，镁铝尖晶石（$MgAl_2O_4$）的减少有利于降低渣的黏度，改善滴落渣的流动性。

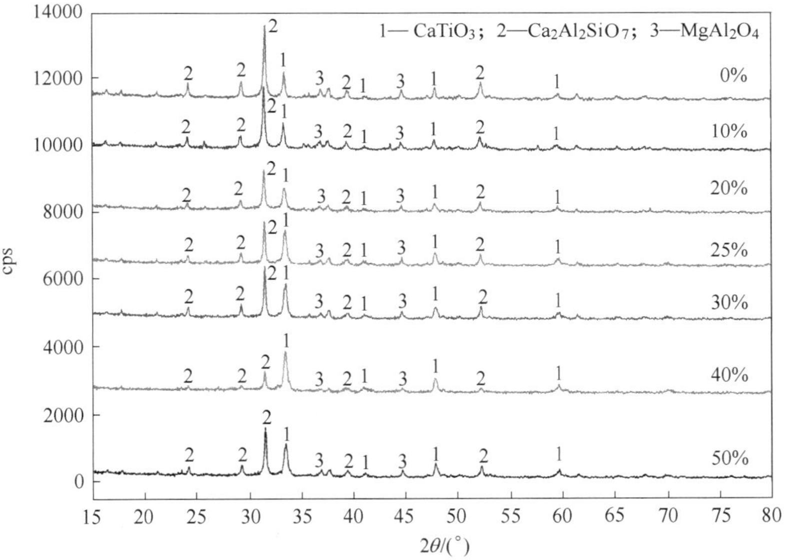

图 3-44 不同矿焦混装率条件下滴落渣 XRD 分析结果

h 滴落铁中 V 收得率

将不同矿焦混装率条件下的滴落渣铁进行高温熔分，对所得熔分铁中的 V 含量进行化验，根据式（3-5）计算滴落初铁中 V 收得率。

$$滴落铁中\ V\ 收得率 = \frac{m_{滴落铁} V_{滴落铁}}{m_{烧} V_{烧} + m_{球} V_{球} + m_{块} V_{块}} \times 100\% \tag{3-5}$$

式中，$m_{滴落铁}$为滴落铁的质量；$V_{滴落铁}$为滴落铁中 V 含量；$m_{烧}$、$m_{球}$、$m_{块}$分别为综合炉料中烧结矿、球团矿及块矿中的质量；$V_{烧}$、$V_{球}$、$V_{块}$分别为烧结矿、球团矿及块矿中的 V 含量。

矿焦混装率对滴落铁中 V 收得率的影响如图 3-45 所示。滴落铁中 V 收得率随矿焦混装率的增加呈先增加后趋于平缓的趋势，在矿焦混装率为 20%～40%时，V 收得率稳定在 45%～50%，而当矿焦混装率超过 40%时，滴落铁中的 V 收得率明显下降。从矿焦混装率对 V 收得率的影响出发，适宜的矿焦混装率应控制不超过 40%，这样才可以较好的发挥冶炼中“扬 V 抑 Ti”的作用。

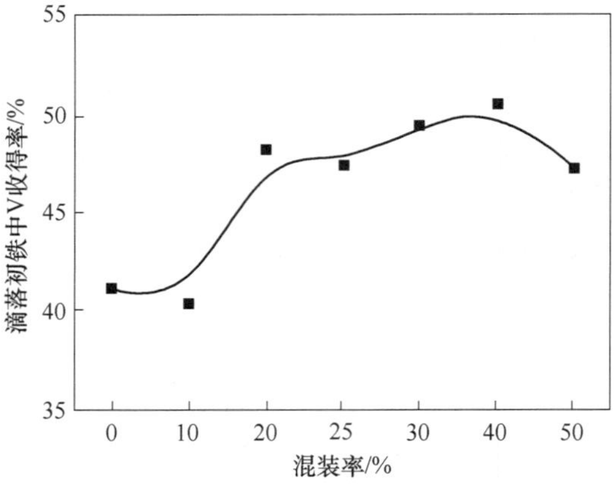

图 3-45　矿焦混装率对滴落铁中 V 收得率的影响

热力学计算表明，V 较 Si，Ti 容易还原，即 V 还原起始温度较低。矿焦混装改善了矿焦接触条件，强化了高温还原，使得滴落铁中 V 收得率增加，进一步提高矿焦混装率，随强化还原作用的加强，可能生成部分 VC，而 VC 的熔点较高，使得渣的黏度增大，渣铁分离效果变差，从而降低了滴落铁中 V 的收得率。图 3-46 给出了实验温度下钒铁氧化物及钒氧化物可能发生的还原反应及相应的热力学计算，根据 ΔG 最小稳定原则，可以看出在实验条件下最可能生成 V 低价氧化物、金属钒及其碳化物。

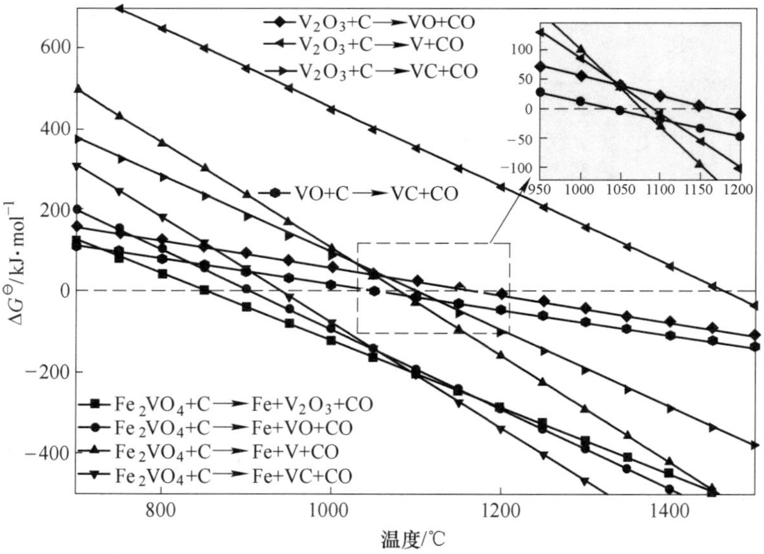

图 3-46　矿焦混装率对 V、Cr 在初铁中收得率的影响

i　未滴落渣 SEM-EDS 分析

取出熔滴实验结束后石墨坩埚中未滴落渣铁，进行 SEM-EDS 分析。图 3-47 给出了不同矿焦混装率条件下未滴落渣 SEM-EDS 分析结果。未滴落渣中主要包括钙钛矿（$CaTiO_3$）、黄长石（$Ca_2Al_2SiO_7$）、镁铝尖晶石（$MgAl_2O_4$）以及铁颗粒，可以看出随着矿焦混装率由 0 增加到 25%时，未滴落渣中铁颗粒明显减少，这是由于矿焦混装可明显改

善综合炉料的滴落性能，渣铁效果分离效果趋优；而当矿焦混装率达到 50%时，未滴落渣中存在大颗粒未滴落铁。

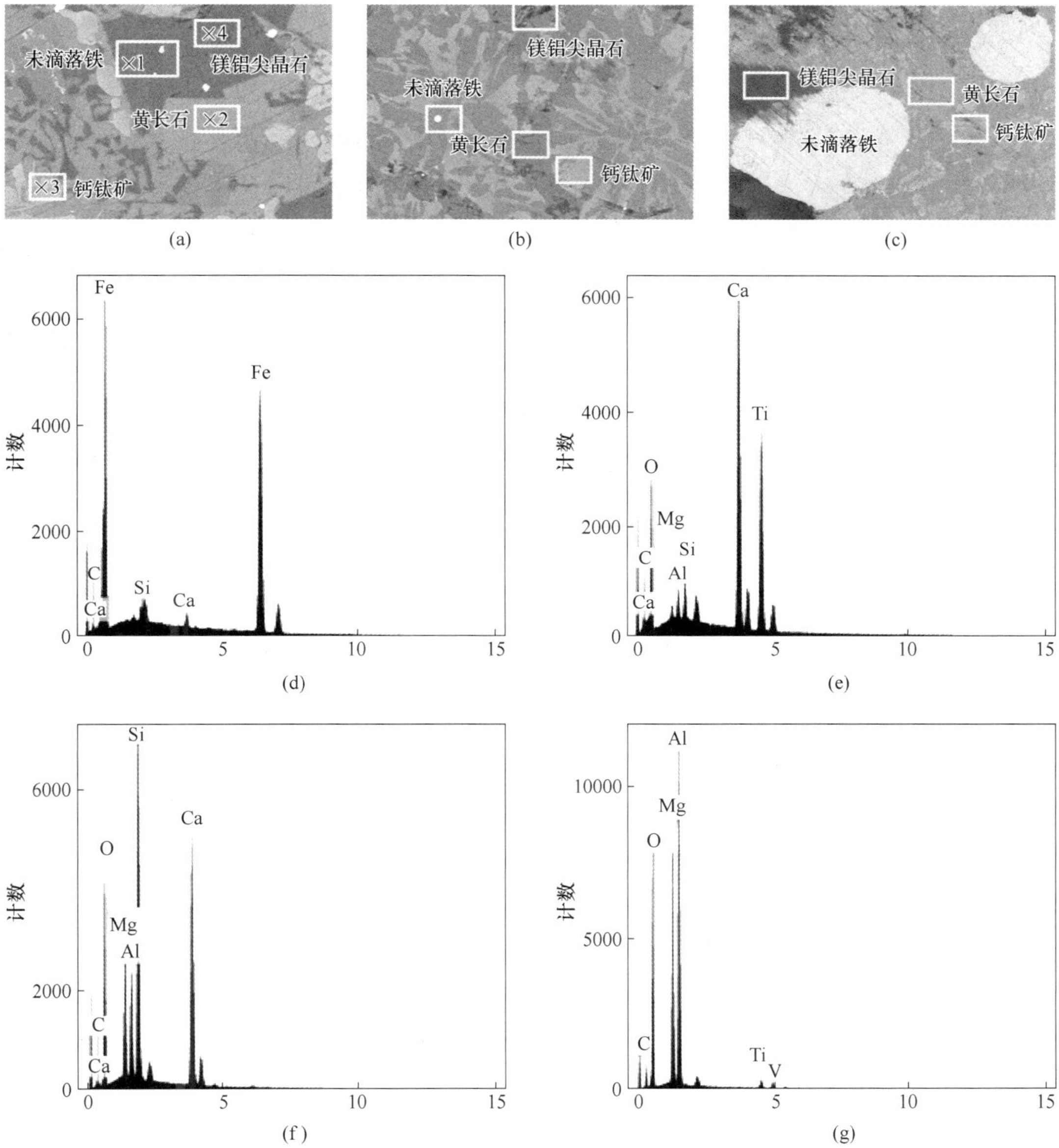

图 3-47 不同矿焦混装率条件下未滴落渣 SEM-EDS 分析结果
（a）未混装（×2000）；（b）混装率 25%（×2000）；（c）混装率 50%（×400）；
（d）点 1 EDS；（e）点 2 EDS；（f）点 3 EDS；（g）点 4 EDS

进一步对 50%矿焦混装率条件下的未滴落渣铁界面进行面扫描分析，结果见图 3-48。其中，亮色相为金属铁，灰色相为 V、Ti 碳化物复合相，而暗色相主要为硅酸盐相，且 V、Ti 碳化物主要存在于渣-金界面。在矿焦混装率 50%条件下，由于强化还原作用的进一步加强，局部钒、钛的碳化物生成，使得渣黏度增大，流动性变差，急剧恶化渣-铁间的传质条件，进而影响 V 的迁移。以矿焦混装率 40%为界，低于该值时矿焦混装强化还原作用明显，V 大量还原；当矿焦混装率超过 40%时，渣中 V、Ti 碳化物的生成阻碍了 V 向 Fe 中的迁移，使得初铁中 V 收得率呈下降趋势。

综上所述，一定程度的矿焦混装率有利于改善钒钛磁铁矿高炉冶炼综合炉料的熔滴性能，有利于初铁中 V、Cr 收得率的提高。在本试验研究条件下，矿焦混装率不宜超过 40%，以 25%左右为最优。

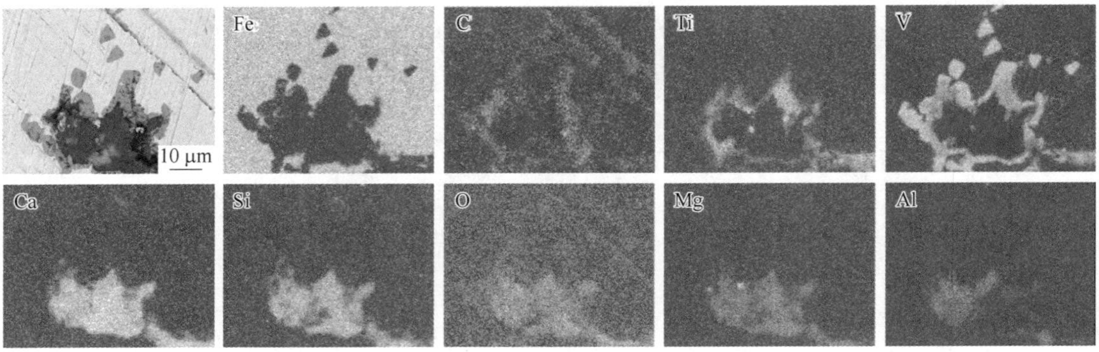

图 3-48　矿焦混装率 50%条件下未滴落渣铁界面的面扫描分析结果

3.1.2.2　矿焦混装方式对钒钛矿综合炉料熔滴性能的影响

A　试验原料及方法

使用的承钢现场烧结矿、球团矿、块矿以及焦炭等原料同前节。

矿焦混装方式对综合炉料熔滴性能影响试验方案见表 3-21。本试验含铁炉料及其配比不变，均与现场实际生产一致（70%烧结矿+22%球团矿+8%块矿），选定的 4 种矿焦混装方式分别为 25%矿+25%小块焦、50%矿+25%小块焦、75%矿+25%小块焦和 100%矿+25%小块焦，具体装料方式见图 3-49。通过熔滴试验，考察不同矿焦混装方式对钒钛矿综合炉料熔滴性能和铁、钒还原的影响。

表 3-21　矿焦混装方式的实验方案

编号	混装方式	烧结矿比例/%	球团比例/%	块矿比例/%
1 号	25%矿+25%小块焦	70	20	10
2 号	50%矿+25%小块焦	70	20	10
3 号	75%矿+25%小块焦	70	20	10
4 号	100%矿+25%小块焦	70	20	10

图 3-49　不同矿焦混装方式条件下综合炉料装料示意图

B 试验结果

矿焦混装方式对综合炉料熔滴性能的影响试验结果见表 3-22 和表 3-23。对熔滴试验的滴落物（初渣和初铁）进行高温熔分，使渣铁分离，化验铁中 V 含量，依此得出滴落初铁中 V 的收得率。

表 3-22 综合炉料熔滴试验结果（一）

编号	T_4/℃	T_{40}/℃	$T_{40}-T_4$/℃	T_S/℃	T_D/℃	T_D-T_S/℃
1 号	1130.8	1250.6	119.7	1278.4	1405.2	126.8
2 号	1117.9	1247.6	129.7	1289.1	1422.1	133.0
3 号	1114.8	1246.4	131.6	1289.0	1428.5	139.5
4 号	1105.4	1235.5	130.1	1285.9	1431.8	145.9

表 3-23 综合炉料熔滴试验结果（二）

编号	Δp_{max}/kPa	$T_{\Delta p_{max}}$/℃	S 值/kPa·℃	滴落率/%	滴落压差/kPa
1 号	16.191	1346.0	960.48	80.67	2.265
2 号	7.754	1345.6	672.73	84.25	1.525
3 号	8.283	1350.2	600.28	80.46	0.958
4 号	8.425	1344.3	641.67	83.56	0.954

a 收缩率

不同温度下矿焦混装方式对钒钛矿综合炉料收缩率的影响见图 3-50。在 1200～1400 ℃范围内，相同矿焦混装方式下，料柱的收缩率随温度升高逐渐增加；而在相同温度下，料柱收缩率随混装小焦块在矿石层中的弥散程度的增加呈先降低后升高的变化趋势，由此说明，通过调整小焦块的混装方式可以进一步降低料柱收缩率，提高焦炭对矿石层的离散作用，有利于软熔层滞留渣量的减少及熔滴层温度区间的收窄。因此，从综合料柱收缩率的变化角度来看，小块焦在矿石层的弥散程度不应超过 75%，即矿焦混装方式为 25%小块焦+75%矿。

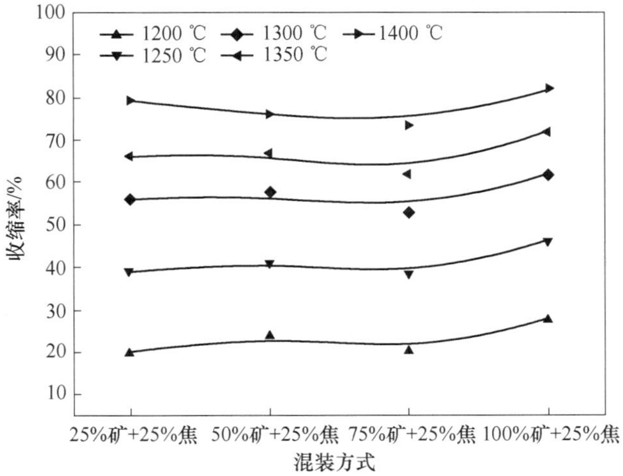

图 3-50 矿焦混装方式对不同温度下综合炉料收缩率的影响

b　软化性能

矿焦混装方式对钒钛磁铁矿综合炉料软化性能的影响如图 3-51 所示。综合炉料软化开始温度 T_4 随混装小焦块在矿石层中弥散程度的增加呈逐渐下降的变化趋势，由 1130.8 ℃降低到 1105.4 ℃。混装小焦块在矿石层中的弥散程度由 25%提高到 100%，软化终了温度 T_{40} 由 1250.6 ℃降低到 1235.5 ℃。软化区间（$T_{40}-T_4$）混装小焦块在矿石层中弥散程度的增加呈先上升后基本稳定趋势，当小焦块在矿石层中弥散程度由 25%增加至 50%时，软化区间（$T_{40}-T_4$）由 119.7 ℃上升到 129.7 ℃，随后基本稳定在 130 ℃左右。一般认为较宽的软化区间（$T_{40}-T_4$）可促进钒钛矿气固还原，降低高炉下部的还原负荷，因此从软化区间（$T_{40}-T_4$）来看，当混装小焦块在矿石层中的弥散程度为 25%～50%时，综合炉料软化性能较优。

c　熔化性能

矿焦混装方式对综合炉料熔化性能的影响见图 3-52。熔化开始温度 T_S 随混装小焦块在矿石层中弥散程度的增加呈先升高后基本不变的变化趋势。小焦块在矿石层中弥散程度由 25%提高到 50%，熔化开始温度 T_S 从 1278.4 ℃增大到 1289.1 ℃。进一步增加混装小焦块在矿石层中的弥散程度，T_S 基本保持稳定在 1290 ℃。滴落温度 T_D 随混装小焦块在矿石层中弥散程度的增加而增加，由 1 号混装方式时的 1405.2 ℃增加至 4 号混装方式时的 1431.8 ℃；熔化温度区间（T_D-T_S）随混装小焦块在矿石层中弥散程度的增加而增加，从 126.8 ℃增加至 145.9 ℃。

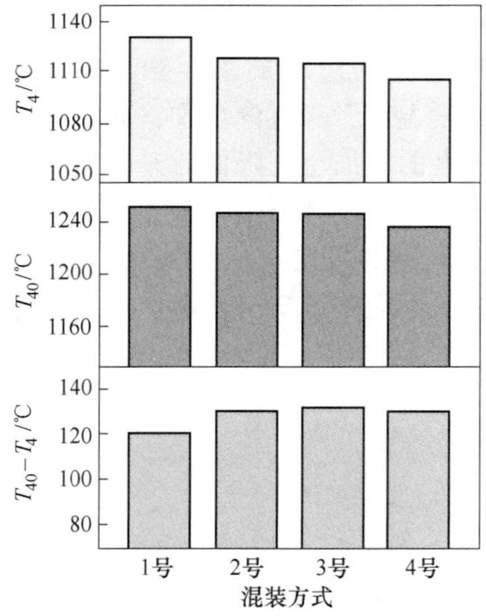

图 3-51　矿焦混装方式对综合炉料软化性能的影响

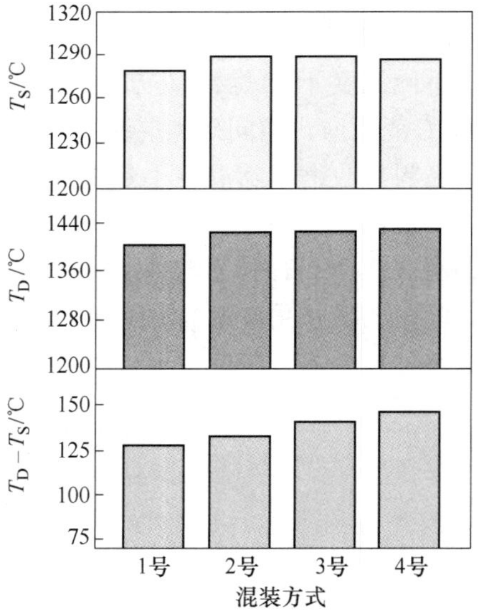

图 3-52　矿焦混装方式对综合炉料熔化性能的影响

d　透气性

矿焦混装方式对综合炉料熔滴性能总特征值 S 的影响见图 3-53。随混装小焦块在矿石层中弥散程度的增加，S 值明显减小，而当混装小焦块在矿石层中弥散程度超过 50%时，S 值变化趋于平缓。由此说明，混装小焦块在矿石层中弥散程度由 25%增加至 50%时，可改善综合炉料软熔带的透气性。

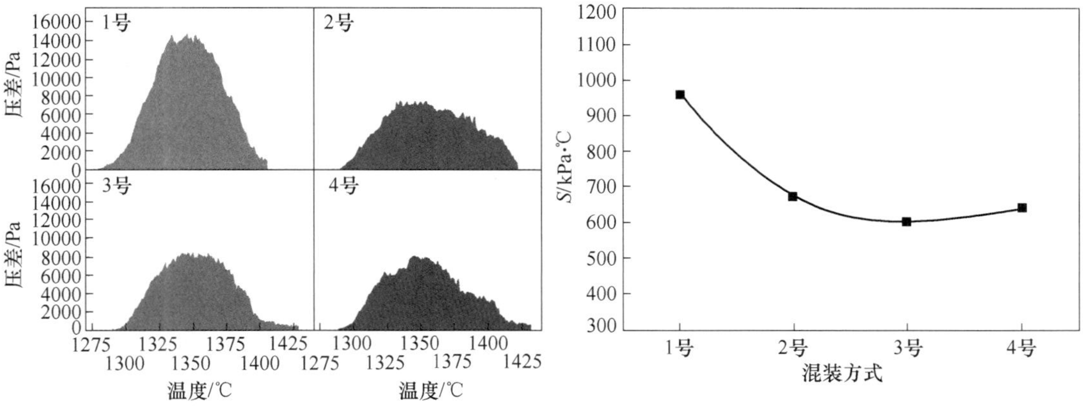

图 3-53 矿焦混装方式对综合炉料透气性的影响

e 软熔带位置及区间

矿焦混装方式对综合炉料软熔带区间的影响如图 3-54 所示。随混装小焦块在矿石层中弥散程度的增加，软熔带区间逐渐增宽，由 25%矿+25%焦时的 126.8 ℃增加至 100%矿+25%焦时的 145.9 ℃。高炉冶炼过程压差损失主要集中在软熔带，因此综合炉料熔滴过程最大压差温度 $T_{\Delta p_{max}}$ 可表明软熔带的位置变化。图 3-55 给出了矿焦混装方式对钒钛矿综合炉料熔滴过程 $T_{\Delta p_{max}}$ 和 Δp_{max} 的影响。可以看出，最大压差温度 $T_{\Delta p_{max}}$ 随混装小焦块在矿石层中弥散程度的增加呈先升高后降低的变化趋势。结合图 3-54 可以看出，随着混装小焦块在矿石层中弥散程度的增加，软熔带位置先逐渐下移后基本不变。

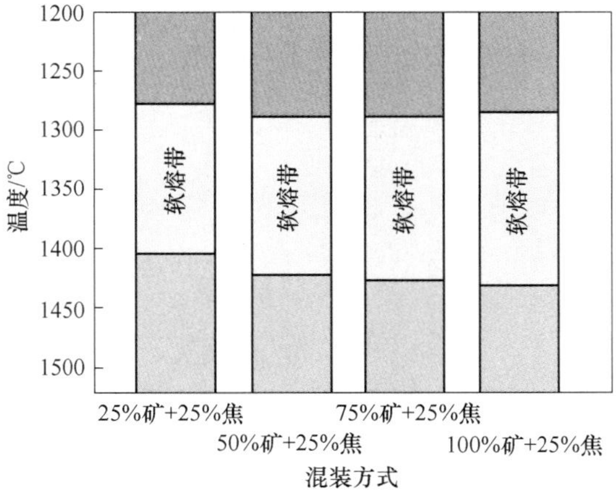

图 3-54 矿焦混装方式对综合炉料软熔带位置及区间的影响

此外，由图 3-55 还可以看出，随混装小焦块在矿石层中弥散程度的提高，最大压差 Δp_{max} 先由 16.191 kPa 迅速降低至 7.754 kPa，而当小焦块在矿石层中弥散程度超过 50%后，最大压差 Δp_{max} 基本稳定在 8 kPa 左右。因此，综合软熔带区间、位置及透气性来看，混装小焦块在矿石层中的弥散程度不宜超过 50%，适宜的混装方式为 25%矿+25%焦矿。

f 滴落性能

综合炉料的滴落性能主要包括滴落率、滴落压差及滴落温度。图 3-56 给出了矿焦混装方式对综合炉料滴落率及滴落压差的影响。随着混装小焦块在矿石层中弥散程度的增加，滴落率呈先增加后降低的变化趋势，但总体波动相对较小，基本稳定在 80%左右。滴落压差则随着混装小焦块在矿石层中弥散程度的增加呈先降低后基本保持不变的趋势，在混装方式为 75%矿+25%焦时达到滴落压差变化的转折点。综合来看，混装小焦块在矿石层中弥散程度由 25%增加至 75%过程中，综合炉料的滴落性能有所改善。

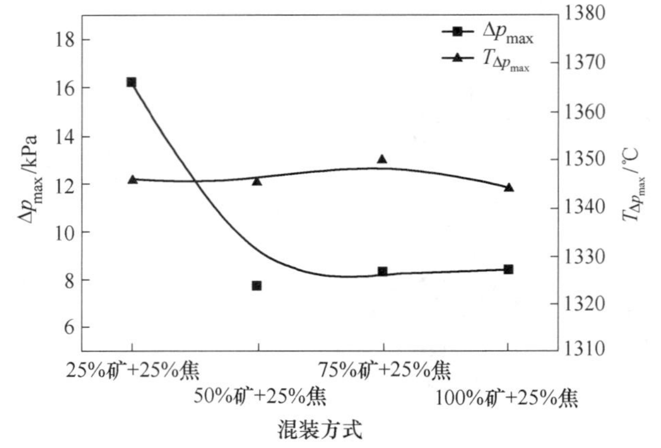

图 3-55　矿焦混装方式对综合炉料 Δp_{max} 和 $T_{\Delta p_{max}}$ 的影响

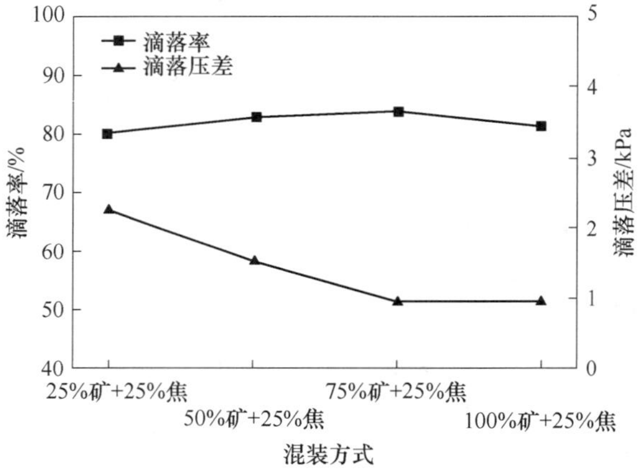

图 3-56　矿焦混装方式对综合炉料滴落率及滴落压差的影响

g　滴落铁中 V 的收得率

将不同矿焦混装方式条件下的滴落渣铁进行高温熔分，对所得熔分铁中的 V 含量进行化验，并计算滴落初铁中 V 的收得率。矿焦混装方式对滴落铁中 V 的收得率的影响如图 3-57 所示。可以看出，滴落铁中 V 收得率随小块焦在矿石层中弥散程度的增加呈先增加后降低的变化趋势。在矿焦混装方式为 50%矿+25%焦时，滴落铁中 V 的收得率达到最大值，约 55%。若进一步提高混装小块焦的弥散程度，滴落初铁中 V 的收得率明显下降。从矿焦混装方式对 V 收得率

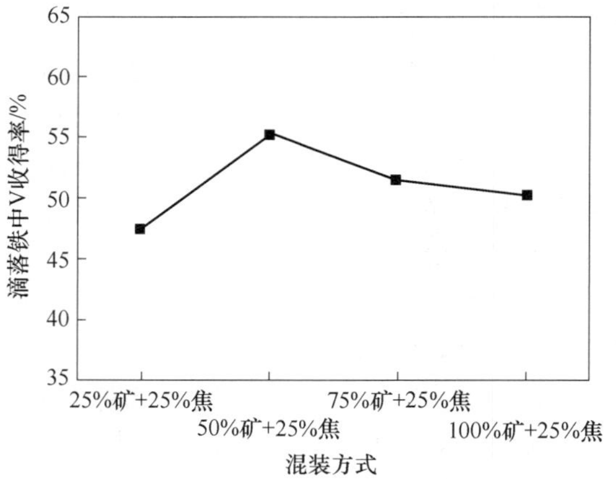

图 3-57　矿焦混装方式对滴落初铁中 V 收得率的影响

的影响出发，适宜的混装小块焦的弥散程度应不超过 50%。

3.1.3　承钢钒钛矿高炉强化冶炼的合理炉料结构

基于承钢高炉生产实际，提出了优化高炉冶炼钒钛磁铁矿炉料结构的工艺方案，并开展如下研究，主要包括：（1）高碱度烧结矿试验研究；（2）不同 MgO 含量烧结矿试验研究；（3）烧结矿碱度对钒钛矿综合炉料熔滴性能的影响试验研究；（4）MgO 含量对钒钛矿综合炉料熔滴性能的影响试验研究，从而为优化承钢钒钛矿高炉炉料结构提供参考。

3.1.3.1　碱度对烧结矿性能影响

本节进行了不同碱度的烧结杯试验，研究碱度对钒钛矿烧结工艺的影响，考察碱度对烧结成品率、烧结速度及转鼓指数等指标的影响规律，为高碱度烧结矿搭配酸性球团矿的炉料结构提供参考。

A　试验原料

不同碱度烧结试验用矿为承钢现场烧结常用铁矿，主要包括钒粉 63.5、创远矿粉 62、普粉、蒙古粉、PB 粉、麦克粉以及印度粉。其他用料有杂料、石灰石粉、钙灰、镁灰及白煤等烧结返料、熔剂及燃料。不同碱度烧结试验用料的化学成分见表 3-24。

表 3-24　承钢常用铁矿粉的化学成分　（%）

矿种	TFe	FeO	CaO	SiO_2	TiO_2	V_2O_5	MgO	Al_2O_3	P	S
钒粉 63.5	63.97	27.33	1.20	3.37	3.77	0.464	0.87	1.70	0.048	0.125
创远矿粉 162	62.58	28.08	0	3.18	5.18	0.570	0	1.95	0.030	0.140
普粉	65.39	24.03	0.25	6.10	0.16	0.034	0.29	0.80	0.019	0.083
蒙古粉	66.96	30.01	0.77	1.61	0.10	0.056	0	0.37	0.013	1.500
PB 粉	61.32	0.11	0.10	4.10	0.43	0.033	0.32	2.10	0.101	0.024
麦克粉	60.23	0.41	0.01	5.50	0.03	0.030	0.30	2.44	0.086	0.025
印度粉	56.38	0.27	0.21	7.00	0.25	0.036	0.49	3.14	0.071	0.020
杂　料	45.09	15.54	11.22	6.53	3.50	0.76	1.30	2.30	0.28	0.19
海 砂	57.22	27.80	1.48	4.07	8.00	0.54	3.29	3.41	—	—
石灰石粉	—	—	49.68	1.64	—	—	—	—	—	—
钙 灰	—	—	73.84	4.74	—	—	7.00	—	0	0.11
镁 灰	—	—	44.52	3.66	—	—	33.48	—	0	0.04
白　煤	0.00	—	2.28	7.92	—	—	—	5.00	—	0.25

B　烧结试验

利用烧结杯实验，模拟承钢现场烧结过程。烧结实验工艺流程和实验装置分别见图 3-58 和图 3-59。

烧结杯内径为 200 mm，烧结料层高度可自由调节。本烧结杯实验模拟现场条件，料层高度固定为 600 mm。各次试验用料配比及原料用量均按试验设计方案执行，返矿配比固定为外配 20%，每次试验的原料质量为 45 kg，人工加水预混匀，然后加入 ϕ600 mm×1200 mm 的小型圆筒混料机进行混匀造球，水分控制在 7%左右，混匀制粒时间控制为 7 min。当混匀造球结束后，在圆筒混料机底部、中间和入口处分别取料进行粒度筛分测

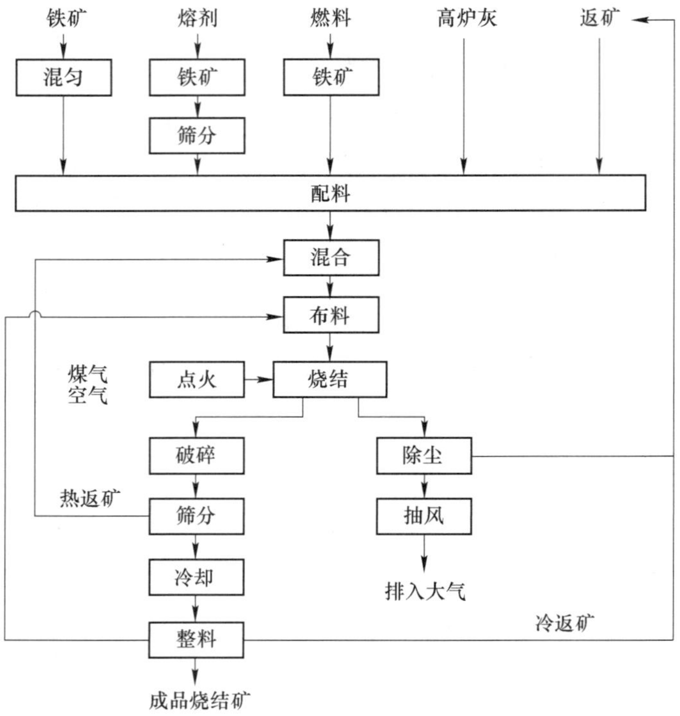

图 3-58　烧结工艺流程

图 3-59　烧结杯实验装置

定，要求最终制粒后粒径分布 3~5 mm 的生球占比 70%~80%。

布料前，向烧结杯底层放置 1.5 kg 粒度 10~20 mm 的成品烧结矿作为铺底料，以改善烧结料柱的透气性，保护箅子。控制布料料层高度为 600 mm，布料完成后，烧结杯顶部放置约 60 g 的焦炭以助燃加热，采用液化气进行烧结点火，点火温度、点火负压、烧结负压等烧结工艺参数按试验方案设计，以烧结废气温度达到最高点并开始下降时为烧结终点。具体烧结工艺参数如表 3-25 所示。

表 3-25 基准条件的烧结工艺参数

工艺参数	数值	工艺参数	数值
点火温度/℃	1000	点火时间/s	90
点火负压/kPa	8.0	烧结负压/kPa	12
料层厚度/mm	600	返矿率/%	20
碱度	2.15	MgO 含量/%	1.90

将冷却后的烧结饼称重并记录，置于 2 m 高处自由落下至铁板，进行落下性能检测实验，共计 3 次。将落下实验后的烧结料收集起来，分别用 40 mm、25 mm、16 mm、10 mm、5 mm 的 ISO3271 标准方孔筛筛分、称重并记录，以大于 10 mm 的质量百分比作为烧结矿的成品率指标。取粒度 10~25 mm 的烧结矿 3 kg 置于 ϕ1000 mm×200 mm 的 ISO 标准转鼓（1/5 转鼓）以 25 r/min 的转速转动 8 min，共计 200 转。取出后用 6.3 mm 的 ISO3271 标准方孔筛筛分，以大于 6.3 mm 的质量百分比作为烧结矿的转鼓指数。

C 不同碱度烧结试验方案

以承钢提供的现场烧结矿化学成分为基准，确定烧结矿 MgO 1.90%、返矿比为 25%、烧结混合料水分在 7.5%±0.3%之间，在保持现场配矿比例不变的条件下，通过改变石灰石的添加量，调节烧结矿碱度。试验过程中，烧结矿碱度分别为 1.85、2.00、2.15、2.30。

D 碱度对烧结工艺的影响及分析

不同碱度下烧结试验的结果见表 3-26 和图 3-60~图 3-62。

表 3-26 碱度对烧结工艺指标的影响

试验编号	垂直烧结速度/mm · min^{-1}	成品率/%	转鼓指数（+6.3 mm）/%
R-1.85	14.50	77.13	48.02
R-2.00	14.95	77.58	50.78
R-2.15	21.94	80.32	55.73
R-2.30	19.18	83.05	58.82

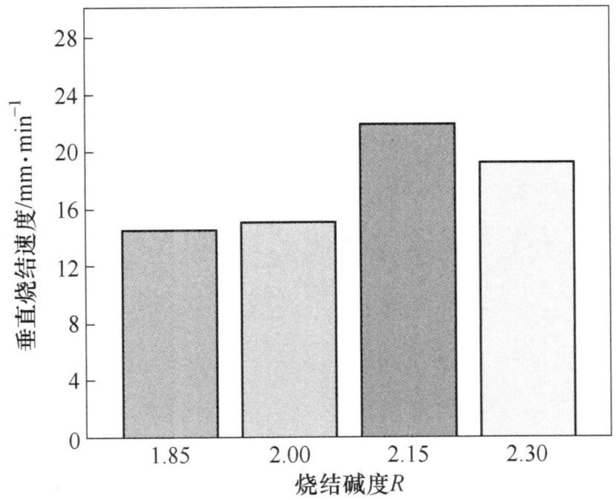

图 3-60 碱度对烧结矿垂直烧结速度的影响

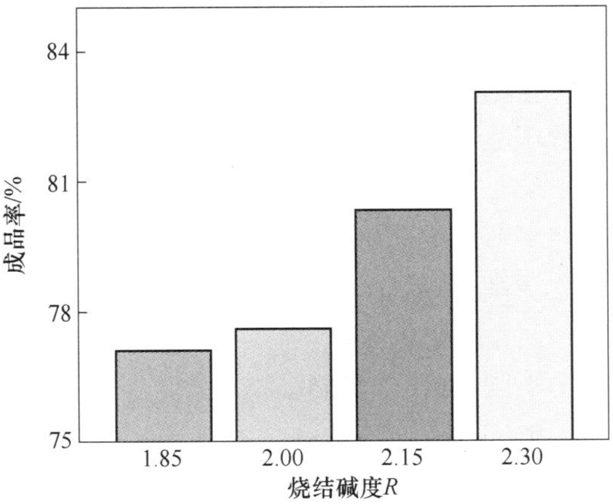

图 3-61 碱度对烧结矿成品率的影响

由图 3-60 可以看出，随着烧结碱度的提高，垂直烧结速度总体呈升高趋势。随着碱度的升高，混合料中石灰石含量增多。石灰石中细颗粒粉末黏结性好，有利于混合料成球，从而改善混匀料制粒效果，提高料层透气性，烧结速度加快。石灰石主要成分为 $CaCO_3$，碳酸钙受热分解出 CO_2，可起到疏松烧结料层作用，改善料层透气性，加快垂直烧结速度。随着碱度的升高，烧结混匀料中 CaO 含量增加，CaO 对焦炭燃烧有催化作用，可以加快焦炭的燃烧。

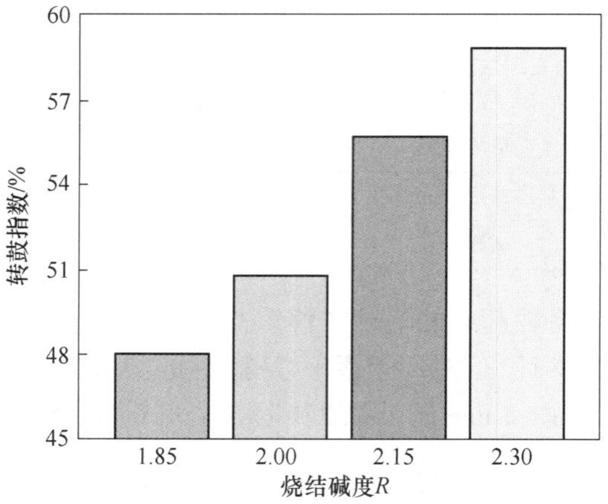

图 3-62　碱度对烧结矿转鼓指数的影响

由图 3-61 可以看出，随着烧结碱度的提高，烧结矿成品率呈升高趋势。随着碱度的升高，烧结混合料中的 CaO 含量增加，更易与其他成分生成低熔点化合物，液相量生成增加，进而提高成品率。另外，随着碱度的升高，烧结矿中 CaO 增多，铁酸钙黏结相更易生成，提高了烧结矿强度。同时，烧结混合料中 CaO 增多，铁矿粉成球性也得到提高，改善了料层透气性，烧结料层的氧化性气氛得到改善，成品率增加。

由图 3-62 可以看出，随着烧结碱度的提高，烧结矿转鼓指数呈升高的趋势。随着碱度的升高，烧结矿的矿物组成发生显著变化，形成了以铁酸钙为主的黏结相和矿物相。相关研究表明，各个矿物强度递减规律为铁酸钙→磁铁矿→赤铁矿→钙铁橄榄石→铁酸二钙→玻璃质。在烧结矿中，主要黏结相为铁酸钙和玻璃质，铁酸钙的抗压强度高达 363 N/cm^2，而玻璃质仅有 45 N/cm^2。随烧结矿碱度的增加，强度较高的铁酸钙含量增加，强度较低的玻璃质含量减少；并且大量的磁铁矿受到铁酸钙熔蚀，形成以熔蚀状和铁酸钙交织在一起的网状结构，这种熔蚀结构比自熔性烧结矿中磁铁矿被黏结相胶结的强度更高。同时，在烧结过程中，随着碱度的增加，烧结时烧结料熔融更充分，熔体表面张力增大，不易被风吹成薄壁多孔，在宏观上由多孔薄壁转变为大孔厚壁结构，在组织上形成了牢固的熔蚀结构，利于烧结矿强度的提高，从而提高其转鼓指数。

根据上述不同碱度烧结试验结果，为获得较好工艺指标的烧结矿，承钢烧结矿碱度应不低于 2. 15。

3. 1. 3. 2　MgO 含量对烧结矿性能影响的试验研究

本节主要研究 MgO 含量对垂直烧结速度、成品率及转鼓指数工艺指标的影响，从而确立烧结矿 MgO 熔剂的配加方案。

A　试验原料

不同 MgO 含量烧结试验原料同前。

B　MgO 烧结试验方案

在前期研究基础上，确定烧结碱度为 2. 15 返矿为 25%，烧结混合料水分在 7. 5%±0. 3%之间，在保持现场配矿比例不变的条件下，通过改变镁灰粉添加量，调节烧结矿中 MgO 含量，分别为 1. 70%、1. 80%、1. 90%、2. 00%。

C　MgO 含量对烧结工艺的影响及分析

不同 MgO 含量烧结试验结果见表 3-27 和图 3-63~图 3-65。

表 3-27　MgO 含量对烧结工艺指标的影响

试验编号	垂直烧结速度/mm·min^{-1}	成品率/%	转鼓指数(+6.3 mm)/%
M-1.70	22.52	80.38	53.90
M-1.80	22.05	79.43	54.37
M-1.90	21.94	80.32	55.73
M-2.00	19.00	79.00	55.27

由图 3-63 可以看出，随 MgO 含量的提高，垂直烧结速度有所降低。随着 MgO 含量的增加，液相生成温度提高。在燃料比固定的条件下，液相生成量呈下降趋势，造成烧结过程中液相量不足，降低垂直烧结速度。在碱度固定的条件下，随着白云石用量的增加，石灰石用量减少，混匀料造球性能变差，生球强度下降，在布料和烧结过程易破碎，降低料层透气性，也会使垂直烧结速度降低。

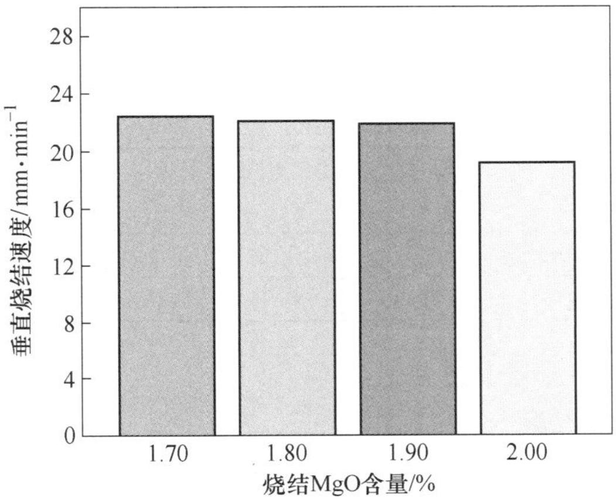

图 3-63　MgO 含量对烧结矿垂直烧结速度的影响

由图 3-64 可以看出，随着 MgO 含量的提高，烧结矿的成品率变化不明显，基本维持在 80%的水平。

由图 3-65 可以看出，随着 MgO 含量的提高，烧结矿转鼓指数提高。这是由于 MgO 含量的增加，烧结速度明显变慢，烧结过程中高温段保持时间长，稳定的含镁磁铁矿增加，镁质硅酸盐矿物（如镁硅钙石、镁橄榄石）的含量增加，玻璃质含量减少，有利于提高烧结矿冷强度。

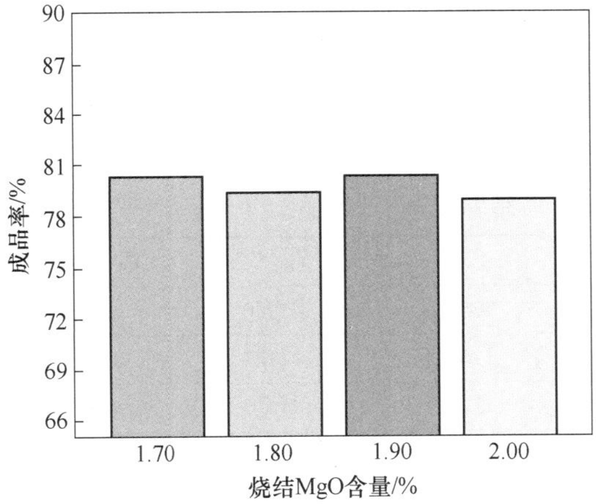

图 3-64　MgO 含量对烧结矿成品率的影响

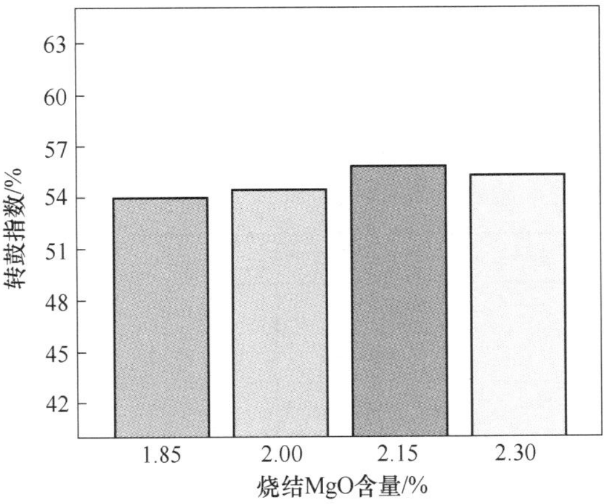

图 3-65　MgO 含量对烧结矿转鼓指数的影响

由上述不同 MgO 含量烧结试验结果可知，为获得较好工艺指标的烧结矿，烧结矿 MgO 含量保持在 1.90%较为合适。

3.1.3.3　烧结矿碱度对钒钛矿综合炉料熔滴性能的影响

A　试验原料

本试验 4 种烧结矿碱度 R_2分别为 1.85、2.00、2.15 和 2.30，其成分列于表 3-28。球团矿成分列于表 3-29，块矿来自承钢现场。

表 3-28　不同碱度烧结矿的化学成分　(%)

烧结矿碱度	TFe	FeO	CaO	SiO_2	MgO	Al_2O_3	TiO_2	V_2O_5	Fe_2O_3
1.85	55.36	9.40	9.22	4.98	1.90	1.96	1.90	0.23	68.63
2.00	54.91	9.40	9.90	4.95	1.90	1.95	1.89	0.23	68.00
2.15	54.46	9.40	10.59	4.93	1.90	1.94	1.88	0.23	67.36
2.30	54.02	9.40	11.26	4.89	1.90	1.93	1.86	0.23	66.73

表 3-29　试验用球团矿的化学成分　(%)

化学成分	TFe	FeO	CaO	SiO_2	MgO	Al_2O_3	TiO_2	V_2O_5
含量	59.46	0.94	0.81	5.84	3.02	1.38	1.35	0.20

B　研究方法

随着烧结矿碱度提高，为平衡炉渣碱度，烧结矿和球团矿的比例也相应发生变化。以现场烧结矿、球团矿、焦炭为基本原料，在保证高炉炉渣二元碱度 R_2 1.20、焦比 368 kg/t、煤比 148 kg/t 等不变的情况下，通过改变综合炉料中烧结矿的碱度和入炉球团比例，研究碱度系列综合炉料的熔滴性能，具体试验方案见表 3-30。

表 3-30　烧结矿碱度对钒钛矿综合炉料熔滴性能影响的试验方案

编号	烧结矿 R_2	烧结矿配比/%	球团配比/%	块矿配比/%
1 号	1.85	80.00	12.00	8.00
2 号	2.00	75.00	17.00	8.00
3 号	2.15	70.00	22.00	8.00
4 号	2.30	65.50	26.50	8.00

C　试验结果

烧结矿碱度对综合炉料的熔滴性能影响试验数据见表 3-31 和表 3-32。

表 3-31　综合炉料熔滴试验结果（一）

编号	T_4/℃	T_{40}/℃	$T_{40}-T_4$/℃	T_S/℃	T_D/℃	T_D-T_S/℃
1 号	1092.2	1210.6	118.4	1259.5	1419.0	159.5
2 号	1094.5	1217.9	123.3	1264.4	1417.3	152.9
3 号	1108.4	1224.6	116.2	1279.9	1418.7	138.9
4 号	1117.6	1247.3	129.7	1283.8	1419.1	135.3

对熔滴试验的滴落物（初渣和初铁）进行高温熔分，使渣铁分离，化验铁中 V 元素的含量，依此得出滴落初铁中 V 的收得率。

表 3-32 综合炉料熔滴试验结果（二）

编号	Δp_{max}/kPa	$T_{\Delta p_{max}}$/℃	S/kPa · ℃	滴落率/%	滴落压差/kPa
1号	27.998	1341.6	2760.9	72.39	1.183
2号	23.631	1348.7	2142.2	70.71	1.089
3号	23.418	1346.0	2037.7	83.17	1.243
4号	22.429	1353.8	1980.1	75.04	1.358

D 烧结矿碱度对综合炉料熔滴性能的影响

a 软化性能

烧结矿碱度对综合炉料软化性能的影响如图 3-66 所示。随着烧结矿碱度的提高，综合炉料的软化开始温度 T_4 逐渐增加，由 1092.2 ℃上升至 1117.6 ℃左右，软化终了温度 T_{40} 从 1210.6 ℃上升到 1247.3 ℃，而软化区间（$T_{40}-T_4$）略有变宽，从 118.4 ℃加宽到 129.7 ℃。

综合炉料的软化终了温度随烧结矿碱度提高，主要原因是：随着烧结矿碱度提高，FeO 含量较低的球团矿配比也相应增加，加之综合炉料还原性变好，在相同的还原条件下将有更多的 FeO 被还原成金属铁，进入渣中 FeO 相应减少，致使渣相熔点上升。此外，由于烧结矿 CaO 含量增加，烧结矿中 $CaO \cdot TiO_2$、钛榴石等高熔点物质含量有所上升，提高了烧结矿的软化终了温度，进而影响综合炉料的软化终了温度。

b 熔化性能

烧结矿碱度对综合炉料熔化性能的影响如图 3-67 所示。在烧结矿碱度由 1.85 提高到 2.30，球团矿配比相应由 12.0%增加到 26.5%的过程中，综合炉料的熔化开始温度 T_S 逐渐升高，从 1259.5 ℃上升到 1283.8 ℃，滴落温度 T_D 基本稳定在 1418 ℃左右，熔化区间（T_D-T_S）明显收窄，从 159.5 ℃收窄至 135.3 ℃。综合炉料熔化开始温度与软化终了温度升高均是由于渣相熔点升高造成的。

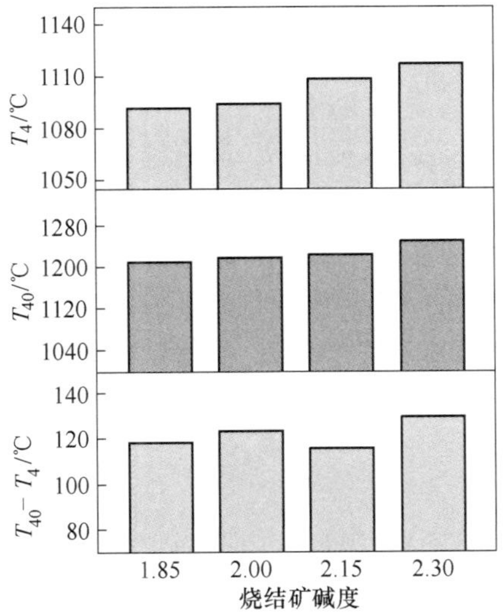

图 3-66 烧结矿碱度对综合炉料软化性能的影响

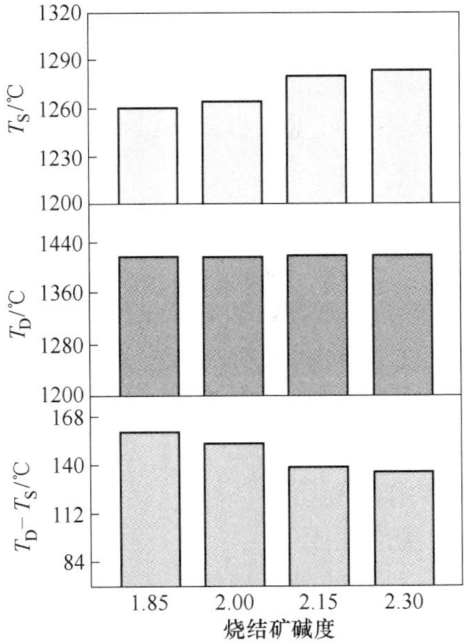

图 3-67 烧结矿碱度对综合炉料熔化性能的影响

c　软熔带位置及区间

烧结矿碱度对软熔带位置的影响见图 3-68。随着烧结矿碱度提高，综合炉料软熔带位置逐渐下移，软熔带温度区间随烧结矿碱度的提高逐步收窄。

图 3-69 给出了烧结矿碱度对综合炉料熔滴过程 $T_{\Delta p_{max}}$ 和 Δp_{max} 的影响。可以看出，随着烧结矿碱度提高，综合炉料最大压差温度 $T_{\Delta p_{max}}$ 逐渐上升，进一步说明软熔带位置下移；最大压差 Δp_{max} 逐渐降低，说明软熔带位置下移及区间收窄有利于改善料柱透气性。

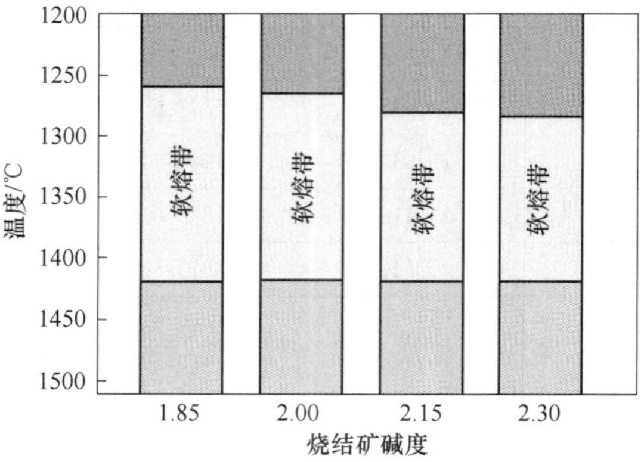

图 3-68　烧结矿碱度对软熔带位置及区间的影响

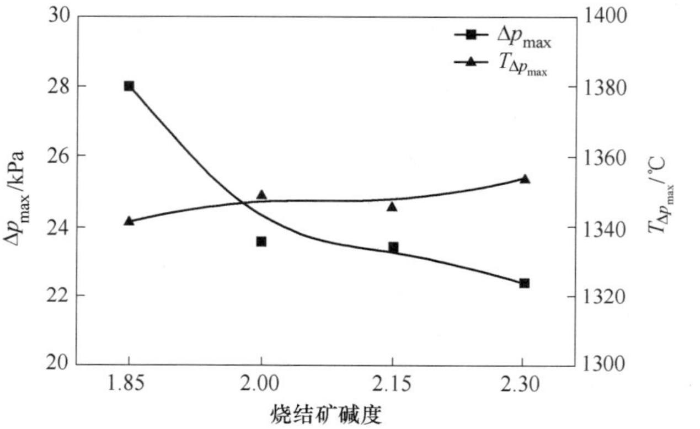

图 3-69　烧结矿碱度对综合炉料 $T_{\Delta p_{max}}$ 和 Δp_{max} 的影响

对于高炉生产操作来说，较高的熔化开始温度、较窄的熔滴区间（软熔带）是比较理想的状态。可见，提高烧结矿碱度有利于获取合理的软熔带位置及区间。

d　透气性

为了更好地衡量炉料的熔滴性能，引入了熔滴性能总特征值 *S*。*S* 值越小，软熔带透气性越好，熔滴性能也越好。烧结矿碱度对综合炉料熔滴性能总特征值 *S* 的影响如图 3-70 所示。可知，随着烧结矿碱度的提高，熔滴性能总特征值 *S* 呈逐渐降低的趋势，由此说明提高烧结矿碱度可使综合炉料透气性能明显改善。当烧结矿碱度超过 2. 0 后，熔滴性能总特征值 *S* 降低趋势趋于平缓。因此，从改善料柱透气性的角度来看，烧结矿的碱度不应低于 2. 0。综合来看，提高入炉烧结矿碱度和入炉球团比例有助于料柱透气性的改善，有利于高炉操作顺行。

e　滴落性能

综合炉料的滴落性能主要包括滴落率、滴落压差及滴落温度。由前面实验可知，烧结矿碱度对综合炉料滴落压差影响不大，在选定的烧结矿碱度范围内，滴落压差波动较小，均在 1. 0~1. 3 kPa 之内。烧结矿碱度对综合炉料滴落率的影响如图 3-71 所示。可以看出，随着烧结矿碱度提高，综合炉料的滴落率呈先升高后降低的变化趋势，在烧结矿碱度为

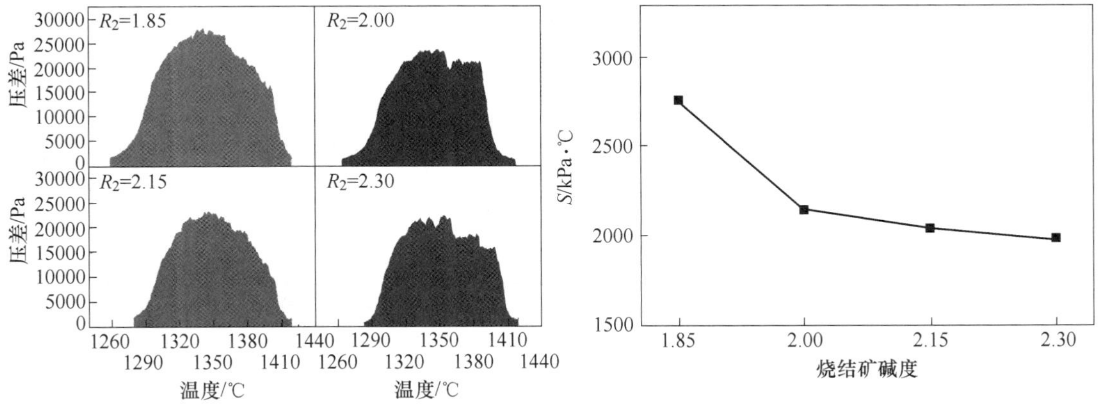

图 3-70 烧结矿碱度对综合炉料熔滴性能总特征值 S 的影响

2.15 时达到最大值 83.17%。

f 滴落铁中 V 收得率

图 3-72 给出了烧结矿碱度对滴落铁中 V 收得率的影响。随烧结矿碱度的增加，滴落铁中 V 收得率呈先增加后降低的趋势，在烧结矿碱度为 2.15 时达到最大值 47.63%。因此，从提高滴落铁中 V 收得率的角度来看，适宜的烧结矿碱度为 2.15。

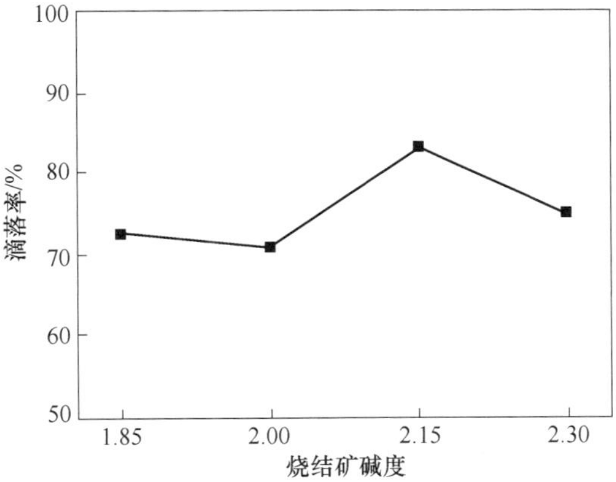

图 3-71 烧结矿碱度对综合炉料滴落率的影响

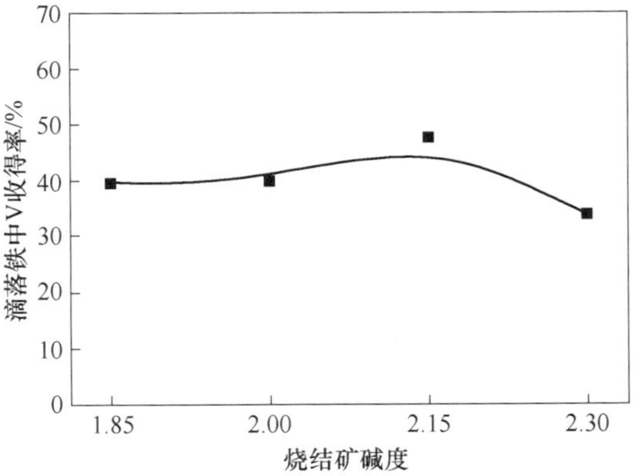

图 3-72 烧结矿碱度对滴落铁中 V 收得率的影响

3.1.3.4 烧结矿 MgO 含量对钒钛矿综合炉料熔滴性能的影响

炉渣中含有适量 MgO 对高炉冶炼非常重要，主要表现在：改善炉渣的流动性和炉渣的脱硫能力、抑制碱金属在炉内循环和富集、提高炉渣排碱率等。但烧结矿中 MgO 含量过高，会影响烧结矿的常温强度及高温冶金性能，从而影响高炉冶炼。

本节研究烧结矿 MgO 含量对钒钛矿综合炉料熔滴性能的影响，为优化并控制烧结矿适宜 MgO 含量提供参考。

A 试验原料

试验使用 4 种烧结矿 MgO 含量分别为 1.7%、1.8%、1.9%和 2.0%，其成分见表 3-33。在炉料结构一定条件下，为保证终渣中 MgO 含量一致，本试验采用 4 种实验室条件下自制的不同 MgO 含量的球团，其成分列于表 3-34，所用块矿来自承钢现场。

表 3-33　不同 MgO 含量烧结矿的化学成分　（%）

MgO 含量	TFe	FeO	CaO	SiO_2	MgO	Al_2O_3	TiO_2	V_2O_5	Fe_2O_3
1.7	54.65	9.40	10.55	4.91	1.70	1.92	1.88	0.23	67.62
1.8	54.55	9.40	10.57	4.92	1.80	1.93	1.88	0.23	67.49
1.9	54.46	9.40	10.59	4.93	1.90	1.94	1.88	0.23	67.36
2.0	54.37	9.40	10.60	4.93	2.00	1.94	1.87	0.23	67.23

表 3-34　不同 MgO 含量球团矿的化学成分　（%）

MgO 含量	TFe	FeO	CaO	SiO_2	MgO	Al_2O_3	TiO_2	V_2O_5	Fe_2O_3
3.63	59.08	0.94	0.81	5.80	3.63	1.37	1.34	0.20	83.36
3.32	59.27	0.94	0.81	5.82	3.32	1.37	1.35	0.20	83.63
3.02	59.46	0.94	0.81	5.84	3.02	1.38	1.35	0.20	83.90
2.71	59.66	0.95	0.82	5.86	2.71	1.38	1.36	0.20	84.17

B　研究方法

以现场烧结矿、球团矿、焦炭为基本原料，在保证高炉炉渣 MgO 含量、焦比 368 kg/t、煤比 148 kg/t 等不变的情况下，通过改变综合炉料中烧结矿的 MgO 含量和入炉球团 MgO 含量，研究烧结矿中 MgO 含量对综合炉料熔滴性能的影响，具体试验方案见表 3-35。

表 3-35　烧结矿 MgO 含量对钒钛矿综合炉料熔滴影响试验方案

编号	烧结矿 MgO 含量	球团 MgO 含量	烧结矿配比/%	球团配比/%	块矿配比/%
1 号	1.7	3.63	70.00	22.00	8.00
2 号	1.8	3.32	70.00	22.00	8.00
3 号	1.9	3.02	70.00	22.00	8.00
4 号	2.0	2.71	70.00	22.00	8.00

C　试验结果

烧结矿 MgO 含量对综合炉料熔滴性能影响的试验结果见表 3-36 和表 3-37。对熔滴试验的滴落物（初渣和初铁）进行高温熔分，使渣铁分离，化验铁中 V 含量，由此得出滴落初铁中 V 的收得率。

表 3-36　综合炉料熔滴试验结果（一）

编号	T_4/℃	T_{40}/℃	$T_{40}-T_4$/℃	T_S/℃	T_D/℃	T_D-T_S/℃
1 号	1113.9	1236.7	122.8	1265.7	1408.1	142.4
2 号	1110.9	1231.4	120.4	1271.3	1414.5	141.5
3 号	1108.5	1224.7	116.2	1277.0	1418.7	141.7
4 号	1106.1	1231.0	124.9	1284.7	1410.5	125.8

表 3-37　综合炉料熔滴试验结果（二）

编号	Δp_{max}/kPa	$T_{\Delta p_{max}}$/℃	S/kPa · ℃	滴落率/%	滴落压差/kPa
1 号	28.310	1332.5	244.37	79.00	1.259
2 号	26.933	1345.9	264.07	78.12	1.397

续表 3-37

编号	Δp_{max}/kPa	$T_{\Delta p_{max}}$/℃	S/kPa · ℃	滴落率/%	滴落压差/kPa
3 号	23.418	1346.0	204.18	83.72	1.243
4 号	24.696	1342.6	207.32	81.17	1.525

D 烧结矿 MgO 含量对综合炉料熔滴性能的影响

a 软化性能

烧结矿 MgO 含量对综合炉料软化性能的影响如图 3-73 所示。随烧结矿 MgO 含量提高，综合炉料软化开始温度 T_4 基本不变，维持在 1110 ℃左右；而软化终了温度 T_{40} 则先降低后升高，当 MgO 含量由 1.7%升高到 1.9%时，T_{40} 从 1236.7 ℃下降到 1224.7 ℃后，进一步增加烧结矿 MgO 含量，T_{40} 反而由 1224.7 ℃上升到 1231.0 ℃，软化区间（$T_{40}-T_4$）先略有收窄后变宽。

b 熔化性能

烧结矿 MgO 含量对综合炉料熔化性能的影响如图 3-74 所示。随烧结矿 MgO 含量提高，综合炉料的熔化开始温度 T_S 逐渐升高，从 1265.7 ℃上升到 1284.7 ℃，滴落温度 T_D 变化不大，基本稳定在 1410 ℃左右，熔化温度区间（T_D-T_S）随烧结矿 MgO 含量提高逐渐收窄，由 142.4 ℃缓慢降低至 129.9 ℃。综上可知，在试验范围内烧结矿 MgO 含量提高，综合炉料熔化性能有所改善。

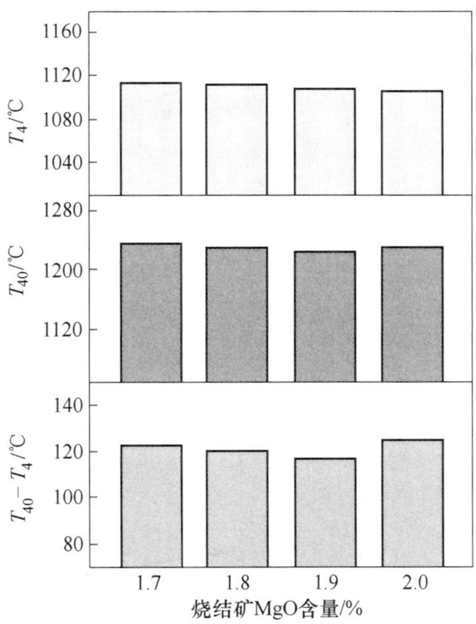

图 3-73 烧结矿 MgO 含量对综合炉料软化性能的影响

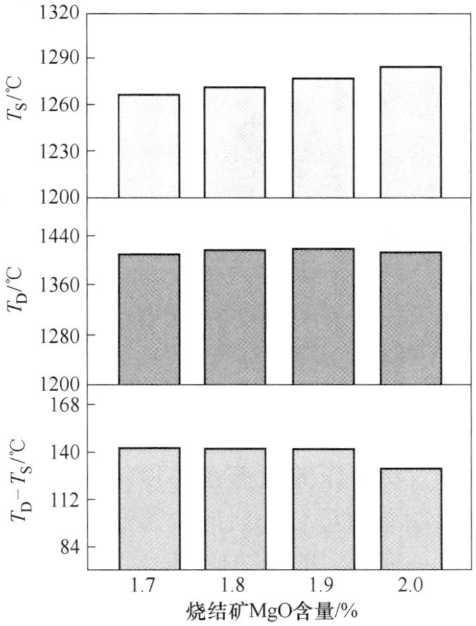

图 3-74 烧结矿 MgO 含量对综合炉料熔化性能的影响

c 软熔带位置及区间

图 3-75 给出了烧结矿 MgO 含量对综合炉料软熔带位置及区间的影响。随烧结矿 MgO 含量提高，软熔带温度区间逐渐收窄，且软熔带位置逐渐下移。

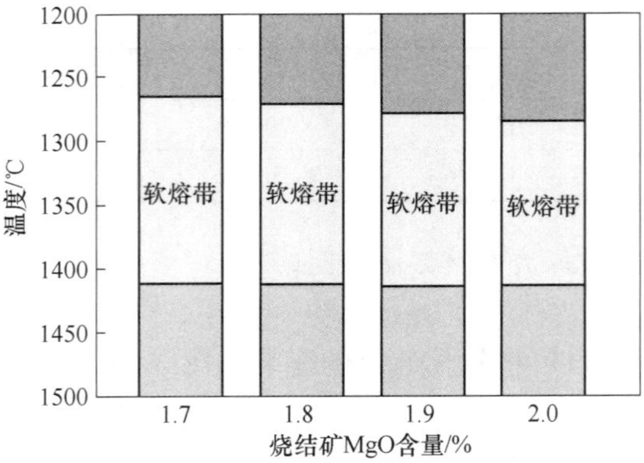

图 3-75　烧结矿 MgO 含量对综合炉料软熔带位置及区间的影响

d　透气性

烧结矿 MgO 含量对熔滴性能总特征值 *S* 的影响如图 3-76 所示。随着烧结矿中 MgO 含量提高，*S* 值先减小后基本不变，说明综合炉料透气性变好后基本稳定，当 MgO 含量为 1.9%时炉料的透气性能变化不大。

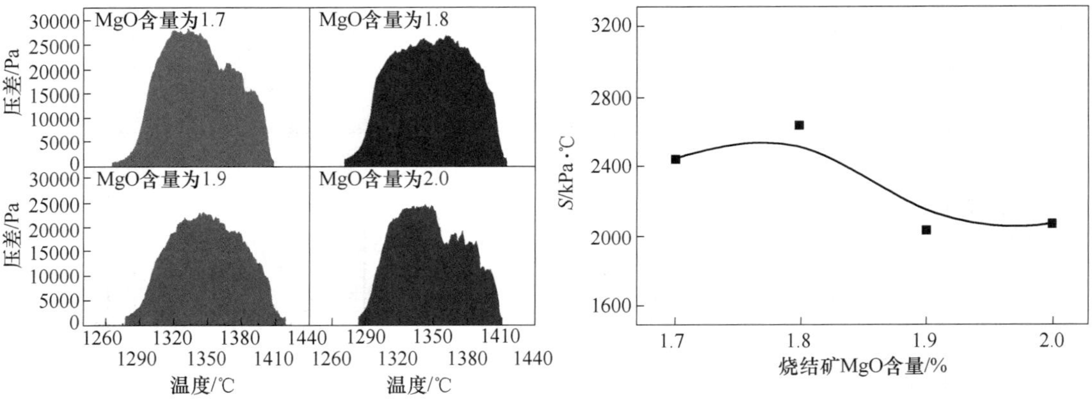

图 3-76　烧结矿 MgO 含量对综合炉料熔滴性能总特征值 *S* 的影响

e　滴落性能

综合炉料的滴落性能主要包括滴落率、滴落压差及滴落温度。烧结矿 MgO 含量对综合炉料的滴落压差影响不大，在选定的烧结矿 MgO 含量范围内，滴落压差波动较小，均在 1.2～1.5 kPa 之内。烧结矿 MgO 含量对综合炉料滴落率的影响如图 3-77 所示。随着烧结矿 MgO 含量的增加，综合炉料的滴落率呈先增加后降低的变化趋势，在烧结矿 MgO 含量为 1.9%时达到最大值83. 17%。

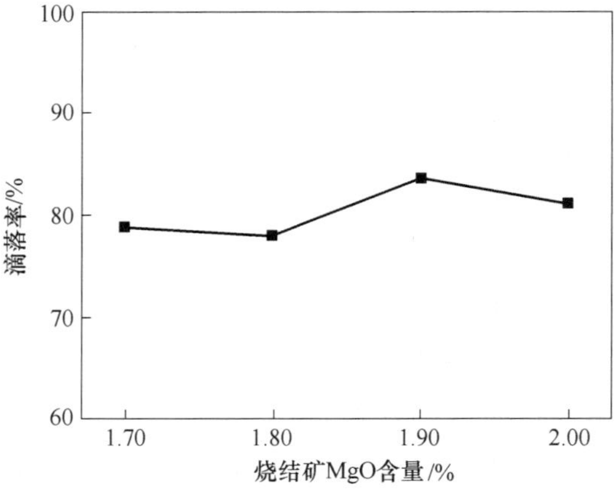

图 3-77　烧结矿 MgO 含量对综合炉料滴落率的影响

f 滴落铁中 V 收得率

图 3-78 给出了烧结矿 MgO 含量对滴落铁中 V 收得率的影响。随着烧结矿 MgO 含量的增加，滴落铁中 V 收得率小幅度增加后降低，在烧结矿 MgO 含量为 1.9%时达到最大值 47.63%。因此，从提高滴落铁中 V 收得率角度，适宜的烧结矿 MgO 含量为 1.90%。

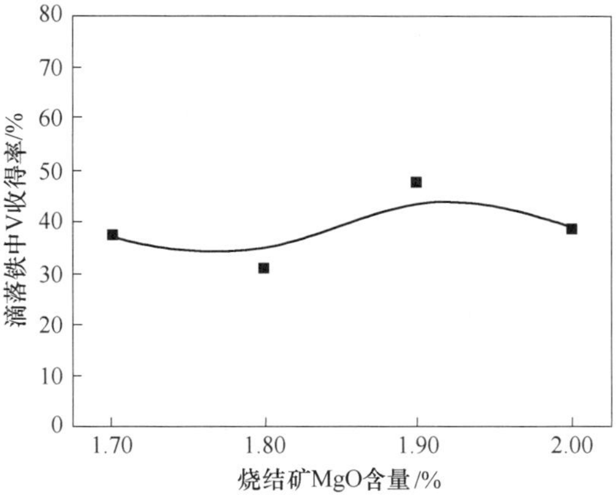

图 3-78 烧结矿 MgO 含量对滴落铁中 V 收得率的影响

3.1.4 承钢高炉冶炼钒钛矿渣系优化

3.1.4.1 组分对钒钛高炉渣系冶金性能的影响

本节以承钢 3 号高炉现场钒钛渣为基础，采用分析纯化学试剂调控渣系成分，运用熔体物性综合测定仪系统首先分析炉渣主要成分对炉渣熔化性温度（渣系 η-t 曲线与横坐标成 135°的斜线相切点的温度）、初始黏度（熔化性温度所对应的渣系黏度）及高温黏度（1500 ℃对应的渣系黏度）的影响规律；其次，结合实验结果与 Weymann-Frenkel 黏度公式计算各渣系的黏流活化能，探索渣系热稳定性随渣系成分的变化规律。同时，运用 Factsage 7.0 软件计算了渣系黏度理论值和物相组成随炉渣组元含量的变化。

A 实验原料

以承钢 3 号高炉现场钒钛渣（化学成分见表 3-38）为基础，采用 CaO、SiO_2、MgO、Al_2O_3、TiO_2分析纯化学试剂调整渣样，在 Ar 气氛下运用 RTW-10 熔体物性综合测定仪测定各渣系冶金性能，分析各成分对炉渣冶金性能的影响规律。实验用化学试剂 CaO、SiO_2、MgO、Al_2O_3、TiO_2纯度分别为 99.0%、99.5%、99.5%、98.5%、99.0%。

表 3-38 现场高炉渣化学成分

成分	CaO	SiO_2	MgO	Al_2O_3	TiO_2	R_2
含量/%	36.02	28.51	9.09	13.16	8.22	1.26

为了排除水分对现场炉渣及分析纯化学试剂质量称重的影响，降低实验误差，实验原料均经过焙烧干燥处理。同时，为了进一步模拟现场高炉生产，提高实验研究的准确性，对调制的渣样进行预熔化渣处理，以形成均相渣。称取一定质量经干燥处理后的 CaO、SiO_2、MgO、Al_2O_3、TiO_2化学试剂与现场高炉渣按一定比例混匀，放入内衬钼片的石墨坩埚中，然后将石墨坩埚置于中频感应炉内，在 Ar 气氛下于 1500 ℃进行预熔化渣处理，待渣样熔化后，进行适当搅拌，使渣样均匀，熔化处理 20 min 后，将石墨坩埚取出，冷却渣样，研细后用于后续实验。

B 实验方案

采用单因素控制变量法，研究高炉渣二元碱度 R_2(CaO/SiO_2)、MgO 含量、Al_2O_3含量、TiO_2含量对其主要冶金性能（黏度、熔化性温度、热稳定性及物相组成等）的影响规律，具体方案见表3-39。其中，R_2变化范围为1.10~1.30，MgO 含量变化范围为6.00%~14.00%，Al_2O_3含量变化范围为10.00%~18.00%，TiO_2含量变化范围为5.00%~13.00%。

表 3-39　实验考察因素及实验方案

编号	因素	CaO/%	SiO_2/%	MgO/%	Al_2O_3/%	TiO_2/%	R_2
0	基准渣	36.02	28.51	9.09	13.16	8.22	1.26
1	R_2	34.92	31.75	9.09	13.16	8.22	1.10
2		35.66	31.01	9.09	13.16	8.22	1.15
3		36.37	30.31	9.09	13.16	8.22	1.20
4		37.04	29.63	9.09	13.16	8.22	1.25
5		37.68	28.99	9.09	13.16	8.22	1.30
6	MgO	38.89	30.87	6.00	13.16	8.22	1.26
7		38.34	30.43	7.00	13.16	8.22	1.26
8		37.78	29.98	8.00	13.16	8.22	1.26
9		37.22	29.54	9.00	13.16	8.22	1.26
10		36.66	29.10	10.00	13.16	8.22	1.26
11		36.11	28.66	11.00	13.16	8.22	1.26
12		35.55	28.21	12.00	13.16	8.22	1.26
13		34.99	27.77	13.00	13.16	8.22	1.26
14		34.43	27.33	14.00	13.16	8.22	1.26
15	Al_2O_3	38.93	30.90	9.09	10.00	8.22	1.26
16		38.38	30.46	9.09	11.00	8.22	1.26
17		37.82	30.01	9.09	12.00	8.22	1.26
18		37.26	29.57	9.09	13.00	8.22	1.26
19		36.70	29.13	9.09	14.00	8.22	1.26
20		36.15	28.69	9.09	15.00	8.22	1.26
21		35.59	28.24	9.09	16.00	8.22	1.26
22		35.03	27.80	9.09	17.00	8.22	1.26
23		34.47	27.36	9.09	18.00	8.22	1.26
24	TiO_2	38.97	30.93	9.09	13.16	5.00	1.26
25		38.41	30.48	9.09	13.16	6.00	1.26
26		37.85	30.04	9.09	13.16	7.00	1.26
27		37.29	29.60	9.09	13.16	8.00	1.26
28		36.74	29.16	9.09	13.16	9.00	1.26
29		36.18	28.17	9.09	13.16	10.00	1.26
30		35.62	28.27	9.09	13.16	11.00	1.26
31		35.06	27.83	9.09	13.16	12.00	1.26
32		34.51	27.39	9.09	13.16	13.00	1.26

续表 3-39

编号	因素	CaO/%	SiO_2/%	MgO/%	Al_2O_3/%	TiO_2/%	R_2
33	TiO_2	33.95	26.94	9.09	13.16	14.00	1.26
34		33.39	26.50	9.09	13.16	15.00	1.26
35		32.83	26.06	9.09	13.16	16.00	1.26
36		32.28	25.62	9.09	13.16	17.00	1.26

C 实验方法

运用 RTW-10 熔体物性测定仪（见图 3-79）测试渣样黏度，炉渣黏度测量采用钼质测头。使用石墨坩埚（内径 ϕ40 mm×70 mm，外径 ϕ50 mm×80 mm）盛渣，渣量为 140 g。

为了避免炉渣渗碳及喷溅，石墨坩埚内衬有钼片，其上放置和坩埚外径尺寸相同的石墨套筒（内径 ϕ40 mm×250 mm，外径 ϕ50 mm×250 mm）。实验过程采用 Ar 为保护气氛，流量 1.5 L/min。当炉渣温度达到 1500 ℃，恒温 30 min，而后降温测黏度，降温速度为 3 ℃/min，得到渣系黏度-温度（η-t）曲线，将 η-t 曲线与横坐标成 135°的斜线相切点的温度定义为渣系熔化性温度 t_m，t_m对应黏度为初始黏度 η_0，1500 ℃ 对应黏度为高温黏度 η_h。

图 3-79 RTW-10 熔体物性综合测定仪

在实验室条件下，常用的测量高温熔渣黏度的方法有细管法、柱体（测头）旋转法、扭摆振动法等。本实验采用柱体（测头）旋转法。测试原理为：外力作用下使柱体在高温熔渣中按一定速率旋转而用来装盛熔渣的坩埚保持静止，则柱体在径向上产生了速度梯度，从而液体内摩擦力产生。当液体间的流动为层流时，液体间内摩擦力力矩为：

$$M = \frac{4\pi\eta\omega h}{\dfrac{1}{r^2} - \dfrac{1}{R^2}} \tag{3-6}$$

式中，r 为黏度测量内柱体半径，m；R 为外柱体（坩埚）的半径，m；h 为内柱体进入液体的深度，m；ω 为柱体旋转角速度，rad/s；η 为熔渣的黏度，Pa·s。

在实验过程中，RTW-10 熔体物性测定仪扭矩传感器可准确测出仪器主轴扭矩和主轴角速度，此时高温熔渣黏度可按式（3-7）进行计算：

$$\eta = \frac{M\left(\dfrac{1}{r^2} - \dfrac{1}{R^2}\right)}{4\omega\pi h} \tag{3-7}$$

当 r、R 及 h 保持不变时，ω 也为固定值，式（3-2）可变为：

$$\eta = KM \tag{3-8}$$

本实验黏度常数 K 是以蓖麻油为标准液，水银温度计测室温，固定内柱体转速 200 r/min 来标定获取的，其值大小为 0.474。

D　二元碱度对钒钛高炉渣主要冶金性能的影响

a　二元碱度对钒钛高炉渣黏度及熔化性温度的影响

不同二元碱度（R_2）钒钛高炉渣 η-t 曲线如图 3-80 所示。可见，各渣系 η-t 曲线均呈“短渣”特性：高温条件下渣系黏度较小，且随着温度的变化，渣系黏度变化较为平缓，渣系流动性及稳定性较好。当渣系温度接近“拐点”温度即熔化性温度时，随着温度降低，黏度增幅变大。当温度低于熔化性温度时，黏度急剧增长，在较短的温度变化范围内，黏度达到 3.5 Pa · s 左右，渣系流动性及稳定性均变差。另外，炉渣 R_2越高，渣系熔化性温度 t_m越高，渣系黏度增长越快。

承钢钒钛高炉渣系 t_m、η_0、η_h随 R_2的变化规律如图 3-81 所示。可见，随炉渣 R_2升高，渣系 t_m呈升高的趋势，η_0呈降低的趋势，η_h呈先降低后升高的趋势。当 R_2为 1.10 和 1.30 时，t_m分别达到最小值 1320 ℃和最大值 1345 ℃，η_0分别达到最大值 0.980 Pa · s 和最小值 0.677 Pa · s；当 R_2为 1.10 和 1.25 时 η_h分别达到最大值 0.230 Pa · s 和最小值 0.195 Pa · s。

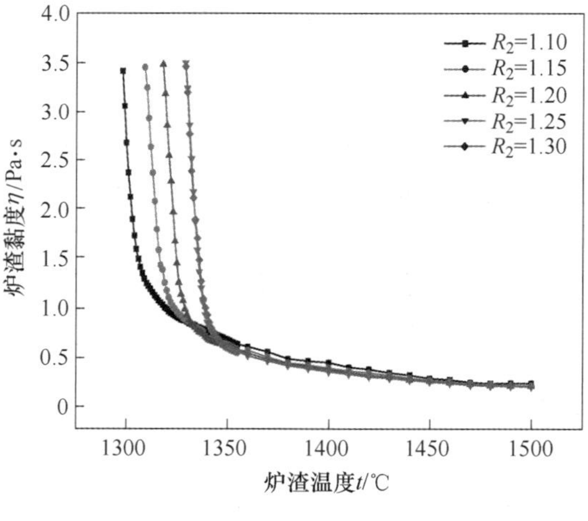

图 3-80　不同 R_2渣系 η-t 曲线

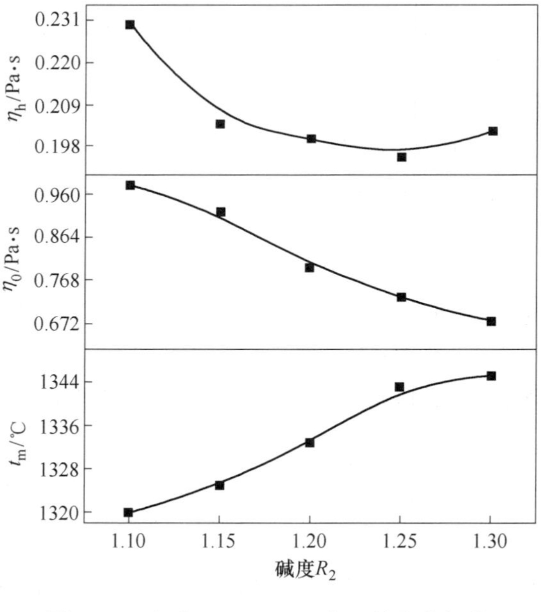

图 3-81　渣系 t_m、η_0、η_h随 R_2的变化规律

对于高温熔渣，黏度特性主要由熔渣化学组成、结构及温度决定。在高温熔渣中，金属阳离子半径相对较小，其移动难易程度不足以影响高温熔渣流动性，而起直接作用的是硅氧复合阴离子 $Si_xO_y^{z-}$，$Si_xO_y^{z-}$为熔渣中主要的黏滞流动单元，高温熔渣成分的变化会引起 $Si_xO_y^{z-}$解体或聚合，黏度也就会相应的降低或提高。

钒钛高炉渣系 R_2是影响渣系黏度和熔化性温度的重要因素，这是因为 CaO 是一种网络修饰子，其可以向高温熔渣提供自由 O^{2-}，促使熔渣中硅氧复合阴离子 $Si_xO_y^{z-}$解体，可在一定程度上降低渣系黏度，改善渣系流动性。因此，实验范围内，随着钒钛高炉渣系

R_2的提高，渣中硅氧复合阴离子 $Si_xO_y^{z-}$不断解体，渣系 η_h、η_0总体呈降低的趋势。但是由于 CaO 本身熔点较高，且在高温下会形成硅酸二钙 Ca_2SiO_4、钙钛矿 $CaTiO_3$等高熔点物质，故 R_2增大时，渣系在高温下的结晶能力越来越强，炉渣中容易产生非均匀相，使得渣系转折点温度越来越高，即渣系 t_m逐渐增大。同时，这也使得炉渣碱度为 1.30 时，渣系 η_h反而升高。

采用 Factsage 7.0 软件 Viscosity 模块计算渣系黏度，计算过程采用 Melt 数据库。由于 Viscosity 模块运算对象为全液相，所以在计算前，须通过 Equilib 模块分析出渣系在相应温度下的液相量和固相量，再采用 Viscosity 模块计算液相部分的黏度，而后将液相黏度及固相量代入 Einstein-Roscoe 公式（$黏度_{固液混合物} \approx 黏度_{液} \times (1-质量分数_{固}^{-2.5})$）计算得到整个渣系的黏度。由于渣系成分均为氧化物，故 Equilib 模块计算选用 FToxid 数据库。

Factsage 7.0 计算得到的不同 R_2炉渣黏度见表 3-40。随炉渣 R_2增大，理论黏度计算值先降低后略有升高，与实验结果变化规律相同，但在数值上存在偏差，主要是由于理论计算单纯考虑了热力学，而实际渣系还存在动力学等因素的影响。

表 3-40　不同 R_2渣系的黏度值

R_2	1.10	1.15	1.20	1.25	1.30
η_h/Pa·s	0.275	0.267	0.25	0.22	0.222

b　二元碱度对钒钛高炉渣热稳定性的影响

渣系黏流活化能 E_η能反映炉渣黏度对温度的敏感性，黏流活化能越高，温度对渣系黏度变化的影响越大。渣系的黏流活化能根据 Weymann-Frenkel 方程 $\eta = AT\exp(E_\eta/RT)$ 计算求得。其中，η 为黏度，Pa·s；T 为绝对温度，K；A 为指前因子；E_η 为黏流活化能，kJ/mol；R 为气体常数，取 8.314 J/(mol·K)。对 $\eta = AT\exp(E_\eta/RT)$ 两边取对数可得 $\ln(\eta/T) = \ln A + E_\eta/(RT)$，代入实验数据按照 $\ln(\eta/T)$-$1/T$ 作图，进行回归处理，斜率与 R 的乘积即为渣系黏流活化能。

在实验范围内，不同 R_2钒钛高炉渣系 $\ln(\eta/T)$ 与 $1/T$ 的拟合结果见图 3-82。各碱度条件下拟合回归方程和黏流活化能 E_η见表 3-41，黏流活化能 E_η变化趋势见图 3-83。可知，随着渣系 R_2升高，钒钛高炉渣黏流活化能总体呈降低的趋势，变化范围为217.44~177.66 kJ/mol，黏度对温度波动的敏感性变弱，渣系热稳定性变好。这主要是因为炉渣 R_2升高，渣中自由 O^{2-}数量增多，熔渣主要的黏滞流动单元 $Si_xO_y^{z-}$不断解体，使渣中质点从一个平衡位置移动到另一个位置所需克服能量势垒变小，即所需活化能变小，渣系热稳定性变好。

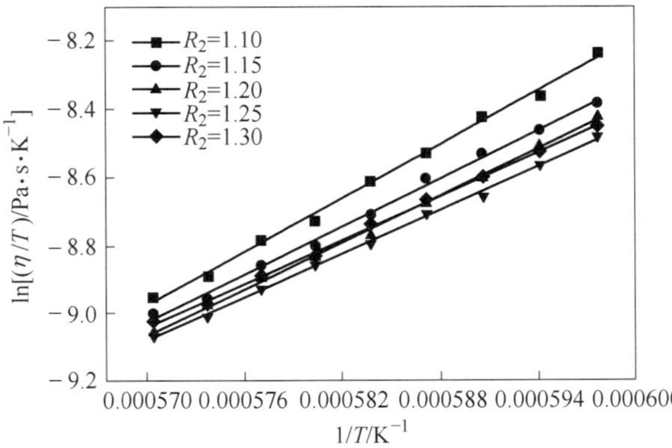

图 3-82　不同 R_2渣系 $\ln(\eta/T)$ 与 $1/T$ 的拟合结果

表 3-41　不同 R_2 渣系的黏流活化能 E_η

R_2	回归 Arrhenius 方程	黏流活化能（1400~1500 ℃）E_η/kJ · mol^{-1}
1. 10	y=26153. 84x−23. 88	217. 44
1. 15	y=23429. 02x−22. 38	194. 79
1. 20	y=22829. 52x−22. 08	189. 80
1. 25	y=21369. 21x−21. 26	177. 66
1. 30	y=21534. 95x−21. 32	179. 04

c　二元碱度对钒钛高炉渣物相组成的影响

选用 FToxid 数据库，运用 Factsage 7. 0 中的 Equilib 模块，计算炉渣黄长石、尖晶石、钙钛矿及辉石物相从 1500 ℃到 1000 ℃过程平衡变化规律，见图 3-84。

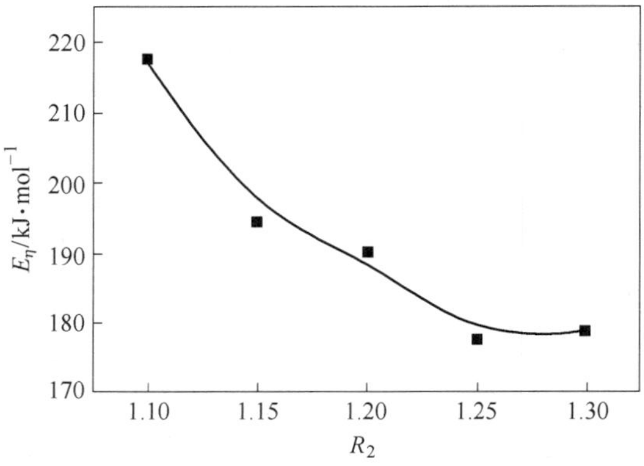

图 3-83　不同 R_2 渣系 E_η 变化趋势

根据图 3-84 可以得到，4 种物相在渣系结晶过程中各自的生成量、开始生成温度及生成速率随炉渣 R_2 的变化规律为：对于黄长石，随着 R_2 升高，其生成量增多，开始生成温度升高，生成速率变快；对于尖晶石，R_2 较低时几乎没有生成，当 R_2 超过 1. 20 之后，随 R_2 的升高，其生成量增多，开始生成温度升高，生成速率变快，这是由于 R_2 升高，渣中自由 O^{2-} 数量增加，有助于尖晶石形成；对于钙钛矿，随着 R_2 升高，其开始生成温度升高，生成速率变快，结晶过程生成量逐渐增多，但最终生成量相同，这是因为 R_2 升高，渣中 CaO 活度增大，与 TiO_2 结合生成钙钛物相更为容易，钙钛矿生成量增加，生成速率变快，但是由于渣中 TiO_2 含量的限制，渣中钙钛矿相最终生成量不变；对于辉石，随 R_2 的升高，其在结晶过程中生成量逐渐减少，当 R_2 大于 1. 25 后几乎没有生成，生成速率降低，但开始生成温度一致。

相关研究表明，辉石的熔点较黄长石低，而黄长石熔点较钙铝尖晶石、镁铝尖晶石及钙钛矿的熔点低。因此，随着渣系 R_2 的升高，钒钛高炉渣中高熔点物相增多，结晶过程中生成速率变快，而低熔点物相减少，结晶过程中生成速率变慢，使得炉渣的熔点升高，渣系高温结晶能力变强，炉渣熔化性温度上升，与前述实验结果及分析相吻合。

d　MgO 含量对钒钛高炉渣主要冶金性能的影响

（1）MgO 含量对钒钛高炉渣黏度及熔化性温度的影响。

不同 MgO 含量的钒钛高炉渣系 η-t 曲线如图 3-85 所示，各渣系的 t_m、η_0、η_h 随 MgO 含量的变化规律如图 3-86 所示。

由图 3-85 和图 3-86 可见，MgO 渣系 η-t 曲线同样都表现为“短渣”特性，随着 MgO 含量的增多，渣系 t_m 呈先降低后升高的趋势，η_0 和 η_h 的趋势也表现为先降低后升高。当渣系 MgO 含量为 12%和 6%时，t_m 达到最小值 1333 ℃和最大值 1348 ℃，当 MgO 含量为 13%和 6%时，η_0 分别达到最大值0. 845 Pa · s和最小值 0. 610 Pa · s，η_h 分别达到最大值 0. 248 Pa · s 和最小值 0. 172 Pa · s。

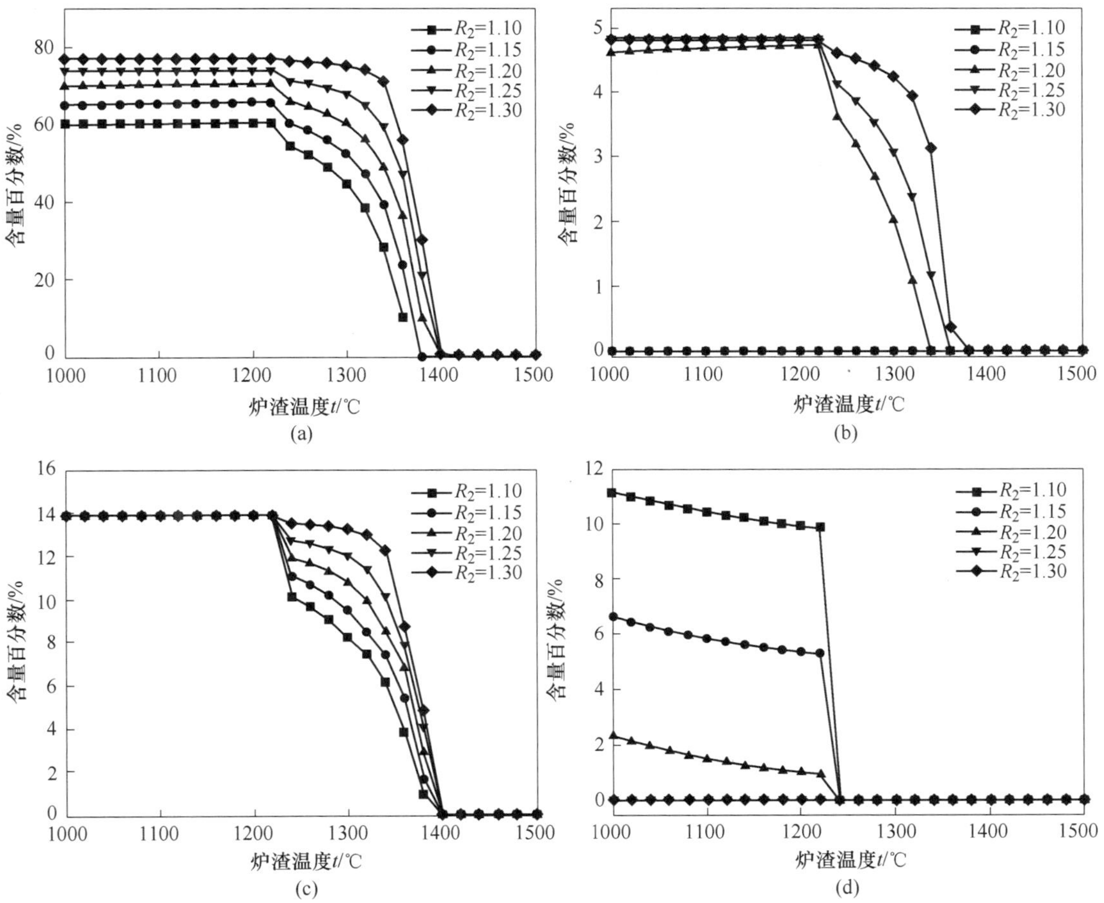

图 3-84 不同 R_2 渣系的主要物相分析计算

(a) 黄长石；(b) 尖晶石；(c) 钙钛矿；(d) 辉石

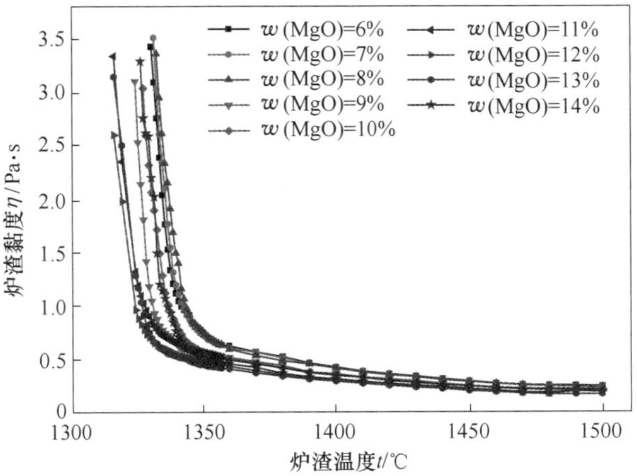

图 3-85 不同 MgO 含量渣系的 η-t 曲线

MgO 与 CaO 一样，是网络破坏者，可以向高温熔渣中提供自由 O^{2-}，使熔渣硅氧复合阴离子 $Si_xO_y^{z-}$ 解体，进而促使渣系黏度在一定程度上降低，渣系流动性得到改善。因此，在 MgO 含量为 6%～12% 时，随着钒钛高炉渣中 MgO 含量提高，渣中硅氧复合阴离子 $Si_xO_y^{z-}$ 不断解体，渣系 t_m、η_h、η_0 呈降低趋势。MgO 含量不断升高，促进了渣中高熔点物质生成量的增加，如镁铝尖晶石（$MgO \cdot Al_2O_3$，熔点为 2135 ℃），渣系在高温下的结晶能力变强，炉渣中容易产生非均匀相，当 MgO 含量继续增大时，t_m、η_h、η_0 呈升高趋势。

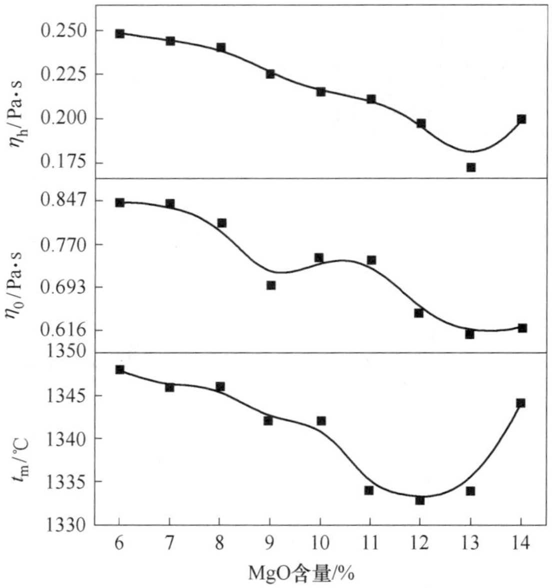

图 3-86　渣系 t_m、η_0、η_h 随 MgO 含量的变化规律

Factsage 7.0 软件计算出的不同 MgO 含量钒钛高炉渣黏度见表 3-42。可知，各渣系理论黏度计算值与实验结果值不尽相同，但其变化规律是吻合的，都是随着钒钛高炉渣系 MgO 的升高，渣系黏度呈先降低后升高的变化趋势。

表 3-42　不同 MgO 含量渣系的黏度值

MgO 含量/%	6	7	8	9	10	11	12	13	14
η_h/Pa·s	0.282	0.279	0.270	0.262	0.247	0.241	0.234	0.228	0.230

（2）MgO 含量对钒钛高炉渣热稳定性的影响。

运用上述计算黏流活化能 E_η 的方法，探索炉渣 MgO 含量对钒钛高炉渣系热稳定性的影响。实验范围内，不同 MgO 含量钒钛高炉渣系 $\ln(\eta/T)$ 与 $1/T$ 的拟合结果见图 3-87，黏流活化能 E_η 回归计算结果见表 3-43，黏流活化能 E_η 变化趋势如图 3-88 所示。

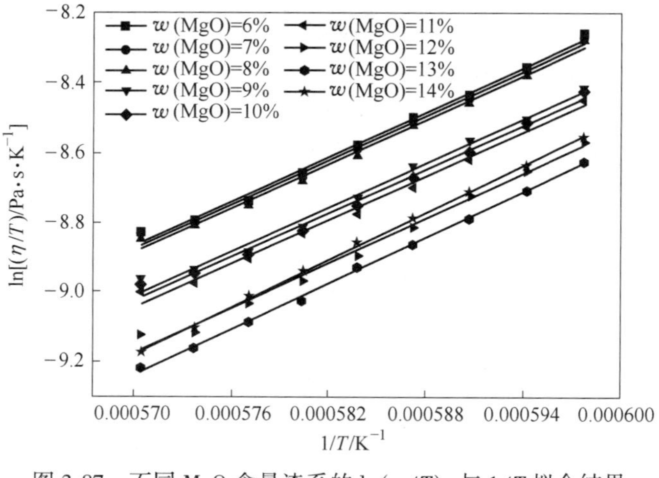

图 3-87　不同 MgO 含量渣系的 $\ln(\eta/T)$ 与 $1/T$ 拟合结果

表 3-43　不同 MgO 含量渣系的黏流活化能 E_η

MgO 含量/%	回归 Arrhenius 方程	黏流活化能（1400~1500 ℃）E_η/kJ·mol^{-1}
6	$y=21375.42x-21.05$	177.72
7	$y=21161.29x-20.94$	175.93
8	$y=21089.86x-20.91$	175.34
9	$y=21116.76x-21.05$	175.56
10	$y=20943.80x-20.96$	174.13
11	$y=20946.96x-20.98$	174.15
12	$y=21468.96x-21.41$	178.49
13	$y=21944.48x-21.75$	182.44
14	$y=22573.94x-22.05$	187.68

可见，随着 MgO 含量的升高，钒钛高炉渣系黏流活化能呈先降低后升高的趋势，变化范围为 174.13~187.68 kJ/mol。黏度对温度波动敏感性先变弱后变强，渣系热稳定性先变好后变差。MgO 作为一种网络破坏者，随着其含量的增加，熔渣主要黏滞流动单元 $Si_xO_y^{z-}$ 解体，渣系热稳定性变好。但随着 MgO 含量进一步提高，渣中镁铝尖晶石等高熔点物质增多，使渣系热稳定性变差。

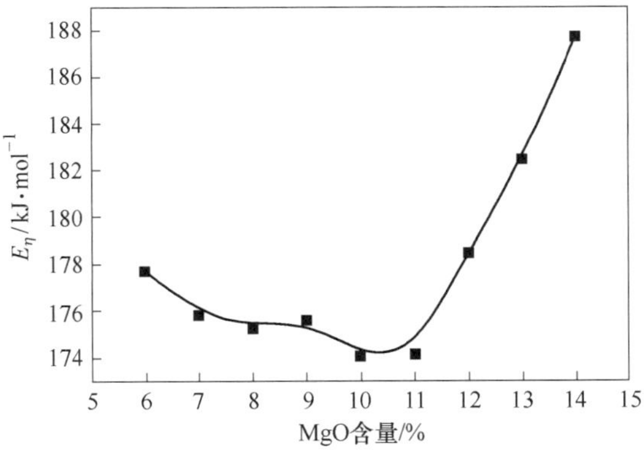

图 3-88　不同 MgO 含量渣系的 E_η 变化趋势

（3）MgO 含量对钒钛高炉渣物相组成的影响。

运用 Factsage 7.0 中的 Equilib 模块，选用 FToxid 数据库，计算不同 MgO 含量炉渣平衡物相从 1000 ℃到 1500 ℃的变化规律，结果见图 3-89。可见，渣系 4 种物相在渣系结晶过程中的生成量、开始生成温度及生成速率随炉渣 MgO 含量的变化规律为：对于黄长石，随着 MgO 含量升高，其生成量先增多后减少，开始生成温度先升高后降低，生成速率变快；对于尖晶石，随着 MgO 含量升高，其生成量增多，开始生成温度升高，生成速率变快，这是由于当 MgO 含量升高时，渣中 MgO 活度增大，有利于尖晶石的形成；对于钙钛矿，随着 MgO 含量升高，其开始生成温度降低，生成速率变快，生成量在炉渣结晶过程初期逐渐增多，但最终生成量质量分数一致，这是因为随着 MgO 含量升高，渣中自由 O^{2-} 数量增加，有助于渣中钙钛矿相的生成，结晶过程中的钙钛矿相生成数量增加，生成速率变快，但是由于渣中 TiO_2 含量的限制，渣中钙钛矿相最终生成量不变；对于辉石，仅在 MgO 含量为 10%时，有明显生成。

综上，随着 MgO 含量升高，渣中高熔点物质增多，而低熔点物质先增多后减少，两者共同作用，最终导致炉渣熔点先降低后升高，熔化性温度也随之先降低后升高，与前述实验结果吻合。

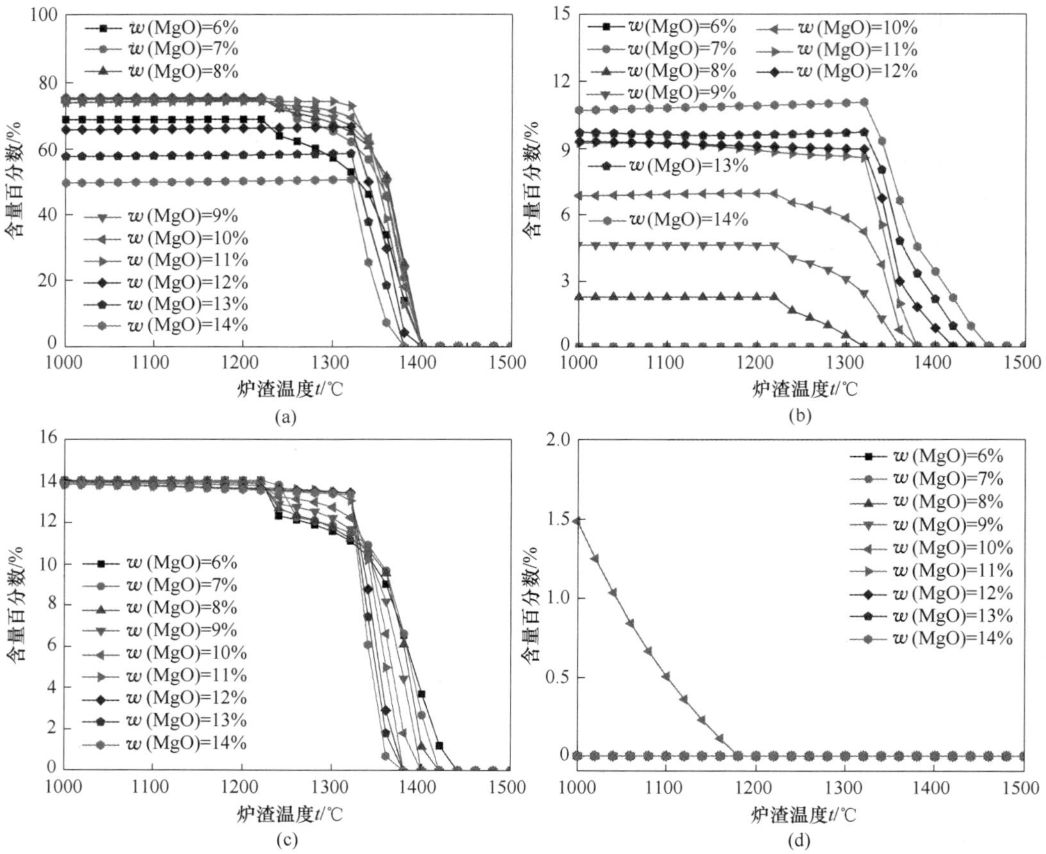

图 3-89　不同 MgO 含量渣系的主要物相分析

（a）黄长石；（b）尖晶石；（c）钙钛矿；（d）辉石

e　Al_2O_3 含量对钒钛高炉渣主要冶金性能的影响

（1）Al_2O_3 含量对钒钛高炉渣黏度及熔化性温度的影响。

不同 Al_2O_3 含量钒钛高炉渣系 η-t 曲线如图 3-90 所示，渣系 t_m、η_0、η_h 随 Al_2O_3 含量变化规律如图 3-91 所示。

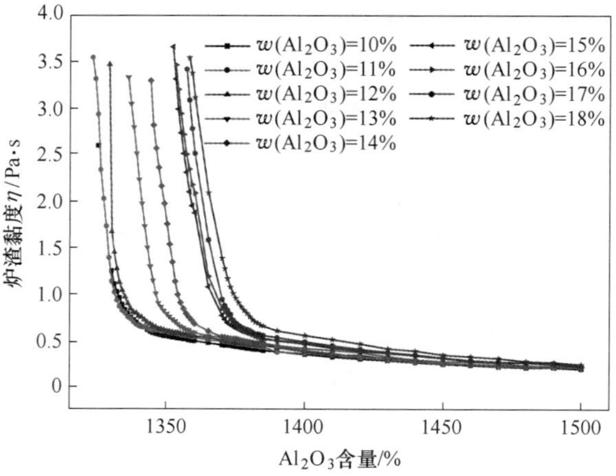

图 3-90　不同 Al_2O_3 含量渣系的 η-t 曲线

由图 3-90 和图 3-91 可知，Al_2O_3渣系 η-t 曲线均表现为短渣特性，随渣中 Al_2O_3含量升高，t_m和 η_h总体均呈增大趋势，而 η_0先增大后降低。当 Al_2O_3含量为 12%和 18%时，t_m分别达到最小值 1338 ℃和最大值1381 ℃；当 Al_2O_3含量为 10%和 18%时，η_h分别达到最小值 0.202 Pa · s 和最大值 0.254 Pa · s；当 Al_2O_3含量为 12%时，η_0最高，为 0.809 Pa · s。

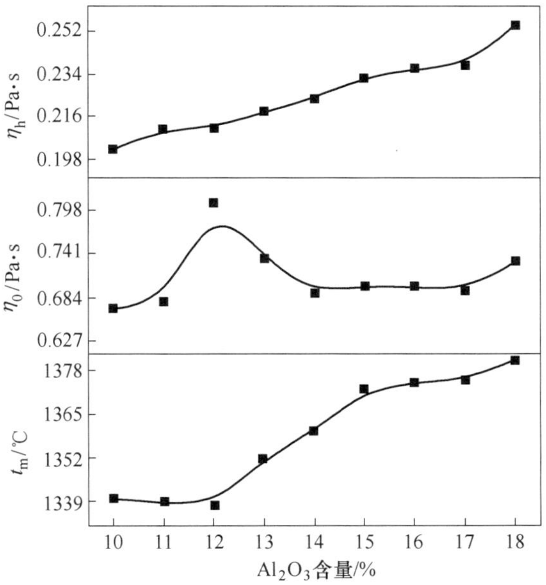

图 3-91 渣系 t_m、η_0、η_h随 Al_2O_3含量的变化规律

Al_2O_3是一种两性氧化物，在碱性高炉渣中呈弱酸性。当渣中 Al_2O_3含量较高时，进一步提高炉渣 Al_2O_3含量，则 Al_2O_3吸收渣中 O^{2-}所形成的复杂$(AlO_4)^{5-}$复合阴离子及 Al^{3+}取代硅氧复合阴离子 $Si_xO_y^{z-}$中 Si^{4+}所形成硅-铝-氧复合阴离子团数量增加，使得渣中高温结晶能力较强的高熔点化合物数目增多，如尖晶石（$MgO \cdot Al_2O_3$，熔点为 2135 ℃）和铝酸钙（$CaO \cdot Al_2O_3$，熔点为 1600 ℃），炉渣内部结构呈现复杂化。而随着这些高熔点化合物不断地生成，渣中会出现如钙长石等对炉渣黏度、熔化性温度影响更大的矿相，渣系内部结构愈发复杂，非均匀相数量增加，并结晶出来以固体形态存在于渣系熔体之中，使得渣系熔化性温度升高，黏度增大，流动性变差。因此，实验范围内，随着渣中 Al_2O_3含量增加，t_m、η_h均呈升高趋势。

Factsage 7.0 软件计算出的不同 Al_2O_3含量钒钛高炉渣黏度见表 3-44。可知，不同 Al_2O_3含量渣系理论黏度计算值与实验值不尽相同，但是渣系黏度的变化规律是吻合的，都是随钒钛高炉渣系 Al_2O_3含量的升高呈升高趋势。

表 3-44 不同 Al_2O_3含量渣系的黏度值

Al_2O_3含量/%	10	11	12	13	14	15	16	17	18
η_h/Pa · s	0.185	0.190	0.196	0.201	0.207	0.210	0.219	0.221	0.233

（2）Al_2O_3含量对钒钛高炉渣热稳定性的影响。

实验范围内，不同 Al_2O_3含量钒钛高炉渣 $\ln\eta$ 与 $1/T$ 拟合如图 3-92 所示，黏流活化能 E_η回归计算结果见表 3-45。黏流活化能 E_η变化趋势如图 3-93 所示。

可见，在实验范围内随着渣中 Al_2O_3含量的升高，渣系黏流活化能呈升高趋势，变化范围为 165.72 ~218.69 kJ/mol，黏度对温度波动敏感性增强，渣系热稳定性变差。这是因为 Al_2O_3含量升高，渣中复杂$(AlO_4)^{5-}$复合阴离子团数量增加，高熔点物质也有所增加，炉渣内部结构变得复杂，非均匀相较易产生，炉渣稳定性变差。

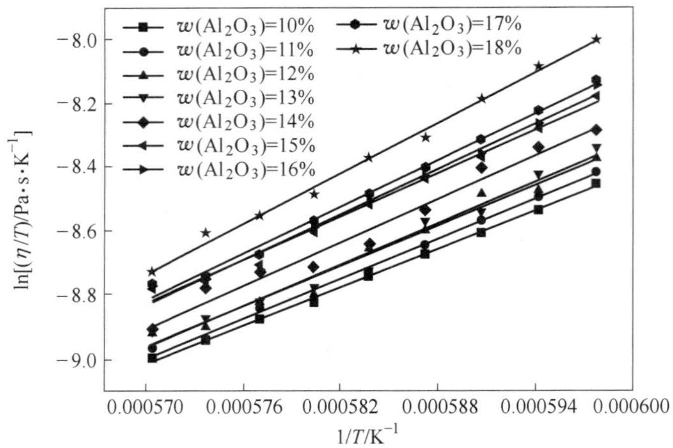

图 3-92　不同 Al_2O_3 含量渣系 $\ln(\eta/T)$ 与 $1/T$ 的拟合结果

表 3-45　不同 Al_2O_3 含量渣系的黏流活化能 E_η

Al_2O_3 含量/%	回归 Arrhenius 方程	黏流活化能（1400 ℃～1500 ℃）E_η/kJ · mol^{-1}
10	$y=19932.13x-20.38$	165.72
11	$y=20745.35x-20.82$	172.48
12	$y=21147.54x-21.02$	175.82
13	$y=21597.81x-21.28$	179.56
14	$y=22660.77x-21.82$	188.40
15	$y=22821.49x-21.84$	189.74
16	$y=23762.23x-22.38$	197.56
17	$y=24415.47x-22.74$	202.99
18	$y=26304.24x-23.73$	218.69

（3）Al_2O_3 含量对钒钛高炉渣物相组成的影响。

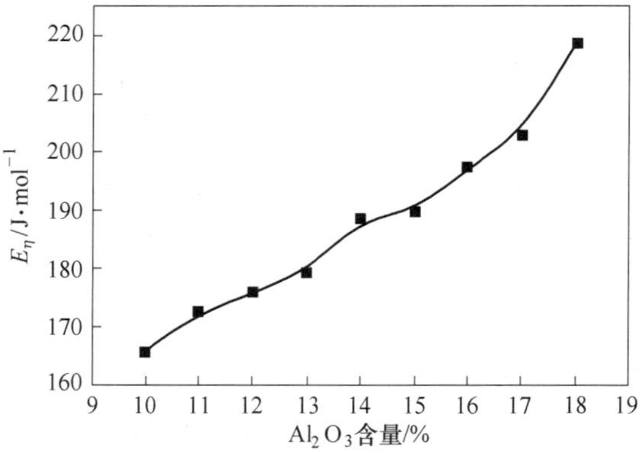

图 3-93　不同 Al_2O_3 含量渣系的 E_η 变化趋势

运用 Factsage 7.0 中的 Equilib 模块，选用 FToxid 数据库，计算不同 Al_2O_3 含量炉渣平衡物相从 1000 ℃到 1500 ℃的变化规律，结果见图 3-94。可见，4 种物相在渣系结晶过程中的生成量、开始生成温度及生成速率的变化规律为：对于黄长石，随着 Al_2O_3 含量升高，其生成量减少，开始生成温度升高，生成速率变慢；对于尖晶石，随着 Al_2O_3 含量升高，其生成量增多，开始生成温度升高，生成速率变快，原因在于随着 Al_2O_3 含量升高，渣中 Al_2O_3 的活度变大，促进了高熔点的尖晶石形成，渣中尖晶石数量增加，生成速率有所提升；对于钙钛矿，随着 Al_2O_3 含量升高，其开始生成温度降低，生成速率变慢，生成量在炉渣结晶初期减少，但最终生成量质量分数一致，这是因为 Al_2O_3 含量升高，渣中自由 O^{2-} 数量减少，不利于渣中钙钛矿相的生成，钙钛矿相生成数量减少，生成速率变慢，且由于渣中 TiO_2 含量的限制，渣中钙钛矿相最终生成量为一定值；对于辉石，仅在 Al_2O_3 含量为10%时有明显生成。

综上，随 Al_2O_3 增多，渣中高熔点物质增多，生成速率变快，而低熔点物质减少，两者作用导致炉渣熔点升高，熔化性温度也随之上升，与前述结果吻合。

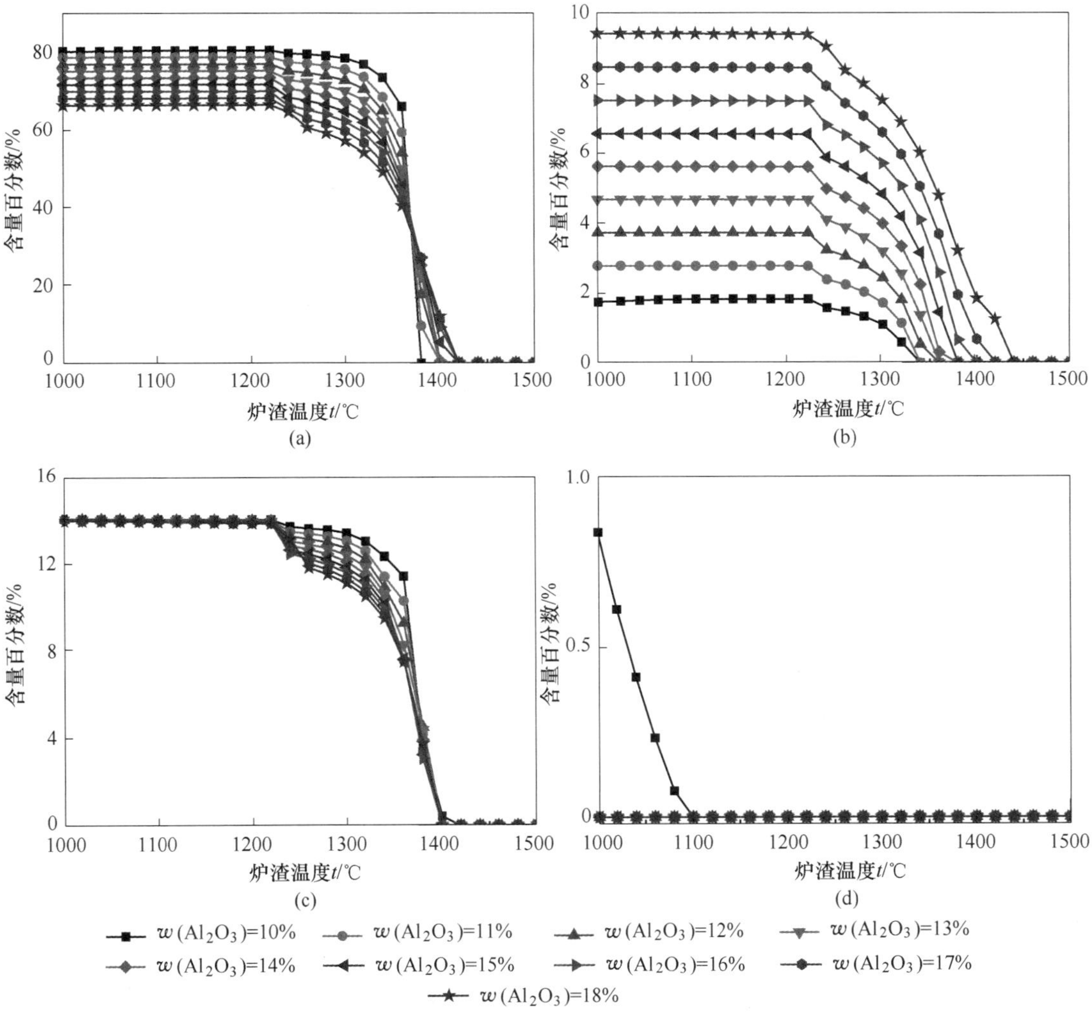

图 3-94 不同 Al_2O_3 含量渣系的主要物相分析

(a) 黄长石；(b) 尖晶石；(c) 钙钛矿；(d) 辉石

f TiO_2 含量对钒钛高炉渣主要冶金性能的影响

(1) TiO_2 含量对钒钛高炉渣黏度及熔化性温度的影响。

不同 TiO_2 含量钒钛高炉渣系 η-t 曲线如图 3-95 所示。渣系 t_m、η_0、η_h 随 TiO_2 含量的变化规律如图 3-96 所示。可知，TiO_2 渣系 η-t 曲线均表现为“短渣”特性，随着渣中 TiO_2 含量的升高，t_m、η_0 和 η_h 均呈现先降低后升高的趋势。当 TiO_2 含量分别为 8%和 17%时，t_m 分别达到最小值 1358 ℃和最大值 1395 ℃；η_0 和 η_h 在 TiO_2 为 15%分别达到最小值 0.538 Pa·s 和 0.163 Pa·s。

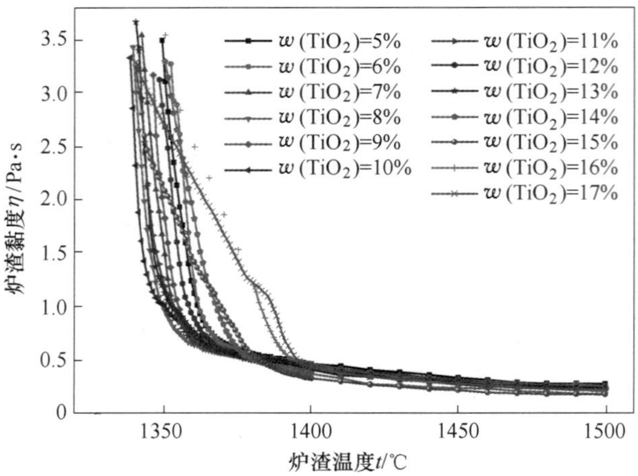

图 3-95　不同 TiO_2 含量渣系的 η-t 曲线

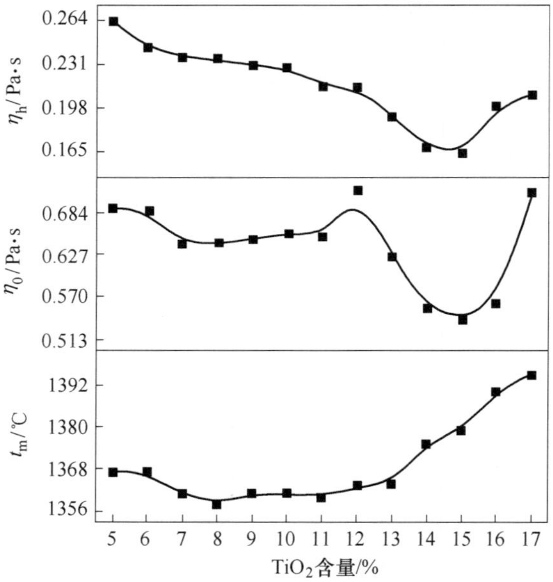

图 3-96　渣系 t_m、η_0、η_h 随 TiO_2 含量的变化规律

TiO_2 为两性氧化物，其在渣系中主要是以（TiO_6）$^{8-}$ 八面体结构存在。（TiO_6）$^{8-}$ 八面体结构对钒钛高炉渣系的黏度有两种作用：第一，（TiO_6）$^{8-}$ 八面体结构弥散分布镶嵌在硅氧复合阴离子团的网状结构中，破坏部分网状结构，促使渣系结构变得简单，进而使得渣系黏度降低，流动性得到改善，同时，对于高炉渣系的熔化性温度也有同样的变化；第二，由于（TiO_6）$^{8-}$ 八面体结构的形成，渣中用于破坏硅氧复合阴离子的 O^{2-} 相对变少，使得硅氧复合阴离子的聚合度增加，高炉渣系内部结构变得复杂，黏度变大，流动性变差。

因此，TiO_2 对钒钛高炉渣系流动性能的影响主要取决于（TiO_6）$^{8-}$ 八面体结构两种作用的强弱。据有关研究，在高炉渣系 R_2 较低的情况下，（TiO_6）$^{8-}$ 八面体结构稀释渣系、降低渣系熔化性温度的作用占主导，因此渣系 t_m、η_0 和 η_h 均存在降低的趋势。而随着钒钛高炉渣系中 TiO_2 含量不断增加，渣中高熔点化合物生成量变多，如钙钛矿（$CaTiO_3$，熔点为 1970 ℃），这使得钒钛高炉渣系在高温条件下的结晶能力变强，导致渣系在降温过程中生成固相物质的量增加，为钒钛高炉渣系熔化性温度、黏度提高创造条件。所以，随着钒钛高炉渣系 TiO_2 含量升高，渣系 η_0、η_h、t_m 呈先降低后升高趋势。

Factsage 7.0 热力学软件计算的不同 TiO_2 含量钒钛高炉渣黏度见表 3-46。由表可知，不同 TiO_2 含量渣系理论黏度计算值与实验值不尽相同，但是渣系黏度的变化规律是吻合的，均随钒钛高炉渣系 TiO_2 的升高呈先降低后升高的趋势。

表 3-46 不同 TiO_2 含量渣系的黏度值

TiO_2含量/%	5	6	7	8	9	10	11
η_h/Pa · s	0. 210	0. 207	0. 205	0. 203	0. 200	0. 198	0. 196
TiO_2含量/%	12	13	14	15	16	17	
η_h/Pa · s	0. 194	0. 192	0. 189	0. 190	0. 193	0. 197	

(2) TiO_2含量对钒钛高炉渣热稳定性的影响。

在实验范围内，不同 TiO_2 含量钒钛高炉渣 ln(η/T) 与 $1/T$ 的拟合结果如图 3-97 所示，其黏流活化能 E_η 的回归计算结果见表 3-47。黏流活化能 E_η 的变化趋势如图 3-98 所示。

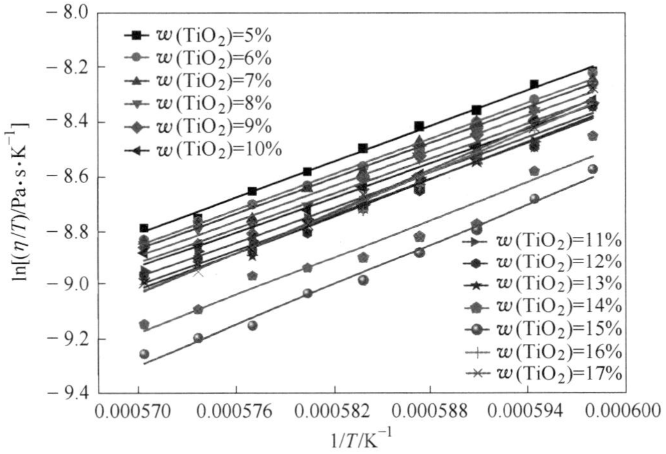

图 3-97 不同 TiO_2 含量渣系 ln(η/T) 与 $1/T$ 的拟合结果

表 3-47 不同 TiO_2 含量渣系的黏流活化能 E_η

TiO_2含量/%	回归 Arrhenius 方程	黏流活化能（1400～1500 ℃）E_η/kJ · mol^{-1}
5	y=21550. 94x−21. 10	179. 17
6	y=21490. 25x−21. 11	178. 67
7	y=21361. 71x−21. 05	177. 60
8	y=21254. 14x−21. 02	176. 71
9	y=21113. 01x−20. 96	175. 53
10	y=20932. 54x−20. 87	174. 03
11	y=21345. 60x−21. 15	177. 47
12	y=21792. 02x−21. 43	181. 18
13	y=22666. 79x−21. 95	188. 45
14	y=23175. 18x−22. 39	192. 68
15	y=24655. 49x−23. 35	204. 99
16	y=24764. 29x−23. 16	205. 89
17	y=25453. 32x−23. 55	211. 62

可知，渣中 TiO_2 含量由 5%升高到 10%，渣系黏流活化能呈降低趋势，变化范围为

174.03~179.17 kJ/mol，黏度对温度波动的敏感性变弱，渣系热稳定性变好。这主要是因为 TiO_2 进入炉渣后，主要以 $(TiO_6)^{8-}$ 离子团的形式存在，在一定程度上可以简化 $Si_xO_y^{z-}$ 离子团及 $(AlO_4)^{5-}$ 离子团等所形成的复杂网状结构，使渣系内部结构变简单，起到稀释炉渣的作用，从而在使炉渣稳定性变好。而在 TiO_2 含量由 10%升高到 17%的过程中，黏流活化能呈升高趋势，变化范围为 179.17~211.62 kJ/mol，黏度对温度波动的敏感性增强，渣系热稳定性变差。这可能是因为随着渣中 TiO_2 含量的过分增大，渣中 $CaTiO_3$ 等高熔点物质增加，炉渣中易产生非均匀相，导致渣系稳定性变差。

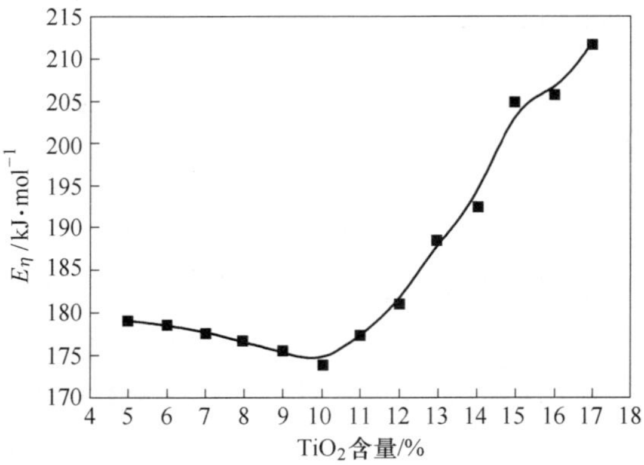

图 3-98　不同 TiO_2 含量渣系的 E_η 变化趋势

（3）TiO_2 含量对钒钛高炉渣物相组成的影响。

运用 Factsage 7.0 中的 Equilib 模块，选用 FToxid 数据库，计算不同 TiO_2 含量炉渣平衡物相从 1000 ℃到 1500 ℃的变化规律，结果见图 3-99。可见，TiO_2 渣系 4 种物相在渣系结晶过程中的生成量、开始生成温度及生成速率随炉渣 TiO_2 含量变化规律为：对于黄长石，TiO_2 含量升高后，其生成量减少，开始生成温度降低，生成速率变慢；对于尖晶石，随着 TiO_2 含量升高，其生成量增多，开始生成温度升高，生成速率变快；对于钙钛矿，随着 TiO_2 含量的升高，其生成量增多，开始生成温度升高，生成速率变快，这主要是由于 TiO_2 含量升高后，渣中 CaO 与 TiO_2 结合生成钙钛矿相更为容易；对于辉石，随着 TiO_2 含量升高，其生成量增加，生成速率变化不明显，开始生成温度一致。

综上所述，随着 TiO_2 含量升高，渣中的高熔点物质和低熔点物质均有所增加，而 TiO_2 对钒钛高炉渣的影响取决于其高温下在炉渣中的作用行为。当 TiO_2 含量较低时，4 种物相变化中以黄长石的减少为主导，使得炉渣黏度和熔化性温度降低。进一步提高 TiO_2 含量，高熔点物质包括钙钛矿及尖晶石等对炉渣的叠加影响变大，使得熔化性温度升高，这与实验结果分析是一致的。

3.1.4.2　承钢钒钛矿冶炼高炉渣系正交优化

根据上述研究结果，获得了承钢钒钛高炉渣组分对渣系主要冶金性能的影响规律，但各组分对承钢钒钛高炉渣系冶金性能影响的主次尚不明确，综合冶金性能良好的渣系组成也未确认。鉴于此，本节结合四因素五水平正交试验和综合加权评分法，提出承钢钒钛高炉渣系优化正交试验方案，在探讨炉渣组分对渣系冶金性能影响主次的同时，得到冶金性能指标最佳的钒钛高炉渣系。

A　试验方案

根据承钢钒钛高炉现场实际冶炼生产需求及高炉渣系成分波动变化范围，设计四因素五水平渣系优化正交试验，具体配料方案见表 3-48。其中，试验各因素变化范围为：R_2 = 1.10~1.30，MgO 含量为 6%~12%，Al_2O_3 含量为 11%~16%，TiO_2 含量为 5%~12%。每组试验重复 3 次，结果取平均值。

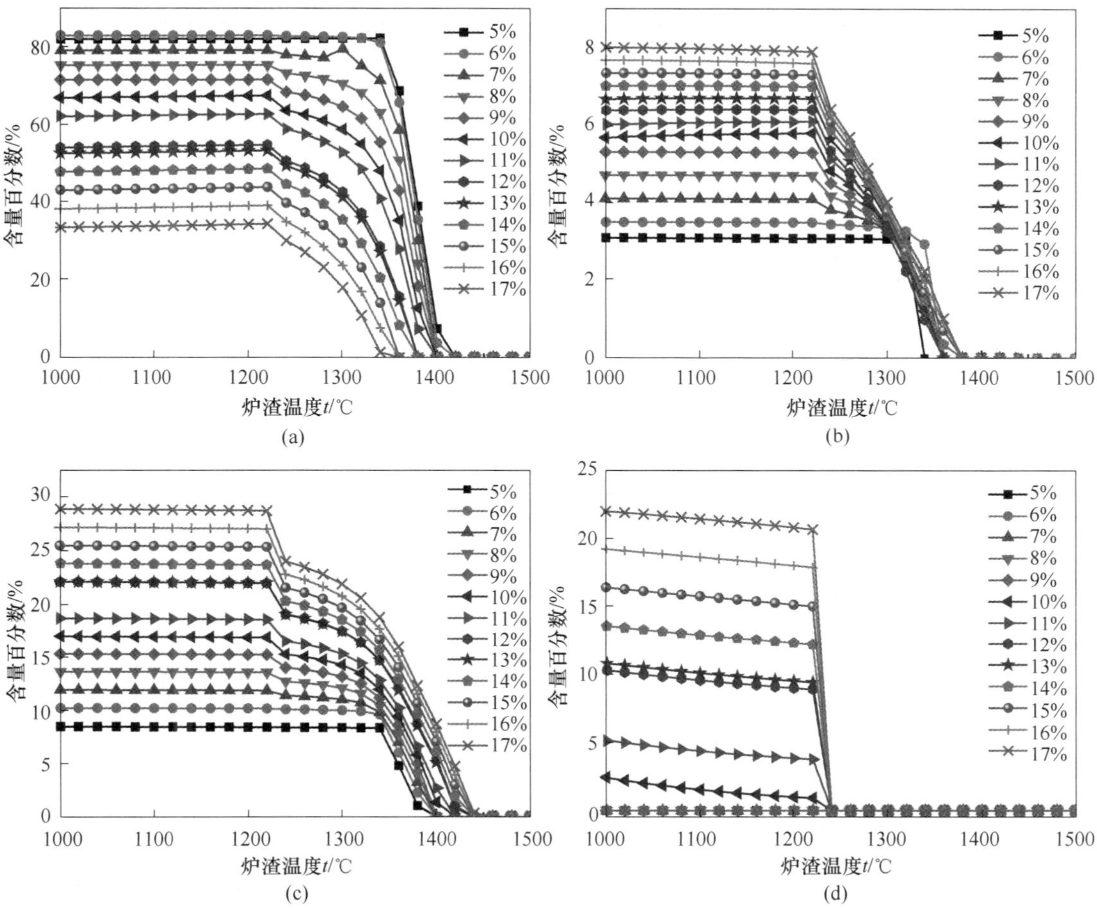

图 3-99 不同 TiO_2 含量渣系的主要物相分析

(a) 黄长石；(b) 尖晶石；(c) 钙钛矿；(d) 辉石

表 3-48 渣系优化正交试验渣样配制方案

编号	CaO 含量/%	SiO_2 含量/%	MgO 含量/%	Al_2O_3 含量/%	TiO_2 含量/%	R_2
1 号	39.36	35.78	6	11	5	1.10
2 号	37.79	34.35	7	12	6	1.10
3 号	35.17	31.97	9	13	8	1.10
4 号	32.55	29.59	11	14	10	1.10
5 号	29.93	27.21	12	16	12	1.10
6 号	38.05	33.09	6	12	8	1.15
7 号	35.91	31.23	7	13	10	1.15
8 号	33.24	28.90	9	14	12	1.15
9 号	34.84	30.30	11	16	5	1.15

续表 3-48

编号	CaO 含量/%	SiO_2 含量/%	MgO 含量/%	Al_2O_3 含量/%	TiO_2 含量/%	R_2
10 号	36.45	31.69	12	11	6	1.15
11 号	36.08	30.06	6	13	12	1.20
12 号	38.81	32.34	7	14	5	1.20
13 号	36.08	30.06	9	16	6	1.20
14 号	36.62	30.52	11	11	8	1.20
15 号	34.44	28.70	12	12	10	1.20
16 号	39.52	31.62	6	14	6	1.25
17 号	36.75	29.40	7	16	8	1.25
18 号	37.30	29.84	9	11	10	1.25
19 号	34.52	27.62	11	12	12	1.25
20 号	37.30	29.84	12	13	5	1.25
21 号	36.82	28.32	6	16	10	1.30
22 号	37.95	29.19	7	11	12	1.30
23 号	40.21	30.93	9	12	5	1.30
24 号	37.95	29.19	11	13	6	1.30
25 号	35.69	27.45	12	14	8	1.30

B　试验结果

试验考察了各渣系熔化性温度（t_m）、初始黏度（η_0）、高温黏度（η_h）和黏流活化能（E_η）等冶金性能指标。通过 RTW-10 熔体物性综合测定仪连续测量试验渣系的黏度，可得到 25 组正交试验渣系的 η-t 曲线，结果见图 3-100。

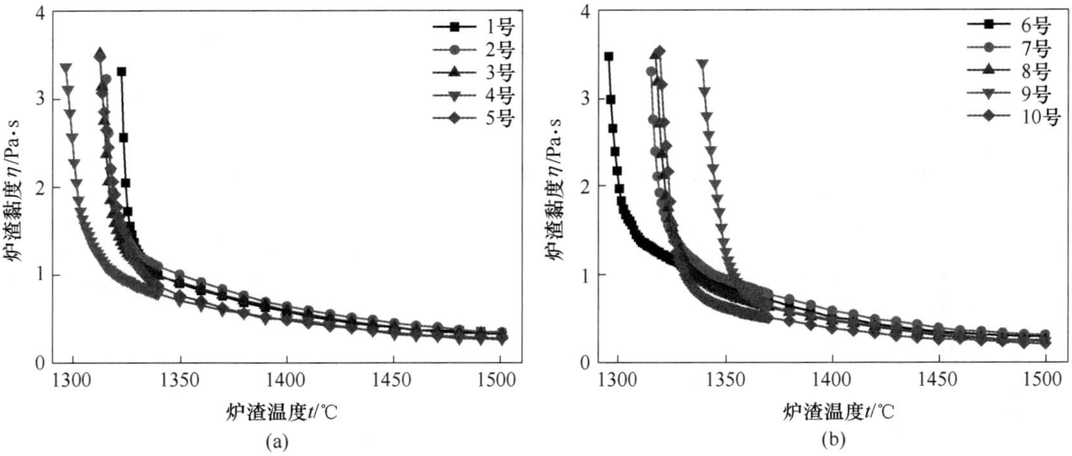

(a)　　(b)

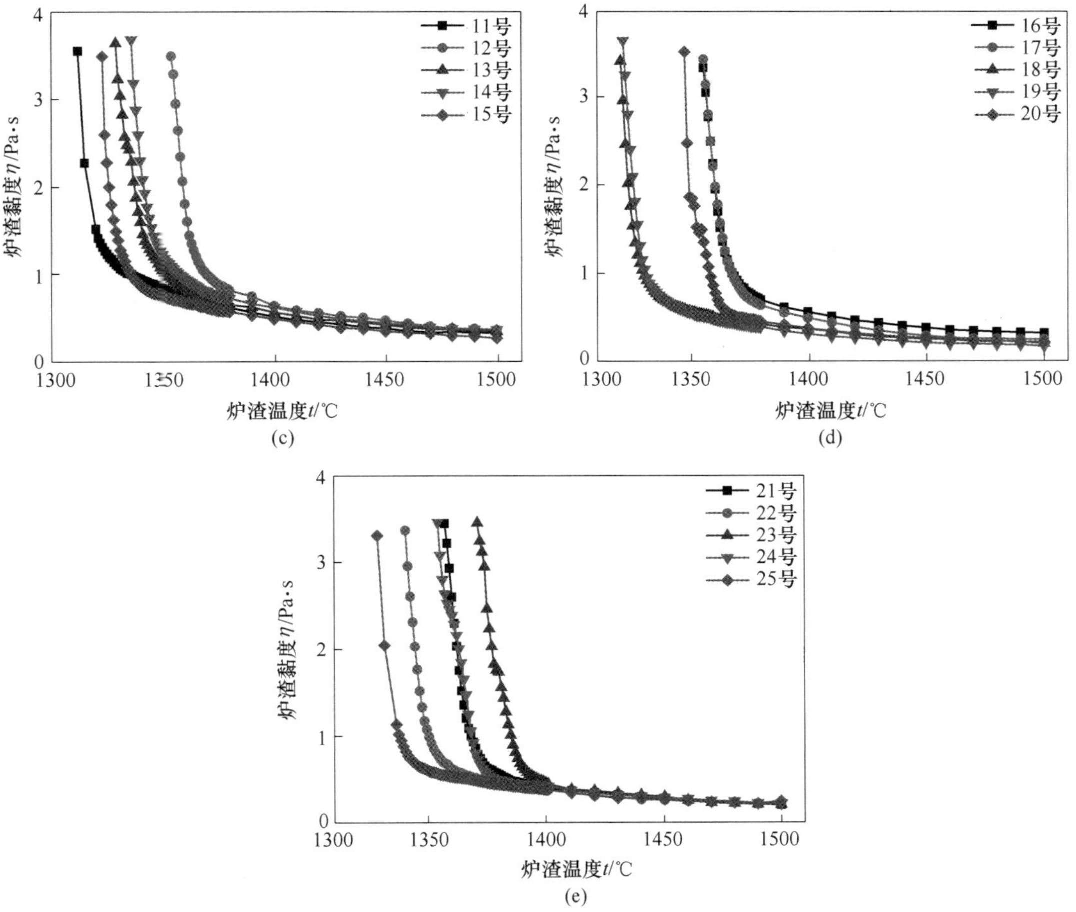

图 3-100 正交试验渣样 η-t 曲线

(a) 1~5 号渣样；(b) 6~10 号渣样；(c) 11~15 号渣样；(d) 16~20 号渣样；(e) 21~25 号渣样

可知，各试验渣样 η-t 曲线均具有急骤转折的特点，属于短渣。各正交试验渣系的 t_m、η_0、η_h 和 E_η 分析结果见表 3-49。

表 3-49 正交试验渣样 t_m、η_0 及 η_h

编号	因素				测定结果			
	A (R_2)	B (MgO 含量/%)	C (Al_2O_3 含量/%)	D (TiO_2 含量/%)	t_m /℃	η_0 /Pa·s	η_h /Pa·s	E_η /kJ·mol^{-1}
1 号	1.10	6	11	5	1337	1.003	0.284	187.02
2 号	1.10	7	12	6	1332	1.169	0.299	198.91
3 号	1.10	9	13	8	1333	1.045	0.274	215.72
4 号	1.10	11	14	10	1318	1.022	0.214	239.00
5 号	1.10	12	16	12	1334	0.928	0.225	299.63
6 号	1.15	6	12	8	1310	1.367	0.271	190.65
7 号	1.15	7	13	10	1331	1.228	0.290	202.73

续表 3-49

编号	因素				测定结果			
	A (R_2)	B (MgO 含量/%)	C (Al_2O_3 含量/%)	D (TiO_2 含量/%)	t_m /℃	η_0 /Pa · s	η_h /Pa · s	E_η /kJ · mol^{-1}
8 号	1.15	9	14	12	1333	1.009	0.228	223.76
9 号	1.15	11	16	5	1357	0.795	0.212	222.29
10 号	1.15	12	11	6	1336	0.794	0.188	178.93
11 号	1.20	6	13	12	1321	1.070	0.295	192.28
12 号	1.20	7	14	5	1360	0.982	0.331	178.96
13 号	1.20	9	16	6	1345	0.912	0.314	202.34
14 号	1.20	11	11	8	1347	1.014	0.331	176.35
15 号	1.20	12	12	10	1331	0.841	0.234	190.60
16 号	1.25	6	14	6	1363	0.820	0.303	180.74
17 号	1.25	7	16	8	1364	0.745	0.231	199.37
18 号	1.25	9	11	10	1329	0.706	0.182	174.99
19 号	1.25	11	12	12	1329	0.706	0.151	187.37
20 号	1.25	12	13	5	1354	0.598	0.201	172.63
21 号	1.30	6	16	10	1373	0.656	0.200	186.08
22 号	1.30	7	11	12	1354	0.725	0.212	171.61
23 号	1.30	9	12	5	1390	0.626	0.204	176.00
24 号	1.30	11	13	6	1372	0.598	0.216	174.11
25 号	1.30	12	14	8	1341	0.706	0.245	178.67

C　渣系冶金性能指标分析

结合上述四因素五水平渣系优化正交试验结果及正交极差分析结果，可得到实验范围内渣系各组分对炉渣 t_m、η_0、η_h、E_η 的影响主次及各组分含量的最佳选取。

a　渣系熔化性温度分析

采用正交试验极差分析方法对渣系 t_m 进行分析，得到炉渣各组分对渣系 t_m 的影响主次，如表 3-50 所示。同时，在正交试验范围内，炉渣 t_m 随渣系各组分因子水平变化规律如图 3-101所示。在试验选取组分因子水平条件下，炉渣 R_2 和 TiO_2 含量对试验渣系 t_m 影响程度较大，其次为炉渣 Al_2O_3 含量和 MgO 含量。由图 3-101 可知，为使渣系获得较低的 t_m，炉渣成分最优组合为：$R_2 = 1.00$、MgO 含量为 12%、Al_2O_3 含量为 12%、TiO_2 含量为 12%。

表 3-50　炉渣组分对渣系熔化性温度 t_m 的影响主次

水平	A (R_2)	B (MgO) 含量/%	C (Al_2O_3) 含量/%	D (TiO_2) 含量/%
1	1330.8	1340.8	1340.6	1359.6
2	1333.4	1348.2	1338.4	1349.6

续表 3-50

水平	A (R_2)	B (MgO) 含量/%	C (Al_2O_3) 含量/%	D (TiO_2) 含量/%
3	1340.8	1346.0	1342.2	1339.0
4	1347.8	1344.6	1343	1336.4
5	1366.0	1339.2	1354.6	1334.2
极差	35.2	9.0	16.2	25.4
显著性	$R_A > R_D > R_C > R_B$			

b 渣系初始黏度分析

采用正交试验极差分析对渣系 η_0 进行分析，得到炉渣各组分对渣系 η_0 的影响主次如表 3-51 所示。同时，在正交试验范围内，炉渣 η_0 随渣系各组分因子水平变化规律如图 3-102 所示。在试验选取组分因子水平条件下，炉渣 R_2 和 MgO 含量对试验渣系 η_0 影响程度较大，其次为炉渣 TiO_2 含量和 Al_2O_3 含量。由图 3-102可知，为使试验渣系获得较低的 η_0，炉渣成分最优组合为：R_2 = 1.30、MgO 含量为 12%、Al_2O_3 含量为 16%、TiO_2 含量为 5%。

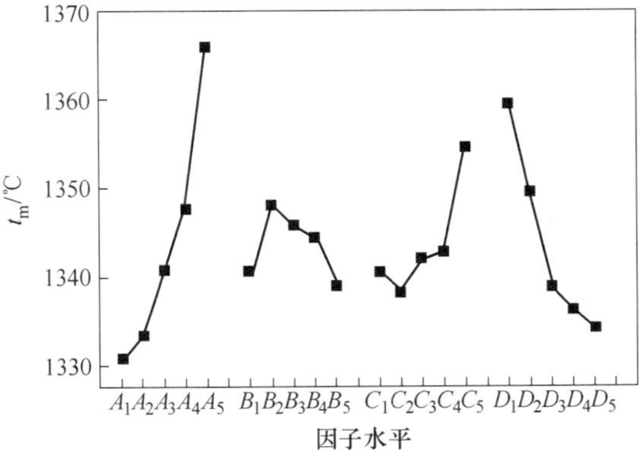

图 3-101 炉渣熔化性温度 t_m 随渣系各组分因子水平变化

表 3-51 炉渣组分对渣系初始黏度 η_0 的影响主次

水平	A (R_2)	B (MgO) 含量/%	C (Al_2O_3) 含量/%	D (TiO_2) 含量/%
1	1.0334	0.9832	0.8484	0.8008
2	1.0386	0.9698	0.9418	0.8586
3	0.9638	0.8596	0.9078	0.9754
4	0.715	0.827	0.9078	0.8906
5	0.6622	0.7734	0.8072	0.8876
极差	0.3764	0.2098	0.1346	0.1746
显著性	$R_A > R_B > R_D > R_C$			

c 渣系高温黏度分析

采用正交试验极差分析对渣系 η_h 进行分析，得到炉渣各组分对渣系 η_h 的影响主次如表 3-52 所示。同时，在正交试验范围内，炉渣 η_h 随渣系各组分因子水平变化规律如图 3-103 所示。在试验选取组分因子水平条件下，炉渣 R_2 和 MgO 含量对试验渣系 η_h 影响程度较大，其次为炉渣 TiO_2 含量和 Al_2O_3 含量。由图 3-103 可知，为使试验渣系获得较低

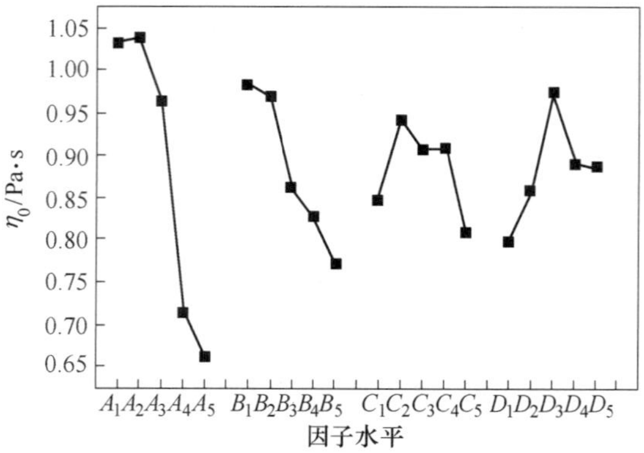

图 3-102　炉渣初始黏度 η_0随渣系各组分因子水平变化

的 η_h，炉渣成分最优组合为：R_2 = 1.25、MgO 含量为 12%、Al_2O_3含量为 12%、TiO_2含量为 12%。

表 3-52　炉渣组分对渣系高温黏度 η_h的影响主次

水平	*A*（R_2）	*B*（MgO）含量/%	*C*（Al_2O_3）含量/%	*D*（TiO_2）含量/%
1	0.2592	0.2706	0.2394	0.2464
2	0.2378	0.2726	0.2318	0.264
3	0.3010	0.2404	0.2552	0.2704
4	0.2136	0.2248	0.2642	0.2240
5	0.2154	0.2186	0.2364	0.2222
极差	0.0874	0.054	0.0324	0.0482
显著性	$R_A > R_B > R_D > R_C$			

d　渣系黏流活化能分析

采用正交试验极差分析对渣系 E_η进行分析，得到炉渣各组分对渣系 E_η的影响主次如表 3-53 所示。同时，正交试验范围内，炉渣 E_η随渣系各组分因子水平变化规律如图 3-104 所示。在试验选取组分因子水平条件下，炉渣 R_2和 Al_2O_3含量对试验渣系 E_η影响程度较大，其次为炉渣 TiO_2含量和 MgO 含量。由图 3-104 可知，为使试验渣系获得较低的 E_η，炉渣成分最优组合为：R_2 = 1.30、MgO 含量为 6%、Al_2O_3含量为 11%、TiO_2含量为 6%。

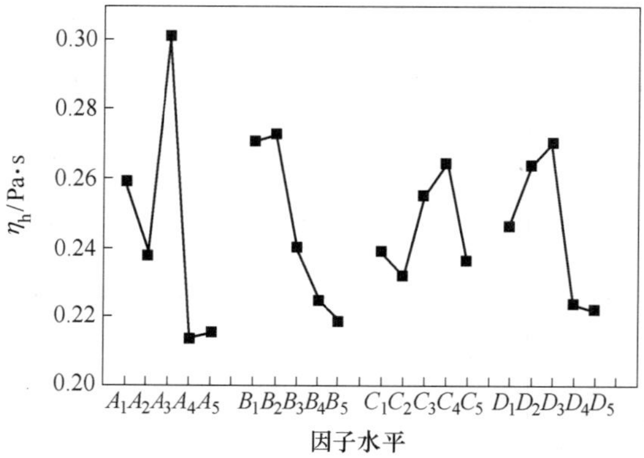

图 3-103　炉渣高温黏度 η_h随渣系各组分因子水平变化

表 3-53 炉渣组分对渣系黏流活化能 E_η 的影响主次

水平	A (R_2)	B (MgO) 含量/%	C (Al_2O_3) 含量/%	D (TiO_2) 含量/%
1	228.056	187.354	177.78	187.38
2	203.672	190.316	188.706	187.006
3	188.106	198.562	191.494	192.152
4	183.02	199.824	200.226	198.68
5	177.294	204.092	221.942	214.93
极差	50.762	16.738	44.162	27.924
显著性	$R_A > R_C > R_D > R_B$			

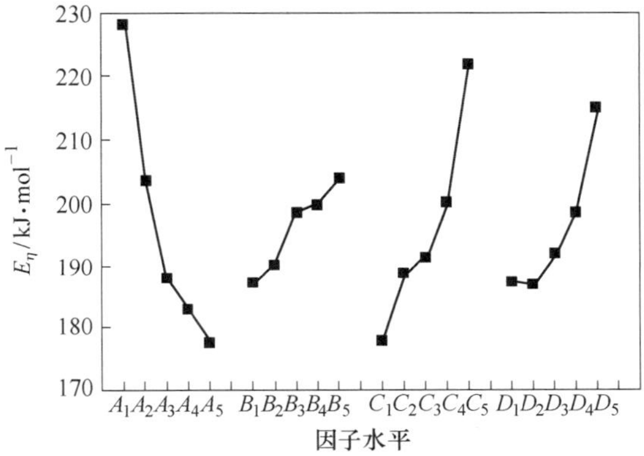

图 3-104 炉渣黏流活化能 E_η 随渣系各组分因子水平变化

D 高炉冶炼钒钛磁铁矿适宜渣系确定

由正交优化后的钒钛高炉渣系冶金性能指标可以看出，不同炉渣组分对各渣系冶金性能指标的影响主次相异，同时获得良好钒钛高炉渣冶金性能指标条件下的渣系组分结构也不同。因此，需要从承钢钒钛高炉渣综合冶金性能角度出发，进行综合权重评价，最终获取炉渣综合冶金性能良好时的渣系成分及炉渣组分对渣系综合冶金性能的影响主次。

对于一个多指标体系而言，简单通过单指标的分析很难准确、全面地评价与判断此体系总体性能的好坏，此时则需要将多指标研究问题转化为单指标研究问题，并通过单指标问题研究方法对此多指标体系进行探索研究。因此，针对承钢钒钛磁铁矿高炉渣系正交优化试验，在前述运用正交极差法对试验各单指标计算分析的基础上，进行各试验指标综合加权分析拓展，求出各试验渣系的综合冶金性能指标，然后再运用极差分析方法对此单一化指标进行优化研究，最终达到多指标试验体系分析研究的目标。

渣系各冶金性能指标综合加权分析过程中，准确定位各指标主观权重和客观权重是首要和关键的环节，这在一定程度上直接影响到分析结果的可靠性。目前，试验指标权重确定方法主要有主观赋权法（专家调查法、循环打分法、二项系数法、层次分析法等）和客观赋权法（变异值法、熵值法）。不管选用哪种方法，都很难兼顾分析者对指标重要性的主观认知经验及试验结果提供的指标重要性客观信息，从而使试验指标难以在主观与客观上达到统一。针对此，本研究根据优化理论，构建试验指标综合权重优化评价模型，计算渣系优化正交试验各试验指标综合权重，运用正交极差分析法对试验指标综合冶金性能进行单指标优化。

a　标准化评价矩阵的确定

本研究对 25 组正交试验方案进行评价，记为 $I = \{1, 2, 3, \cdots, 25\}$ 。渣系优化正交试验过程主要评价了炉渣熔化性温度 t_m、初始黏度 η_0、高温黏度 η_h 及黏流活化能 E_η 4 项冶金性能指标，记为 $J = \{1, 2, 3, 4\}$ 。试验方案 i 在渣系冶金性能指标 j 下所对应的试验值为 $x_{ij}\{i = 1, 2, 3, \cdots, 25; j = 1, 2, 3, 4\}$ ，称矩阵 $\boldsymbol{X} = \{x_{ij}\}_{25\times4}$ 为试验方案集对炉渣冶金性能指标集的评价矩阵，由表 3.12 正交试验结果可得：

$$\boldsymbol{X} = (x_{25,4}) = \begin{bmatrix} 1337 & 1.003 & 0.284 & 187.02 \\ 1332 & 1.169 & 0.299 & 198.91 \\ 1333 & 1.045 & 0.274 & 215.72 \\ 1318 & 1.022 & 0.214 & 239.00 \\ 1334 & 0.928 & 0.225 & 299.63 \\ 1310 & 1.367 & 0.271 & 190.65 \\ 1331 & 1.228 & 0.290 & 202.73 \\ 1333 & 1.009 & 0.228 & 223.76 \\ 1357 & 0.795 & 0.212 & 222.29 \\ 1336 & 0.794 & 0.188 & 178.93 \\ 1321 & 1.070 & 0.295 & 192.28 \\ 1360 & 0.982 & 0.331 & 178.96 \\ 1345 & 0.912 & 0.314 & 202.34 \\ 1347 & 1.014 & 0.331 & 176.35 \\ 1331 & 0.841 & 0.234 & 190.60 \\ 1363 & 0.820 & 0.303 & 180.74 \\ 1364 & 0.745 & 0.231 & 199.37 \\ 1329 & 0.706 & 0.182 & 174.99 \\ 1329 & 0.706 & 0.151 & 187.37 \\ 1354 & 0.598 & 0.201 & 172.63 \\ 1373 & 0.656 & 0.200 & 186.08 \\ 1354 & 0.725 & 0.212 & 171.61 \\ 1390 & 0.626 & 0.204 & 176.00 \\ 1372 & 0.598 & 0.216 & 174.11 \\ 1341 & 0.706 & 0.245 & 178.67 \end{bmatrix} \tag{3-9}$$

在实际的多指标试验研究过程中，由于所考察试验指标特性不同，对各评价指标的要求也不同，有的指标要求在一定的生产需求范围内数值越小越好，有的指标要求在一定的生产需求范围内数值大一些，还有的指标则要求在一定的生产需求范围内数值越稳定越好，尽量稳定在某一理想值。此外，各试验指标数量级及所用量纲也可能不一致。因此，为了满足各试验指标的变化趋势要求，并消除各指标之间的不可公度性，需要对正交试验的评价矩阵 $\boldsymbol{X}$ 进行标准化处理。

令

$$y_{ij}=\begin{cases}x_{ij} & j\in I_1\\ x_{j\max}-x_{ij} & j\in I_2\\ |x_{ij}-x_j^*| & j\in I_3\end{cases} \tag{3-10}$$

其中，I_1 = {要求越小越好的指标}；I_2 = {要求越大越好的指标}；I_3 = {要求稳定在某一理想值的指标}。

渣系优化正交试验研究过程中，要求考察的渣系 t_m、η_0、η_h 及 E_η 均越小越好，故 $y_{ij}=x_{ij}$，$\boldsymbol{Y}=\boldsymbol{X}$，如式（3-11）所示。

$$Y=(y_{25,4})=\begin{bmatrix}1337 & 1.003 & 0.284 & 187.02\\ 1332 & 1.169 & 0.299 & 198.91\\ 1333 & 1.045 & 0.274 & 215.72\\ 1318 & 1.022 & 0.214 & 239.00\\ 1334 & 0.928 & 0.225 & 299.63\\ 1310 & 1.367 & 0.271 & 190.65\\ 1331 & 1.228 & 0.290 & 202.73\\ 1333 & 1.009 & 0.228 & 223.76\\ 1357 & 0.795 & 0.212 & 222.29\\ 1336 & 0.794 & 0.188 & 178.93\\ 1321 & 1.070 & 0.295 & 192.28\\ 1360 & 0.982 & 0.331 & 178.96\\ 1345 & 0.912 & 0.314 & 202.34\\ 1347 & 1.014 & 0.331 & 176.35\\ 1331 & 0.841 & 0.234 & 190.60\\ 1363 & 0.820 & 0.303 & 180.74\\ 1364 & 0.745 & 0.231 & 199.37\\ 1329 & 0.706 & 0.182 & 174.99\\ 1329 & 0.706 & 0.151 & 187.37\\ 1354 & 0.598 & 0.201 & 172.63\\ 1373 & 0.656 & 0.200 & 186.08\\ 1354 & 0.725 & 0.212 & 171.61\\ 1390 & 0.626 & 0.204 & 176.00\\ 1372 & 0.598 & 0.216 & 174.11\\ 1341 & 0.706 & 0.245 & 178.67\end{bmatrix} \tag{3-11}$$

为消除各考察试验指标数量级及量纲对其权重确定产生的不良影响，令

$$z_{ij}=100\times(y_{ij}-y_{j\min})/(y_{j\max}-y_{j\min}),i=1,2,\cdots,25;j=1,2,3 \tag{3-12}$$

其中，$y_{j\min}=\min\{y_{ij}\,|\,i=1,\ 2,\ \cdots,\ 25\}$，$y_{j\max}=\max\{y_{ij}\,|\,i=1,\ 2,\ \cdots,\ 25\}$，称矩阵 $\boldsymbol{Z}=(z_{ij})_{25,3}$ 为标准化评价矩阵。即

$$\boldsymbol{Z}=(z_{25,4})=\begin{bmatrix}33.75 & 52.67 & 73.89 & 12.04\\27.50 & 74.21 & 82.22 & 21.32\\28.75 & 58.13 & 68.33 & 34.46\\10.00 & 55.14 & 35.00 & 52.64\\30.00 & 42.91 & 41.11 & 100.00\\0.00 & 100.00 & 66.67 & 14.87\\26.25 & 81.92 & 77.22 & 24.31\\28.75 & 53.45 & 42.78 & 40.74\\58.75 & 25.62 & 33.89 & 39.59\\32.50 & 25.49 & 20.56 & 5.72\\13.75 & 61.38 & 80.00 & 16.15\\62.50 & 49.93 & 100.00 & 5.74\\43.75 & 40.83 & 90.56 & 24.00\\46.25 & 54.10 & 100.00 & 3.70\\26.25 & 31.60 & 46.11 & 14.83\\66.25 & 28.87 & 84.44 & 7.13\\67.50 & 19.12 & 44.44 & 21.68\\23.75 & 14.04 & 17.22 & 2.64\\23.75 & 14.04 & 0.00 & 12.31\\55.00 & 0.00 & 27.78 & 0.80\\78.75 & 7.54 & 27.22 & 11.30\\55.00 & 16.51 & 33.89 & 0.00\\100.00 & 3.64 & 29.44 & 3.43\\77.50 & 0.00 & 36.11 & 1.95\\38.75 & 14.04 & 52.22 & 5.51\end{bmatrix} \tag{3-13}$$

b　试验渣系冶金性能指标综合权重的确定

（1）各试验指标主观权重的确定。

记试验所考察炉渣各冶金性能指标主观权重为：

$$\boldsymbol{\alpha}=(\alpha_1,\alpha_2,\alpha_3,\alpha_4)^{\mathrm{T}} \tag{3-14}$$

$$\sum_{j=1}^{4}\alpha_j=1,\ \alpha_j\geqslant 0(j=1,\ 2,\ 3,\ 4)$$

根据前人探索研究、生产实践经验及炼铁技术需求，运用专家调查法对试验各项指标的主观权重进行分析赋值：熔化性温度 t_{m} 主观权重 α_1 为 0.25、初始黏度 η_0 主观权重 α_2 为 0.25、高温黏度 η_{h} 主观权重 α_3 为 0.25、黏流活化能 E_η 主观权重 α_4 为 0.25，即

$$\boldsymbol{\alpha}=(0.25,0.25,0.25,0.25)^{\mathrm{T}} \tag{3-15}$$

（2）各试验指标客观权重的确定。

记试验所考察炉渣各冶金性能指标客观权重为

$$\boldsymbol{\beta}=(\beta_1,\beta_2,\beta_3,\beta_4)^{\mathrm{T}} \tag{3-16}$$

$$\sum_{j=1}^{4} \beta_j = 1,\ \beta_j \geqslant 0(j = 1,\ 2,\ 3,\ 4)$$

运用式（3-12）和式（3-13），计算分析各项试验指标客观权重可得：

$$h_j = -(\ln 25)^{-1} \sum_{i=1}^{25} p_{ij} \ln p_{ij} \tag{3-17}$$

$$\beta_j = (1 - h_j) / \sum_{j=1}^{4} (1 - h_j)(j = 1,2,3,4) \tag{3-18}$$

其中，$p_{ij} = z_{ij} \Big/ \sum_{i=1}^{25} z_{ij}$，且当 $p_{ij} = 0$ 时，规定

$$p_{ij} \ln p_{ij} = 0(i = 1,2,\cdots,25;\quad j = 1,2,3,4) \tag{3-19}$$

由此可得：

$$\boldsymbol{P} = (p_{25,4}) = \begin{bmatrix} 0.032 & 0.057 & 0.056 & 0.025 \\ 0.026 & 0.080 & 0.063 & 0.045 \\ 0.027 & 0.063 & 0.052 & 0.072 \\ 0.009 & 0.060 & 0.027 & 0.110 \\ 0.028 & 0.046 & 0.031 & 0.210 \\ 0.000 & 0.108 & 0.051 & 0.031 \\ 0.025 & 0.089 & 0.059 & 0.0051 \\ 0.027 & 0.058 & 0.033 & 0.085 \\ 0.056 & 0.028 & 0.026 & 0.083 \\ 0.031 & 0.028 & 0.016 & 0.012 \\ 0.013 & 0.066 & 0.061 & 0.034 \\ 0.059 & 0.054 & 0.076 & 0.012 \\ 0.041 & 0.044 & 0.069 & 0.050 \\ 0.044 & 0.058 & 0.076 & 0.008 \\ 0.025 & 0.034 & 0.035 & 0.031 \\ 0.063 & 0.031 & 0.064 & 0.015 \\ 0.064 & 0.021 & 0.034 & 0.045 \\ 0.023 & 0.015 & 0.013 & 0.006 \\ 0.023 & 0.015 & 0.000 & 0.026 \\ 0.052 & 0.000 & 0.021 & 0.002 \\ 0.075 & 0.008 & 0.021 & 0.024 \\ 0.052 & 0.018 & 0.026 & 0.000 \\ 0.095 & 0.004 & 0.022 & 0.007 \\ 0.073 & 0.000 & 0.028 & 0.004 \\ 0.037 & 0.015 & 0.040 & 0.012 \end{bmatrix} \tag{3-20}$$

$$\boldsymbol{h} = (0.948, 0.912, 0.953, 0.846)^{\mathrm{T}} \tag{3-21}$$

$$\boldsymbol{\beta} = (0.153, 0.257, 0.138, 0.452)^{\mathrm{T}} \tag{3-22}$$

（3）各试验指标综合权重的确定。

记试验所考察炉渣各冶金性能指标综合权重为

$$\boldsymbol{w} = (w_1, w_2, w_3, w_4)^{\mathrm{T}} \tag{3-23}$$

$$\sum_{j=1}^{4} w_j = 1,\ w_j \geqslant 0(j = 1,\ 2,\ 3,\ 4)$$

为了在充分考虑分析者主观偏好（对试验考察指标主观权重和客观权重的偏好）的同时，结合主观权重赋权方法及客观权重赋权方法所带来的信息，实现主客观的协调统一，构建下述决策方法模型，如式（3-24）所示。

$$\min F(w) = \sum_{i=1}^{25}\sum_{j=1}^{4}\{\mu[(w_j - \alpha_j) z_{ij}]^2 + (1-\mu)[(w_j - \beta_j) z_{ij}]^2\} \tag{3-24}$$

其中，$0 < \mu < 1$ 为偏好系数，其主要表示决策者对各试验指标主观权重及客观权重的偏好程度。

若 $\sum_{i=1}^{25} z_{ij}^2 > 0(j = 1,\ 2,\ 3,\ 4)$，则式（3-19）有且只有一个解，为

$$\boldsymbol{w} = [\mu\alpha_1 + (1-\mu)\beta_1, \mu\alpha_2 + (1-\mu)\beta_2, \cdots, \mu\alpha_n + (1-\mu)\beta_n]^{\mathrm{T}} \tag{3-25}$$

通过式（3-20），同时取偏好系数 $\mu=0.5$，最终分析计算出各试验指标的综合权重为

$$\boldsymbol{w} = (0.202, 0.253, 0.194, 0.351)^{\mathrm{T}} \tag{3-26}$$

E　试验渣系冶金性能指标综合评分值的计算

运用正交试验方法及综合加权评分法对多指标体系进行分析计算时，为了较全面评价整个体系，通常会将各指标值与其综合权重结合起来，计算出试验指标综合评分值这一物理量。然后以此综合评分值为单一评价指标，对试验过程各试验方案进行优化评价，得出一个综合冶金性能指标最好的钒钛磁铁矿高炉渣系。同时，也可分析得出渣系主要成分组元对炉渣综合性能的影响主次，对生产过程中具有一定的现实指导意义。

设各项试验方案考查指标的综合加权评分值为

$$\boldsymbol{F} = f = (f_1, f_2, \cdots, f_{25})^{\mathrm{T}} \tag{3-27}$$

其中，$f_i \geqslant 0(i = 1,\ 2,\ \cdots,\ 25)$。

由综合加权评分公式可得

$$f_i = \sum_{j=1}^{4} w_j z_{ij} \qquad i = 1,2,\cdots,25; j = 1,2,3,4 \tag{3-28}$$

即

$$\boldsymbol{F} = \boldsymbol{ZW} \tag{3-29}$$

由此可得：

$$\begin{aligned} \boldsymbol{f} = (&38.70, 47.78, 45.87, 41.26, 60.01, 43.49, 49.56, 41.94, 38.80, 19.00, 38.50,\\ &46.65, 45.15, 43.72, 27.45, 39.54, 34.68, 12.61, 12.67, 16.75, 27.03,\\ &21.84, 27.99, 23.31, 23.43)^{\mathrm{T}} \end{aligned} \tag{3-30}$$

F　单指标评价分析

本研究得到正交试验渣系冶金性能指标综合评分值后，继续采用单指标正交试验极差计算方法进行分析，进而得出炉渣成分组元对渣系综合冶金性能的影响主次。同时，也可得出炉渣综合冶金性能指标最好时的钒钛高炉渣系组成。表 3-54 整理了最终计算分析结果。

表 3-54 正交试验渣样冶金性能指标综合评分值

编号	因素				试验指标				综合加权评分值 f
	A (R_2)	B (MgO)含量/%	C (Al_2O_3)含量/%	D (TiO_2)含量/%	t_m /℃	η_0 /Pa·s	η_h /Pa·s	E_η /kJ·mol^{-1}	
1号	1.10	6.00	11.00	5.00	1337	1.003	0.284	187.02	26.862
2号	1.10	7.00	12.00	6.00	1332	1.169	0.299	198.91	34.674
3号	1.10	9.00	13.00	8.00	1333	1.045	0.274	215.72	38.502
4号	1.10	11.00	14.00	10.00	1318	1.022	0.214	239.00	59.700
5号	1.10	12.00	16.00	12.00	1334	0.928	0.225	299.63	49.835
6号	1.15	6.00	12.00	8.00	1310	1.367	0.271	190.65	28.149
7号	1.15	7.00	13.00	10.00	1331	1.228	0.290	202.73	26.849
8号	1.15	9.00	14.00	12.00	1333	1.009	0.228	223.76	46.567
9号	1.15	11.00	16.00	5.00	1357	0.795	0.212	222.29	31.403
10号	1.15	12.00	11.00	6.00	1336	0.794	0.188	178.93	42.092
11号	1.20	6.00	13.00	12.00	1321	1.070	0.295	192.28	49.629
12号	1.20	7.00	14.00	5.00	1360	0.982	0.331	178.96	30.399
13号	1.20	9.00	16.00	6.00	1345	0.912	0.314	202.34	19.889
14号	1.20	11.00	11.00	8.00	1347	1.014	0.331	176.35	53.581
15号	1.20	12.00	12.00	10.00	1331	0.841	0.234	190.60	76.490
16号	1.25	6.00	14.00	6.00	1363	0.820	0.303	180.74	34.940
17号	1.25	7.00	16.00	8.00	1364	0.745	0.231	199.37	42.284
18号	1.25	9.00	11.00	10.00	1329	0.706	0.182	174.99	64.109
19号	1.25	11.00	12.00	12.00	1329	0.706	0.151	187.37	61.777
20号	1.25	12.00	13.00	5.00	1354	0.598	0.201	172.63	51.976
21号	1.30	6.00	16.00	10.00	1373	0.656	0.200	186.08	33.945
22号	1.30	7.00	11.00	12.00	1354	0.725	0.212	171.61	67.315
23号	1.30	9.00	12.00	5.00	1390	0.626	0.204	176.00	51.955
24号	1.30	11.00	13.00	6.00	1372	0.598	0.216	174.11	58.562
25号	1.30	12.00	14.00	8.00	1341	0.706	0.245	178.67	66.134
$k1$	46.73	37.65	27.17	33.78	主观偏好系数 $\mu=0.50$ $w_1=0.202$, $w_2=0.253$, $w_3=0.194$, $w_4=0.351$ 因素主次 $A>C>B>D$ 最优组合 $A_4B_5C_1D_4$				
$k2$	38.56	40.10	31.88	34.96					
$k3$	40.49	34.71	35.00	38.24					
$k4$	23.25	31.95	38.56	31.58					
$k5$	24.72	29.33	41.13	35.19					
R	23.47	10.78	13.96	6.66					

可知，炉渣成分对正交试验渣系综合冶金性能的影响主次顺序为：$R_2>Al_2O_3>MgO>TiO_2$。在试验选取各成分因素水平条件下，炉渣二元碱度 R_2 和 Al_2O_3 含量对试验渣系综合冶金性能影响程度较大，其次为炉渣 MgO 含量和 TiO_2 含量。为使试验渣系获得较好的综

合冶金性能，炉渣成分最优组合为：$R_2=1.25$，MgO 含量为 12%，Al_2O_3 含量为 11%，TiO_2含量为 10%。

上述计算正交试验考察渣系各冶金性能指标综合权重时，引入了主观偏好系数 $\mu(0<\mu<1)$。该系数反映了决策者对各试验指标主观权重及客观权重的偏好程度。一般情况下，试验指标主观权重及客观权重偏好程度不同，即主观偏好系数取值不同，各试验指标的综合权重也会不同，最终的多指标试验问题化为单指标试验问题的评价分析结果也可能不一致。承钢钒钛磁铁矿高炉渣系优化正交试验，在主观权重（$\alpha_1=0.25$，$\alpha_2=0.25$，$\alpha_3=0.25$，$\alpha_4=0.25$）不变的前提下，探索了不同偏好系数 μ 下得出的炉渣成分对正交试验渣系综合冶金性能的影响主次及渣系获得较好冶金性能时的炉渣成分结构，如表 3-55 所示。

表 3-55 不同偏好系数 μ 条件下单指标评价分析结果

μ	炉渣成分对渣系综合冶金性能影响主次	较好综合冶金性能炉渣成分			
		R_2	MgO 含量/%	Al_2O_3 含量/%	TiO_2 含量/%
0	R_2>Al_2O_3>MgO>TiO_2	1.30	12	11	5
0.2	R_2>Al_2O_3>MgO>TiO_2	1.25	12	11	10
0.5	R_2>Al_2O_3>MgO>TiO_2	1.25	12	11	10
0.8	R_2>Al_2O_3>MgO>TiO_2	1.25	12	11	10
1.0	R_2>Al_2O_3>MgO>TiO_2	1.25	12	11	10

由表 3-55 可知，不同偏好系数 μ 下，探索得出的炉渣成分对正交试验渣系综合冶金性能影响主次相同，渣系二元碱度 R_2 和 Al_2O_3 含量对渣系冶金性能影响最为主要，MgO 含量和 TiO_2 含量影响为其次。同时，不同偏好系数 μ 下分析得到的炉渣冶金性能较好时渣系组成变化不大，基本上一致，表明试验结果可信。

相应地，保持偏好系数 μ 为 0.5 不变，不同主观权重下探索得出的炉渣成分对正交试验渣系综合冶金性能影响主次及渣系获得较好冶金性能炉渣的成分结构，如表 3-56 所示。由表 3-56 可知，不同主观权重 α 下，探索得出的炉渣成分对正交试验渣系综合冶金性能影响主次相同，渣系二元碱度 R_2 和 Al_2O_3 含量对渣系冶金性能影响最为主要，MgO 含量和 TiO_2 含量影响为其次。同时，不同主观权重 α 下分析得出的冶金性能较好炉渣成分结构基本一致，均为 $R_2=1.25$，MgO 含量为 12%，Al_2O_3 含量为 11%，TiO_2 含量为 10%，表明试验结果较为可信。

表 3-56 不同主观权重 α 条件下单指标评价分析结果

α				炉渣成分对渣系综合冶金性能影响主次	较好综合冶金性能炉渣成分			
α_1	α_2	α_3	α_4		R_2	MgO 含量/%	Al_2O_3 含量/%	TiO_2 含量/%
0.30	0.10	0.30	0.30	R_2>Al_2O_3>MgO>TiO_2	1.25	12	11	10
0.25	0.25	0.25	0.25	R_2>Al_2O_3>MgO>TiO_2	1.25	12	11	10
0.23	0.31	0.23	0.23	R_2>Al_2O_3>MgO>TiO_2	1.25	12	11	10
0.20	0.40	0.20	0.20	R_2>Al_2O_3>MgO>TiO_2	1.25	12	11	10
0.10	0.70	0.10	0.10	R_2>Al_2O_3>MgO>TiO_2	1.30	12	11	5

G 优化渣系分析验证

a 试验验证

在渣系优化正交试验及极差分析方法确定出的优化渣系条件下，进行了炉渣黏度试验，并与试验基准渣系进行对比，结果见图 3-105 及表 3-57。可知，在适宜渣系成分条件下，炉渣的熔化性温度 t_m、初始黏度 η_0 及高温黏度 η_h 均比现场试验基准渣系低，且炉渣温度高于渣系熔化性温度 t_m 时，适宜渣系黏度变化较基准渣系黏度变化缓慢，渣系热稳定性较好，从而验证出优化渣系的合理性。

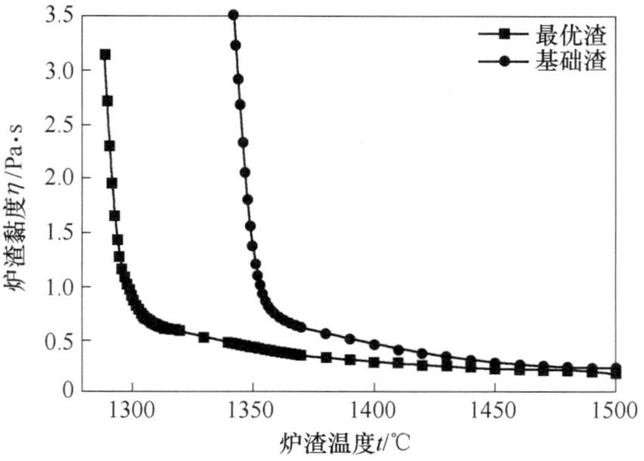

图 3-105 适宜渣系和试验基准渣系 η-t 曲线

表 3-57 适宜渣系和基准渣系冶金性能对比

渣系	t_m/℃	η_0/Pa · s	η_h/Pa · s
优化渣	1305	0. 697	0. 171
现场渣	1359	0. 736	0. 235

b 热力学分析

运用 Factsage 7. 0 绘制了 MgO 含量为 12%、TiO_2 含量为 10% 的 CaO-SiO_2-Al_2O_3-TiO_2-MgO 五元渣系等温线-初晶区相图，并将适宜渣系成分点标于其中，见图 3-106。可知，适

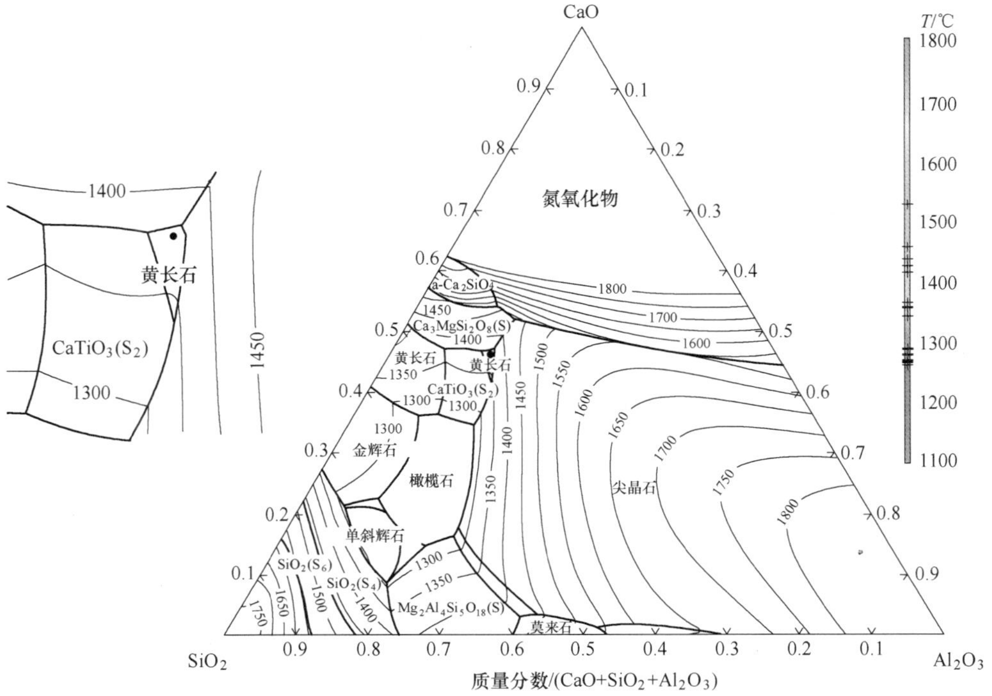

图 3-106 CaO-SiO_2-Al_2O_3-10. 00%TiO_2-12. 00%MgO 相图

宜渣系成分点处于黄长石初晶区内，该区域等温线分布稀疏，渣系化学稳定性较好，炉渣温度较高时，渣系黏度较小，流动性较好。因此，从热力学角度出发，渣系优化正交试验确定出的适宜渣系较为合理。

H　适宜渣系镁铝比的优化

由上述分析可知，承钢钒钛高炉渣系优化正交试验确定出的适宜炉渣成分为：二元碱度 $R_2=1.25$、MgO 含量为 12%、Al_2O_3含量为 11%、TiO_2含量为 10%。相比于承钢现场钒钛高炉渣化学成分（二元碱度 $R_2=1.26$、MgO 含量为 9.09%、Al_2O_3 含量为 13.16%、TiO_2含量为 8.22%），炉渣碱度变化不大，渣中 TiO_2含量由 8%提高到了 10%。在一定意义上，有助于提高承钢高炉冶炼用钒钛矿的配加比例。值得注意的是，优化渣系的镁铝比为 1.09，而承钢现场高炉渣镁铝比为 0.69，低于 1.09。为获得优化渣系，则需在高炉冶炼过程中增加 MgO 熔剂的添加量，这样反而提升了实际冶炼成本，有悖于钢铁企业低成本生产理念。因此，针对适宜渣系高镁铝比特点，需对优化渣系进行一定改进。

采用正交试验方法及综合加权评分法优化和分析承钢钒钛高炉渣冶金性能时，追求的是炉渣熔化性温度越低越好，渣系黏度越小越好。但在实际的高炉冶炼过程中，若一味追求高炉渣低熔化性温度、黏度，则会产生诸如熔渣冲刷炉缸加剧、高炉内部软熔带透气性变差等问题，影响高效生产。因此，可适当降低适宜渣系的镁铝比，使改进后渣系的熔化性温度、黏度性能指标介于承钢钒钛矿现场高炉渣与确定出的适宜渣系之间。在承钢钒钛高炉渣冶金性能得到优化的同时，也实现渣系镁铝比的降低，降低生产成本。

结合承钢钒钛高炉渣成分对渣系冶金性能的影响规律及高炉渣系优化正交试验结果，对获得的优化渣系进行一定的改进，改进方案见表 3-58。

表 3-58　承钢钒钛高炉优化渣系改进方案

编号	CaO 含量/%	SiO_2 含量/%	MgO 含量/%	Al_2O_3 含量/%	TiO_2 含量/%	CaO/SiO_2	MgO/Al_2O_3
现场渣	36.02	28.51	9.09	13.16	8.22	1.26	0.69
优化渣	35.63	28.51	12.00	11.00	10.00	1.25	1.09
1 号改进渣	38.06	29.28	7.80	12.00	10.00	1.30	0.65
2 号改进渣	38.40	29.54	7.20	12.00	10.00	1.30	0.60

依照表 3-58，运用 RTW-10 熔体物性综合测定仪测试改进渣系的冶金性能，并与承钢现场高炉渣、正交试验优化渣系进行对比，结果如图 3-107与表 3-59 所示。可知，改进后的优化渣系冶金性能介于承钢现场高炉渣与正交试验优化渣系之间，优于承钢现场高炉渣冶金性能。同时，渣系镁铝比也得到降低，达到渣系优化的最终目的。

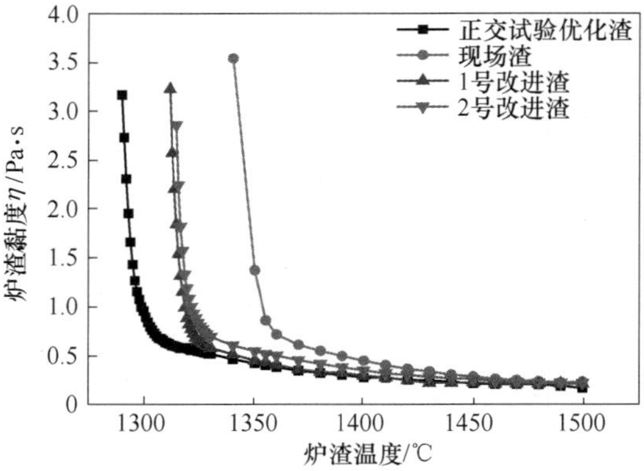

图 3-107　各考察渣系的 η-t 曲线

表 3-59 各考察渣系的 η-t 曲线

渣系	t_m/℃	η_0/Pa · s	η_h/Pa · s
优化渣	1305	0.697	0.171
1 号改进渣	1324	0.649	0.216
2 号改进渣	1328	0.698	0.223
现场渣	1359	0.736	0.235

3.1.4.3 钒钛高炉渣黏度模型建立

黏度是高炉渣的一个重要冶金性能指标，对高炉高效作业有着十分重要的影响。由于实际操作技术的限制，高温条件下测量炉渣黏度不但耗时费力，而且对测量所用设备要求较高。因此，建立一个合理准确的黏度预测模型，对于控制和优化高炉操作具有重要意义。本研究结合实验获得的承钢钒钛高炉渣实测黏度数据、Weymann-Frenkel 方程和修正光学碱度 Λ^{corr} 计算公式，首先建立了基于单因素实验的钒钛高炉渣黏度预测模型，分为炉渣二元碱度黏度计算模型、炉渣 MgO 黏度计算模型、炉渣 Al_2O_3 黏度计算模型和炉渣 TiO_2 黏度计算模型，并对各炉渣成分组元黏度模型偏差进行计算，分析对应模型的准确度。最后，结合承钢钒钛高炉渣系优化试验数据，建立试验范围内的钒钛高炉渣综合黏度模型，并对最终综合黏度模型的准确度进行偏差分析。

A 黏度模型建立背景

作为熔态炉渣的主要物理性能之一，黏度在诸如炼铁、炼钢和精炼等冶金工艺中起重要作用。在高炉工艺中，黏度随炉渣组成和温度的变化而变化，对高炉操作有很大的影响，如脱硫、传热和稳定生产。因此，需要大量、可靠的渣系黏度数据来控制和优化这些过程。然而，仅通过实验测量来获得黏度数据不仅耗时，高温操作难度也较大。因此，从建立渣系黏度与炉渣成分、温度间的有效模型角度入手，获得渣系黏度数据变得越来越重要。

过去的几十年，许多研究者提出了用于估算熔融炉渣黏度的模型。由于多组分铝硅酸盐熔体成分、结构复杂多变，导致很多黏度模型估算过程遇到了困难。如 Kondratiev 模型和 Iida 模型，虽在许多炉渣黏度预测取得良好效果，但却不适用于含有二氧化钛炉渣的情况。此外，这些黏度模型建立过程需要很多参数，计算过程较为复杂。

本研究采用炉渣修正光学碱度反映渣系成分对炉渣结构的影响。同时，有效结合黏度实验数据及 Weymann-Frenkel 熔渣黏度公式，提出一种简单合理的方法来预测 $CaO\text{-}SiO_2\text{-}MgO\text{-}Al_2O_3\text{-}TiO_2$ 型高炉渣的黏度。

B 黏度模型建立思路

a 黏度模型参数描述

通常，熔态炉渣黏度与温度、渣系物性参数之间的关系可以用 Urbain 修正的 Weymann-Frenkel 方程来描述：

$$\eta = AT\exp(E_\eta/(RT)) \tag{3-31}$$

式中，η 为黏度，Pa · s；T 为绝对温度，K；A 为指前因子；E_η 为黏流活化能，kJ/mol；R 为气体常数，8.314 J/(mol · K)。

为简便计算，令 $E_\eta/R=1000B$，则方程可以写成：

$$\eta = AT\exp(1000B/T) \tag{3-32}$$

根据前人大量的实验研究，Urbain 等人发现 $\ln A$ 与 B 之间存在线性关系，如式（3-33）所示：

$$\ln A = mB + n \tag{3-33}$$

因此，可根据上面的实验数据，进行线性拟合，可获取相应 m、n 值。

b　黏度模型参数与渣系修正光学碱度 Λ^{corr} 间的关系

本模型中，采用修正光学碱度 Λ^{corr} 来反映炉渣的组元结构。光学碱度 Λ 是由 Duffy 和 Ingram 首次提出的概念，与传统的二元碱度 CaO/SiO_2 及三元碱度 $CaO/(SiO_2+Al_2O_3)$ 相比，光学碱度 Λ 能更好地反映炉渣组元结构。Mills 和 Sridhar 成功将这一概念应用到炉渣黏度预测中，并考虑了炉渣中对 Al_2O_3 的补偿。因此，他们对原概念进行了修改并将其重新定义为由 Λ^{corr} 表示的修正光学碱度。渣系修正光学碱度 Λ^{corr} 可通过式（3-34）进行计算。

$$\Lambda^{corr} = \frac{1.0(x_{CaO} - x_{Al_2O_3}) + 0.78x_{MgO} + 0.6 \times 3x_{Al_2O_3} + 0.48 \times 2x_{SiO_2} + 0.61 \times 2x_{TiO_2}}{(x_{CaO} - x_{Al_2O_3}) + x_{MgO} + 3x_{Al_2O_3} + 2x_{SiO_2} + 2x_{TiO_2}} \tag{3-34}$$

式中，x_i 是各组元的摩尔分数，系数 1.0、0.78、0.6、0.48、0.61 分别是 CaO、MgO、Al_2O_3、SiO_2 和 TiO_2 的光学碱度。

在前期炉渣黏度实验及模型预测研究中，发现渣系黏度模型参数 B 与炉渣修正光学碱度 Λ^{corr} 存在一定的数学函数关系。因此，基于前述实验数据，在确定出实验范围内各渣系修正光学碱度 Λ^{corr} 和 B 值后，进行数学函数拟合，建立渣系黏度模型参数 B 与炉渣物性间的关系。同时，结合黏度模型参数 $\ln A$ 与 B 之间的函数关系，即可建立出渣系黏度模型。

C　承钢钒钛高炉渣黏度模型建立

a　炉渣二元碱度 R_2 黏度计算模型

在进行各不同成分组元系列渣系黏流活化能的拟合计算时，得到了各渣系黏流活化能 E_η 的回归方程。此方程中常数项即 $\ln A$ 的值，通过 $E_\eta/R = 1000B$ 即可计算出 B 值。不同二元碱度 R_2 钒钛高炉渣 $\ln A$ 及 B 的值列于表 3-60。将 $\ln A$ 与 B 做线性拟合分析，可得到炉渣二元碱度 R_2 黏度计算模型的 m 和 n 参数值。不同二元碱度 R_2 渣系 $\ln A$ 与 B 线性拟合结果如图 3-108 所示。其中，炉渣二元碱度 R_2 变化范围为 1.10~1.30。

表 3-60　不同二元碱度钒钛高炉渣系 $\ln A$ 与 B 的值

渣系二元碱度 R_2	$\ln A$	B
1.10	−23.88	26.15
1.15	−22.38	23.43
1.20	−22.08	22.83
1.25	−21.26	21.37
1.30	−21.32	21.53

根据拟合结果，得到 R_2 系列 $m=-0.55$，$n=-9.47$，即 $\ln A$ 与 B 满足如下关系：

$$\ln A = -0.55B - 9.47 \tag{3-35}$$

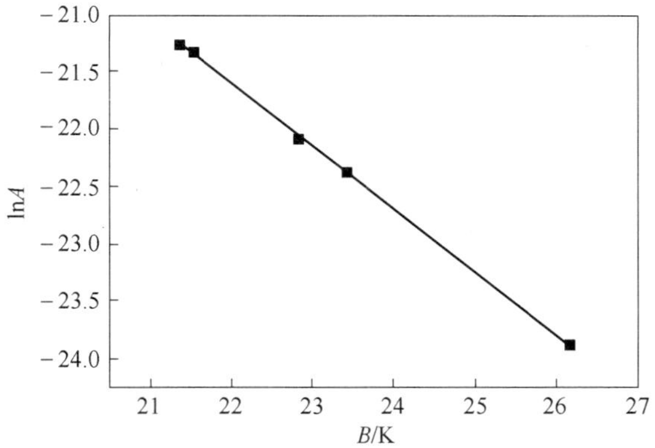

图 3-108 不同二元碱度钒钛高炉渣系 $\ln A$ 与 B 的函数拟合

将不同二元碱度钒钛高炉渣化学成分代入式（3-34），求出不同 R_2 渣系的修正光学碱度值，列入表 3-61 中。

表 3-61 不同 R_2 钒钛高炉渣系的修正光学碱度值

R_2	1.10	1.15	1.20	1.25	1.30
Λ^{corr}	0.6762	0.6799	0.6833	0.6866	0.6890

将上述不同碱度钒钛高炉渣系的修正光学碱度值与其对应 B 值进行拟合分析，拟合结果见图 3-109。

根据图 3-109 拟合结果，得到不同二元碱度钒钛高炉渣系 B 与 Λ^{corr} 之间的关系满足如下关系：

$$B = 28344.95\Lambda^{corr^2} - 39054.44\Lambda^{corr} + 13474.04 \tag{3-36}$$

式（3-36）确定了不同 R_2 钒钛高炉渣系 B 与 Λ^{corr} 之间的关系。根据已知渣系组元成分求出各渣系的 Λ^{corr} 值后，即可确定渣系的 B 值。再将该值代入式（3-35），即可确定渣系 A 值，最后将确定的 A、B 值以及相应的绝对温度代入式（3-32），即可得到炉渣二元碱度黏度计算模型。

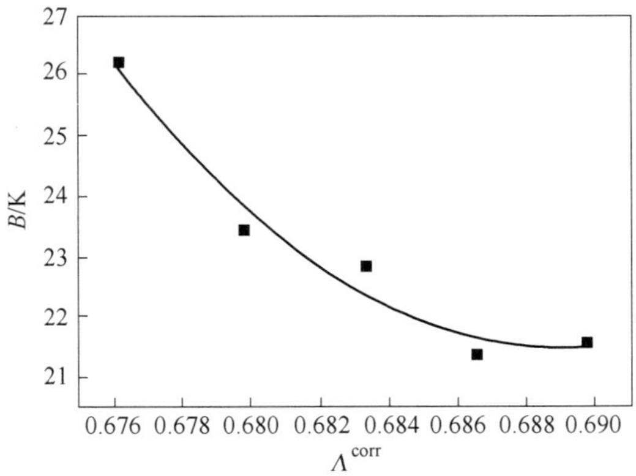

图 3-109 不同二元碱度钒钛高炉渣系 Λ^{corr} 和 B 数学函数拟合

炉渣二元碱度的黏度计算模型如下：

$$\begin{cases} \eta = AT\exp(1000B/T) \\ \ln A = -0.55B - 9.47 \\ B = 28344.95\Lambda^{corr^2} - 39054.44\Lambda^{corr} + 13474.04 \end{cases} \tag{3-37}$$

其中，T 的范围为 1673~1773 K（1400~1500 ℃）。

针对不同二元碱度渣系，模型预测黏度值与实测黏度值的对比见图 3-110。可见，模型预测值与实测值取得了很好的一致性。

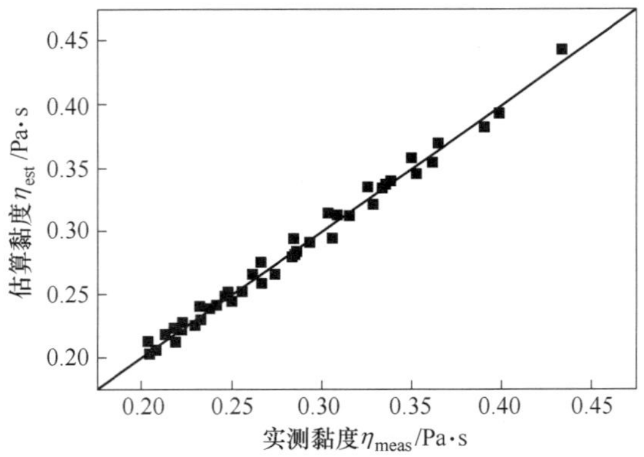

图 3-110　不同 R_2 钒钛高炉渣黏度实测值与模型预测值对比

为了进一步考察所建模型预测黏度值的准确性，采用式（3-38）计算模型预测结果的平均偏差。

$$\Delta = \frac{1}{N}\sum \frac{|\eta_{est} - \eta_{meas}|}{\eta_{meas}} \times 100\% \tag{3-38}$$

式中，Δ 为平均偏差；η_{est}为模型预测黏度值，Pa · s；η_{meas}为实测黏度值，Pa · s；N 为黏度数据采集数量。

通过计算，R_2系列平均偏差 $\Delta = 1.61\%$，表明模型预测值与实测值吻合度高。

b　炉渣 MgO 黏度计算模型

不同 MgO 含量钒钛高炉渣 ln$A$ 及 B 的值列于表 3-62。将 ln$A$ 与 B 作线性拟合分析，得到炉渣 MgO 的黏度计算模型 m 和 n 参数值。不同 MgO 含量渣系 ln$A$ 与 B 线性拟合结果见图 3-111。其中，炉渣 MgO 变化范围为 6%～14%。根据拟合结果，得到 MgO 系列 $m = -0.74$，$n = -5.49$，即 ln$A$ 与 B 满足如下关系：

$$\ln A = -0.74B - 5.49 \tag{3-39}$$

表 3-62　不同 MgO 含量钒钛高炉渣系 ln*A* 与 *B* 的值

渣系 MgO 含量/%	ln$A$	B
6	-21.05	21.38
7	-20.94	21.16
8	-20.91	21.09
9	-21.05	21.12
10	-20.96	20.94
11	-20.98	20.95
12	-21.41	21.47
13	-21.75	21.94
14	-22.05	22.57

将不同 MgO 含量钒钛高炉渣化学成分代入式（3-34），求出不同 MgO 含量渣系的修正光学碱度值，列入表 3-63。

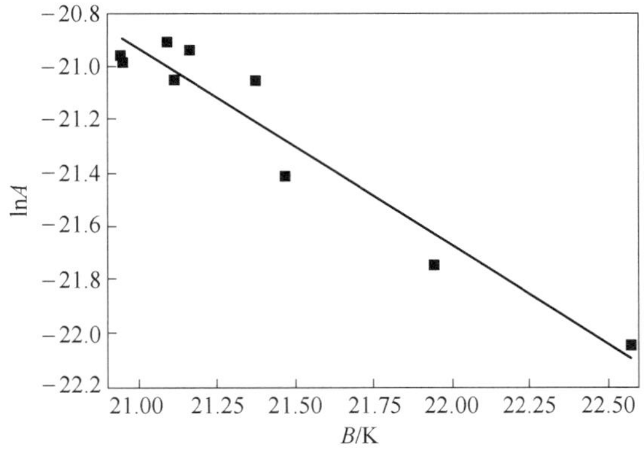

图 3-111 不同 MgO 含量钒钛高炉渣系 lnA 与 B 的函数拟合

表 3-63 不同 MgO 含量钒钛高炉渣系的修正光学碱度值

MgO 含量/%	6	7	8	9	10	11	12	13	14
Λ^{corr}	0.6886	0.6882	0.6877	0.6873	0.6868	0.6864	0.6859	0.6854	0.6849

将上述不同 MgO 含量钒钛高炉渣系修正光学碱度值与其对应 B 值进行拟合分析，拟合结果见图 3-112。

根据图 3-112 拟合结果，得到不同 MgO 含量钒钛高炉渣系 B 与 Λ^{corr} 之间的关系满足如下关系：

$$B = 295935.11{\Lambda^{corr}}^2 - 4056.21\Lambda^{corr} + 13970.27 \tag{3-40}$$

式（3-40）确定了不同 MgO 含量钒钛高炉渣系 B 与 Λ^{corr} 之间的关系。根据已知渣系组元成分求出各渣系的 Λ^{corr} 值后，即可确定渣系的 B 值。再将该值代入式（3-39），即可确定渣系 A 值，最后将确定的 A、B 值以及相应的绝对温度代入式（3-27），即可得到确定炉渣 MgO 黏度计算模型。

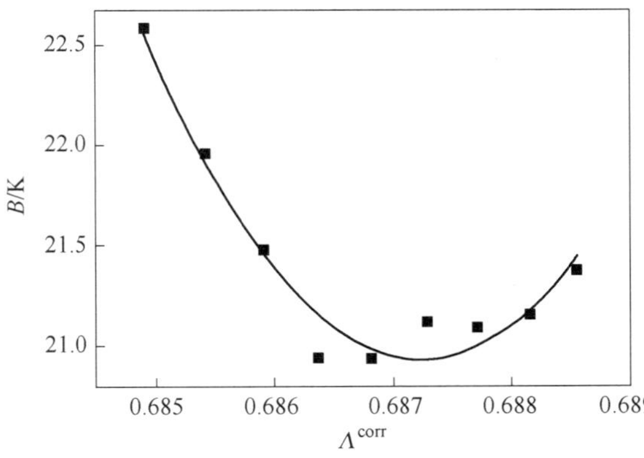

图 3-112 不同 MgO 含量钒钛高炉渣系 Λ^{corr} 和 B 数学函数拟合

炉渣 MgO 黏度计算模型如下：

$$\begin{cases} \eta = AT\exp(1000B/T) \\ \ln A = -0.74B - 5.49 \\ B = 295935.11{\Lambda^{corr}}^2 - 4056.21\Lambda^{corr} + 13970.27 \end{cases} \tag{3-41}$$

其中，T 的范围为 1673～1773 K（1400～1500 ℃）。

针对不同 MgO 含量钒钛高炉渣系，模型预测黏度值与实测黏度值的对比如图 3-113 所示。为了考察所建模型预测黏度值的准确性，进一步计算炉渣 MgO 黏度模型预测结果的平均偏差 Δ 为 9.33%。

c　炉渣 Al_2O_3 黏度计算模型

不同 Al_2O_3 含量钒钛高炉渣 ln*A* 及 *B* 的值列于表 3-64。将 ln*A* 与 *B* 作线性拟合分析，可得到炉渣 Al_2O_3 黏度计算模型的 *m* 和 *n* 参数值。不同 Al_2O_3 含量渣系 ln*A* 与 *B* 线性拟合结果如图 3-114 所示。其中，炉渣 Al_2O_3 变化范围为 10%~18%。

根据拟合结果，可得到 Al_2O_3 系列 $m=-0.52$，$n=-9.94$，即 ln*A* 与 *B* 满足关系：

$$\ln A=-0.52B-9.94 \tag{3-42}$$

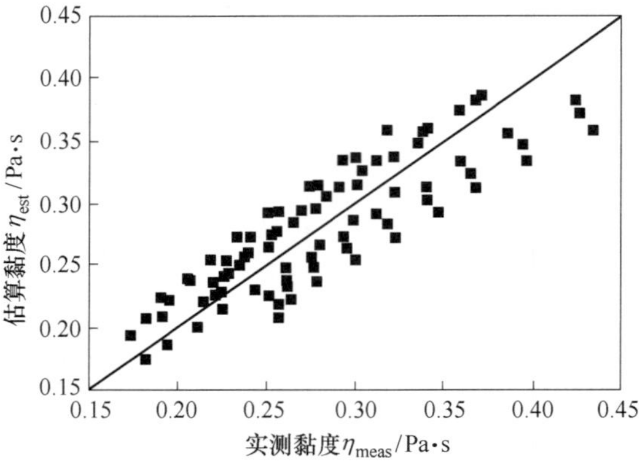

图 3-113　不同 MgO 含量钒钛高炉渣黏度实测值与模型预测值对比

表 3-64　不同 Al_2O_3 含量钒钛高炉渣系 ln*A* 与 *B* 的值

渣系 Al_2O_3 含量/%	ln*A*	*B*
10	-20.38	19.93
11	-20.82	20.75
12	-21.02	21.15
13	-21.28	21.60
14	-21.82	22.66
15	-21.84	22.82
16	-22.38	23.76
17	-22.74	24.42
18	-23.73	26.30

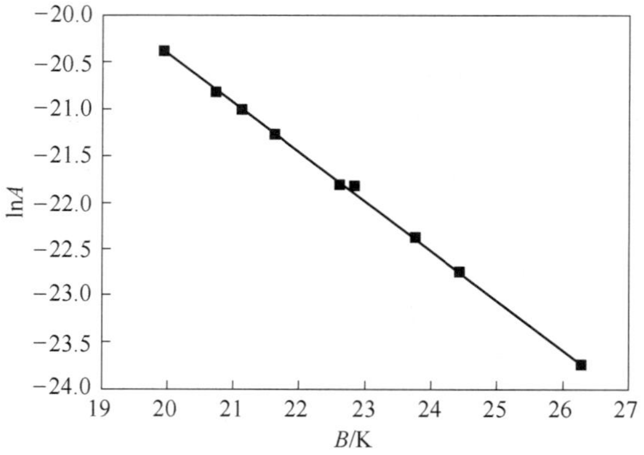

图 3-114　不同 Al_2O_3 含量钒钛高炉渣系 ln*A* 与 *B* 的函数拟合

将不同 Al_2O_3 含量钒钛高炉渣化学成分代入式（3-34），求出不同 Al_2O_3 含量渣系的修正光学碱度值，列于表 3-65。

表 3-65 不同 Al_2O_3 含量渣系修正光学碱度值

Al_2O_3/%	10	11	12	13	14	15	16	17	18
Λ^{corr}	0.6944	0.6921	0.6899	0.6876	0.6853	0.6830	0.6806	0.6782	0.6758

将上述不同 Al_2O_3 含量钒钛高炉渣系修正光学碱度值与其对应 B 值进行拟合分析，拟合结果见图 3-115。

根据图 3-115 拟合结果，得到不同 Al_2O_3 含量钒钛高炉渣系 B 与 Λ^{corr} 之间的关系满足如下关系：

$$B = -308.91\Lambda^{corr} + 234.27 \tag{3-43}$$

式（3-43）确定了不同 Al_2O_3 含量钒钛高炉渣系 B 与 Λ^{corr} 之间的关系。根据已知渣系组元成分求出各渣系的 Λ^{corr} 值后，即可确定渣系的 B 值。再将该值代入式（3-35），即可确定渣系 A 值，最后将确定的 A、B 值以及相应的绝对温度代入式（3-27），即得到确定炉渣 Al_2O_3 黏度计算模型。

炉渣 Al_2O_3 黏度计算模型如下：

$$\begin{cases} \eta = AT\exp(1000B/T) \\ \ln A = -0.52B - 9.94 \\ B = -308.91\Lambda^{corr} + 234.27 \end{cases} \tag{3-44}$$

其中，T 的范围为 1673～1773 K（1400～1500 ℃）。

针对不同 Al_2O_3 含量钒钛高炉渣系，模型预测黏度值与实测黏度值的对比如图 3-116 所示。为进一步考察所建模型预测黏度值的准确性，计算炉渣 Al_2O_3 黏度模型预测结果的平均偏差 Δ 为 2.61%。

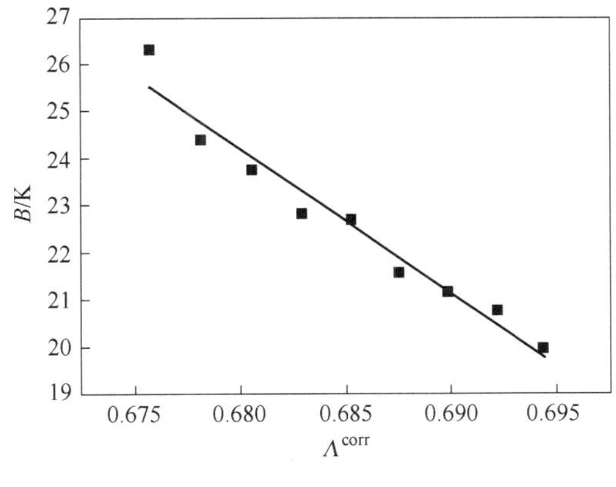

图 3-115 不同 Al_2O_3 含量钒钛高炉渣系 Λ^{corr} 和 B 数学函数拟合

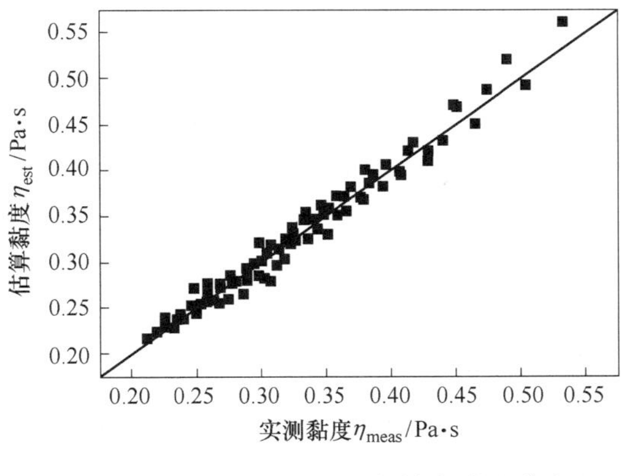

图 3-116 不同 Al_2O_3 含量钒钛高炉渣黏度实测值与模型预测值对比

d 炉渣 TiO_2 黏度计算模型

各不同 TiO_2 含量钒钛高炉渣 $\ln A$ 及 B 的值列于表 3-66。将 $\ln A$ 与 B 作线性拟合分析，可得到炉渣 TiO_2 黏度计算模型的 m 和 n 参数值。不同 TiO_2 含量渣系 $\ln A$ 与 B 线性拟合结果见图 3-117。其中，炉渣 TiO_2 变化范围为 5%～10.00%。

根据拟合结果，可得到 TiO_2 系列 m=−0.39，n=−12.81，即 $\ln A$ 与 B 满足关系：

$$\ln A = -0.39B - 12.81 \tag{3-45}$$

将不同 TiO_2 含量钒钛高炉渣化学成分代入式（3-34），求出不同 TiO_2 含量渣系的修正光学碱度值，列入表 3-67。

表 3-66　不同 TiO_2 含量钒钛高炉渣系 ln*A* 与 *B* 的值

渣系 TiO_2 含量/%	ln*A*	*B*
5	-21.10	21.55
6	-21.11	21.49
7	-21.05	21.36
8	-21.02	21.25
9	-20.96	21.11
10	-20.87	20.93

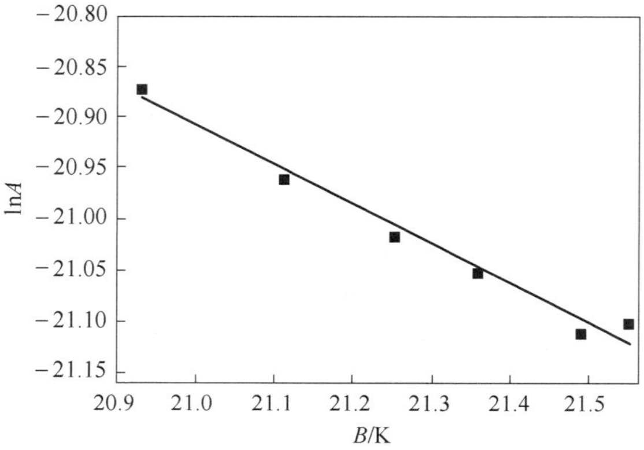

图 3-117　不同 TiO_2 含量钒钛高炉渣系 ln*A* 与 *B* 的函数拟合

表 3-67　不同 TiO_2 含量渣系修正光学碱度值

TiO_2/%	5.00	6.00	7.00	8.00	9.00	10.00
Λ^{corr}	0.6907	0.6896	0.6886	0.6875	0.6864	0.6853

将上述不同 TiO_2 含量钒钛高炉渣系修正光学碱度值与其对应 *B* 值进行拟合分析，拟合结果见图 3-118。

根据图 3-118 拟合结果，得到不同 TiO_2 含量钒钛高炉渣系 *B* 与 Λ^{corr} 之间的关系满足如下关系：

$$B = -9910.75\Lambda^{corr^2} + 13752.64\Lambda^{corr} - 4749.31 \tag{3-46}$$

式（3-46）确定了不同 TiO_2 含量钒钛高炉渣系 *B* 与 Λ^{corr} 之间的关系。根据已知渣系组元成分求出各渣系的 Λ^{corr} 值后，即可确定渣系的 *B* 值。再将该值代

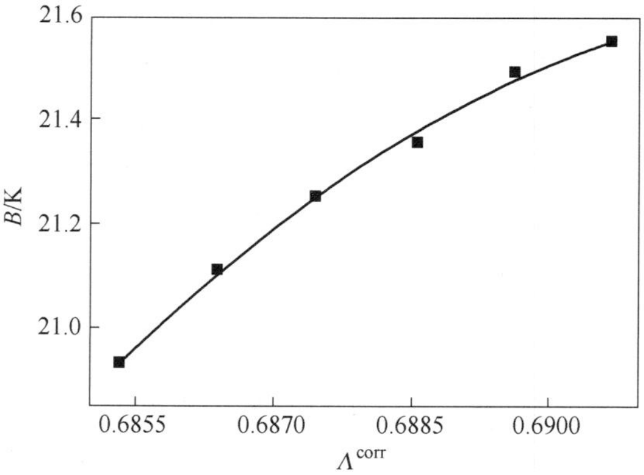

图 3-118　不同 TiO_2 含量钒钛高炉渣系 Λ^{corr} 和 *B* 数学函数拟合

入式（3-35），即可确定渣系 A 值，最后将确定的 A、B 值以及相应的绝对温度代入式（3-32），即可得到确定炉渣 TiO_2黏度计算模型。

炉渣 TiO_2黏度计算模型具体公式如下：

$$\begin{cases}\eta = AT\exp(1000B/T) \\ \ln A = -0.39B - 12.81 \\ B = -9910.75\Lambda^{\mathrm{corr}^2} + 13752.64\Lambda^{\mathrm{corr}} - 4749.31\end{cases} \tag{3-47}$$

其中，T 的范围为 1673～1773 K（1400～1500 ℃）。

针对不同 TiO_2 含量钒钛高炉渣系，模型预测黏度值与实测黏度值的对比如图 3-119 所示。为进一步考察所建模型预测黏度值的准确性，计算炉渣 TiO_2黏度模型预测结果的平均偏差 Δ 为 2.41%。

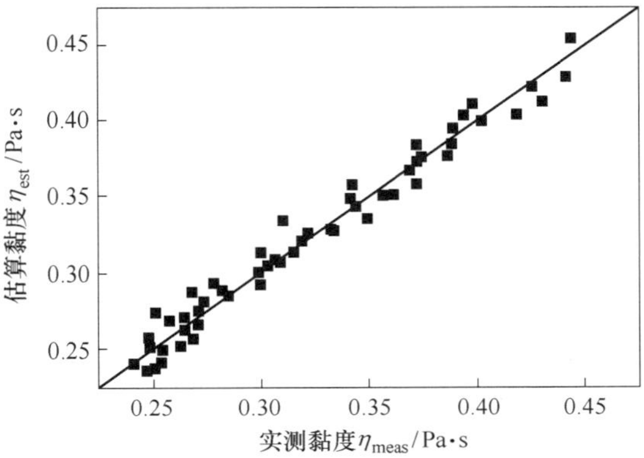

图 3-119 不同 TiO_2含量钒钛高炉渣黏度实测值与模型预测值对比

e 承钢钒钛高炉渣综合黏度计算模型

上述承钢钒钛高炉渣成分组元黏度计算模型是基于单因素实验数据建立的。由于渣系冶金性能单因素实验只分析考虑了单一因素的变化，未考虑到因素交叉的影响，因此，只用数据未能较好地建立承钢钒钛高炉渣综合黏度计算模型。高炉渣系优化正交试验恰好考虑了渣系成分组元的交互作用。所以，可将实验数据有机结合起来，并采用上述章节提出的渣系黏度计算模型建立方法，建立炉渣综合黏度计算模型。

在实验范围内，不同钒钛高炉渣 ln$A$ 及 B 的值列于表 3-68。将 ln$A$ 与 B 做线性拟合分析，可得到承钢钒钛高炉渣综合黏度计算模型的 m 和 n 参数值。不同钒钛高炉渣系 ln$A$ 与 B 线性拟合结果见图 3-120。其中，炉渣二元碱度 R_2变化范围为 1.10～1.30，MgO 含量变化范围为 6%～14%，Al_2O_3含量变化范围为 10%～18%，TiO_2含量变化范围为 5%～12%。

表 3-68 实验范围内不同钒钛高炉渣 ln$A$ 与 B 值

编号	渣系成分						模型参数		
	CaO 含量/%	SiO_2 含量/%	MgO 含量/%	Al_2O_3 含量/%	TiO_2 含量/%	R_2	ln$A$	B/K	修正光学碱度
1	34.92	31.75	9.09	13.16	8.22	1.10	−23.88	26.15	0.6762
2	35.66	31.01	9.09	13.16	8.22	1.15	−22.38	23.43	0.6799
3	36.37	30.31	9.09	13.16	8.22	1.20	−22.08	22.83	0.6833
4	37.04	29.63	9.09	13.16	8.22	1.25	−21.26	21.37	0.6866
5	37.68	28.99	9.09	13.16	8.22	1.30	−21.32	21.53	0.6897
6	38.89	30.87	6.00	13.16	8.22	1.26	−21.05	21.38	0.6886
7	38.34	30.43	7.00	13.16	8.22	1.26	−20.94	21.16	0.6881
8	37.78	29.98	8.00	13.16	8.22	1.26	−20.91	21.09	0.6877

续表 3-68

编号	渣系成分						模型参数		
	CaO 含量/%	SiO_2 含量/%	MgO 含量/%	Al_2O_3 含量/%	TiO_2 含量/%	R_2	ln$A$	B/K	修正光学碱度
9	37. 22	29. 54	9. 00	13. 16	8. 22	1. 26	−21. 05	21. 12	0. 6873
10	36. 66	29. 10	10. 00	13. 16	8. 22	1. 26	−20. 96	20. 94	0. 6868
11	36. 11	28. 66	11. 00	13. 16	8. 22	1. 26	−20. 98	20. 95	0. 6864
12	35. 55	28. 21	12. 00	13. 16	8. 22	1. 26	−21. 41	21. 47	0. 6859
13	34. 99	27. 77	13. 00	13. 16	8. 22	1. 26	−21. 75	21. 94	0. 6854
14	34. 43	27. 33	14. 00	13. 16	8. 22	1. 26	−22. 05	22. 57	0. 6849
15	38. 93	30. 90	9. 09	10. 00	8. 22	1. 26	−20. 38	19. 93	0. 6944
16	38. 38	30. 46	9. 09	11. 00	8. 22	1. 26	−20. 82	20. 75	0. 6921
17	37. 82	30. 01	9. 09	12. 00	8. 22	1. 26	−21. 02	21. 15	0. 6899
18	37. 26	29. 57	9. 09	13. 00	8. 22	1. 26	−21. 28	21. 60	0. 6876
19	36. 70	29. 13	9. 09	14. 00	8. 22	1. 26	−21. 82	22. 66	0. 6853
20	36. 15	28. 69	9. 09	15. 00	8. 22	1. 26	−21. 84	22. 82	0. 6830
21	35. 59	28. 24	9. 09	16. 00	8. 22	1. 26	−22. 38	23. 76	0. 6806
22	35. 03	27. 80	9. 09	17. 00	8. 22	1. 26	−22. 74	24. 42	0. 6782
23	34. 47	27. 36	9. 09	18. 00	8. 22	1. 26	−23. 73	26. 30	0. 6758
24	38. 97	30. 93	9. 09	13. 16	5. 00	1. 26	−20. 87	21. 55	0. 6907
25	38. 41	30. 48	9. 09	13. 16	6. 00	1. 26	−20. 83	21. 49	0. 6896
26	37. 85	30. 04	9. 09	13. 16	7. 00	1. 26	−20. 80	21. 36	0. 6886
27	37. 29	29. 60	9. 09	13. 16	8. 00	1. 26	−20. 80	21. 25	0. 6875
28	36. 74	29. 16	9. 09	13. 16	9. 00	1. 26	−21. 62	21. 11	0. 6864
29	36. 18	28. 17	9. 09	13. 16	10. 00	1. 26	−21. 60	20. 93	0. 6853
30	35. 62	28. 27	9. 09	13. 16	11. 00	1. 26	−21. 59	21. 35	0. 6842
31	35. 06	27. 83	9. 09	13. 16	12. 00	1. 26	−21. 62	21. 79	0. 6831
32	39. 36	35. 78	6. 00	11. 00	5. 00	1. 10	−21. 53	22. 49	0. 6849
33	37. 79	34. 35	7. 00	12. 00	6. 00	1. 10	−22. 24	23. 92	0. 6816
34	35. 17	31. 97	9. 00	13. 00	8. 00	1. 10	−23. 54	25. 95	0. 6768
35	32. 55	29. 59	11. 00	14. 00	10. 00	1. 10	−25. 38	28. 75	0. 6717
36	29. 93	27. 21	12. 00	16. 00	12. 00	1. 10	−29. 59	36. 04	0. 6642
37	38. 05	33. 09	6. 00	12. 00	8. 00	1. 15	−21. 85	22. 93	0. 6838
38	35. 91	31. 23	7. 00	13. 00	10. 00	1. 15	−22. 58	24. 38	0. 6793
39	33. 24	28. 90	9. 00	14. 00	12. 00	1. 15	−24. 31	26. 91	0. 6741
40	34. 84	30. 30	11. 00	16. 00	5. 00	1. 15	−24. 16	26. 74	0. 6758
41	36. 45	31. 69	12. 00	11. 00	6. 00	1. 15	−21. 33	21. 52	0. 6858
42	36. 08	30. 06	6. 00	13. 00	12. 00	1. 20	−21. 94	23. 13	0. 6812
43	38. 81	32. 34	7. 00	14. 00	5. 00	1. 20	−20. 79	21. 52	0. 6856
44	36. 08	30. 06	9. 00	16. 00	6. 00	1. 20	−22. 54	24. 34	0. 6792
45	36. 62	30. 52	11. 00	11. 00	8. 00	1. 20	−20. 66	21. 21	0. 6876
46	34. 44	28. 70	12. 00	12. 00	10. 00	1. 20	−21. 91	22. 93	0. 6828

续表 3-68

编号	渣系成分						模型参数		
	CaO 含量/%	SiO_2 含量/%	MgO 含量/%	Al_2O_3 含量/%	TiO_2 含量/%	R_2	ln*A*	*B*/K	修正光学碱度
47	39.52	31.62	6.00	14.00	6.00	1.25	-21.06	21.74	0.6883
48	36.75	29.40	7.00	16.00	8.00	1.25	-22.61	23.98	0.6813
49	37.30	29.84	9.00	11.00	10.00	1.25	-21.09	21.05	0.6897
50	34.52	27.62	11.00	12.00	12.00	1.25	-22.14	22.54	0.6843
51	37.30	29.84	12.00	13.00	5.00	1.25	-20.89	20.76	0.6892
52	36.82	28.32	6.00	16.00	10.00	1.30	-22.29	22.38	0.6827
53	37.95	29.19	7.00	11.00	12.00	1.30	-20.78	20.64	0.6915
54	40.21	30.93	9.00	12.00	5.00	1.30	-20.97	21.17	0.6959
55	37.95	29.19	11.00	13.00	6.00	1.30	-20.86	20.94	0.6917
56	35.69	27.45	12.00	14.00	8.00	1.30	-21.26	21.49	0.6866

根据拟合结果，可得到承钢钒钛高炉渣系综合黏度模型参数 $m=-0.56$，$n=-9.18$，即 $\ln A$ 与 B 满足关系：

$$\ln A = -0.56B - 9.18 \tag{3-48}$$

将本研究中考察的不同钒钛高炉渣化学成分代入式（3-34），求出各渣系的修正光学碱度值，也列入表 3-31。

将上述不同钒钛高炉渣系修正光学碱度值与其对应 B 值进行拟合分析，拟合结果见图 3-121。

根据图 3-121 拟合结果，得到实验范围内不同钒钛高炉渣系 B 与 Λ^{corr} 之间的关系满足如下关系：

$$B = 17964.89\Lambda^{corr^2} - 24907.47\Lambda^{corr} + 8654.02 \tag{3-49}$$

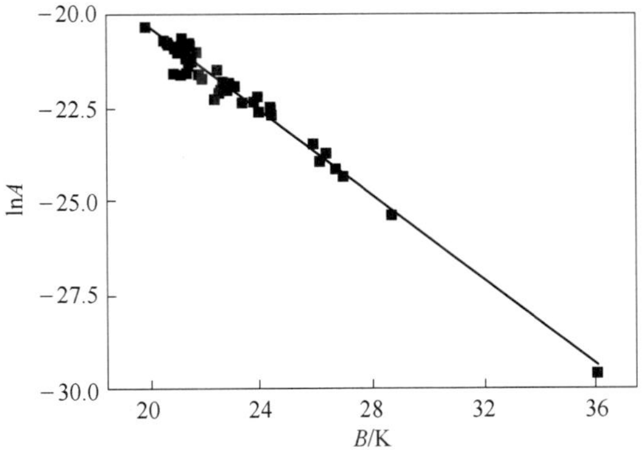

图 3-120 实验范围内不同钒钛高炉渣系 $\ln A$ 与 B 的函数拟合

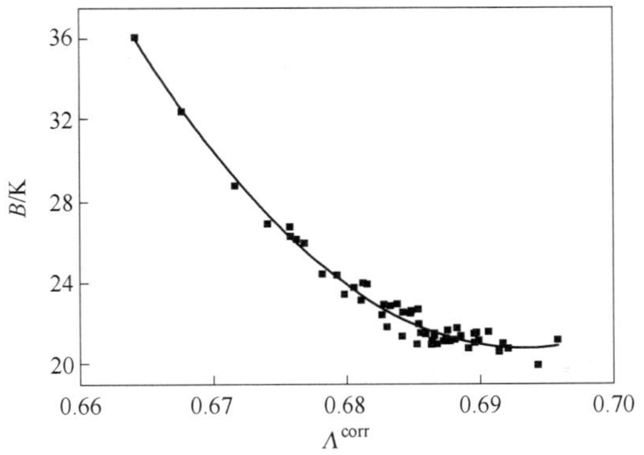

图 3-121 不同钒钛高炉渣系 Λ^{corr} 和 B 数学函数拟合

式（3-49）确定了实验范围内不同钒钛高炉渣系 B 与 Λ^{corr} 之间的关系。根据已知渣系组元成分求出各渣系的 Λ^{corr} 值后，即可确定渣系的 B 值。再将该值代入式（3-48）确认的 $\ln A$ 与 B 之间关系，即可确定渣系 A 值，最后将确定的 A、B 值以及相应的绝对温度代入式（3-27），即可得到确定承钢钒钛高炉渣系综合黏度计算模型：

$$\begin{cases}\eta = AT\exp(1000B/T) \\ \ln A = -0.56B - 9.18 \\ B = 17964.89\Lambda^{\mathrm{corr}^2} - 24907.47\Lambda^{\mathrm{corr}} + 8654.02\end{cases} \tag{3-50}$$

其中，T 的范围为 1673~1773 K（1400~1500 ℃）。

针对实验范围内的不同钒钛高炉渣系，综合黏度模型预测黏度值与实测黏度值的对比如图 3-122 所示。为进一步考察所建模型预测黏度值的准确性，计算综合黏度模型预测结果平均偏差 Δ 为 12.90%。2001 年启动的“Round Robin”项目认为：被用来检测工业炉渣中各种黏度模型的精确度应该保证在 20%以内。因此，本研究建立的黏度模型精度符合要求。

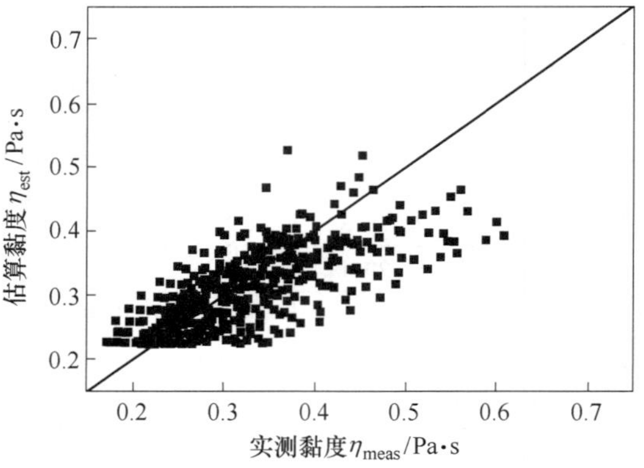

图 3-122　不同钒钛高炉渣黏度实测值与综合黏度模型预测值对比

3.2　承钢钒钛矿高炉强化冶炼实践

钒钛磁铁矿是冶炼难度较大的矿种，存在着入炉品位低、渣量大，渣铁黏度大、出渣出铁困难等问题。这主要是由于随着高炉内还原过程的进行，炉渣中一部分 TiO_2 被还原生成钛的碳氮化合物。TiC 的熔点为 3050~3230 ℃，TiN 的熔点为 2900~3000 ℃，远高于炉内最高温度。它们通常以几微米具有极大比表面积的固相质点弥散在炉渣中或包裹在铁珠周围，使铁珠难以聚合，渣中带铁增多，黏度增大数十倍，造成黏渣。炉渣中的 TiO_2 还原后使炉渣与焦炭的润湿性改善。因此，高炉的滴落带和炉缸中心料柱的孔隙容易被还原的炉渣堵塞，炉缸中心较难吹透，经常表现为风压高，高炉不易接受风量。因此，一般认为钒钛磁铁矿更适合小型高炉冶炼。大高炉炉缸直径较大，炉缸工作状态难以活跃，鼓风难以使中心部位黏渣氧化，容易形成炉缸堆积，造成煤气流分布紊乱，进而影响炉况顺行。总体而言，钒钛磁铁矿高炉冶炼时，存在燃料消耗高、能量利用率低、现场环境差等问题[1]。

承钢自 2006 年 12 月第一座 2500 m^{3}冶炼钒钛磁铁矿高炉投产以来，其高炉的生产一直被渣黏、粘罐、高铁损、炉缸堆积等问题困扰，燃料比居高不下，同时还带来了提钒转炉渣量大、钒收得率低等一系列问题。

通过长期生产实践，承钢聚焦大高炉冶炼的问题点，优化了大高炉的 6 项关键工艺制度，研发和应用了相关专利装置，实现了钒钛矿大高炉的高效低耗冶炼。

3.2.1　装料制度

上部装料制度是高炉操作的主要调剂手段之一，对煤气流分布起着决定性的作用。承钢 2500 m^{3}高炉在全国钒钛磁铁矿冶炼高炉中率先优化“平台+漏斗”装料制度，实行“大 α 角、大矿角、大角差、大矿批、矿焦同角”，概括为“四大一同”技术。增加了矿石环带宽度，在炉喉部位形成布料平台，同时加重边缘负荷，抑制边缘煤气流，稳定煤气流分布。煤气利用率由 44.5%提高到了 48.5%以上，炉内间接还原改善，直接还原降低，有效抑制了 SiO_2的过还原[2]。

这种装料制度的调整显示了布料理念上的变化，主要特点有：

（1）最小矿角矿石落点与炉喉中心的距离达到炉喉半径的 60%~65%。炉喉中心无矿石落点的区域占炉喉面积的 36%~42%，考虑到矿石会从堆尖向中心滚落，实际最小矿角矿石落点与炉喉中心的距离达到炉喉半径的 40%左右，炉喉中心没有矿石的区域可能占炉喉面积的 15%~20%。

（2）之前虽然边缘和中心负荷都较轻，但由于布料环带宽度较窄，且各角位环数相差较大，造成炉喉料层不平，导致矿石大量向两边滚落，最终实际上堵塞了边缘和中心煤气流，新的布料方式是各角位上的布料环数倾向于平均分配，更有利于在炉喉形成布料平台，减少了矿石向边缘和中心滚落，有利于提高布料的稳定性。

（3）采用“大 α 角、大矿角、大角差、大矿批、矿焦同角”布料方法，矿批重由50 t左右增加到 75~77 t（炉喉单批矿石厚度 670~700 mm），矿角差由原来的 4°增至 9°，矿石环带宽度由 0.88 m 增加到 1 m 左右。考虑矿石的滚动，实际矿石环带宽度由 1.95 m 增加到 2.5 m 左右，矿角与焦角相同，最外环矿石实际落点与炉墙的距离由 0.25 m 左右扩展到有一定的矿石厚度。

（4）边缘负荷由 1.5 以下提高到 3.0 左右，中心负荷由 1.0 以下提高到 2.4 左右。由原来的“两头轻”调整为同时加重边缘和中心，边缘煤气流得到抑制后自然疏导了中心。通过料制优化，燃料比逐步降低，2016 年燃料比为 515.8 kg/t，较 2010 年降低 51.5 kg/t[3-4]。

3.2.2 冷却制度

维持合理的操作炉型是高炉稳定顺行的基础，冷却制度是稳定高炉操作炉型的重要手段之一。承钢 2500 m^3钒钛矿冶炼高炉冷却设备采用冷却壁+薄炉衬形式，其中炉腹、炉腰、炉身下部共 4 段采用铜冷却壁。由于铜冷却壁存在热阻小、工作温度低和冷却能力强的特点，在高炉中使用后，高炉的热量损失大大降低。但是在生产过程中铜冷却壁易结厚，为此研发了中部调剂装置（见图 3-123），可以对铜冷却壁渣皮的厚度进行灵活的控制，维持合理的操作炉型，避免渣皮大量脱落对冷却壁的损耗及对炉温和炉况的影响。同时，利用热流强度高炉操作法，结合高炉现有的监测数据，通过编程计算出各区域热流强度，根据高炉上下部热流强度变化，提前预知上下部煤气流分布情况，进行上下部煤气流和进水量、温度的调整，控制合理的煤气流分布，杜绝边缘煤气流过分发展对铜冷却壁造成热冲击，使得全炉热流强度由 27768 W/m^2 降低至 7775 W/m^2，铜冷热流强度由 50000 W/m^2降低至 10000 W/m^2，为维护合理操作炉型和高炉稳定长寿创造了良好的条件。形成了“超低热流强度”的冷却制度，全炉热流强度 7000~8000 W/m^2较为理想。

中部调剂的依据主要有以下方面。

（1）水速及水温差控制。维持合理的冷却制度，包括全炉及炉体各部位的水温差和热负荷。铜冷却壁使用软水密闭循环冷却，要求其水速必须大于 1.5 m/s，水的硬度必须小于 8，避免硬结垢，并需定期进行杀菌灭藻，以避免因微生物大量繁殖而在冷却通道内形成生物黏泥，影响铜冷却壁导热、传热。承钢高炉水速一般控制在 2.0 m/s，总进水温度控制在 40~41 ℃，总回水温度控制在 46~46.5 ℃，在此制度范围内能够保证高炉渣皮稳定、炉况顺行。

（2）冷却壁温度控制。在控制冷却水温差和热负荷的同时，也需要控制冷却壁温度。26 m 第 10 段铸铁冷却壁温度控制在 70~100 ℃，24 m 第 9 段铜冷却壁温度控制在 60~70 ℃；21 m 第 8 段铜冷却壁温度控制在 55~65 ℃；17~19 m 第 6、7 段铜冷却壁温度控制在 50~60 ℃。

（3）根据冷却壁分区温度进行调剂。如果冷却壁某分区温度超出或低于正常值，根据各分区冷却壁温度，调整其对应旁通水管流量或分区流量。在正常情况下，旁通阀关闭，旁通流量为 0。如果铜冷却壁温度低于正常范围，该部位软水温差变小，热负荷变小，说明该区域煤气流相对较弱，此时应及时开启旁通阀，降低冷却强度，以免长时间过低造成炉墙结厚，旁通流量控制在 2~6 m^3/h。承钢 2500 m^3高炉正常情况下，控水 8 h 就可以将冷却壁温度提高到正常水平。如果铜冷却壁以上（包括铜冷却壁）某区冷却壁温度全部偏低，不能开启该分区旁通流量阀，应降低该分区的软水流量。一般控制分区流量在 20~30 m^3/h，可以快速调整冷却壁温度[8]。

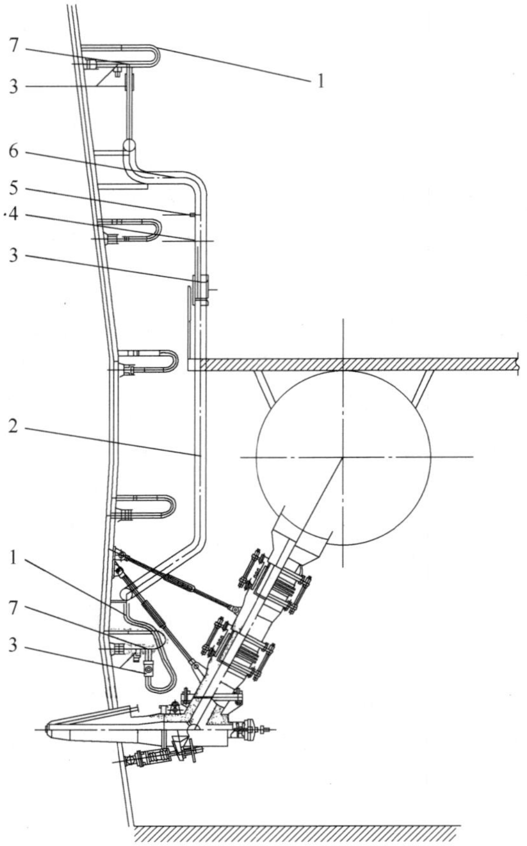

图 3-123　中部调剂装置

1—金属软管；2—无缝钢管；3—球阀；4—流量计；5—热电偶；6—串联循环软水冷却水路；7—三通管

根据各分区不同段之间冷却水温差、热负荷进行调剂。如果铜冷却壁软水温差变大，或该部位热负荷值高于正常范围，应开启旁通流量。通过观察 6~8 段、8~10 段、6~10 段铜冷却壁的水温差或热负荷值，适时调节旁通阀。如果某风口部位软水温差变大，热负荷变大，说明该区域边缘煤气流较强，如果该区域冷却水管旁通阀处于开启状态，需及时关闭，以加大冷却强度。

3.2.3　热制度

承钢 2500 m^3高炉冶炼钒钛磁铁矿具有特殊性，入炉原料中含有大量的二氧化钛，在高炉内 Si 和 Ti 还原都需要消耗大量的热量，故以铁水［Si+Ti］作为冶炼钒钛磁铁矿高炉热状态的标准，以此判断高炉炉温的发展趋势。形成了“超低硅”热制度，铁水［Si］≤0.14%，物理热 1470 ℃左右。

风口前理论燃烧温度是高炉冶炼的重要技术指标之一，直接影响高炉内的传热和传质过程，而冷风中湿分则是影响高炉风口前理论燃烧温度的重要因素之一。冷风中湿分通常是通过鼓风加湿技术来调节，其作用在于减少调煤次数，提高煤比以及促进炉况的稳定。与普矿冶炼相比，由于钒钛高炉的软熔带位置低，更靠近风口区。因此，对理论燃烧温度的控制应更加合理精确。另外，在冶炼过程中，由于高温会促进 TiO_2 的还原进而导致渣铁流动性变差。因此，实际渣铁温度要低于普矿。

承钢优化后的理论燃烧温度公式为 $T_{理}=1559+0.839T_{风}-6.033W_{湿}+(4972W_{氧}/60W_{风})-(3250000W_{煤}/60W_{风})$。其中，$T_{理}$ 为理论燃烧温度,℃；$T_{风}$ 为热风温度,℃；$W_{氧}$ 为富氧量，m^3/km^3；$W_{湿}$ 为鼓风湿度，g/m^3；$W_{煤}$ 为喷吹煤粉数量，kg/km^3；$W_{风}$ 为冷风流量，m^3/min。

承德处于我国北方地区，季节变化导致湿度的变化较大，冬季气候干燥，大气湿度低，而夏季由于多雨大气湿度升高。因此，鼓风加湿的调节量要根据应季的大气湿度进行适当调节。以本地大气湿度的季节性变化范围为基准，设定鼓风加湿调节量在基准值以上 10 g/m^3 左右为恒定湿度，日常调剂量不超 10 g/m^3。

因此，高炉内针对热制度的变化，对加湿量调剂提出以下要求[6]：（1）若炉温超过上限时，加湿使用量提高 5~10 g/m^3 时，加湿时间严禁超 2 h；（2）若炉温低于下限时，加湿使用量降低 5~10 g/m^3 时，加湿时间严禁超 3 h。

上下部操作制度的优化，使高炉达到了上稳下活的工作状态，铁水物理热由 1445 ℃提高至 1475 ℃，铁水［Si］均值由 0.349%降低至 0.14%。

3.2.4　造渣制度

高炉冶炼的炉渣，主要来源于原燃料所带入的脉石成分。冶炼普通矿时形成四元（$CaO-MgO-SiO_2-Al_2O_3$）渣系，而冶炼钒钛矿则形成五元（$CaO-MgO-SiO_2-Al_2O_3-TiO_2$）渣系。相对于四元渣系炉渣，五元渣系炉渣最大的特点在于炉渣熔化温度升高、泡沫渣的形成、炉渣变稠、炉渣脱硫能力低。炉渣变稠是随着高炉内还原过程的进行，炉渣中一部分 TiO_2 被还原生成钛的碳、氮化合物所致。TiC 的熔点为 3050~3230 ℃，TiN 的熔点为 2900~3000 ℃，远高于炉内最高温度。由于 TiO_2 在钒钛矿冶炼高炉炉渣中呈弱酸性，所以承德钒钛高炉渣的脱硫能力远低于普通高炉渣，L_s 仅为 20~25，而一般炉渣 L_s 为 30~35。

研究表明，承德钒钛高炉炉渣的碱度 R_5 表达为

$$R_5=\frac{CaO+\alpha MgO}{SiO_2+\beta Al_2O_3+\gamma TiO_2} \tag{3-51}$$

式中，系数 $\alpha=0.7$，$\beta=0.15$，$\gamma=0.6$。

承钢大高炉形成“高五元碱度”造渣制度，控制炉渣 R_5 达到 1.15~1.20，有利于改善承钢高炉中钛渣的流动性并保证铁水质量。

首先，根据钒钛磁铁矿冶炼高炉渣中 Al_2O_3 和 TiO_2 含量对炉渣性能的影响，通过优化烧结矿配料结构，将铁水含钒量控制在 0.23%~0.28%之间，控制渣中 Al_2O_3 和 TiO_2 含量不大于 25%，并在球团配加部分镁灰，确保渣中（MgO）≥8%，进一步改善炉渣性能（见图 3-124 和图 3-125），改善渣铁流动性。

其次，根据碱度对炉渣黏度的影响，将炉渣二元碱度由 1.1 提高到 1.2 左右。一方面

抑制 Si 的还原，降低铁水［Si］均值，另一方面可确保铁水含硫量达标，同时将炉渣中的二氧化硅及二氧化钛滞留在炉渣中。不同碱度条件下的炉渣黏度变化如图 3-126 和图 3-127所示。

通过技术攻关，并在冶炼操作中减少炉渣碱度的波动，改善炉渣性能，增加流动性，强化冶炼，从而改善了钒钛矿大高炉炉渣的脱硫能力。炉渣五元碱度由 1.03 提高到 1.18，相应的二元碱度由 1.06 提高到了 1.20。炉渣碱度提高后，生铁的质量得到了明显提高，铁水平均含硫由 0.043%降至 0.028%。炉渣化学成分与碱度控制见表 3-69。

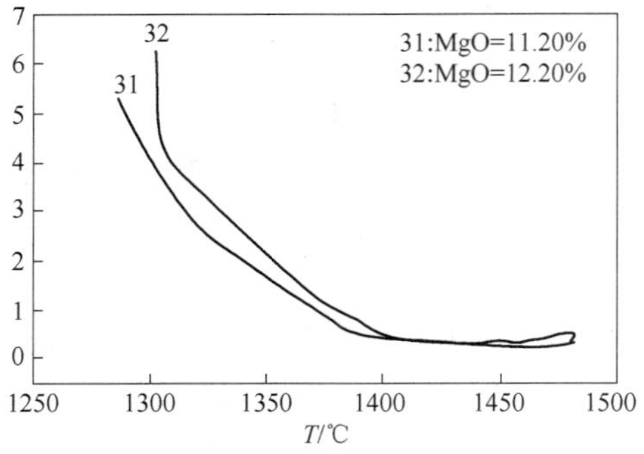

图 3-124　不同 MgO 含量的现场炉渣 η-t 曲线

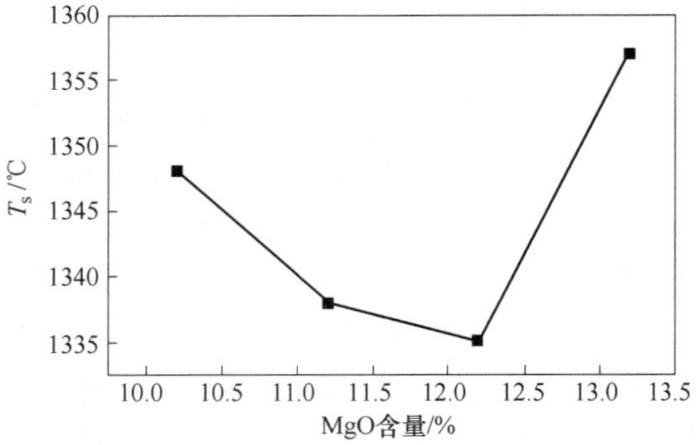

图 3-125　现场渣 MgO 含量与熔化性温度的关系

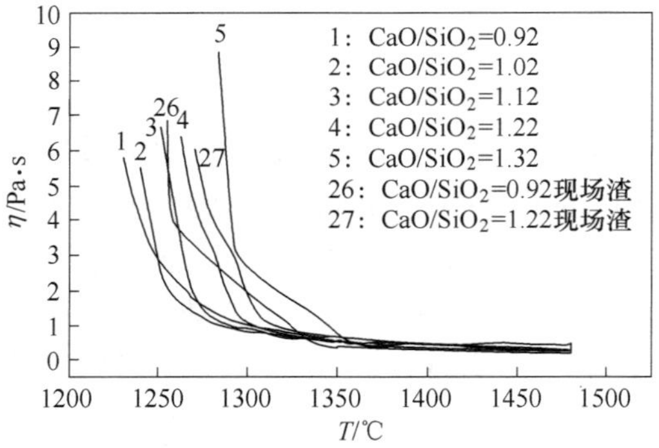

图 3-126　不同碱度条件下配渣的炉渣 η-t 曲线

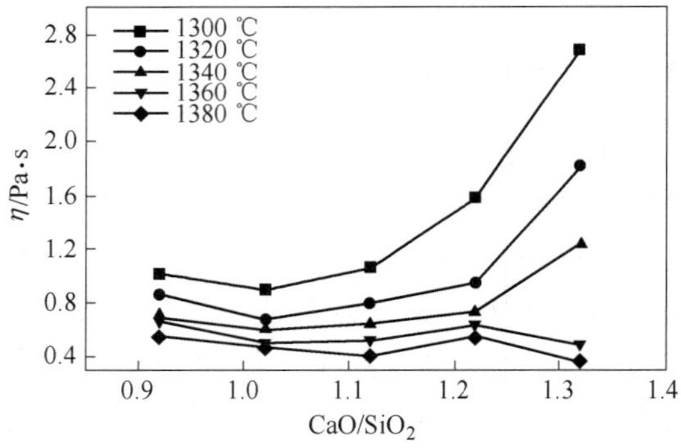

图 3-127　碱度与不同温度下配渣炉渣黏度间的关系

表 3-69　炉渣化学成分与炉渣碱度

时间	CaO	MgO	SiO_2	Al_2O_3	TiO_2	S	R_2	R_5
2010 年	32.18	10.33	30.45	12.39	9.71	0.80	1.06	1.03
2011 年	34.73	10.29	30.54	13.76	9.34	0.86	1.14	1.10
2012 年	34.50	10.86	30.88	13.90	8.11	0.86	1.12	1.11
2013 年	36.35	10.00	31.24	13.56	7.31	0.94	1.16	1.15
2014 年	35.79	10.14	30.72	12.99	6.30	0.85	1.17	1.18
2015 年	35.99	9.17	30.75	14.18	6.18	0.88	1.19	1.18
2016 年	36.89	8.17	30.85	14.48	5.08	0.91	1.20	1.18

3.2.5　送风制度

送风制度直接影响着煤气流的初始分布。因此，在送风制度调整方面，进行了扩大风口、提高风速、促进动能、增大顶压的操作。风口面积由 0.310 m^2 提高到 0.3393 m^2，使用了大风速、高动能、高炉腹煤气量指数的送风制度，随着风量的增加，炉腹煤气量由原来的 56 $m^3/(min \cdot m^2)$ 左右提高到现在的 68 $m^3/(min \cdot m^2)$ 左右，高炉的抗风险能力提高，炉缸活跃程度改善，风口回旋区扩大，配合富氧喷吹，增加炉缸的氧势，达到防止 TiO_2 过还原，促进已还原的［Si］再氧化的目的，有效降低渣铁的黏度。因此，提倡“高炉腹煤气量指数”送风制度，使炉腹煤气量指数达到 65~70 $m^3/(min \cdot m^2)$ 较为理想。

3.2.6　定期排出有害元素制度

承钢本地的含钒铁粉有害元素含量高于普通铁精粉，造成高炉有害元素入炉负荷较高，碱金属达到 6~7 kg/t，锌负荷 0.5 kg/t 以上，对高炉生产危害很大，同时钛负荷大于 30 kg/t，需要定期采取排出有害元素的排除措施。

根据高炉冶炼参数变化、高炉有害元素入炉负荷及排出率实操情况，形成了有害元素排出实施的判定标准（见表 3-70）。当炉况参数的有害元素项（10、11、12、13、14 项）超出控制范围，表征炉缸工作状态的参数变差；热负荷波动超出控制范围；热负荷峰值大于 30000 kcal；风量、产量、透气性等处于控制范围中下限时，组织实施有害元素排出。

表 3-70　2500 m^3 高炉有害元素排出实施的判定标准

序号	项目	正常范围
1	透气性	≥32
2	风量/$m^3 \cdot min^{-1}$	4750±150
3	日产量/t	5750±150
4	［Si+Ti］/%	0.3~0.55
5	冷却壁热负荷/kcal①	≯20000
6	物理热/℃	1470±15
7	铜冷热负荷/kcal	7000~10000
	出铁量/t	≤100
8	两铁口偏差［Si+Ti］/%	≤0.1
	物理热/℃	≤30
9	碱负荷/$kg \cdot t^{-1}$	≥5.0
10	碱金属排出率/%	≥80
11	锌负荷/$kg \cdot t^{-1}$	≤0.45
12	锌排出率/%	≥80
13	钛负荷/$kg \cdot t^{-1}$	≤40
14	钛排出率/%	≥80
15	二次出铁率/%	≤15
16	出渣率/%	75~80

① 1 kcal=4.184 kJ。

操作思路为：采用普矿或低钒矿冶炼，控制钛负荷小于 20 kg/t，通过调整原料结构，降低有害元素入炉负荷，控制碱金属负荷小于 3.5 kg/t、锌负荷小于 0.3 kg/t。

在有害元素排出期间，高炉主要参数向好，如：热负荷波动幅度降低，达到正常参数控制范围；高炉风量、透气性恢复至控制范围上限；高炉产量达到正常参数控制范围上限；有害元素的排出率大于 90%；炉温、炉渣碱度控制中下限，以铁中［S］≯0.050%。满足以上要求，并持续 7 天，则实施有害元素排出完毕。根据生产情况组织实施变料，恢复原来入炉料结构。自 2012 年 1 月份开始，2500 m^3高炉实施定期有害元素排出制度，有效促进了高炉的长期稳定顺行[9]。

3.3　超高配比钒钛磁铁矿冶炼技术

超高配比钒钛磁铁矿高炉冶炼对提高钒钛综合回收率、降低高炉对普通铁矿资源的依赖以及降低冶炼成本具有重要意义。重庆大学多金属矿绿色冶金研究团队提出了基于“以镁代钙”的造渣理念，重点探究 TiO_2 含量和 MgO/CaO 质量比对高钛型高炉渣高温物化性质的影响规律，揭示炉渣成分、结构和性质之间的关系，提出超高配比钒钛磁铁矿高炉冶炼条件下的造渣技术方案[11]。

3.3.1　以镁代钙的造渣特点

借助 FactSage 软件对 CaO-SiO_2-TiO_2-MgO-Al_2O_3渣系进行热力学模拟，结果见图 3-128。当 MgO/CaO 质量比由 0.32 提升至 0.52（MgO 从 8%增加至 11%），液相线温度降低超过 50 ℃，说明采用“以镁代钙”策略能够有效降低炉渣的液相线温度。这一发现为高炉冶炼提供了新的思路：通过调整造渣组成中的镁钙比例，可以降低炉渣熔点，从而为高炉炉温调控创造更有利的条件。从相图角度分析，“以镁代钙”实质上是将炉渣组成从容易析出钙钛矿的相区，调整至钙钛矿与镁铝尖晶石相区之间更宽广的液相区域。因此，这种造渣理念的创新意义不仅体现在熔点的降低，还在于拓宽了工艺操作区间，降低了因生产波动导致操作故障的可能性，对保障钒钛磁铁矿高炉冶炼的长期稳定运行具有积极作用。

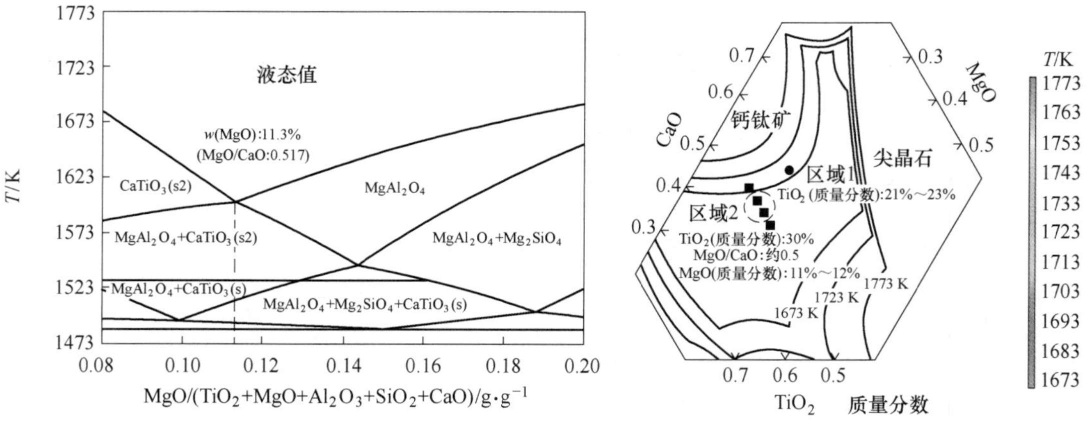

图 3-128　“以镁代钙”对 CaO-SiO_2-TiO_2-MgO-Al_2O_3液相线温度的影响规律和造渣区间示意图

研究表明，在惰性气氛下，含钛高炉渣的黏度随 TiO_2 含量的增加呈现逐渐下降的趋势。而采用“以镁代钙”策略时，高 TiO_2炉渣的黏度会略有上升。尽管如此，当造渣组成从低 TiO_2区间（区域 1）调整至高 TiO_2区间（区域 2）时，炉渣黏度仍能满足冶炼工艺的要求。在熔化性温度方面，随着 TiO_2 含量的提高，炉渣的熔化性温度显著上升，并在

TiO_2含量达到26%时达到峰值（约1383 ℃），随后略有下降。而“以镁代钙”的影响则表现为先显著降低熔化性温度（MgO/CaO比从0.32增至0.57时，降幅约50 ℃），随后略有回升。从流动性变化规律来看，区域2的炉渣流动性优于区域1。此外，实际生产中通常要求铁水与炉渣的密度差大于1500 kg/m^3，以确保渣铁有效分离。实验数据表明，炉渣与铁水的实际密度差约为4500 kg/m^3，远高于工艺要求。当炉渣成分从区域1调整至区域2后，炉渣表面张力降低，而渣铁界面张力增大，进一步优化了渣铁分离条件。因此，在超高配比钒钛磁铁矿高炉冶炼条件下，高钛型高炉渣存在一个流动性、密度及表面张力均满足生产要求的操作窗口。

在脱硫性能方面，炉渣硫容量随TiO_2含量的增加而降低，表明高钛型高炉渣的脱硫能力较弱。虽然“以镁代钙”可在一定程度上提高硫容量，但其改善效果有限。值得注意的是，实际生产中的硫分配比不仅受硫容量影响，还与反应动力学条件密切相关。由于脱硫动力学条件通常与炉渣黏度相关，而高TiO_2区间（区域2）的炉渣流动性优于低TiO_2区间（区域1），这意味着区域2的动力学条件更有利，从而有助于提升炉渣的脱硫能力。

3.3.2　超高TiO_2高炉渣的物理化学性质

基于超高TiO_2高炉渣（TiO_2含量>28%）的物理化学性质（流动性能、脱硫性能、密度及表面张力）的实验数据（见图3-129），结合“以镁代钙”的造渣理念下，针对超高配比钒钛矿高炉冶炼需求，制订了从低TiO_2区间（21%~23%）向高TiO_2区间（约30%）转变的新型造渣制度。在平衡渣铁分离和脱硫性能的基础上，最终确定了适用于超高钒钛磁铁矿配比条件下高炉造渣方案，其成分范围如下：CaO（18%~24%）、SiO_2（19%~21%）、TiO_2（28%~32%）、MgO（10%~14%）、Al_2O_3（16%~17%）。

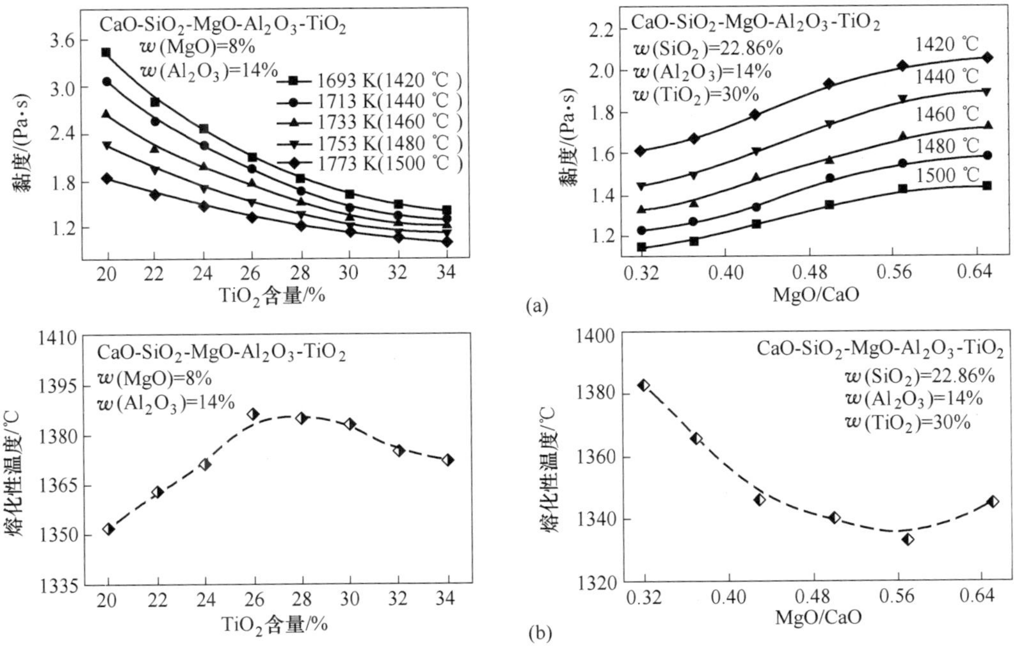

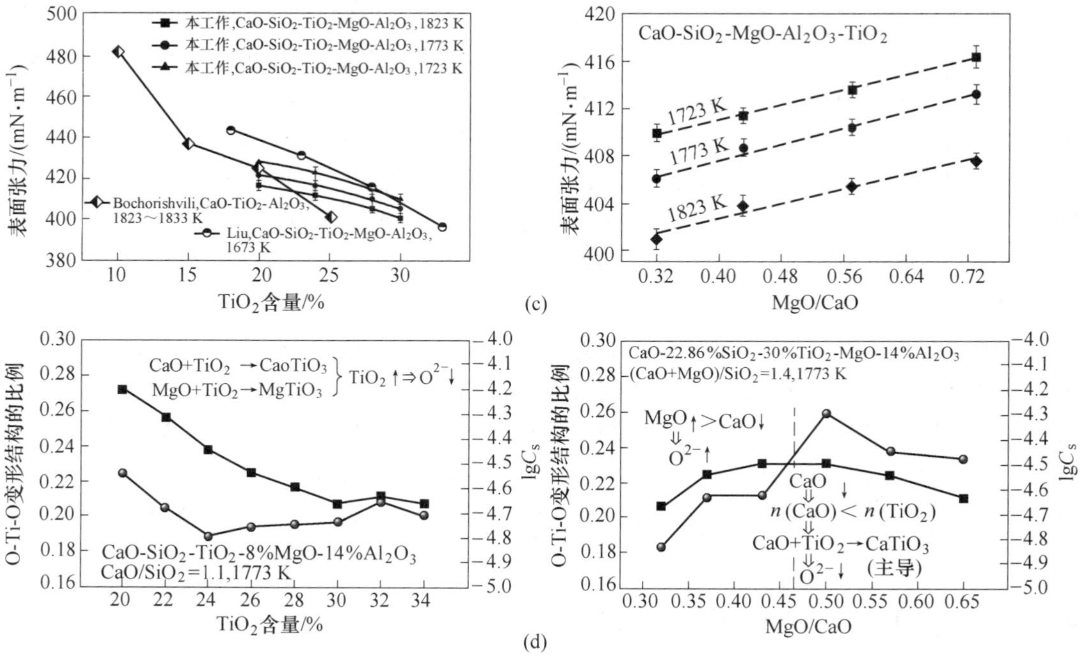

图 3-129　高钛型高炉渣物理化学性质

（a）黏度；（b）熔化性温度；（c）表面张力；（d）O-Ti-O 变形结构比例下的硫容量

3.3.3　高炉高配比全钒钛球团矿冶炼试验

从提升钒钛资源富集率和回收率的角度出发，提高钒钛磁铁矿在高炉冶炼中的配比具有重要的实践价值。攀钢为此开展了高配比全钒钛球团矿的高炉冶炼试验研究。试验采用两种球团矿：混合球团和全钒钛球团，其中 2009 年前以混合球团为主。为控制渣中 TiO_2 含量，混合球团原料中攀精矿粉占比 65%，表 3-71[10] 对比了两者的冶金性能。数据显示，混合球团在中温还原率方面优于全钒钛球团，且粉化率较低，但两者的抗压强度相近，而全钒钛球团的转鼓指数和抗磨指数更佳。虽然全钒钛球团的中温还原性能稍逊，但图 3-130 显示其高温性能略优于混合球团。

表 3-71　攀钢两种球团矿冶金性能　　(%)

种类	中温还原率	还原膨胀率	粉化率 RDI (<3.15 mm)	抗压强度/N	转鼓指数	抗磨指数
混合球团矿	72.31	9.43	9.16	3597	92.46	5.13
全钒钛球团	67.54	9.47	11.02	3537	93.31	3.21

2009 年 1 月，攀钢在 2 号高炉实施了全钒钛球团代替混合球团工业试验，取得了良好的技术经济指标[10]。表 3-72 数据表明：（1）尽管全钒钛球团的入炉品位降低 0.34 个百分点，高炉利用系数仍然提升 0.216 t/(m^3 · d)，说明全钒钛球团能够满足高炉强化冶炼需求。（2）置换后炉况稳定，风量增加 74 m^3/min，综合焦比降低 21 kg/t。（3）渣中 TiO_2 含量上升 1.04%，但铁损降低了 1.49%，渣铁比降低了 33 kg/t，表明通过合理的调控可以改善渣铁分离效果。（4）煤气 CO_2 含量提高了 0.14%，软熔带下移有助于提升煤气利用率。（5）球团配比降低和风量增加导致高炉灰铁比上升，需注意中心气流控制。

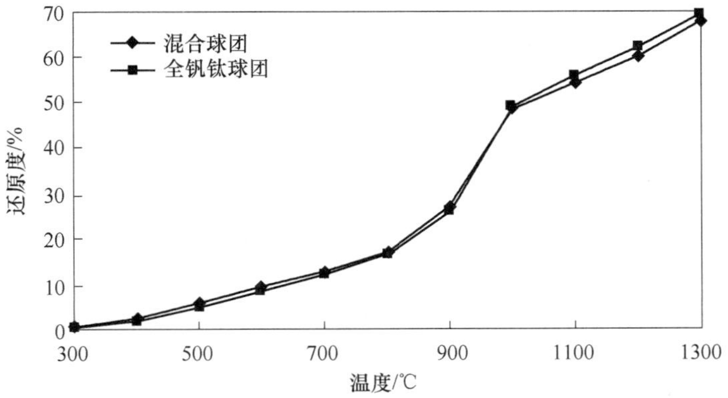

图 3-130 攀钢两种球团矿高温还原率

表 3-72 攀钢 2 号 BF 使用混合球团和全钒钛球团的指标对比

球团类型	球团矿配比/%	入炉品位/%	高炉利用系数 /t·$(m^3·d)^{-1}$	综合焦比 /kg·t^{-1}	平均风量 /$m^3·min^{-1}$
混合球团	26.57	50.41	2435	563	2880
全钒钛球团	23.05	50.07	2651	542	2954

球团类型	炉渣 TiO_2 /%	铁损 /%	渣铁比 /kg·t^{-1}	灰铁比 /kg·t^{-1}	高炉煤气 CO_2 /%	煤气利用率 /%
混合球团	21.45	6.73	629	22.68	17.42	41.04
全钒钛球团	22.49	5.24	596	24.16	17.56	41.23

总体而言，全钒钛球团不仅能够替代混合球团，还可优化高炉指标。

2010 年 7 月，攀钢在 4 号高炉进一步开展全钒钛球团高配比试验。通过降低烧结矿中攀精矿配比、调整装料制度、缩小风口面积、增大风量等措施，有效地克服了因球团矿配比提高抑制中心气流发展的问题，成功将球团矿配比从 29.6%提升至 40.7%，同时维持了炉况顺行。同年 7 月 25 日新 3 号高炉年修后，该模式在攀钢钒炼铁厂全面推广，见表 3-73[10]。8 月球团配比达 38.54%，但因高炉适应期及休风率较高（2.23%），产量受到一定影响。9—11 月通过持续优化操作，高炉利用系数稳定在 2.45 t/$(m^3·d)$ 以上，综合焦比平均 557 kg/t，铁损控制在 6.03%。

表 3-73 攀钢炼铁厂球团配比提高前后指标对比

时间	球团矿配比/%	高炉利用系数 /t·$(m^3·d)^{-1}$	综合焦比 /kg·t^{-1}	铁损/%	综合冶炼强度 /t·$(m^3·d)^{-1}$	入炉铁矿品位/%
2010 年 4 月	30.45	2.51	566	5.86	1.436	50.61
2010 年 5 月	29.5	2.514	562	5.25	1.417	50.54
2010 年 6 月	29.66	2.446	569	5.78	1.4	49.99
2010 年 7 月	33.4	2.548	561	6.23	1.435	50.26
4—7 月平均	30.8	2.505	565	5.78	1.422	50.35
2010 年 8 月	38.54	2.391	564	6.48	1.375	50.35
2010 年 9 月	40.02	2.485	555	5.7	1.382	50.52
2010 年 10 月	36.94	2.453	557	6.14	1.374	50.41
2010 年 11 月	36.92	2.489	559	6.25	1.397	50.42
9—11 月平均	37.96	2.476	557	6.03	1.384	50.45

3.4　其他地区钒钛矿冶炼技术

汤卫东针对含铬型钒钛磁铁矿高炉炉料的制备开展了系统研究，对红格含铬型钒钛烧结矿和氧化球团矿的制备及其冶金性能、综合炉料结构及含钛高炉渣特性进行了全面实验分析[12]。研究结果显示，在烧结工艺方面（见图 3-131），红格烧结矿的最佳控制参数为：MgO 含量为 3.3%、Cr_2O_3 含量为 1.0%、TiO_2 含量为 7.35%、碱度为 2.5、燃料配比维持在 4.5%~5.5%范围。在球团制备方面（见图 3-132），最优工艺条件为：MgO 含量为 4%、Cr_2O_3 含量为 2.92%、V_2O_5 含量为 3.25%、TiO_2 含量为 13.71%。通过软熔滴落实验（见图 3-133~图 3-135）发现，综合炉料的最佳熔滴性能控制指标为：MgO 含量为 3.18%、碱度为 1.5、TiO_2 含量为 7.66%。

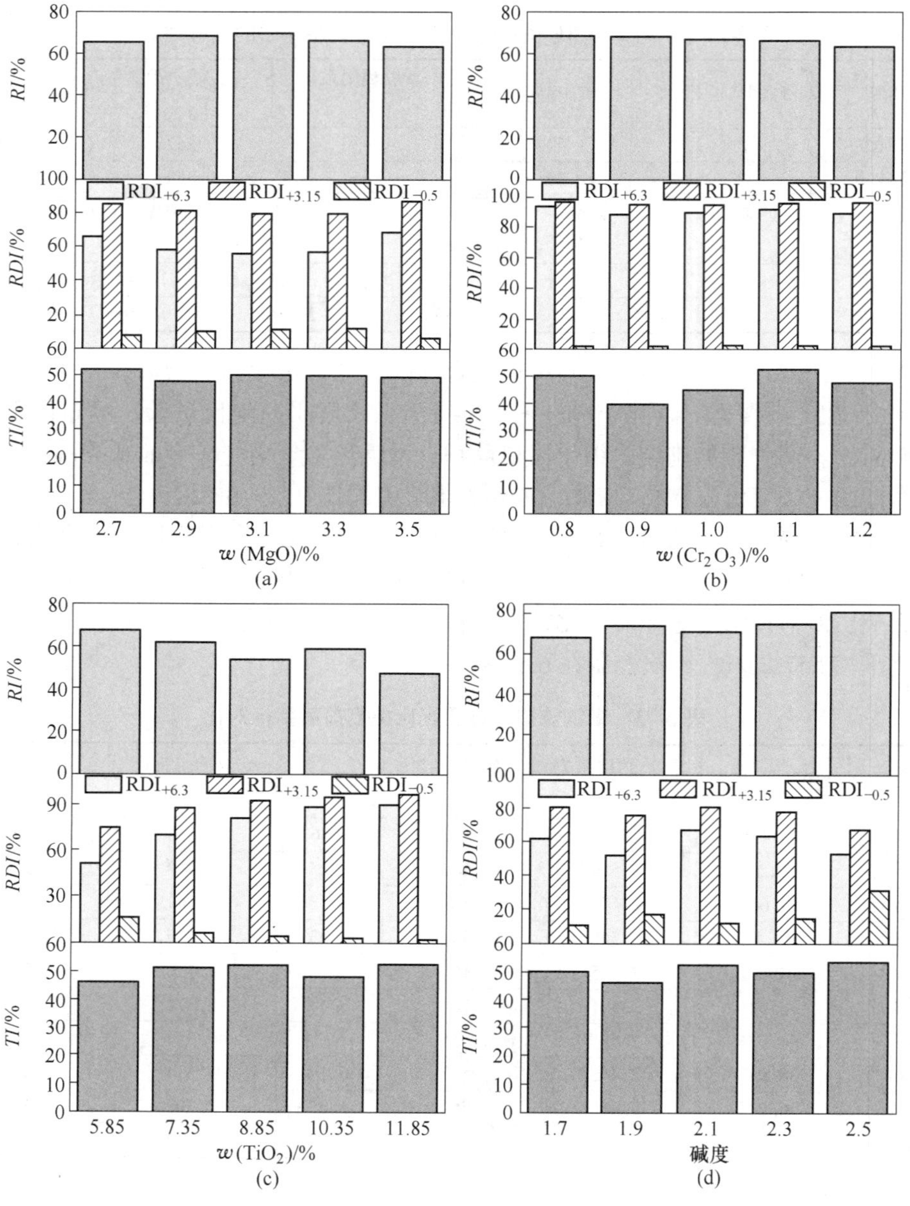

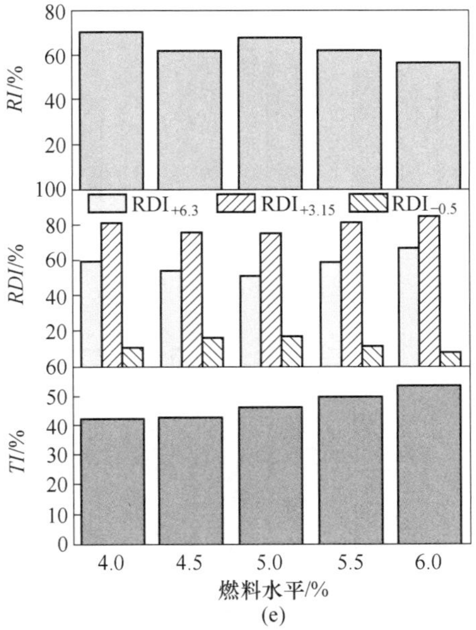

图 3-131 不同因素对红格含铬型钒钛烧结矿转鼓强度和还原性能的影响

(a) MgO 含量；(b) Cr_2O_3 含量；(c) TiO_2 含量；(d) 碱度；(e) 燃料水平

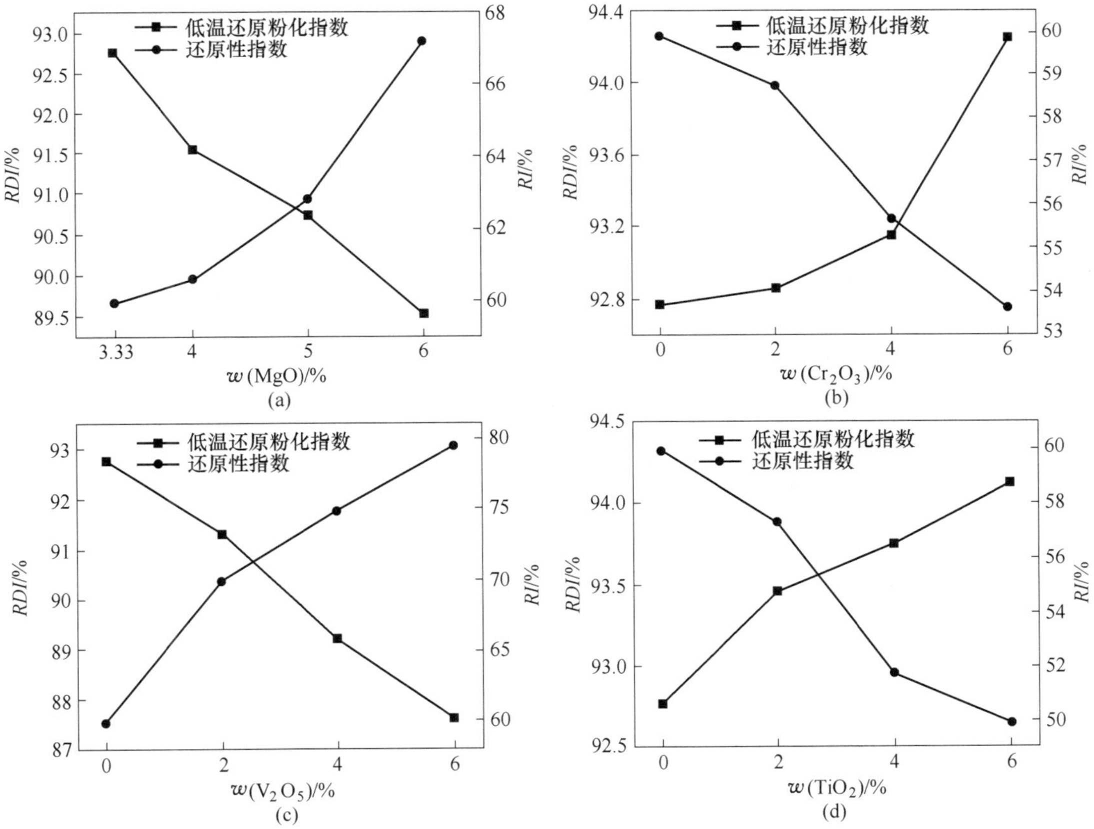

图 3-132 不同因素对红格含铬型钒钛球团矿的低温还原粉化和还原性能的影响

(a) MgO 含量；(b) Cr_2O_3 含量；(c) V_2O_5含量；(d) TiO_2 含量

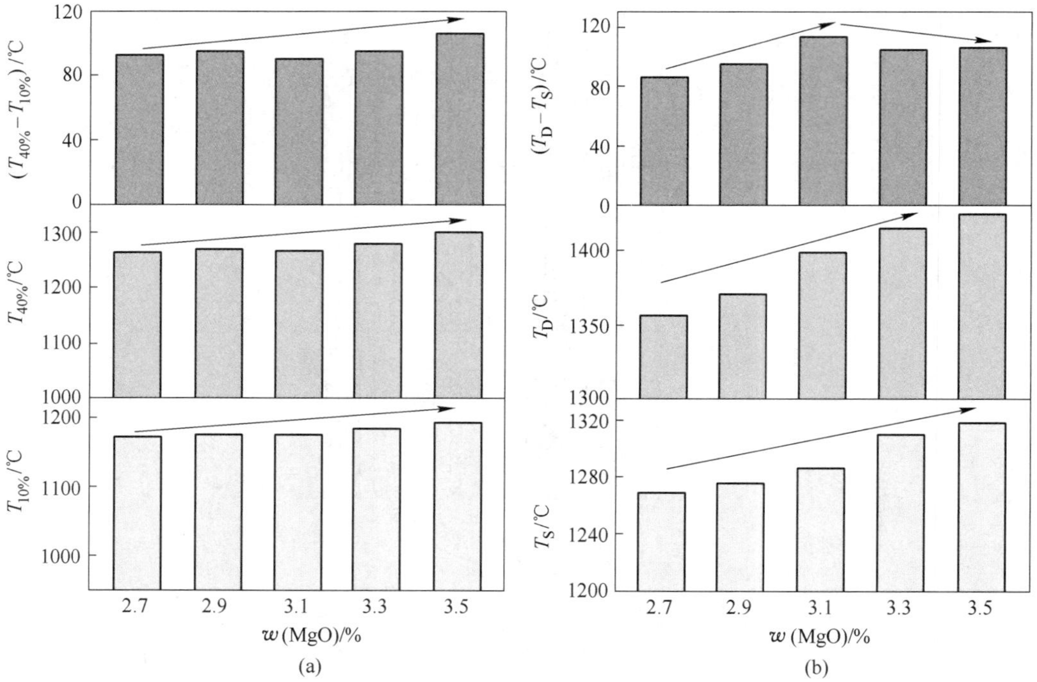

图 3-133　不同 MgO 含量条件下红格含铬型钒钛磁铁矿综合炉料的软熔滴落性能

（a）软化性能；（b）熔化性能

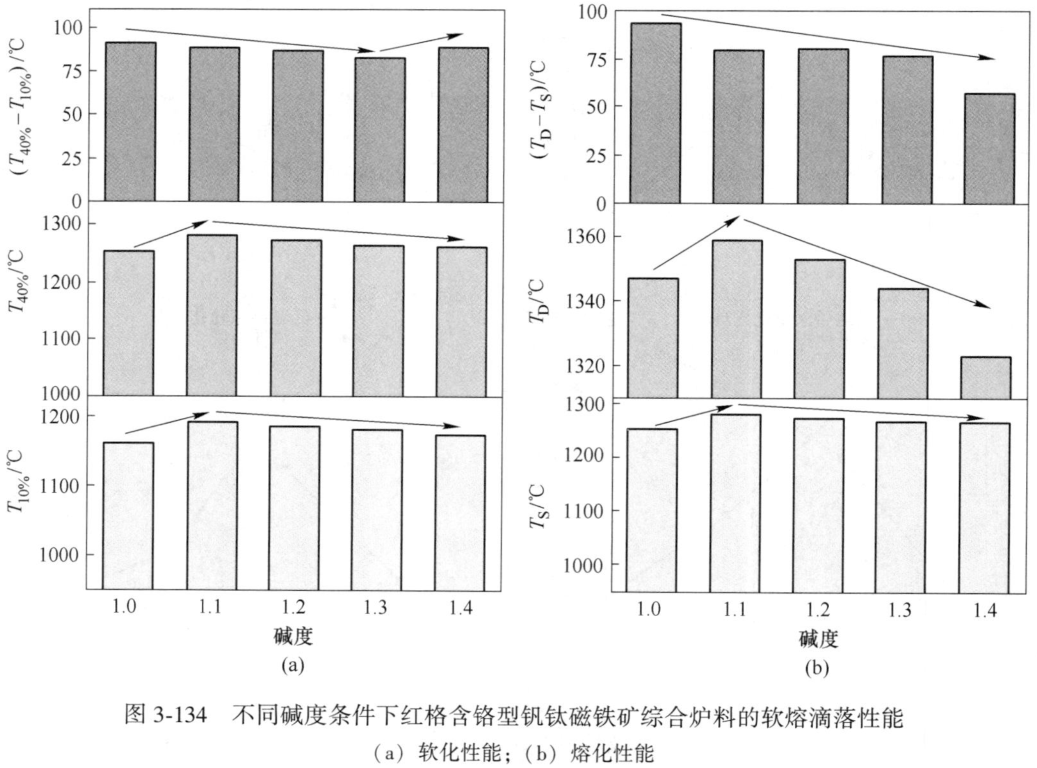

图 3-134　不同碱度条件下红格含铬型钒钛磁铁矿综合炉料的软熔滴落性能

（a）软化性能；（b）熔化性能

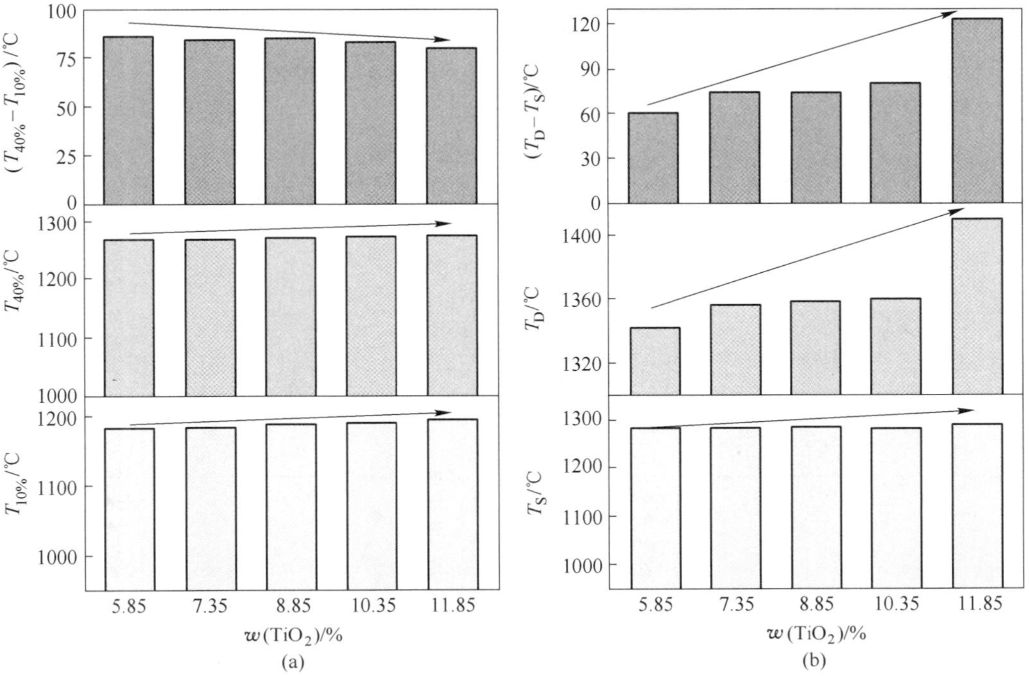

图 3-135 不同 TiO_2 含量条件下红格含铬型钒钛磁铁矿综合炉料的软熔滴落性能

（a）软化性能；（b）熔化性能

炉渣组成与性能是保障钒钛磁铁矿高炉冶炼顺行的关键因素。随着钒钛矿配比的提升及成分变化，炉渣特性相应改变，给高炉操作带来新的挑战。为此，开展炉渣性能与渣系优化研究对实现钒钛矿高效冶炼具有重要意义。王玉萍对南非钒钛磁铁矿的研究表明，熔分温度、碱度、碳配比及氧化镁含量显著影响炉渣冶金性能[13]。实验确定最佳工艺参数为：熔分温度为 1450 ℃、碱度为 1.2、配碳量为 5%、MgO 含量为 10%。在此条件下，渣系表现出优良的冶金特性：软化温度达 1215 ℃、半球温度达 1225 ℃、流动温度达 1234 ℃，黏度仅为 0.105 Pa · s，流动性良好（见图 3-136）。

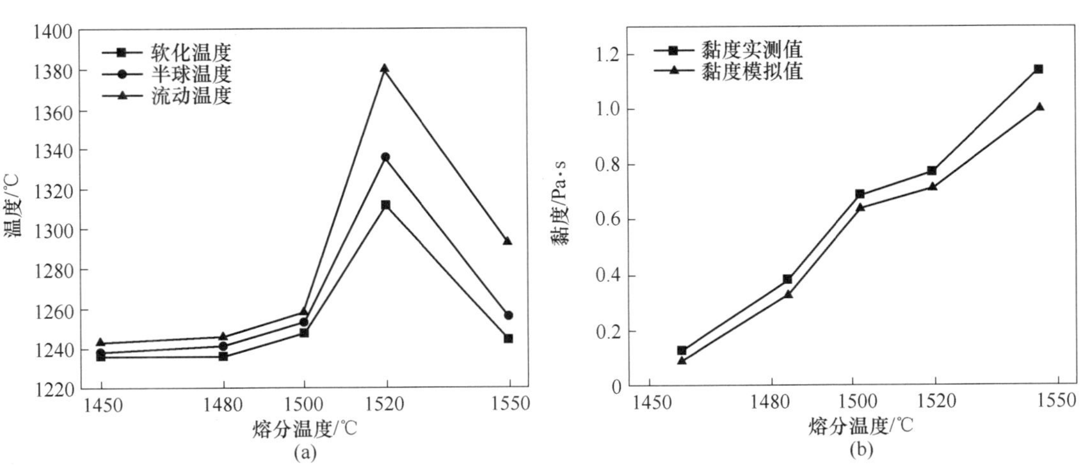

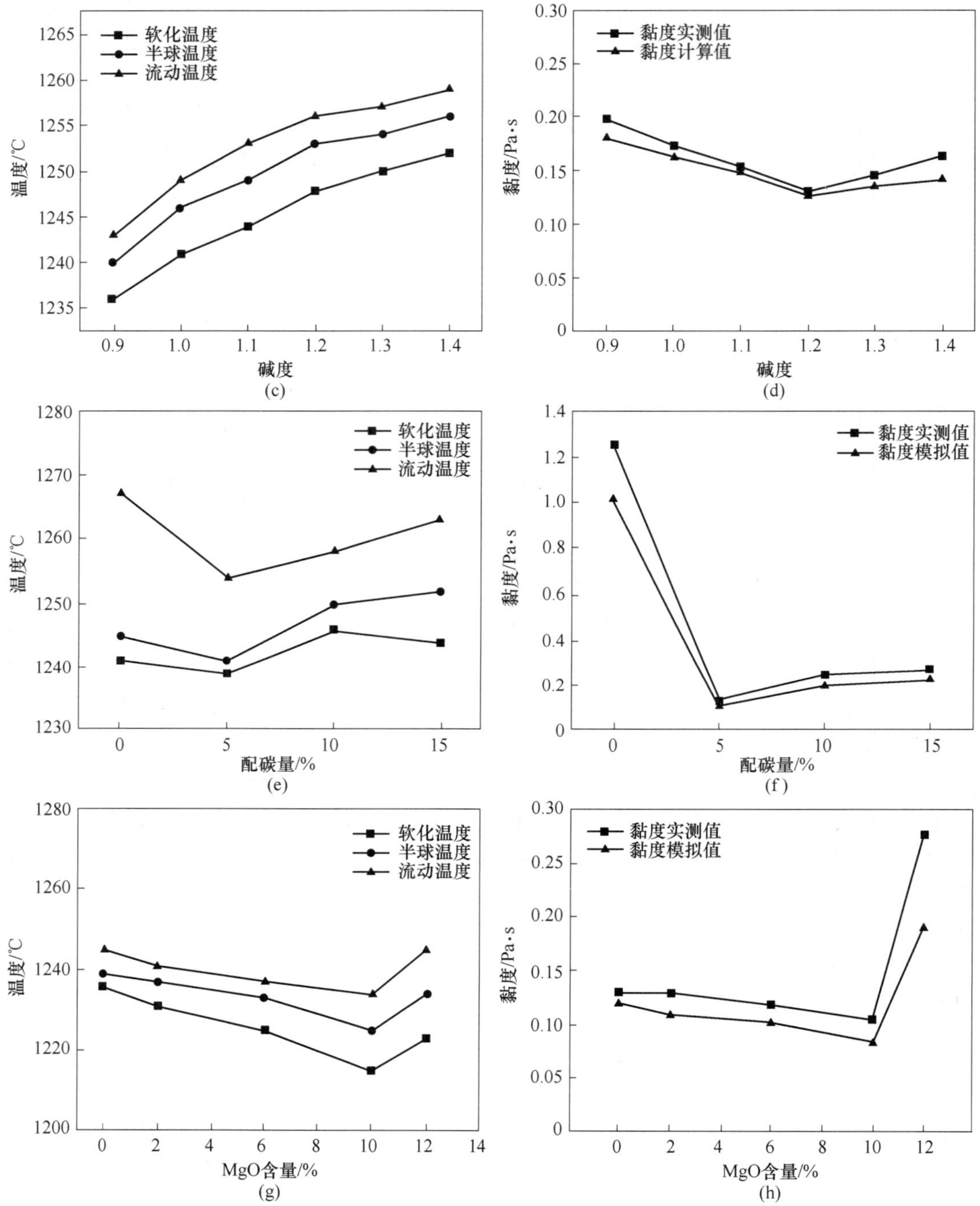

图 3-136　不同因素对渣系熔化温度和黏度的影响

（a）（b）熔分温度；（c）（d）碱度；（e）（f）配碳量；（g）（h）MgO 含量

钟曙煜团队针对钒钛磁铁矿增量利用条件下的高炉渣系进行了优化研究[14]，并取得重要进展。通过系统考察渣系组分对高钛型钒钛炉渣流变特性和脱硫性能的影响（见

图 3-137)，得出以下结论：(1) 现有渣系（19%TiO_2）最佳参数为 MgO/Al_2O_3 比 0.60、碱度为 1.17。(2) 钒钛矿增量利用条件下（21%TiO_2），适宜 MgO/Al_2O_3 比提升 0.65，碱度保持在 1.17。(3) 钒钛矿增量利用条件下（22%TiO_2），最优碱度调整为 1.22，MgO 与 Al_2O_3 比维持 0.65。

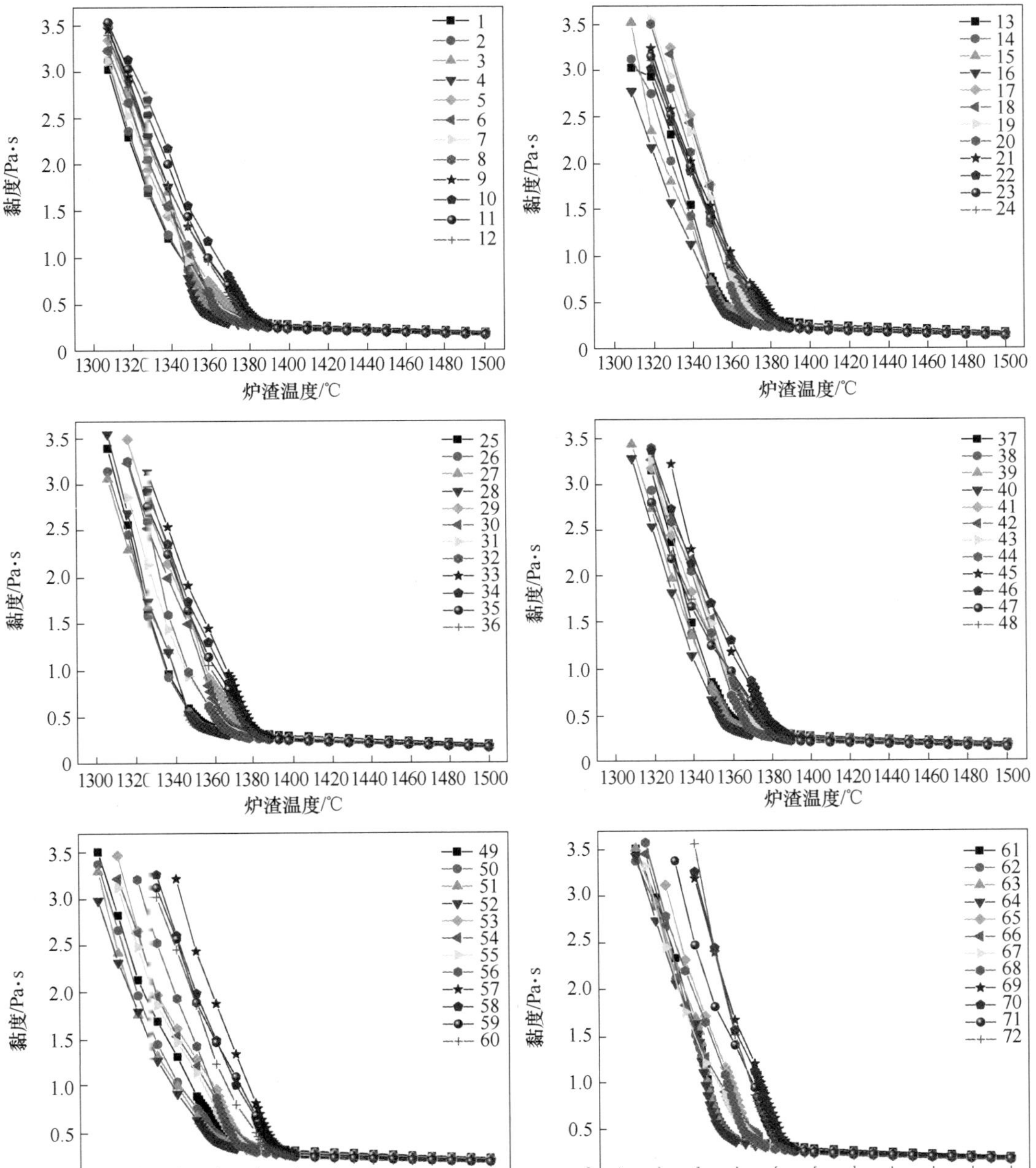

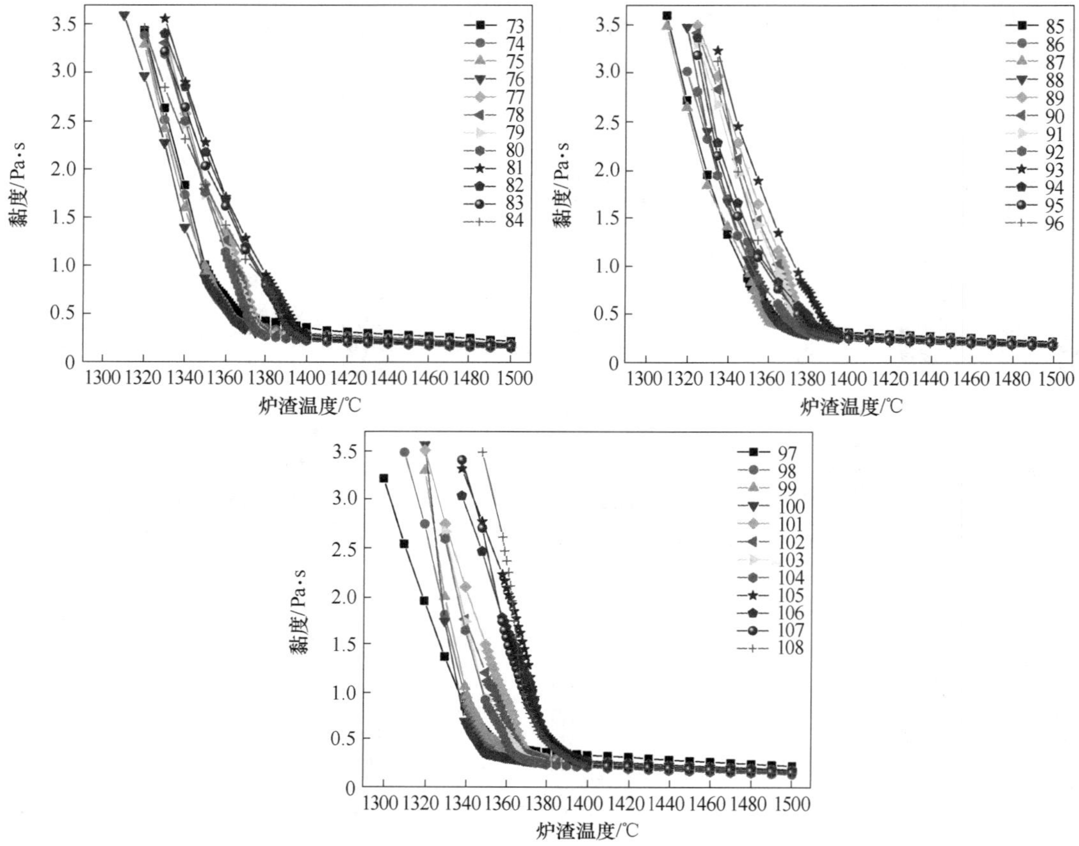

图 3-137　钒钛高炉渣系优化后的 η-t 曲线

参 考 文 献

[1] 朱建秋，纪恒．承钢钒钛矿强化冶炼实践［J］．河北冶金，2016（2）：40-43.

[2] 纪恒，马登榜，向守义．承钢新 3 号 2500 m^3 高炉开炉达产及转钒钛矿冶炼实践［C］//河北省冶金学会．2010 年河北省冶金学会炼铁技术暨学术年会论文集，2010.

[3] 纪恒，马登榜，向守义．承钢新 3 号高炉开炉达产实践［J］．炼铁，2010，29（3）：20-22.

[4] 马登榜，纪恒，沈志宝．1 号高炉开炉实践［C］//河北省冶金学会．2009 年河北省冶金学会炼铁技术暨学术年会论文集，2009.

[5] 李海军．承钢 2500 m^3 高炉钒钛磁铁矿冶炼新技术［J］．河北冶金，2014（8）：42-45.

[6] 刘海宏，胡心光，李伊辉，等．钒钛矿冶炼高炉鼓风加湿系统［J］．河北冶金，2024（8）：47-50.

[7] 杜鹤桂．钒钛磁铁矿高炉冶炼［M］．北京：冶金工业出版社，1994.

[8] 代维，朱建秋．2500 m^3 高炉中部调剂的实践［J］．河北冶金，2012（2）：30-34.

[9] 李海军．2500 m^3 高炉冶炼钒钛磁铁矿有害元素的研究与控制［J］．河北冶金，2014（1）：1-5.

[10] 饶家庭．攀钢高炉高配比全钒钛球团矿冶炼技术研究［R］．中国：攀钢集团钢铁钒钛股份有限公司，2011.

[11] 白晨光，吕学伟，邱贵宝，等．攀西钒钛磁铁矿资源高效冶金及清洁提取研究进展［J］．过程工程学报，2022，22（10）：1390-1399.

[12] 汤卫东．高炉冶炼攀枝花红格含铬钒钛磁铁矿技术基础研究［D］．沈阳：东北大学，2022.

[13] 王玉萍．南非钒钛磁铁矿炉渣性能及渣系优化研究［D］．西安：西安建筑科技大学，2022.

[14] 钟曙煜．钒钛磁铁矿增量利用条件下高炉渣系优化研究［D］．沈阳：东北大学，2022.

4　钒钛磁铁矿高炉高效低碳冶炼新技术

4.1　钒钛磁铁矿高效低碳烧结新技术

目前，以烧结-高炉-转炉为核心的钢铁长流程生产工艺仍在我国的钢铁生产中占据主导地位，且将持续较长时间。为了保证烧结矿质量，往往需要增加配碳量提高烧结温度，但也增加了生产成本和环保压力。因此，在处理难烧结铁矿石时，既保证烧结矿质量又降低固体燃耗成为目前提升钢铁企业竞争力的关键。

我国钒钛磁铁矿资源丰富，当前主要通过高炉-转炉长流程回收利用铁和钒，钛则进入高炉渣堆存处理。然而，由于钒钛磁铁矿的难烧结特性，烧结矿成品率、强度、利用系数等指标较差，还有很大的提升空间。同时，为了提高高钛渣的回收利用价值，要求进一步提高钒钛磁铁矿的配比以增加钛品位，然而高配比的钒钛磁铁矿将对烧结过程产生严重影响。这就需要针对烧结矿质量恶化提出新的技术，确保烧结生产有序进行。

4.1.1　钒钛矿粉细磨技术

铁粉细磨对烧结生产影响的有利方面主要体现在：

（1）提高烧结矿强度。经过细磨的铁粉，比表面积增大，颗粒之间的接触面积增加，在烧结过程能更好地进行固相反应和液相反应，生成更多的铁酸钙等黏结相，从而提高烧结矿的强度和稳定性，减少烧结矿在运输和高炉冶炼过程中的粉化现象。

（2）改善透气性。合适的细磨程度可使铁粉粒度分布更加合理，在烧结料层中形成良好的粒度搭配，既保证了一定的细粉量以促进烧结反应，又有适量的粗颗粒来维持料层的透气性，使烧结过程中的气流分布更加均匀，有利于提高烧结速度和烧结矿质量。

（3）增强烧结反应进行程度。细磨后的铁粉与其他烧结原料（如石灰石、白云石等）的混合更加均匀，能使各种成分在烧结过程中充分接触和反应，促进烧结反应的进行，有利于降低烧结温度，缩短烧结时间，提高烧结生产效率。

（4）提高铁品位。通过细磨，可以使铁矿物与脉石矿物更好地单体解离，在后续的选别过程中能够更有效地去除脉石杂质，从而提高铁粉的铁品位，为生产高质量的烧结矿提供优质原料，有利于提高高炉的生产效率，降低焦比。

攀钢致力于提升烧结矿品位，针对自产钒钛精矿开展细磨提质降杂处理，并针对超细粒级钒钛磁铁精矿展开烧结试验研究[1]。通过对比细磨前后钒钛矿的烧结行为，结果见图 4-1 和表 4-1 ~ 表 4-3。数据显示，细磨降杂处理后，钒钛精矿粉全铁品位跃升至 61.7%，TiO_2 含量降至 6.08%，精粉平均粒度缩至原来的 1/3。细磨后，随着精矿占比增加，混合料制粒小球里大于 3 mm 的粒级质量分数持续攀升。单烧实验表明，细磨精矿的烧结速度加快，但转鼓强度降低。而且，随着细磨精矿对原始钒钛矿替代比例的提高，烧结矿利用系数呈上升趋势，如图 4-2 所示，然而转鼓强度却逐步下降，如图 4-3 所示。

表 4-1　攀钢两种钒钛磁铁精矿的化学成分和烧损　（%）

原料名称	TFe	SiO_2	CaO	MgO	Al_2O_3	V_2O_5	TiO_2	S	烧损
精矿 A	53.70	3.60	0.40	2.80	3.80	0.56	12.25	0.713	-1.5
精矿 B	61.70	2.80	0.70	1.80	2.10	0.70	6.08	0.669	-2.5

表 4-2　攀钢两种钒钛磁铁精矿的粒度组成和平均粒度

原料名称	质量分数/%					平均粒度/mm
	1~0.35 mm	0.35~0.165 mm	0.165~0.106 mm	0.106~0.074 mm	<0.074 mm	
精矿 A	1.09	25.40	16.04	4.25	51.82	0.122
精矿 B	0.06	1.50	0.26	1.58	96.60	0.042

表 4-3　烧结矿技术经济指标

试验编号	烧结强度/mm · min^{-1}	成品率/%	转鼓强度/%	抗磨指数/%	利用系数/t · m^{-2} · h^{-1}
D-A	8.93	69.60	58.13	6.27	0.622
D-B	13.14	69.67	50.47	5.81	0.912

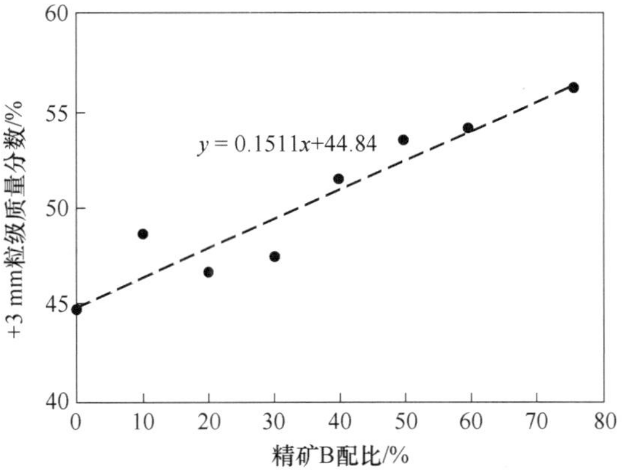

图 4-1　混合料粒度与精矿配比的关系

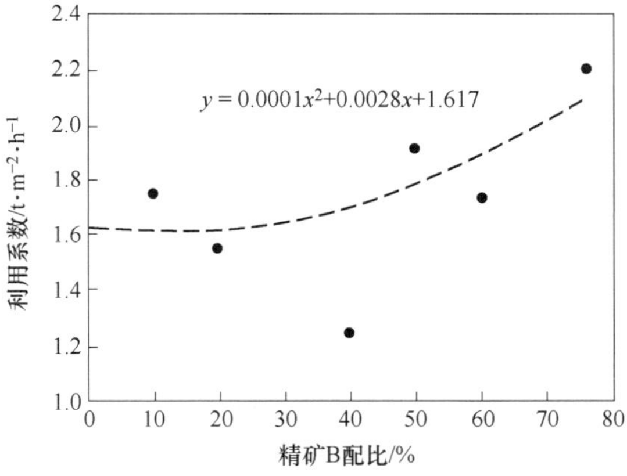

图 4-2　精矿 B 配比与利用系数的关系

铁粉细磨给烧结过程带来了一系列负面效应。铁精粉一旦经过细磨处理，其颗粒会急剧变小，比表面积则会急剧增大，使得铁精粉颗粒之间极易相互黏附，进而聚集成团。在烧结环节中，这种变化会造成混合料内小颗粒大量增多，原本存在的孔隙大量减少，料层的透气性因而急剧恶化。气体想要穿过这样的料层，所面临的阻力会大幅增加，这对燃烧时氧气的及时供应极为不利，最终致使燃烧速度大幅减缓，严重阻碍了烧结过程的正常进行。

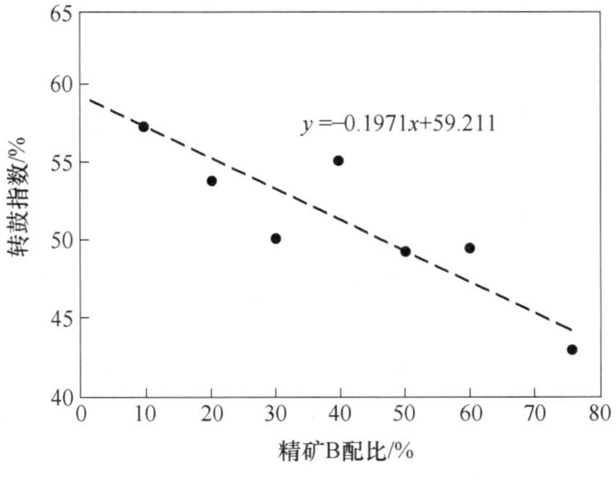

图 4-3　精矿 B 配比与转鼓指数的关系

不仅如此，如果铁精粉的细度超出合理范围，还会严重损害制粒成效，导致颗粒强度明显降低。在烧结期间，这些强度不足的颗粒极易破碎，严重影响烧结矿的整体强度。而且，过细的铁精粉在烧结时，还可能引发液相量过多的情况。过多的液相会让烧结矿结构变得异常致密，生成大量玻璃质成分。这样一来，烧结矿的韧性会显著降低，强度也会随之下降。

4.1.2　使用兰炭作为烧结燃料

兰炭作为一种新型的碳中和燃料，具有固定碳高、比电阻高、化学活性高、含灰分低、铝低、硫低、磷低等特性。兰炭在烧结领域作为燃料使用具有独特优势，主要包括：（1）高热值。兰炭的发热量较高，一般在6500 kcal/kg以上，可为烧结过程提供充足的热量，有助于提高烧结矿的质量和产量。（2）低硫、低磷。硫、磷等杂质含量低，可减少烧结过程有害气体排放，降低环境污染，同时也有利于提高烧结矿品质，减少对后续炼铁等工序的不良影响。（3）反应活性好。兰炭具有较高的反应活性，在烧结过程中能与氧气充分反应，使燃烧更加充分，提高烧结效率。（4）成本优势。相比传统的焦粉等烧结燃料，兰炭价格相对较低，在一些地区具有一定的成本优势，可降低烧结生产成本。

兰炭在烧结中的应用主要有：

（1）替代部分焦粉。在烧结生产中，通常可以将兰炭按照一定比例与焦粉混合使用，一般兰炭的替代比例在30%~50%，具体比例需根据原料条件、烧结工艺等因素通过试验确定。

（2）优化烧结工艺参数。由于兰炭的燃烧特性与焦粉等传统燃料不同，在使用兰炭时需要对烧结工艺参数进行优化调整。例如，适当提高烧结料层厚度，一般可提高10%~20%，以延长燃烧带，使兰炭充分燃烧；调整烧结机的台车速度，通常可降低10%~15%，保证烧结过程的充分进行。

（3）改善混合料透气性。兰炭的粒度和形状对烧结混合料的透气性有一定影响。在使用兰炭时，要注意控制其粒度组成，一般要求兰炭粒度在3~5 mm的比例不低于60%，并与其他原料合理搭配，以改善混合料的透气性，确保烧结过程中气流的均匀分布，提高烧结矿的质量。

蒋大军等[2]针对兰炭用作燃料对烧结性能的影响开展了试验研究。从试验结果（见表4-4）可知，在攀钢现有的典型物料结构状况下，使用兰炭作为燃料时，烧结利用系数能够达到1.549 t/(m^2·h)，相比焦粉高出0.177 t/(m^2·h)，较煤粉高出0.146 t/(m^2·h)；转鼓指数为62%，相较于使用焦粉提升了2.93%，比使用煤粉提升了8.8%；固体燃耗为52.22 kg/t，比焦粉低2.24 kg/t，比煤粉低8.32 kg/t。综合考量各项烧结性能指标，兰炭在这3种燃料中表现最为出色。

兰炭具有灰分低的特性，在相同配矿条件下，可使烧结矿品位提高0.3%~0.5%。使用兰炭进行烧结，所得烧结矿的矿物组成与结构更为均匀，铁酸盐含量较高，玻璃质含量较少，低温还原粉化率较低，中温还原度较高。经技术与经济评价显示，将兰炭用作烧结燃料，不仅能实现最高的综合技术效果，还能使烧结矿成本降至最低，是未来可供选择的优质烧结燃料之一。

表 4-4 试验烧结性能主要指标

方案	燃料结构	实验号	焦粉/%	燃料配比兰炭/%	洗精煤/%	>5 mm 成品率/%	烧结速度/mm · min^{-1}	利用系数/t · (m^2 · h)$^{-1}$	转鼓指数/%	固体燃耗/kg · t^{-1}	抗磨指数/%	综合评价指数
方案 1	焦粉组	JF	5.40			71.72	20.78	1.371	59.07	54.46	6.07	93.37
方案 2	煤粉组	MF			6.00	71.25	21.47	1.402	53.20	60.53	7.05	89.08
方案 3	兰炭组	NT		5.2		72.49	23.19	1.549	62.00	52.22	6.30	99.25
方案 4	焦炭提铁	JT	5.40			70.56	19.56	1.269	58.53	55.62	6.32	90.43
方案 5	煤粉提铁	MT			6.00	71.69	20.99	1.373	51.86	60.92	6.43	87.88
方案 6	兰炭+煤粉	NM		2.8	2.80	73.19	22.13	1.472	58.27	55.96	6.92	94.81

烧结过程使用兰炭可能存在的负面问题主要有：

（1）水分问题。部分兰炭产品水分含量较高，会影响烧结料的透气性和燃烧效果。解决措施是对兰炭进行干燥处理，可采用烘干设备将兰炭水分控制在 8%以下。

（2）强度问题。兰炭的机械强度相对较低，在运输和储存过程中容易产生破碎和粉化现象。为解决这一问题，可在兰炭储存和运输过程中采取适当的防破碎措施，如采用合理的包装方式、减少转运次数等。同时，在配料过程中，可适当添加一些黏结剂，提高混合料的强度，减少兰炭破碎对烧结过程的影响。

4.1.3 基于大数据的智能化烧结技术

烧结是高炉炼铁过程的主要工序之一，烧结配矿是高炉炼铁流程的重要组成部分，烧结过程与烧结矿质量的波动对高炉的稳定顺行有着极大影响。在烧结过程中，外界随机因素影响下的复杂物理化学反应同时发生，气、固、液多相物质共存，涉及数百个原料、操作、状态及成品质量参数，参数数量多，数据频次杂，具有多变量、强耦合、非线性、滞后性等特点。为了准确描述烧结过程，各种现代检测手段被应用到烧结生产中，一定程度上降低了烧结过程监测难度，但烧结原料来源复杂，生产冶炼周期短，反应速度快，且烧结过程中料层内部为无法直接观测的黑箱，缺乏实时准确的监控信息，无论是现场操作人员，还是少量基于经验知识的烧结专家系统，都难以实时精准掌握并预估烧结过程状态质量。先进的钢铁企业已经为烧结等炼铁工序配备了完整的数据采集与存储系统，形成了企业炼铁数据平台，平台中所积累的大量烧结生产过程数据包含着烧结生产规律与经验信息，但相关数据尚未被充分挖掘。随着大数据智能化技术的发展，采用机器学习、深度学习等智能化技术，可以快速高效地寻找烧结过程参数间的关联关系，将大数据智能化技术与冶金理论、烧结生产经验深度融合，建立精确度高、反应速度快的烧结过程智能模型，形成烧结过程智能模型结果与烧结实际生产之间的正向互动，有望解决烧结配矿模型约束失真且寻优困难、烧结过程参数预测模型精度低且产线适应性不强、烧结状态质量表征困难等传统难题。

4.1.3.1 钢铁企业炼铁数据平台建设

基于大数据的智能化技术在提升产品质量、降低劳动强度方面有着独特的优势。现有炼铁数据平台以数据层-计算层-应用层为架构，采用物联网-大数据-智能制造-云技术-移动互联技术，对烧结、球团、焦化、高炉工序数据进行大规模集控，实现炼铁过程数据实时高效采集、海量数据存储、非结构化数据处理、多源数据互联互通、报表自动生成等功能，对铁区数据进行一体化智能管控（见图 4-4）。随着生产流程数据的不断积累，炼铁数据平台中的数据成为支撑企业智能化的无形资产，可高效、准确地为后续智能化烧结技术提供所需生产数据，加快智能化烧结技术的现场应用与开发过程。但从烧结产线采集并存储于数据平台的烧结过程数据存在着由于仪表故障、网络传输中断、人为操作等造成的数据缺失与异常、不同工序间的时间滞后效应以及参数间的非线性强耦合关联关系等问题。因此，需要研究者与现场人员对烧结缺失数据与异常数据开展深度模块化治理以提高数据的质量，消除烧结参数间的时间滞后以增强数据的烧结产线适用性，建立烧结工序参数间的逻辑关系与关联规则，发掘烧结过程参数间的关联并参与指导烧结生产，为大数据智能化技术在烧结过程的应用奠定良好的数据基础。

图 4-4　钢铁企业炼铁数据平台架构

4.1.3.2　烧结智能配矿

烧结配矿过程是将数种铁矿粉、熔剂、燃料、返矿、杂料等烧结原料在某一约束条件下混合为烧结用混匀料。烧结混匀料物化性质是影响烧结矿质量的关键，同时烧结配矿过程也是高炉炼铁最具降本潜力的流程之一。因此，烧结配矿始终受到钢铁企业的重点关注。为了进一步挖掘烧结配矿降本增效的潜力，降低现场操作人员的工作强度，研究人员与现场配矿工程师不断探索可辅助决策的烧结智能配矿方法与系统并取得了一定的进展。研究人员进行了机理驱动烧结智能配矿模型的开发，在机理模型难以精确满足现场需求时，将机理驱动模型和烧结过程数据进行集成，并对烧结原料的成分、结构和性能等特征进行数据分析，在智能算法的协助下以数据驱动的方法进一步优化烧结智能配矿模型，精确控制烧结原料配比，提高模型在现场的适用性（见图 4-5）。

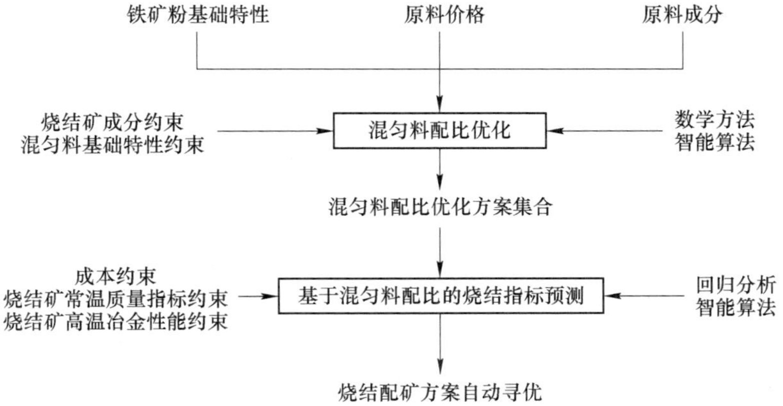

图 4-5 烧结智能配矿模型框架

A 机理驱动烧结智能配矿

机理驱动烧结智能配矿模型是通过冶金理论与烧结生产经验设定烧结配矿约束条件，以烧结矿成本、铁水成本或烧结过程能耗为目标，通过数学方法求解并优化烧结配矿方案。研究最早并应用的机理驱动烧结配矿模型[3]是基于物料平衡与现场经验设定原料成分、原料用量、原料价格、烧结矿成分、烧结矿碱度、烧结返矿量等常温指标约束，以烧结矿成本最低为目标，通过单纯形法、一阶梯度法等数学方法求解的线性规划模型。较早的机理驱动烧结配矿模型约束条件少，运行速度快，但其约束条件只包括部分常温指标，而在实际烧结生产中原料的其他常温特性与高温特性很大程度上也会影响烧结矿产质量，因此模型与实际生产情况存在一定偏差，模型精度有待提升。为了提高模型精度，研究者们通过微型烧结试验、烧结杯试验、现场生产数据等开展理论分析，以期在模型中加入更多符合烧结生产情况的约束，提高模型的适应性。研究发现[4]，烧结矿转鼓、低温还原粉化、还原性、熔滴性能等冶金性能指标与烧结用铁矿粉的同化性温度、液相流动性、黏结相强度等高温特性密切相关。因此，在设置烧结配矿模型约束时，考虑铁矿粉高温基础特性的影响可以更好地生成满足烧结矿质量需求的烧结配矿方案。

B 数据驱动烧结智能配矿

随着机理驱动烧结智能配矿模型的约束条件增多，模型愈加复杂，模型求解趋于困难。因此，可通过数据分析对模型约束进行调整，并采用智能算法对模型进行求解，优化模型求解速度。如主成分分析法可以将铁矿粉高温特性约束维度降低，在尽可能保留变量信息的情况下减少了配矿模型的约束。在模型的求解方法方面，通过遗传算法、粒子群算法等智能算法可实现烧结智能配矿快速寻优，对算法改进后可进一步提升烧结配矿模型的精度。

现有烧结智能配矿研究在机理分析方面取得了长足的进步，配矿模型的约束设置与现场条件吻合度较高，并通过数据分析与智能算法加快了配矿模型的寻优速度与精度。但现有研究在配矿模型约束方面依赖机理分析，没有对配矿相关变量数据的信息进行深度挖掘，配矿模型约束设置还有进一步优化的空间。且烧结智能配矿的核心目标之一是生产质量符合高炉需求的烧结矿，但现有研究中缺少烧结智能配矿模型最优解对应烧结矿的高炉使用效果验证。因此，研究者们还需要进一步从机理分析与数据分析两个方面深入挖掘现场历史数据与实验室数据信息，优化烧结配矿模型约束设置，开发机理数据深度融合且适应产线条件的烧结智能配矿模型，并结合高炉使用效果对烧结智能配矿模型进行深度优化。

4.1.3.3　烧结过程参数预测

烧结工序包括数百个高频次状态参数与数十个检化验频次质量参数。其中普遍关注的状态参数包括终点位置、料层透气性、终点温度、烧结机漏风率等，质量参数包括烧结矿成分、碱度、转鼓指数、高温冶金性能等。烧结现场操作人员根据经验关注并预判某些状态质量参数，期望通过调整烧结机操作参数将各个烧结状态质量参数稳定在理想范围之内，提升烧结矿产质量，延长烧结设备寿命。因此，提前精准预测烧结终点位置、终点温度等状态参数以及烧结矿碱度、烧结矿转鼓指数等质量参数，给予现场操作人员充分的操作调整时间，是烧结操作人员的一致需求。

A　烧结状态参数预测

烧结终点位置是烧结过程的核心状态参数之一，根据工艺需求通常控制在倒数第 2 个风箱位置，如果烧结终点位置提前或滞后导致烧结过程过烧或欠烧，则会造成烧结利用系数降低、烧结矿质量下降等问题。烧结终点位置可以由风箱废气温度计算获取。因此可通过遗传规划、Elman 神经网络或岭回归等方法建立风箱废气温度预测模型，进而以风箱废气温度预测结果计算相应的烧结终点位置，实现烧结终点位置的提前预测。烧结终点位置计算通常需要 3 个及以上风箱的废气温度数据，因此上述方法需要同时预测多个风箱废气温度，每个风箱废气温度都有相应的预测误差，存在误差叠加的风险。将烧结过程历史数据分析与智能算法相结合，在收集一段时间烧结历史数据后，采用逐步回归、主成分分析、机理分析等方法选择与烧结终点位置相关性强的烧结过程参数作为模型输入，通过多元回归、神经网络、最小二乘支持向量机等算法建立烧结终点位置预测模型，有效规避了风箱废气温度预测误差的叠加。为了进一步提升模型的准确性与现场适用性，从模型数据量与模型算法方面对烧结终点位置预测进行优化。在数据来源基本一致的情况下，相对于数百组数据，数千或数万组高频次数据所包含的信息更多，所建立的终点位置预测模型也更适用于现场烧结生产。通过粒子群算法与遗传算法改进支持向量机、神经网络等算法后，终点位置预测的准确性提高。现有报道中，终点位置预测最好的效果是在 0.13 个风箱误差范围内，命中率为 100%[5]。除了烧结终点位置外，烧结料层透气性、烧结终点温度、烧结漏风率也是表征烧结过程状态的重要指标。其中，烧结料层透气性通过影响垂直烧结速度影响烧结矿产质量；烧结终点温度是反映烧结热状态的关键参数；烧结漏风率会影响烧结料层风量。可通过 Pearson 相关性分析、RFE（recursive feature elimination）、随机森林、机理分析等不同模型特征选择方法筛选烧结过程参数，采用神经网络、GBDT（gradient boosting decision tree）等算法提前预测烧结目标状态参数数值或类别，并通过烧结过程工况分类、算法预测效果对比选择、模型超参网格搜索交叉验证等方法优化烧结状态参数预测模型。

B　烧结质量参数预测

烧结矿成分是高炉对烧结矿质量最基本的要求之一，直接影响高炉铁水质量与炉渣成分，对烧结矿冶金性能也有一定程度的影响。烧结矿 TFe 含量的变化直接影响高炉燃料比与产量，但由于现场生产中烧结矿 TFe 含量波动较小，单独针对 TFe 开展智能预测的研究不多。烧结矿碱度也是烧结矿成分指标的重要组成之一，采用遗传规划、支持向量机、BPNN（back propagation neural network）等算法建立烧结矿碱度预测模型，可提高烧结矿碱度稳定性。烧结矿 FeO 含量对烧结矿冶金性能和高炉经济技术指标都有着较强的影响。通过 Pearson 相关性分析、XGBoost、MIC（maximal information coefficient）、MIV（mean decrease impurity variables）等算法从数据分析方面筛选影响烧结矿 FeO 含量的烧结过程参数，进而采用神经网络、SVR（support vector regression）、RNN（recurrent neural network）等算法建立烧结矿 FeO 含量预测模型，提前判断 FeO 水平。除了原料成分与烧结过程工艺参数外，通过获取烧结机尾红外图像并建立卷积神经网络 FeO 预测模型，也是实现烧结矿 FeO 含量预测的途径之一[6]。烧结矿冶金性能对高炉的稳定顺行影响极大，因此，烧结矿转鼓指数等常温冶金性能和烧结矿低温还原粉化、还原性、软熔滴落性能等高温冶金性能的精准预测一直是智能化烧结技术的重点。可采用多元非线性回归、BP 神经网络、梯度提升回归等方法建立烧结矿转鼓指数智能预测模型。模型输入由机理分析、递归特征消除、Granger 因果分析等方法进行筛选。烧结矿高温冶金性能数据完全由试验获取，导致数据获取成本高。现有方法是在有限的试验数据基础上，基于 BP 神经网络、最小二乘支持向量机、循环神经网络等算法构建烧结矿低温还原粉化、还原性与熔滴性能指标智能预测模型。

C 烧结经济技术指标预测

现有烧结经济技术指标预测包括烧结矿返矿量预测与烧结过程能耗预测。其中，烧结矿返矿量表征烧结矿质量，烧结过程能耗表征烧结过程成本，两者也代表烧结操作水平的高低。在烧结矿返矿量预测方面，可采用 BP 神经网络、随机森林等算法建立烧结矿返矿量预测模型，通过集成不同预测模型和数据集分类，进一步提高烧结矿返矿量预测模型精度。在烧结过程能耗预测方面，可通过 BP 神经网络、RBF 神经网络等方法建立烧结能耗预测模型，并采用遗传算法、神经网络、Adaboost 算法等方法对烧结能耗预测模型进行优化。

现有烧结过程参数预测研究是通过不同方法，针对普遍关注的烧结状态质量关键参数构建了在一定测试条件下满足精度需求的智能预测模型，并对使用的智能算法进行了改进，模型在测试集上的预测效果良好。但现有烧结过程参数预测所涉及的参数不全面，除了普遍关注的烧结关键参数外，缺少有关其他烧结过程关键参数的研究，不能完全满足现场操作人员的需求。且烧结冶炼周期基本为 30~45 min，低频次数据所建立的烧结状态参数预测模型在现场的实际应用效果受到限制。同时，在现有研究中，模型输入的选择方法是固定的，即认为在烧结历史数据中所发掘的参数间关联性一直适用于现场实际烧结生产，而实际生产情况复杂，烧结参数间的关联性也会发生变化。因此，现有烧结过程参数预测模型中缺少基于实际烧结过程数据动态筛选模型特征的过程，影响了模型在烧结产线上的自适应能力。此外，在烧结过程参数预测模型构建并优化完成后，通常是直接将预测结果提供给现场操作人员辅助决策，缺少对预测模型的深度利用。因此，需要结合产线自身数据特点与现场操作人员需求，全面选择烧结过程预测目标参数，并根据目标参数数据频次、烧结冶炼周期与操作人员需求收集频次合理的模型学习数据，构建烧结过程目标参数与其他参数间的动态关联关系，建立烧结过程参数预测模型，在将预测结果显示在人机交互界面的同时形成反馈操作方案集合，进而基于预测模型预测反馈操作方案集合对应的烧结状态质量参数，并推送最优预测结果相应的反馈操作方案，充分发挥烧结过程参数预测模型的功能，辅助现场人员快速决策。

4.1.3.4　烧结过程综合评价与优化

烧结现场操作人员的操作逻辑为：对烧结产线整体状态质量进行预判与评估，进而调整控制参数，将烧结产线整体状态质量保持在理想区间。因此，基于烧结过程参数精准预测的烧结过程状态质量综合科学评价与优化，是烧结智能化技术的最终目标。现有方法中，通常选择两个状态参数或两个质量参数作为目标开展评价与优化，采用专家规则、模糊满意度、聚类分析等方法，对烧结过程综合评价与优化进行了探索并取得了一定成效。目前关于烧结过程综合评价与优化相关研究中，参与评价的参数少，评价参数信息不足以表征烧结状态质量整体水平，且在评价参数的选择上依赖于经验，暂无经验与数据融合的烧结状态质量综合评价参数选择过程，最终的评价与优化结果在现场的应用效果尚不明确。因此，需要基于烧结生产过程数据信息与专家经验选择烧结过程表征参数与烧结过程操作参数，建立数据与经验融合的烧结状态质量综合评价体系，开展烧结状态质量实时评价与烧结状态质量预测结果评价，并基于高炉冶炼对烧结过程整体水平的需求与烧结过程参数预测调整烧结操作参数，实现烧结过程的综合评价与优化。

4.1.3.5　东北大学智能化烧结技术研究进展

基于智能化烧结技术研究现状与钢铁企业需求，东北大学团队在烧结系统全链条数据治理、烧结智能配矿、烧结状态质量智能预测、烧结状态质量综合评价与优化等智能化烧结技术方面开展了系统工作（见图 4-6）。

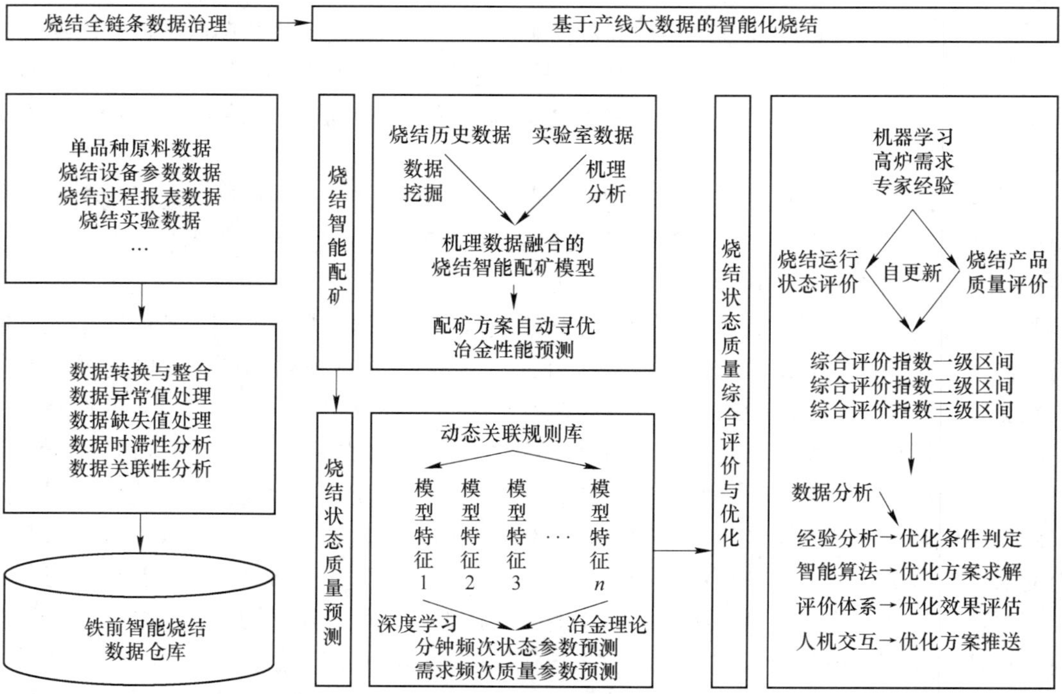

图 4-6　东北大学智能化烧结技术路线

A 烧结系统全链条数据治理

收集烧结现场分钟频次设备物联数据与业务报表数据，对烧结调度日报等业务报表数据进行数据储存形式转换。根据烧结工艺流程消除烧结原料数据、烧结设备操作状态数据、烧结矿质量数据、烧结经济技术指标数据间的时滞性并基于时间戳整合所有数据项，开展数据缺失与异常的处理与来源追溯工作，构建烧结过程参数动态关联规则库，建立符合企业特色的烧结过程数据治理规则并提供现场烧结数据维护建议。

B 烧结智能配矿

基于现场原料、配矿方案、烧结矿质量等历史数据开展烧结配矿方案—烧结工艺参数—烧结矿成分质量数据关联规则挖掘，同时基于现场配矿结构开展铁矿粉同化性温度、液相流动性等高温基础特性与烧结杯试验、烧结杯成品矿冶金性能测试，构建铁矿粉基础特性—烧结矿冶金性能关联关系，结合现场历史数据挖掘与实验室机理分析，建立机理与数据融合的烧结智能配矿模型，根据烧结实时运行过程推送烧结优化配矿方案或通过烧结原料种类配比设置预测烧结矿冶金性能，并根据高炉冶炼效果动态调整烧结矿冶金性能约束。基于烧结配矿的烧结矿转鼓指数预测效果符合生产期望（见图 4-7）。烧结智能配矿模型中的烧结矿冶金性能预测在误差范围为 4%时的命中率为 98%，所推送的优化配矿方案将铁水生产成本降低 5 元/t。

C 烧结状态质量-经济技术指标智能预测

采用深度学习与集成学习架构，根据烧结-高炉历史数据分析与现场操作人员需求，选择烟道废气温度、烟道压力、烧结终点温度、烧结终点位置、环冷废气温度等烧结状态参数、烧结矿 TFe、FeO、碱度、镁铝比、转鼓指数等烧结质量参数为目标，开发了一系列基于烧结过程参数动态关联规则库的智能预测模型，实现了烧结全过程状态质量关键参数提前预测，并通过预测模型推送烧结过程目标参数相应的操作参数调整建议。基于现场需求与烧结冶炼周期，烧结状态参数预测模型的模型学习数据频次与现场上线预测频次均为分钟频次。烧结质量参数预测模型的模型学习频次为检化验频次，现场上线预测频次为烧结冶炼周期频次。烧结过程主管压力预测效果符合生产期望（见图 4-8）。实际上线应用后，各关键参数在现场操作人员期望误差范围内的预测命中率均为 90%以上。

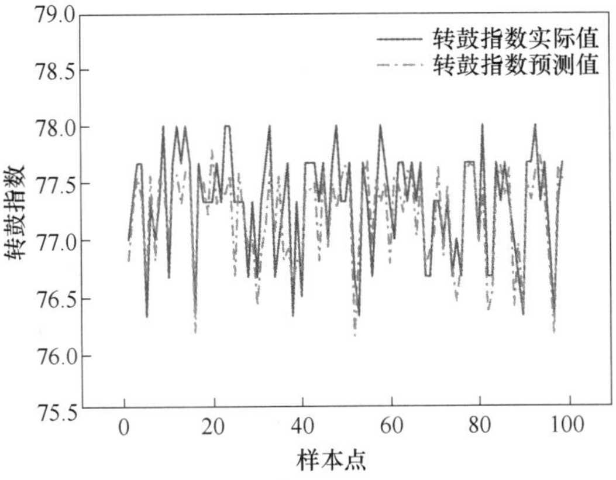

图 4-7 基于烧结智能配矿的烧结矿转鼓指数预测
（扫描书前二维码看彩图）

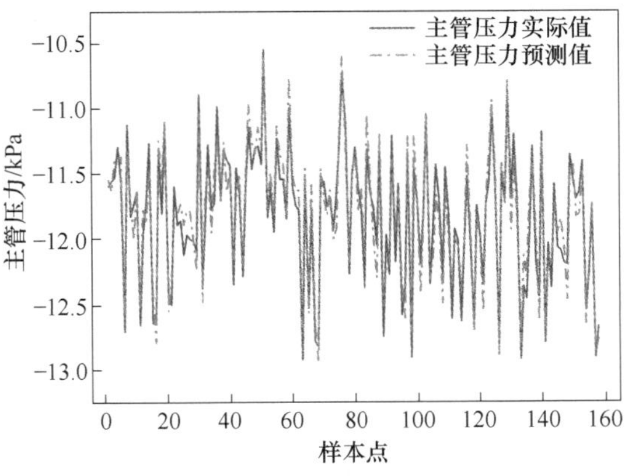

图 4-8 烧结过程主管压力预测
（扫描书前二维码看彩图）

D　烧结状态质量综合评价与优化

结合数据信息与工艺经验获取表征烧结状态质量的烧结关键变量，对烧结关键变量数据进行数据转换后，通过无监督学习构建烧结状态质量综合评价模型，得到烧结状态质量综合评价指数等级，将抽象的烧结过程以数字形式具象化，并通过烧结过程历史数据与现场专家经验知识进行不同时间序列数据评价效果验证，实现对烧结过程的整体动态综合评价。结合烧结生产经验与烧结现场生产历史数据，选择烧结操作参数并设定相应参数调整优先级，基于烧结状态质量预测模型与烧结状态质量综合评价模型，在现场烧结状态质量综合指数预测值偏离理想区间时，推送调整偏差最小的操作参数优化方案，辅助现场烧结操作人员快速决策。

4.1.3.6　智慧烧结系统开发展望

智慧烧结系统开发展望主要有以下方面：

（1）在烧结数据治理方面，部分钢铁企业已经建立了包括烧结过程数据的炼铁数据平台，实现了烧结过程数据的采集存储与初步处理。还需要针对烧结数据存在的问题开展模块化治理，消除参数间时滞性并构建参数动态关联规则库。

（2）在烧结智能配矿方面，现有配矿模型的约束设置与现场条件吻合度有所提升，并通过数据分析与智能算法加快了配矿模型的寻优速度与精度。还需要进一步开发机理数据深度融合且适应产线条件的烧结智能配矿模型，并结合高炉使用效果对烧结智能配矿进行深度优化。

（3）烧结过程参数预测方面，现有研究针对普遍关注的烧结状态质量关键参数构建了智能预测模型，模型在测试集上的预测效果良好。应结合产线自身数据特点与现场操作人员需求，全面选择烧结过程预测目标参数，并根据目标参数的数据频次、实际烧结生产冶炼周期与操作人员需求，建立烧结过程参数自更新预测模型，并充分发挥烧结过程参数预测模型的功能。

（4）烧结过程综合评价与优化方面，现有研究进行探索并取得了一定成效。基于烧结生产过程数据信息与专家经验，选择烧结过程表征参数与烧结过程操作参数，建立数据与经验融合的烧结状态质量综合自适应评价体系，并基于高炉冶炼对烧结过程整体水平的需求与烧结过程参数预测调整烧结操作参数，实现烧结过程综合评价与优化。

4.2　钒钛矿氧化球团新技术

在精料方针的炉料入炉要求和低碳炼铁的需求下，球团矿作为高炉炉料的比例逐步提高。目前，高炉炉料一般为高碱度烧结矿配加酸性球团矿及块矿，高碱度烧结矿提供的高炉炼铁所需的钙、镁等碱性成分过高，影响了烧结矿质量。提高酸性球团矿的入炉比例可以适应目前的高炉生产现状，但为了提升烧结矿质量，降低烧结矿中钙、镁等比例，需要将一定量的钙、镁等熔剂转移至球团矿中，从而达到良好的冶炼效果。

近年来，各钢厂积极探索强度和品位高、粒度均匀、还原性好的碱性氧化球团炉料，以达到高炉炼铁降耗提质，同时减少造块工序烟气排放的目的。因此，适当调整高炉炉料入炉的比例，降低烧结矿的入炉比例，提高球团矿在炉料中的占比，可有效提高高炉入炉品位，改善炼铁技术经济指标。

4.2.1 碱性球团技术

碱性球团是在铁精矿中添加石灰石或消石灰等碱性熔剂生产的球团矿。二元碱度（CaO/SiO_2）一般为 0.6～1.3。碱性球团具有如下冶金性能优势：

（1）改善高炉透气性。相比酸性球团矿等，粒度均匀，在高炉内能够形成良好的料柱结构，使煤气分布更加均匀，提高高炉透气性，有利于高炉顺行。

（2）提高还原性能。含有一定量的碱性氧化物，在高炉还原过程中，能促进铁氧化物的还原反应，加快还原速度，提高铁的回收率，降低焦比。

（3）增强球团强度。通过添加钙质熔剂等，在焙烧过程中形成的矿物相有利于提高球团矿强度，包括抗压强度和耐磨强度等，减少在运输、储存和高炉冶炼过程中的破损和粉化。

随着钢铁行业对节能减排、降低成本的要求越来越高，以及对高炉冶炼效率和铁水质量的不断追求，碱性球团矿的应用将越来越广泛。未来，碱性球团矿的生产工艺将不断优化，进一步提高生产效率，降低能耗和成本，同时开发出适应不同原料和工艺要求的新型碱性球团生产技术。

蒋大均等[7]依据攀钢的资源实际情况，开展了将部分烧结矿转为球团矿的探索，进行了采用不同配矿结构以及提高球团碱度的试验研究，系统地探究了不同碱度和配矿结构对钒钛矿球团矿性能产生的影响。他们制备出碱度分别为 0.4、0.6 和 0.8 的钒钛矿球团，并针对“钒钛精矿+普通精矿”与“全钒钛精矿”这两种方案分别开展平行试验（见表 4-5～表 4-7）。

试验成果显示，对于“钒钛精矿+普通精矿”的组合，在不使用膨润土，采用消石灰作为添加剂的情况下，能够生产出令人满意的碱性球团，这为当前单一的酸性球团生产模式开拓了全新的路径。然而，全钒钛精矿仅适用于添加膨润土来生产酸性球团。试验还表明，碱度为 0.4 和 0.6 的碱性球团，其生球性能可以达到焙烧的要求标准。在经过优化的焙烧制度下，成品球的抗压强度、还原膨胀指数以及冶金性能均表现良好，完全能够符合高炉冶炼的各项要求。

表 4-5 不同焙烧制度条件下不同碱度球团的抗压强度

项目	预热-焙烧制度				钒钛精矿+普通精矿				全钒钛精矿				基准期(自然碱度)	
					+消石灰		+石灰石		+消石灰		+石灰石		+膨润土	
球团碱度	预热温度/℃	预热时间/min	焙烧温度/℃	焙烧时间/min	试验号	抗压强度/N·个$^{-1}$	试验号	抗压强度/N·个$^{-1}$	试验号	抗压强度/N·个$^{-1}$	试验号	抗压强度/N·个$^{-1}$	试验号	抗压强度/N·个$^{-1}$
0.4	800	20	1200	30	Hx4-1	2536	Hs4-1	2450	Qx4-1	2401	Qs4-1	2501	Hp-1	3311
	850	20	1230	30	Hx4-2	3496	Hs4-2	2935	Qx4-2	2794	Qs4-2	2786	Hp-2	3739
	900	20	1250	30	Hx4-3	3766	Hs4-3	3036	Qx4-3	2828	Qs4-3	2943	Hp-3	3987
	800	20	1200	30	Hx6-1	2207	Hs6-1	1910	Qx6-1	2370	Qs6-1	1842	Qp-1	3293

续表 4-5

项目	预热-焙烧制度				钒钛精矿+普通精矿				全钒钛精矿				基准期(自然碱度)	
					+消石灰		+石灰石		+消石灰		+石灰石		+膨润土	
球团碱度	预热温度/℃	预热时间/min	焙烧温度/℃	焙烧时间/min	试验号	抗压强度/N·个$^{-1}$	试验号	抗压强度/N·个$^{-1}$	试验号	抗压强度/N·个$^{-1}$	试验号	抗压强度/N·个$^{-1}$	试验号	抗压强度/N·个$^{-1}$
0.6	850	20	1230	30	Hx6-2	2848	Hs6-2	2115	Qx6-2	2797	Qs6-2	2034	Qp-2	3383
	900	20	1250	30	Hx6-3	3679	Hs6-3	2277	Qx6-3	2809	Qs6-3	2276	Qp-3	3402
	800	20	1200	30	Hx8-1	1099	Hs6-1	1264	Qx8-1	1462	Qs6-1	1403		
0.8	850	20	1230	30	Hx8-2	1899	Hs6-2	1629	Qx8-2	1843	Qs6-2	1678	延长焙烧时间 5 min	
	900	20	1250	30	Hx8-3	2013	Hs6-3	1945	Qx8-3	2050	Qs6-3	1942		
	900	20	1250	35	Hx8-3(1)	2398			Qx8-3(1)	2266			延长焙烧时间 10 min	
	900	20	1250	40	Hx8-3(2)	2980			Qx8-3(2)	2311				

注：编号中 4、6、8 分别表示碱度 0.4、0.6、0.8，-1、-2、-3 分别表示焙烧温度 1200 ℃、1230 ℃、1250℃。

表 4-6　球团矿还原膨胀指数　(%)

项　目	混合矿球团				全钒钛矿球团			
试验号	Hp	Hx4	Hx6	Hx8	Qp	Qx4	Qx6	Qx8
膨胀指数	8.25	7.14	4.42	3.12	6.69	2.89	5.86	6.58
试验号	Hp	Hs4	Hs6	Hs8	Qp	Qs4	Qs6	Qs8
膨胀指数	8.25	3.49	2.88	2.74	6.69	4.70	5.36	6.03
球团碱度	自然	0.4	0.6	0.8	自然	0.4	0.6	0.8

表 4-7　混合炉料软熔滴落性能测定结果

试验号	试验结果							试验条件		
	T_a/℃	T_s/℃	ΔT_{sa}/℃	$T_{\Delta p}$/℃	T_m/℃	T_c/℃	H/mm	烧结矿 R	球团 R	球团配比/%
Hp-28	1069	1163	94	1200	1438	238	35.40	2.4	自然	28
Hx4-25	1069	1153	84	1179	1460	281	42.74	2.0	0.1	25
Hx4-30	1073	1161	88	1194	1444	250	35.21	2.1	0.4	30
Hx4-35	1090	1179	89	1210	1424	214	32.48	2.2	0.4	35
Qp-10	1148	1226	78	1268	1485	217	31.75	1.8	自然	10
Qp-20	1144	1225	81	1264	1441	190	32.65	2.0	自然	20
Qp-30	1136	1226	90	1261	1453	188	31.11	2.2	自然	30

于浩等[8]针对钒钛磁铁矿制备熔剂性球团展开了基础研究。研究过程中，以钒钛磁铁矿作为原材料，通过添加白云石、生石灰等各类不同熔剂，制备出熔剂性球团，并围绕其焙烧工艺开展深入探究（见图 4-9）。

研究结果表明，在制备过程中，含有适量的 MgO，能够有效促进液相量的增加，从而使矿相结构更为稳定。当碱度处于适宜范围时，球团内部铁酸钙的液相量会相应增多，进而显著提升球团的强度。此外，当 SiO_2 含量维持在 3.0%~4.0%这一区间时，硅酸盐液相会有所增加，但该变化对球团矿性能所造成的影响相对较小。

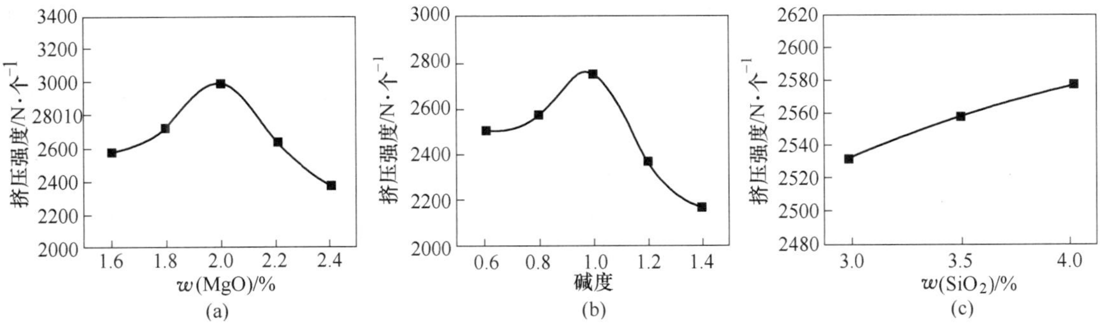

图 4-9 不同因素对球团抗压强度的影响
（a）MgO 含量；（b）碱度；（c）SiO_2 含量

4.2.2 高压辊磨工艺

高压辊磨工艺利用层压粉碎原理（见图 4-10）。工作时辊压机通过液压系统向动辊施加压力，静辊与动辊之间的铁精矿料饼受到静辊与动辊施加的径向压力以及切向、沿辊压机轴向剪应力，使铁精矿颗粒在多方向力的作用下被破碎，从而改变物料的粒度、粒度组成、物料颗粒形状以及比表面积。

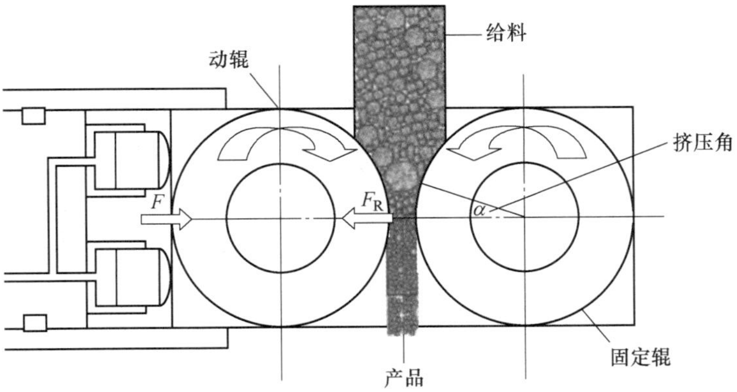

图 4-10 高压辊磨工艺

高压辊磨工艺具有如下优势：

（1）节能高效。与常规挤压式超细碎破碎机和磨机相比，能量利用率很高，粉磨能耗显著降低，生产效率大幅提高。

（2）改善物料性质。增加造球原料中微细粒级的含量，提高物料的比表面积和粒级的分散度，使颗粒处于不稳定的高能状态，颗粒间更容易团聚，还能增强颗粒表面的吸附性能。

（3）提高球团质量。可以改善颗粒表面性质，增强铁精矿的亲水性与成球性，有利于提高生球质量，同时使含铁矿物发生晶体活化，有利于颗粒间固相反应的进行，从而提高球团强度。

（4）处理能力强。可处理水分含量较高的物料，能形成较好的自生式辊面料垫，还可提高挤压辊的工作寿命，能处理不同性质的铁精矿，适应性强。

（5）降低成本。降低原料采购成本，部分替代价格较高的细粒铁精矿。而且设备占地面积少，可节省土建投资。

（6）生产环境好。利用层压破碎机理，物料被封闭在辊子和给料装置的密闭空间内，靠静压破碎，一般不会产生冲击和物料飞溅，设备的振动和噪声较低，改善了工人的工作环境。

高压辊磨工艺在武钢鄂州球团厂和首钢京唐球团厂均有应用[9]。武钢鄂州球团厂开展高压辊磨作业时，各项运行参数控制如下：精矿水分保持在 9.0%～9.5%，磨机加载压力维持在 45～55 bar（1 bar＝10^5 Pa），直料柱高度处于 1.0～1.5 m，磨机喂料量为 900～1100 t/h，边返料量稳定在 250～350 t/h。在这样的工艺条件下，生产出的生球质量显著提升，其平均落下强度每 0.5 米达到 7 次，平均抗压强度为 11.05 N，详细数据可见表 4-8。

表 4-8　高压辊磨对生球质量的影响

编号	铁精矿水分/%	直料柱高度/m	喂料量 /t · h^{-1}	边返料量 /t · h^{-1}	生球落下强度 /次 · 0.5 m^{-1}	生球抗压强度 /N
1	9.0	1.0	900	250	6.8	10.5
2	9.1	1.1	900	250	6.8	10.7
3	9.2	1.2	1000	300	6.9	11.0
4	9.3	1.3	1000	300	7.1	11.2
5	9.4	1.4	1100	350	7.2	11.4
6	9.5	1.5	1100	350	7.2	11.5

在“钒钛磁铁矿制备氧化球团的试验研究”[10]中，将印度尼西亚海砂钒钛矿作为研究主体，对利用海砂制备氧化性球团的工艺参数展开了探究，具体参数见表 4-9。根据试验结果，比表面积相对较小的海砂矿在经过高压辊磨处理后，其预热温度和焙烧温度出现显著下降。不仅如此，所制成的成品球团矿在抗压强度、转鼓指数以及抗磨指数等方面都表现出色，并且其 FeO 含量低于 1.0%。

表 4-9　高压辊磨处理过的钒钛磁铁矿干球管式炉焙烧试验结果

预热温度 /℃	预热时间 /min	焙烧温度 /℃	焙烧时间 /min	抗压强度 /N · P^{-1}	TFe /%	FeO /%
950	10	1250	10	3233	63.75	0.64
950	8	1250	10	3102	63.87	0.52
950	8	1250	8	2370	64.05	0.47
950	6	1250	10	3156	63.84	0.89
900	6	1250	10	2902	63.93	0.75
950	10	1250	8	2411	63.72	0.66

4.2.3 新型黏结剂

MHA 黏结剂是一种新型有机黏结剂。从成分和化学性质来看，MHA 黏结剂一般以酚醛树脂为主要成分。酚醛树脂是由酚类（如苯酚、甲酚等）与醛类（如甲醛等）在一定条件下缩聚反应生成的。这种由有机化合物通过化学反应生成的树脂具有典型的有机化合物特征，其分子结构中含有碳、氢、氧等元素，以共价键的形式连接成复杂的分子链和三维网状结构。

MHA 黏结剂的制备步骤为：首先原料准备，包括酚类（如苯酚）、醛类（如甲醛）、催化剂（像酸性的盐酸或碱性的氢氧化钠）以及根据实际需求添加的固化剂、增塑剂等添加剂。准备就绪后，先进行加成反应，把酚类和醛类按特定比例投放到反应釜中，加入催化剂，开启搅拌并升温至 40 ~80 ℃，反应持续 1~3 h，生成羟甲基苯酚等中间产物。加成反应结束后，立刻进入缩聚反应阶段，升温到 80~ 100 ℃，让羟甲基苯酚发生缩聚形成酚醛树脂，此过程大概需要 2~6 h，同时要及时排出反应生成的水，等达到预定反应程度，就停止加热和搅拌。最后进行后处理，用酸或碱中和残留的催化剂，通过减压蒸馏等方式除去水分，再过滤掉杂质，接着添加各类添加剂来调配性能，使其满足不同应用需求，完成调配后放置在适宜环境中储存。

与传统黏结剂相比，新型球团黏结剂在环保、性能、成本等方面具有优势。

在环保方面，主要优点有：(1) 低污染或无污染。传统黏结剂如膨润土等，在球团生产和使用过程中可能会释放出一定的粉尘等污染物，对环境和操作人员健康有一定影响。而新型球团黏结剂很多采用环保型材料制成，不含有害化学物质，在生产、储存和使用过程几乎不产生污染物。(2) 可降解性。部分新型黏结剂具有可降解性，在球团使用后，黏结剂能在自然环境中逐渐分解，不会像一些传统黏结剂残留有害物质对土壤、水体等环境造成长期污染。

在黏结性能方面，具有如下特性：(1) 更高的黏结强度。新型球团黏结剂通常能在更低的添加量下达到超过传统黏结剂的黏结效果，使球团具有更高的抗压强度和抗跌落强度。如一些新型有机高分子黏结剂，能通过分子间的强作用力，将矿粉颗粒紧密结合在一起，提高球团整体强度，减少球团在运输、储存和冶炼过程的破损和粉化现象。(2) 更好的成球性能。新型黏结剂能显著改善物料的成球性，使球团的粒度更加均匀，表面更加光滑。它们可以降低矿粉颗粒之间的表面张力，促进颗粒的团聚和成型，有助于提高球团的质量和稳定性。

在造球物料的适应性方面，具有如下优势：(1) 对原料适应性强。传统黏结剂可能对某些特定的矿粉原料有较好的黏结效果，但对其他类型的原料适应性较差。新型球团黏结剂则能适应更广泛的原料种类，无论是不同品位的铁矿粉，还是铬矿粉、锰矿粉等其他有色金属矿粉，甚至是一些含有复杂杂质的矿粉和工业废弃物，都能表现出较好的黏结效果，为资源的综合利用提供了便利。(2) 对生产条件适应性好。新型球团黏结剂能够在不同的生产条件下保持稳定的性能。例如，在不同的湿度、温度环境中，仍能发挥良好的黏结作用，不像一些传统黏结剂受环境因素影响较大，从而提高了球团生产的稳定性和可靠性。

采用新型黏结剂的成本效益主要体现在：(1) 降低黏结剂用量。由于新型球团黏结剂的黏结效率高，在球团生产中只需添加少量就能达到理想的黏结效果。相比之下，传统黏结剂需要较大的添加量才能实现相同的效果。因此，新型黏结剂在一定程度上可以节约生产成本。（2）提高生产效率。使用新型球团黏结剂可以提高球团的质量和生产效率，减少因球团质量问题导致的生产中断和次品率，从而提高整个生产流程的经济效益。同时，新型黏结剂具有更快的固化速度或更好的干燥性能，能够缩短球团的生产周期，提高生产效率。

张元波等[11]开展了关于 MHA 黏结剂在钒钛磁铁矿氧化球团制备中的应用研究。研究中采用 MHA 黏结剂替换传统的膨润土，用于制备钒钛磁铁矿氧化球团，最终成功获得了质量上乘、可用于高炉的球团矿，相关数据见表 4-10。

研究结果显示，当 MHA 黏结剂的使用量为 0.25%，且在预热温度 950℃、预热时长 10 min，焙烧温度 1250℃、焙烧时长 10 min 的条件下，所制备的预热球团抗压强度可达 522 N，经焙烧后的成品球团抗压强度更是高达 3702 N。与使用 2.0%膨润土制成的球团矿相比，采用 MHA 制成的氧化球团在抗压强度上稍显逊色，不过其 TFe 含量提高了 1.11%。

表 4-10　两种黏结剂球团的性能比较

黏结剂	MHA 与铁矿质量比/%	生球落下强度/次·(0.5 m·个)$^{-1}$	生球抗压强度/N·个$^{-1}$	爆裂温度/℃	预热球抗压强度/N·个$^{-1}$	焙烧球抗压强度/N·个$^{-1}$	TFe/%
MHA	0.25	4.9	13.6	>600	522	3702	55.36
膨润土	2.0	4.1	13.5	>600	601	3854	54.25

4.3　钒钛矿热压块新型炉料技术

4.3.1　海砂热压块制备及优化

4.3.1.1　实验研究方案

A　实验原料

实验用海砂矿及普通钒钛矿（创远矿）的化学成分见表 4-11。其中，海砂 TFe 为 57.22%，V_2O_5含量为 0.54%，TiO_2 含量为 8.00%；创远矿 TFe 为 61.88%，V_2O_5含量为 0.37%，TiO_2 含量为 5.40%。承钢提供的 1/3 焦煤和瘦煤的工业分析见表 4-12。

表 4-11　钒钛海砂及创远钒钛矿的化学成分　（%）

矿种	TFe	FeO	CaO	SiO_2	MgO	Al_2O_3	TiO_2	V_2O_5
海砂矿	57.22	27.80	1.48	4.07	3.29	3.41	8.00	0.54
创远矿	61.88	28.08	1.07	3.54	1.50	1.67	5.40	0.37

表 4-12　1/3 焦煤工业分析　（%）

煤种	FC	A_{ad}	V_{ad}	M_{ad}
1/3 焦煤	58.97	10.00	30.09	1.04
瘦煤	74.80	9.80	14.40	1.10

实验用两种矿粉的粒度分布见图 4-11。可知，两种矿粉的粒度粗细排序为海砂矿>创远矿。海砂矿的粒度明显较粗，0.075 mm以下粒级仅占 2.29%，主要粒度分布在 0.1~0.15 mm，占比 65.87%。

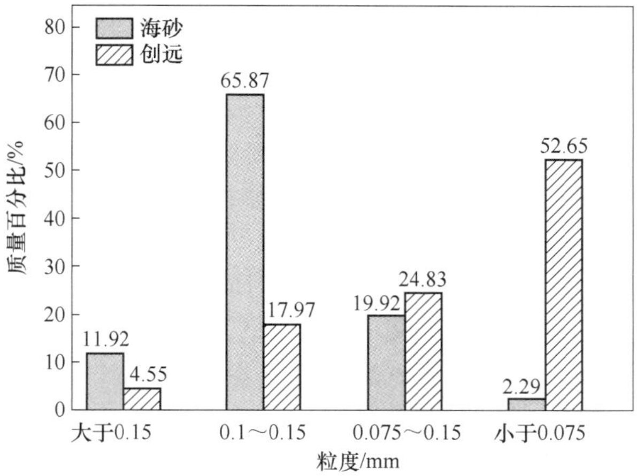

图 4-11 海砂矿及创远矿的粒度分布

图 4-12 给出了海砂矿的 SEM 形貌照片及物相 EDS 分析结果。可以看出，海砂矿粒度粗、球形度高、比表面积小，压块成型过程中矿物颗粒间的啮合作用小，压块难度大。另外，海砂矿主要由钛铁矿、钛磁铁矿及脉石组成，其中亮色相为含铁钛物相，暗色相主要为脉石，铁钛物相与脉石相互嵌布共生，组成较为复杂。

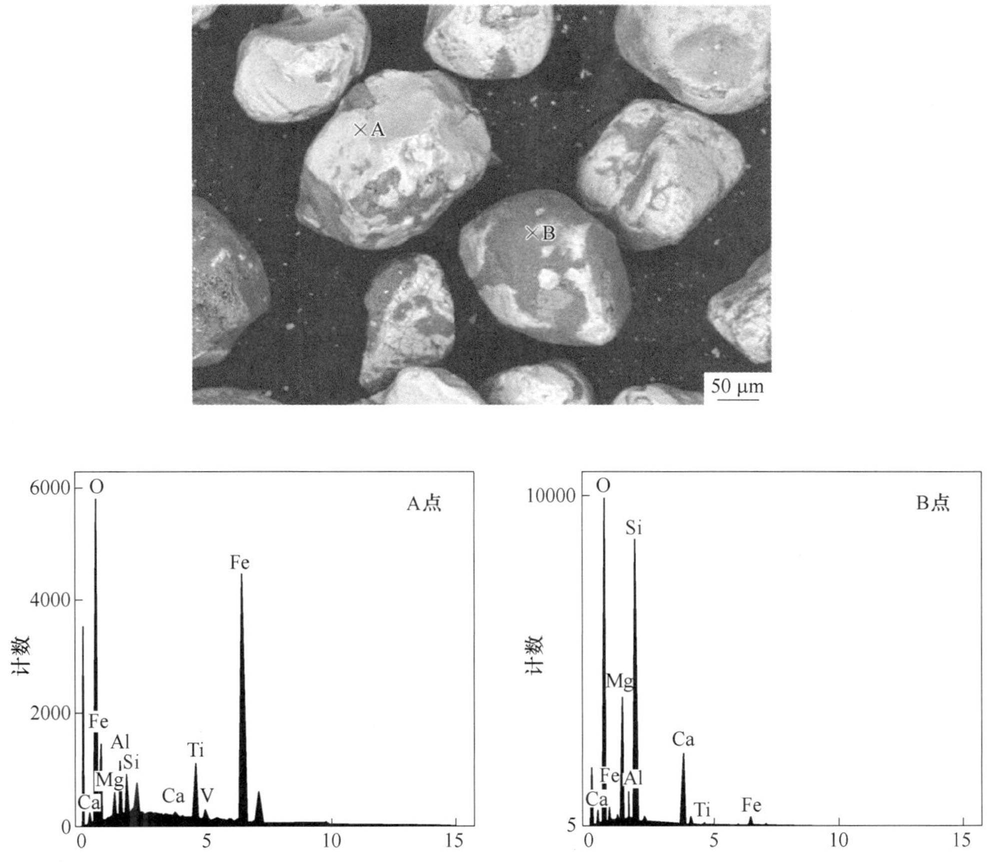

图 4-12 海砂矿的 SEM-EDS 分析结果

B 实验设备

海砂热压块制备实验过程中所用的主要设备包括干燥箱、制样机、球磨机、自制热压系统。其中干燥箱用于矿粉和煤粉的烘干，制样机和球磨机用于矿粉及煤粉的磨制，自制热压系统由加热系统和压块系统两部分组成。加热系统主要由马弗炉组成，压块系统包括液压千斤顶和热压模具。热处理过程所用实验设备主要包括石墨坩埚和马弗炉，即将经热压得到的热压块放入已经铺上一层煤粉的石墨坩埚中，并在其表面再覆盖一层煤粉以防止其在处理过层中发生氧化及黏接，然后将石墨坩埚装入马弗炉中进行热处理。将处理后的装有热压块的石墨坩埚置于煤粉中冷却，至室温后取出并测量其抗压强度。

C　实验方案

海砂热压块的制备流程见图 4-13，主要包括热压块和热处理。首先，将海砂矿、创远矿及 1/3 焦煤置于干燥箱中干燥，矿粉的干燥温度一般在 120 ℃，而煤粉的干燥温度则在 90 ℃，干燥时间为 2 h。干燥后的矿粉和煤粉经筛分及球磨处理后，按适当比例进行配料。将混合料充分混匀后填充于热压模具内，然后将热压模具置于加热炉中，待混合料加热至设定温度后，取出模具置于压块系统中进行热压块制备。最后，将得到的热压块装入石墨坩埚中进行热处理，对热处理后的海砂热压块按 GB/T 14201—93 检测其抗压强度，分析原料的理化性能、热压参数及热处理参数对其抗压强度的影响规律，最终得到海砂热压块的优化制备参数。

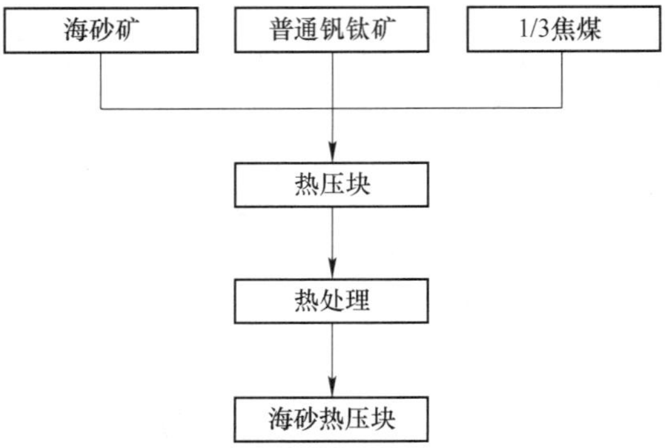

图 4-13　海砂热压块制备流程

相较于普通钒钛矿，钒钛海砂存在着粒度粗、湿容量及比表面积小的特点，采用传统造块方法处理海砂难度大。因此，首先对海砂热压块制备过程进行实验研究，在探索实验结果基础上，对海砂热压块的制备展开系统优化，最终得到完整的海砂热压块优化制备参数。

4.3.1.2　海砂热压块制备探索实验结果

A　全海砂制备热压块

首先探索在全海砂制备热压块的条件下配煤量（配碳比）对其抗压强度的影响。选定的热压块制备参数为：热压温度 200 ℃、热压压力 50 MPa、热处理温度 500 ℃、升温速度 5 ℃/min、处理时间 3 h。实验考察的配碳比分别为 1.0、2.0 和 3.0。

图 4-14（a）给出了配煤量对全海砂热压块抗压强度的影响。所得热压块形貌见图 4-14（b）。由图 4-14（b），可知当配碳比为 1.0 时，全海砂热压块表面出现明显裂纹，而当配碳比超过 2.0 时，全海砂热压块爆裂严重，且爆裂程度随配碳比的增加而明显加剧。由图 4-14（b）中可知，随着全海砂热压块爆裂程度的加剧，其抗压强度明显降低，且当配碳比为 1.0 时，全海砂热压块的抗压强度也仅为 1050 N，未达到承钢对入炉炉料的强度要求（>3000 N）。因此，后续的探索实验首先考虑通过添加创远矿调整矿粉配比，以进一步提高其抗压强度。

B　海砂配加创远矿制备热压块

全海砂制备的热压块抗压强度远低于承钢炉料的抗压强度要求。因此，在热压温度 300 ℃、热压压力 50 MPa、热处理温度 500 ℃、升温速度 3 ℃/min、处理时间 3 h 的条件

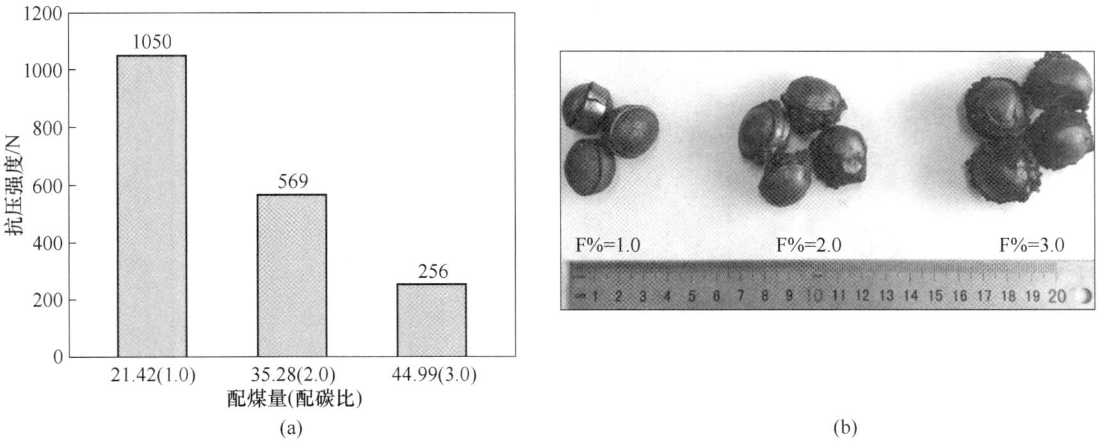

图 4-14 配煤量对全海砂热压块抗压强度的影响

（a）配煤量对抗压强度的影响；（b）全海砂热压块处理后形貌

下，初步探索不同创远矿配比对热压块抗压强度的影响。

图 4-15（a）给出了创远矿添加比例对海砂热压块抗压强度的影响。可以看出，全创远矿热压块的抗压强度最高，而全海砂压块的抗压强度最低。加入 35%创远矿后的海砂热压块抗压强度明显提升，达到 1229 N，但仍远低于承钢要求。图 4-15（b）为热处理后的热压块形貌。可以看出，钒钛矿使用全海砂的热压块爆裂严重，35%海砂+35%创远矿的热压块爆裂程度有所缓解。由此说明与全海砂热压块相比，加入一定比例的创远矿制备海砂热压块可提高抗压强度。

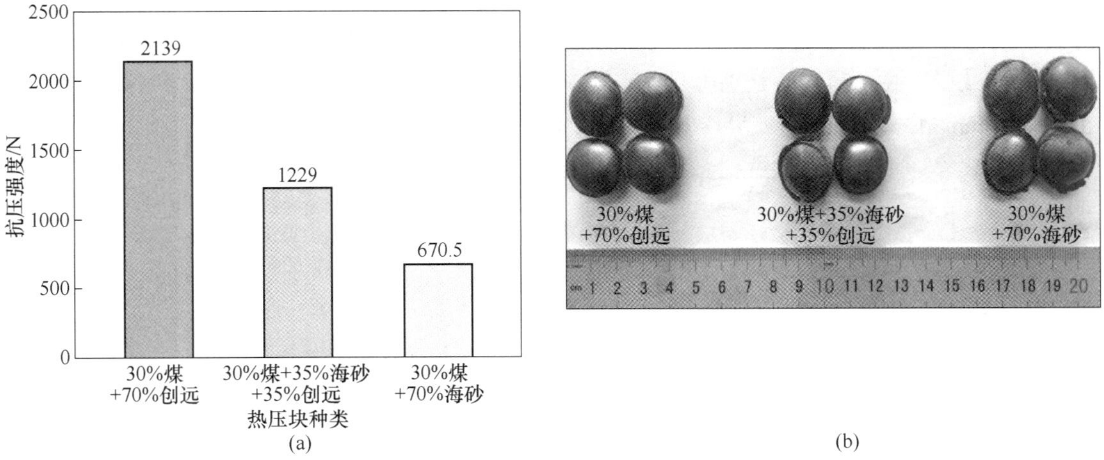

图 4-15 添加创远矿对热压块抗压强度的影响

（a）不同条件下热压块抗压强度；（b）处理后热压块形貌

C 原料筛分处理后制备海砂热压块

为了提高海砂热压块抗压强度，进一步探索了筛分后的创远矿与海砂矿对热压块抗压强度的影响。首先对海砂矿和创远矿过筛，将粒度小于 106 μm 的创远矿和海砂矿粉制备热压块。图 4-16 给出了筛分后的创远矿与海砂矿对热压块抗压强度的影响。可以看出，筛分后的创远矿与海砂矿制备的热压块与未筛分前制备的热压块相比，抗压强度有较大提高。然而当全创远矿热压块中添加 10%海砂时，热压块抗压强度急剧降低，由 3048 N 降低至 2256 N。

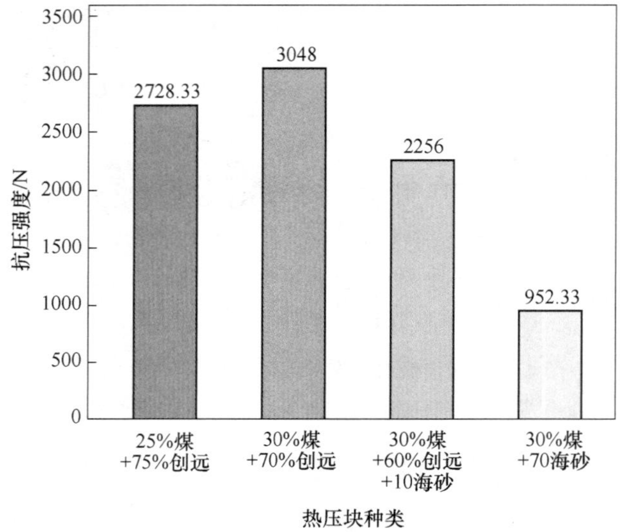

图 4-16　筛分处理对海砂热压块抗压强度的影响

D　海砂润磨处理制备热压块

由前述结果可知，海砂矿颗粒粗大，其主要粒度区间分布在 0. 1 ~ 0. 15 mm，占比高达 65. 87%，而大于 0. 15 mm 粒级仅占 2%左右。因此，进一步对海砂矿进行润磨处理。所用的润磨设备为湿式锥形球磨机，设定的海砂润磨时间为 30 min 和 60 min，润磨后的海砂矿粒度对比见图 4-17。可以看出，润磨 30 min 和 60 min 后 0. 1 ~ 0. 15 mm 粒级范围的海砂明显减少，由 65. 87%分别降至 29. 26%和 11. 52%。润磨时间为 30 min 和 60 min，小于 0. 075 mm 粒级分别由 31. 55%升高至 44. 19%。

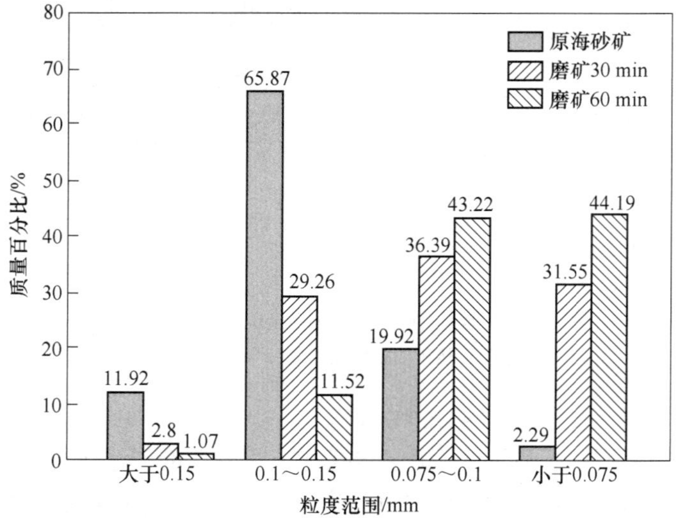

图 4-17　润磨时间对海砂粒度的影响

对于润磨后的海砂矿，在热压温度 300 ℃、热处理温度 500 ℃、升温速度 3 ℃/min、热处理时间 3 h 的条件下制备热压块。图 4-18 给出了不同润磨时间对热压块抗压强度的影响及其相应的相貌对比。可以看出，润磨后海砂制备的热压块抗压强度得到了明显提升，润磨 60 min 后的海砂热压块的抗压强度高于润磨 30 min 的海砂垫压块，达到 2786.8 N，且润磨后海砂热压块处理过程的爆裂现象明显减缓。

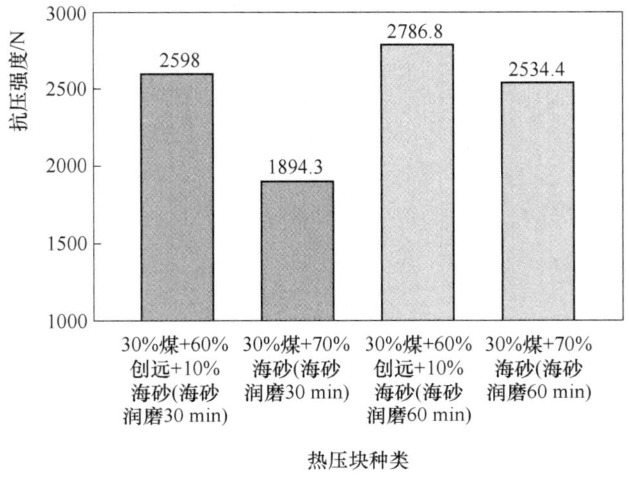

图 4-18 润磨时间对海砂热压块抗压强度的影响

综合前述探索实验可知，加入粒度小于 106 μm 的创远矿以及海砂润磨处理均能提高海砂热压块的抗压强度。但在前期探索实验中，尽管海砂热压块的抗压强度已提高到 2786.8 N，但仍低于承钢炉料的要求。为进一步提高海砂热压块抗压强度，需探索热处理参数及煤种对海砂热压块抗压强度的影响。

E 热处理时间对海砂热压块抗压强度的影响

在热压温度 300 ℃、热处理温度 500 ℃、升温速度 3 ℃/min、1/3 焦煤 30%、创远（粒度小于 106 μm）60%、海砂（润磨 60 min）10%的条件下，探索了不同热处理时间对热压块抗压强度的影响。

由图 4-19 可以看出，随着热处理时间的增加，海砂热压块的抗压强度呈明显的上升趋势，在热处理时间为 4 h 时，其热压块抗压强度达到了 2924.5 N。

F 不同煤种制备海砂热压块

海砂热压块在处理过程中产生的表面裂纹主要是由煤粉内部挥发分的析出速度过快引起。因此，为了消除海砂热压块表面产生的裂纹，进一步提高热压块的抗压强度，提出在热压块原料中加入适量瘦煤的方法，以缓解挥发分的析出速率。在热压温度 300 ℃、热处理时间 4 h、热处理温度 500 ℃、升温速度 3 ℃/min、海砂润磨 60 min 的条件下，探索了不同比例的瘦煤对海砂热压块抗压强度的影响。图 4-20 给出了不同 1/3 焦煤和瘦煤的组合下海砂热压块的抗压强度变化。在 25% 1/3 焦煤和 5%瘦煤组合的条件下，热压块抗压强度达 2973.5 N，接近承钢 3000 N 的要求。因此，加入适量瘦煤可提高海砂热压块抗压强度。

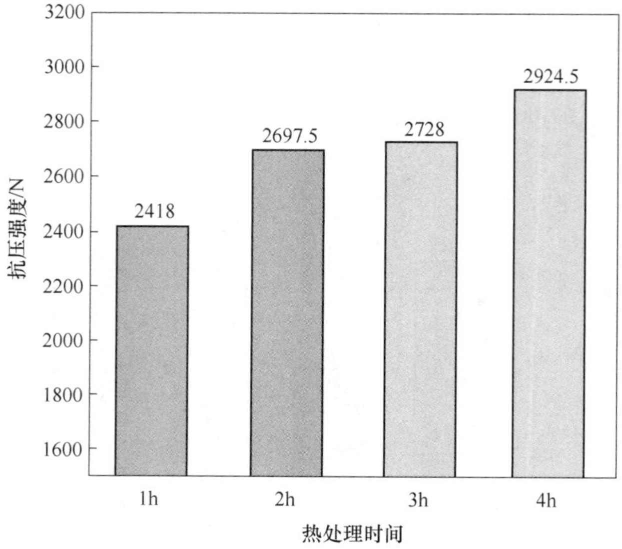

图 4-19　热处理时间对热压块抗压强度的影响

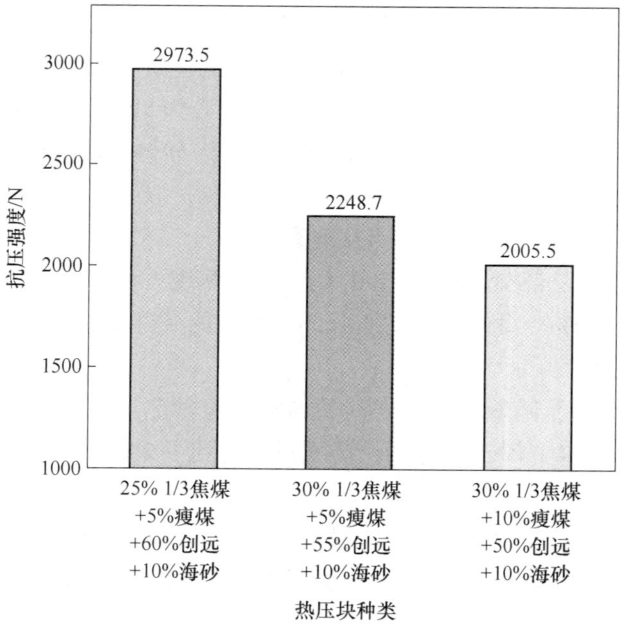

图 4-20　添加瘦煤制备海砂热压块实验结果

综合上述探索实验可知，海砂粒度、海砂配比、热处理时间、煤种等因素对海砂热压块的抗压强度有重要影响。基于探索实验得到的制备参数条件下，通过将润磨 60 min 后的海砂过筛，以小于 75 μm 的海砂制备海砂热压块，结果见图 4-21。可以看出，当热压块配料组成为25% 1/3焦煤、5%瘦煤、60%创远（粒度小于106 μm）、10%海砂（粒度小于125 μm）时，得到的热压块抗压强度高达3235.5 N，抗压强度满足承钢要求，且表面无裂纹出现，结构完整。

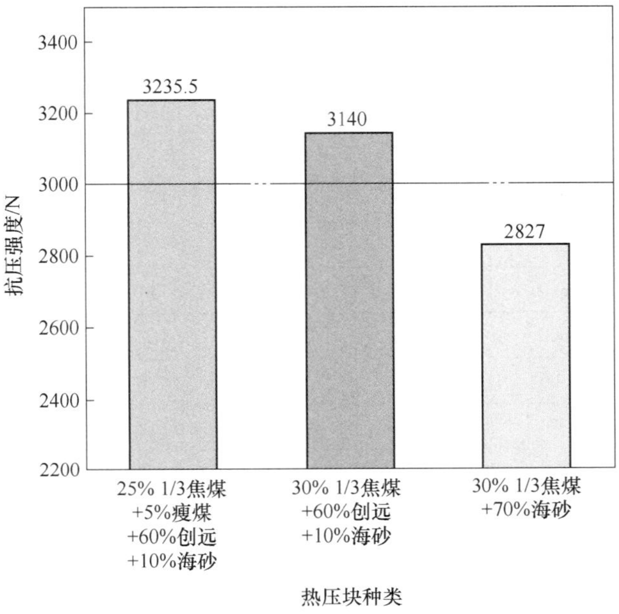

图4-21 综合探索实验制备海砂热压块的实验结果

基于实验结果，初步确定了海砂热压块制备的基准参数，即热压温度300 ℃、热处理温度500 ℃，升温速度3 ℃/min，热处理时间4 h，热压块原料组成为25% 1/3焦煤、5%瘦煤、60%创远矿（粒度小于106 μm）、10%海砂（粒度小于75 μm）。

4.3.1.3 海砂热压块制备优化

基于前述探索实验结果确定的海砂热压块制备基准参数，进一步在此基础上进行一系列单因素优化实验。优化实验的方案见表4-13。

表4-13 海砂热压块制备优化实验方案

编号	因素	热压温度/℃	1/3焦煤配比/%	海砂配比/%	瘦煤配比/%	创远配比/%	处理温度/℃	处理时间/h
0	基准条件	300	25	10	5	60	500	4
1	热压温度	200	25	10	5	60	500	4
2		250	25	10	5	60	500	4
3		300	25	10	5	60	500	4
4		350	25	10	5	60	500	4
5		400	25	10	5	60	500	4

续表 4-13

编号	因素	热压温度/℃	1/3 焦煤配比/%	海砂配比/%	瘦煤配比/%	创远配比/%	处理温度/℃	处理时间/h
6	1/3 焦煤配比	300	20.0	10	5	75.0	500	4
7		300	22.5	10	5	72.5	500	4
8		300	25.0	10	5	70.0	500	4
9		300	27.5	10	5	67.5	500	4
10		300	30.0	10	5	65.0	500	4
11	海砂配比	300	M	0	5	90-m	500	4
12		300	M	10	5	85-m	500	4
13		300	M	30	5	65-m	500	4
14		300	M	50	5	45-m	500	4
15		300	M	70	5	25-m	500	4
16	热处理温度	300	M	n	5	95-m-n	450	4
17		300	M	n	5	95-m-n	500	4
18		300	M	n	5	95-m-n	550	4
19		300	M	n	5	95-m-n	600	4
20		300	M	n	5	95-m-n	650	4
21	热处理时间	300	M	n	5	95-m-n	T	2
22		300	M	n	5	95-m-n	T	3
23		300	M	n	5	95-m-n	T	4
24		300	M	n	5	95-m-n	T	5
25		300	M	n	5	95-m-n	T	6
26	海砂增量化利用	300	M	n	5	95-m-n	T	h
27		300	M	n	5	95-m-n	T	h
28		300	M	n	5	95-m-n	T	h
29		300	M	n	5	95-m-n	T	h
30		300	M	n	5	95-m-n	T	h

A　热压温度

在 1/3 焦煤 25%、瘦煤 5%、创远 60%、海砂 10%、海砂粒度小于 75 μm、创远矿粒度小于 106 μm、热处理温度 500 ℃、热处理时间 4 h 的条件下，首先系统考察了热压温度对海砂热压块抗压强度的影响规律，结果见图 4-22。从图 4-22 可以看出，随热压温度的升高，热压块处理后的抗压强度先增高后降低，当热压温度在 250~350 ℃时，抗压强度达到3000 N 以上；热压温度为 350 ℃时，抗压强度达到 3324 N；但当热压温度超过 350 ℃时，处理后的海砂热压块出现轻微爆裂，抗压强度明显下降。综合考虑成品热压块的抗压强度、热压过程的能耗、设备使用寿命、生产成本等问题，选定适宜的热压温度为 300 ℃。

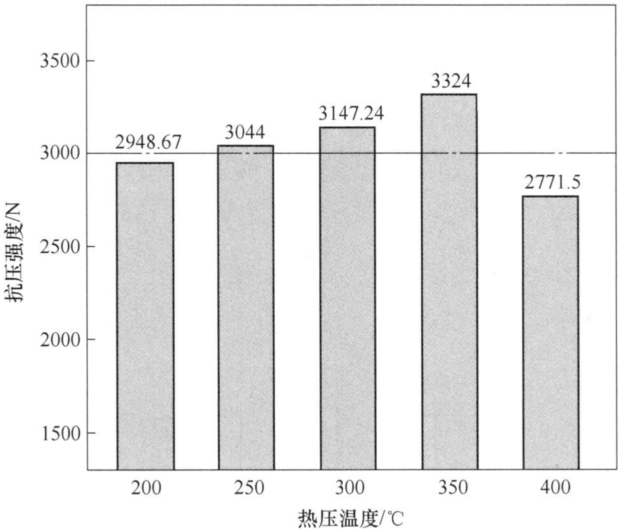

图 4-22 热压温度对海砂热压块抗压强度的影响

B 1/3 焦煤配比

在确定合理的热压温度后，进一步考察了 1/3 焦煤配比对海砂热压块抗压强度的影响。图 4-23 给出了 1/3 焦煤配比对海砂热压块抗压强度的影响规律及处理后海砂热压块的形貌。由图 4-23 可以看出，随着 1/3 焦煤配比的增加，海砂热压块的抗压强度先增加后降低。当 1/3 焦煤配比在 22.5%~27.5%时，处理后海砂热压块抗压强度达到 3000 N 以上，而当 1/3 焦煤配比为 27.5%时，抗压强度达到了最高值 3385.33 N。当 1/3 焦煤配比超过 30%时，处理后的海砂热压块表面出现裂纹，抗压强度明显下降。这是由于当 1/3 焦煤配比过高时，热压块内部的挥发分含量较高，在热处理过程中其内部的挥发分析出剧烈，引起裂纹产生。因此，本研究选定的合理 1/3 焦煤配比为 27.5%。

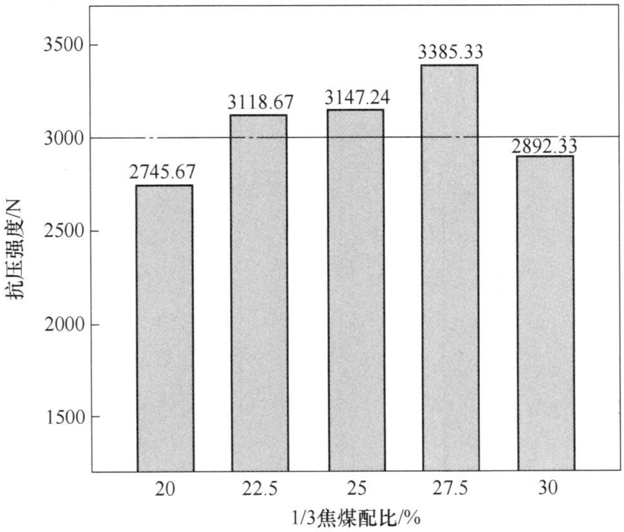

图 4-23 煤粉配比对海砂热压块抗压强度的影响

C　海砂配比

在热压温度 300 ℃、1/3 焦煤 27.5%、瘦煤 5%、海砂粒度小于 75 μm、创远矿粒度小于 106 μm、热处理温度 500 ℃、热处理时间 4 h 的条件下，进一步考察了海砂配比对海砂热压块抗压强度的影响，结果见图 4-24。可以看出，随着海砂配比的增加，热压块抗压强度先增加后减小，但在实验选定的海砂配比条件下，热压块抗压强度均可达到 3000 N 以上。海砂配比为 10%时，海砂热压块抗压强度达到了 3385.33 N。因此，确定优化后的海砂配比为 10%。

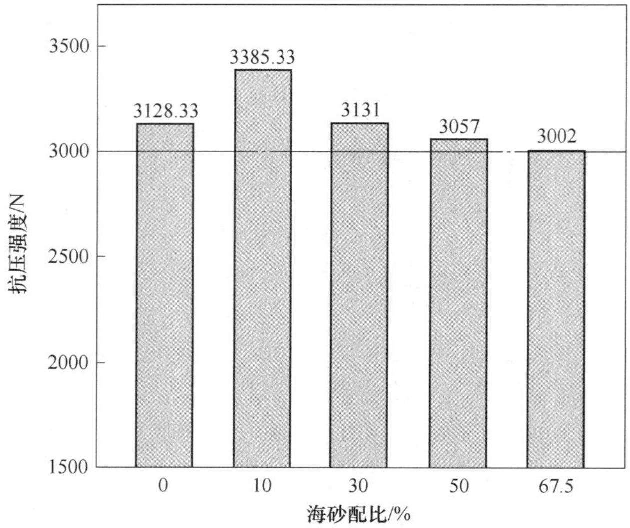

图 4-24　海砂配比对海砂热压块抗压强度的影响

D　热处理温度

在热压温度 300 ℃、1/3 焦煤配比 27.5%、瘦煤配比 5%、海砂配比 10%、海砂粒度小于 75 μm、创远矿粒度小于 106 μm 的条件下，进一步考察了热处理温度对海砂热压块抗压强度的影响，结果见图 4-25。

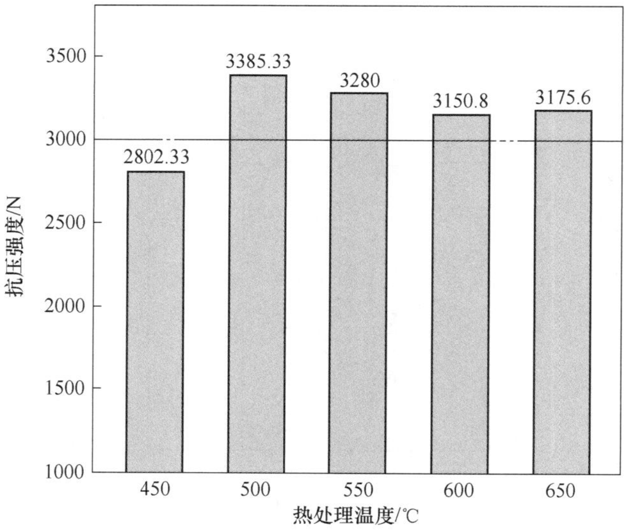

图 4-25　热处理温度对海砂热压块抗压强度的影响

由图 4-25 可以看出，海砂热压块处理后的抗压强度随热处理温度升高呈先增加后降低趋势。当热处理温度大于 500 ℃后，处理后的海砂热压块抗压强度达到 3000 N。当热处理温度为 500 ℃时，热处理后海砂热压块的抗压强度最高，达到了 3385.33 N，这是由于在 500 ℃处理过程中，热压块内部煤粉生成的胶质体固化后得到的半焦强度最高。因此，选定适宜的热处理温度为 500 ℃。

E 热处理时间

在热压温度 300 ℃、1/3 焦煤 27.5%、瘦煤 5%、创远 60%、海砂 10%、海砂粒度小于 75 μm、创远矿粒度小于 106 μm、热处理温度 500 ℃的条件下，考察了热处理时间对海砂热压块处理后强度的影响，结果见图 4-26。可以看出，随着海砂热压块的热处理时间的延长，抗压强度先升高后降低。当热处理时间在 4～6 h 范围内时，处理后的热压块抗压强度达到 3000 N。当热处理时间为 4 h 时，处理后抗压强度达到峰值 3385.33 N。因此，适宜的热处理时间为 4 h。

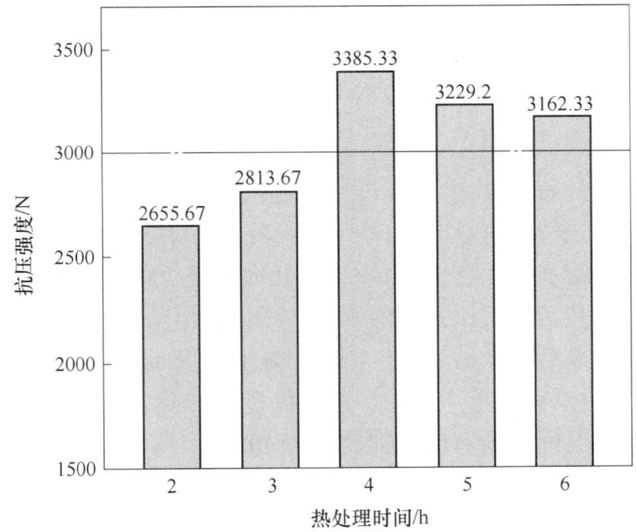

图 4-26 热处理时间优化实验结果

F 海砂矿增量化利用

为了满足承钢提高海砂矿的使用比例，实现海砂矿增量化利用，本研究进一步对海砂矿进行润磨处理，在细化海砂粒度的基础上，实现处理后海砂无须筛分的增量化利用。实验设定的筛分时间为 0～120 min，采用的润磨设备为锥形球磨机。对不同润磨时间下的海砂矿进行粒度分析，结果见图 4-27。可以看出，随润磨时间的延长，海砂矿粒度明显降低，当润磨时间达到 120 min 时，小于75 μm 粒

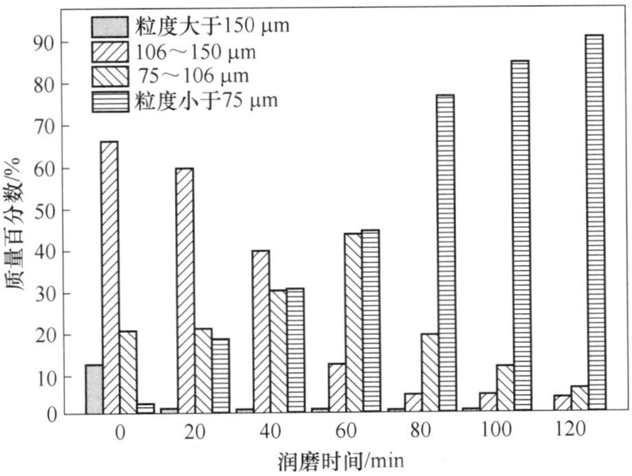

图 4-27 润磨时间对海砂矿粒度的影响

级的比例由原矿中的 20%增加至 90%；当润磨时间由 60 min 延长至 80 min 时，小于 75 μm粒级占比由 44%增加至 78%。

图 4-28 给出了海砂矿原矿以及润磨 80 min 和 120 min 后的 SEM 照片。对比可以看出，海砂矿粒度粗、球形度高、比表面积小，而润磨后的海砂粒度明显降低，且球形度降低、比表面积增大，显然更有利于压块成型。因此，综合考虑海砂矿的润磨效率及生产成本，选定合理的润磨时间为 80 min。

图 4-28　不同润磨时间条件下海砂矿的 SEM 照片
（a）海砂原矿；（b）润磨 80 min；（c）润磨 120 min

以润磨时间为 80 min 的海砂矿为原料，通过调节海砂的添加比例进行海砂热压块的制备，基准条件为：热压温度 300 ℃、1/3 焦煤 27.5%、瘦煤 5%、创远+海砂 67.5%、海砂润磨时间 80 min、创远粒度小于 106 μm、热处理温度 500 ℃、热处理时间 4h。图 4-29 给出了不同海砂配比对热压块抗压强度的影响。可以看出随着海砂配比的增加，处理后热压块抗压强度呈现先增加后降低的趋势。当海砂配比范围在 0~40%时，热压块抗压强度均在 3000 N 以上，满足承钢要求。因此，基于海砂矿增量化利用的角度，建议海砂润磨时间为 80 min，该润磨时间下的海砂添加比例为 40%。

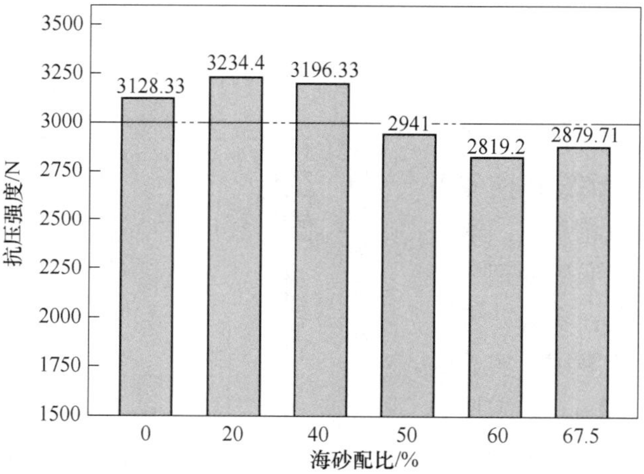

图 4-29　不同海砂配比对热压块抗压强度的影响

4.3.1.4　65 钒粉/海砂热压块制备

提高铁水中 V 含量对于承钢钒钛矿冶炼具有重要意义。鉴于此，提出将承钢现有 V

含量为 65 的钒粉配合海砂制备热压块。承钢 65 钒粉的化学成分见表 4-14。基于热压块的优化制备条件，65 钒粉/海砂热压块制备参数为：热压温度 300 ℃、1/3 焦煤 27.5%、瘦煤 5%、65 钒粉 27.5%、海砂 40%、海砂润磨时间 80 min、65 钒粉粒度小于 106 μm、热处理温度 500 ℃、热处理时间 4 h。此条件下制备的 65 钒粉/海砂热压块抗压强度达 3153.4 N，如图 4-30 所示，且所得产品结构完整，表面未出现裂纹，满足承钢要求。

表 4-14 承钢 65 钒粉的化学成分 (%)

TFe	CaO	SiO_2	MgO	Al_2O_3	TiO_2	V_2O_5
64.72	1.16	3.39	0.90	1.21	2.42	0.43

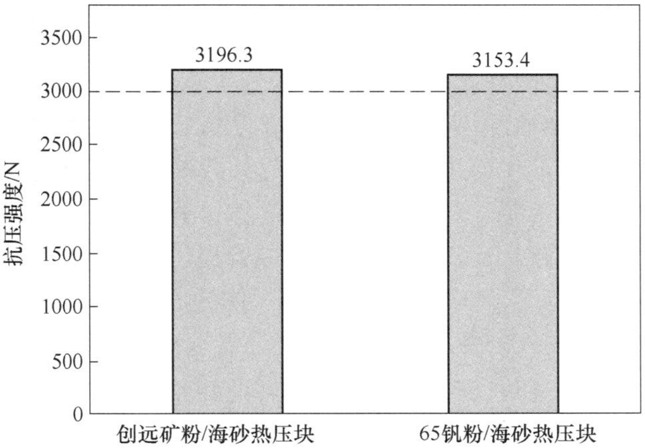

图 4-30 优化条件下创远矿粉/海砂热压块和 65 钒粉/海砂热压块的强度对比

基于上述研究结果，获得基于承钢原料条件的适宜海砂矿热压块制备参数为：优化后的创远矿/海砂热压块压制备参数为 1/3 焦煤配比 27.5%、瘦煤 5%、海砂配比 40%、创远矿配比 27.5%、海砂润磨时间 80 min、创远矿粒度小于 106 μm、热压温度 300 ℃、热处理温度 500 ℃、热处理时间为 4 h。65 钒粉/海砂热压块压制备参数为 1/3 焦煤配比 27.5%、瘦煤 5%、海砂配比 40%、65 钒粉配比 27.5%、海砂润磨时间 80 min、65 钒粉粒度小于 106 μm、热压温度 300 ℃、热处理温度 500 ℃、热处理时间为 4 h。优化条件下制备的创远矿/海砂热压块和 65 钒粉/海砂热压块抗压强度分别为 3196.3 N 和 3153.4 N，均满足要求，二者的化学成分见表 4-15。

表 4-15 优化条件下制备的创远矿粉/海砂热压块和 65 钒粉/海砂热压块化学成分 (%)

热压块	TFe	FC	CaO	SiO_2	MgO	Al_2O_3	TiO_2	V_2O_5
创远矿粉/海砂热压块	43.85	21.93	1.41	4.77	1.96	2.84	5.15	0.41
65 钒粉/海砂热压块	44.71	21.93	1.43	4.73	1.78	2.70	4.25	0.37

4.3.2 海砂热压块冶金性能

4.3.2.1 低温还原粉化性能

低温还原粉化性能是评价炼铁原料质量的重要指标之一。低温还原粉化现象是指高炉炉料在内应力的作用下，在较低温度区间（400~700 ℃）破碎粉化的现象。如果高炉炉料低温还原粉化性能不佳，将会导致粉化阻塞料柱空隙，使高炉内压差升高，料柱透气性变差，严重时甚至影响高炉煤气流分布及稳定生产。因此，研究海砂热压块的低温还原粉化性能具有重要意义。

采用 RSZ-03 型矿石冶金性能综合测定仪（见图 4-31）测定海砂热压块的还原粉化性能（*RDI*）。在实验过程中，首先将优化条件下制备的海砂热压块试样在 105±5 ℃干燥，冷却至室温，称取 500 g 试样用于试验。其次，把试样放到还原管中，将其表面铺平。封闭还原管的顶部，将 N_2 通入还原管，流量为 5 L/min，然后把还原管放入还原炉中加热，升温速度 10 ℃/min（放入还原管时，炉内温度不高于 200 ℃）。当试样接近 500 ℃时，增大 N_2 的流量到 15 L/min。在 500 ℃恒温 30 min，使温度恒定在（500±10）℃。通入流量为 15 L/min 的还原气体代替 N_2，连续还原 1 h。还原 1 h 后，停止通入还原气体，并向还原管中通入 N_2，流量为 5 L/min，然后将还原管提出炉外进行冷却，将试样冷却至 100 ℃以下。还原气体的成分（体积分数）为：20%±0.5% CO，20%±0.5% CO_2，60%±0.5% N_2。最后从还原管取出海砂热压块测定其质量（m_{D_0}），放入转鼓内，固定密封盖，以（30±1）r/min 的转速转动 300 转。从转鼓中取出所有海砂热压块，测定其质量后，分别用 6.3 mm、3.15 mm 和 0.5 mm 的筛子手工筛分，并记录留在 6.30 mm（m_{D_1}）、3.15 mm（m_{D_2}）和 0.5 mm（m_{D_3}）各粒级筛上的海砂热压块质量。在转鼓实验和筛分中损失的粉末视为小于 0.5 mm 部分，并记入其质量中。需要说明的是，在后续冶金性能试验中，均使用优化条件下制备的创远矿/海砂热压块。

图 4-31　还原粉化炉

还原粉化指数 *RDI* 表示还原后的海砂热压块经过转鼓实验后的粉化程度。转鼓实验后筛分得到的大于 6.3 mm、大于 3.15 mm 和小于 0.5 mm 的物料质量与还原后和转鼓前总质量之比的百分数分别用 $RDI_{+6.3}$、$RDI_{+3.15}$ 和 $RDI_{-0.5}$ 表示，由式（4-1）~式（4-3）计算。以低温还原粉化率 $RDI_{+3.15}$ 作为考核试验结果的主要指标，而以 $DRI_{+6.3}$、$RDI_{-0.5}$ 作为辅助参考指标。

$$RDI_{+6.3} = \frac{m_{D_1}}{m_{D_0}} \times 100\% \tag{4-1}$$

$$RDI_{+3.15} = \frac{m_{D_1} + m_{D_2}}{m_{D_0}} \times 100\% \tag{4-2}$$

$$RDI_{-0.5} = \frac{m_{D_0} - (m_{D_1} + m_{D_2} + m_{D_3})}{m_{D_0}} \times 100\% \tag{4-3}$$

式中，m_{D_0} 为还原后转鼓前试样的质量，g；m_{D_1}、m_{D_2} 和 m_{D_3} 分别表示留在 6.3 mm、3.15 mm和 0.5 mm 筛上的试样质量，g。

低温还原粉化实验前后以及转鼓后的试样见图 4-32，检测结果见表 4-16。可以看出，海砂热压块的 $RDI_{+3.15}$ 为 97.51%，还原粉化后的热压块形状基本保持不变。这是因为在反应过程中，温度的升高、热压块中碳、氧的消耗以及挥发分的析出使得热压块的孔隙率相较于传统炉料保持了更高的水平。在还原过程中，这种结构可以有效抵消铁氧化物因晶格转变而产生的体积膨胀和应力，由此导致海砂热压块在还原过程中没有严重的裂纹，具备良好的抗低温还原粉化性能。

(a) (b) (c)

图 4-32 低温还原粉化实验前后以及转鼓试验后的试样

(a) 还原前形貌；(b) 还原后形貌；(c) 转鼓后形貌

表 4-16 海砂热压块还原粉化实验结果

m_0/g	$m_{+6.3}$/g	$m_{3.5\sim6.3}$/g	$m_{0.5\sim3.15}$/g	$RDI_{+6.3}$/%	$RDI_{+3.15}$/%	$RDI_{-0.5}$/%
491.10	478.79	0.09	0.12	97.94	97.51	2.46

4.3.2.2 还原膨胀性能

炼铁炉料在还原过程中一般都会出现体积变化、强度相应降低的现象。若体积膨胀超过一定值，高炉透气性就会变差。因此，任何炼铁炉料都应具有良好的还原膨胀性能及还原后强度。因此，为了将海砂热压块新型炉料实际应用于高炉炼铁生产，必须掌握其还原膨胀性能。

采用 RSZ-03 型矿石冶金性能综合测定仪测定海砂热压块的还原膨胀指数 RSI。首先将优化参数下制备的海砂热压块试样在（105±5）℃烘干，然后冷却至室温。从 1 kg 试样中随机取出 18 个无裂纹的热压块作为一组实验试样；然后测量实验所选取的 18 个试样总体积，记为 V_0；将体积测量过后的试样装入还原炉的试样容器，试样容器的每一层放 6 个海砂热压块，然后将容器放入还原管内，封闭还原管的顶部，将 N_2 通入还原管，流量为 5 L/min，然后将还原管放入还原炉中加热，升温速度不大于 10 ℃/min（放入还原管时，炉内温度不高于 200 ℃）。当试样接近 900 ℃时，增大 N_2 流量到 15 L/min。在 900 ℃恒温 30 min，使温度恒定在（900±10）℃。通入流量为 15 L/min 的还原气体代替 N_2，连续还原1 h。还原 1 h 后，停止通入还原气体，并向还原管中通入 N_2，流量为 5 L/min，然后将还原管提出炉外冷却至 100 ℃以下。还原气体的成分为 CO 30%±0.5%，N_2 70%±0.5%（体积分数）。还原结束后，从还原管中取出冷却后的试样，并测定试样的总体积，记为 V_1。还原膨胀指数 RSI 表示试样在等温还原过程中还原前后体积增大的相对量，用体积分数表示，根据实验结果由式（4-4）计算得到：

$$RSI = \frac{V_1 - V_0}{V_0} \tag{4-4}$$

还原膨胀实验后海砂热压块的形貌如图 4-33 所示，统计的实验数据见表 4-17。可以看出，海砂热压块并未产生膨胀，体积与反应前相比反而产生了收缩。试验后热压块的表面与之前相比更为粗糙，但没有明显裂纹，*RSI* 为-4.27%。出现这种现象的原因主要是在实验过程中，随着温度的升高，海砂热压块内挥发分减少以及碳氧参与反应产生气体排除，使得热压块内部孔隙率优良，为铁氧化物还原时的体积膨胀提供了空间。另外，热压块使用了一定量的1/3焦煤，在高温下形成的半焦产生体积收缩。综上，热压块总体上未产生膨胀，反而发生了些许收缩。

表 4-17　海砂热压块还原膨胀实验数据

m_1/g	m_2/g	m_3/g	m_4/g	V_0/cm^3	V_1/cm^3	*RSI*/%
145.60	85.5	124.3	65.5	60.1	57.53	-4.27

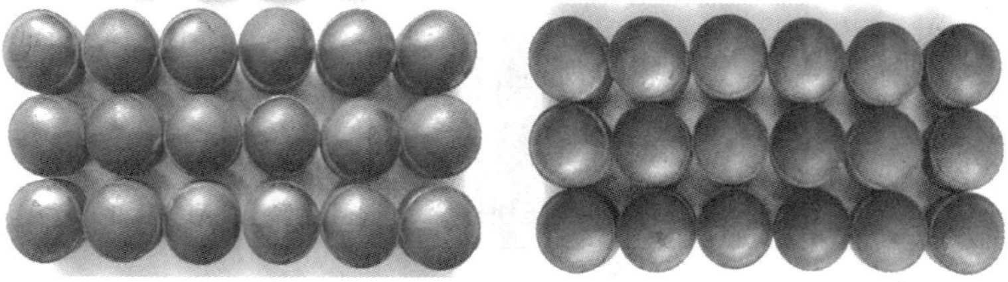

(a)　　(b)

图 4-33　海砂热压块还原膨胀反应前后形貌
（a）还原前形貌；（b）还原后形貌

4.3.2.3　综合炉料熔滴性能

高炉内部从上到下分为块状带、软熔带、滴落带、燃烧带和渣铁聚集区等5个区域，其中软熔带的形状与位置对高炉的煤气流分布、透气性以及还原过程有着极其重要的影响，而炉料的软化及熔滴特性对软熔带的形成、形状和位置起着决定性的作用。炉料软化开始温度高且熔滴性能好，则软熔带窄且趋于下移；而熔融开始温度低、软熔区间宽的炉料对煤气产生的阻力大，料柱透气性差，气流分布不均匀，不利于高炉的强化冶炼。采用荷重还原软化熔滴实验装置，模拟高炉内反应条件进行熔滴实验，重点考察海砂矿热压块添加比例对综合炉料熔融滴落性能的影响规律，获取综合炉料中适宜的海砂热压块比例，为高炉冶炼海砂热压块提供技术支撑。

A　实验设备及步骤

使用RDL-02型铁矿石高温还原熔滴实验装置，其基本组成如图4-34所示。中立式电炉内装有内径为75 mm的石墨坩埚，坩埚底部设有直径为10 mm的滴落孔。实验过程中，将初始质量约为500 g的试样放置于坩埚中，测量其料柱高度，并在试样上下铺上焦炭层，防止试样收缩时阻塞滴落孔和排气孔，保证熔化物和气流顺利通过。

首先将海砂热压块试样在（105±5）℃的温度下干燥2 h，软熔滴落实验过程中称取干燥后试样约500 g装入一个内径为75 mm的石墨坩埚，坩埚底部铺上一层30 mm厚的焦炭粒，质量约为72.5 g，压平后将制备好的试样放入坩埚内，轻摇，振实，使得海砂热压块分布均匀，并测量其高度，然后在试样上面再放入焦炭（上下两层焦炭的作用是模拟生产实际的装料制度和保护铁矿石，防止试样收缩时阻塞滴落孔和排气孔，从而保证熔化物和气流顺利通过)。将装好综合炉料的石墨坩埚放在炉内的石墨支撑管上，压实，将压头放在上部焦炭面上，将上盖与压杆之间密封配合好，然后拧紧密封上盖的螺栓。将测温热电偶插入压头中心孔中，同时连接好热电偶的保护气体(N_2)，再将还原管下部密封好，即可开始实验。实验过程采用三段变温升温制度，即 0~900 ℃升温速度为10 ℃/min，900~1020 ℃升温速度为 3 ℃/min，1020 ℃以后升温速度为 5 ℃/min。实验结束后，将滴落物取出，进行成分分析。

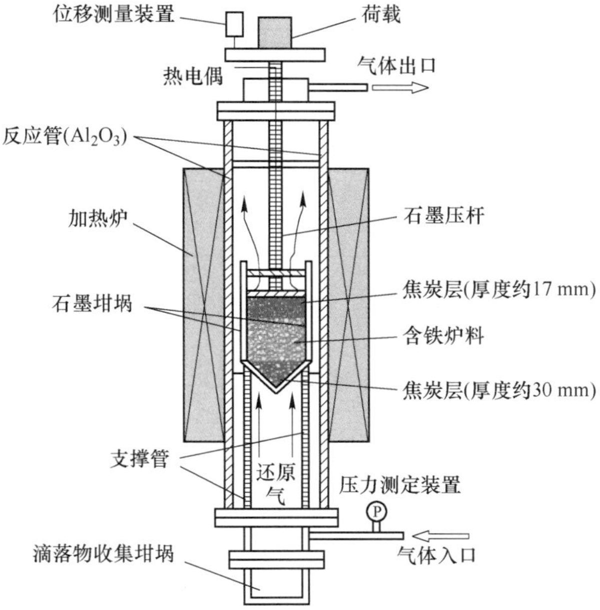

图 4-34 荷重还原软化熔滴实验装置

根据实验过程所测得料层收缩率和料层气流阻力（即压力损失）数据分析得到实验结果。定义收缩率为 4%的温度为软化开始温度（T_4），收缩率为 40%时的温度为软化终了温度（T_{40}）；熔化开始温度为压差上升最剧烈的温度（T_S），熔滴温度为熔化终了温度（T_D），最大压差为 Δp_{max}，达到最大压差时的温度为 $T_{\Delta P}$。软化、熔化以及软熔带温度区间分别按式（4-5)和式（4-6）计算得出。

软化温度区间： $$T_{40} - T_4 \tag{4-5}$$

融化温度区间： $$T_D - T_S \tag{4-6}$$

B 实验原料及方案

熔滴实验的原料有块矿、烧结矿、球团矿以及优化参数下制备的海砂热压块。其中块矿、烧结矿和球团矿来自承钢现场。实验原料的具体成分见表 4-18。

表 4-18 实验用烧结矿、球团矿、块矿及海砂热压块的化学成分 (%)

组分	TFe	FeO	Fe_2O_3	CaO	SiO_2	MgO	Al_2O_3	V_2O_5	TiO_2
烧结矿	54.66	10.42	66.51	11.32	5.33	2.12	2.14	1.92	0.12
球团矿	59.16	0.98	83.43	1.50	5.86	3.02	1.68	2.95	0.20
块矿	61.57	0.19	87.75	0.15	5.66	0.19	0.66	0.13	0.01
海砂热压块	43.85	19.32	38.45	1.41	4.77	1.96	2.84	0.41	5.15

根据高炉实际炉料结构，将烧结矿、球团矿和块矿的比例定为 7∶2∶1。考虑到炉料碱度与渣系碱度的匹配以及承钢高炉炉料结构特点，在本实验中向综合炉料中加入海砂热压块代替部分球团，在保证烧结矿∶(球团矿+海砂热压块)∶块矿 = 7∶2∶1 的前提下，考察海砂热压块的添加对综合炉料熔融滴落性能的影响规律。具体方案见表 4-19。

表 4-19　综合炉料熔滴实验方案　（%）

海砂热压块组分	烧结矿	球团	块矿	热压块
0	70	20	10	0
5	70	15	10	5
10	70	10	10	10
15	70	5	10	15
20	70	0	10	20

在表 4-19 的基础上对综合炉料的化学成分进行分析，具体成分见表 4-20。

表 4-20　综合炉料的化学成分　（%）

组分	TFe	FeO	CaO	SiO_2	MgO	Al_2O_3	TiO_2	V_2O_5	FC	R_2
0	56. 25	7. 51	8. 24	5. 47	2. 11	0. 55	1. 94	0. 13	0	1. 51
5	55. 64	8. 54	8. 23	5. 38	2. 05	0. 60	2. 02	0. 13	1. 00	1. 53
10	54. 36	9. 27	8. 20	5. 23	1. 96	0. 61	2. 04	0. 14	1. 99	1. 57
15	53. 79	10. 32	8. 19	5. 14	1. 91	0. 66	2. 13	0. 15	2. 99	1. 59
20	52. 78	11. 16	8. 17	5. 01	1. 83	0. 69	2. 17	0. 15	3. 99	1. 63

C　实验结果及分析

不同海砂热压块配比条件下的综合炉料熔滴实验结果见表 4-21。

表 4-21　综合炉料熔滴实验结果

添加比例/%	T_4/℃	T_{40}/℃	$T_{40}-T_4$/℃	T_S/℃	T_D/℃	T_D-T_S/℃	$T_{\Delta p}$/℃	滴落量/g
0	1141. 65	1233. 68	92. 03	1258. 71	1377. 31	118. 60	1293. 09	236. 04
5	1130. 45	1237. 28	106. 83	1260. 45	1378. 36	117. 91	1275. 75	246. 06
10	1129. 50	1246. 05	116. 55	1273. 89	1384. 46	110. 57	1283. 91	241. 98
15	1125. 26	1244. 87	119. 61	1276. 82	1398. 24	121. 42	1312. 31	208. 37
20	1120. 5	1249. 03	128. 53	1280. 42	1409. 51	129. 09	1302. 64	185. 55

海砂热压块的添加比例对综合炉料的软化性能影响如图 4-35 所示。可见，随着海砂热压块配比的增加，综合炉料的开始软化温度 T_4 逐渐下降，由 1141. 65 ℃下降到了 1120. 5 ℃；软化终了温度 T_{40} 逐渐上升，由 1233. 68 ℃上升到了 1249. 03 ℃。软化区间 T_4-T_{40} 逐渐变宽，由 92. 03 ℃上升到了 128. 53 ℃。T_4 下降的主要原因是中低温区的海砂热压块具有良好的自还原性能，在还原过程中，内部煤粉的消耗使内部出现了大量空隙，在抵消铁氧化物还原膨胀的同时，使海砂热压块出现了收缩现象，从而加剧了综合炉料在还原过程中的收缩现象，表现为开始软化温度为 T_4 的降低。随着海砂矿的加入，软化终了温度逐渐上升的原因有两个方面：一方面是海砂热压块具有良好的还原性，它的加入使综合炉料的还原性得到了改善，因此在相同的还原条件下进入渣中的 FeO 减少，表现为渣相熔点的升高；另一方面，海砂热压块作为一种内配碳球团，在较高的温度下其还原后内部残存的碳起到了一定的骨架作用。这在一定程度使综合炉料的收缩程度降低，表现为综合炉料的软化终了温度 T_{40} 的提高。对于高炉冶炼钒钛磁铁矿而言，一般软化开始软化温度较低，软化终了温度较高，即较宽的软化区间有利于改善钒钛矿气固还原，提高钒钛

矿在高炉上部的还原程度，避免炉缸堆积，降低高炉下部的负荷。因此，加入海砂热压块有利于改善综合炉料的软化性能，对于提高高炉冶炼效率有积极作用。

海砂热压块的添加比例对综合炉料的熔化性能的影响见图 4-36。可以看出，随着海砂热压块配比的增加，综合炉料的熔化开始温度 T_S 逐渐升高，由 1258.71 ℃ 升到了 1280.42 ℃，滴落温度也随着海砂热压块的加入逐渐增高，由 1377.31 ℃ 升到了 1409.51 ℃。对于熔化区间，在海砂热压块配比低于 10%时，随着其配比的增加，熔化区间逐渐缩窄，由 118.60 ℃缩小到 110.57 ℃。当海砂热压块配比超过 10%后，熔化区间随着其配比增加逐渐加宽，由 110.57 ℃上升到 129.09 ℃。

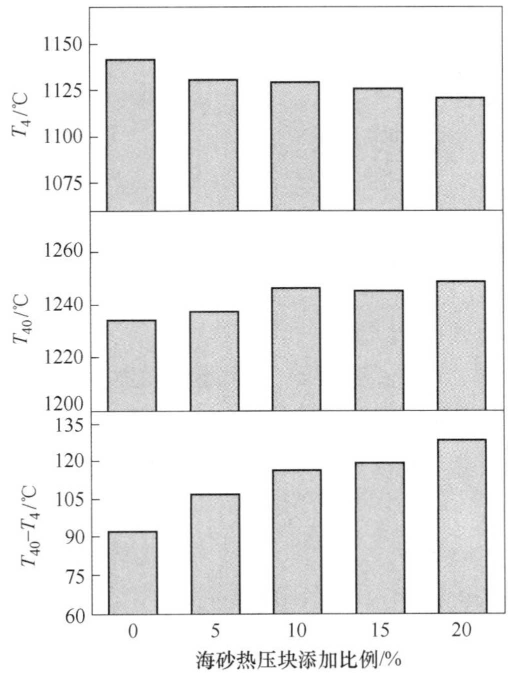

图 4-35　海砂热压块的添加比例对综合炉料的软化性能影响

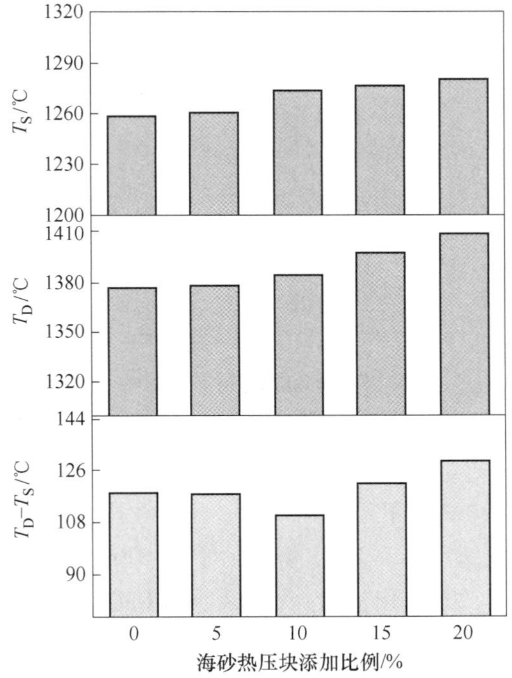

图 4-36　海砂热压块的添加比例对综合炉料熔化性能的影响

综合炉料的熔化开始温度 T_S 升高是由于随着海砂热压块配比的增加，综合炉料还原性得到改善，从而降低了综合炉料还原过程中 FeO 生成量，从而降低了进入炉渣中 FeO 含量，导致了炉渣熔点的增高升高。此外，由于海砂热压块内部的煤粉在高温区石墨化起到了一定的骨架作用。这种骨架作用在一定程度的骨架作用，这种骨架作用在一定程度上对综合炉料的熔化起到了阻碍作用，从而提高了综合炉料的开始熔化温度。综合炉料滴落温度 T_D 增加的主要原因是由于海砂热压块是一种内配碳球团。因此，随着综合炉料中其配比的增加，内配的煤粉必然增加了综合炉料的还原势，使得钒钛磁铁矿在还原过程中部分 TiO_2 还原生成了 Ti(C,N)，因此使得渣相黏稠，渣铁难以滴落，实验过程中表现为滴落温度 T_D 增加。高炉操作一般要求综合炉料具有较高的开始熔化温度，较窄的融化区间温度，因此控制合适的海砂热压块配比对改善综合炉料的熔化性能具有一定的促进作用。

$CaO-SiO_2-TiO_2-MgO-Al_2O_3$ 五元相图见图 4-37。随着综合炉料中海砂热压块比例的增加，液态渣相形成温度逐渐上升，使得软化终了温度 T_{40} 及熔化开始温度 T_S 逐渐升高。

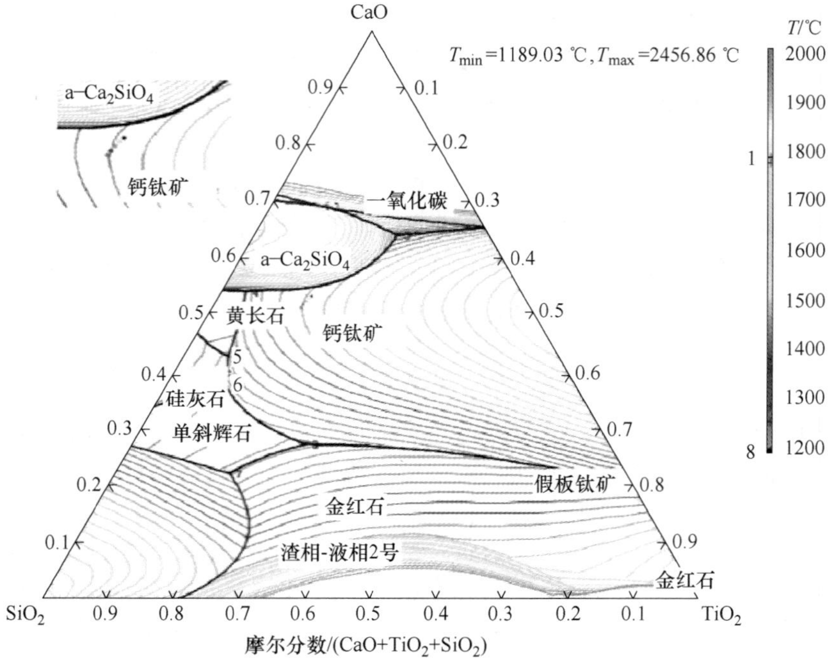

图 4-37　$CaO-SiO_2-TiO_2-MgO-Al_2O_3$ 五元相图

● 0%海砂热压块；● 5%海砂块压块；● 10%海砂热压块；● 15%海砂热压块；● 20%海砂热压块

（扫描书前二维码看彩图）

综合炉料的滴落性能主要包括滴落温度、滴落率、滴落压差等。综合炉料的滴落率计算方式如下：

$$\text{理论出铁量} = 500 \times w(\mathrm{TFe}) \tag{4-7}$$

$$\text{理论出渣量} = 500 \times [w(\mathrm{CaO}) + w(\mathrm{SiO_2}) + w(\mathrm{MgO}) + w(\mathrm{Al_2O_3}) + w(\mathrm{TiO_2})] \tag{4-8}$$

$$\text{滴落率} = \frac{\text{实际滴落渣铁质量}}{\text{理论滴落渣铁质量}} \times 100\% \tag{4-9}$$

图 4-38 为滴落率与海砂热压块配比关系。随着热压块配比的增加，综合炉料的滴落

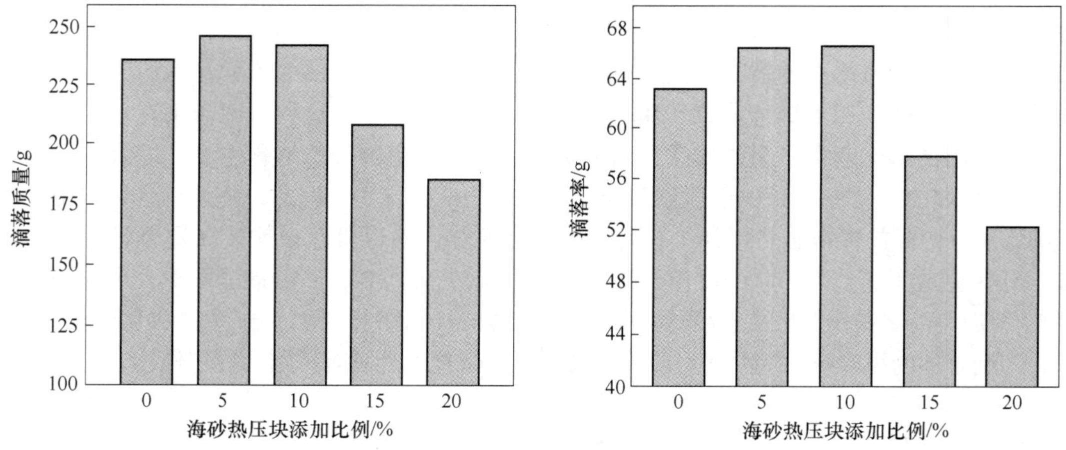

图 4-38　滴落质量、滴落率与海砂热压块配比关系

率先增加后减小。在热压块配比为5%时，滴落量达到最大值246.06 g，在热压块配比为10%时滴落率达到最大值66.71%。可以看出，添加一定比例的海砂热压块对改善综合炉料的滴落性能具有一定的促进作用。

图4-39给出了海砂热压块配比对综合炉料特征值S的影响。当综合炉料中海砂热压块配比由0%增加到15%时，S值明显变小。这主要是由于海砂热压块在综合炉料中骨架作用明显，大大改善了综合炉料透气性。

图4-40为海砂热压块配比对综合炉料软熔带位置的影响。随着海砂热压块的配比增长，软熔带位置逐渐下移，软熔带宽度先收窄后变宽，当海砂热压块配比为10%时软熔带宽度最窄。对于高炉生产操作而言，一般要求较高的开始熔化温度T_S，较窄的软熔带区间。因此从软熔带区间来看，综合炉料中海砂热压块最佳配比为10%。

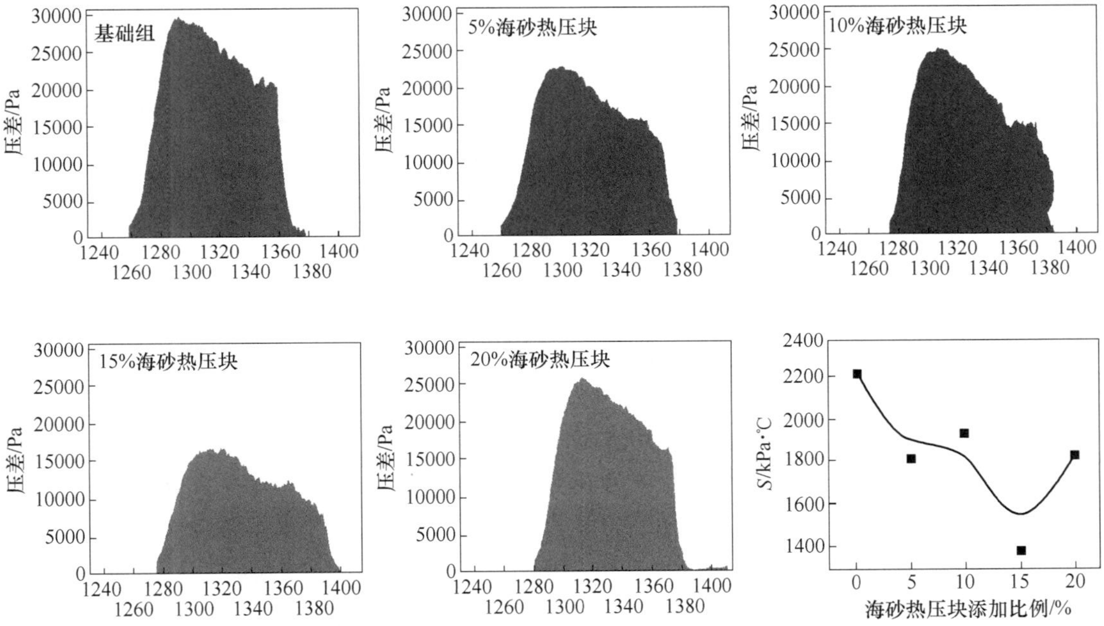

图4-39 海砂热压块配比对综合炉料特征值S的影响

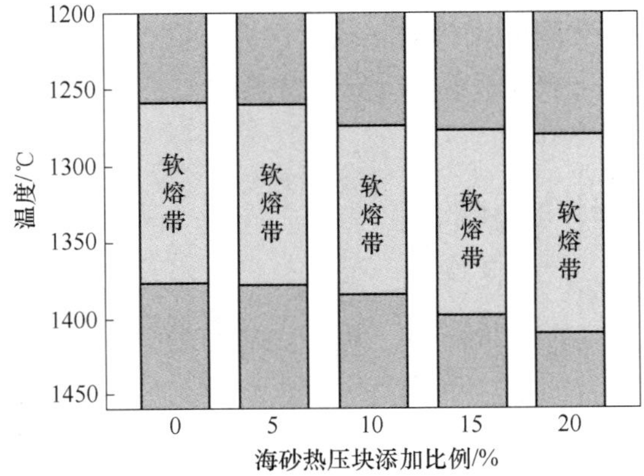

图4-40 海砂热压块配比对综合炉料软熔带位置的影响

图 4-41 为滴落渣 XRD 分析结果。可以看出，滴落渣中主要由钙钛矿 $CaTiO_3$、黄长石 $Ca_2Al_2SiO_7$、橄榄石 $Ca_3Mg(SiO_4)_7$组成，当热压块配比达到 15%时，黄长石相和橄榄石相明显增加，滴落渣中高熔点物质量增加，滴落性能变差。综合考虑软熔滴落性能、透气性能及 XRD 分析结果，综合炉料中海砂热压块的合理配比为 10%。

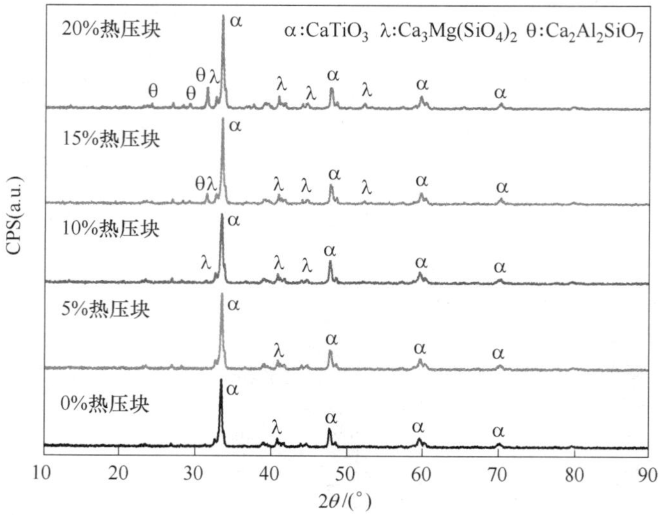

图 4-41　滴落渣 XRD 分析结果

4.4　钒钛矿冶炼高炉富氢喷吹技术

在碳中和背景下，世界各国纷纷出台严格的碳排放政策，在经济发展与环境保护之间艰难探索着平衡之道。钢铁行业作为双碳战略实施的重点领域，其低碳转型升级迫在眉睫。

传统的钒钛矿高炉冶炼高度依赖煤焦等化石原料，导致高炉炼铁的二氧化碳强度高。为了实施国家双碳战略，诸多钢企积极开发和应用高炉富氢喷吹技术。其技术原理是利用氢气高温还原性优于 CO，在高炉冶炼过程中，更多的氢气将参与炉内铁氧化物的间接还原反应，从而降低直接还原。而且，氢还原副产物是水。相较于传统的碳还原，不仅能显著提升高炉冶炼效率，还能降低碳排放强度。因此，高炉喷吹富氢燃料逐渐成为研发热点。通过调控氢碳比、优化喷吹参数、开发复合喷吹工艺，在维持炉况稳定的同时，使二氧化碳排放量降低达 10%~30%。

4.4.1　富氢喷吹对高炉冶炼的影响

4.4.1.1　理论燃烧温度

高炉下部热力学状态的评估指标中，风口回旋区的理论燃烧值具有重要参考意义。富氢介质的喷吹会通过其携带的显热和燃烧反应热力学效应对该参数产生显著影响。在各类富氢燃料中，甲烷（CH_4）对燃烧温度的影响尤为突出，不仅会引起炉腹煤气体积的增加，还会显著改变燃烧区的热平衡状态。Wang K 团队通过构建天然气喷入高炉操作的稳态数学模型，系统研究了燃料输入量与燃烧温度的内在关联。数值模拟结果表明，当甲烷喷吹强度提升时，燃烧区理论温度呈现递减趋势，而炉腹煤气生成量则出现小幅度上升现象。这一规律在其实验数据中得到了充分验证（见图 4-42）[12]。值得注意的是，甲烷对燃烧温度的抑制作用主要源于其分解反应的高吸热特性，该过程会显著消耗燃烧区积聚的热量。

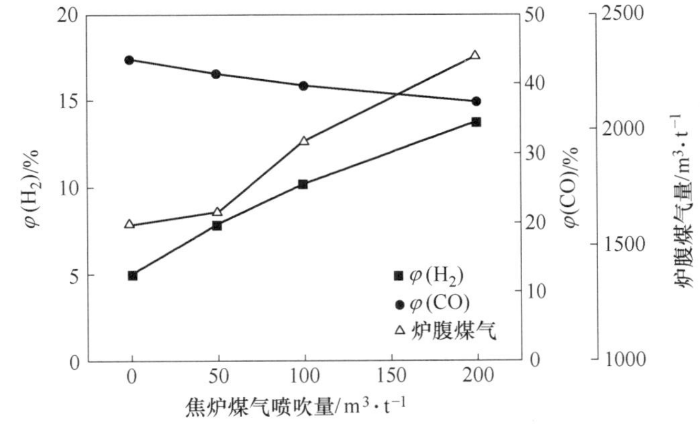

图 4-42 天然气喷吹量对炉腹煤气量和理论燃烧温度的影响

刘治桐等[13]通过构建钒钛磁铁矿高炉冶炼过程的热力学模型，结合生产参数与炉内反应机理，系统探讨了焦炉煤气喷吹强度与回旋区燃烧温度的相互作用规律（见图 4-43）。数值分析表明，当焦炉煤气喷吹量提升时，燃烧区理论温度呈现显著下降趋势。

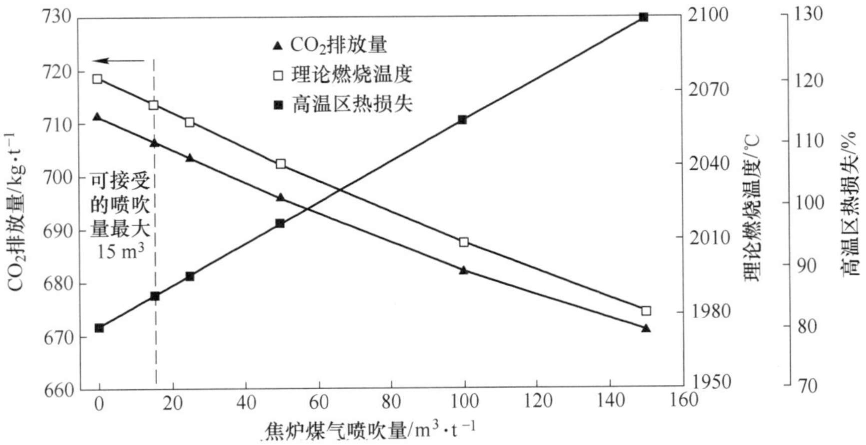

图 4-43 焦炉煤气喷吹量对理论燃烧温度的影响

唐珏等[14]基于梅山钢铁 2 号高炉的工艺参数，开发了风口回旋区热力学数值模型。模拟分析结果表明，焦炉煤气喷吹速率每提高 1 m^3/t，将使炉腹煤气体积流量上升 5.64 m^3/min，同时燃烧区理论温度会对应下降 4.17℃（见图 4-44）。

相关学者针对风口喷吹氢气后回旋区的变化进行了模拟研究[15]。图 4-45 揭示了氢气喷吹工艺对高炉回旋区温度场分布的动态影响机制。如图 4-45（a）所示，在初始阶段，由于冷态煤粉及其载气的喷吹作用，直吹管两侧区域呈现显著的温度降低现象。在未喷吹氢气的基准工况下，回旋区邻近风口区域因煤粉燃烧反应释放热量而形成局部高温区。

当引入氢气喷吹后，系统温度场呈现明显的空间分异现象：随着氢气喷吹量的增加，

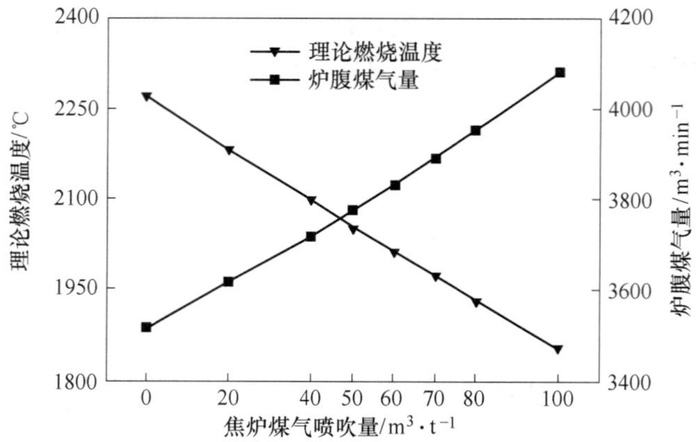

图 4-44　热补偿前焦炉煤气喷吹量对理论燃烧温度和炉腹煤气量的影响

回旋区主体及邻近区域温度呈现下降趋势，高温区面积较基准工况缩减约 40%。值得关注的是，在回旋区前端形成了新的温度峰值区域。该现象源于氢气与氧气在富氧条件下的快速燃烧反应，其高热值特性（120 MJ/kg）导致瞬时放热显著。与此形成鲜明对比的是，回旋区主体部位由于氢气燃烧生成的大量水蒸气（$\varphi(H_2O)$ 为 15%～22%），与焦炭和未燃煤粉发生吸热性水煤气反应，这种强吸热效应导致系统热平衡发生根本性改变。

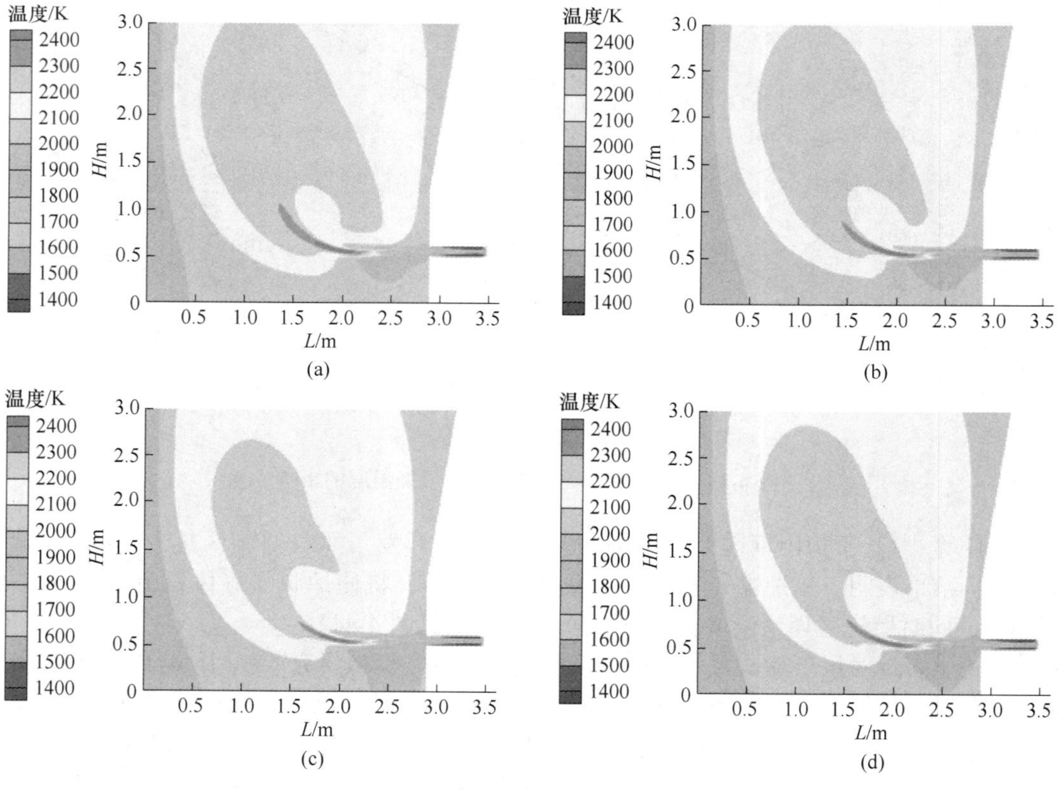

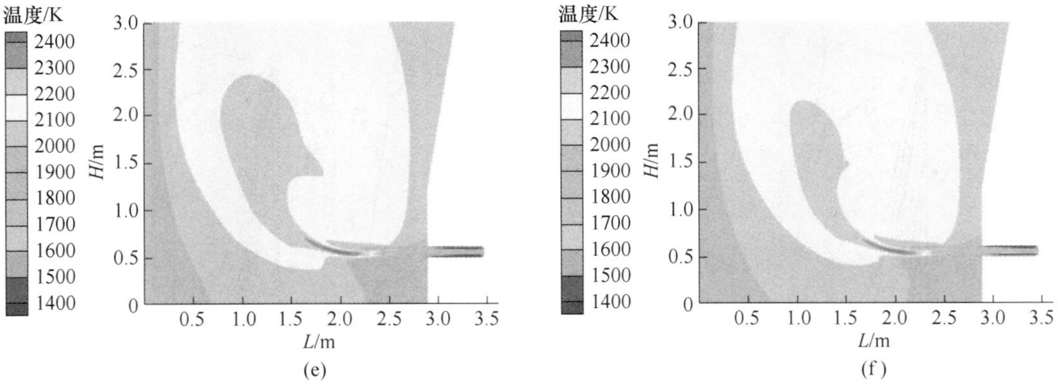

图 4-45　高炉风口喷氢后的回旋区温度分布

(a) 0 m^3/t；(b) 10 m^3/t；(c) 20 m^3/t；(d) 30 m^3/t；(e) 40 m^3/t；(f) 50 m^3/t

(扫描书前二维码看彩图)

相较于氢气燃料的瞬时反应特性，传统煤粉燃烧需经历复杂的相变过程：包括 200~400℃的脱水阶段、400~800℃的脱挥发分过程，以及后续的固定碳燃烧阶段。这种多阶段反应机制不仅延迟了能量释放速率，且因产物中水蒸气生成量有限（仅占体积分数 3%~5%），无法引发显著的水煤气反应，最终导致非氢气工况下回旋区整体温度较氢气喷吹工况高出 150~200℃。

4.4.1.2　直接还原度

相较于传统 CO 还原介质，氢基还原剂（H_2）在高温冶金环境中展现出独特优势。从反应机制层面分析，H_2 参与铁氧化物还原过程时，在热力学条件和动力学速率两个维度均表现出更优特性。向高炉内喷吹富氢气体能够有效强化矿石还原反应的进程。

王煜[16]针对还原气体中 H_2 浓度与球团矿还原特性的关联机制进行了系统研究（见图 4-46）。实验数据显示，在特定温度区间内，当气相 H_2 浓度提升至 25%（体积分数）临界值时，球团矿达到最大还原效率。值得注意的是，当 H_2 浓度突破该阈值后，金属铁相的过量生成诱发物料致密化结构，导致气体扩散通道受阻，还原效率呈现下降趋势。

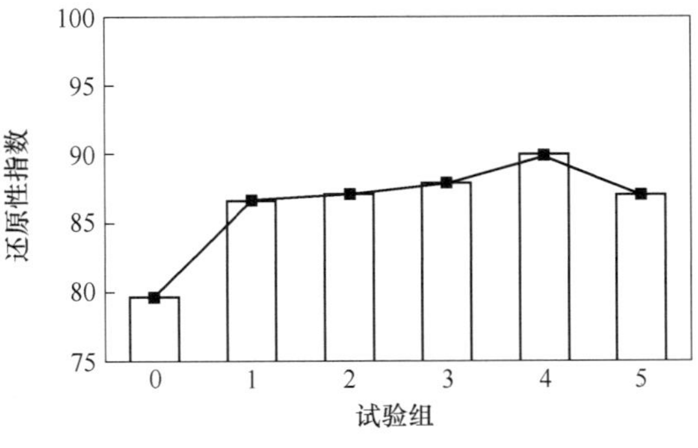

图 4-46　富氢气氛条件下球团矿的还原性指数

项钟庸等[17]针对高炉冶炼过程中不同还原剂喷吹对含铁原料还原行为的影响进行了数值模拟研究（见图 4-47）。研究数据显示，采用全焦炭冶炼工艺时，风口回旋区上方的还原度变化梯度最为明显，该区域的快速还原过程与局部高温场存在显著耦合关系。当实施煤粉单喷吹方案时，铁氧化物还原度分布图谱呈现小幅度向上迁移现象；采用天然气单喷吹工艺时，还原度分布图谱的垂直位移量显著增加。在煤粉与天然气协同喷吹模式下，其还原度分布特征介于温度场分布的中间过渡区域。值得注意的是，富氢冶炼工艺因氢分子具有优异的气体扩散性能和还原动力学特性，不仅提升了整体还原速率和最终还原度，还降低了低熔点矿相生成量，使得物料软化温度区间上移，最终导致软熔带在炉内的空间位置向下推移。

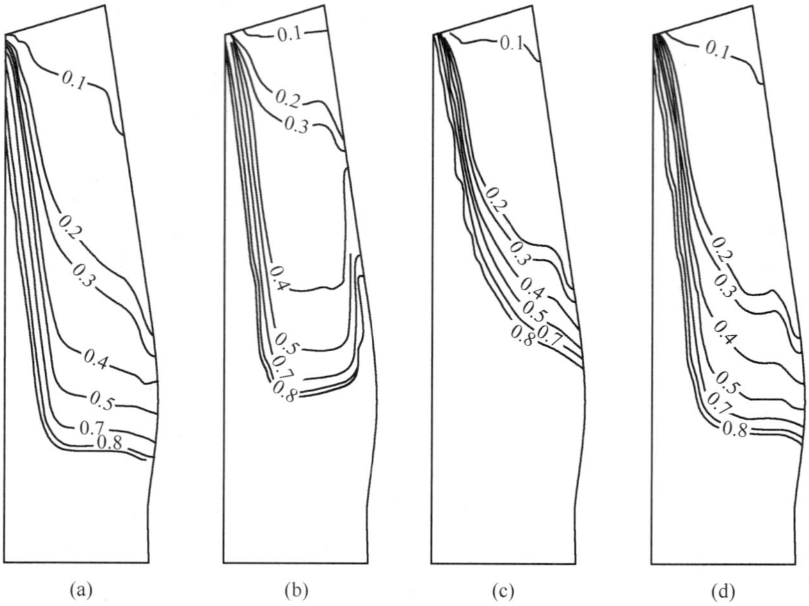

图 4-47　高炉内还原度分布

（a）焦炭；（b）煤粉；（c）天然气；（d）煤粉和天然气

张翠柳[18]通过实验探讨了高炉内氢含量对还原进程的影响机制（见图 4-48）。研究发现，在炉身上部区域，随着氢气注入比例提升，表征还原度的等值线呈现系统性下移特征，其中 10%～20%区间等值线间距明显扩展，主要源于富氢环境引发的炉温下降延缓了炉料还原进程。当物料下行至高温区域后，气固反应动力学显著改善，还原性气体活性增强，促使软熔带上方等值线间距逐渐收窄。

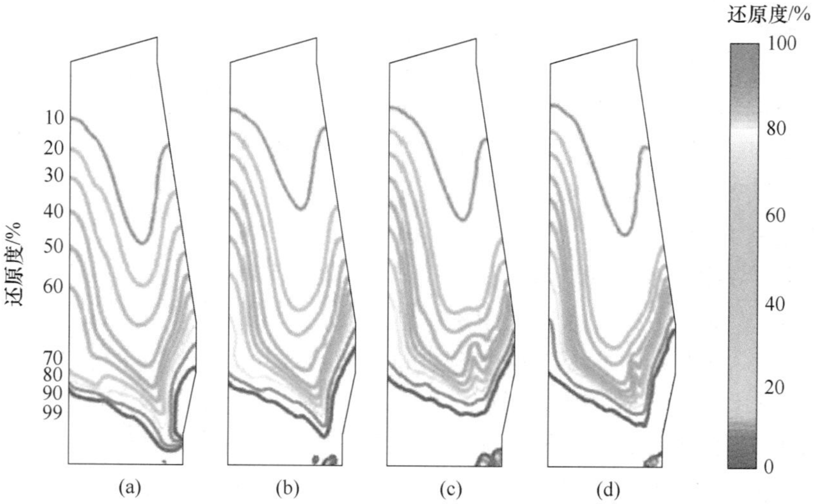

图 4-48　不同富氢比例条件下的炉内还原度分布

（a）0%；（b）15%；（c）30%；（d）43%

（扫描书前二维码看彩图）

以上研究表明，高炉喷吹富氢气体使炉内 H_2 体积分数增加，气体还原剂浓度升高，促进了铁矿石的间接还原反应。在不同温度下，随着还原气体 H_2 含量的增加，铁矿石的还原度和还原速率均加快[19]。

4.4.1.3 燃料消耗及碳排放

以氢代碳，降低高炉 CO_2 排放是富氢冶炼技术发展的根本动力。高炉喷吹富氢气体使炉内 CO 和 H_2 体积分数增加，气体还原剂浓度升高，促进了高炉中的间接还原反应，减少了直接还原反应，降低了焦比和燃料成本。

李海峰等[20]采用数值建模方法分析了高炉燃料喷吹技术对碳素利用效率的影响规律（见表4-22）。研究数据显示，煤粉、焦炉煤气及天然气 3 种燃料分别对应 50.4%、50.1% 与 50.9%的气体能量转化效率，其焦炭置换比分别为 0.92、0.91 及 1.18。该定量分析表明，富氢介质注入工艺通过优化还原剂组成，能够在维持煤气系统热力学平衡的同时，显著降低单位铁水产出的焦炭消耗量，为高炉炼铁过程的碳减排提供了有效技术路径。

表 4-22 高炉焦炭含碳量及操作条件

燃料类型	煤粉	焦炉煤气	天然气
固定 C 含量/%	87.1	87.1	87.1
煤气利用率/%	50.4	50.1	50.9
煤顶煤气温度/℃	167	140	184
置换比	0.92	0.91	1.18

研究表明[21]，高炉喷吹焦炉煤气有助于改善炉内间接还原，从而降低直接还原度、焦比和燃料比，在满足约束条件前提下每喷吹 1 m^3 焦炉煤气可减少燃料消耗约 0.4 kg（见图 4-49）。

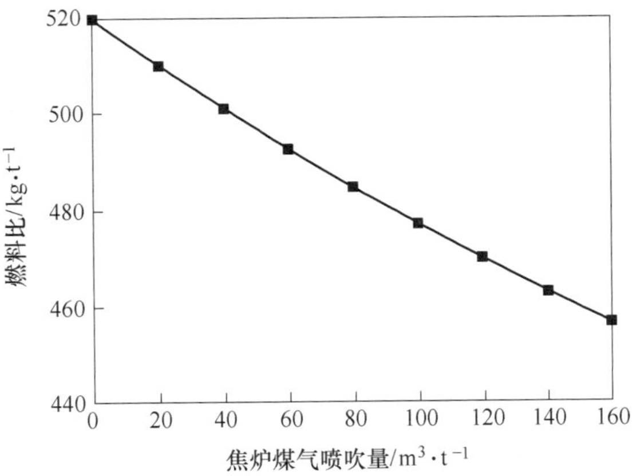

图 4-49 焦比和燃料比随焦炉煤气喷吹量增加的变化

下面简要介绍各国在高炉富氢喷吹方面的技术进展及工业化应用情况。

4.4.1.4 国内外高炉富氢喷吹工业应用现状

A 日本高炉富氢喷吹

日本于 2008 年启动了以碳中和为目标开发的新工艺 COURSE50，称为环境友好型炼铁工艺，通过提高高炉中氢气还原铁矿石的比例，减少 CO_2 排放。氢还原高炉理念如图 4-50 所示[23]。

日本于 2008 年启动的 COURSE50 低碳冶金研发计划[23]，其核心技术体系包含两大创新方向：基于氢冶金原理的高炉还原工艺革新，以及依托钢铁企业余热资源的二氧化碳捕集技术。该计划在 2013 年进入工程验证阶段，于君津制铁所建成容积为 12 m^3（相当于实际生产装置的 1/400 规模）的试验高炉实施多燃料协同喷吹试验。试验装置采用三维布置的喷吹系统：在炉缸区域设置 3 个风口进行煤粉—氧气—焦炉煤气复合喷吹，炉身下

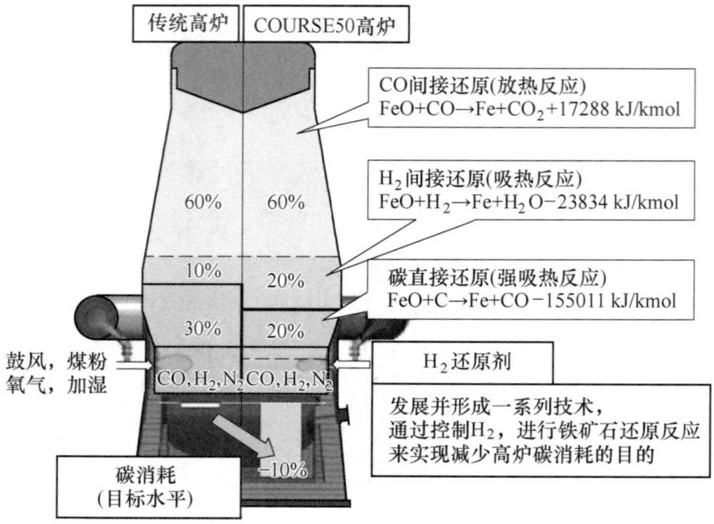

图 4-50　氢还原高炉理念

部配置 3 个风口注入改质焦炉煤气，同时在炉身上部布置预制煤气喷吹位点。通过这种工艺组合有效提升了还原介质中的氢组分浓度，并通过对高炉本体结构进行流体力学优化，最终使氢气在还原反应中的贡献度显著提升。工程测试数据显示，该集成化技术体系成功实现二氧化碳排放量较基准值降低 30%的预定目标，验证了氢冶金技术路径的可行性。

B　德国高炉富氢喷吹

2018 年，位于德国杜伊斯堡的蒂森克虏伯斯塔尔钢厂提出用氢作为还原剂来替代煤，减少或完全避免钢铁生产中的二氧化碳排放。首先，将氢气喷入 9 号高炉，这标志着“以氢代煤”作为高炉还原剂的试验项目正式启动。这一尝试在全球尚属首次，标志着钢铁工业进入了一个新时代。这次试验是在初始阶段通过一个风口喷氢，并逐步扩大到全部 28 个风口。

2019 年，德国萨尔钢铁公司与 PW 公司合作，为德国迪林根-萨尔钢铁公司的 4 号和 5 号高炉设计并装备了焦炉煤气的喷吹系统，用焦炉煤气部分代替煤粉和冶金焦作为高炉还原剂，进一步降低高炉内的碳强度和整个炼铁过程的碳足迹。根据项目安排，2020 年夏季在迪林根-萨尔钢铁 5 号高炉一半风口初次喷吹焦炉煤气。到 2020 年底，两个高炉的所有风口都长期喷吹焦炉煤气[24]。

C　俄罗斯高炉喷吹天然气

作为一种含氢量高且热值大的能源，天然气主要由 CH_4 构成，其比例高达 90%以上。此外，还包含少量 CO_2、N_2 和 H_2O，几乎不含硫、粉尘、碱金属等有害物质，是能够喷入高炉内的优质燃料。1957 年，苏联在彼得罗夫斯基厂的一个高炉首次尝试了天然气喷吹技术[25]。数据显示，1959 年至 1966 年，工厂实施喷吹天然气技术后，焦比下降了 7%~14%，产量得到了 4%~7%的提升，节约 3.92 亿卢布，喷吹效果明显，天然气喷吹技术于高炉中的应用迅速普及。尤其是 20 世纪 80 年代末到 90 年代初，苏联的 133 座高炉当中，有 112 座实施了这项技术[26]。2012 年底，俄罗斯马格尼托哥尔斯克钢铁公司在其高炉上新增了煤粉喷吹装置，目的是向高炉内同时喷吹煤粉和天然气，达到降低焦炭消耗量的目标。

近年来，欧洲与中国对天然气需求呈现强劲增长态势。在此背景下，俄罗斯天然气价格持续上涨。这一价格变动对俄罗斯钢铁产业产生显著影响，天然气价格上涨导致俄罗斯钢厂在炼铁生产过程中的成本优势被削弱，压缩了利润空间，进而影响其在国际钢铁市场的竞争力[27]。

从技术层面分析，高炉大规模喷吹天然气存在技术瓶颈。与喷吹煤粉工艺相比，喷吹天然气在替代焦炭方面效率较低。有关数据表明，喷吹煤粉时，焦比为 335 kg/t；而喷吹天然气时，焦比则高达 454 kg/t。从经济成本角度考量，基于 2012 年的原料成本数据，喷吹煤粉的成本相较于喷吹天然气低约 10%。

综合喷吹天然气的工艺限制、冶金煤价格的波动以及俄罗斯钢厂长期面临的降低铁水生产成本的压力，独联体钢厂在喷吹介质选择上进行了战略调整，逐步从喷吹天然气转向喷吹煤粉。

D 中国高炉富氢喷吹

早在 20 世纪 60 年代，本钢、鞍钢、济钢就先后开展了高炉喷吹焦炉煤气试验。近年来，承钢、邢钢、晋南钢铁、邯钢等也相继进行了焦炉煤气喷吹试验。宝武八一钢铁开展了富氢碳循环氧气高炉试验，晋南钢铁在其 3 座 1860 m^3 高炉开展了焦炉煤气和氢气喷吹试验，均取得了良好的喷吹效果。

a 重钢高炉富氢喷吹

重钢是我国唯一在高炉上喷吹天然气的钢铁厂[28]。该企业于 1965 年 11 月建成国内首套高炉天然气喷吹装置，次月即开展工业试验并取得显著工艺优化效果。两座高炉持续运行该技术，直至 1971 年因能源结构调整导致气源紧张而暂停。值得注意的是，为应对 1986 年新建高炉投产后的焦炭供应压力，该厂重启了天然气燃料喷吹技术体系。

在 1966 年开展的第三阶段工业试验中，3 号高炉实现天然气喷吹强度 96 m^3/t，焦炭置换效率达 1.41 kg/m^3，关键指标表现为焦耗降低 20%、设备作业率提升 14.2%。至 1986 年技术改造阶段，4 号高炉在 25 m^3/t 的喷吹强度下，仍保持 1.2 kg/m^3 的置换效率，实现焦耗减少 5%、利用系数增长 7.21%的工程实效。这些数据证实了天然气喷吹技术在优化高炉能量结构方面的技术经济优势。

b 济南钢铁高炉喷吹焦炉煤气

济南钢铁在 2011 年系统实施了高炉焦炉煤气喷吹工艺的工业验证[21]。研究证实，在优化工艺参数与操作规范的前提下，该技术具备可靠的安全实施条件。试验数据显示，当 4 号高炉喷吹强度达到 62.51 m^3/t 时，实现焦炭消耗下降 5.28 kg/t、煤粉用量缩减 40.63 kg/t，同时生铁成本降低 10.42 元/t，二氧化碳减排 75kg/t。

工艺应用后，高炉系统呈现显著热力学参数变化：风口区理论燃烧温度、炉身温度、铁水温度及入炉风量均有下降趋势，而炉喉温度则上升 20~30℃，同时炉顶煤气氢体积分数从基准值 12%提升至 18%。研究表明，调整焦炉煤气喷吹强度对铁水温度具有快速响应特性，其调控时效性优于传统煤粉增量或附加焦炭方式，证实该工艺可作为高炉热状态调节的有效手段。

c 晋南钢铁高炉富氢喷吹

山西晋南钢铁创新实施钢化联产体系，通过乙二醇项目副产氢气资源，联合中国钢研建成国内首套 1860 m^3 级高炉富氢喷吹系统[22]。工业化运行数据显示，当喷吹强度达 65 m^3/t 时，系统实现 0.49 kg/m^3 的燃料替代效率，固体燃料消耗显著降低。工艺参数监测表明，每喷吹 1 m^3 富氢介质可使风口理论燃烧温度下降 1.5℃，同时鼓风量与炉腹煤气量分别减少 3%～5%。气体利用分析显示，炉内 H_2 的利用率平均为 37.3%，CO 的利用率约为 43.2%，吨铁 CO_2 排放量减少 80 kg，综合碳减排率达 5.6%。该技术路径成功实现冶金流程与化工副产物的高效协同，兼具生产能耗优化与生态环境效益双重价值。

4.4.2　钒钛矿高炉冶炼富氢喷吹

我国目前高炉冶炼钒钛矿的企业主要有承钢、攀钢等。高炉富氢喷吹试验开展较少，但进行了一定的基础研究工作。郄亚娜等[29]研究了钒钛矿在富氢气氛条件下的还原行为。研究表明，高炉富氢对钒钛矿冶炼影响显著。富氢后球团矿还原度升高，尤其高温时煤气富氢率影响更突出，初渣 FeO 含量与渣量均降低。同时，软熔带位置下移、厚度减薄，熔融区间变窄，透气性增加。因物理形貌与结构差异，钒钛烧结矿和球团矿还原速率随富氢率变化趋势不同，前者在 900～1000 ℃还原速率达最大，后者随温度升高而增加。但高炉富氢会恶化钒钛矿非等温还原粉化指标，减小炉身角可缓解。煤气富氢率以 5%幅度递增时，对钒钛矿非等温还原和软熔滴落性能影响各异，0～5%影响最大，5%～10%次之，超 10%影响变小。综合考虑，冶炼钒钛矿高炉的富氢率宜为 10%左右。

4.4.2.1　承钢钒钛矿高炉富氢喷吹生产实践

承钢 2010 年在 6 号钒钛高炉开展单、双枪喷吹焦炉煤气试验。同年 9 月 12 日起双枪喷吹，喷吹量 2000 m^3/h 时，因铁损高，燃料比升高 16 kg/t，校核后置换比 0.2 kg/m^3，且喷吹时间短。喷吹量提至 4000 m^3/h，燃料比相对 2000 m^3/h 又升高 10 kg/t，各项指标与前期相当，置换比降至 0.15 kg/m^3。喷吹量为 2500 m^3/h 时，燃料比为 569 kg/t，置换比升至 0.32 kg/m^3。但后期设备故障率高，焦炉煤气短时间多次停喷，数据采集少，置换比核算可能有偏差。

除承钢外，目前暂无相关的钒钛矿冶炼高炉开展富氢喷吹试验的报道。承钢高炉焦炉煤气喷吹试验开展的时间也较短，且由于诸多原因，降焦效果不太明显。

4.4.2.2　钒钛磁铁矿高炉多流体数学模型

A　多流体高炉数学模型控制方程

基于多流体理论、冶金传输原理、反应热力学、动力学和现代计算流体力学创建的多流体高炉数学模型，可合理描述炉内现象，准确预测高炉操作指标，是对高炉炼铁过程进行模拟解析的有效工具[30]。

多流体高炉模型主要考虑从渣面到料面的整个填充区域，而且认为高炉是轴对称的。基于运动机制的不同，把炉内物质划分为气相、固相（焦炭和含铁炉料）、铁水、熔渣和粉相。每一相由一个或多个组元构成，而每个组元具有各自的组成和物性。

模型采用一系列偏微分方程对炉内各相的质量、动量和能量传输行为以及高炉炼铁过程进行高精度的模拟解析。由于各相之间同时且双向相互作用，故这些偏微分方程应是强烈耦合的，须同时求解，但所有方程可以用一个统一化的形式加以描述，见式（4-10）。

$$\frac{\partial}{\partial x}(\varepsilon_i\rho_i u_i\psi)+\frac{1}{r}\frac{\partial}{\partial r}(r\varepsilon_i\rho_i v_i\psi)=\frac{\partial}{\partial x}\left(\varepsilon_i\Gamma_\psi\frac{\partial\psi}{\partial x}\right)+\frac{1}{r}\frac{\partial}{\partial r}\left(r\varepsilon_i\Gamma_\psi\frac{\partial\psi}{\partial r}\right)+S_\psi \quad (4\text{-}10)$$

式中，下标 i 代表考虑的各相，即气相、固相、铁水、熔渣和粉相；ψ 代表求解的变量，通过改变 ψ，分别代表质量、动量、能量方程以及连续性方程；ε_i 代表相 i 的体积分数；Γ_ψ 代表有效扩散系数，根据所求解的独立变量具有不同的意义。如对于动量方程，Γ_ψ 表示动力学黏度；而对于能量方程，Γ_ψ 为导热系数。

模型充分考虑了炉内各相之间动量、质量和能量的相互作用，如图 4-51 所示。图中实线代表动量、质量和能量的完全相互作用，点线代表质量的传输。模型认为气固两相与其他相之间均有完全的质量、动量和能量交换，而液相和粉相之间通过化学反应和相变进行质量和能量交换。

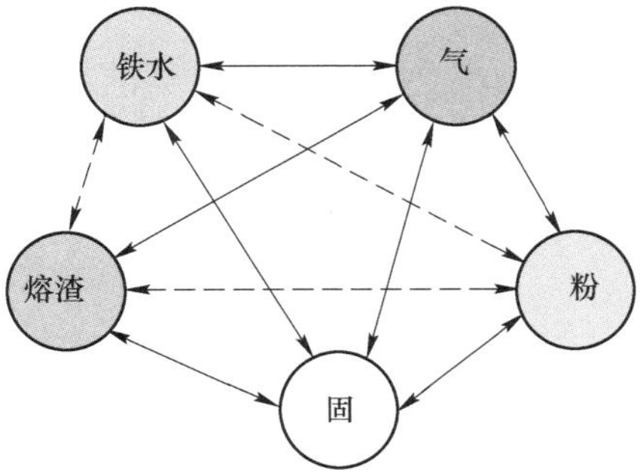

图 4-51 多流体高炉模型中考虑的相间相互作用

a 质量传输控制方程

由于化学反应，质量方程和连续性方程具有质量源。模型考虑了炉内的主要反应，并利用已有的实验研究成果对各反应的速度进行动力学公式化描述。

多流体模型考虑的反应见表 4-23，主要包括以下反应：回旋区的燃烧、熔渣中 Fe_wO 直接还原、铁氧化物间接还原、焦炭气化溶损、水煤气转变和水煤气反应、Si 迁移以及渗 C 反应等。为节省篇幅，未列出各反应的速度计算式。

表 4-23 多流体高炉数学模型考虑的反应

编号	反应式
1	$Fe_2O_3(i)+CO(g)\rightarrow Fe_3O_4(i)+CO_2(g)$
2	$\frac{w}{4w-3}Fe_3O_4(i)+CO(g)\rightarrow\frac{3}{4w-3}Fe_wO(i)+CO_2(g)$
3	$Fe_wO(i)+CO(g)\rightarrow wFe(i)+CO_2(g)$
4	$Fe_2O_3(i)+H_2(g)\rightarrow Fe_3O_4(i)+H_2O(g)$
5	$\frac{w}{4w-3}Fe_3O_4(i)+H_2(g)\rightarrow\frac{3}{4w-3}Fe_wO(i)+H_2O(g)$
6	$Fe_wO(i)+H_2(g)\rightarrow wFe(i)+H_2O(g)$
7	$Fe_wO(slg)+C(i)\rightarrow wFe(hm)+CO(g)$
8	$C(i)+0.5O_2(g)\rightarrow CO(g)$(部分)
9	$C(i)+O_2(g)\rightarrow CO_2(g)$(全部)
10	$C(i)+CO_2(g)\rightarrow 2CO(g)$
11	$C(i)+H_2O(g)\rightarrow CO(g)+H_2(g)$
12	$CO_2(g)+H_2(g)\leftrightarrow CO(g)+H_2O(g)$
13	$VM(pc)+\alpha_1O_2\rightarrow\alpha_2CO_2(g)+\alpha_3H_2O(g)+\alpha_4N_2(g)$

续表 4-23

编号	反应式
14	$VM(pc) + \alpha_5 CO_2(g) \rightarrow \alpha_6 CO(g) + \alpha_7 H_2(g) + \alpha_8 N_2(g)$
15	$SiO_2(coke) + C(coke) \leftrightarrow SiO(g) + CO(g)$
16	$SiO_2(coke) + 3C(coke) \leftrightarrow SiC(coke) + 2CO(g)$
17	$SiC(coke) + CO(g) \leftrightarrow SiO(g) + 2C(coke)$
18	$SiO_2(slg) + C(coke) \rightarrow SiO(g) + CO(g)$
19	$SiO(g) + C(hm) \rightarrow Si(hm) + CO(g)$
20	$CH_4(g) + 0.5O_2(g) \rightarrow CO(g) + 2H_2(g)$
21	$Fe(i) \rightarrow Fe(hm)$
22	$Fe_wO(i) \rightarrow Fe_wO(slg)$
23	$SiO_2(i) \rightarrow SiO_2(slg)$
24	$Al_2O_3(i) \rightarrow Al_2O_3(slg)$
25	$CaO(i) \rightarrow CaO(slg)$
26	$MgO(i) \rightarrow MgO(slg)$
27	$Gangue(i) \rightarrow Gangue(slg)$
28	$C(i) \rightarrow C(hm)$
29	$H_2O(i) \rightarrow H_2O(g)$
30	$TiO_2(slg) + 2[C] \rightarrow 2CO(g) + [Ti]$
31	$TiO_2(i) \rightarrow TiO_2(slg)$
32	$V_2O_5(i) + CO(g) \rightarrow VO(i) + CO_2(g)$
33	$VO(i) \rightarrow V_O(slg)$
34	$VO(slg) + C(hm) \rightarrow V(hm) + CO(g)$

b　动量传输控制方程

不同相间的动量交换构成动量方程的源项。不同的相 j 和相 i 之间产生动量交换，主要是因为速度差的存在。在多流体模型中，动量传输量通过下式来计算：

$$\boldsymbol{F}_i^j = f_{i\text{-}j}(\boldsymbol{U}_i - \boldsymbol{U}_j) \tag{4-11}$$

式中，$\boldsymbol{F}_i^j$ 为相 j 和相 i 之间动量传输量，N/m^3；$\boldsymbol{U}_i$、$\boldsymbol{U}_j$ 为相 j 和相 i 的速度，m/s；$f_{i\text{-}j}$ 为相间动量传输系数。

模型中对不同体系采用不同方法[31]计算，概括于表 4-24。

表 4-24　多流体高炉数学模型中不同体系动量传输的估算方法

体　系	模型中表示	估 算 方 法
气-固	$\boldsymbol{F}_g^s$	Ergun 方程
气-液	$\boldsymbol{F}_g^{hm}$，$\boldsymbol{F}_g^{slg}$	单液滴拽力方程
气-粉	$\boldsymbol{F}_g^{pc}$，$\boldsymbol{F}_g^{f}$	单颗粒拽力方程 （经 Richardson 和 Zaki 修改）

续表 4-24

体　系	模型中表示	估算方法
固-液	$\boldsymbol{F}_{hm}^{s}$，$\boldsymbol{F}_{slg}^{s}$	Kozeny-Carman 方程
固-粉	$\boldsymbol{F}_{pc}^{s}$，$\boldsymbol{F}_{f}^{s}$	Fanning 方程
液-粉	—	未考虑

c　能量传输控制方程

能量方程的源相包括反应热和相间的对流换热，其中反应热可通过反应量进行计算，而相间的对流换热量则通过下式计算：

$$\dot{E}_i^j = h_{i\text{-}j} A_{i\text{-}j} (T_i - T_j) \tag{4-12}$$

式中，$\dot{E}_i^j$ 为相 j 和相 i 之间的对流换热量，W/m^3；T_i、T_j 为相 j 和相 i 的温度，K；$A_{i\text{-}j}$ 为相 j 和相 i 之间的界面接触面积，1/m；$h_{i\text{-}j}$ 为对流换热系数，W/(m^2 · K)$^{-1}$。

模型中对不同的体系采用不同的计算方法[31]，具体列于表 4-25 中。

表 4-25　多流体高炉数学模型中不同体系对流换热量的估算方法

体　系	模型中表示	估算方法
气-固	$\dot{E}_g^s$	Ranz 方程（经 Akiyama 修改）
气-液	$\dot{E}_g^{hm}$，$\dot{E}_g^{slg}$	Mackey-Warner 关系式
气-粉	$\dot{E}_g^{pc}$，$\dot{E}_g^{f}$	Ranz-Marshall 方程
固-液	$\dot{E}_{hm}^{g}$，$\dot{E}_{slg}^{s}$	Eckert-Drale 方程
固-粉	$\dot{E}_s^{f}$，$\dot{E}_f^{s}$	Emulsion 模型
液-粉	—	未考虑

B　多流体高炉数学模型建立与求解

多流体高炉数学模型采用 Fortran 语言编程，由 Visual Fortran 程序进行编译。

根据国内某钒钛矿冶炼高炉的设计参数，利用边界自适应坐标体系（BFC）法对所研究的高炉区域进行非结构性网格化，建立了高炉的二维模型。数学模拟的计算区域由炉墙、料面、中心轴和渣面围成。利用控制单元体方法对整个网格内的所有方程进行离散化。采用 Simple 方法和迭代矩阵法对所有离散方程进行同时求解。

在进行模拟计算时，设定的边界条件包括：（1）在风口边界，速度、组成、温度、气相体积分数和粉相体积分数的确定取决于操作条件。对于液相和固相，风口边界被视为炉墙边界；（2）认为没有原料穿过中心轴和炉墙边界。对于和炉墙平行的速度，在应用滑动条件的同时还考虑摩擦力对竖直炉墙处固体料速度的影响。通过炉墙的热损失作为边界条件考虑进能量守恒方程；（3）除了垂直于中心轴的径向速度外，其他所有因变量的梯度都设为 0。只有液相可以流过渣面，对于其他相来说，渣面被视为炉墙。渣面温度为渣面处铁水和熔渣温度的平均值；（4）在炉料表面，固体料的成分和温度也是指定的，并且认为在这个表面其他变量没有梯度。

多流体高炉数学模型的模拟计算过程见图 4-52，可分 3 部分：(1) 原始数据输入部分，包括操作参数初始值的设定、高炉几何构造数据的输入、数学网格的生成以及几何信息的估算；(2) 数学模型核心部分，包括对所有方程进行循环迭代求解；(3) 计算结果输出部分，包括对计算结果进行保存并用于后期的数据处理，其中炉内工艺变量的多维分布用 Tecplot 软件进行可视化处理，得到变量的分布云图。

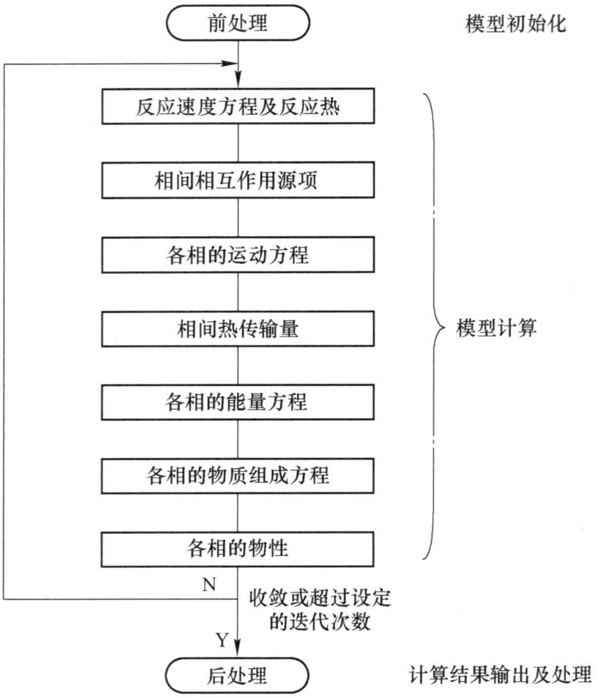

图 4-52　多流体高炉数学模型的计算过程

C　多流体高炉数学模型有效性的验证

采用多流体高炉数学模型对某钒钛矿冶炼高炉的现行基准操作进行了模拟解析，模拟结果与高炉现行基准操作数据的比较见表 4-26。主要技术经济指标的误差均低于 3.5%，这说明多流体数学模型有效性相当高，可以利用该模型科学合理地进行该高炉冶炼过程的模拟解析。

表 4-26　某钒钛矿冶炼高炉实际生产指标与模拟结果的对比

生 产 指 标	现场值	模型计算数值	误差/%
产量/$t \cdot d^{-1}$	3639	3646	0.19
焦比/$kg \cdot t^{-1}$	417.0	418.0	0.24
煤比/$kg \cdot t^{-1}$	141.0	141.6	0.40
铁水［Ti］含量/%	0.314	0.312	0.63
铁水［V］含量/%	0.219	0.215	1.80

4.4.2.3　喷吹焦炉煤气对钒钛高炉冶炼的影响

A　模拟条件

某钒钛磁铁矿冶炼高炉的炉缸直径 d 为 8.75 m，炉腰直径 D 为 10.00 m，炉喉直径

d_1为 6.3 m，炉缸高度 h_1为 3.5 m，炉腹高度 h_2 为 3.3 m，炉腰高度 h_3 为 2.1 m，炉身高度 h_4为 14.3 m，炉喉高度 1.8 m，风口中心线距铁口中心线 3.70 m，风口中心线距渣面距离 2.00 m。高炉使用的炉料包括烧结矿、球团矿与块矿，比例分别为 77.5%和 20.5%和 2%。

入炉炉料的化学组分如表 4-27 所示。焦炉煤气的成分见表 4-28。

表 4-27 某钒钛磁铁矿冶炼高炉炉料的化学组分 (%)

炉料	TFe	FeO	SiO_2	Al_2O_3	CaO	MgO	TiO_2	V_2O_5	S
烧结	49.81	8.18	5.78	3.35	10.72	2.77	6.89	0.338	0.035
球团	53.19	3.08	5.66	3.91	1.49	2.54	9.73	0.589	0.015
块矿	45.63	0.81	22.56	5.52	1.31	0.84	0	0	0.022

表 4-28 拟喷吹的焦炉煤气化学成分 (摩尔分数,%)

H_2	N_2	CO	CO_2	CH_4
63	6.00	7.48	1.99	19.95

不同操作条件下的模拟初始条件如表 4-29 所示。其中，基础项代表了该高炉常规操作，将喷吹焦炉煤气（标态）20 m³/t、40 m³/t、60 m³/t、80 m³/t 和 100 m³/t 5 个工况分别设置为 COI20、COI40、COI60、COI80、COI100。

表 4-29 不同操作条件下的模拟初始条件

条件	理论燃烧温度 /℃	炉腹煤气流量 /$m^3 \cdot min^{-1}$	吨铁炉腹煤气流量 /$m^3 \cdot t^{-1}$	焦炉煤气喷吹量 /$m^3 \cdot t^{-1}$	鼓风流量 /$m^3 \cdot min^{-1}$	富氧率 /%
基础组	2278.45	4389.03	1733.08	0	3233	4.05
COI20	2278.69	4481.11	1657.87	20	3233	5.05
COI40	2278.10	4604.32	1610.60	40	3233	6.00
COI60	2277.95	4697.37	1569.02	60	3233	6.80
COI80	2278.32	4862.73	1562.91	80	3233	8.25
COI100	2277.52	4934.92	1543.73	100	3233	8.75

注：表中炉腹煤气流量、吨铁炉腹煤气流量、焦炉煤气喷吹量、鼓风流量为标态下结果。

B 模拟方案

本研究考察了焦炉煤气喷吹量对高炉炉内状态和生产指标的影响。值得提出的是，按照高炉操作要求，所有模拟的前提是限制矿焦比不超过 4.9，焦炉煤气同时替焦替煤。

以各喷吹方案的风口鼻子区条件作为多流体高炉数学模型风口回旋区的边界条件，计算过程保持矿焦比不高于 4.9，且铁水温度与基准一致。各喷吹方案的鼻子区条件列于表 4-30。

表 4-30 不同焦炉煤气喷吹量条件下的鼻子区输入条件

焦炉煤气喷吹量	基础	COI20	COI40	COI60	COI80	COI100
CO/$kg \cdot s^{-1}$	0	0.30	0.58	0.97	1.45	1.75

续表 4-30

焦炉煤气喷吹量	基础	COI20	COI40	COI60	COI80	COI100
CO_2/kg · s^{-1}	0	0. 04	0. 07	0. 12	0. 17	0. 21
H_2/kg · s^{-1}	0	0. 08	0. 16	0. 27	0. 41	0. 49
H_2O/kg · s^{-1}	0. 66	0. 64	0. 65	0. 65	0. 65	0. 65
N_2/kg · s^{-1}	51. 39	49. 63	50. 05	49. 60	48. 84	48. 54
O_2/kg · s^{-1}	20. 27	20. 48	21. 51	21. 97	22. 80	23. 11
温度/℃	1214. 0	1196. 83	1185. 48	1163. 48	1137. 37	1122. 39

C　喷吹焦炉煤气对高炉炉内状态的影响

图 4-53 为不同焦炉煤气流量下，高炉内固相温度的分布云图。随着焦炉煤气喷吹量的增加，高炉的软熔带逐渐降低。这主要是因为随着焦炉煤气的喷吹，富氧率增加，焦炭燃烧加快，炉料下降空间增大，高炉冶炼强度增大，入炉炉料流速加快，导致了炉料与煤气的换热加强，高炉上部温度降低。

图 4-54～图 4-57 为不同焦炉煤气喷吹量下高炉内气相分布。喷吹焦炉煤气后，高炉内 CO 和 H_2 的浓度增加，高炉内部的还原势优于常规高炉。基准状态下，常规高炉内 CO 的浓度最高为 45%，H_2 的浓度最高为 4%。而 COI100 的条件下，CO 浓度为 45%的区域明显扩大，H_2 浓度最大为 10%。

随着焦炉煤气喷吹量的增加，高炉内 CO_2 与 H_2O 浓度逐渐增加。值得注意的是，在高炉上部，H_2 存在一个浓度降低的区域。这主要是因为 H_2 在炉身上部发生了反应 $H_2+CO_2=H_2O+CO$，产生了 H_2O。

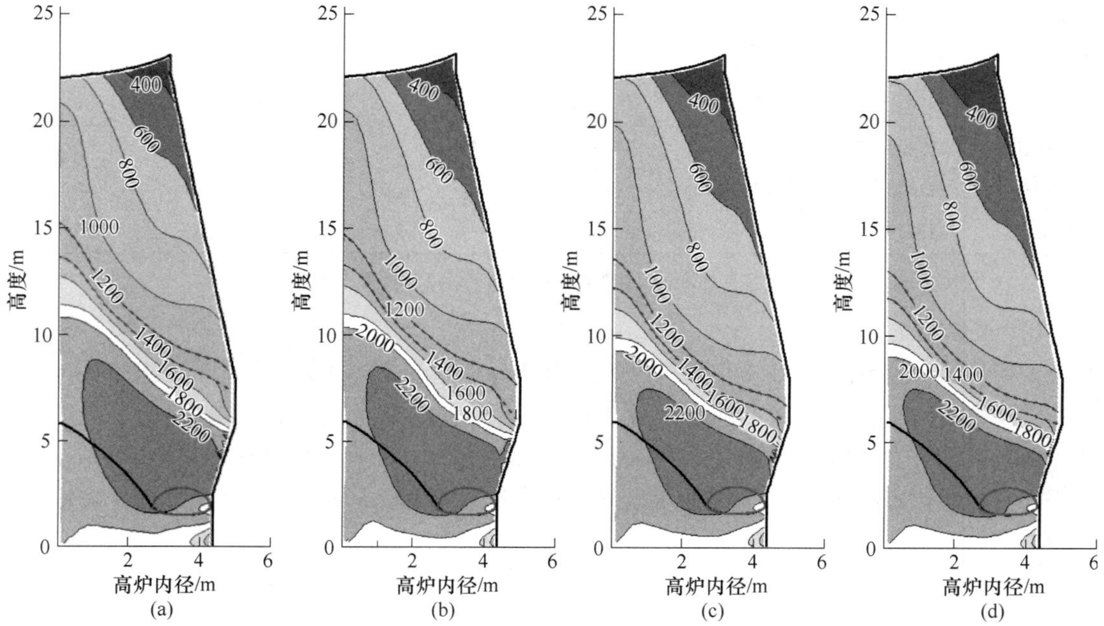

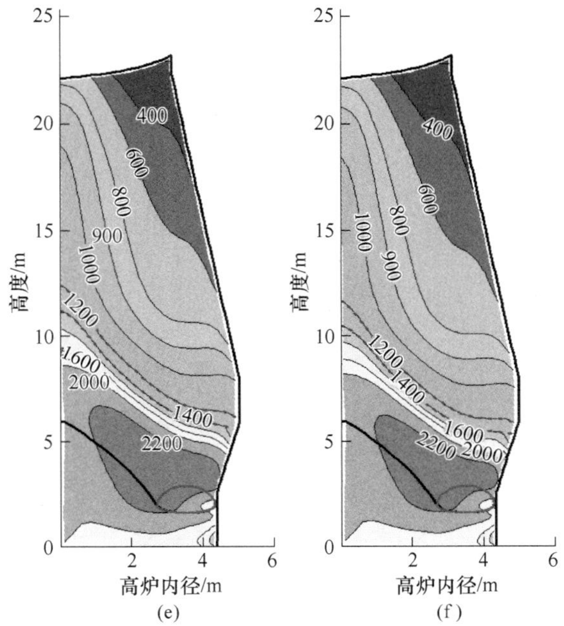

图 4-53 不同焦炉煤气喷吹量条件下高炉内固相温度分布
（a）基准；（b）COI20；（c）COI40；（d）COI60；（e）COI80；（f）COI100
（扫描书前二维码看彩图）

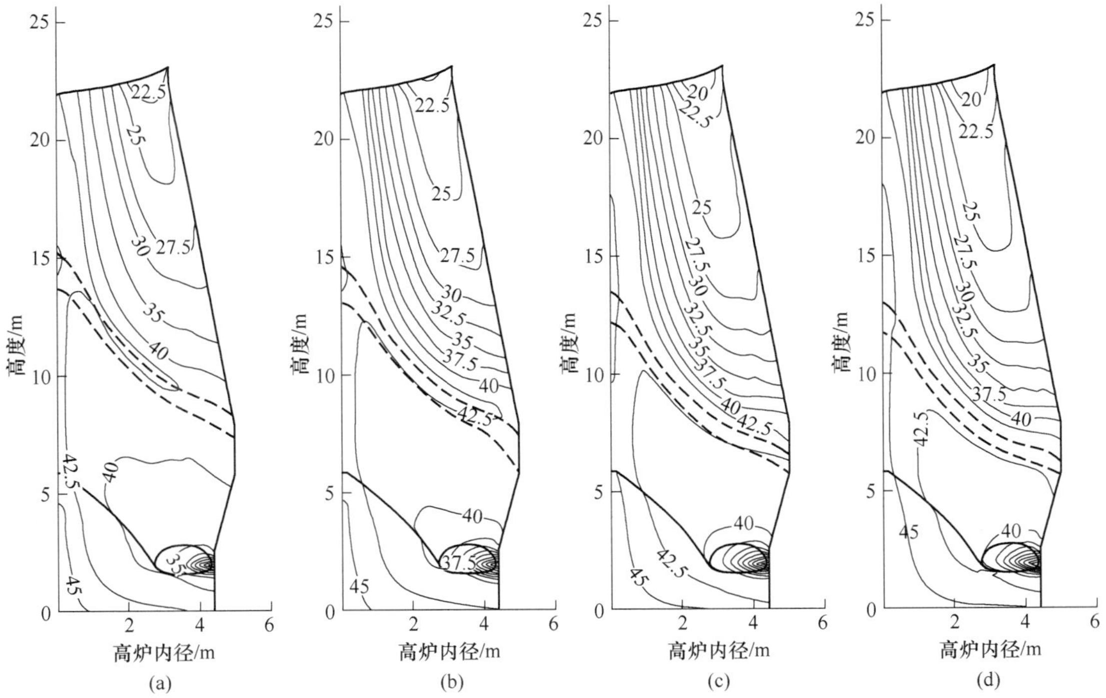

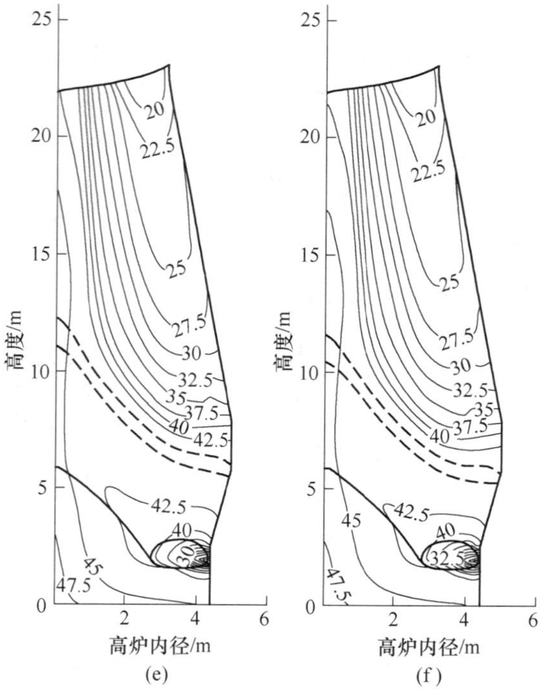

图 4-54　不同焦炉煤气喷吹量下高炉内 CO 分布

(a) 基准；(b) COI20；(c) COI40；(d) COI60；(e) COI80；(f) COI100

(扫描书前二维码看彩图)

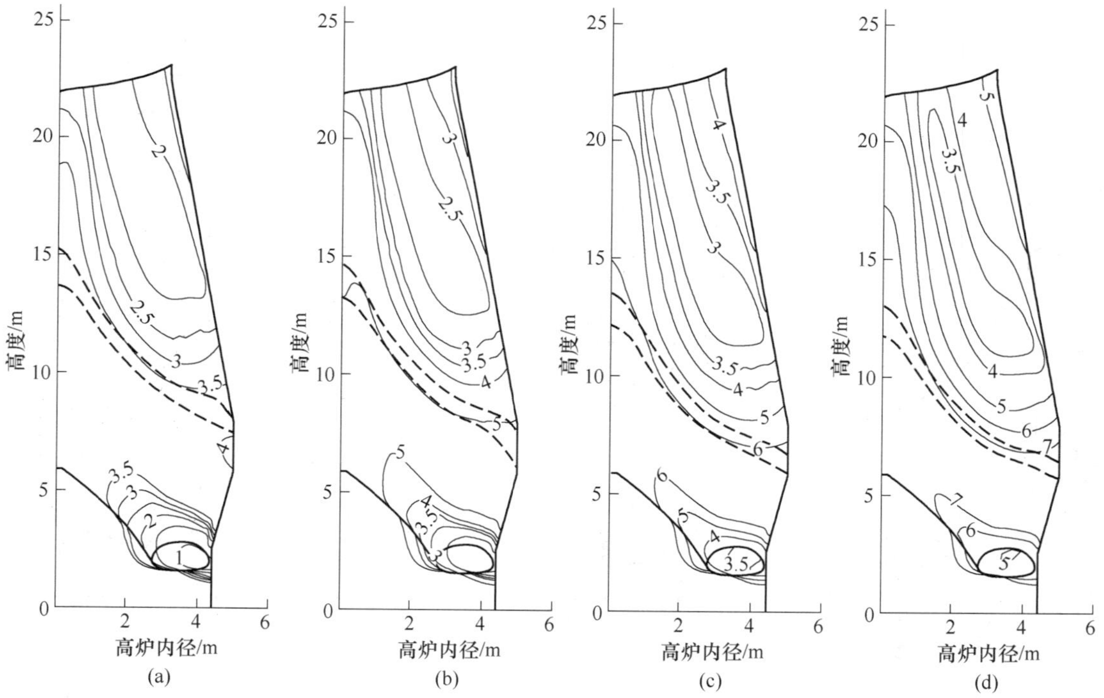

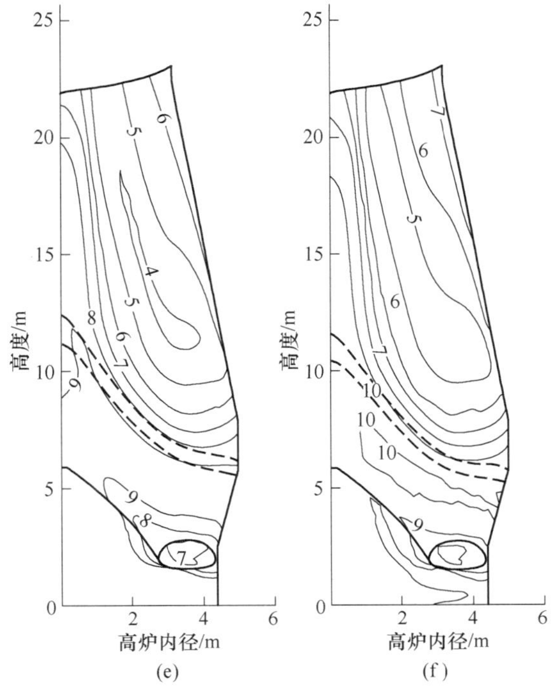

图 4-55 不同焦炉煤气喷吹量下高炉内 H_2 分布

(a) 基准；(b) COI20；(c) COI40；(d) COI60；(e) COI80；(f) COI100

(扫描书前二维码看彩图)

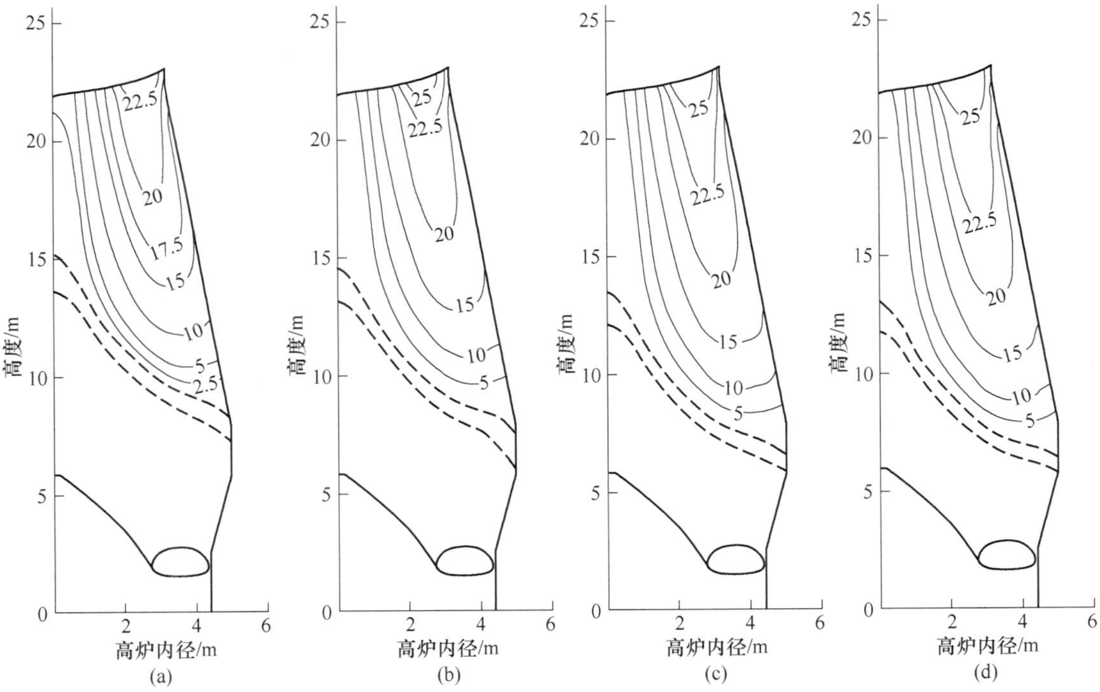

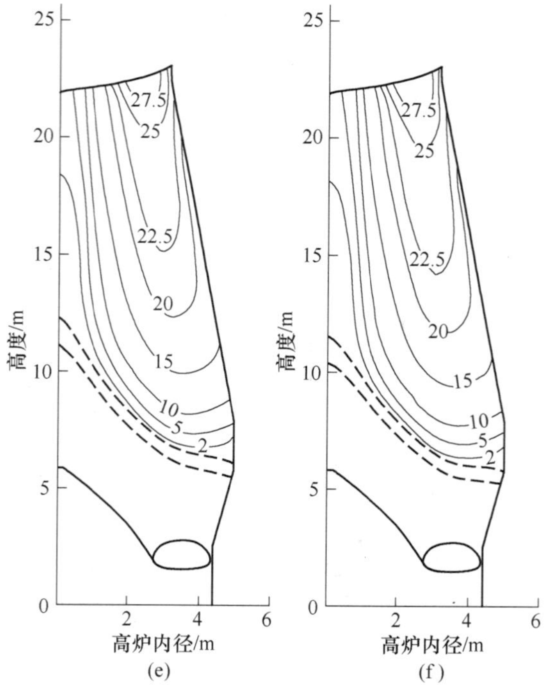

图 4-56　不同焦炉煤气喷吹量下高炉内 CO_2 分布

(a) 基准；(b) COI20；(c) COI40；(d) COI60；(e) COI80；(f) COI100

(扫描书前二维码看彩图)

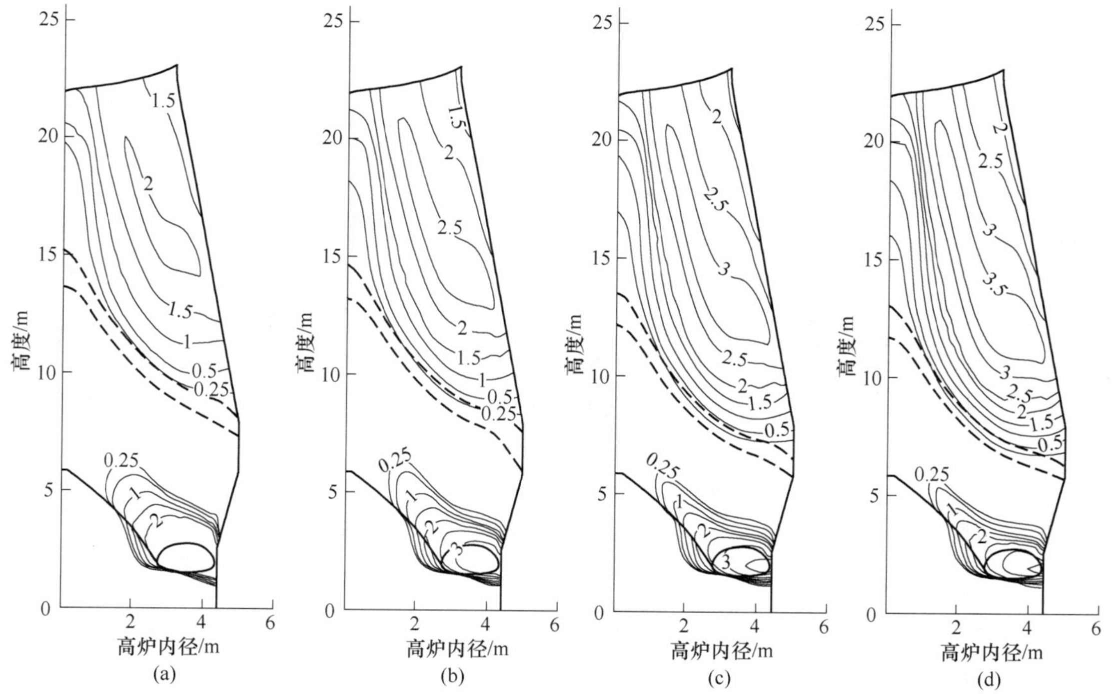

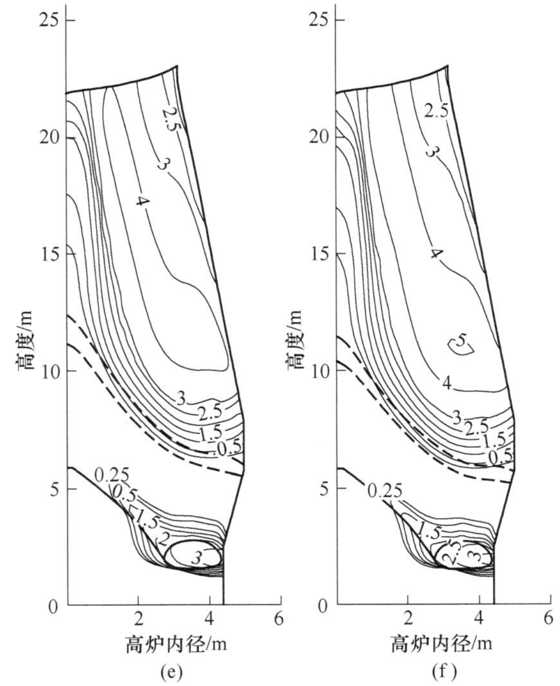

图 4-57　不同焦炉煤气喷吹量条件下高炉内 H_2O 分布

（a）基准；（b）COI20；（c）COI40；（d）COI60；（e）COI80；（f）COI100

（扫描书前二维码看彩图）

图 4-58 和图 4-59 为不同焦炉煤气流量条件下炉内氢气还原反应速率分布图。高炉喷吹焦炉煤气后，炉身内部 H_2 还原 Fe_3O_4和 FeO 的还原速率均得到了明显的提升，高炉内

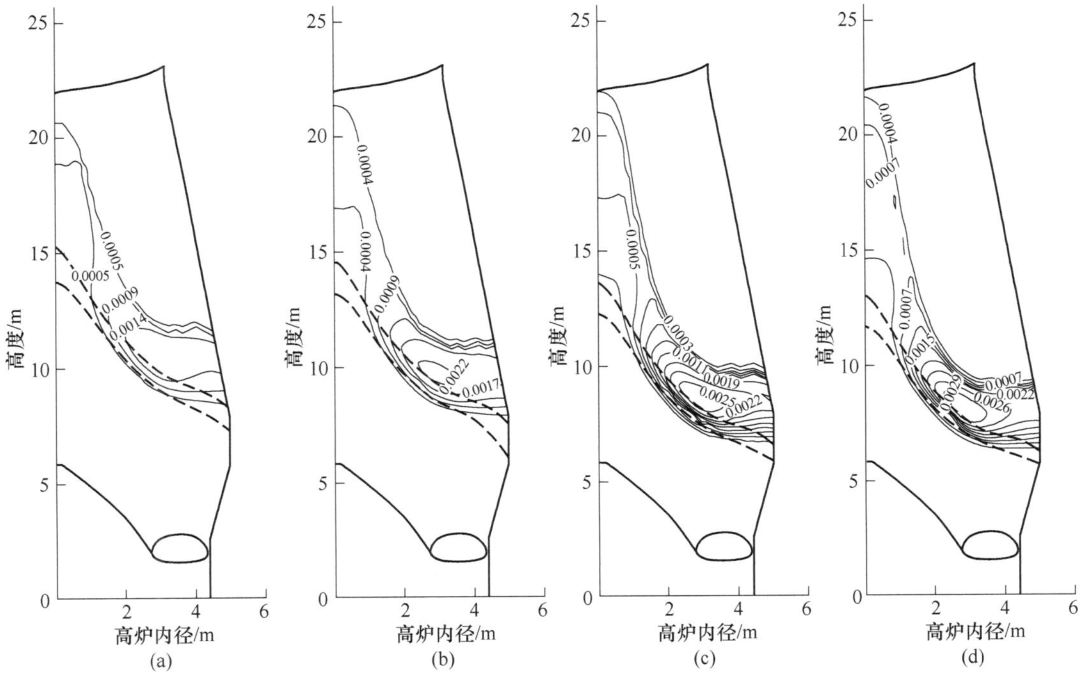

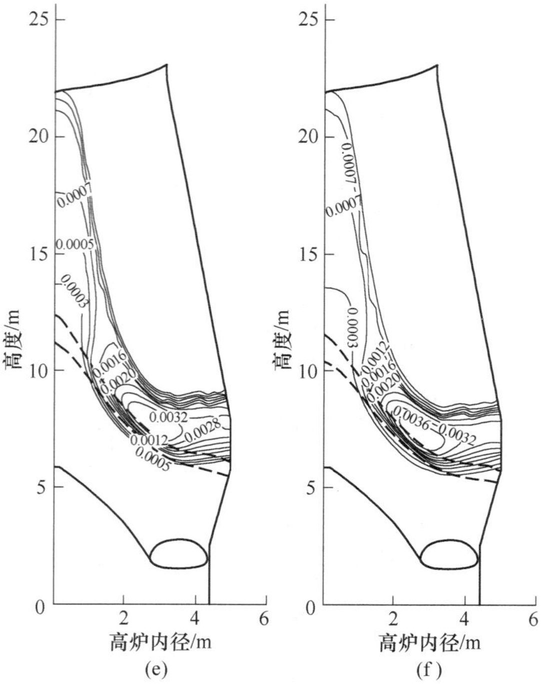

图 4-58　不同焦炉煤气流量条件下 H_2 还原 FeO 速率分布

（a）基准；（b）COI20；（c）COI40；（d）COI60；（e）COI80；（f）COI100

（扫描书前二维码看彩图）

的间接还原速率增高。这是因为喷吹焦炉煤气使高炉内 H_2 的浓度提高，H_2 的还原反应得到了促进。基准条件下，常规高炉的 H_2 还原氧化亚铁的反应速率最大为 0.0014 kmol/s，而在 COI100 的条件下，最大反应速率提高到了 0.0036 kmol/s。

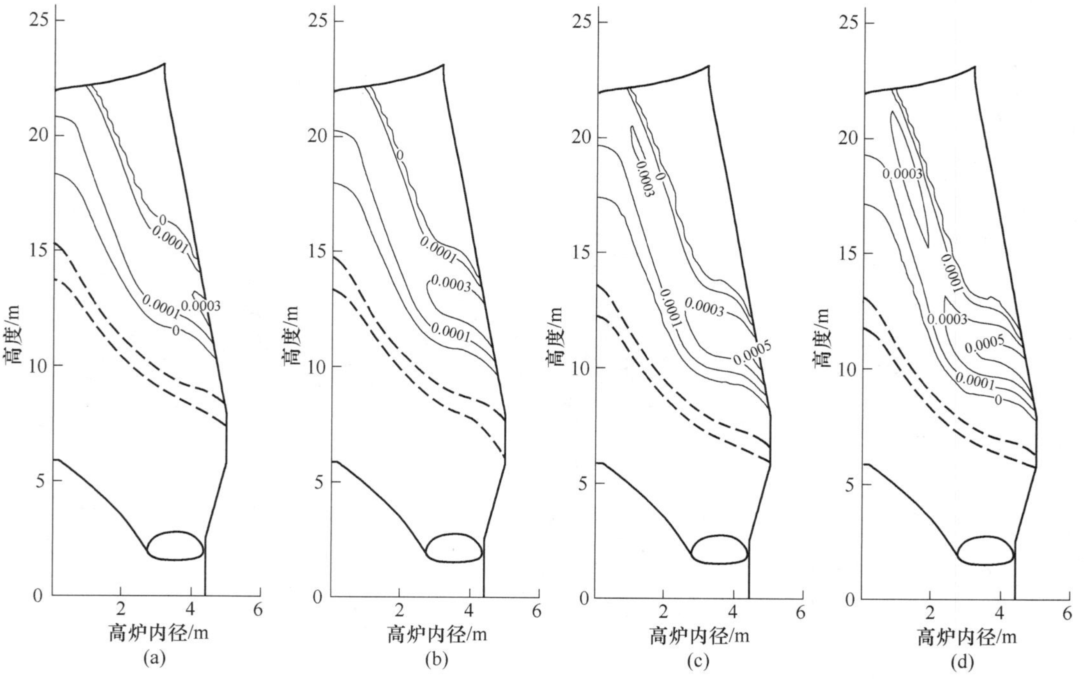

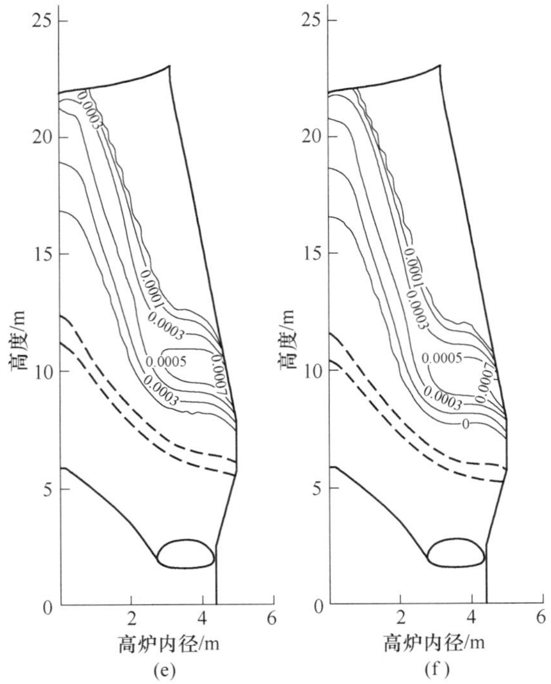

图 4-59 不同焦炉煤气喷吹量条件下高炉内 H_2 还原 Fe_3O_4 反应速率

（a）基准；（b）COI20；（c）COI40；（d）COI60；（e）COI80；（f）COI100

（扫描书前二维码看彩图）

图 4-60 为不同焦炉煤气喷吹量条件下炉内含铁炉料还原度分布。在常规高炉中，进入软熔带前铁矿石最大还原度为 70.73%。喷吹焦炉煤气后，铁矿石还原速率增加，进入

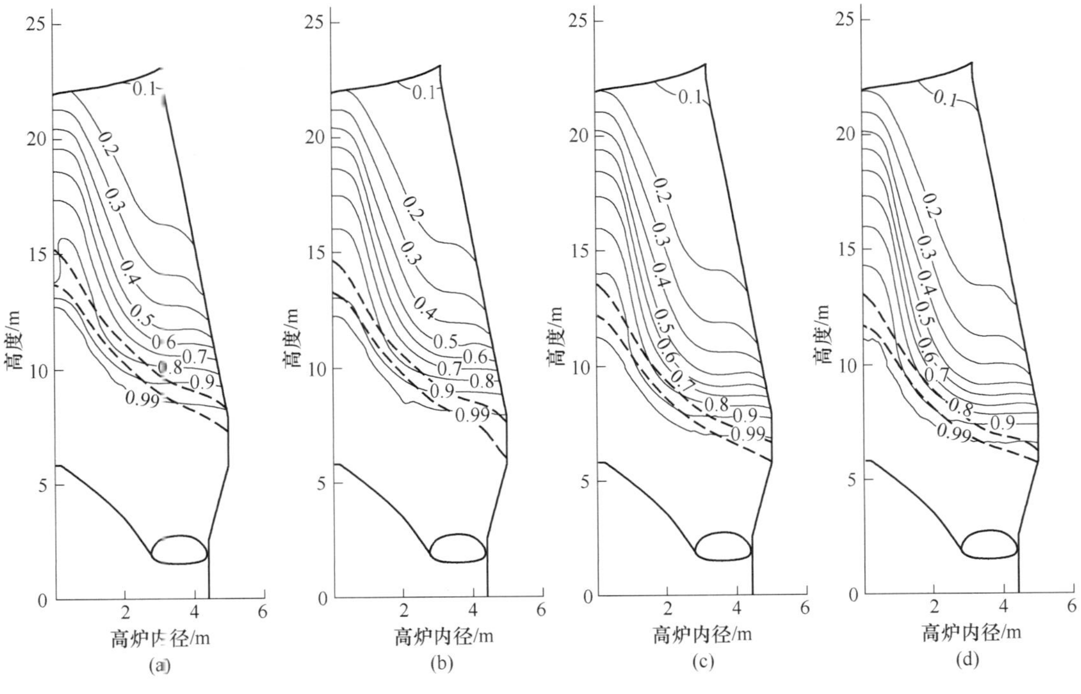

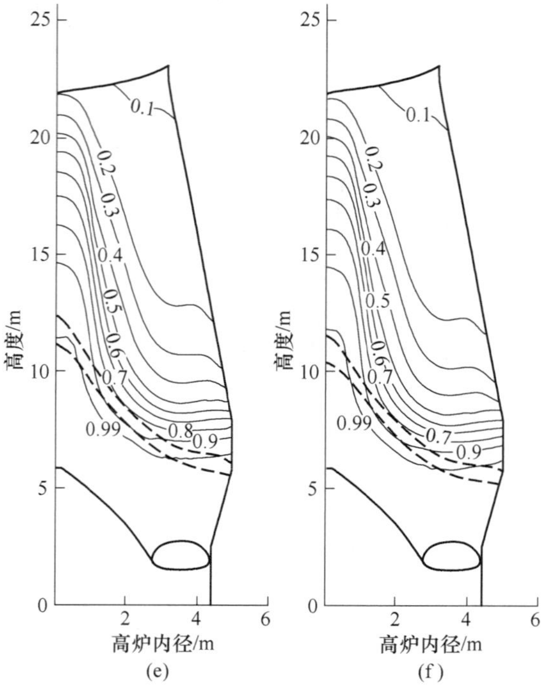

图 4-60　不同焦炉煤气喷吹量条件下含铁炉料还原情况
(a) 基准；(b) COI20；(c) COI40；(d) COI60；(e) COI80；(f) COI100
(扫描书前二维码看彩图)

软熔带前的还原度得到了不同程度的提高。COI20~ COI100 进入软熔带前矿石还原度分别为 73.76%、75.26%、77.17%、79.15%和 80.45%。

D　喷吹焦炉煤气对高炉生产操作指标的影响

不同焦炉煤气喷吹量条件下高炉生产操作指标见表 4-31。可以看出，与常规高炉相比，高炉喷吹焦炉煤气后，由于控制了矿焦比，焦比下降幅度有限，煤比大量降低。这主要是因为焦炉煤气增强了炉内的还原性气氛，替代了一部分作为还原剂的焦炭。基准条件下，焦比为 418.0 kg/t，煤比为 141.6 kg/t。COI 增加至 100 m^3/t 时，焦比为 391.8 kg/t，煤比为 106.3 kg/t。

表 4-31　多流体高炉数学模型计算的主要生产指标

条　件	基准	COI20	CO40	COI60	COI80	COI100
矿焦比	4.67	4.73	4.9	4.9	4.9	4.9
生铁产量/t · d^{-1}	3646.8	3892.2	4116.6	4311.1	4480.3	4603.3
焦比/kg · t^{-1}	418.0	402.6	390.8	391.1	391.4	391.8
煤比/kg · t^{-1}	141.6	140.6	137.0	125.1	114.8	106.3
固体还原剂总消耗量/kg · t^{-1}	559.6	543.3	527.8	516.2	506.2	498.1
CO 利用率/%	43.33	45.06	46.76	47.78	48.94	49.74
H_2 利用率/%	39.52	37.29	34.90	33.39	31.83	31.09
还原气的利用率/%	42.59	43.98	45.39	45.83	46.25	46.59

续表 4-31

条　件	基准	COI20	CO40	COI60	COI80	COI100
利用系数/t · m^{-3}	2.70	2.88	3.05	3.19	3.32	3.41
高炉 C 净排放/kg · t^{-1}	435.53	424.28	414.01	407.63	402.54	397.5
高炉 C 净排放/kg · min^{-1}	1102.98	1146.79	1183.55	1220.37	1252.43	1270.7
铁水［Ti］含量/%	0.215	0.188	0.175	0.168	0.160	0.153
铁水［V］含量/%	0.312	0.301	0.294	0.285	0.277	0.269
置换比/m^3 · kg^{-1}	—	0.4244	0.4246	0.4248	0.4247	0.4246

图 4-61 给出了不同焦炉煤气喷吹量条件下高炉的矿焦比。可以看出，与基准相比，COI20 的条件下，矿焦比由 4.67 增加至 4.73；在 COI40～COI100，受矿焦比限制，矿焦比保持在 4.9 不变。

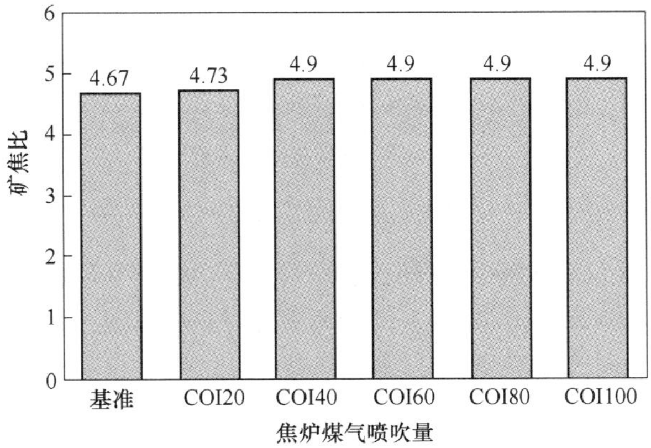

图 4-61　不同焦炉煤气喷吹量条件下高炉的矿焦比

图 4-62 为不同焦炉煤气量条件下高炉生铁产量。与常规高炉相比，喷吹焦炉煤气后高炉的产量显著提高。基准常规高炉的生铁产量为 3646.8 t/d，而 COI100 下生铁产量增至 4603.3 t/d，增幅 26.22%。

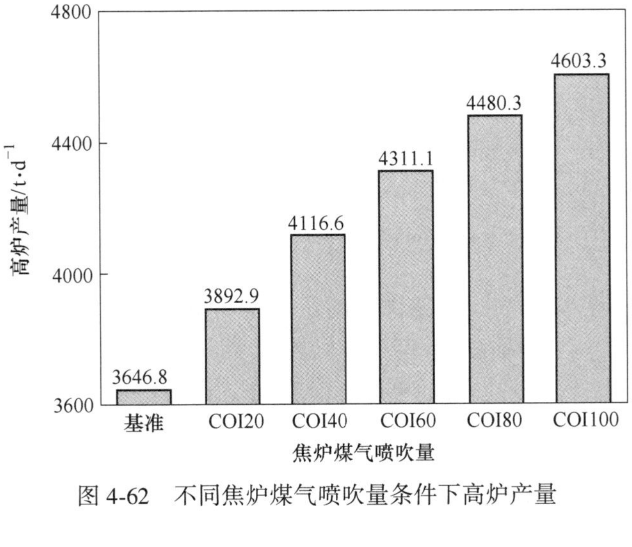

图 4-62　不同焦炉煤气喷吹量条件下高炉产量

图 4-63 为不同焦炉煤气喷吹量条件下高炉还原剂的消耗（模拟过程先降焦，在矿焦比达到 4. 9 后，再降煤）。与常规高炉相比，喷吹焦炉煤气后高炉的燃料总消耗量大幅下降。与基准相比，COI100 的总燃料比由 559. 6 kg/t 下降到 498. 1 kg/t，降幅 10. 99%。其中，焦比降低了 26. 2 kg/t，煤比降低 35. 3 kg/t。

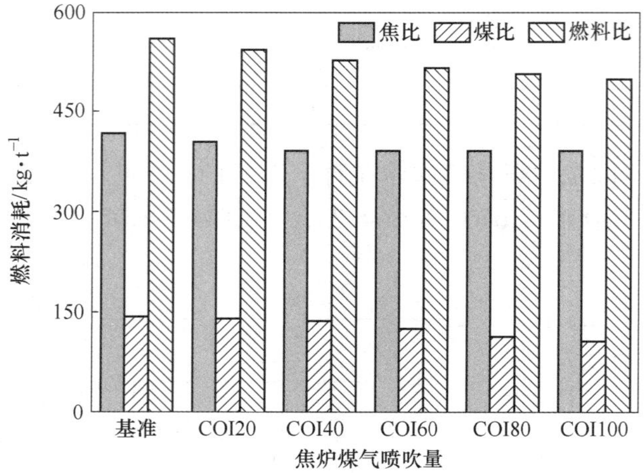

图 4-63　不同焦炉煤气喷吹量条件下高炉还原剂的消耗

图 4-64 给出了与常规高炉相比不同焦炉煤气喷吹量条件下的降焦与降煤效果。随着焦炉煤气喷吹量从 COI20 增至 COI100，节焦量先由 15. 4 kg/t 上升至 27. 2 kg/t，受矿焦比限制，焦比不再降低，而节煤量则由 1 kg/t 上升至 35. 3 kg/t。

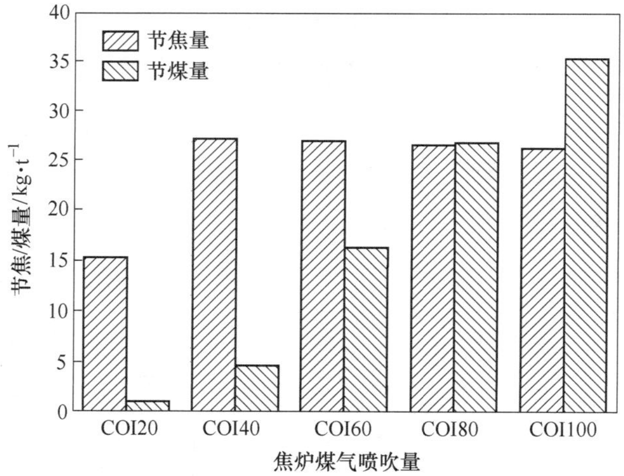

图 4-64　与常规高炉相比不同焦炉煤气喷吹量条件下的降焦/煤效果

图 4-65 为不同焦炉煤气喷吹量条件下的还原气利用率。基准条件下，常规高炉的 CO 利用率为 43. 33%，H_2 利用率为 39. 52%，还原气利用率为 42. 59%。在 COI100 中，CO 利用率为 49. 74%，H_2 利用率为 31. 09%，还原气利用率为 46. 59%。

图 4-66 给出了不同焦炉煤气喷吹量条件下高炉碳净排放量。与基准条件相比，COI60 的碳净排放量由 435. 53 kg/t 下降至 407. 63 kg/t，降低了 6. 4%。当焦炉煤气喷吹量增加至 COI100 时，碳净排放量降低为 397. 5 kg/t，降低了 8. 73%。

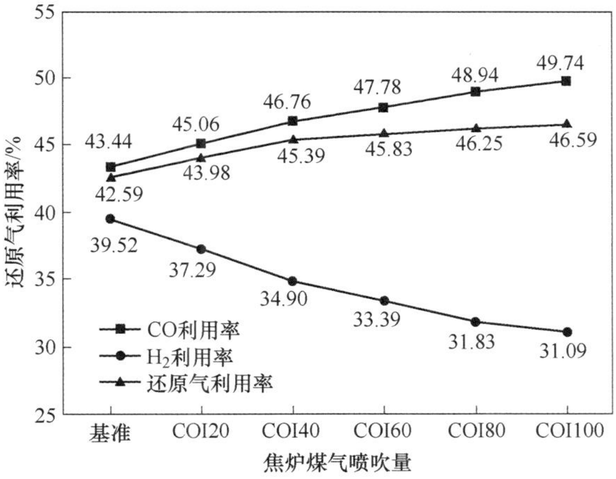

图 4-65　不同焦炉煤气喷吹量条件下高炉内还原气利用率

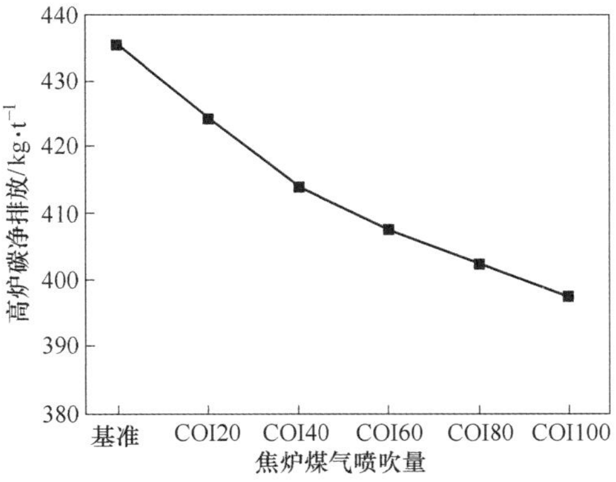

图 4-66　不同焦炉煤气喷吹量条件下高炉碳净排放量

图 4-67 为不同焦炉煤气喷吹量条件下高炉的利用系数。随着焦炉煤气喷吹量的增加，高炉利用系数逐渐增大。在 COI60 时，高炉利用系数由基准的 2.7 t/(m^3·d) 增加至 3.19 t/(m^3·d)，当焦炉煤气喷吹量增加至 COI100 时，高炉利用系数增加至 3.41 t/(m^3·d)。

图 4-68 为不同焦炉煤气喷吹量条件下焦炉煤气的置换比。随着焦炉煤气喷吹量的增加，从 COI20~COI100，焦炉煤气置换比先上升后下降，在 COI60 的时候置换比最大，为 0.4248 m^3/kg。

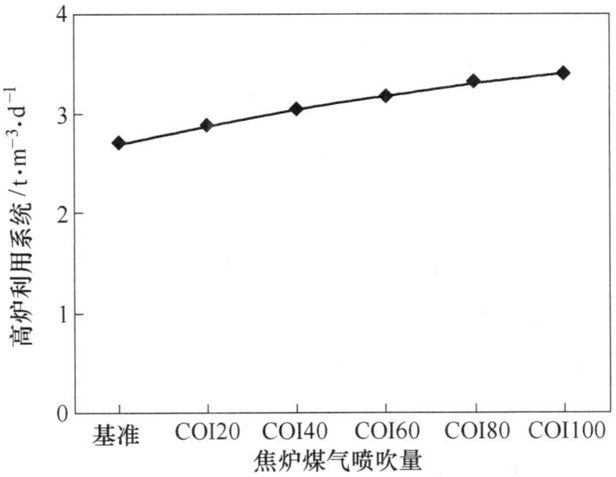

图 4-67　不同焦炉煤气喷吹量条件下高炉利用系数

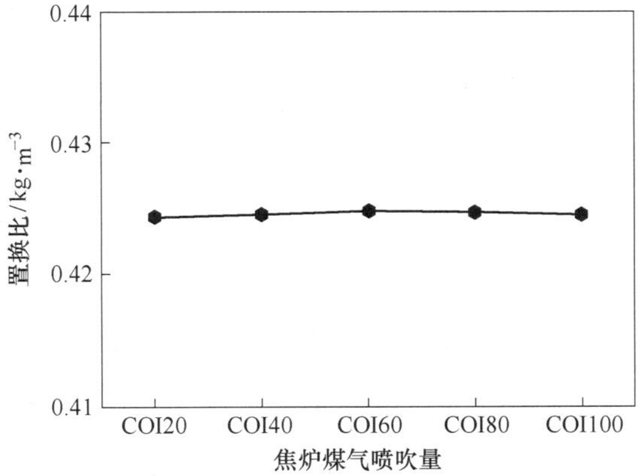

图 4-68　不同焦炉煤气喷吹量条件下焦炉煤气的置换比

E　喷吹焦炉煤气对高炉铁水 [Ti] 和 [V] 含量影响

图 4-69 与图 4-70 分别为不同焦炉煤气喷吹量条件下高炉铁水中 [Ti] 和 [V] 含量。随着焦炉煤气喷吹量的增加，[V] 和 [Ti] 在铁水中的含量呈现降低的趋势。当焦炉煤气流量（标态）从 0 增加到 60 m^3/t 时，铁水中的 Ti 含量由 0.215%降低至 0.168%，V 含量由 0.312%降低至 0.285%。

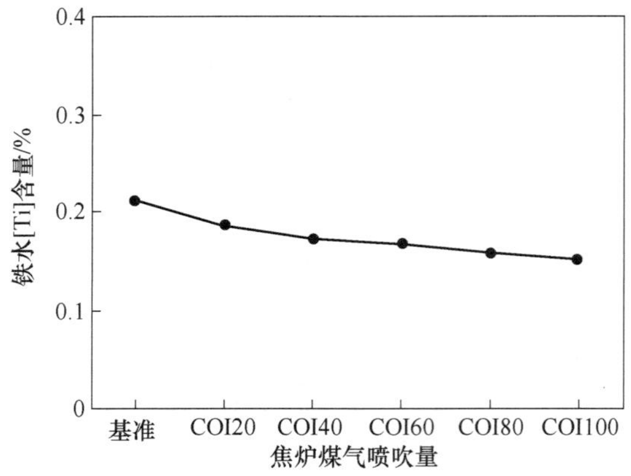

图 4-69　不同焦炉煤气喷吹量条件下铁水［Ti］含量

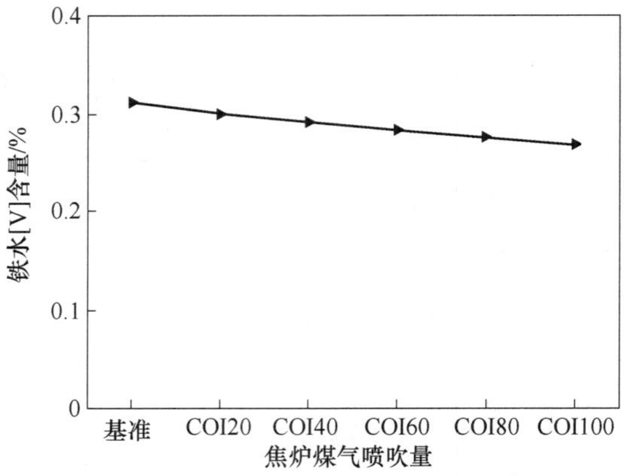

图 4-70　不同焦炉煤气喷吹量条件下铁水［V］含量

F　钒钛矿冶炼高炉喷吹焦炉煤气的经济效益分析

a　不同焦炉煤气喷吹量条件下高炉原燃料消耗变化

根据模拟计算结果，在限制矿焦比不超过 4.9 条件下主要原燃料消耗量的变化列于表 4-32。随焦炉煤气喷吹量增加，吨铁氧气消耗逐渐增大，焦比明显降低，但在 COI20 之后，焦比基本不变，煤比降低。

表 4-32　不同焦炉煤气喷吹量条件下高炉主要原燃料消耗的变化

指标	基准	COI20	COI40	COI60	COI80	COI100
喷吹煤粉消耗/kg · t^{-1}	141.60	140.60	137.00	125.10	114.80	106.30
焦炉煤气消耗/m^3 · t^{-1}	0	20.00	40.00	60.00	80.00	100.00
富氧消耗/m^3 · t^{-1}	0	12.17	22.59	30.39	47.59	51.45
鼓风消耗/m^3 · t^{-1}	0	-80.49	-145.69	-196.71	-237.50	-265.26
焦炭消耗/kg · t^{-1}	0	-15.40	-27.20	-26.90	-26.60	-26.20

b　不同焦炉煤气喷吹量条件下高炉降本效益

不同焦炉煤气喷吹量条件下高炉吨铁成本和降本效益的核算如表 4-33 和表 4-34 所示。与普通高炉相比，喷吹焦炉煤气后高炉的吨铁成本先降低后增加，在 COI40 的条件下达到成本最低值，此时吨铁成本降低约 46.87 元，降本效益为 6946.37 万元/年。在 COI100 时，吨铁成本降低约 25.47 元，降本效益为 4221.84 万元/年。

表 4-33　不同焦炉煤气喷吹量条件下高炉吨铁成本的变化　　（元）

成本变化	基准	COI20	COI40	COI60	COI80	COI100
煤粉/其他项	0	-1.79	-8.24	-29.55	-48.00	-63.22
焦炉煤气	0	21.05	42.10	63.14	84.19	105.24
富氧	0	6.69	12.42	16.71	26.17	28.30
鼓风	0	-3.91	-7.07	-9.54	-11.52	-12.87
焦炭	0	-48.74	-86.09	-85.14	-84.19	-82.92
吨铁	0	-26.69	-46.87	-44.38	-33.35	-25.48

表 4-34 不同焦炉煤气喷吹量条件下高炉年降本效益

变化	基准	COI20	COI40	COI60	COI80	COI100
生铁产量/$t \cdot d^{-1}$	3646. 80	3892. 20	4116. 60	4311. 10	4480. 30	4603. 30
降本效益/万元 · 年$^{-1}$	0	3740. 18	6946. 37	6887. 51	5378. 73	4221. 84

c 不同焦炉煤气喷吹量条件下高炉的增产效益

喷吹焦炉煤气后高炉内还原气浓度提高，有效改善了高炉内部的间接还原，促进了还原反应的进行，使高炉产量增加。按照现场提供的吨铁经济效益 100 元，不同焦炉煤气喷吹量条件下高炉的增产效益如表 4-35 所示。在 COI40 的条件下，生铁产量增加 469. 80 t/d，铁产量增加年创经济效益为 2391. 48 万元。

表 4-35 不同焦炉煤气喷吹量条件下高炉生铁产量和增产效益的变化

变化	基准	COI20	COI40	COI60	COI80	COI100
生铁产量/$t \cdot d^{-1}$	0	245. 40	469. 80	664. 30	833. 50	956. 50
增产效益/万元 · 年$^{-1}$	0	883. 44	1691. 28	2391. 48	3000. 60	3443. 40

d 不同焦炉煤气喷吹量条件下高炉顶煤气热值增加效益

与普通高炉相比，喷吹焦炉煤气后的高炉 CO 与 H_2 含量增加，煤气热值增大，但吨铁顶煤气量减少。煤气热值增加带来的经济效益参照高炉煤气价格成比例计算。顶煤气热值变化和由此产生的顶煤气热值效益见表 4-36。在 COI40 的条件下，顶煤气热值为 821. 60 kcal①/m^3，煤气热值增加年创经济效益为 1126. 69 万元。随着焦炉煤气喷吹量逐渐增高，顶煤气热值与热值增效逐渐增加。

表 4-36 不同焦炉煤气喷吹量条件下高炉顶煤气热值变化和顶煤气热值效益

顶煤气成分（摩尔分数,%）	基准	COI20	COI40	COI60	COI80	COI100
顶煤气量/$m^3 \cdot t^{-1}$	1798. 80	1727. 37	1665. 68	1625. 89	1602. 50	1581. 45
顶煤气热值/$kcal \cdot m^{-3}$	819. 70	824. 20	821. 60	835. 60	847. 70	851. 70
高炉煤气单价/元 · m^{-3}	0. 10	0. 10	0. 10	0. 10	0. 10	0. 10
生铁产量/$t \cdot d^{-1}$	3646. 80	3892. 20	4116. 60	4311. 10	4480. 30	4603. 30
顶煤气价值/万元 · 年$^{-1}$	23615. 51	24336. 64	24742. 20	25723. 18	26729. 75	27230. 73
顶煤气热值增效/万元 · 年$^{-1}$	0	721. 13	1126. 69	2107. 67	3114. 24	3615. 22

e 不同焦炉煤气喷吹量条件下高炉的碳税效益

自 2013 年正式启动碳交易以来，我国碳排放交易在上海、北京、深圳、广东、天津、重庆、湖北 7 个地方开展试点。由于考虑了生铁增产，尽管吨铁碳排放减少，每年仍需要缴纳较多的碳税。以平均价格 45 元/t 计，COI20、COI40、COI60、COI80、COI100 条件

① 1 kcal = 4. 184 kJ。

下，碳税变化分别为-374.77 万元/年、-689.18 万元/年、-1004.11 万元/年、-1278.34 万元/年和-1434.63 万元/年，见表 4-37。

表 4-37　不同焦炉煤气喷吹量条件下高炉碳税效益

项目	基准	COI20	COI40	COI60	COI80	COI100
C 素净排/$kg \cdot t^{-1}$	435.53	424.28	414.01	407.63	402.54	397.50
生铁产量/$t \cdot d^{-1}$	3646.80	3892.20	4116.60	4311.10	4480.30	4603.30
CO_2/$t \cdot a^{-1}$	2096543	2179825	2249693	2319680	2380619	2415351
碳税/万元 · 年$^{-1}$	9434.45	9809.21	10123.62	10438.56	10712.79	10869.08
碳税变化/万元 · 年$^{-1}$	0	-374.77	-689.18	-1004.11	-1278.34	-1434.63

f　不同焦炉煤气喷吹量条件下高炉铁水［V］变化效益

按照每吨 V_2O_5的市场含税价 10 万元和 V_2O_5制造成本 5 万元的价格，对不同焦炉煤气喷吹量条件下高炉铁水［V］变化效益进行了计算，结果见表 4-38。在矿焦比不超过 4.9 且理论燃烧温度为 2279 ℃条件下，焦炉煤气喷吹量越大，铁水中的［V］含量越低，铁水［V］带来的收益越低。在 COI40 的条件下，年铁水［V］的收益降低了 2697.20 万元/年。

表 4-38　不同焦炉煤气喷吹量条件下高炉铁水 V 变化效益

项目	基准	COI20	COI40	COI60	COI80	COI100
铁水［V］含量/%	0.312	0.301	0.294	0.285	0.277	0.269
［V］收得率	0.73	0.70	0.69	0.67	0.65	0.63
铁水［V］/$kg \cdot t^{-1}$	7.30	7.00	6.90	6.70	6.50	6.30
铁水［V］变化效益/元 · t^{-1}	0	-13.85	-18.20	-26.51	-34.29	-41.54
年铁水［V］变化效益/万元 · 年$^{-1}$	0	-1940.35	-2697.20	-4114.14	-5530.64	-6884.54

g　不同焦炉煤气喷吹量条件下高炉的综合效益

针对现场提供的吨铁增产经济效益为 100 元，核算了焦炉煤气喷吹量条件下高炉的综合效益。当吨铁增产经济效益 100 元、焦炭 3277 元/t 时，不同焦炉煤气喷吹量条件下高炉的综合效益见表 4-39。在 COI40 时，高炉的综合效益最大，为 6377.92 万元/年。

表 4-39　不同焦炉煤气喷吹量条件下高炉经济效益的变化　　（万元/年）

项目	基准	COI20	COI40	COI60	COI80	COI100
降本效益	0	3740.18	6946.37	6887.51	5378.73	4221.84
增产效益	0	883.44	1691.28	2391.48	3000.60	3443.40
顶煤气热值效益	0	721.13	1126.69	2107.71	3114.24	3615.20
碳税效益	0	-374.77	-689.18	-1004.11	-1278.34	-1434.63
年铁水［V］变化效益	0	-1940.35	-2697.20	-4114.14	-5530.64	-6884.54
降本+增产	0	4623.62	8637.65	9278.99	8379.33	7665.24
降本+增产+顶煤气	0	5344.75	9764.34	11386.70	11493.57	11280.44
降本+增产+碳税	0	4248.85	7948.47	8274.88	7100.99	6230.61
降本+增产+顶煤气+碳税	0	4969.98	9075.16	10382.59	10215.23	9845.81
降本+增产+顶煤气+碳税+［V］	0	3029.64	6377.97	6268.45	4684.59	2961.27

h　不同焦炉煤气喷吹量条件下焦炉煤气的发电效益与喷吹综合效益对比

现场提供的焦炉煤气发电量与热电厂发电综合电价如表 4-40 所示。

表 4-40　合作企业焦炉煤气发电量与电价

焦炉煤气发电量/kW · h · m^{-3}	1.8
热电厂发电综合电价/元 · (kW · h)$^{-1}$	0.5

表 4-41 为不同焦炉煤气喷吹量对应的焦炉煤气发电效益，而表 4-42 则为焦炉煤气发电效益与喷吹效益的对比。可以看出，在矿焦比不超过 4.9 且理论燃烧温度为 2279 ℃条件下，焦炉煤气喷吹（标态）的效益在高于 40 m^3/t 之后低于焦炉煤气直接用于发电产生的效益。在 COI40 的条件下，焦炉煤气喷吹收益最高，比发电效益高出 1042.81 万元/年。

表 4-41　焦炉煤气发电效益

项目	基准	COI20	COI40	COI60	COI80	COI100
焦炉煤气喷吹量/m^3 · t^{-1}	0	20	40	60	80	100
生铁产量/t · d^{-1}	3646.80	3892.20	4116.60	4311.10	4480.30	4603.30
焦炉煤气发电效益/万元 · 年$^{-1}$	0	2522.15	5335.11	8380.78	11612.94	14914.69

表 4-42　焦炉煤气发电效益与喷吹效益对比

项目	基准	COI20	COI40	COI60	COI80	COI100
降本-发电	0	1218.03	1611.26	-1493.27	-6234.21	-10692.85
(降本+增产)-发电	0	2101.47	3302.54	898.21	-3233.61	-7249.45
(降本+增产+顶煤气)-发电	0	2822.60	4429.23	3005.92	-119.37	-3634.25
(降本+增产+碳税)-发电	0	1726.71	2613.36	-105.90	-4511.95	-8684.09
(降本+增产+顶煤气+碳税)-发电	0	2447.84	3740.05	2001.81	-1397.71	-5068.89
(降本+增产+顶煤气-碳税+V)-发电	0	507.49	1042.86	-2112.33	-6928.35	-11953.42

4.4.3　钒钛矿高炉喷吹焦炉煤气对炉料冶金性能的影响

结合前期模拟研究结果，对不同焦炉煤气喷吹量条件下钒钛磁铁矿高炉炉料的还原行为开展研究。实验原料为钒钛氧化球团与烧结矿。对理论燃烧温度保持 2278 ℃、矿焦比不超过 4.9 条件下，焦炉煤气喷吹量分别为 0、COI20、COI40、COI60、COI80 和 COI100 共 6 个条件展开了实验，考察包括还原性、球团还原膨胀性、烧结矿低温粉化、综合炉料软熔滴落和焦炭冶金性能的变化。

4.4.3.1　不同焦炉煤气喷吹量条件下钒钛球团/烧结矿的还原性能

实验研究不同焦炉煤气喷吹量条件下，钒钛氧化球团与烧结矿的还原性能。根据模拟结果，对高炉中心一侧的温度区域进行了划分，并按照温度区间的占比分配还原时间，利用程控升温制度对球团矿/烧结矿的还原性进行研究。

为了反映含铁炉料在高炉内部的实际还原状况，根据模拟计算结果，对高炉中心的温度段进行了划分，如图 4-71 所示。根据炉料在高炉内的运动行为，将炉内还原段分为

400～900 ℃、900～1000 ℃、1000～1100 ℃和 1100 ℃恒温等 4 个阶段。

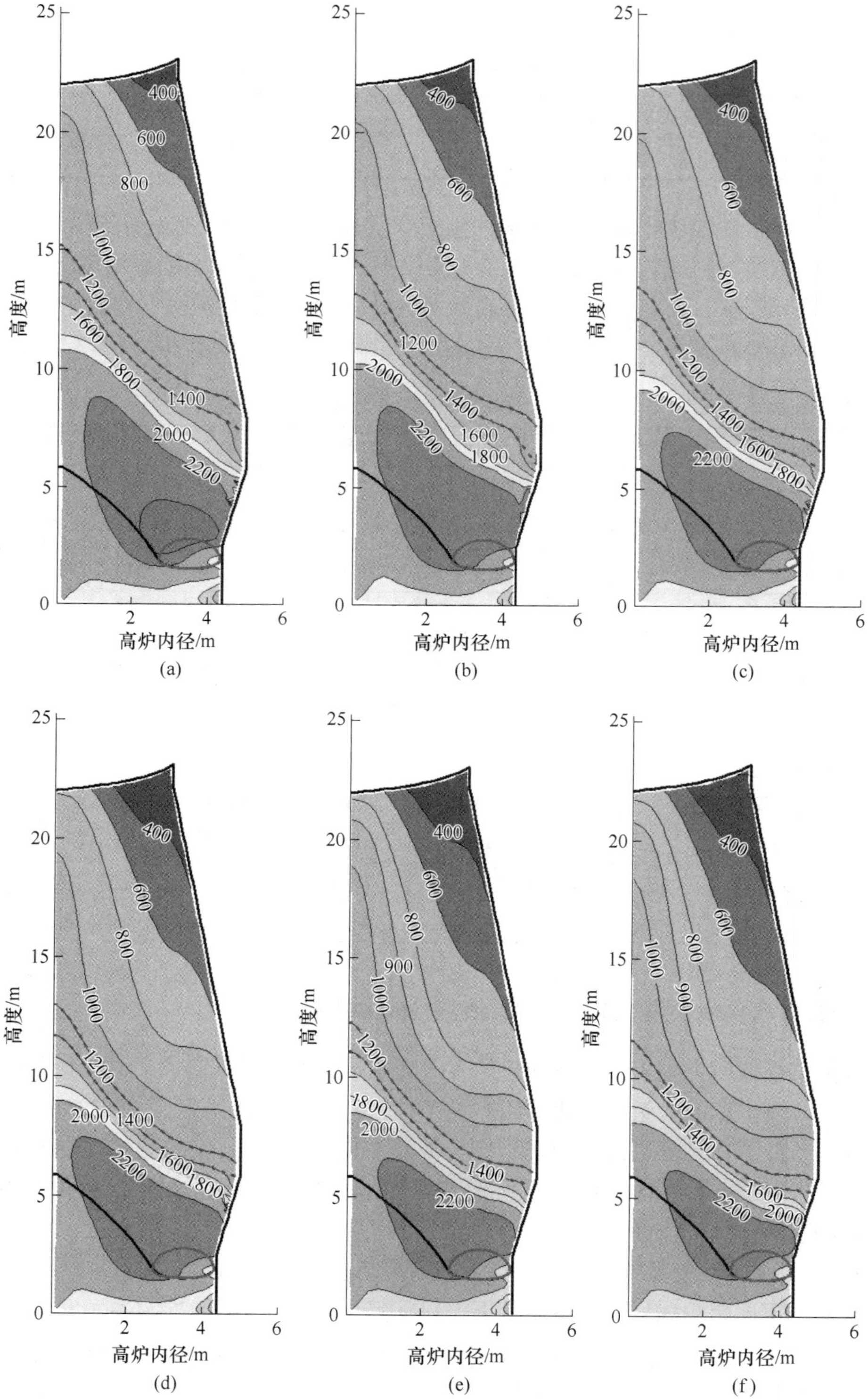

图 4-71　不同焦炉煤气喷吹量条件下的高炉内温度分布

（a）基准；（b）COI20；（c）COI40；（d）COI60；（e）COI80；（f）COI100

（扫描书前二维码看彩图）

实验试样的选取按国标 GB/T 24189—2009 执行，使用的球团矿粒度为 10~12.5 mm，试样在 105 ℃±5 ℃的干燥箱中干燥至恒重，并在实验开始前冷却至室温。还原使用的还原炉如图 4-72 所示。球团还原性实验包括：试样准备、还原前球团质量称量、还原、还原后球团质量称量、最终还原度的计算。每次还原实验进行 3 次，取平均值。

图 4-72　还原试验炉

以基准为例，球团矿还原性实验的具体步骤包括：(1) 将氧化球团在干燥箱中烘干 4 h 后取出，称取 500 g±1 g 的氧化球团装入反应管中；(2) 将反应管放入还原炉中，还原炉开始升温，炉料温度升高至 200 ℃后，通入 5 L/min 的氮气，在氮气保护下继续升温；(3) 升温至 400 ℃时，保持升温速率不变，开始按照如表 4-43 实验制度通入还原气，继续升温；(4) 炉料温度升高至 900 ℃后，开始通入表 4-43 所示的 900~1000 ℃混合还原气体 15 L/min，并升温至 1000 ℃；(5) 炉料温度升高至 1000 ℃后，开始通入表 4-43 所示的 1000~1100 ℃混合还原气体 15 L/min，并升温至 1100 ℃；(6) 炉料温度升高至 1100 ℃后，开始通入表 4-43 所示的 1100 ℃恒温区间混合还原气体 15 L/min，并恒温至还原结束；(7) 还原结束，关闭还原气，通入 8 L/min 的氮气，将反应管从炉中取出，冷却至室温；(8) 还原实验结束后，依据失重结果，计算球团的最终还原度。

在已知氧化球团成分中全铁（TFe）与亚铁（FeO）含量之后，通过记录还原前后球团质量，即可计算得到还原后的球团还原度 R_t，具体计算公式如下：

$$R_t = \left(\frac{0.11W_1}{0.43W_2} + \frac{m_1 - m_t}{m_0 \times 0.43W_2} \times 100\right) \times 100\% \tag{4-13}$$

式中，R_t为球团最终还原度；m_0为试样质量，g；m_1为还原开始前试样质量，g；m_t为还原结束后试样质量，g；W_1为试验前试样中 FeO 含量，%；W_2为试验前试样的全铁含量，%。

不同焦炉煤气喷吹量条件下钒钛球团矿/烧结矿的还原性实验升温制度与气氛如表 4-43 所示。与常规高炉相比，喷吹焦炉煤气后炉内还原气浓度提升。此外，随着焦炉煤气喷吹量的增加，高温段还原气 CO 浓度增加，H_2 浓度提高，反应总时间缩短。

表 4-43　实验升温制度与气氛

条件	温度区间/℃	升温制度	还原气组成/L·min⁻¹				
			CO	CO_2	H_2	H_2O	N_2
基准	200~400	10 ℃/min（20 min）	0	0	0	0	15
	400~900	10 ℃/min（50 min）	4.9	1.8	0.4	0.2	7.7
	900~1000	5 ℃/min（20 min）	5.5	1.3	0.4	0.2	7.6
	1000~1100	1.7 ℃/min（60 min）	6	0.7	0.4	0.1	7.7
	1100 恒温	50 min	6.4	0.3	0.5	0	7.8

续表 4-43

条件	温度区间/℃	升温制度	还原气组成/L · min^{-1}				
			CO	CO_2	H_2	H_2O	N_2
COI20	200~400	10 ℃/min（20 min）	0	0	0	0	15
	400~900	10. 4 ℃/min（48 min）	4. 9	2. 0	0. 5	0. 2	7. 4
	900~1000	5. 2 ℃/min（19 min）	5. 6	1. 4	0. 5	0. 2	7. 4
	1000~1100	1. 6 ℃/min（63 min）	6. 1	0. 7	0. 6	0. 1	7. 4
	1100 恒温	45 min	6. 4	0. 2	0. 7	0. 1	7. 6
COI40	200~400	10 ℃/min（20 min）	0	0	0	0	15
	400~900	10. 6 ℃/min（47 min）	4. 8	2. 2	0. 6	0. 3	7. 2
	900~1000	4. 5 ℃/min（17 min）	5. 6	1. 4	0. 6	0. 3	7. 1
	1000~1100	1. 4 ℃/min（66 min）	6. 2	0. 7	0. 7	0. 1	7. 2
	1100 恒温	41 min	6. 5	0. 2	0. 8	0. 1	7. 3
COI60	200~400	10 ℃/min（20 min）	0	0	0	0	15
	400~900	10. 6 ℃/min（46 min）	4. 7	2. 3	0. 7	0. 3	6. 9
	900~1000	4. 5 ℃/min（16 min）	5. 8	1. 2	0. 8	0. 3	6. 9
	1000~1100	1. 4 ℃/min（68 min）	6. 3	0. 6	0. 9	0. 2	7
	1100 恒温	33 min	6. 6	0. 2	1	0. 1	7. 1
COI80	200~400	10 ℃/min（20 min）	0	0	0	0	15
	400~900	10. 6 ℃/min（44 min）	4. 6	2. 4	0. 8	0. 3	6. 9
	900~1000	4. 5 ℃/min（15 min）	5. 9	1. 2	0. 8	0. 3	6. 8
	1000~1100	1. 4 ℃/min（68 min）	6. 5	0. 5	0. 9	0. 2	6. 9
	1100 恒温	29 min	6. 7	0. 1	1. 2	0. 1	6. 9
COI100	25~400	10 ℃/min（20 min）	0	0	0	0	15
	400~900	10. 6 ℃/min（43 min）	4. 5	2. 5	0. 8	0. 3	6. 9
	900~1000	4. 5 ℃/min（12 min）	6. 1	1. 2	0. 9	0. 3	6. 5
	1000~1100	1. 4 ℃/min（69 min）	6. 7	0. 5	1. 1	0. 2	6. 5
	1100 恒温	27 min	6. 8	0. 1	1. 4	0. 1	6. 6

图 4-73 为不同焦炉煤气喷吹量条件下钒钛球团矿的最终还原度。与常规高炉相比，焦炉煤气喷吹高炉的球团矿最终还原度明显提升。对比基准与 COI20，氧化球团的最终还原度由 62. 90%升至 65. 14%，增加了 2. 24%。这主要是由于富氢喷吹条件下，还原气 CO 和 H_2 的浓度提高，从而增加了还原气的还原势，加快了铁矿石的还原反应，使富氢高炉在更短的冶炼周期内达到更大的最终还原度。

对比 COI20 与 COI100，随着焦炉煤气的喷吹量（标态）从 20 m^3/t 升至 100 m^3/t，钒钛球团的还原度呈现进一步上升的趋势。在 COI100 的条件下，球团的最终还原度达到了 75. 43%，平均每多喷吹 20 m^3/t 焦炉煤气，球团的还原度上升 2. 5%。在富氢条件下，球团中铁氧化物的还原主要由 H_2 与 CO 两种还原气主导。随着焦炉煤气喷吹量的增加，炉腹煤气中 CO 和 H_2 占比逐渐增大，还原气浓度上升，增大了球团矿与气相界面两侧的浓度梯度，从而促进了还原气向界面内的迁移，并加速了还原气对球团矿的还原速率。H_2O 与 CO_2 的浓度增加会抑制还原反应的进行，然而还原气浓度增加对球团矿的还原的促进作用强于 H_2O 与 CO_2 的抑制作用，最终表现为球团矿的最终还原度上升。

图 4-74 为不同焦炉煤气喷吹量条件下钒钛烧结矿的最终还原度。和球团矿还原度变化趋势一致，与普通高炉相比，烧结矿的最终还原度也得到了明显的提升。对比基准与 COI20，烧结矿的最终还原度由 70.66%上升至 82.35%，增加了 1.54%；在 COI100 的条件下，烧结矿的最终还原度上升至 82.35%。平均每多喷 20 m^3/t 焦炉煤气，烧结矿的最终还原度上升 2.33%。

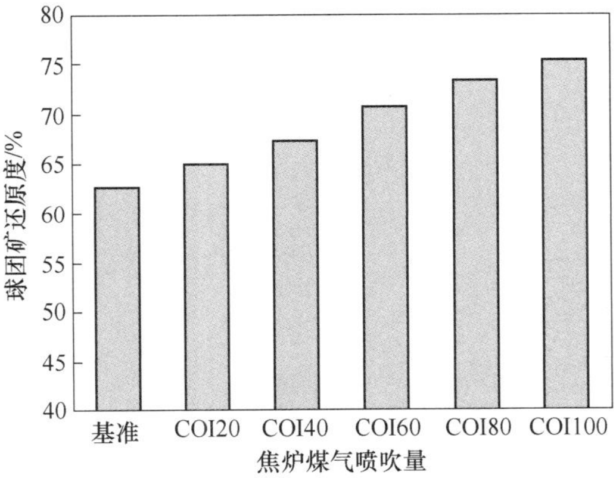

图 4-73　不同焦炉煤气喷吹量条件下球团矿的最终还原度

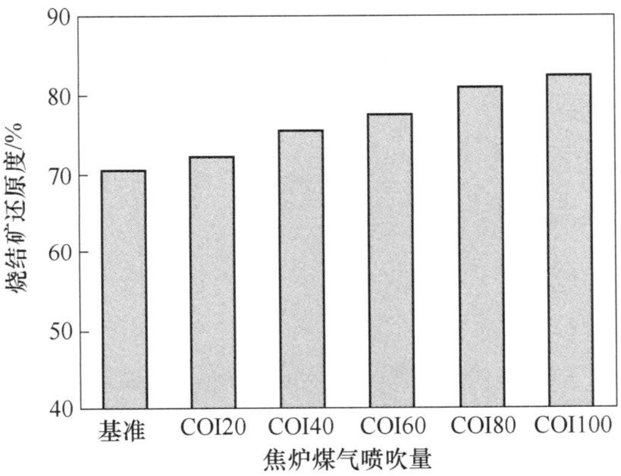

图 4-74　不同焦炉煤气喷吹量条件下烧结矿的最终还原度

4.4.3.2　不同焦炉煤气喷吹量条件下钒钛球团矿的还原膨胀性能

还原膨胀实验所用设备为 RSZ-03 型矿石冶金性能综合测定仪，如图 4-75 所示。整个装置主要包括还原气系统、还原管、还原炉、试样容器。试样容器为吊篮，是用耐热不起皮的金属按国标制成的，能耐 900 ℃以上的高温，可装粒度为 10.0 mm 至 12.5 mm 的球团矿 18 个。

由于本实验球团试样形状规则，粒度均匀，简便起见采取千分尺测量球团平均直径求平均体积膨胀率的方法测得还原膨胀率。试样筛符合 GB/T 6003 和 GB/T 6005 规定，并具有以下公称尺寸的筛孔：10.0 mm 和 12.5 mm。

球团还原膨胀实验步骤包括：试样准备、还原前球团体积测定、还原、还原后球团体积测定、还原膨胀率（*RSI*）测定。每个实验进行 3 次，取平均值。

为了更合理地模拟高炉内炉料还原状态，根据模拟结果选取了 900 ℃等温线上的平均气氛作为还原气组成。不同焦炉煤气喷吹量高炉气氛下球团矿的还原膨胀性能实验升温制度与气氛如表 4-44 所示。与常规高炉相比，喷吹焦炉煤气后高炉内 900 ℃等温线上还原气浓度得到一定程度的提升。

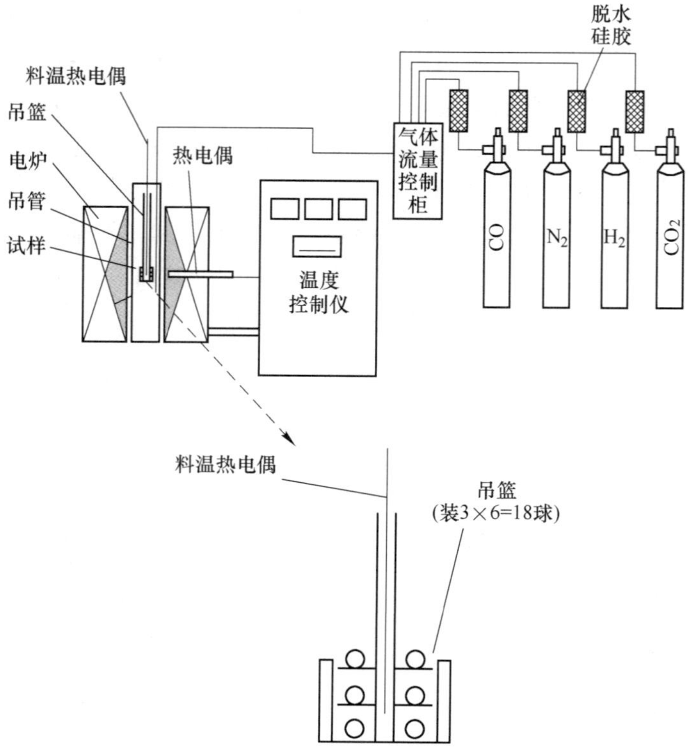

图 4-75　还原膨胀实验装置

表 4-44　实验还原气氛与升温制度设置

粉化条件	温度区间/℃	加热时间/min	还原气流量/L · min^{-1}					总计/L · min^{-1}
			CO	CO_2	H_2	H_2O	N_2	
基准	25～900	90	0	0	0	0	5	5
	900 恒温	30	0	0	0	0	15	15
	900 恒温	60	5. 2	1. 6	0. 3	0. 2	7. 7	15
	冷却	—	0	0	0	0	5	5
COI20	25～900	90	0	0	0	0	5	5
	900 恒温	30	0	0	0	0	15	15
	900 恒温	60	5. 2	1. 7	0. 4	0. 3	7. 4	15
	冷却	—	0	0	0	0	5	5
COI40	25～900	90	0	0	0	0	5	5
	900 恒温	30	0	0	0	0	15	15
	900 恒温	60	5. 3	1. 7	0. 5	0. 3	7. 2	15
	冷却	—	0	0	0	0	5	5

续表 4-44

粉化条件	温度区间/℃	加热时间/min	还原气流量/L·min^{-1}					总计/L·min^{-1}
			CO	CO_2	H_2	H_2O	N_2	
COI60	25~900	90	0	0	0	0	5	5
	900 恒温	30	0	0	0	0	15	15
	900 恒温	60	5.6	1.5	0.7	0.4	6.8	15
	冷却	—	0	0	0	0	5	5
COI80	25~900	90	0	0	0	0	5	5
	900 恒温	30	0	0	0	0	15	15
	900 恒温	60	5.8	1.3	0.8	0.4	6.7	15
	冷却	—	0	0	0	0	5	5
COI100	25~900	90	0	0	0	0	5	5
	900 恒温	30	0	0	0	0	15	15
	900 恒温	60	6.0	1.2	0.9	0.4	6.5	15
	冷却	—	0	0	0	0	5	5

图 4-76 是不同焦炉煤气喷吹量条件下钒钛球团 *RSI* 的变化。与基准条件相比，喷吹焦炉煤气后钒钛球团还原后的体积差减小。COI100 的 *RSI* 为 12.33%，与基准的 13.85%相比，降低了 1.52%。随着焦炉煤气喷吹量增加，球团的还原膨胀率继续下降，当焦炉煤气喷吹量（标态）增加至 100 m^3/t时，球团的还原膨胀率由 13.85%下降至 9.06%，降幅为 4.79%。可见，与普通高炉相比，高炉喷吹焦炉煤气更有利于抑制氧化球团的还原膨胀，使球团的还原膨胀率明显减小。

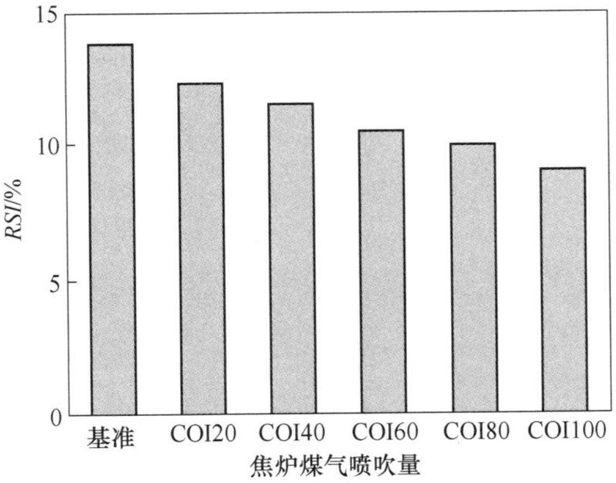

图 4-76 不同焦炉煤气喷吹量条件下气氛对球团膨胀率的影响

与普通高炉相比，富氢高炉在 900 ℃时平均还原气中 H_2 与 CO 浓度均增加。基准的 H_2 浓度仅为 2%，CO 浓度为 34.6%。COI100 中，H_2 的浓度达到 6%，CO 浓度上升为 40%。一方面，CO 浓度的增加，CO 分压（$p_{CO}/(p_{CO}+p_{CO_2})$）略微上升，促进了 CO 还原反应的进行，加剧了球团膨胀。另一方面，氢气浓度增加，球团中心的还原程度增加，内部结构将由板状结构向散状和絮状结构转变，且球团中心 Fe_2O_3 相逐渐减少，金属铁相逐渐增多，还原膨胀呈降低的趋势。同时，高温时 H_2 分子扩散系数和还原动力学条件优越，球团还原过程中铁晶粒析出速率较快，大量过饱和的铁离子出现在早先形成的晶核之间，产生更多的晶核。铁晶粒间相互作用力较强，局部聚合紧密，球团在宏观上不易发生体积膨胀，总体上呈现球团体积略有收缩。在二者共同作用下，球团的膨胀率最终降低至 9.06%。

4.4.3.3　不同焦炉煤气喷吹量条件下钒钛烧结矿低温还原粉化性能

低温还原粉化实验所用设备为 RSZ-03 型矿石冶金性能综合测定仪。该装置主要报告两个部分：还原炉和转鼓。

A　还原炉

还原炉能保证全部试样和进入试样床的还原气体在整个实验期间保持在 500 ℃±10 ℃。还原管是由耐热不起皮的钢制成。还原管的内管的直径为 75 mm±1 mm。为了使气流更为均匀，首先在多孔板和试样之间放 100 g 瓷珠，然后将烧结矿样品放在瓷珠上。

B　转鼓

根据国家标准，转鼓为内径 130 mm、内长 200 mm 的钢质容器，器壁厚度 5 mm。鼓内壁有两块沿轴向对称配制的钢质提料板，长 200 mm、宽 20 mm、厚 2 mm。转鼓一端封闭，另一端用密封盖密封，可以打开。

根据 GB/T 13241—91 进行烧结矿和块矿低温还原粉化性能的测定，包括制备试样、还原实验、转鼓实验和计算低温还原粉化指数等步骤。以低温还原粉化指数 $RDI_{+3.15}$ 为考核指标，$RDI_{+6.3}$、$RDI_{-0.5}$ 作为参考指标。

根据模拟结果，选取了 500 ℃等温线的平均气氛作为还原气组成。不同焦炉煤气喷吹量条件下钒钛烧结矿的低温还原粉化性能实验升温制度与气氛如表 4-45 所示。与常规高炉相比，富氢高炉内 500 ℃等温线上 CO 浓度降低，CO_2 浓度和 H_2 浓度提高。

表 4-45　实验还原气氛与升温制度设置

粉化条件	温度区间/℃	加热时间/min	还原气流量/L·min^{-1}					总计/L·min^{-1}
			CO	CO_2	H_2	H_2O	N_2	
基准	25~500	50	0	0	0	0	5	5
	500 恒温	30	0	0	0	0	15	15
	500 恒温	60	4.3	2.4	0.3	0.3	7.7	15
	冷却	—	0	0	0	0	5	5
COI20	25~500	50	0	0	0	0	5	5
	500 恒温	30	0	0	0	0	15	15
	500 恒温	60	4.1	2.7	0.4	0.3	7.5	15
	冷却	—	0	0	0	0	5	5
COI40	25~500	50	0	0	0	0	5	5
	500 恒温	30	0	0	0	0	15	15
	500 恒温	60	3.9	2.9	0.5	0.3	7.3	15
	冷却	—	0	0	0	0	5	5
COI60	25~500	50	0	0	0	0	5	5
	500 恒温	30	0	0	0	0	15	15
	500 恒温	60	3.8	3.1	0.7	0.3	7.1	15
	冷却	—	0	0	0	0	5	5

续表 4-45

粉化条件	温度区间/℃	加热时间/min	还原气流量/L·min^{-1}					总计/L·min^{-1}
			CO	CO_2	H_2	H_2O	N_2	
COI80	25~500	50	0	0	0	0	5	5
	500 恒温	30	0	0	0	0	15	15
	500 恒温	60	3.6	3.3	0.8	0.3	7.0	15
	冷却	—	0	0	0	0	5	5
COI100	25~500	50	0	0	0	0	5	5
	500 恒温	30	0	0	0	0	15	15
	500 恒温	60	3.5	3.5	0.9	0.3	6.9	15
	冷却	—	0	0	0	0	5	5

图 4-77 给出了不同焦炉煤气喷吹量条件下烧结矿的还原粉化指数变化。基准条件下的 $RDI_{+3.15}$ 较高，为 90.15%。喷吹焦炉煤气后，$RDI_{+3.15}$ 出现了明显的下滑。COI20 时，$RDI_{+3.15}$ 降低为 73.88%。在 COI60 的时候，$RDI_{+3.15}$ 则降为 58.40%。合作企业在烧结生产中加入了一定量的 $CaCl_2$ 来提高烧结矿性能，减少还原过程中粉化行为的发生。根据相关文献，烧结矿喷洒氯元素后，Cl^- 在烧结矿表面的化学吸附而产生作用，因 Cl^- 与赤铁矿中 Fe-O 键的电子效应而形成强烈的 π 键键合作用，增强了赤铁矿在抵抗还原过程中应力变化的能力，阻碍了钛赤铁矿与还原气体的反应，同时由于 Cl^- 的作用，提高了玻璃相的断裂韧性，减弱了玻璃相中的裂纹扩展和延伸，从而降低了烧结矿的低温还原粉化率。因此，在基准条件下，试验烧结矿拥有较高的 $RDI_{+3.15}$。随着焦炉煤气的喷吹，烧结矿中的 Cl^- 被还原性气体 H_2 置换生成 HCl 气相后离开烧结矿表层，从而降低了 Cl^- 对低温粉化的抑制作用，烧结矿的 $RDI_{+3.15}$ 降低。而在 COI80~COI100，烧结矿的 $RDI_{+3.15}$ 的降低幅度减缓。一方面，根据模拟结果，喷吹焦炉煤气后高炉内 CO 利用率增加，CO_2 浓度上升，抑制了析碳反应的进行，进而减少烟黑（该种烟黑非常细，表面能很高，很容易聚集成较大的晶粒，在晶粒长大过程中，使烧结矿的裂纹扩展）的析出，从而抑制了烧结矿的粉化。另一方面，H_2 可以提高还原气氛的还原势，促进赤铁矿的初始还原，形成更多的细小裂纹，并且 H_2 分子小，具有很好的扩散性和穿透性，这不仅可以促进矿石表面、原始裂纹表面和次生裂纹表面区域赤铁矿的初始还原，还可以通过扩散与矿石内部的赤铁矿反应，促进其还原，并产生内部裂纹，促进矿石的低温还原粉化加剧。在 COI20~COI60，

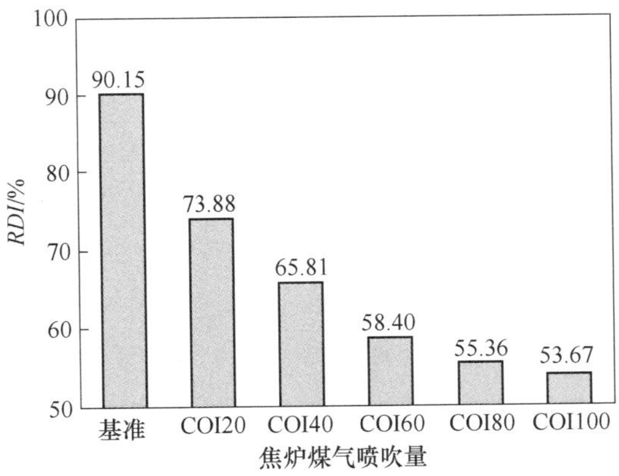

图 4-77 不同焦炉煤气喷吹量对钒钛烧结矿低温粉化性能的影响

由于 Cl^-元素未被完全置换，此时对粉化的影响主要仍是 $CaCl_2$ 的抑制作用，而随着焦炉煤气喷吹量的增加，Cl^-逐渐被置换，Cl^-的主导作用越来越微弱。在 COI80～COI100 时，对粉化产生主要影响的是 CO_2 的抑制和 H_2 的促进作用，在二者的相互作用之下，粉化性能最终表现为幅度稍弱的降低趋势。

4.4.3.4 不同焦炉煤气喷吹量对综合炉料熔滴性能的影响

熔滴实验使用的设备是东北大学的 RDL-02 型铁矿石高温还原熔滴试验装置。实验过程中，升温速度、气量及荷重等实验条件均模拟高炉实际生产情况制定，具体列于表 4-46，各温度段的气体成分分别模拟不同焦炉煤气喷吹条件下的气相组成。

表 4-46 实验升温制度与气氛

条件	温度区间/℃	升温制度	还原气流量/L·min^{-1}				
			CO	CO_2	H_2	H_2O	N_2
基准	200～400	10 ℃/min（20 min）	0	0	0	0	15
	400～900	10 ℃/min（50 min）	4.9	1.8	0.4	0.2	7.7
	900～1000	5 ℃/min（20 min）	5.5	1.3	0.4	0.2	7.6
	1000～1100	1.7 ℃/min（60 min）	6	0.7	0.4	0.1	7.7
	1100～1200	50 min	6.4	0.3	0.5	0	7.8
	1200～1600	5 ℃/min（80 min）	6.4	0.1	0.5	0	8.0
COI20	200～400	10 ℃/min（20 min）	0	0	0	0	15
	400～900	10.4 ℃/min（48 min）	4.9	2.0	0.5	0.2	7.4
	900～1000	5.2 ℃/min（19 min）	5.6	1.4	0.5	0.2	7.4
	1000～1100	1.6 ℃/min（63 min）	6.1	0.7	0.6	0.1	7.4
	1100～1200	45 min	6.4	0.2	0.7	0.1	7.6
	1200～1600	5.1 ℃/min（78 min）	6.5	0.1	0.7	0	7.7
COI40	200～400	10 ℃/min（20 min）	0	0	0	0	15
	400～900	10.6 ℃/min（47 min）	4.8	2.2	0.6	0.3	7.2
	900～1000	4.5 ℃/min（17 min）	5.6	1.4	0.6	0.3	7.1
	1000～1100	1.4 ℃/min（66 min）	6.2	0.7	0.7	0.1	7.2
	1100～1200	41 min	6.5	0.2	0.8	0.1	7.3
	1200～1600	5.3 ℃/min（76 min）	6.6	0.1	0.9	0	7.4
COI60	200～400	10 ℃/min（20 min）	0	0	0	0	15
	400～900	10.6 ℃/min（46 min）	4.7	2.3	0.7	0.3	6.9
	900～1000	4.5 ℃/min（16 min）	5.8	1.2	0.8	0.3	6.9
	1000～1100	1.4 ℃/min（68 min）	6.3	0.6	0.9	0.2	7
	1100～1200	33 min	6.6	0.2	1	0.1	7.1
	1200～1600	5.5 ℃/min（72 min）	6.6	0.1	1	0	7.3

续表 4-46

条件	温度区间/℃	升温制度	还原气流量/L · min^{-1}				
			CO	CO_2	H_2	H_2O	N_2
COI80	200~400	10 ℃/min (20 min)	0	0	0	0	15
	400~900	10.6 ℃/min (44 min)	4.6	2.4	0.8	0.3	6.9
	900~1000	4.5 ℃/min (15 min)	5.9	1.2	0.8	0.3	6.8
	1000~1100	1.4 ℃/min (68 min)	6.5	0.5	0.9	0.2	6.9
	1100~1200	29 min	6.7	0.1	1.2	0.1	6.9
	1200~1600	5.8 ℃/min (68 min)	6.8	0.1	1.3	0	7.0
COI100	200~400	10 ℃/min (20 min)	0	0	0	0	15
	400~900	10.6 ℃/min (43 min)	4.5	2.5	0.8	0.3	6.9
	900~1000	4.5 ℃/min (12 min)	6.1	1.2	0.9	0.3	6.5
	1000~1100	1.4 ℃/min (69 min)	6.7	0.5	1.1	0.2	6.5
	1100~1200	27 min	6.8	0.1	1.4	0.1	6.6
	1200~1600	6.2 ℃/min (64 min)	6.9	0.1	1.5	0	6.7

熔滴实验设备如图 4-78 所示。中立式电炉内装有内径为 75 mm 的石墨坩埚，坩埚底部设有 ϕ10 mm 的滴落孔。实验过程中初始烧结矿质量为 500 g，料柱高 67~70 mm，并在试样上下均铺有焦炭层，以防止试样收缩时阻塞滴落孔和排气孔，从而保证熔化物和煤气流顺利通过。试样和焦炭粒度为 10~12.5 mm。测试过程中，升温速度、煤气量以及荷重等实验条件详见表 4-47。

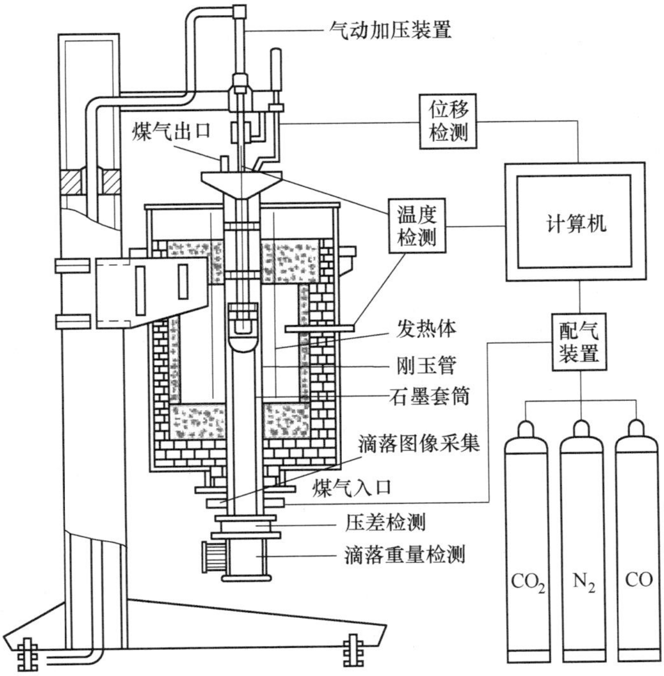

图 4-78 荷重还原软化熔滴实验装置图

喷吹焦炉煤气对综合炉料软熔性能影响的实验结果见表 4-47。

表 4-47　综合炉料软化熔滴实验结果

方案	T_4/℃	T_{40}/℃	$T_{40}-T_4$/℃	T_S/℃	T_D/℃	T_D-T_S/℃
基准	1096.91	1220.87	123.96	1255.00	1423.98	168.98
COI20	1093.43	1223.64	130.21	1267.28	1432.4	165.12
COI40	1090.86	1225.78	134.92	1278.04	1439.58	161.54
COI60	1089.43	1227.55	138.12	1290.33	1447.08	156.75
COI80	1087.66	1228.46	140.8	1299.07	1452.86	153.79
COI100	1086.51	1230.44	143.93	1306.24	1457.15	150.91

图 4-79 是喷吹焦炉煤气对综合炉料软化区间的影响。随着焦炉煤气喷吹量由 0 增加到 100 m³/t 时，软化开始温度 T_4呈现下降的趋势，从 1096.91 ℃降低到 1086.51 ℃。软化终了温度 T_{40}呈现上升的趋势，从1220.87 ℃上升到1230.44 ℃。软化区间呈现变宽的趋势，从 123.96 ℃加宽至 143.91 ℃，每增加 1 m³/t 焦炉煤气喷吹量，软化区间约升高 0.2 ℃。当焦炉煤气喷吹量为 60 m³/t 时，软化开始温度 T_4为 1089.43 ℃，软化终了温度 T_{40}为 1227.55 ℃，软化区间 $T_{40}-T_4$ 为 138.12 ℃。

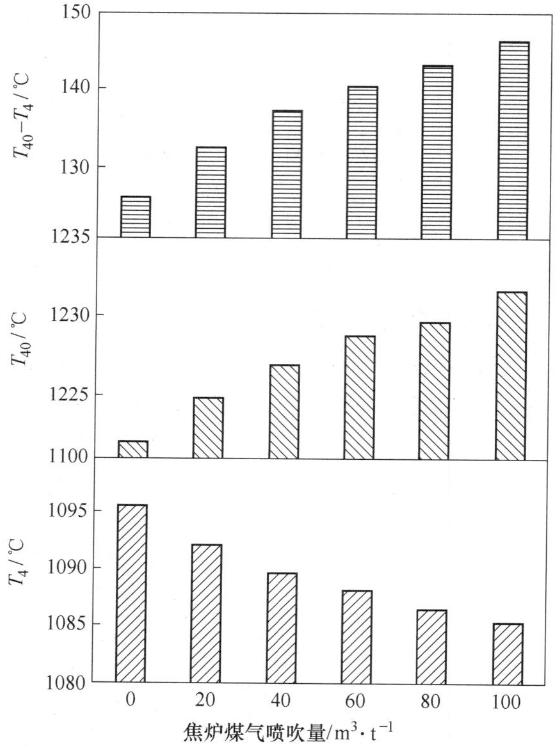

图 4-79　焦炉煤气喷吹量对综合炉料软化区间的影响

一般认为，炉料软化温度主要取决于进入软熔带前炉料的 FeO 含量。在其含量一定的情况下，与炉料的还原程度有关。随着焦炉煤气喷吹量的增加，煤气的还原能力加强，综合炉料的还原速率加快。当炉料的收缩率为 4%时，随着焦炉煤气喷吹量的增加，炉料中还原出的 FeO 质量也增加，低熔点物质逐渐增多，促使软化开始温度 T_4逐渐下降。而当炉料的收缩率达到 40%时，随着焦炉煤气喷吹量的增加，煤气中还原气氛加强，含铁炉料还原速度加快，高温时还原出 FeO 逐渐转化为金属铁，金属铁质量的增加，渣中低熔点物质减少，从而提高了炉料的软化终了温度 T_{40}。随着焦炉煤气喷吹量的增加，软化开始温度 T_4呈下降趋势，软化终了温度 T_{40}呈上升的趋势。因此，软化区间 $T_{40}-T_4$呈变宽的趋势。

图 4-80 为焦炉煤气喷吹量对综合炉料熔化区间的影响。随着焦炉煤气喷吹量由 0 增加到 100 m³/t 时，综合炉料熔化开始温度（压差陡升温度）T_S逐渐升高，从 1255.00 ℃升高到 1306.24 ℃；熔化终了温度（滴落温度）T_D略微升高，从 1423.98 ℃略微上升至 1457.15 ℃；熔化区间（软熔带）T_D-T_S明显变窄，从 168.98 ℃窄至 150.91 ℃，每增加

1 m³/s 焦炉煤气喷吹量，软熔带约窄 0.18 ℃。当焦炉煤气喷吹量为 60 m^3/t 时，熔化开始温度 T_S 为 1290.33 ℃，熔化终了温度 T_D 为 1447.08 ℃，熔化区间 T_S-T_D 为 150.91 ℃。

通常认为，综合炉料的压差陡升温度 T_S 主要是指综合炉料中开始出现液相，致使炉料的压差急剧上升的温度。炉料的压差陡升温度取决于综合炉料的炉渣熔点，当炉料配比一致的情况下，炉渣中 FeO 含量对炉渣的熔点取决定性作用。随着焦炉煤气喷吹量的增加，还原速度加快，炉渣中的 FeO 逐渐因转化为金属铁而减少，因此熔点升高，进而压差陡升温度 T_S 逐步升高。综合炉料的滴落温度取决于软熔滴落过程中形成的初铁和初渣。哪相容易滴落，则综合炉料的滴落温度取决于哪相。随着焦炉煤气喷吹量的增加，炉料中 H_2 还原的比例逐渐上升，初铁的渗碳量会略微下降，初铁熔点将略微升高；同时，还原气氛和还原速率的增加，初渣中的 FeO 含量逐渐减少，初渣熔点升高，综合炉料的滴落温度逐渐升高。压差陡升温度 T_S 明显升高，滴落温度 T_D 略微上升，所以综合炉料熔化区间 T_D-T_S 逐渐变窄。

图 4-81 是喷吹焦炉煤气对软熔带位置的影响。随着焦炉煤气喷吹量的增加，压差陡升温度 T_S 明显升高，滴落温度 T_D 略微上升。所以综合炉料软熔带 T_D-T_S 逐渐收窄，且位置下移。

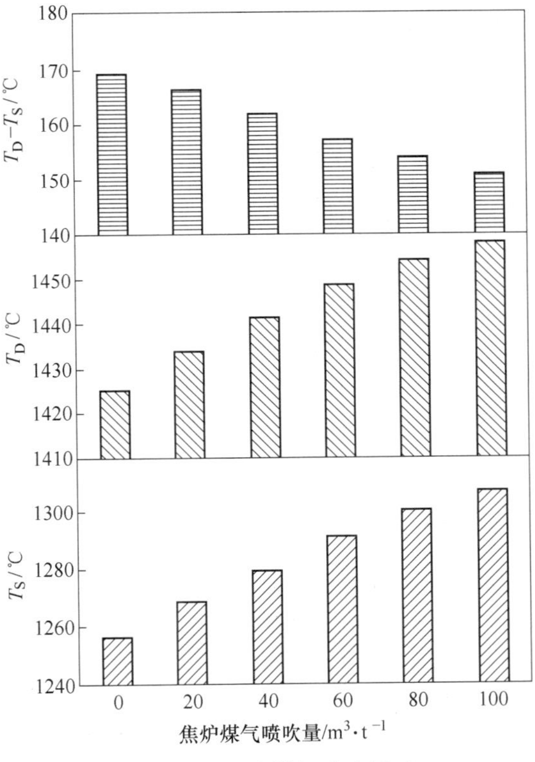

图 4-80 焦炉煤气喷吹量对综合炉料熔化区间的影响

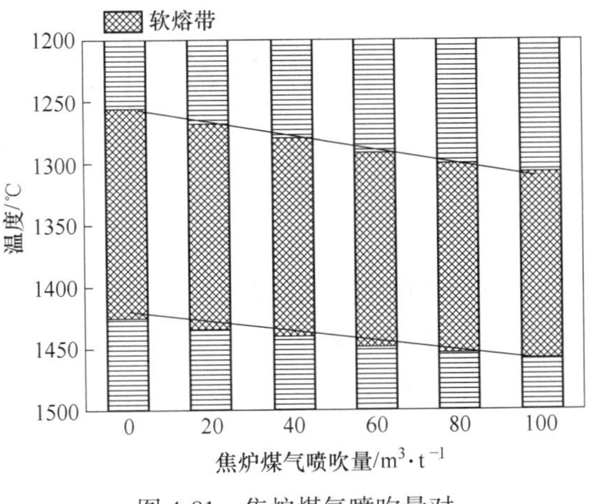

图 4-81 焦炉煤气喷吹量对综合炉料软熔带位置的影响

为了更好地衡量综合炉料的透气性，引入炉料特征值 S。S 值的大小是表征炉料整体透气性的重要指标，S 值越小，煤气通过料柱时受到的阻力越小，软熔带透气性也越好。喷吹焦炉煤气对炉料特征值 S 的影响如图 4-82 所示。随着焦炉煤气喷吹量的增加，炉料特征值大幅度降低，由未喷吹时的 1729.36 kPa · ℃降低到喷吹焦炉煤气 100 m^3/t 时的

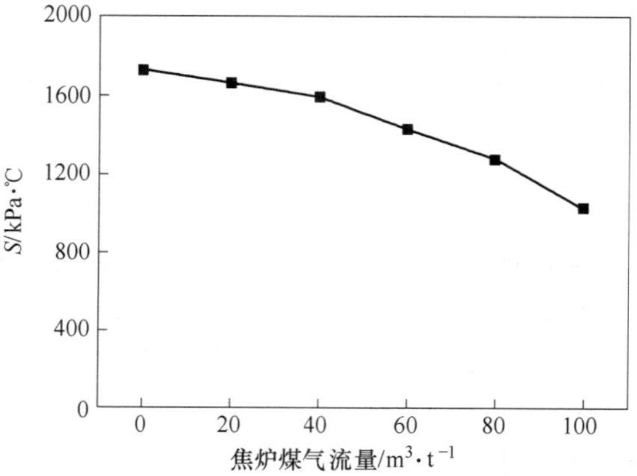

图 4-82　不同焦炉煤气喷吹量对 S 值的影响

1026.18 kPa·℃，料柱透气性得到明显改善。主要归因于：(1) 喷吹焦炉煤气后，煤气中氢气体积分数大幅增加，同时氮气的体积分数相应减少，由于氢气的黏度系数要明显低于氮气的黏度系数，使得煤气的穿透力增强，进而改善了料柱的透气性。(2) 随着煤气中还原性气体体积分数的增加，煤气的还原能力得到加强，铁氧化物还原速度加快，在较低温度时就被还原成金属铁，避免了低熔点化合物的过早形成，从而改善了料柱的透气性，降低了特征值。(3) 随着焦炉煤气喷吹量的增加，综合炉料的软熔带区间明显变窄，最高压差明显降低，软熔带区间的明显窄化，有利于提高综合炉料的透气性。当焦炉煤气喷吹量为 60 m^3/t 时，S 值为 1428.73 kPa。

4.4.3.5　不同焦炉煤气喷吹量条件下焦炭的冶金性能

焦炭冶金行为研究采用 RSZ-03 型矿石冶金性能综合测定仪，见图 4-83。

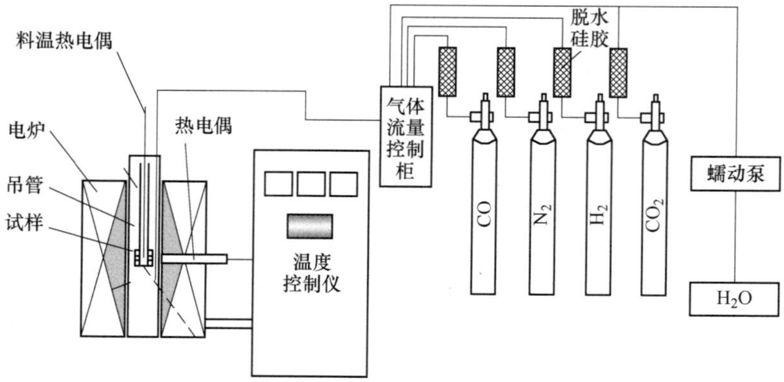

图 4-83　焦炭冶金性能测定设备

焦炭冶金性能实验包括：试样准备、气化前球团质量称量、气化、气化后球团质量称量、转鼓、*CRI* 和 *CSR* 的计算。每次实验进行 3 次，取平均值。实验所用的气氛与升温制度如表 4-48 所示。

表 4-48　实验升温制度与气氛

条件	温度区间/℃	升温制度	还原气流量/L·min⁻¹				
			CO	CO_2	H_2	H_2O	N_2
基准	200~400	10 ℃/min (20 min)	0	0	0	0	15
	400~900	10 ℃/min (50 min)	4.9	1.8	0.4	0.2	7.7
	900~1000	5 ℃/min (20 min)	5.5	1.3	0.4	0.2	7.6
	1000~1100	1.7 ℃/min (60 min)	6	0.7	0.4	0.1	7.7
	1100 恒温	50 min	6.4	0.3	0.5	0	7.8

续表 4-48

条件	温度区间/℃	升温制度	还原气流量/L · min^{-1}				
			CO	CO_2	H_2	H_2O	N_2
COI20	200~400	10 ℃/min（20 min）	0	0	0	0	15
	400~900	10.4 ℃/min（48 min）	4.9	2.0	0.5	0.2	7.4
	900~1000	5.2 ℃/min（19 min）	5.6	1.4	0.5	0.2	7.4
	1000~1100	1.6 ℃/min（63 min）	6.1	0.7	0.6	0.1	7.4
	1100 恒温	45 min	6.4	0.2	0.7	0.1	7.6
COI40	200~400	10 ℃/min（20 min）	0	0	0	0	15
	400~900	10.6 ℃/min（47 min）	4.8	2.2	0.6	0.3	7.2
	900~1000	4.5 ℃/min（17 min）	5.6	1.4	0.6	0.3	7.1
	1000~1100	1.4 ℃/min（66 min）	6.2	0.7	0.7	0.1	7.2
COI60	200~400	10 ℃/min（20 min）	0	0	0	0	15
	400~900	10.6 ℃/min（46 min）	4.7	2.3	0.7	0.3	6.9
	900~1000	4.5 ℃/min（16 min）	5.8	1.2	0.8	0.3	6.9
	1000~1100	1.4 ℃/min（68 min）	6.3	0.6	0.9	0.2	7
COI80	200~400	10 ℃/min（20 min）	0	0	0	0	15
	400~900	10.6 ℃/min（44 min）	4.6	2.4	0.8	0.3	6.9
	900~1000	4.5 ℃/min（15 min）	5.9	1.2	0.8	0.3	6.8
	1000~1100	1.4 ℃/min（68 min）	6.5	0.5	0.9	0.2	6.9
COI100	25~400	10 ℃/min（20 min）	0	0	0	0	15
	400~900	10.6 ℃/min（43 min）	4.5	2.5	0.8	0.3	6.9
	900~1000	4.5 ℃/min（12 min）	6.1	1.2	0.9	0.3	6.5
	1000~1100	1.4 ℃/min（69 min）	6.7	0.5	1.1	0.2	6.5

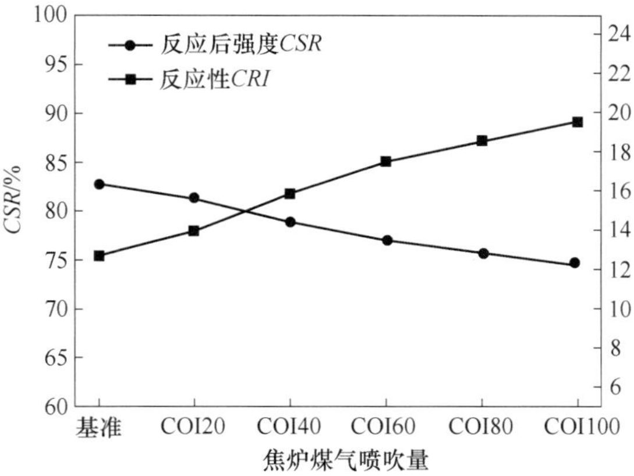

图 4-84　焦炉煤气喷吹量对焦炭冶金性能的影响

不同焦炉煤气喷吹量条件下焦炭的反应性和反应后强度如图 4-84 所示。随着焦炉煤气喷吹量的增加，焦炭反应后强度稍有降低，反应性增加。高温（1100 ℃）条件下焦炭与二氧化碳发生气化溶损反应，与水蒸气发生水煤气转化反应。有文献表明，后者焦炭气化率是前者的 2~7 倍。喷吹焦炉煤气后，气相中二氧化碳和水蒸气浓度逐渐增加，且$\varphi(CO_2)/(\varphi(CO)+\varphi(CO_2))$ 和 $\varphi(H_2O)/(\varphi(H_2O)+\varphi(H_2))$也增加，表明此条件下焦炭易于发生气化溶损和水煤气转化反应。因此，焦炉煤气喷吹量增加后，焦炭反应性增加，反应后强度降低。

4.4.3.6　喷吹焦炉煤气条件下炉料内 V、Ti 组元迁移行为研究

为了对比常规高炉与富氢高炉中 V、Ti 等有价组元迁移路径与行为，分别对常规高炉下，还原度为 10%、20%、30%、40%、50%与 60%的球团与烧结矿和 COI60 条件下，还

原度为 10%、20%、30%、40%、50%、60%和 70%的球团与烧结矿的元素迁移行为进行了对比研究。

实验过程与球团/烧结矿还原性实验相似。试样准备、还原前球团质量称量、还原、还原后球团质量称量、最终还原度的计算，实验过程中记录试样失重，并根据失重计算试样还原度，当还原度达到实验设定的还原度时停止还原。

常规高炉（基准）条件下与 COI60 条件下球团矿/烧结矿的还原性实验升温制度与气氛如表 4-49 所示。与常规高炉相比，喷吹焦炉煤气后高炉内还原气浓度提升，此外，随着焦炉煤气喷吹量的增加，高温段还原气 CO 浓度增加，H_2 浓度提高，反应总时长缩短。

表 4-49　实验升温制度与气氛

条件	温度区间/℃	升温制度	还原气流量/$L \cdot min^{-1}$				
			CO	CO_2	H_2	H_2O	N_2
基准	200~400	10 ℃/min（20 min）	0	0	0	0	15
	400~900	10 ℃/min（50 min）	4.9	1.8	0.4	0.2	7.7
	900~1000	5 ℃/min（20 min）	5.5	1.3	0.4	0.2	7.6
	1000~1100	1.7 ℃/min（60 min）	6	0.7	0.4	0.1	7.7
	1100 恒温	50 min	6.4	0.3	0.5	0	7.8
COI60	200~400	10 ℃/min（20 min）	0	0	0	0	15
	400~900	10.6 ℃/min（46 min）	4.7	2.3	0.7	0.3	6.9
	900~1000	4.5 ℃/min（16 min）	5.8	1.2	0.8	0.3	6.9
	1000~1100	1.4 ℃/min（68 min）	6.3	0.6	0.9	0.2	7
	1100 恒温	33 min	6.6	0.2	1	0.1	7.1

对基准条件下还原度为 0%、10%、20%、30%、40%、50%以及 60%的球团矿以及 COI60 条件下还原度为 0%、10%、20%、30%、40%、50%、60%和 70%的球团矿进行了 XRD 分析，结果见图 4-85、图 4-86 和表 4-50。

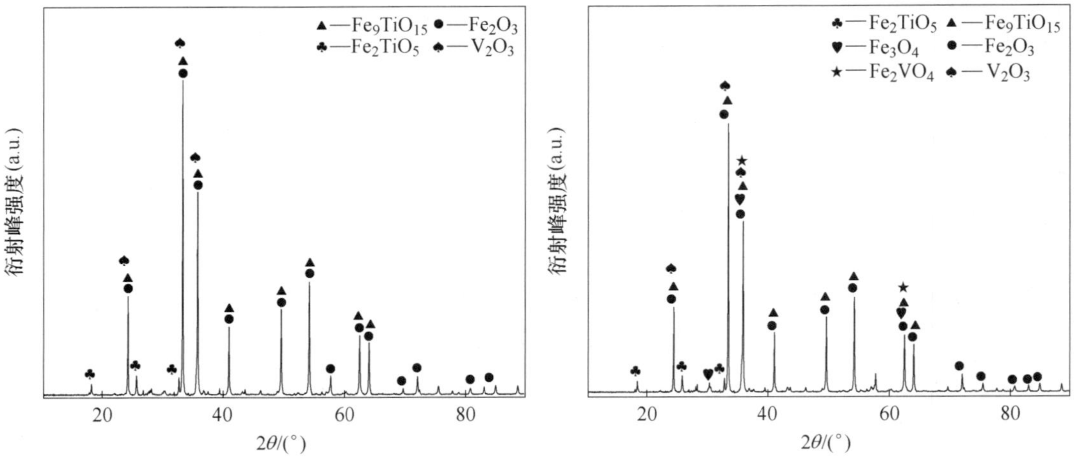

(a)　　(b)

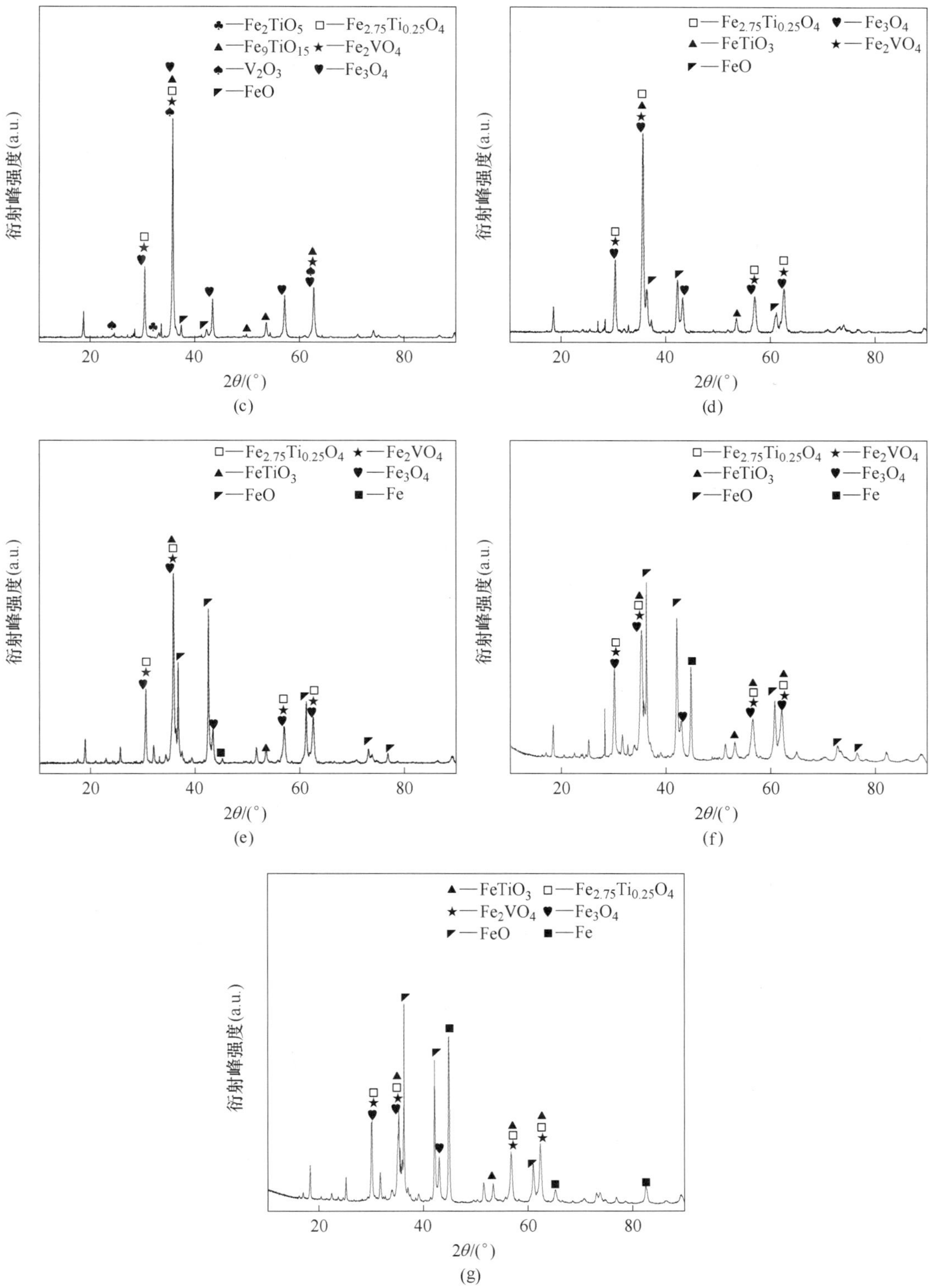

图 4-85 常规高炉条件下钒钛球团矿 XRD 分析结果

(a) 0%；(b) 10%；(c) 20%；(d) 30%；(e) 40%；(f) 50%；(g) 60%

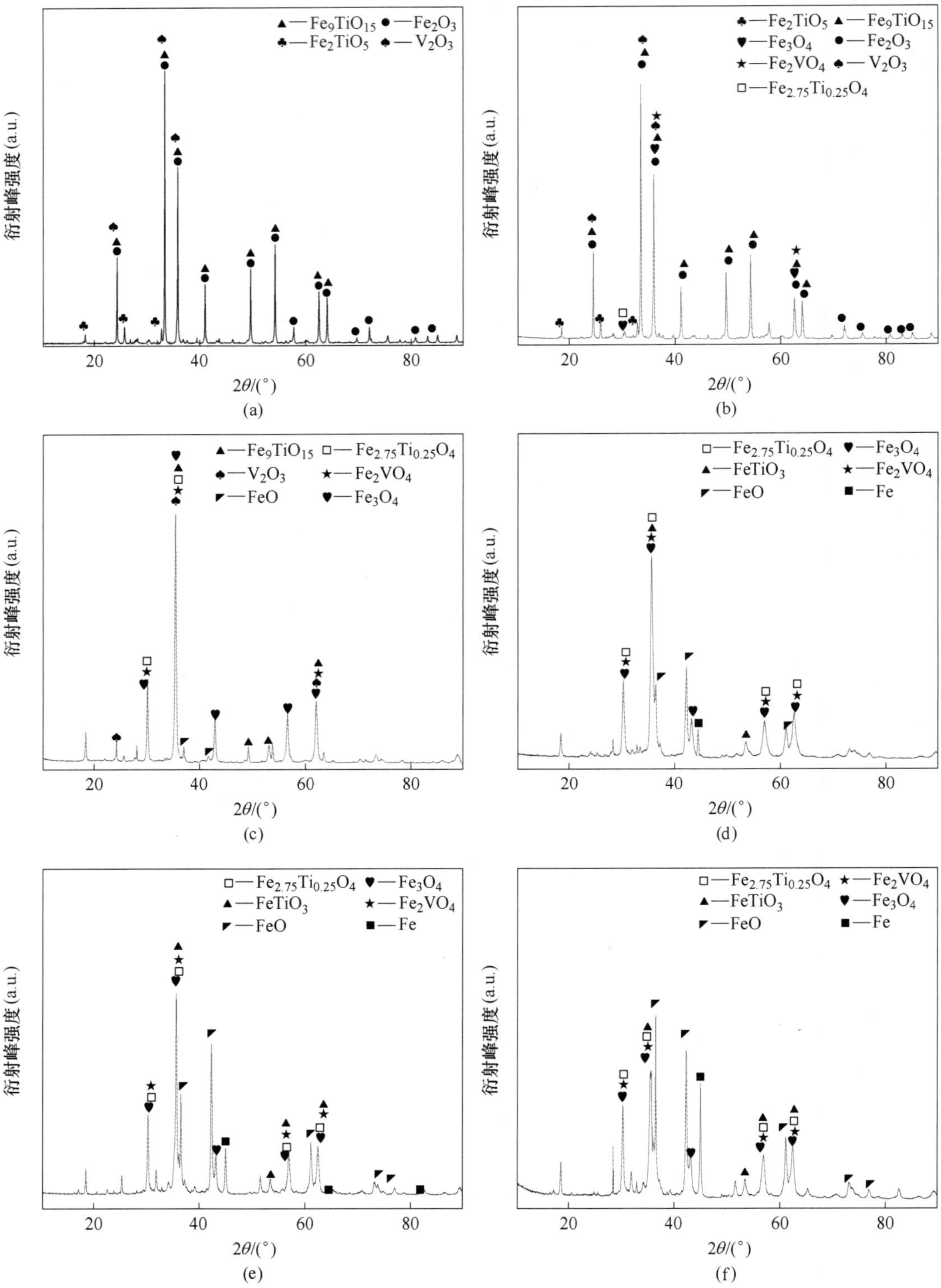
Fe9TiO15
Fe2O3
Fe2TiO5
V2O3
Fe3O4
Fe2VO4
Fe2.75Ti0.25O4
FeO
FeTiO3
Fe
衍射峰强度 (a.u.)
2θ/(°)
(a)
(b)
(c)
(d)
(e)
(f)

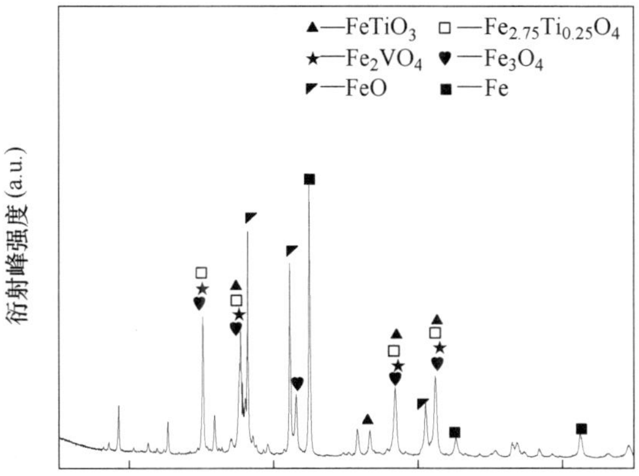

(g)

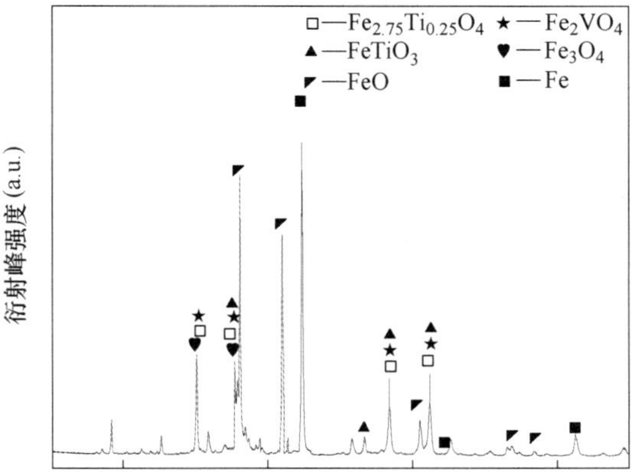

(h)

图 4-86 COI60 条件下钒钛球团矿 XRD 分析结果

(a) 0%; (b) 10%; (c) 20%; (d) 30%; (e) 40%; (f) 50%; (g) 60%; (h) 70%

表 4-50 不同还原度的球团矿 XRD 分析结果

还原度/%	基准	COI60
0	Fe_2O_3、Fe_9TiO_{15}、V_2O_3、Fe_2TiO_5	Fe_2O_3、Fe_9TiO_{15}、V_2O_3、Fe_2TiO_5
10	Fe_2O_3、Fe_3O_4、Fe_9TiO_{15}、Fe_2VO_4、V_2O_3、Fe_2TiO_5	Fe_2O_3、Fe_3O_4、Fe_9TiO_{15}、Fe_2VO_4、V_2O_3、Fe_2TiO_5、$Fe_{2.75}Ti_{0.25}O_4$
20	FeO、Fe_3O_4、Fe_9TiO_{15}、Fe_2VO_4、V_2O_3、Fe_2TiO_5、$Fe_{2.75}Ti_{0.25}O_4$	FeO、Fe_3O_4、Fe_9TiO_{15}、Fe_2VO_4、V_2O_3、$Fe_{2.75}Ti_{0.25}O_4$
30	FeO、Fe_3O_4、Fe_2VO_4、$FeTiO_3$、$Fe_{2.75}Ti_{0.25}O_4$	Fe、FeO、Fe_3O_4、Fe_2VO_4、$FeTiO_3$、$Fe_{2.75}Ti_{0.25}O_4$
40	Fe、FeO、Fe_3O_4、Fe_2VO_4、$FeTiO_3$、$Fe_{2.75}Ti_{0.25}O_4$	Fe、FeO、Fe_3O_4、Fe_2VO_4、$FeTiO_3$、$Fe_{2.75}Ti_{0.25}O_4$
50	Fe、FeO、Fe_3O_4、Fe_2VO_4、$FeTiO_3$、$Fe_{2.75}Ti_{0.25}O_4$	Fe、FeO、Fe_3O_4、Fe_2VO_4、$FeTiO_3$、$Fe_{2.75}Ti_{0.25}O_4$
60	Fe、FeO、Fe_3O_4、Fe_2VO_4、$FeTiO_3$、$Fe_{2.75}Ti_{0.25}O_4$	Fe、FeO、Fe_3O_4、Fe_2VO_4、$FeTiO_3$、$Fe_{2.75}Ti_{0.25}O_4$
70	Fe、FeO、Fe_3O_4、Fe_2VO_4、$FeTiO_3$、$Fe_{2.75}Ti_{0.25}O_4$	—

可以看出，基准球团中存在的氧化物主要为 Fe_2O_3、Fe_9TiO_{15}、V_2O_3 和 Fe_2TiO_5 等。在常规高炉条件下，随着还原度上升，氧化物逐渐被还原，当还原度上升至 20% 时，Fe_2O_3 被完全还原为 Fe_3O_4，而 Fe_9TiO_{15} 与 Fe_2TiO_5 则向 $Fe_{2.75}Ti_{0.25}O_4$ 转变，V_2O_3 向 Fe_2VO_4 转变。还原度继续升高，Fe_3O_4 向 FeO 转变，Fe_9TiO_{15} 与 Fe_2TiO_5 被完全还原为

$Fe_{2.75}Ti_{0.25}O_4$后，向 $FeTiO_3$ 转变。从还原度 20%上升至 30%，Fe_3O_4的主峰逐渐降低，FeO 的主峰明显上升，这说明 Fe_3O_4向 FeO 转变，而 Fe_9TiO_{15}的主峰完全消失，说明在这一还原区间内，Fe_9TiO_{15}被完全还原为 $Fe_{2.75}Ti_{0.25}O_4$。在还原度 40%时，出现了 Fe 的主峰，说明此时 FeO 开始向 Fe 还原。随着还原度继续升高至60%，Fe 的主峰明显上升，说明球团内的 Fe 大幅增加，球团失氧量增加。结合表 4-50，可以看出在常规高炉条件下，Fe 的迁移路径为 $Fe_2O_3 \rightarrow Fe_3O_4 \rightarrow FeO \rightarrow Fe$，Ti 的迁移路径为 $Fe_2TiO_5 + Fe_9TiO_{15} \rightarrow Fe_{2.75}Ti_{0.25}O_4 \rightarrow FeTiO_3$，V 的迁移路径为 $V_2O_3 \rightarrow Fe_2VO_4$。

在 COI60 条件下，Fe、Ti 与 V 的迁移路径与反应方程与常规高炉大体相似，都遵循 $Fe_2O_3 \rightarrow Fe_3O_4 \rightarrow FeO \rightarrow Fe$，$Fe_2TiO_5 + Fe_9TiO_{15} \rightarrow Fe_{2.75}Ti_{0.25}O_4 \rightarrow FeTiO_3$ 和 $V_2O_3 \rightarrow Fe_2VO_4$的迁移过程。然而，在 10%、30%还原度时，COI60 条件下 $Fe_{2.75}Ti_{0.25}O_4$和 Fe 提前出现。在 20%还原度下，COI60 条件下的球团内 Fe_2TiO_5提前消耗完。这说明 COI60 条件下，球团内的还原得到了促进，还原速率增大，球团外层的氧化物在相同还原度下，被更快还原为了低价氧化物。

图 4-87 和图 4-88 为不同还原度条件下钒钛球团的 SEM 图。图中白色的部分为铁相，灰色物相为渣相。随着球团还原度的增加，球团中灰色物相逐渐减少，而浅白色与亮白色的物相逐渐增加，生成的金属铁越来越多，并逐渐聚集长大，在基准条件下还原度 60%的条件下，球团中出现了大量的铁相，并出现了明显的聚集连接，这一现象在 COI60 还原度 70%的条件下更为明显。此外，值得注意的是，在 COI60 的条件下，还原度 30%的 SEM 图中已经出现了零星分布的金属铁相。表 4-51 与表 4-52 为球团矿能谱分析结果。

(a)

(b)

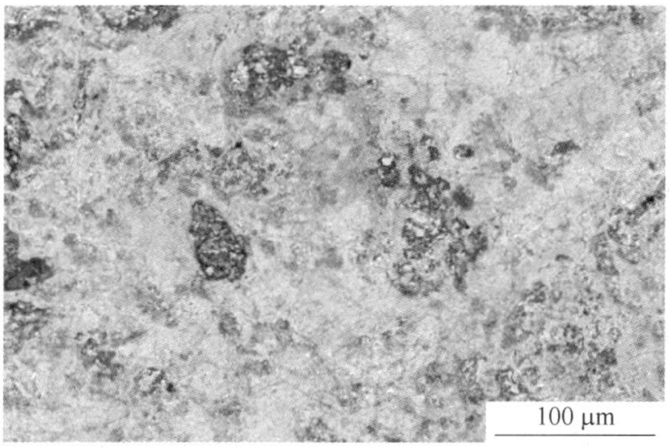

(c)

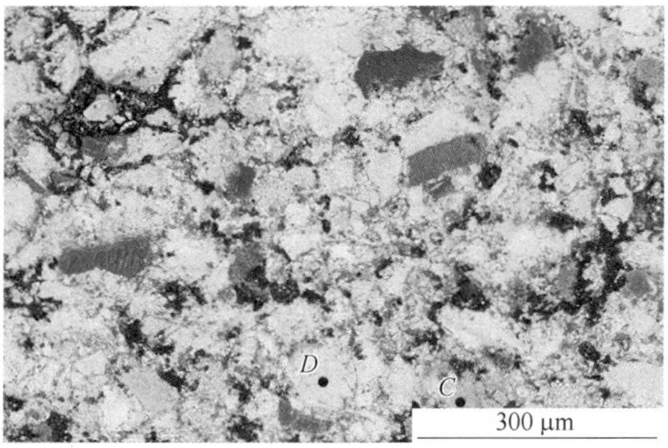

(d)

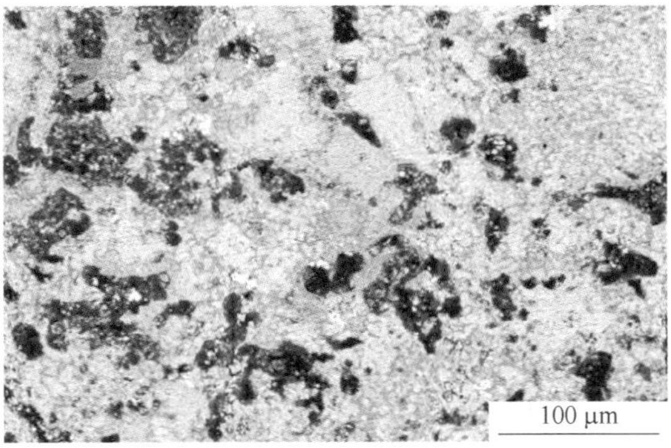

(e)

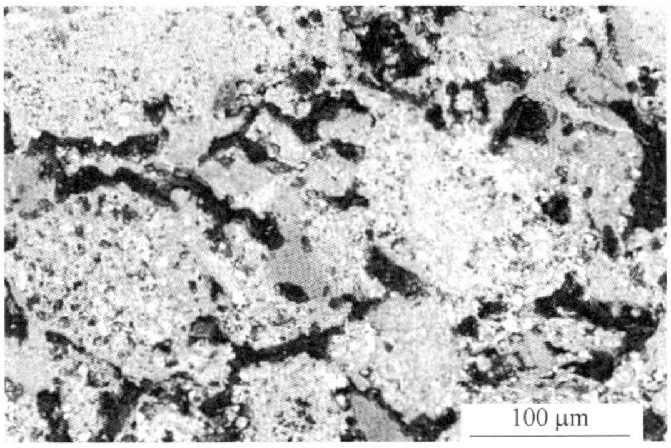

(f)

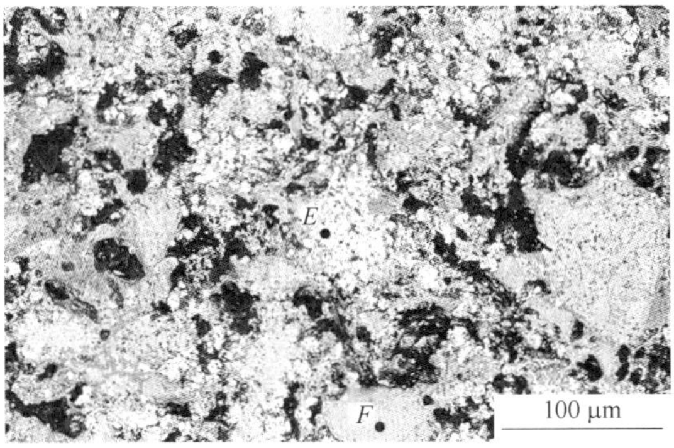

(g)

图 4-87　基准条件下钒钛球团矿的 SEM 图

(a) 0%；(b) 10%；(c) 20%；(d) 30%；(e) 40%；(f) 50%；(g) 60%

(a)

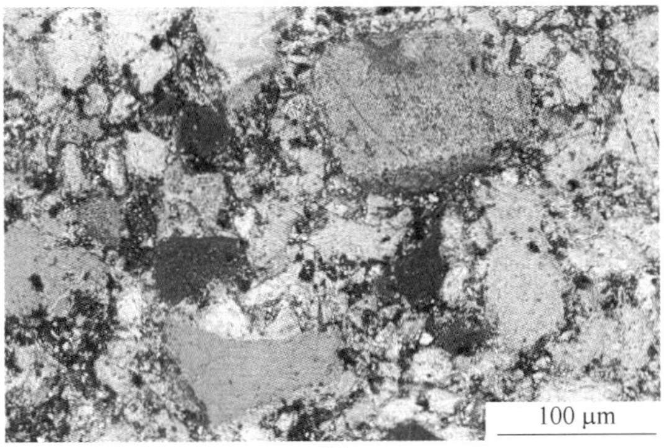

(b)

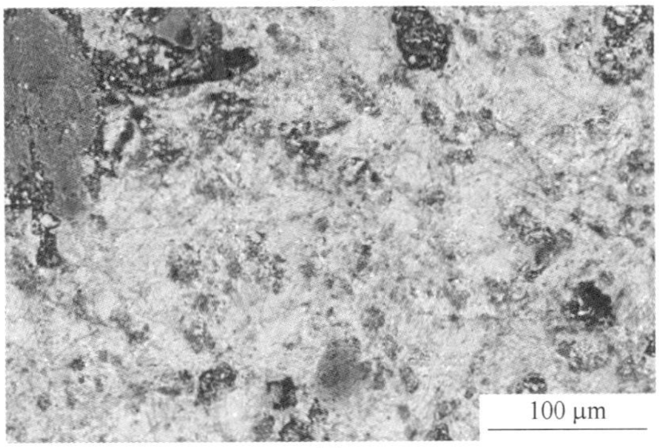

(c)

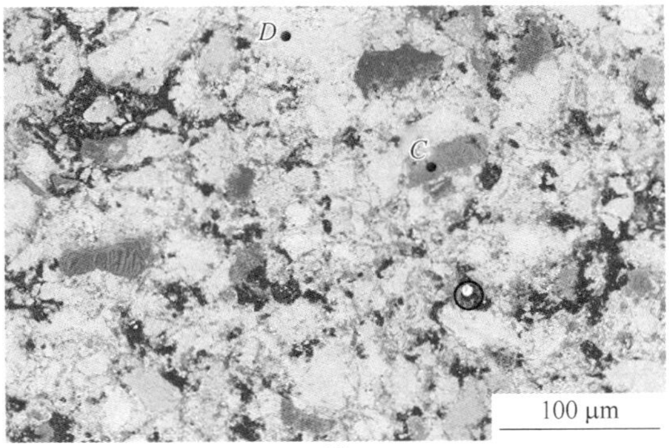

(d)

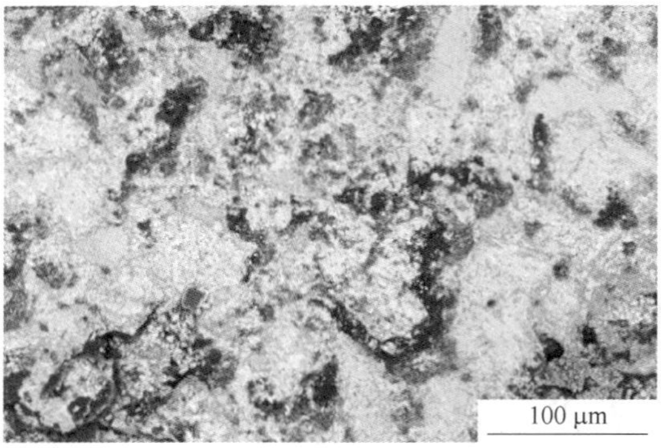

(e)

(f)

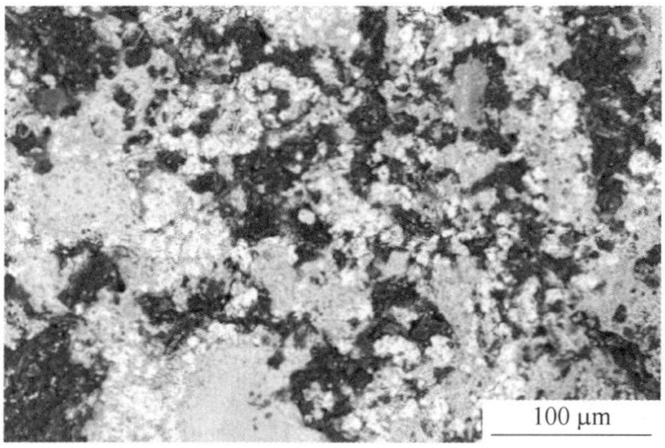

(g)

(h)

图 4-88　COI60 条件下钒钛球团矿的 SEM 图

(a) 0%；(b) 10%；(c) 20%；(d) 30%；(e) 40%；(f) 50%；(g) 60%；(h) 70%

表 4-51　基准条件下还原度 0%、30%和 60%球团能谱分析结果

还原度/%	点	O	Mg	Al	Si	Ca	Ti	V	Fe
0	*A*	26.84	0.92	1.89	0	0.07	4.57	0.42	65.28
	B	39.97	31.85	0	21.96	0.03	0.09	0.13	5.98
30	*C*	21.35	3.09	1.22	15.23	2.84	2.92	0.15	53.20
	D	13.92	0.92	1.44	0	0	5.15	0.64	77.42
60	*E*	4.67	0.66	0.59	1.96	0.71	1.06	90.35	4.67
	F	20.66	1.14	3.78	0.24	0.29	9.06	0.54	62.73

表 4-52　COI60 条件下还原度 0%、30%和 70%球团能谱分析结果

还原度/%	点	O	Mg	Al	Si	Ca	Ti	V	Fe
0	*A*	26.84	0.92	1.89	0	0.07	4.57	0.42	65.28
	B	39.97	31.85	0	21.96	0.03	0.09	0.13	5.98
30	*C*	21.99	13.21	0.84	19.46	1.76	0.2	0.05	42.48
	D	22.25	0.34	1.56	0	0.04	4.93	0.58	70.3

续表 4-52

还原度/%	点	O	Mg	Al	Si	Ca	Ti	V	Fe
70	*E*	0.51	0.10	0.04	1.2	0	0.28	0.19	97.68
	F	24.72	1.9	2.12	0	0.17	19.68	0.4	51.02

图 4-89 为 COI60 条件下球团矿的面扫图。可以看出，Ti 主要存在于渣相中，而 V 则弥散在渣相与铁相之中。

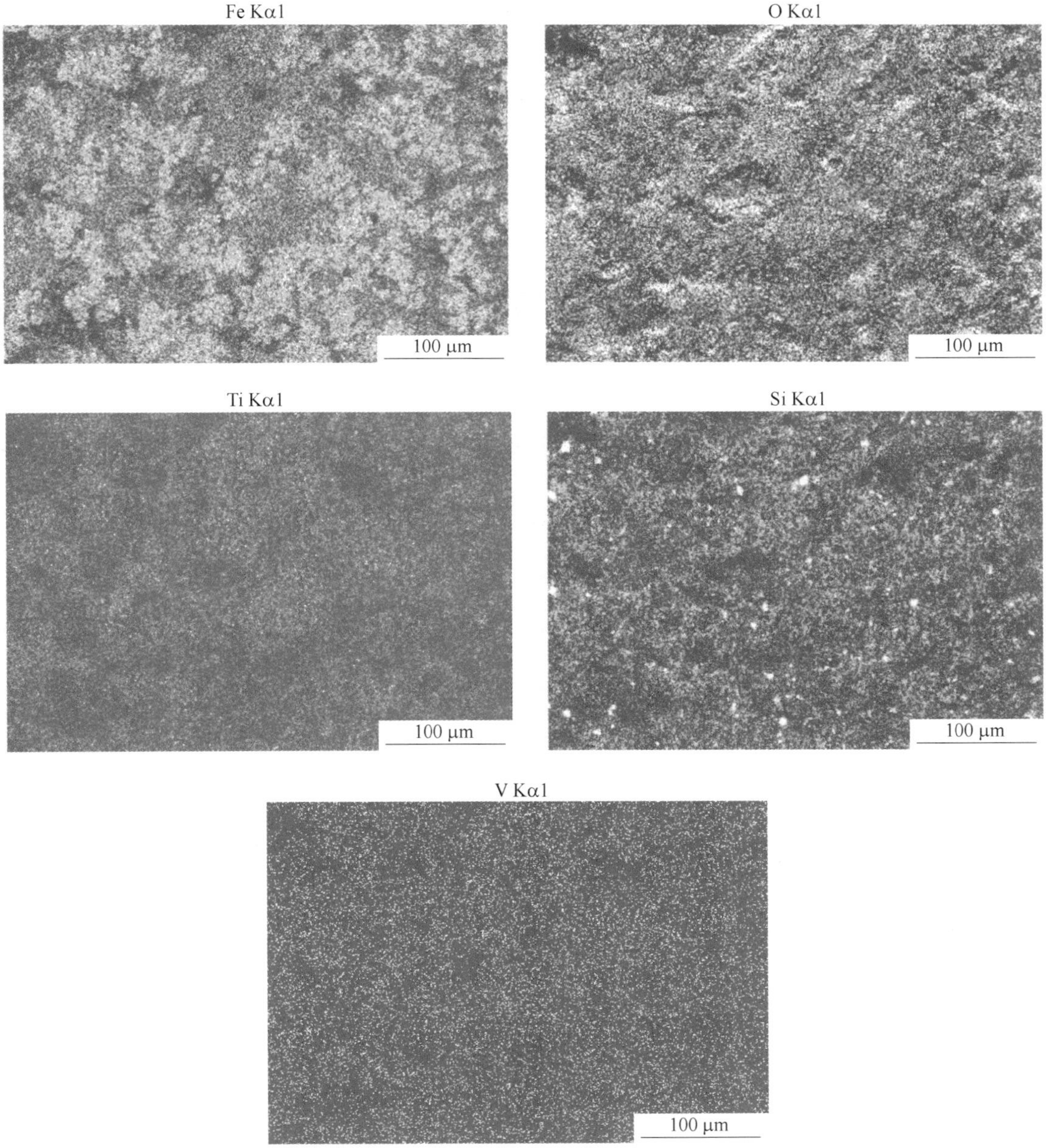

图 4-89 还原度为 70%钒钛球团矿的面扫图
（扫描书前二维码看彩图）

4.4.3.7　喷吹焦炉煤气条件下钒钛烧结矿中 Ti、V 等组元迁移行为

对基准条件下还原度为 0%、10%、20%、30%、40%、50%以及 60%的烧结矿以及 COI60 条件下还原度为 0%、10%、20%、30%、40%、50%、60%和 70%的烧结矿进行了 XRD 分析，结果见图 4-90、图 4-91 和表 4-53。

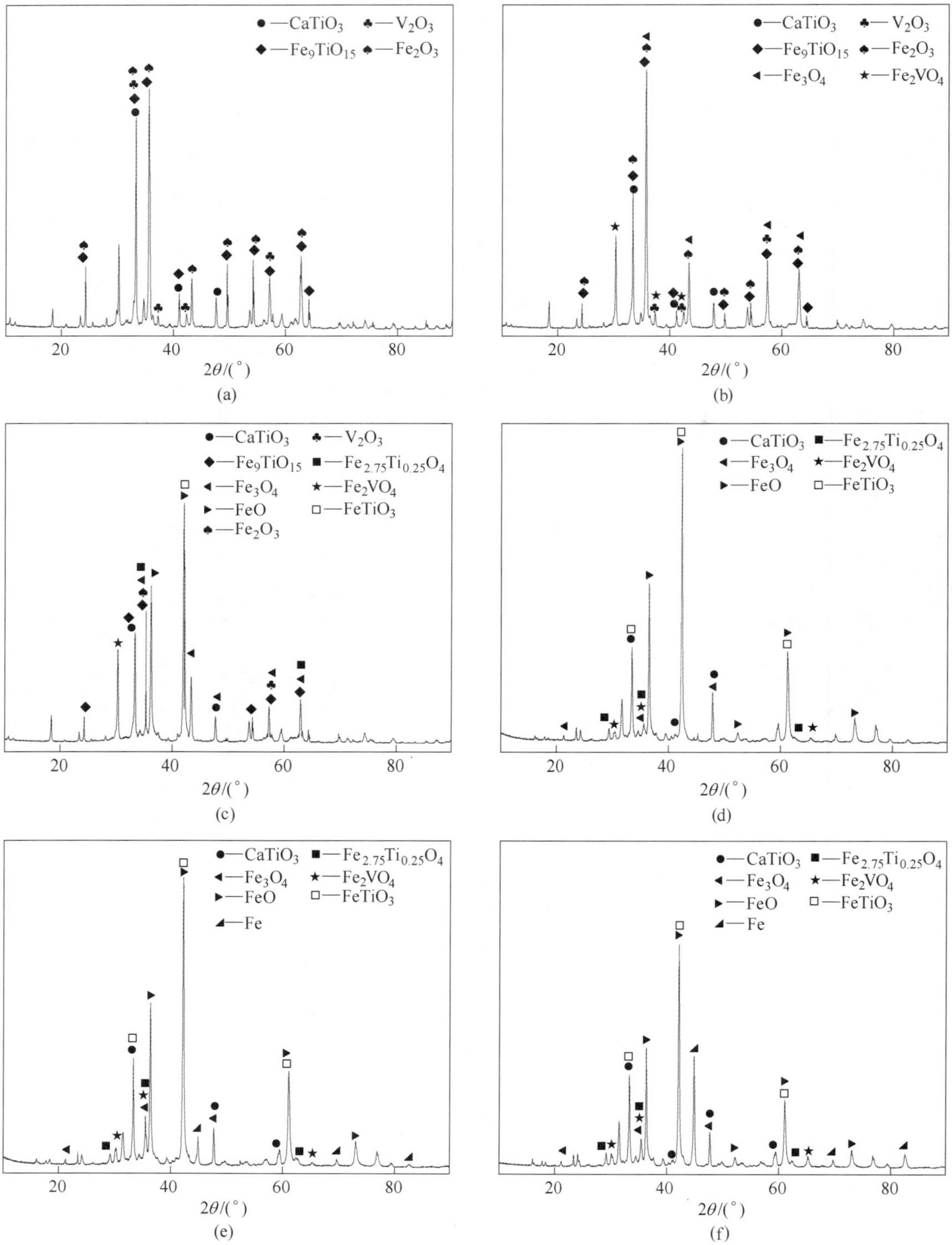

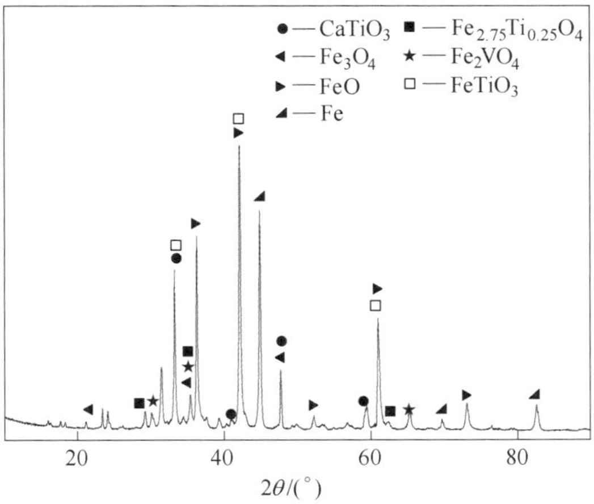

(g)

图 4-90 常规高炉条件下钒钛烧结矿 XRD 分析结果

(a) 0%；(b) 10%；(c) 20%；(d) 30%；(e) 40%；(f) 50%；(g) 60%

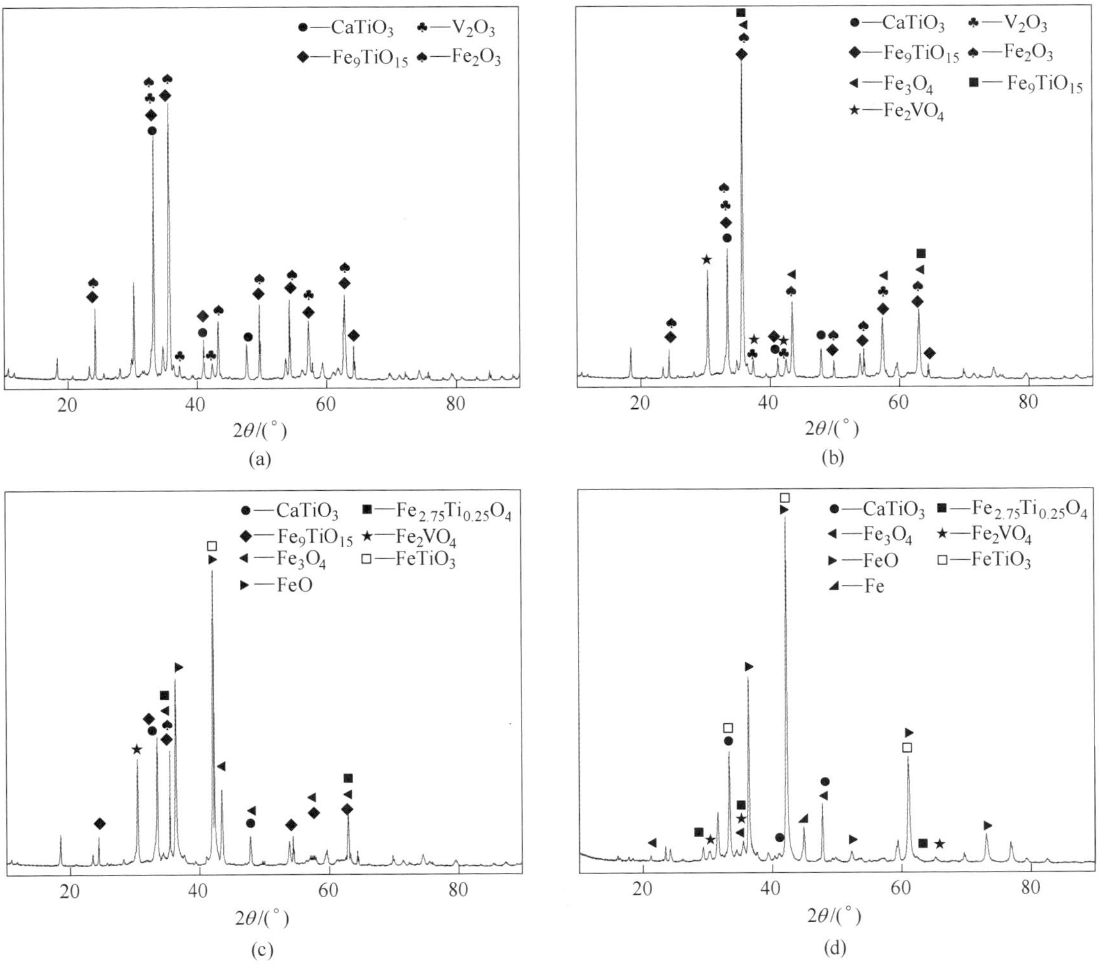

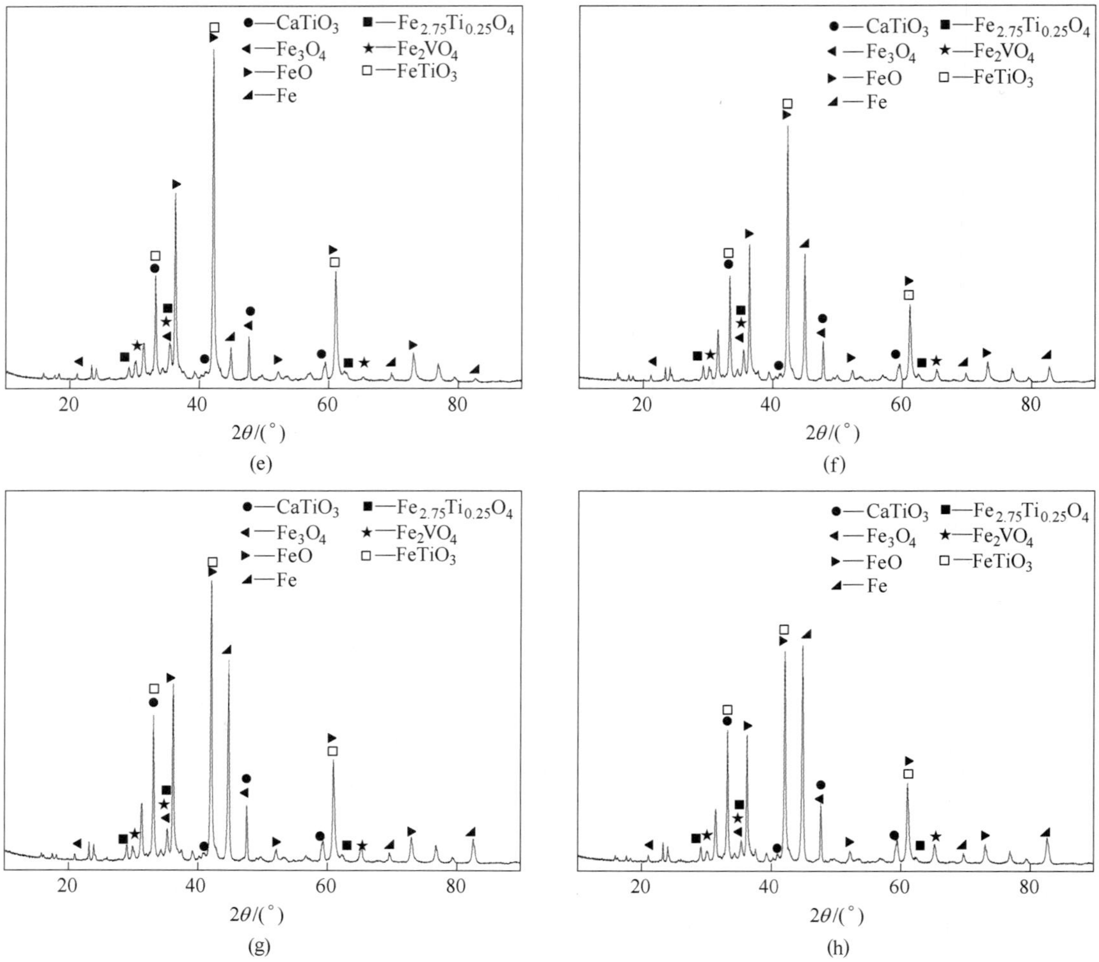

图 4-91　COI60 条件下钒钛烧结矿 XRD 分析结果
（a）0%；（b）10%；（c）20%；（d）30%；（e）40%；（f）50%；（g）60%；（h）70%

表 4-53　不同还原度条件下钒钛烧结矿 XRD 分析结果

还原度/%	基准	COI60
0	Fe_2O_3、Fe_9TiO_{15}、V_2O_3、$CaTiO_3$	Fe_2O_3、Fe_9TiO_{15}、V_2O_3、$CaTiO_3$
10	Fe_2O_3、Fe_3O_4、Fe_9TiO_{15}、Fe_2VO_4、V_2O_3、$CaTiO_3$	Fe_2O_3、Fe_3O_4、Fe_9TiO_{15}、Fe_2VO_4、V_2O_3、$CaTiO_3$、$Fe_{2.75}Ti_{0.25}O_4$
20	FeO、Fe_3O_4、Fe_9TiO_{15}、Fe_2VO_4、V_2O_3、$CaTiO_3$、$Fe_{2.75}Ti_{0.25}O_4$、$FeTiO_3$	FeO、Fe_3O_4、Fe_9TiO_{15}、Fe_2VO_4、$Fe_{2.75}Ti_{0.25}O_4$、$FeTiO_3$、$CaTiO_3$
30	FeO、Fe_3O_4、Fe_2VO_4、$FeTiO_3$、$Fe_{2.75}Ti_{0.25}O_4$、$CaTiO_3$	Fe、FeO、Fe_3O_4、Fe_2VO_4、$FeTiO_3$、$Fe_{2.75}Ti_{0.25}O_4$、$CaTiO_3$

续表 4-53

还原度/%	基准	COI60
40	Fe、FeO、Fe_3O_4、Fe_2VO_4、$FeTiO_3$、$Fe_{2.75}Ti_{0.25}O_4$、$CaTiO_3$	Fe、FeO、Fe_3O_4、Fe_2VO_4、$FeTiO_3$、$Fe_{2.75}Ti_{0.25}O_4$、$CaTiO_3$
50	Fe、FeO、Fe_3O_4、Fe_2VO_4、$FeTiO_3$、$Fe_{2.75}Ti_{0.25}O_4$、$CaTiO_3$	Fe、FeO、Fe_3O_4、Fe_2VO_4、$FeTiO_3$、$Fe_{2.75}Ti_{0.25}O_4$、$CaTiO_3$
60	Fe、FeO、Fe_3O_4、Fe_2VO_4、$FeTiO_3$、$Fe_{2.75}Ti_{0.25}O_4$、$CaTiO_3$	Fe、FeO、Fe_3O_4、Fe_2VO_4、$FeTiO_3$、$Fe_{2.75}Ti_{0.25}O_4$、$CaTiO_3$
70	Fe、FeO、Fe_3O_4、Fe_2VO_4、$FeTiO_3$、$Fe_{2.75}Ti_{0.25}O_4$、$CaTiO_3$	—

基准烧结矿中存在的氧化物主要为 Fe_2O_3、Fe_9TiO_{15}、V_2O_3，和球团矿相似。此外，烧结矿中 Ti 还存在 $CaTiO_3$ 的形态。在常规高炉条件下，与球团矿的还原相似，随着还原度上升，烧结矿内的氧化物逐渐被还原，当还原度上升至 20%时，Fe_2O_3 被完全还原为 Fe_3O_4，同时出现了 FeO，说明 Fe_3O_4 开始向 FeO 转变。Fe_9TiO_{15} 向 $Fe_{2.75}Ti_{0.25}O_4$ 转变，V_2O_3 向 Fe_2VO_4 转变。还原度继续升高，Fe_3O_4 继续向 FeO 转变，Fe_9TiO_{15} 与 Fe_2TiO_5 被完全还原为 $Fe_{2.75}Ti_{0.25}O_4$ 后，向 $FeTiO_3$ 转变。从还原度 20%上升至 30%，Fe_3O_4 的主峰逐渐降低，FeO 的主峰明显上升，这说明 Fe_3O_4 向 FeO 转变，而 Fe_9TiO_{15} 的主峰完全消失，说明在这一还原区间内，Fe_9TiO_{15} 被完全还原为 $Fe_{2.75}Ti_{0.25}O_4$。在还原度 40%时，出现了 Fe 的主峰。随着还原度继续升高至 60%，Fe 的主峰明显上升。结合表 4-53，可以看出在常规高炉条件下，Fe 的迁移路径为 $Fe_2O_3 \rightarrow Fe_3O_4 \rightarrow FeO \rightarrow Fe$，Ti 的迁移路径为 $Fe_9TiO_{15} \rightarrow Fe_{2.75}Ti_{0.25}O_4 \rightarrow FeTiO_3$，V 的迁移路径为 $V_2O_3 \rightarrow Fe_2VO_4$。此外，$CaTiO_3$ 在烧结矿还原的过程中物相没有发生明显变化，说明在烧结矿还原过程中，钛钙化物所受影响较小。

在 COI60 条件下，Fe、Ti 与 V 的迁移路径与常规高炉大体相似，都遵循 $Fe_2O_3 \rightarrow Fe_3O_4 \rightarrow FeO \rightarrow Fe$，$Fe_9TiO_{15} \rightarrow Fe_{2.75}Ti_{0.25}O_4 \rightarrow FeTiO_3$ 和 $V_2O_3 \rightarrow Fe_2VO_4$ 的迁移过程。与球团矿相似，在 10%、30%还原度时，COI60 条件下 $Fe_{2.75}Ti_{0.25}O_4$ 和 Fe 提前出现。

与球团矿相比，还原度 70%时，烧结矿内的 Fe_3O_4 峰值更低，这是由于烧结矿结构疏松，有较多空隙，易于还原气渗透还原，而球团矿在逐层还原过程中，球团矿中心尚有部分 Fe_3O_4 未被还原为 FeO。

图 4-92 和图 4-93 为不同还原度条件下钒钛烧结矿的 SEM 图。图中白色的部分为铁相，灰色物相为渣相，其中，浅灰色主要为 $CaTiO_3$。与球团矿相似，随着烧结矿还原度的增加，灰色物相逐渐减少，而浅白色与亮白色的物相逐渐增加，生成的金属铁越来越多，并逐渐聚集长大，在基准条件下还原度 60%的条件下，球团中出现了大量的铁相，并出现了明显的聚集连接，这一现象在 COI60 还原度 70%的条件下更为明显。表 4-54 与表 4-55 为烧结矿能谱分析结果。

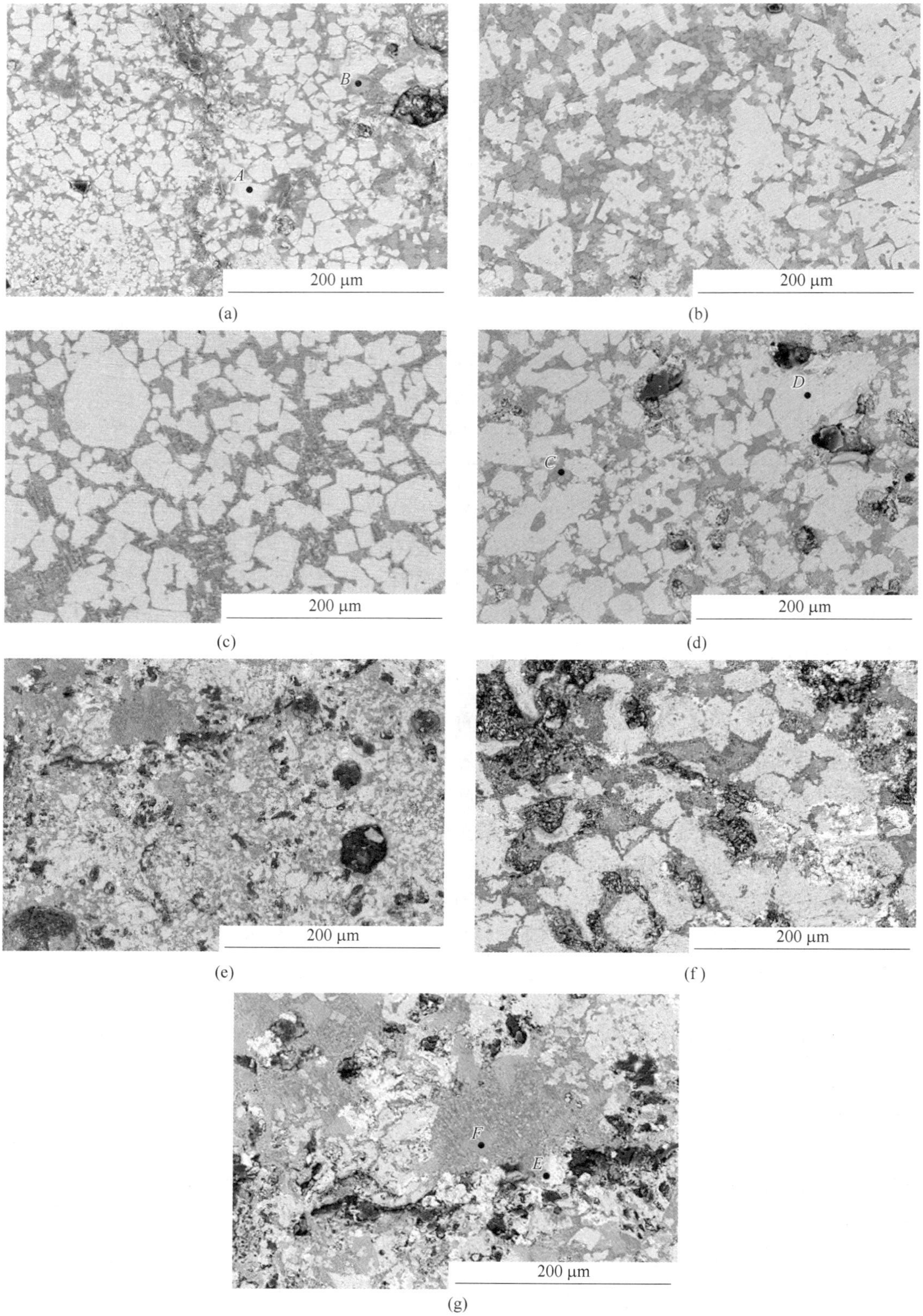

图 4-92　基准条件下钒钛烧结矿 SEM 图

（a）0%；（b）10%；（c）20%；（d）30%；（e）40%；（f）50%；（g）60%

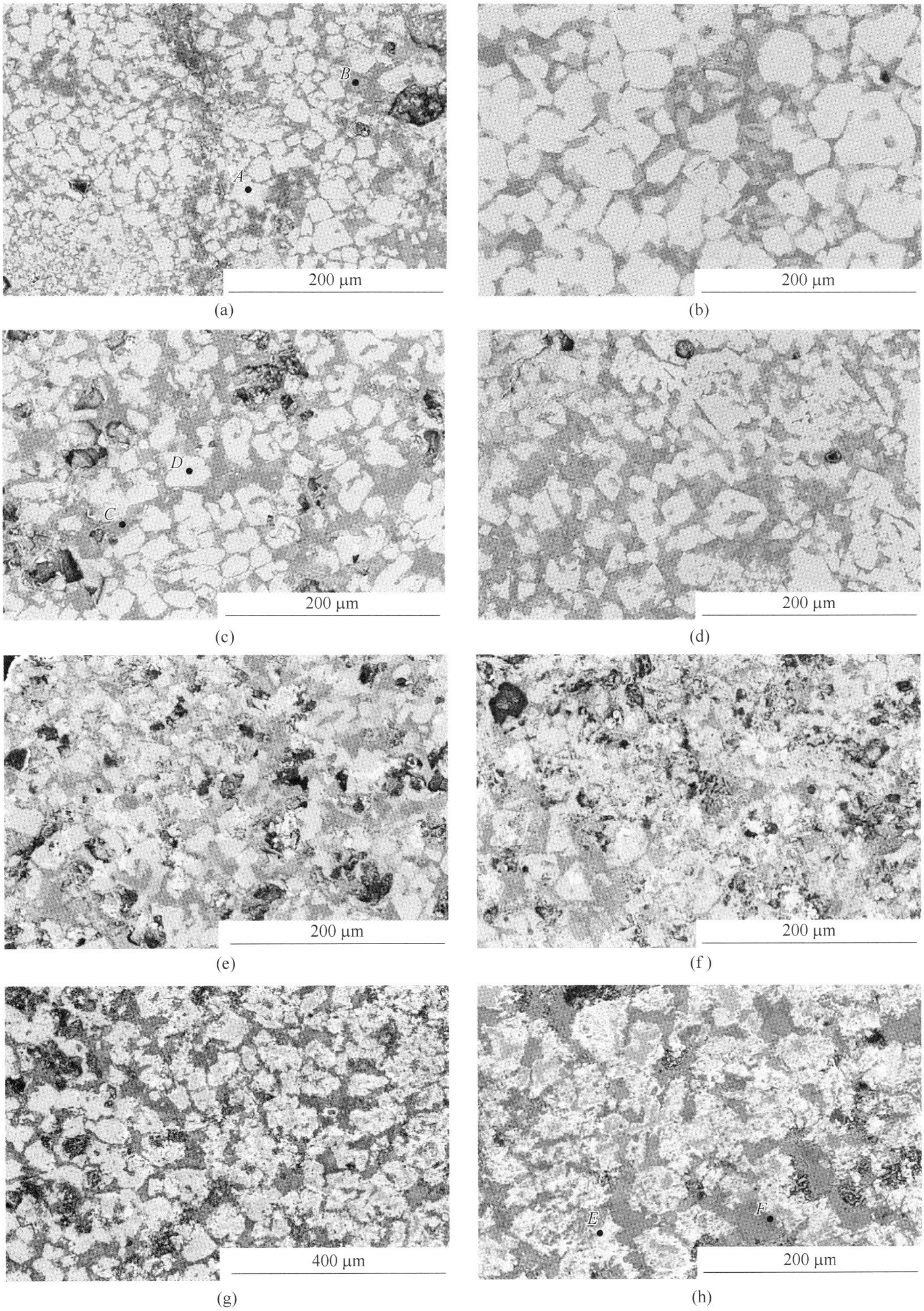

图 4-93　COI60 条件下钒钛烧结矿 SEM 图

(a) 0%；(b) 10%；(c) 20%；(d) 30%；(e) 40%；(f) 50%；(g) 60%；(h) 70%

表 4-54　基准条件下不同还原度钒钛烧结矿的能谱分析结果

还原度/%	点	O	Mg	Al	Si	Ca	Ti	V	Fe
0	*A*	17.48	0.01	0.65	0	0.09	0.5	0.24	81.04
	B	23.31	0.13	0.33	0.22	32.69	37.04	0.53	5.75
30	*C*	16.79	3.21	3.43	0.13	0.21	0.76	0.25	75.23
	D	19.09	0.07	0.19	0.67	34.14	35.84	0.55	9.45
60	*E*	0.75	0.31	0.47	1.31	0.54	0.75	0	95.87
	F	20.43	0.71	1.49	2.61	26.77	24.17	0.55	23.27

表 4-55　COI60 条件下不同还原度钒钛烧结矿能谱分析结果

还原度/%	点	O	Mg	Al	Si	Ca	Ti	V	Fe
0	*A*	17.48	0.01	0.65	0	0.09	0.5	0.24	81.04
	B	23.31	0.13	0.33	0.22	32.69	37.04	0.53	5.75
30	*C*	16.02	3.31	3.99	0.1	0.15	1.11	0.3	75.02
	D	18.34	0.41	0.39	0.93	33.71	34.42	0.56	11.26
70	*E*	1.09	0.64	1.42	0	0.42	1.06	0.55	94.83
	F	16.35	0.14	0.88	0.85	35.31	39.59	0.83	6.05

图 4-94 为 COI60 条件下钒钛烧结矿的面扫图。可以看出，与球团矿相似，Ti 主要存在于渣相中，而 V 则弥散在渣相与铁相之中。

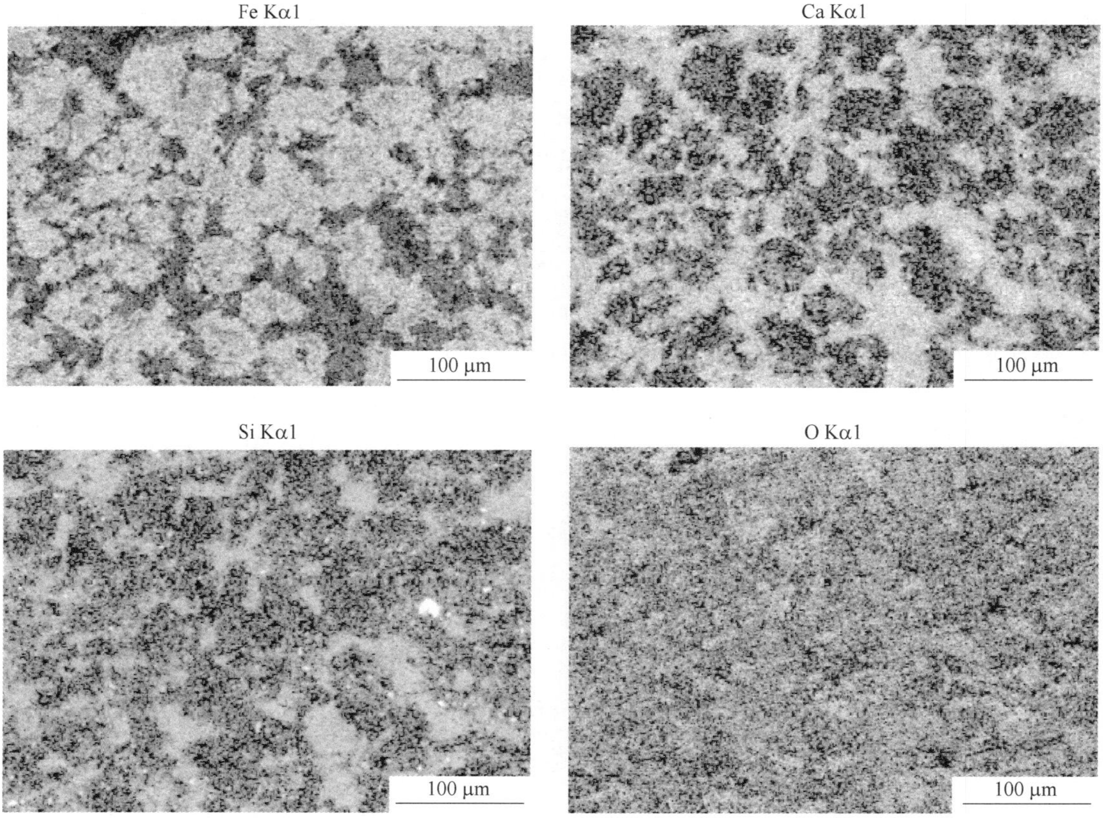

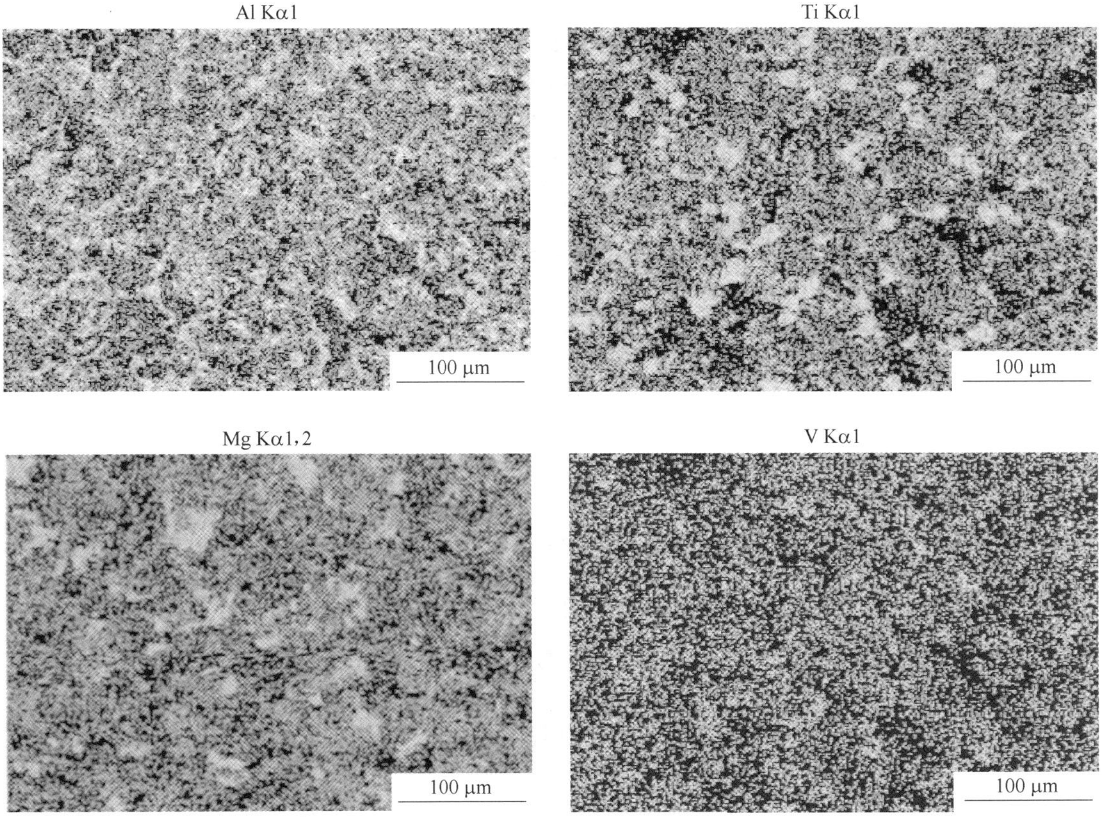

图 4-94 COI60 条件下钒钛烧结矿的面扫描结果

4.4.3.8 喷吹焦炉煤气条件下软熔滴落过程 Ti、V 等组元迁移行为研究

对基准和 COI60 条件下综合炉料软熔滴落结束后得到的滴落铁与滴落渣进行了 XRD 分析，得到的结果见图 4-95、图 4-96。可以看出，滴落铁中的主要物相为纯铁，在滴落铁

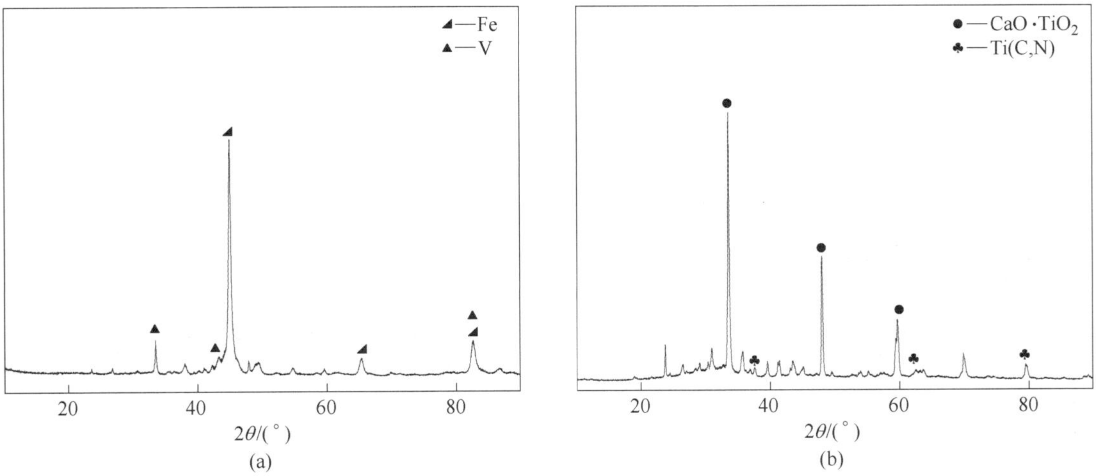

图 4-95 基准条件下滴落渣铁的 XRD 分析结果

（a）滴落铁；（b）滴落渣

中，V 以 V 单质的形式存在。在 COI60 的条件下，V 的峰值明显高于常规高炉条件，这意味着富氢冶炼有利于软熔滴落带 V 元素向铁水的扩散。滴落渣中，Ti 的主要存在形式为 $TiCaO_3(TiO_2 \cdot CaO)$，同时存在少量的 Ti(C,N)，富氢条件下，Ti(C,N) 的峰值下降，说明富氢冶炼有助于抑制 Ti(C,N) 的产生，有利于钒钛矿的冶炼。这可能是因为富氢冶炼提高了冶炼强度，结合前文分析，缩短了软熔带的宽度，减小了 Ti(C,N) 生成的反应时间。结合烧结/球团矿元素迁移结果分析，在软熔滴落过程中，V 的主要迁移路径为 $Fe_2VO_4 \rightarrow VO \rightarrow V$，而 Ti 的主要迁移路径为 $FeTiO_3 \rightarrow CaTiO_3$，Ti 逐渐由铁相向渣相迁移，并最终与 CaO 结合生产钙钛矿。

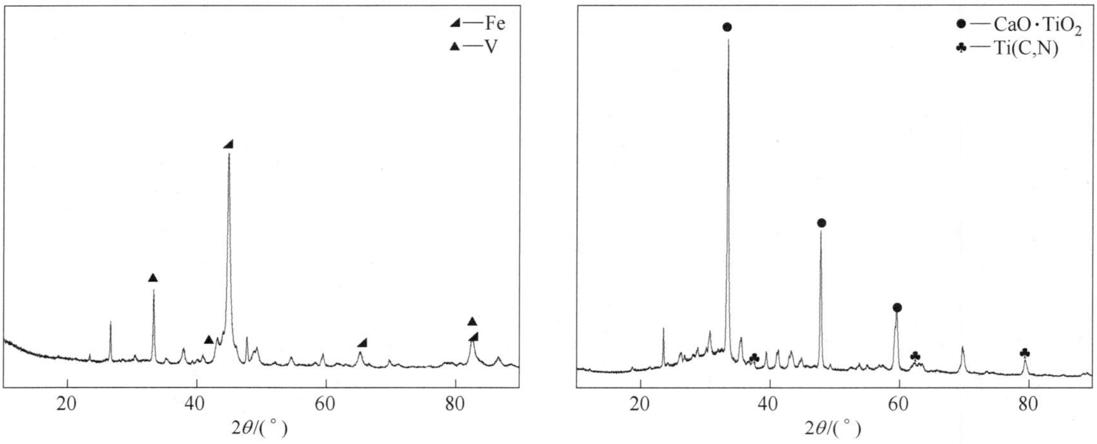

(a)　　(b)

图 4-96　COI60 条件下滴落渣铁的 XRD 分析结果

（a）滴落铁；（b）滴落渣

图 4-97 为常规基准高炉与 COI60 条件下滴落渣铁的 SEM 图。SEM 图中亮白色的部分为铁相，浅灰色物相主要为钙钛矿（$CaTiO_3$），深灰色主要为渣相。可以看出，滴落物中渣铁基本完全分离，少部分的铁相嵌布在渣相中。钙钛矿混合在渣相之中。表 4-56 和表 4-57为常规高炉与 COI60 条件下能谱分析结果。对比两种条件下的渣铁相，可以发现：

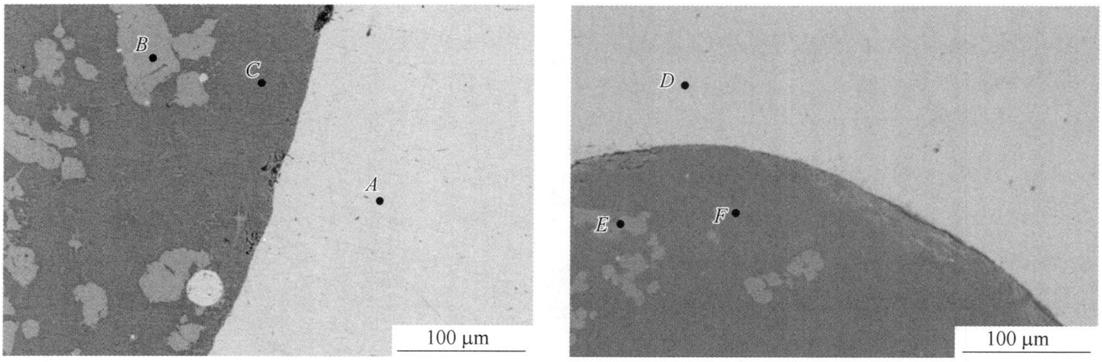

(a)　　(b)

图 4-97　不同冶炼条件下滴落渣铁界面的 SEM 图

（a）基准高炉条件；（b）COI60 条件

（1）与常规高炉相比，COI60 条件下的铁相渗碳增加，C 占比增大，这主要是因为富氢条件下，还原气中 CO 的占比上升，从而促进了铁相的渗碳作用；（2）渣相中的 Ti 的主要存在形式仍为 $CaTiO_3$；（3）富氢条件下，铁水中的 V 占比有上升的趋势，这主要是由于进入软熔带的炉料还原度上升，促进了 V 氧化物的还原；（4）对比常规高炉的铁水，COI60 的条件下，铁水中基本没有 Ti 元素的存在，说明富氢喷吹有利于 Ti 向渣中的迁移。

表 4-56 基准条件下滴落渣铁能谱分析结果

点	C	O	Mg	Al	Si	Ti	Ca	V	Fe
A	4.65	0.3	0.01	0.07	0	0.06	0	0.39	94.51
B	1.28	25.17	0.1	0.58	0.02	32.82	38.66	1.37	0
C	2.67	1.44	29.31	6.25	8.54	13.22	23.04	14.63	0.39

表 4-57 COI60 条件下滴落渣铁能谱分析结果

点	C	O	Mg	Al	Si	Ti	Ca	V	Fe
D	9.46	1.44	0.08	0.11	0	0	0	0.43	88.49
E	2.15	39.03	0.18	0.72	0.37	26.76	29.64	0.82	0.33
F	3.24	37.92	6.84	8	11.47	16.71	11.44	0.25	0.47

图 4-98 滴落渣铁的面扫结果。可以看出，在基准高炉条件以及 COI60 的条件下，Ti 均

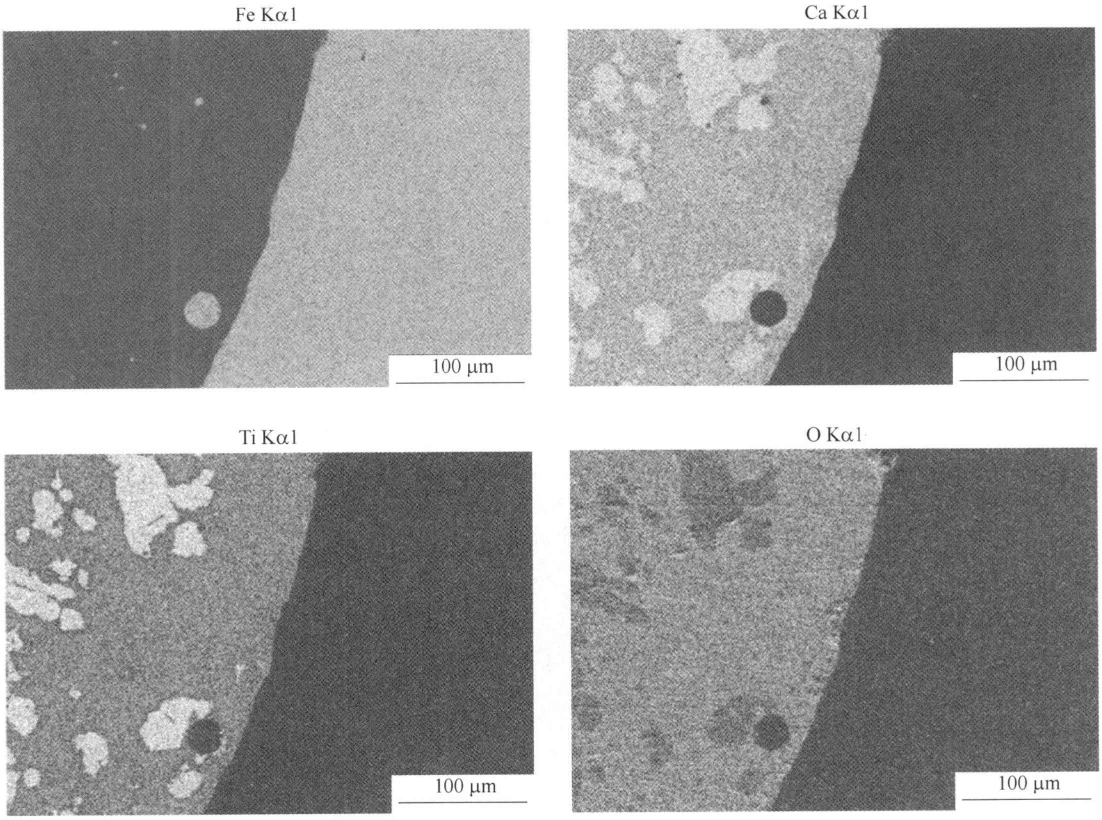

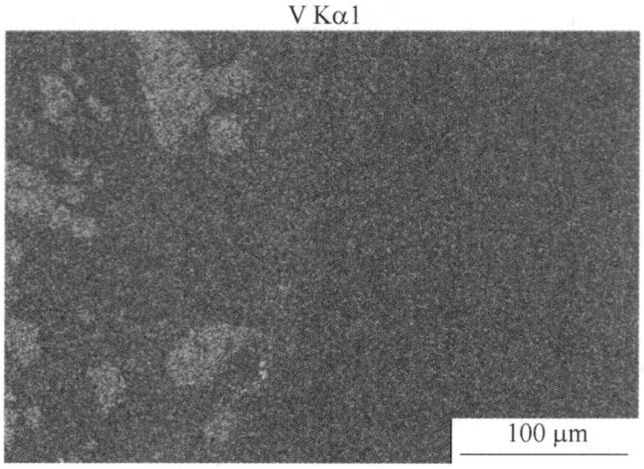

(a)

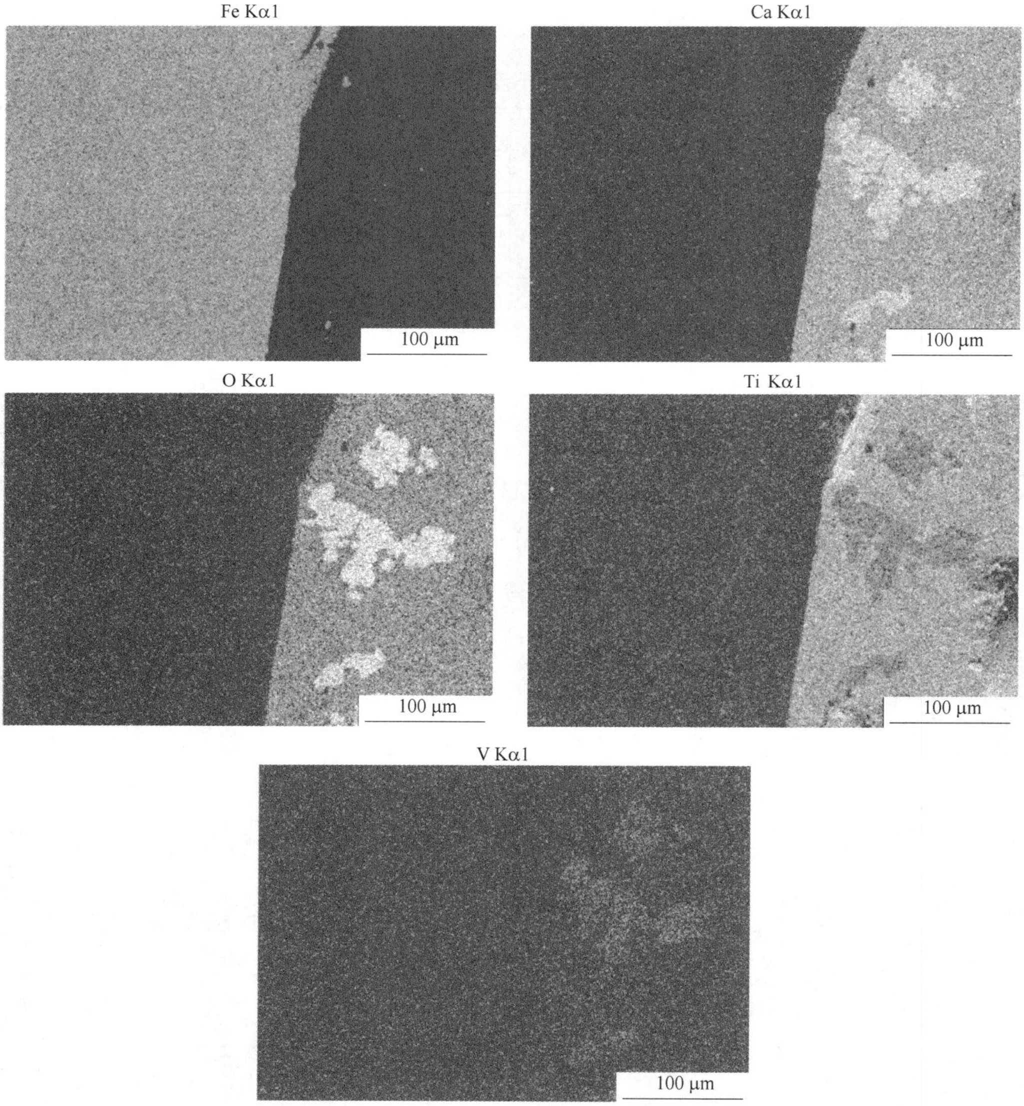

(b)

图 4-98　滴落渣铁的面扫描结果

（a）基准高炉条件；（b）COI60 条件

（扫描书前二维码看彩图）

主要分布在渣相之中，且分布范围与 Ca 高度重合，说明 Ti 的主要存在形式为 $CaTiO_3$。V 则在铁相与渣相中均有分布。随着焦炉煤气喷吹量的增加，渣中 V 的亮度逐渐下降，说明 V 开始向铁水更多地迁移。

参 考 文 献

[1] 攀钢集团．攀钢超细粒级钛铁矿高效回收示范线联动试车一次成功［J］．钢铁钒钛，2022，43（6）：30.

[2] 蒋大军，杜斯宏，何木光，等．兰炭用作燃料对烧结性能影响的试验研究［J］．冶金能源，2017，36（6）：16-20.

[3] 袁晓丽，范晓慧，万新，等．烧结计算配矿模型的设计与应用［J］．重庆科技学院学报（自然科学版），2009，11（3）：73-75，144.

[4] 吴胜利，刘宇，杜建新，等．铁矿石的烧结基础特性之新概念［J］．北京科技大学学报，2002，24（3）：254-257.

[5] Song Q，Guo X，Li H. Bacterial foraging optimization based on LS-SVM for BTP forecasting［J］. International Journal of Hybrid Information Technology，2016，9（1）：387-396.

[6] Zhang N，Chen X，Huang X，et al. Online measurement method of FeO content in sinter based on infrared machine vision and convolutional neural network［J］. Measurement，2022，202：1-10.

[7] 蒋大均，雷电，宋剑，等．高铬型钒钛磁铁精矿矿物与高温特性对烧结性能及生产的影响试验［J］．矿业工程，2023，21（3）：48-53.

[8] 于浩，师学峰，杨广庆，等．钒钛磁铁矿制备熔剂性球团工艺优化［J］．华北理工大学学报（自然科学版），2024，46（1）：36-43.

[9] 郭成明．高压辊磨技术在铜冶炼渣选矿中的应用研究［J］．山西冶金，2024，47（8）：147-149，156.

[10] 张俊，许海川，王锋，等．海砂钒钛磁铁矿高效综合利用新工艺［J］．钢铁钒钛，2021，42（2）：5-9.

[11] 张元波，周友连，姜涛，等．MHA 黏结剂在钒钛磁铁矿氧化球团制备中的应用［J］．中南大学学报（自然科学版），2012，43（7）：2459-2466.

[12] 杨星．电能全氢闪速还原直接炼铁（钢）新工艺静态模型研究［D］．沈阳：东北大学，2021.

[13] 刘治桐，张淑会，兰臣臣，等．冶金固废载氧体耦合化学链气化制备富氢还原气的探讨［J］．钢铁钒钛，2025，46（2）：103-111.

[14] 唐珏，储满生，毕传光，等．梅钢 2 高炉喷吹焦炉煤气风口回旋区的数值模拟［C］//第十一届中国钢铁年会论文集，中国金属学会：北京，2017.

[15] 刘雯雯．高炉低碳喷吹条件下回旋区燃烧特性研究［D］．西安：西安建筑科技大学，2024.

[16] 王煜．富氢条件下含铁炉料冶金性能及微观结构演变规律［D］．鞍山：辽宁科技大学，2020.

[17] 项钟庸，徐万仁，童小平．影响高炉燃料比关键因素的讨论——兼论适宜的直接还原度［J］．钢铁，2024，59（7）：1-8.

[18] 张翠柳．高炉风口复合喷吹天然气与煤粉基础研究［D］．北京：北京科技大学，2024.

[19] 崔小杰，胡长庆．高炉富氢冶炼发展现状与展望［J］．中国冶金，2024，34（5）：1-10.

[20] 谷清范，李海峰，吴介一，等．基于服务网格的产品数据管理系统关键技术研究［C］//中国计算机学会，中国图象图形学学会．第一届建立和谐人机环境联合学术会议（HHME2005）论文集，2005.

[21] 刘学燕，毛雪芹，薄涛，等．济钢 4 号高炉喷吹焦炉煤气工业试验［J］．炼铁，2019，38（2）：39-42.

[22] 鲍磊，庞清海，高洪庄，等．基于浮选法和磁选法的高炉喷吹煤粉利用率分析 [J]．冶金能源，2025，44（1）：63-66，71.

[23] 魏侦凯，谢全安，郭瑞．日本环保炼铁新工艺 COURSE50 技术研究 [C]//河北省金属学会，山东金属学会，河南省金属学会，山西省金属学会，河北省焦化行业协会．2017 焦化行业节能环保及新工艺新技术交流会论文集，2017.

[24] Watakabe S，Miyagawa K，Matsuzaki S，et al. Operation trial of hydrogenous gas injection of COURSE50 project at an experimental blast furnace [J]. ISIJ International，2013，53（12）：2065-2071.

[25] Yaroshevskii S L. Pig Iron Smelting Using Pulverized Coal Injection [M]. Moscow：Metallurgiya，1988.

[26] Babich A，Yarashevskii S，Formoso A，et al. Co-injection of noncoking coal and natural gas in blast furnace [J]. ISIJ International，1999，49（3）：229-238.

[27] 文光远．高炉喷吹天然气的探讨 [J]．炼铁，1987（2）：12-16.

[28] 刘学燕，毛雪芹，薄涛，等．济钢 4 号高炉喷吹焦炉煤气工业试验 [J]．炼铁，2019，38（2）：39-42.

[29] 郄亚娜，王新东，李宇壮，等．冶炼钒钛矿高炉富氢非等温还原行为及合适富氢率的探讨 [J]．钢铁，2023，58（8）：61-68，81.

[30] 孟嘉乐，唐惠庆，郭占成．多流体高炉数学模型及并行求解 [C]//中国金属学会冶金过程物理化学分会．2012 年全国冶金物理化学学术会议专辑（上册），2012.

[31] 张礼浩．大方坯连铸结晶器喂钢带与电磁搅拌工艺下传输规律的比对研究 [D]．沈阳：东北大学，2022.

5 钒钛矿高炉智能化冶炼技术

5.1 智能化高炉研究背景

高炉内部宛如“黑箱”，封闭环境中进行着错综复杂的物理化学反应，加之高温操作环境的诸多限制，人们对其内部状况的观察以及及时干预存在显著缺陷[1]。自 20 世纪 50 年代起，研究者们便开启了计算机在高炉炼铁中的应用探索之旅，主要聚焦于开发各类高炉数学模型与专家系统，以此对高炉炉况展开仿真模拟。其中，日本京滨 1 号高炉开发的模型集成系统，以及芬兰劳塔鲁基公司拉赫钢铁厂的“高炉自动控制专家系统”颇具代表性[2]。

步入 20 世纪 90 年代，国内大力推进高炉基础自动化改造，对高炉内部参数的研究也逐步从基于经验规则的模型迈向更为先进的基于大数据技术的机器学习模型。借助该模型对高炉关键操作参数予以预测与模拟，能够及时察觉高炉运行状态的异常波动，进而指导炉长适时调控高炉状态，有效规避异常炉况的发生。然而，这些模型在实际应用中并未达到理想效果，暴露出一系列问题：（1）模型解释能力欠佳。机器学习模型所给出的预测结果往往晦涩难懂，致使高炉操作人员与领域专家难以接纳并信任模型输出，极大地限制了其在实际应用中的普及程度；（2）模型结构复杂。机器学习模型通常具备繁杂的内部构造与参数，这使得模型的设计、调试与解读困难重重；（3）模型数据依赖性过强。一旦高炉操作环境有所变动或新情况突发，往往难以获取充足的历史数据，进而导致机器学习模型性能下滑，无法适应新局势。这些弊端使得大数据技术在高炉炼铁实际应用中面临严峻挑战，高炉“黑匣子”困境依旧[3]。

工业大数据时代的到来为高炉炼铁冶金产业变革提供了新机遇，其中人工智能主要用于分析高炉生产中形成的海量数据，搭建预测模型，模拟运算结果，而大数据技术则可以为人工智能提供相应的存储和计算支持。在高炉炼铁过程中，利用大数据技术挖掘具有价值的数据信息，加强数据规划、采集、预处理、存储等过程的优化，能够有效缩短传统高炉炼铁的生产工期，最大限度地提高资源利用率和冶炼效率[4]。

本章将结合承钢高炉炼铁的智能化改造实践经验，阐述计算机、大数据等技术在高炉炼铁过程中的应用。

5.2 钒钛矿高炉冶炼过程参数智能监测预测技术

高炉工艺是“黑箱”操作，因此在冶炼过程中对于高炉内部的运行状态不能及时把控，如对高炉过程的料层分布、压差情况、高炉炉缸活跃度等不能实现及时的预测，导致高炉的操作经常出现滞后性，而对铁水温度以及成分等数据也极大地依赖生产经验以及检测数据，极大限制了高炉操作者对生产情况的及时掌控。

早期的高炉参数预测模型主要是基于经验公式和操作工艺的机制模型，由于高炉炼铁过程的大规模和复杂性，导致机制模型的计算复杂度较高，需要大量的计算资源和时间，使得模型在实时应用中的可行性受到限制[5]。近年来，越来越多的研究者开始研究基于数据驱动的高炉炼铁参数预测模型，如铁水硅含量预测模型、铁水温度预测模型、高炉压差预测模型以及高炉透气性指数预测模型等[6-11]。这些基于数据驱动的模型通过对大量数据进行学习和分析，近而建立准确的预测模型，相比传统的基于经验规则的模型，它能更好地捕捉数据中的模式和趋势，提高预测的准确性。

下面将结合承钢高炉大数据系统，简要阐述大数据技术在高炉冶炼过程参数预测方面的应用。

5.2.1　基于连续测温的铁水温度预测系统

炉温控制是高炉操作者的一项重要控制内容，目前承钢高炉在炉温的控制上主要还是依赖人的操作技能，需要高炉工长根据炉况将燃料比控制在合适的范围内，以保持炉温不发生大的偏差。

5.2.1.1　*系统构建思路及方法*

针对高炉冶炼过程中的海量数据，通过大数据挖掘，并结合实际问题建立符合冶炼工艺的基础计算模型。建立炉热指数、炉料跟踪、渣皮脱落、渣铁平衡模型。根据工艺模型参数，建立基于 LSTM 算法的 RNN 神经网络铁水温度预测模型。根据铁水温度趋势，给出合理的调剂建议，工长能够提前掌握炉温变化，防止炉温过凉或过热。

铁水温度预测系统的技术路线图如图 5-1 所示，主要包括：（1）在调查研究和数学模型分析的基础上对高炉铁水温度控制变量进行选取，并建立基础冶金模型。（2）采用 RNN 神经网络模型对铁水温度以及相关变量进行自学习，调整模型参数，对铁水温度进行预测。（3）根据炉温趋势结合现场经验制定炉温调节规则，通过对炉温趋势的判断给出合理的调剂建议。

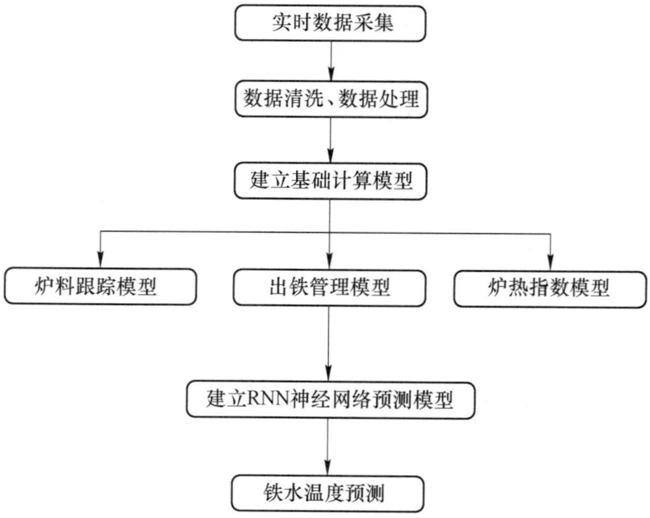

图 5-1　铁水温度预测系统的技术路线

铁水温度预报模型的开发是以在线测量的铁水温度数据作为模拟样本，根据高炉操作经验选取与铁水温度关联度高的6个参数（炉热指数变化率、CO_2变化率、溶损反应碳变化率、下料速度变化率、渣皮脱落指数）作为推理前件，并将铁水温度变化率作为推理后件，根据模糊推理方法确定其模糊率隶属函数。

5.2.1.2　系统主要功能

A　炉料跟踪模型

图5-2左图为炉料跟踪根据料批位置信息、料层厚度及料批到达风口的时间，模拟炉内的炉料数据建立对应的料批位置信息，为操作者提供核心参数趋势图、料批信息、位置信息。料批综合信息包括料批号，料批布料开始时间、结束时间、料批体积、焦比、煤比、燃料比等参数，子信息包括理论铁量、矿批重量和焦批重量。当鼠标移动至某批料批时，调出料批相关联的信息。

动态燃料比趋势图显示24 h内燃料比趋势、焦比趋势、理论铁量趋势、料速趋势、矿石重量趋势和焦炭重量趋势等相关趋势图。

装料数据主要显示入炉料的详细信息：装料时间、焦炭重量、矿石重量、料批号、理论铁量等信息。炉料跟踪界面见图5-2。

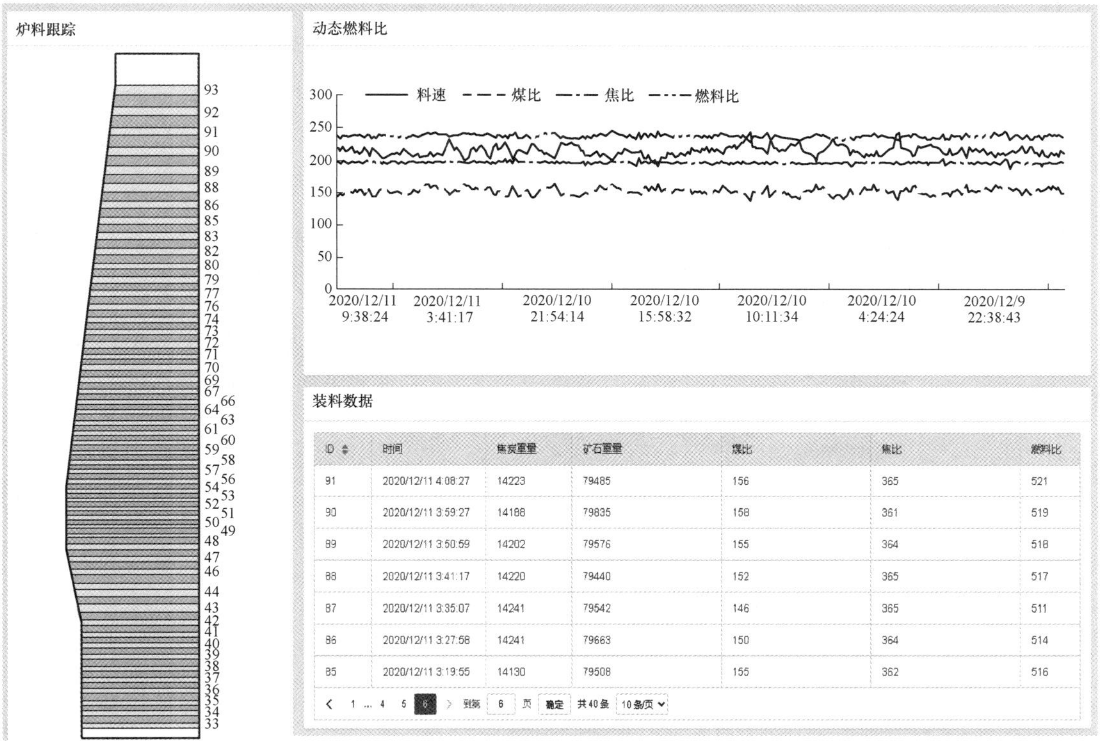

图5-2　炉料跟踪界面示意图

B　渣铁平衡模型

建立炉缸出铁平衡模型，采集出铁和出渣数据处理。该模块主要显示的出铁相关信息。包含开始出铁时间、出铁结束时间、出铁量、见渣时间、渣量、铁流速率等参数随时间变化的曲线，统计每个班次的理论铁量与实际铁量之差，从而推断炉缸的状态。

柱状图显示24 h内每个小时理论铁量与实际铁量的铁量累计差，见图5-3。

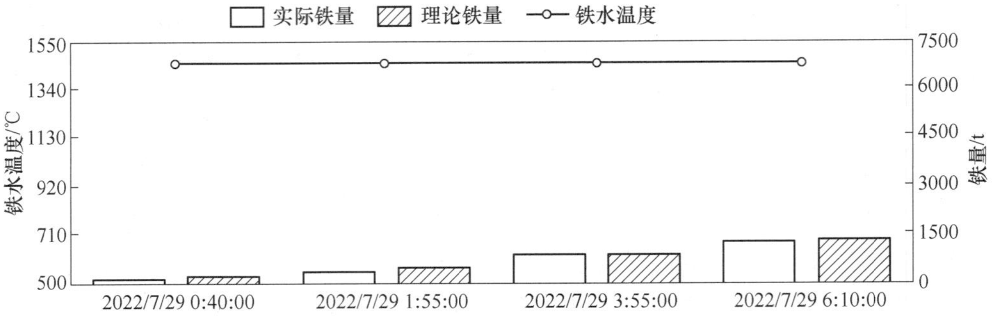

图 5-3　出铁相关信息

C　炉热指数模型

根据冶炼工艺，建立基于物料平衡和热平衡的炉热指数模型（炉热指数＝输入热量−输出热量）。

炉温趋势主要显示高炉热量平衡各项之间与炉温的趋势，包括煤粉燃烧热量、焦炭燃烧热量、热风带入热量、鼓风湿度分解放热、煤气带走热量、煤粉分解耗热、冷却水带走热量、炉渣带走热量、铁水带走热量、直接还原耗热鼓风水分分解耗热、炉热指数等相关参数的趋势。

根据各项所占比例生成饼图，见图 5-4。从饼图中，可以一目了然地看清各项所占比例。另外，利用 RNN 时间序列模型对铁水温度进行预测，见图 5-5。

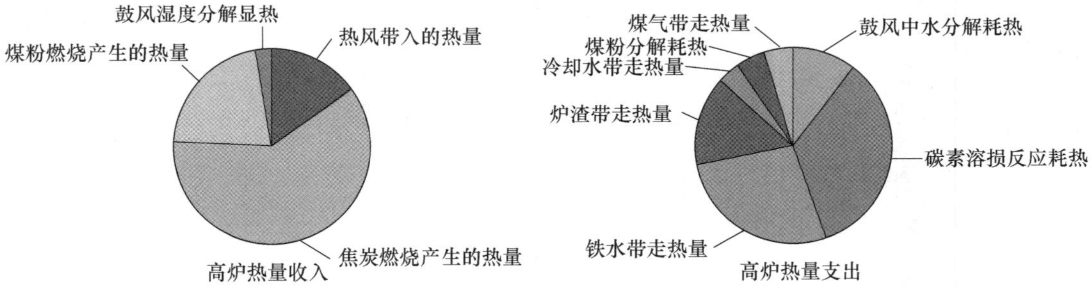

图 5-4　高炉热量平衡

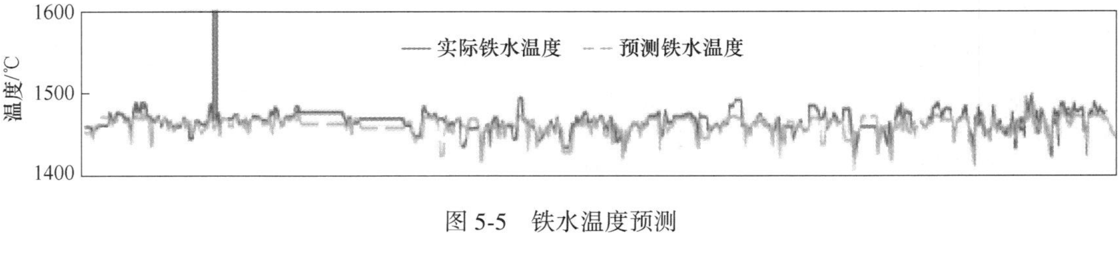

图 5-5　铁水温度预测

5.2.2　铁水含钒量预测与决策系统

承钢是中国生产工业钒的最大企业之一，其 3 座 2500 m^3 高炉是世界上冶炼钒钛磁铁矿最大的高炉。钒、钛是承钢的宝贵资源，尤其是钒的综合提取和利用对承钢今后的发展起到关键作用。但目前承钢大高炉的钒还原率较低，高炉铁水含钒为［V］0.2%~0.3%，

炉渣含 V_2O_5 为 0.18%~0.20%，低于国内外先进水平。

该系统对大量生产工艺数据进行清理和整合，应用数据挖掘技术配以工艺经验为支持，找出烧结生产技术指标、高炉生产技术指标与铁水钒含量的相关性，建立有利于高炉钒还原的烧结矿生产控制参数预测模型和铁水最佳含钒量预报模型，建立基于铁水最佳含钒量模型的决策系统，当原料条件、高炉运行情况发生变化时，为现场人员提供不同条件下的操作建议。

5.2.2.1 系统构建思路及方法

根据钒元素的迁移确定入炉含钒量和铁水含钒量的对应关系，应用大数据挖掘技术，同时结合高炉炼铁理论、高炉专家工艺经验，得到不同入炉含钒量与高炉操作参数的映射关系，基于统计学相关算法建立铁水最佳含钒量预报模型。通过模型计算确定在不同入炉含钒量范围的条件下最佳铁水含钒量。

运用数理统计、机器学习等技术，充分结合高炉炼铁理论、高炉专家工艺经验，采用 Pearson 相关性分析和格兰杰因果分析等数据挖掘方法，筛选出对高炉铁水含钒量具有显著影响的关键参数。基于最佳铁水含钒量对应的关键操作参数适宜范围结果，建立铁水最佳含钒量优化调整模型，实现对高炉生产操作的调整。

5.2.2.2 系统主要功能

对高炉关于钒冶炼的所有相关历史数据进行采集和汇总，并对大量生产工艺数据进行清理和整合，应用数据挖掘技术配以工艺经验为支持，找出高炉生产技术指标与铁水钒含量的相关性；建立铁水最佳含钒量预报模型；建立基于铁水最佳含钒量模型的决策系统，当原料条件、高炉运行情况发生变化时，为现场人员提供不同条件下的操作建议。

本系统由含钒预测、含钒量变化曲线、含钒量统计、炉渣预测及成分变化曲线共四部分组成。

A 含钒预测

"含钒预测"界面如图 5-6 所示。该模块显示当前时刻铁水含钒量当前值和预测值。

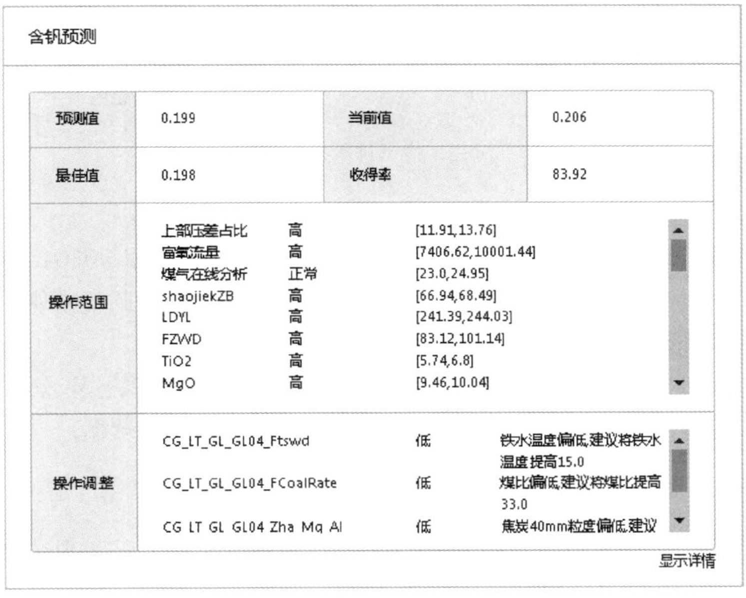

图 5-6 含钒预测界面

基于最佳含钒量模型显示铁水含钒量最佳值和对应铁水钒收得率。“操作范围”对关键参数进行判别，显示是否在最佳指标范围和该关键操作参数在历史数据中统计占比情况。“操作调整”对核心可控参数给出具体操作指导建议，高炉操作者根据参数指导建议调控铁水含钒量至最佳水平。

B　含钒量变化曲线

含钒量变化曲线界面如图 5-7 所示。含钒量变化趋势图的纵坐标为铁水含钒量实际值和预测值，横坐标为时间，时间频次小时，每小时终了后自动添加该小时数据。

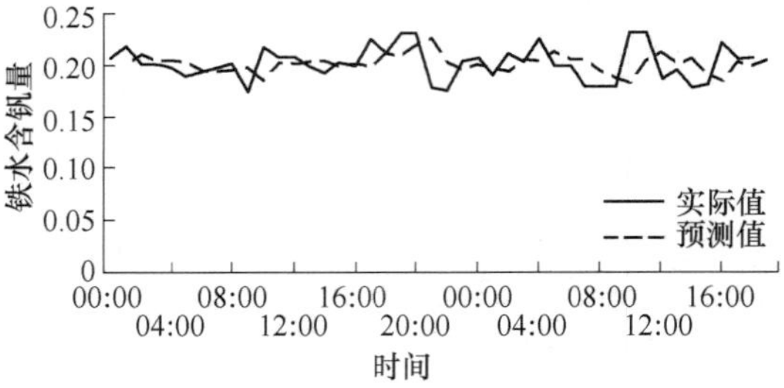

图 5-7　含钒量变化曲线界面图

C　含钒量统计

含钒量统计界面如图 5-8 所示。含钒量统计分别统计含钒量（铁水钒）和入炉钒（原料 V_2O_5）的历史占比情况，纵坐标为百分占比，横坐标为对应数值范围，时间频次小时，每小时终了后自动添加计算该小时数据。

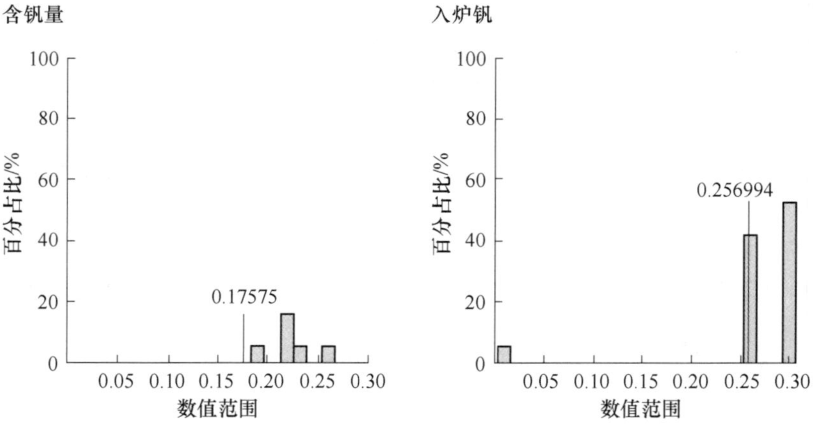

图 5-8　含钒量统计界面图

D　炉渣预测剂成分变化

炉渣预测界面如图 5-9 所示。显示炉渣成分碱度 R_2、Mg/Al、TiO_2 的当前值和预测值，时间频次为小时，每小时终了后自动更新该小时数据；操作调整模块根据炉渣成分最佳范围结合现场规则实现炉渣成分调整。

炉渣成分变化曲线界面见图 5-10。纵坐标为炉渣成分碱度 R_2、Mg/Al、TiO_2 检测值，横坐标为时间，时间频次为小时，每小时终了后自动添加该小时数据。

5.2.3　钒钛磁铁矿高炉炉缸工作评价模型

高炉炉缸工作状态的稳定对于实现高炉长寿、高效至关重要。实现炉缸工作状态的综合评价能够对炼铁生产过程中的智能协同优化提供强有力的支撑。目前，高炉炼铁领域的智能应用仍缺少可落地实施的平台基础，高炉生产数据的采集、传输、存储、质量、挖掘

碱度*R*2[当前]	1.1	Mg/Al[当前]	0.85	TiO_2[当前]	6.86
碱度*R*2[预测]	1.1	Mg/Al[预测]	0.85	TiO_2[预测]	6.86
操作调整	CG_LT_GL_GL04_Zha_TiO_2 CG_LT_GL_GL04_Zha_R CG_LT_GL_GL04_Zha_Mg_Al	高 高 高		CG_LT_GL_GL04_Zha_TiO_2偏高,建议降低球团占比,降低0.06 CG_LT_GL_GL04_Zha_R偏高,建议降低机烧占比,降低-0.06 CG_LT_GL_GL04_Zha_Mg_Al偏高,建议降低烧结矿占比,降低0.12	

图 5-9　炉渣预测界面图

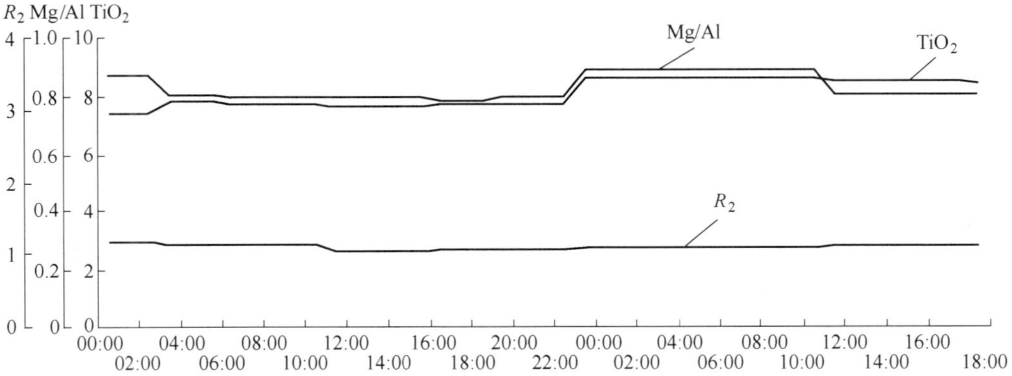

图 5-10　炉渣成分变化曲线界面图

等问题仍较为突出，建立炉缸工作评价模型对于钢铁行业数字转型的必要性仍相对迫切。另外，炉缸工作状态主要涉及炉缸的工作状态的多个方面，包括炉缸侵蚀状态、炉缸活跃性状态、炉墙渣皮状态等，只有当各方面状态之间相互协调，炉缸工作状态才能达到健康、稳定的目的。

5.2.3.1　模型构建思路及方法

模型以高炉炼铁大数据平台为依托，以高炉炉缸工作状态为着力点，对高炉炉缸区域不同角度工作状态进行研究与评价，建立冶炼钒钛矿高炉的炉缸工作评价模型，该系统的主要功能模块包括炉缸区域温度及变化率监测及预警、炉缸区域周向和纵向均匀性监测、炉缸区域分高度雷达图实时分析、炉腹炉腰炉身区域雷达图实时分析、炉缸区域短期和长期的炉缸活跃度预测模型、炉墙渣皮厚度、软熔带根部位置判断模型等功能。

5.2.3.2　模型主要功能

本系统由炉缸区域温度显示、炉缸温度变化率显示、炉缸侵蚀状态显示、炉缸均匀状态显示、炉缸长短期活跃预测、炉缸温度雷达图监测、炉墙黏结状态显示和炉墙温度雷达图监测共 8 部分组成。

A　炉缸区域温度显示

炉缸区域温度界面如图 5-11 所示。

2022-11-20 00

高度	0-90		90-180		180-270		270-0	
	0-45	45-90	90-135	135-180	180-225	225-270	270-315	315-0
11700	39.4		41.1		41.1		265.37	1462
10200	111.05		40.95		38.65		213.25	531.25
9200	130.7		41.13		44.93	-134.7	211	46.4
8700	106.3	157.9	104.97	106	45.8	45.5	-259.75	
8200	112.95	144.95	40.9	107.9	48.1	-0.7	40.65	
7700	138.4	129.1	354	1602.45	43.65	38.9	45.3	
7200	120		-132.2	30.65	63.23	40		47
6693	281.85	642.55	648.3	33.8				
5693	331.4	352.7	365.1	373.85				

图 5-11　炉缸区域温度界面

由图 5-11 可知，该模块显示当前时刻炉缸区域不同高度和方位的温度。炉缸区域的碳砖测温数据，纵向分为 9 段，周向分为 8 个扇面，每个区域显示所取数据小时的平均值。

B　炉缸温度变化率显示

炉缸温度变化率界面如图 5-12 所示。可知，炉缸温度变化率，显示当前温度数据与两个月历史均值温度数据的差值，直观显示温度变化情况。

炉缸温度变化率

高度	0-45	45-90	90-135	135-180	180-225	225-270	270-315	315-0
11700	-39.4	-41.1	-40.9	-265.4	-1457.5			
10200	-111.1	-40.9	-39.1	-213.2	-507.9			
9200	-130.7	-41.2	-44.9	269.4	-210.9	-46.4		
8700	-106.3	-157.9	-112.5	-106.1	-45.8	-45.5	237.5	
8200	-112.8	-145	-41	-107.9	-48	1.3	-40.5	
7700	-138.3	-129.1	-353.8	-1619.9	-43.6	-38.8	-45.3	
7200	-120.3	0	264.4	-30.6	-63.2	-39.9	0	-47
6693	-281.9	-642.5	-648.3	-33.8				
5693	-331.4	-352.7	-365.3	-374				

图 5-12　炉缸温度变化率界面图

C　炉缸侵蚀状态显示

炉缸侵蚀状态界面见图 5-13。可知，侵蚀状态显示炉缸区域不同方位的炉缸内衬状态和原始砌筑内衬边界，通过数值的形式实时显示炉缸和炉底的不同高度和角度的边界监测数据。

D　炉缸均匀状态显示

炉缸均匀状态界面见图 5-14。可知，炉缸均匀状态，分为周向均匀性和径向均匀性，

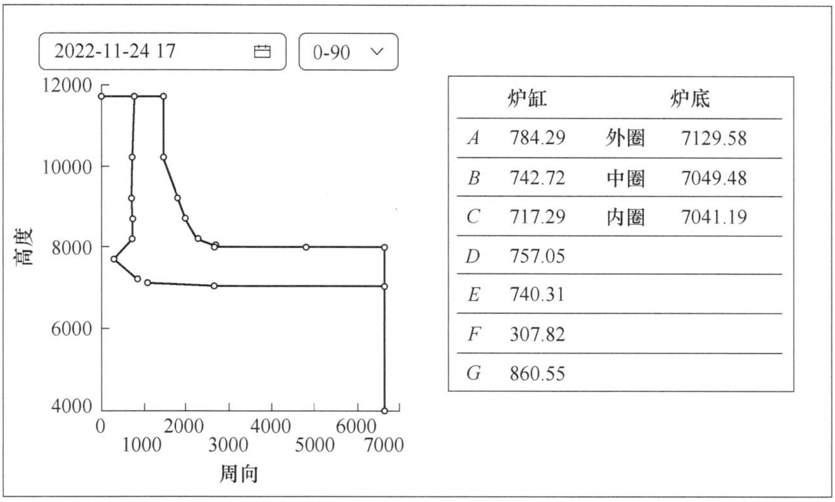

图 5-13 炉缸侵蚀状态界面图

2022-11-20 00 ~ 2022-11-20 23

区域	周向均匀性	高度	径向均匀性
0-90	1.02	11700	1.1
90-180	1.18	10200	1.92
180-270	0.31	9200	0.89
270-0	0.62	8700	0.67
0-90(底)	2.29	8200	0.44
90-180(底)	2.39	7700	1.12
180-270(底)	1.55	7200	1
270-0(底)	2.33		
整体	1.46	整体	1.02

图 5-14 炉缸均匀状态界面图

显示不同扇面和不同高度的具体数据在该区域内周向或径向的占比。

E 炉缸长短期活跃度显示

炉缸长短期活跃预测界面见图 5-15。可知，该模块显示当前时刻炉缸长短期活跃性的当前值和预测值。

F 炉墙黏结状态显示

炉墙黏结状态界面见图 5-16。可知，该模块显示渣皮厚度、黏结指数和铜冷占比。基于上述指标及高炉上下部操作信息（矿焦比、顶温等），结合数据挖掘技术与生产经验判断，算出软熔带根部位置。

G 炉缸区域雷达图监测

高炉温度雷达图界面见图 5-17。可知，该模块显示同一高度的高炉侧壁温度雷达图。此外，该模块可同时对不同高度的雷达图进行直观对比分析。

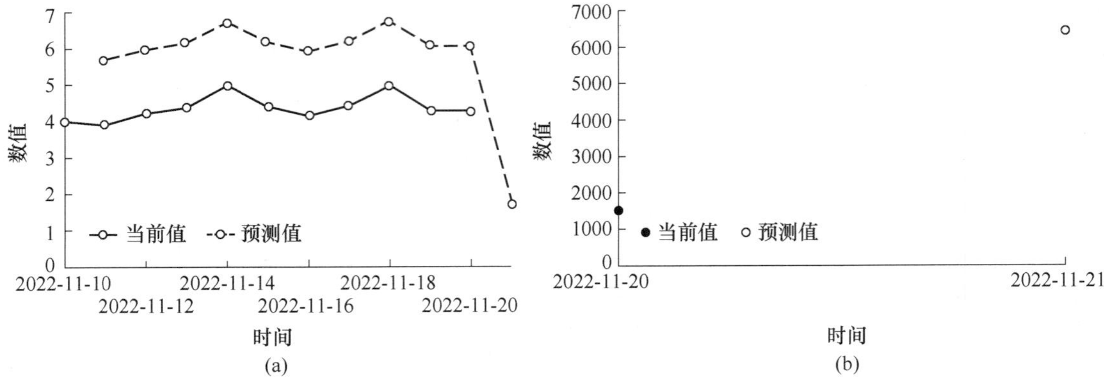

图 5-15　炉缸长短期活跃预测

（a）炉缸长期活跃预测；（b）炉缸短期活跃预测

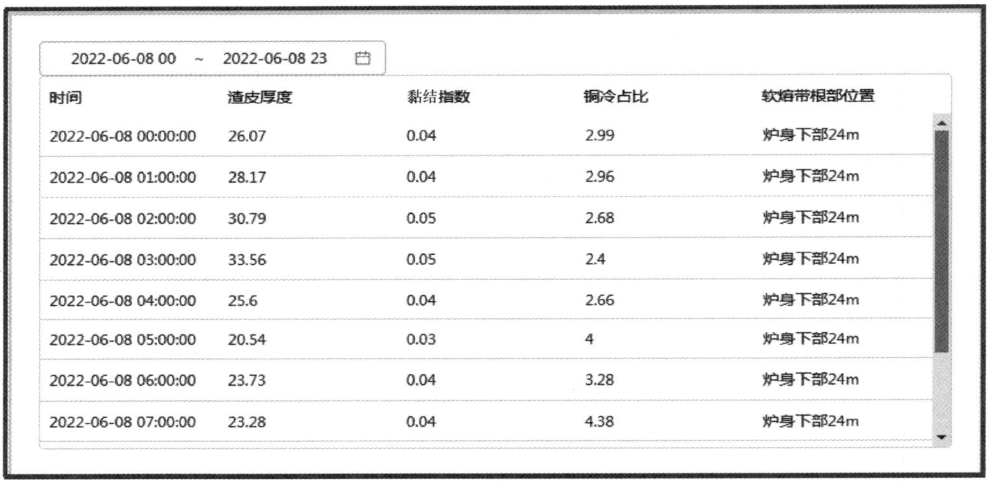

2022-06-08 00 ~ 2022-06-08 23

时间	渣皮厚度	黏结指数	铜冷占比	软熔带根部位置
2022-06-08 00:00:00	26.07	0.04	2.99	炉身下部24m
2022-06-08 01:00:00	28.17	0.04	2.96	炉身下部24m
2022-06-08 02:00:00	30.79	0.05	2.68	炉身下部24m
2022-06-08 03:00:00	33.56	0.05	2.4	炉身下部24m
2022-06-08 04:00:00	25.6	0.04	2.66	炉身下部24m
2022-06-08 05:00:00	20.54	0.03	4	炉身下部24m
2022-06-08 06:00:00	23.73	0.04	3.28	炉身下部24m
2022-06-08 07:00:00	23.28	0.04	4.38	炉身下部24m

图 5-16　炉墙黏结状态界面图

5.2.4　高炉压差预测系统

高炉压差是指高炉入炉的热风风压与炉顶顶压之间的差值。这个压差所反映的能量损失也称为压力损失，主要消耗在克服炉料对煤气运动的阻力上。近年来随着喷煤量增加，料柱的矿/焦比增大，软融带焦窗面积减少，高炉压差升高成为限制高炉强化冶炼的主要因素。不论原燃料质量、送风制度、装料制度的变化，还是热制度与造渣制度的变化，所产生的煤气体积或料柱透气性变化都会反应在风压和压差上，故压差是判断炉况指导操作的重要参数。及时预测压差变化趋势并提前控制压差，为高炉获得较为宽松的冶炼环境，是高炉增产降耗的重要手段。

5.2.4.1　系统构建思路及方法

高炉压差是高炉透气性的主要指标，也是提高高炉焦炭负荷的主要限制因素，同时对于高炉的稳定顺行、提高煤比都是非常有利的。压差预测模型能够根据当前高炉状态，利用 DNN 深度神经网络预测 30 min 之后的压差变化，工长可以提前采取调剂措施，为高炉获得较为宽松的操作空间。

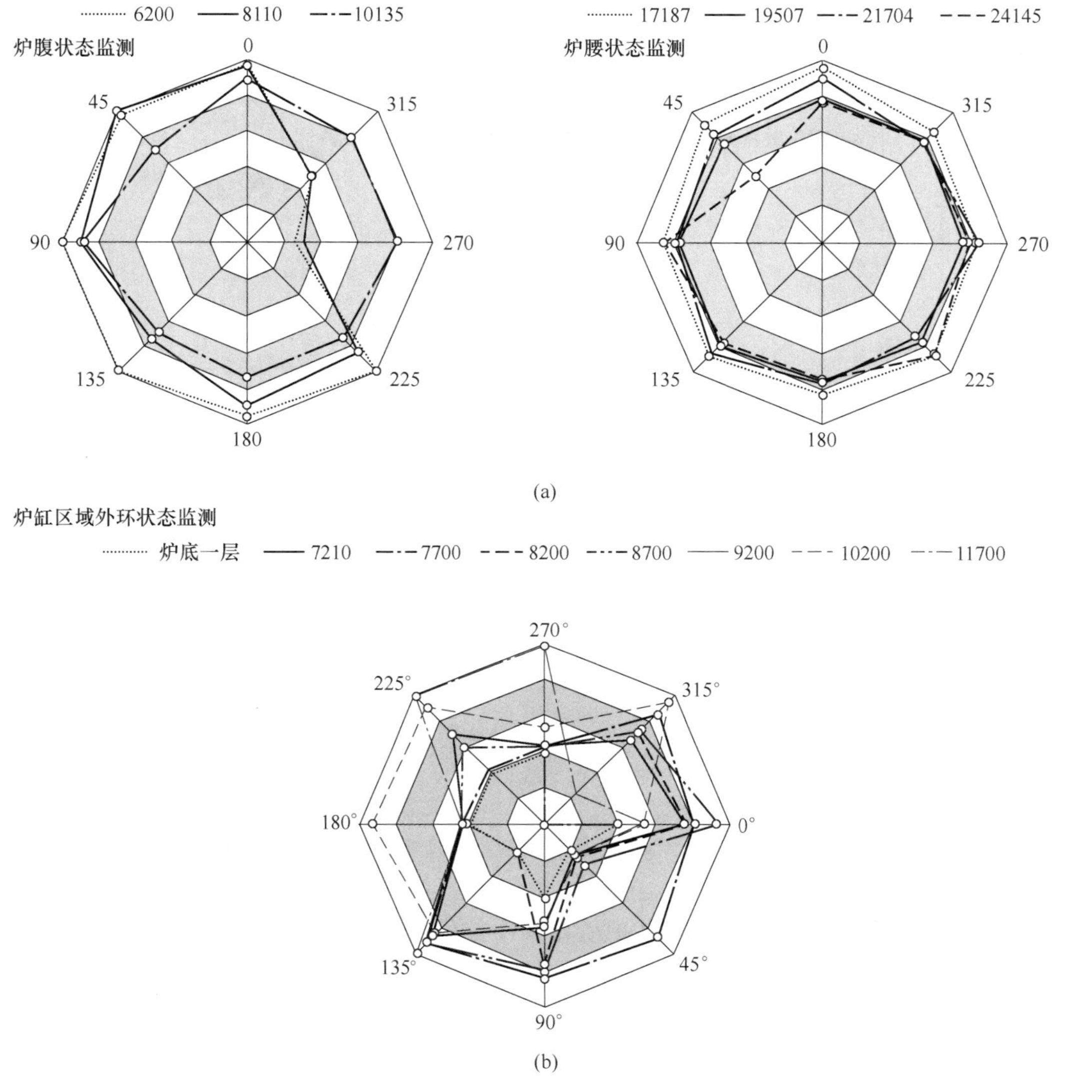

图 5-17　高炉温度雷达监测界面图

（a）炉墙状态；（b）炉缸状态

（扫描书前二维码看彩图）

（1）建立基于 BP 神经网络的压差预测模型，选取与压差有关的变量，对数据样本进行训练，调整各层之间的权值和神经元个数，优化网络结构，重复迭代计算。这种神经网络预测容易陷入局部最优，随着数据量的增大计算时间复杂度呈几何指数增长。

（2）建立深度神经网络 DNN 预测模型，能够克服梯度消失的问题，避免陷入局部最优。深度神经网络预测模型具有很强的泛化能力，能够适用于高炉出现的不同炉况。

5.2.4.2　系统主要功能

A　压差预测

图 5-18 和图 5-19 中展示的压差预测长期和短期数据。可以看出，预测的趋势与实际压差趋势基本吻合，压差偏差在 3 kPa 以内的数据在 91%以上。无论长压差预测长期趋势

还是短期趋势分析，都可以看出模型都能预测出压差的变化趋势，预测值与实际值偏差不大。预测准确度在92%以上，即使偏差稍大也不会超过5 kPa。

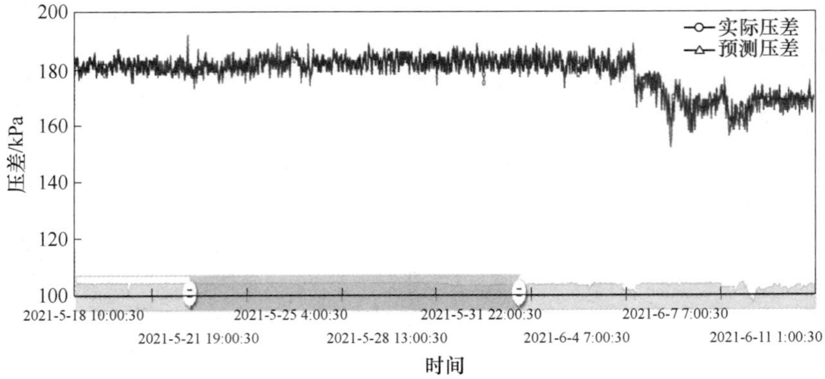

图 5-18　压差预测长期趋势

（扫描书前二维码看彩图）

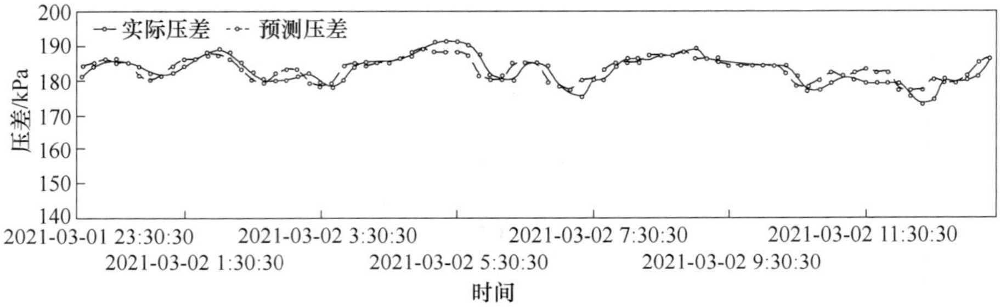

图 5-19　压差预测短期趋势

B　数据分析

如图5-20所示，系统可以根据高炉压差各个部位所占的比例判断各个位置的压差是

送风调整建议

推理时间	推理内容
2022/7/29 6:48:05	下部压差上升，炉热指数上升，调节措施：风压调整−3 kPa
2022/7/29 6:16:04	炉温正常，压差正常，出铁正常，料速正常，可以加风，建议措施：风压调整+3 kPa
2022/7/29 6:08:06	透气性指数下降，建议措施：风压调整−3 kPa
2022/7/29 5:45:04	炉温正常，压差正常，出铁正常，料速正常，可以加风，建议措施：风压调整+3 kPa
2022/7/29 5:38:05	下部压差上升，炉热指数上升，调节措施：风压调整−3 kPa
2022/7/29 5:10:04	炉温正常，压差正常，出铁正常，料速正常，可以加风，建议措施：风压调整+3 kPa
2022/7/29 4:58:06	炉身静压有波动，建议措施：风压调整−3 kPa
2022/7/29 4:40:04	炉温正常，压差正常，出铁正常，料速正常，可以加风，建议措施：风压调整+3 kPa
2022/7/29 4:18:05	透气性指数下降，建议措施：风压调整−3 kPa
2022/7/29 4:10:04	炉温正常，压差正常，出铁正常，料速正常，可以加风，建议措施：风压调整+3 kPa

〈 1 2 3 ... 292 〉到第 1 页 确定 共2911条 10条/页

图 5-20　压差分析

否合理，当压差变化时寻找压差变化的原因，根据压差变化的原因提示给操作者压差控制的建议。

5.2.5 全炉料层分布智能监测系统

高炉装料制度决定着炉料在炉内分布的状况。高炉生产中利用装料制度的变化来控制煤气流的分布，从而调节炉况，称为“上部调节”。它的目的是依据装料设备的特点及原燃料的物理性能，采用各种不同的装料方法，即装入顺序、装入方法、旋转溜槽倾角、料线和批重等手段，调整炉料在炉喉的分布状况，达到控制煤气流合理分布，以实现最大限度利用煤气热能与化学能，达到高炉稳定顺行、高效生产的目的。

5.2.5.1 系统构建思路及方法

承钢4号高炉全炉料层分布智能监测系统通过大数据平台所采集的实时布料和生产数据，主要实现了布料落点轨迹、料面分布模拟、径向矿焦比计算，以及基于智能算法的料层分布数值模拟及连续复杂布料过程的各料层分布数值模拟，实现了上部布料过程的在线跟踪模拟，形成可视化画面，帮助操作者了解炉料分布状况，进而为人工调整装料制度提供参考依据，实现规则均匀布料。

本系统采用高炉布料数学模型和仿真模拟的研究方法实现炉料落点轨迹、料面分布、径向矿焦比计算以及上部布料过程的可视化在线跟踪模拟，并结合生产数据实现对装料制度所产生的布料结果进行大数据对比分析。

全炉料层分布智能监测系统研究主要包括：(1) 现场调研并收集承钢4号高炉相关资料；(2) 建立布料数学模型；(3) 开发数据采集和布料仿真模型；(4) 开发B/S架构前端数据显示页面；(5) 在线跟踪模拟布料获取料层分布数据；(6) 料层分布和布料仿真结果大数据分析。

根据本系统研究内容和研究方法，采用技术路线如图5-21所示。

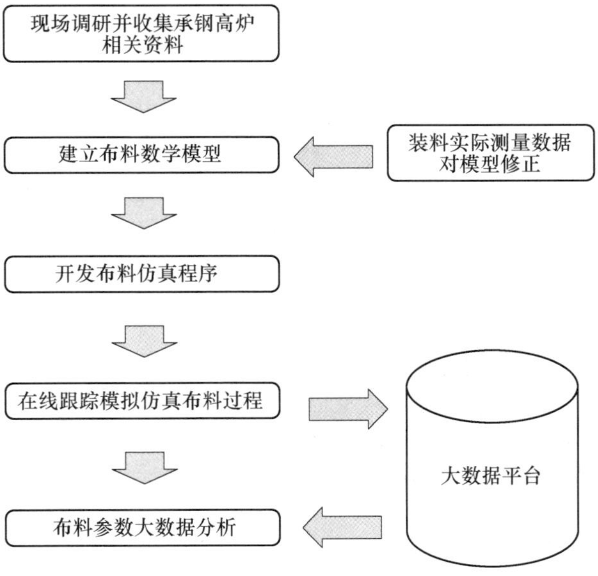

图5-21 料层分布智能监测系统的技术线路

5.2.5.2　系统主要功能

A　料层分布监测

该页面展示料层分布图形、料层数据、料制参数、矿焦层厚度比、沿径向矿焦比、布料矩阵柱状图和主要操作参数历史曲线，如图 5-22、图 5-23 所示。

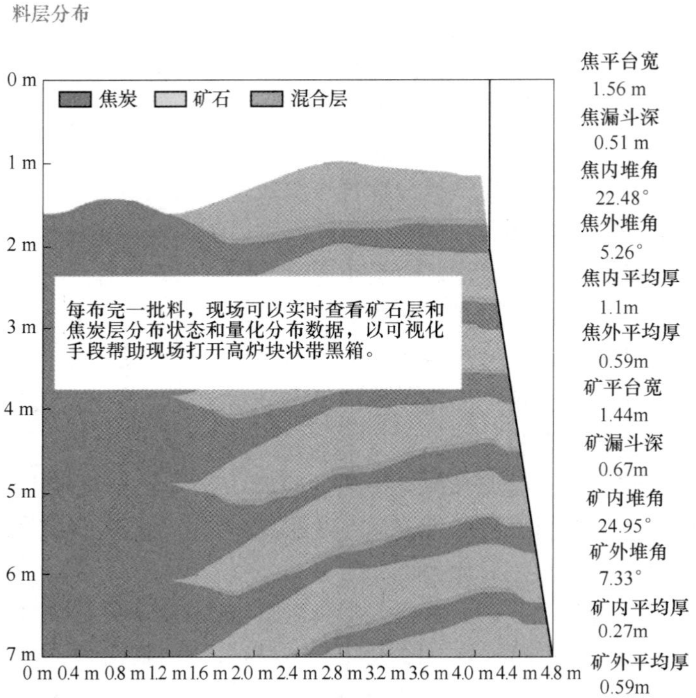

图 5-22　料层分布、料层数据和料制参数

（扫描书前二维码看彩图）

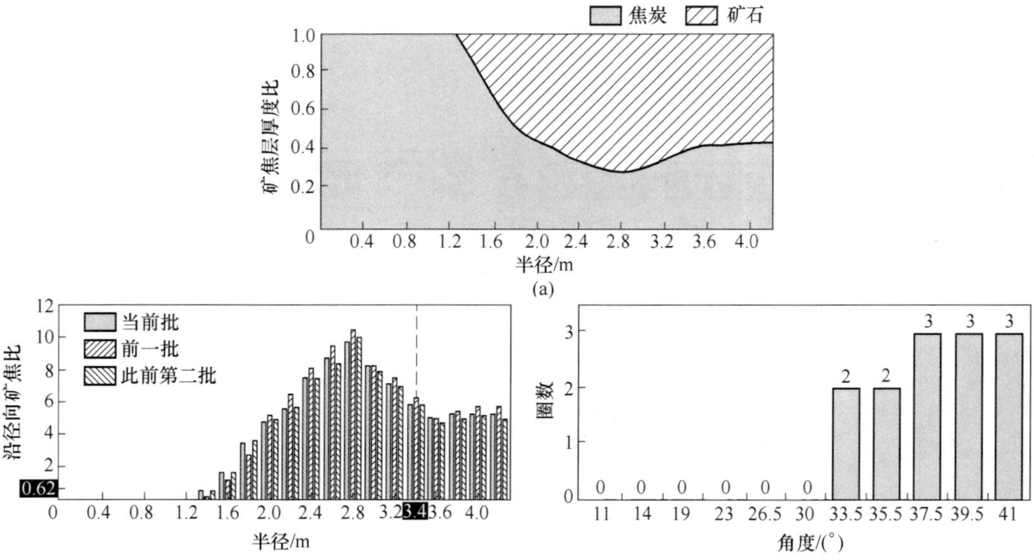

图 5-23　矿焦层厚度比、径向矿焦比、布料矩阵柱状图

（a）矿焦层厚度比；（b）沿径向矿焦比；（c）布料矩阵

通过设置查询时间，可以获取该时段的料制参数，然后点击料制参数记录，可获取布完该批料时的料层分布图形和数据以及矿焦层厚度比、沿径向矿焦比、布料矩阵柱状图。

B 装料制度分析

该功能主要展示与料层分布有关的操作指标监测、指标报警边界值设定以及报警信息、料制调整离线模拟分析及结果显示、6 种最优操作指标值和相应料制参数显示。

如图 5-24 所示，与料层分布有关的实时监测操作参数有：热负荷、下部压差占比、煤气利用率、顶温、阀座温度与顶温的比值等。其边界条件初始定为：当热负荷升高 3000 或下部压差占比下降 2%或阀座/顶温<0.5 或顶温>200 ℃或煤气利用率下降 0.5%时，需要调整料制抑制边缘，疏导中心；当热负荷降低 3000 或下部压差占比升高 2%或阀座/顶温>0.7 或顶温<120 ℃时，需要调整料制疏松边缘。当实时监测操作参数达到设定边界条件时，进行参数监测报警。

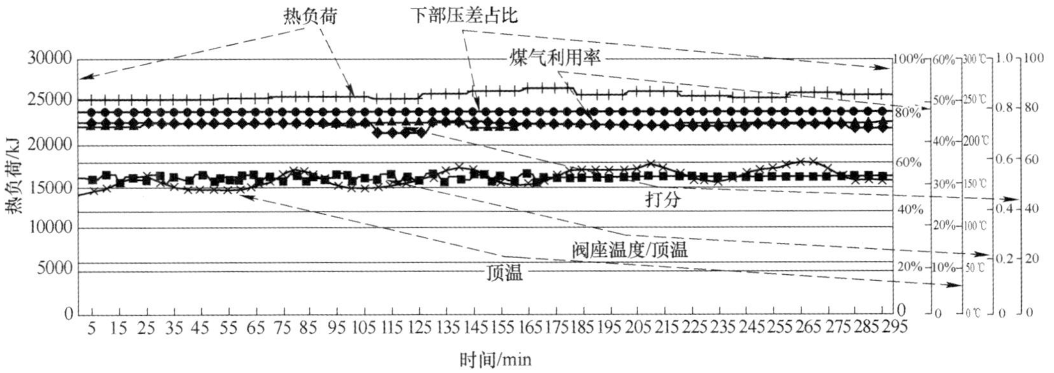

边界条件设置

热负荷升高(kJ):	3000	热负荷降低(kJ):	3000
下部压差占比下降(%):	2	下部压差占比升高(%):	2
顶温>(℃):	200	顶温<(℃):	120
阀座/顶温<:	0.5	阀座/顶温>:	0.7
煤气利用率下降(%):	0.5		

保存设置 重置

参数监测报警

报警时间	参数监测变化情况	建议调整方向
2022-04-19 18:05:30	热负荷升高3000	需要抑制边缘，疏导中心
2022-04-19 18:05:30	顶温>200 ℃	需要抑制边缘，疏导中心
2022-04-19 18:05:30	煤气利用率下降0.5%	需要抑制边缘，疏导中心
2022-04-20 08:55:45	下部压差占比升高2%	需要疏松边缘
2022-04-20 08:55:45	阀座/顶温>0.7	需要疏松边缘

图 5-24 实时监测数据、边界条件设置和报警

与料层分布有关的实时监测操作参数有：热负荷、下部压差占比、煤气利用率、顶温、阀座温度与顶温的比值等，其边界条件初始定为：当热负荷升高 3000 或下部压差占比下降 2%或阀座/顶温小于 0. 5 或顶温大于 200 ℃或煤气利用下降 0. 5%时，需要调整料制抑制边缘，疏导中心；当热负荷降低 3000 或下部压差占比升高 2%或阀座/顶温大于 0. 7 或顶温小于 120 ℃时，需要调整料制疏松边缘。

料制调整离线模拟分析及结果显示主要包括焦炭布料矩阵和矿石布料矩阵修改（见图 5-25)，当修改完料制参数后，提交料层分布计算，将修改数据存在 mysql 数据库中，同时后端离线分析仿真模型监测到修改值后启动离线模拟分析，然后将结果返回至前端页面显示，该模拟过程需 20~30 s。通过多次料制参数调整和离线模拟计算后，将料层分布计算结果比较在表格和图形中显示，如图 5-26，沿径向矿焦比曲线比较见图 5-27。

面料矩阵修改　获取当前布料矩阵

焦炭

项目	1	2	3	4	5	6	7	8	9	10	11	料线	批重
角度	39.5	37.5	35	32.5	29.5	26	11	0	0	0	0	2.06	14843
圈数	3	3	2	2	2	1	5	0	0	0	0		

矿石

项目	1	2	3	4	5	6	7	8	9	10	11	料线	批重
角度	38.5	36.5	34	31.5	28.5	25.5	0	0	0	0	0	1.88	68494
圈数	3	3	3	2	2	0	0	0	0	0	0		

布料矩阵调整:　3.缩小矿最大角与最小角差值0.5°　提交料层分布计算　结束计算!

图 5-25　焦炭、矿石料制参数修改和提交料层分布计算

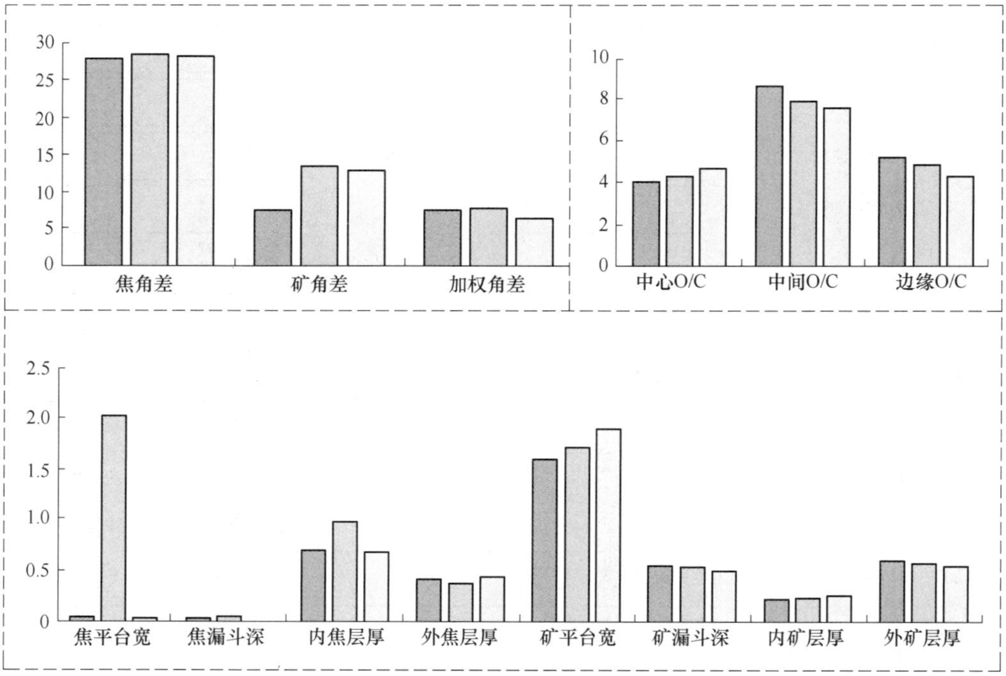

图 5-26　料层分布计算结果比较

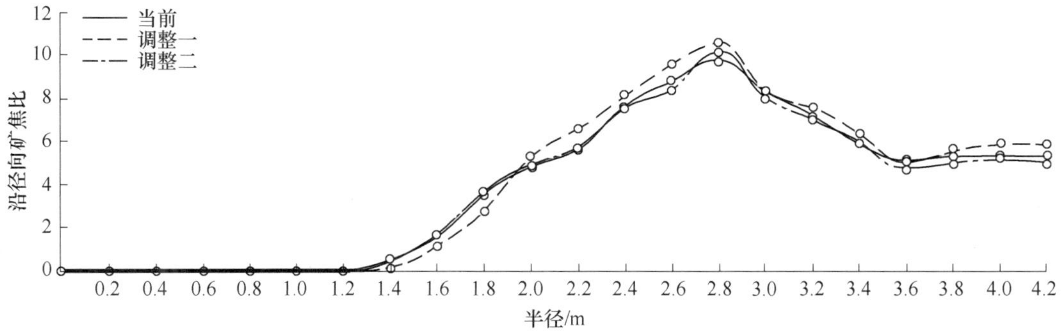

图 5-27 沿径向矿焦比计算结果比较

此外，该页面中根据大数据统计分析，分别给出风量最大、燃料比最低、煤气利用率最高、产量最大、透气性最好、热负荷最低等 6 种情况时对应布料矩阵和料层分布数据，并引入打分系统数据，显示对应的打分情况。其中 3 种情况见图 5-28。

2023-02-26 20:08:29

(38.5，3.0)(36.5，3.0)(34.5，2.0)(32.0，2.0)(29.0，2.0)(25.5，1.0)(11.0，3.0)
(38.5，3.0)(37.0，3.0)(35.0，3.0)(33.0，2.0)(31.5，2.0)

打分：
77.9

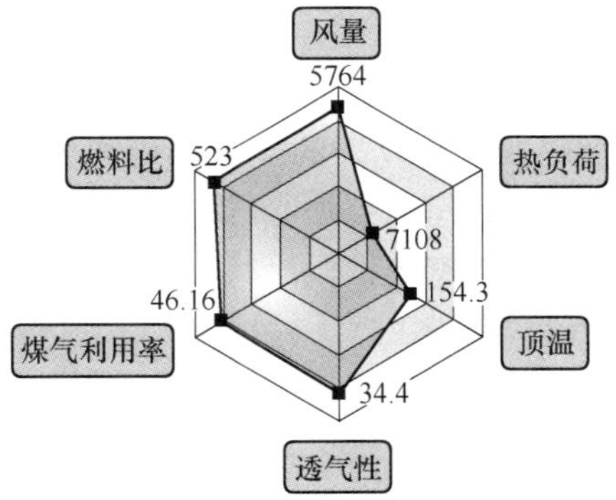

项目	数据	项目	数据
焦平台宽	1.81	焦角差	27.5
焦漏斗深	0.26	矿角差	7
内焦层厚	0.87	加权角差	5.76
外焦层厚	0.41	中心O/C	3.38
矿平台宽	1.26	中间O/C	8.75
矿漏斗深	0.76	边缘O/C	4.38
内矿层厚	0.27	外矿层厚	0.57

(a)

2023-01-18 01:07:10

(11.0，4.0)(25.5，2.0)(29.0，2.0)(32.0，2.0)(34.5，2.0)(37.0，2.0)(39.0，3.0)
(39.5，3.0)(38.0，3.0)(36.0，3.0)(34.5，2.0)(33.5，1.0)

打分：
73.8

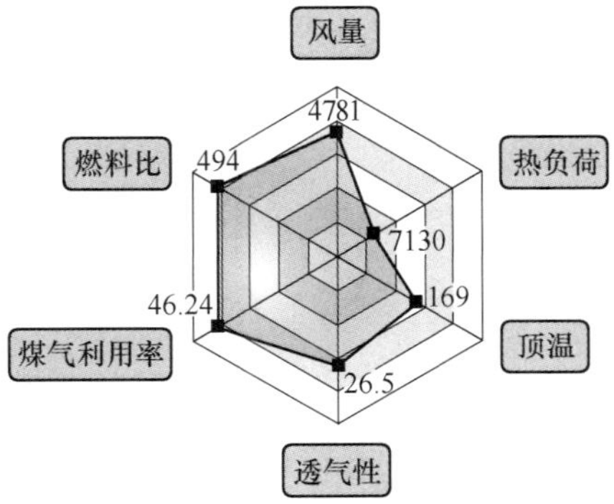

项目	数据	项目	数据
焦平台宽	0.17	焦角差	28
焦漏斗深	1.06	矿角差	6
内焦层厚	0.61	加权角差	8.86
外焦层厚	0.74	中心O/C	3.77
矿平台宽	1.03	中间O/C	8.16
矿漏斗深	1.14	边缘O/C	2.5
内矿层厚	0.38	外矿层厚	0.4

(b)

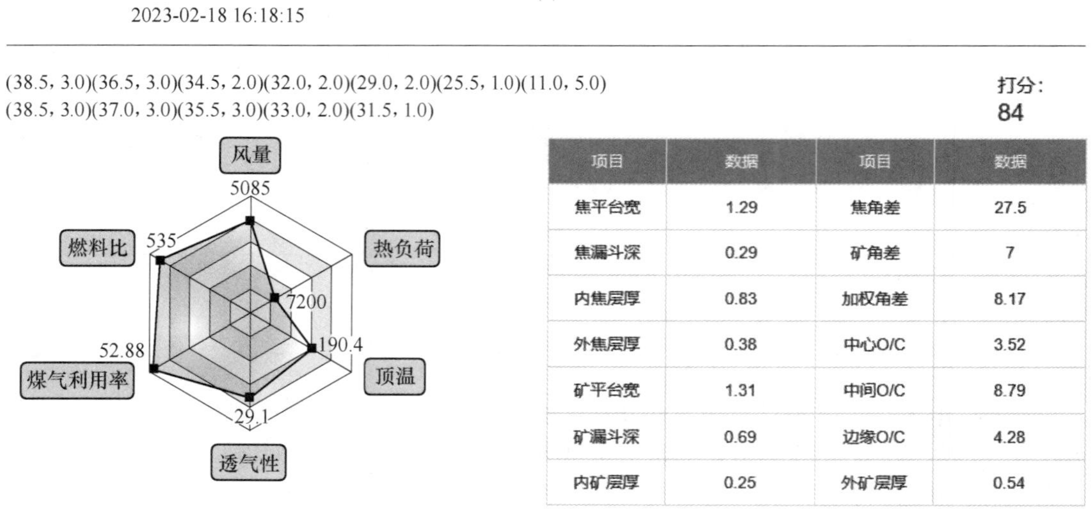

项目	数据	项目	数据
焦平台宽	1.29	焦角差	27.5
焦漏斗深	0.29	矿角差	7
内焦层厚	0.83	加权角差	8.17
外焦层厚	0.38	中心O/C	3.52
矿平台宽	1.31	中间O/C	8.79
矿漏斗深	0.69	边缘O/C	4.28
内矿层厚	0.25	外矿层厚	0.54

(c)

图 5-28　3 种最优操作指标值和相应料制参数显示

（a）风量最大；（b）燃料比最低；（c）煤气利用率最高

5.3　钒钛磁铁矿高炉冶炼操作智能分析评价指导技术

高炉炼铁过程涉及多种相态的物理、化学反应，存在着大量复杂的能量转化和传递。在高炉生产中，炉况的波动严重影响铁水产量、质量和能耗，保证高炉顺行是高炉获得优质、高产、低耗和长寿生产目标的关键所在。因此，准确地监测高炉运行状态，并对其进行综合评价，提出高炉生产调节方向，对于高炉的稳定运行尤为重要。

目前，对高炉生产运行诊断评价取得较好效果的为马钢的高炉体检系统。马钢基于数理统计和专家经验全面地选取了表征高炉运行状态的信息参数，根据运行参数指标与设置的参数指标进行对比，建立高炉顺行指数，对高炉运行状态进行准确判断[12]。承钢引入马钢系统建立高炉体检制度对高炉运行情况进行评价，但效果并未达到预期。对于承钢矿冶炼高炉来说，因其钒钛矿冶炼的特殊性，高炉的独特性比较明显，钒钛矿高炉之间的指标选取和权重分配上存在较大区别，依赖于传统的专家生产经验对独特性的高炉并不存在普适性。承钢的打分机制还需较长时间的更新与优化。另外，马钢是普通矿冶炼高炉，高炉生产相对稳定，以天为频次的高炉打分机制对于承钢矿冶炼高炉运行状态的把控并不全面，需要实现高频次的高炉运行状态评价。马钢高炉体检系统为离线系统，数据的获取、可视化及数据分析不及时，效果大打折扣。

下面结合承钢高炉大数据系统，简要阐述大数据技术在高炉冶炼操作评价与指导方面的应用。

5.3.1　高炉运行情况综合打分评价系统

目前，高炉运行状态的判断主要取决于高炉生产专家的经验，但是高炉操作者的经验无法实时共享和更新。另外在生产周期较短的条件下，高炉操作者不能完全凭经验判断高炉运行状态。因此，非常必要制定一个对高炉运行状态进行全面、客观评价的规则和标准。

5.3.1.1 系统构建思路及方法

高炉运行情况综合打分评价系统运用大数据技术深度挖掘承钢高炉全工序的生产数据，建立集炉况、产量、质量和燃料比分值系统于一体的承钢高炉综合性评分系统。该系统基于承钢自身历史数据，准确评价高炉运行状态，掌握高炉运行变化趋势。同时，应对多变的原燃料条件提供相适应的操作制度，使高炉生产达到优质、高产、低耗和长寿的目的。

创建高炉运行情况综合打分评价系统时，首先进行数据仓库、数据与处理、影响因素分析和模型开发的分析研究。通过全面采集、清洗、整合承钢 4 号高炉的历史及现有的生产数据，建立承钢 4 号高炉数据仓库。基于高炉数据仓库数据资源选取与高炉生产相关的数据参数，对原始数据进行缺失值、异常值等数据标准化处理，得到模型开发所用的干净数据。融合冶金工艺经验和大数据挖掘技术，对高炉参数变量进行全面分析，研究高炉原燃料性质、工艺参数、操作制度等数据与铁水产量、质量以及燃料比之间的关系，分别建立高炉运行情况综合打分评价模型和高炉运行情况优化调整模型。然后，结合高炉生产实际需求，设计开发高炉运行情况综合打分评价系统的界面和功能。最后，通过 Python 和 JavaScript 工具实现系统小时、班组、日均的自动打分、专家打分辅助系统、高炉运行情况优化调整和数据可视化等 4 大功能模块的在线稳定运行。

高炉运行情况综合打分评价系统构建的技术路线如图 5-29 所示。

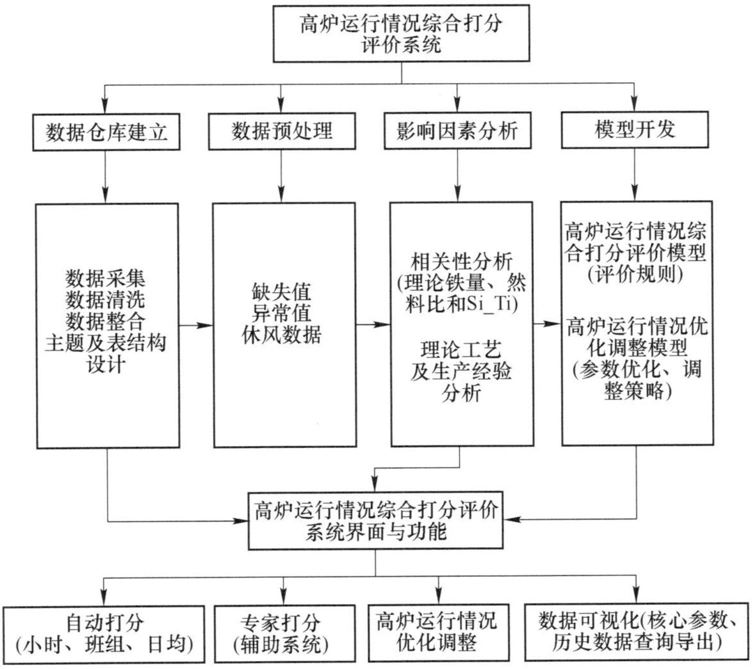

图 5-29 高炉运行情况综合打分评价系统开发的技术路线

5.3.1.2 系统主要功能

基于目前承钢高炉历史生产数据，应用大数据挖掘技术研究高炉原燃料性质、工艺参数、操作制度等数据与铁水产量、质量以及燃料比之间的关系；用数理统计、机器学习等技术，筛选出对高炉生产具有显著影响的关键参数，开发高炉生产评判系统。对高炉的运行状态进行定量评分，并给出当前波动参数的调整方向。使产量（理论铁量）、质量（[Si+Ti]）和燃料比的综合指标快速恢复平稳并达到较好指标。

系统由打分主页、打分趋势、核心参数、参数统计等 4 部分组成。

A　打分主页

自动打分界面如图 5-30 所示。该模块显示当前小时和上一小时对应分数值，并对分数结果进行评价；针对分数趋势情况，进行“分数趋势预警”与“状态预警”；“失分项（与最佳范围比较）”对关键参数进行判别，显示是否在最佳指标范围和该关键操作参数在历史数据中统计占比情况。

2022-07-25 19

当前分数	81.6876	评价	• 良好	当前时间	2022-07-25 19:00:00
上次分数	81.1006	评价	• 良好	上次时间	2022-07-25 18:00:00
分数趋势预警	轻微波动			状态预警	炉况异常，慢风
失分项[与最佳范围比较]	透气性指数 阀座温度 冷风流量 富氧流量 焦比 煤比 热风温度 上部压差占比 下部压差占比		低 高 低 低 高 低 高 低 低		[31.534，33.37] [82.186，92.64] [5205.618，5389.309] [12329.326，12898.285] [352.0，363.0] [141.25，154.75] [1165.356，1168.698] [11.699，13.12] [72.858，75.323]

查看更多

图 5-30　自动打分界面

点击“查看更多”，显示关键参数在历史数据中统计占比情况。同时，设置时间选择功能，点击，可选择指定时间段内参数统计占比情况。

B　打分趋势

打分趋势界面见图 5-31。高炉打分趋势图的纵坐标为分数值，横坐标为时间，时间频次为小时，每小时打分后自动添加该小时数。

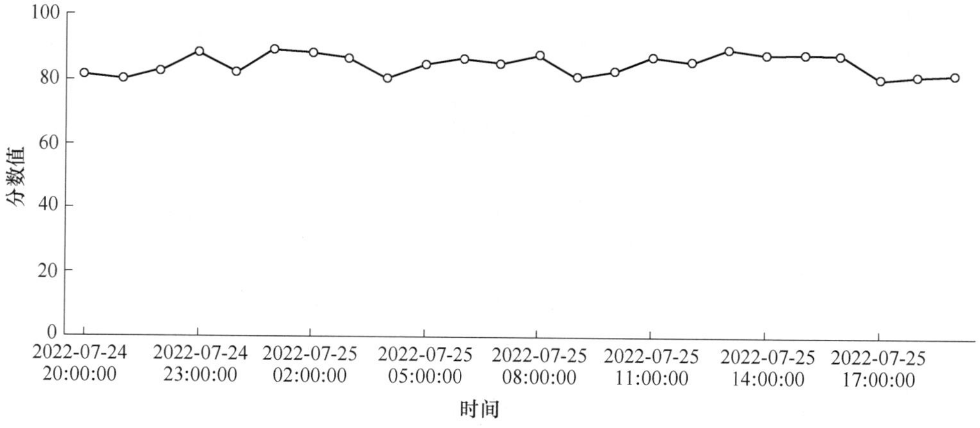

图 5-31　打分趋势

C　核心参数

核心参数界面如图 5-32 所示。关键核心参数（透气性指数、*T* 阀座温度/*T* 顶温、冷风流量、富氧流量、焦比、煤比、热风温度、上部压差占比、下部压差占比）显示，横坐标为数据采集的时间点，显示时间段为 24 h，纵坐标为各参数指标数值。

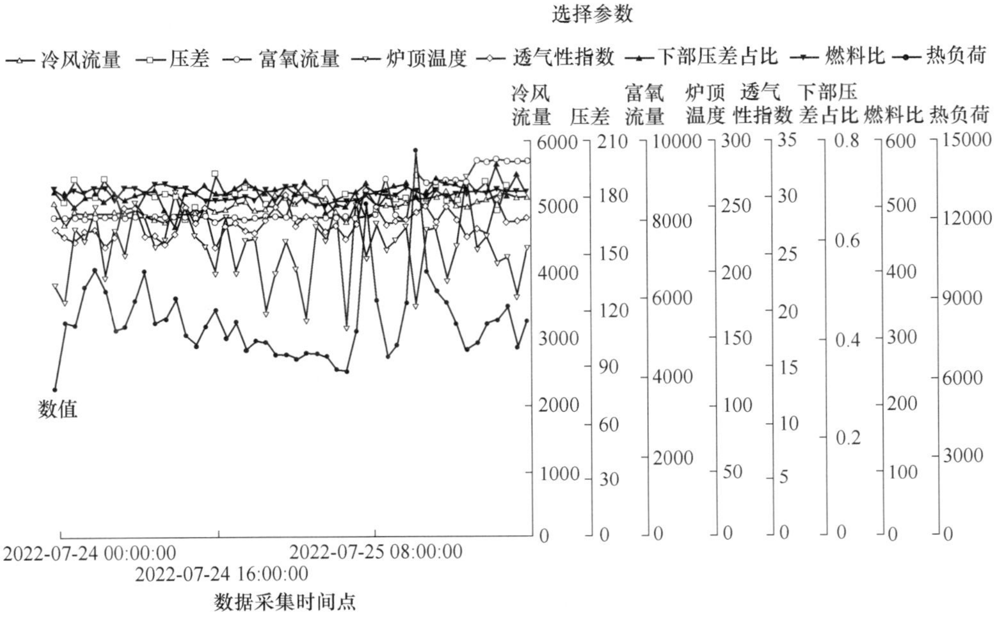

图 5-32　核心参数趋势界面图

D　参数统计

参数统计界面如图 5-33 所示。可统计失分项在一段时间内出现次数占比，排序占比从高到低，默认时间段为 8 h，每小时打分后自动添加该小时数据重新计算占比。

E　专家打分

专家打分数据界面如图 5-34 所示。查询历史数据情况，有利于对高炉生产情况的回溯与分析。设置数据导出功能，点击下载，下载所选择时间段内数据。

5.3.2　合理高炉操作参数匹配智能分析与优化系统

高炉生产具有悠久的历史，很久以来研究者一直致力于高炉过程的模拟与解析，并建立了大量的数学模型[13-14]。在数学模型开发方面存在以下问题：一是开发人员中缺乏现场工程技术人员或对现场了解不够，相当一部分专家系统都没有把操作人员多年的生产经验转入到知识库中，必然带来开发的系统缺乏实用性；二是现场操作人员受知识水平不同，对系统的操作和理解能力不同，造成在使用过程中出现偏差。

操作参数优化系统是典型的用于高炉过程控制的实时专家系统。利用专家系统技术实现对高炉的过程控制，是当今高炉计算机控制的发展方向。操作参数优化系统属于实时过程诊断与预测专家系统，主要用于炉热水平预测、异常炉况判断、炉型管理等方面。

5.3.2.1　系统构建思路及方法

设计研发合理高炉操作参数匹配智能分析优化系统，有效融合大数据及人工智能技

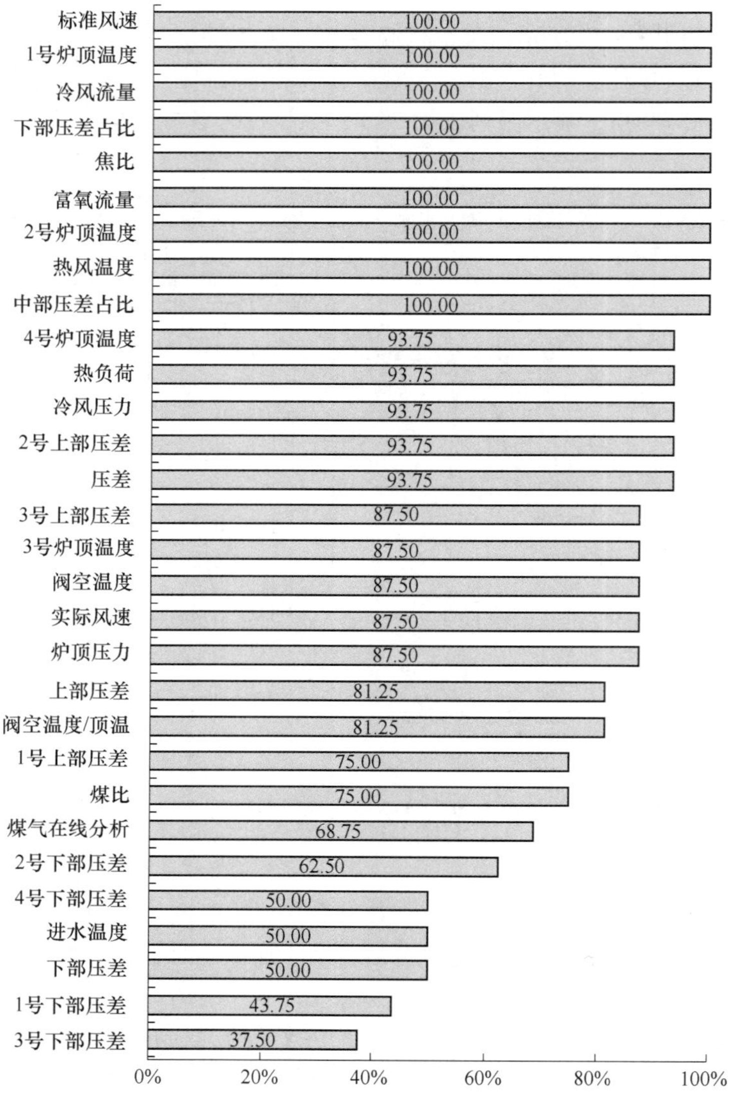

图 5-33 参数统计界面

术，系统可实现在当前冶炼条件下，评估当前工长操作水平，智能优化各项操作参数的合理匹配关系，展示当前冶炼操作水平评估结果，并为下一步高炉操作提供各项操作参数合理建议值，帮助操作者充分挖掘高炉冶炼潜力。技术思路如图 5-35 所示。

5.3.2.2 系统主要功能

如图 5-36 所示，在 2022 年 7 月 3 日 1 点之前系统基于炉热指数、压差、透气性参数的判断给出减风的建议。在 1 点之后由于压量关系紧张，操作人员开始减风。系统能够根据高炉目前的炉况，给出风压调整的合理建议。

如图 5-37 所示，从整体趋势中，可以看出大部分时间系统能够根据炉况的波动结合炉温、料速等参数给出正确的喷煤建议。当料速慢时，炉温升高，系统提示减煤；当料速快时，炉温低，提示加煤。

时间	产量	燃料比	煤比	全焦负荷	风量	温度34m	温度26m	温度21m	炉底中心温度	指标检查	操作参数	渣铁处理	炉缸炉体监控	总分
2022-11-17 00:00:00	6386.05	515	132	4.2	5038.85	97.8595	97.0999	60.8415	666.064	35.4	31.5	11.4	11.4	89.7
2022-11-16 00:00:00	6021.67	514	131	4.35	4989.03	87.4039	100.25	59.9657	666.556	31.8	31	11.8	11.2	85.8
2022-11-15 00:00:00	5545.01	503	116	4.9	4962.97	91.178	92.5744	61.4934	667.95	22.8	30.3	11.4	11.6	76.1

图 5-34 专家打分数据界面图

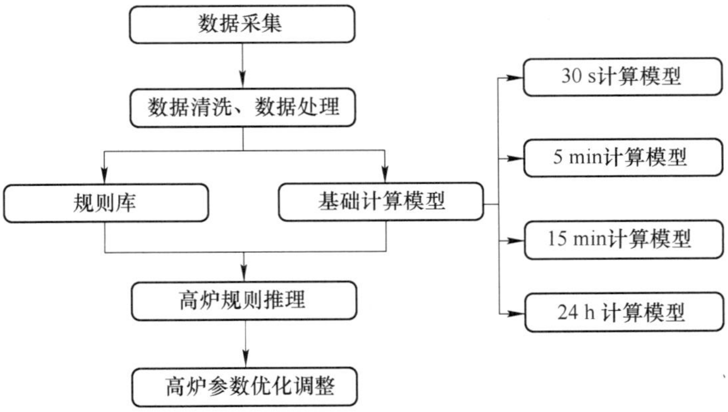

图 5-35 操作参数优化系统开发的技术思路

操作参数优化

推理时间	优化建议
2022/6/2 7:27:28	CO/CO_2正在快速上升,顶温上升,建议措施:风量调整 −3 kPa
2022/6/2 5:26:58	短期压力损失稍大,建议措施:风压调整 −3 kPa,
2022/6/1 21:05:00	当前铁水温度正常，炉热指数上升较大，减少煤量 2 t
2022/6/1 16:21:58	压差较大,炉温高，建议措施:风量调整 −3 kPa,
2022/6/1 8:55:55	当前铁水温度高，炉热指数上升，减少风压 5 kPa，减少煤量 2 t

< 1 2 3 ... 20 > 到第 1 页 确定 共 100 条 10 条/页

图 5-36 操作参数趋势和优化建议

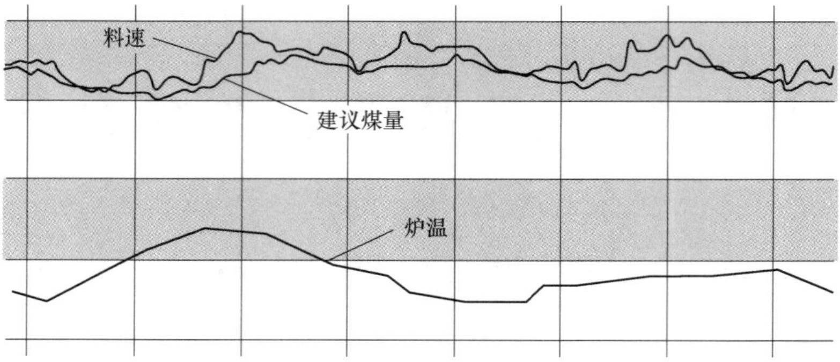

图 5-37　操作参数优化建议

参 考 文 献

[1] 张福明，徐萌．首钢绿色低碳炼铁技术发展［J］．炼铁，2022，41（6）：16-25.

[2] 毕学工．北欧高炉喷吹条件下的布料控制技术［J］．武汉钢铁学院学报，1995（4）：361-367.

[3] 刘小杰，张玉洁，刘然，等．高炉炼铁智能化发展的研究现状与展望［J］．钢铁研究学报，2024，36（5）：545-559.

[4] 石泉，唐珏，储满生．基于工业大数据的智能化高炉炼铁技术研究进展［J］．钢铁研究学报，2022，34（12）：1314-1324.

[5] 李壮年，储满生，柳政根，等．基于机器学习和遗传算法的高炉参数预测与优化［J］．东北大学学报（自然科学版），2020，41（9）：1262-1267.

[6] Han Y，Li J，Yang X，et al. Dynamic prediction research of silicon content in hot metal driven by big data in blast furnace smelting process under Hadoop Cloud platform［J］. Complexity，2018：1-16.

[7] 魏颖．基于粗糙集约简的模块化神经网络铁水硅含量预测系统［J］．黑龙江科技信息，2014（15）：55.

[8] 张勇，李静，崔桂梅．小波神经网络在高炉铁水温度预测中的建模研究［J］．计算机与应用化学，2013，30（10）：1173-1176.

[9] 崔桂梅，孙彤，张勇．基于最小二乘支持向量机的高炉铁水温度预测［J］．计算机仿真，2013，30（10）:354-357.

[10] 祁鹏．基于偏最小二乘的高炉铁水硅含量预测研究［D］．包头：内蒙古科技大学，2010.

[11] 刘小杰，张玉洁，李欣，等．基于大数据的高炉炉温监测预警系统［J］．中国冶金，2023，33（2）:98-105，140.

[12] 程旺生．顺行体检机制在马钢高炉上的应用与实践［J］．安徽冶金科技职业学院学报，2017，27（2）:89-93.

[13] Lyalyuk，V P，Tarakanov A K. Gas-dynamic assessment of blast-furnace smelting［J］. Steel in Translation，2019，49（8）：535-542.

[14] Ueda S. Influence of shape of cohesive zone on gas flow and permeability in the blast furnace analyzed by DEM-CFD model［J］. ISIJ International，2015，55（6）：1232.

6 钒钛矿氢基竖炉直接还原-电炉熔分新工艺

6.1 钒钛矿直接还原-电炉熔分新工艺开发概况

随着全球对环境问题的高度重视，发展低碳环保的非高炉冶炼法可大大减少炼铁对焦炭的依赖，受到世界各国的青睐[1]。非高炉冶炼是指不使用高炉和焦炭进行冶炼，用于钒钛矿综合利用的典型非高炉冶炼方法有转底炉直接还原-电炉工艺、回转窑直接还原-电炉工艺、直接还原-磨选工艺和气基竖炉直接还原工艺等。

(1) 转底炉直接还原-电炉工艺。

钒钛磁铁矿转底炉直接还原-电炉熔分工艺流程如图 6-1 所示。

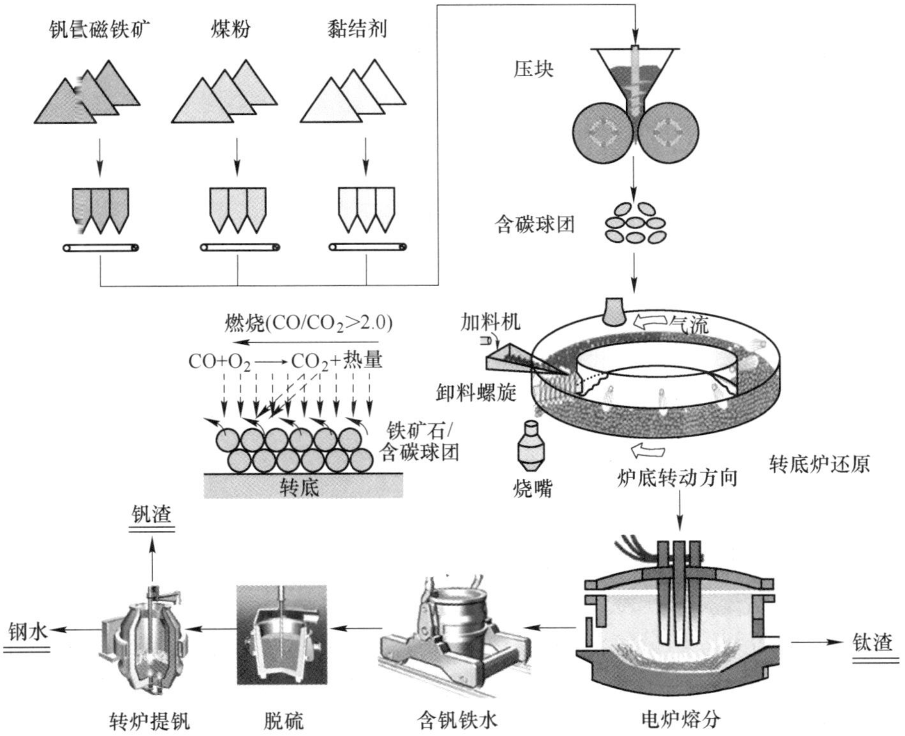

图 6-1 钒钛磁铁矿转底炉直接还原-电炉熔分工艺流程图

钒钛铁精矿与还原煤粉、黏结剂混匀后造球，再经干燥后，布置 2~3 层球于转底炉直接还原反应区域，在炉料旋转过程中实现加热和还原。反应结束后，热态金属化球团从转底炉底排出，再通过密闭或惰性气体保温容器送入电炉进行冶炼，获得含钒铁水与熔分钛渣。我国攀钢集团和四川龙蟒集团开展了钒钛矿转底炉直接还原-电炉深还原熔分半工业化生产，积累了大量生产经验。但是，转底炉直接还原采用含碳球团为原料，内配煤粉

的灰分会降低钛渣 TiO_2 质量分数，使产品竞争力大大降低，内配煤工艺使还原产品的 S 含量增加，污染产品质量，后续脱硫成本增加。此外，转底炉运行及维护难度大、能耗高，料层厚度难以增加，还原终点难以控制，产物质量不均匀，电炉炉衬侵蚀严重，极大地限制了其生产规模扩大，目前国内该工艺流程处于停产状态。因此，不适用该工艺对钒钛矿进行资源综合利用。

（2）回转窑直接还原-电炉工艺。

钒钛磁铁矿回转窑直接还原-电炉熔分工艺流程如图 6-2 所示。

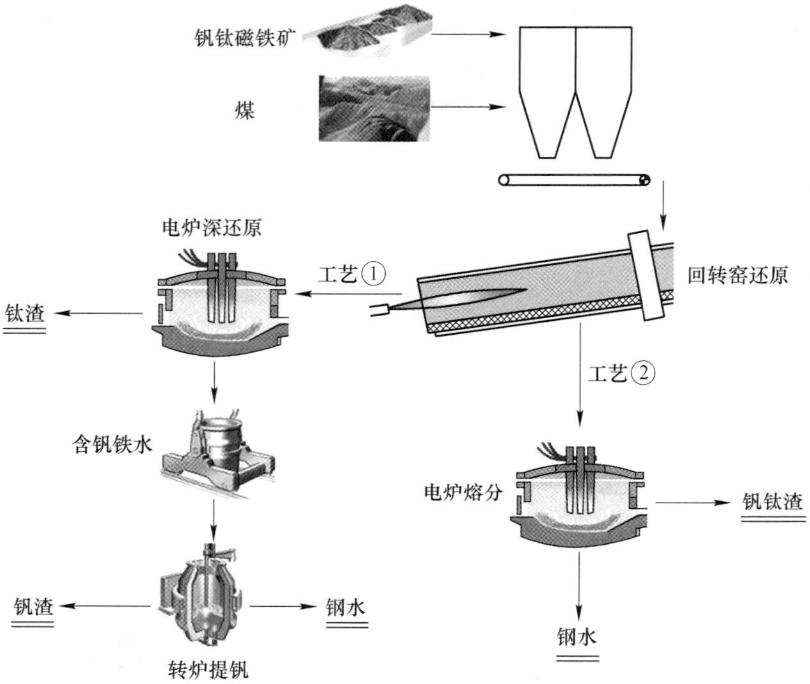

图 6-2　钒钛磁铁矿回转窑直接还原-电炉熔分工艺流程图

根据钒组元走向不同，后续的电炉冶炼可分为电炉熔分工艺（工艺②）和电炉深还原工艺（工艺①）。南非 Highveld 钢钒公司和新西兰钢铁公司以回转窑直接还原-电炉深还原工艺冶炼钒钛矿并实现工业化，生产出含钒铁水和熔分钛渣。由于其在电炉冶炼过程中使用了大量的助熔剂，熔分钛渣中 TiO_2 质量分数仅为 30%左右，导致钒钛矿中钛资源未能有效利用，仅回收利用了 Fe、V。20 世纪 80 年代，攀钢针对回转窑直接还原-电炉冶炼钒钛矿展开技术攻关，该流程中 Fe、V 在铁水中收得率低于高炉流程，难以实现钒钛矿资源的高效回收利用。此外，回转窑直接还原过程中还存在还原用煤要求苛刻，还原煤煤灰无法有效去除，深还原控制困难，有价组元收得率偏低，回转窑易结圈，电炉熔分过程中含钒钛铁水粘罐严重，生产稳定性差等问题。因此，回转窑直接还原-电炉流程不适合作为钒钛矿资源综合利用的发展方向。

（3）直接还原-磨选工艺。

钒钛磁铁精矿直接还原-磨选工艺流程如图 6-3 所示。

在低于矿石熔化温度下，利用不同组元还原性之间的差异，选择性地将钒钛磁铁矿中铁氧化物还原为金属铁，钒和钛仍以氧化物的形式存在，最后经过处理得到铁精矿和钒钛料，此方法可在固态下达到钛铁分离的目的，并且有价组元综合利用率较高。但是在冶炼过程中对钒钛磁铁矿原料要求极高，同时其生产规模也受到一定的限制，导致直接还原-磨选工艺很难在工业上大规模使用。苏联对直接还原-磨选工艺进行了较为深入的研究，添加15%的氯化钠进行直接还原，然后对还原产品进行磨矿—磁选，获得了含铁90%以上的还原铁粉、TiO_2 含量为75%以上的富钛料，但同样在实际的半工业或工业试验中存在着冶炼要求高，工业化生产线建立受阻等问题，导致直接还原-磨选工艺尚未实现工业化应用。朱德庆等[2]采用冷固球团直接还原—磨矿—磁选流程处理攀西地区太和钒钛磁铁精矿，成功实现了Fe与V、Ti的有效分离，获得TFe品位91.25%、Fe回收率92.24%的还原铁粉，Fe、V、Cr、Ti收得率分别约为99%、98%、95%和95%，实现了有价组元的高效分离。但是在研究中同时发现，实现Fe/V、Ti有效分离的关键在于采用冷固球团直接还原专利技术及球团内添加高效添加剂，因此对冷固球团直接还原技术和添加剂的要求较高。

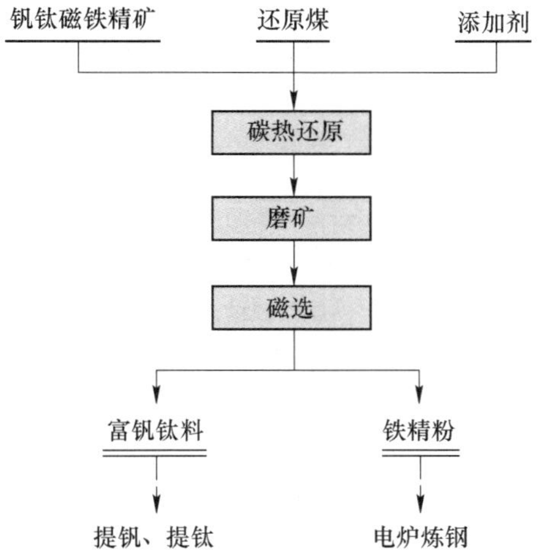

图6-3　钒钛磁铁精矿直接还原-磨选流程图

（4）气基竖炉直接还原-电热熔分工艺。

气基竖炉直接还原工艺在低于铁矿石熔化温度下，以还原气（主要成分为 H_2 和CO）为还原剂，将铁矿石中铁氧化物还原为固态金属铁而获得直接还原铁。而后，热态直接还原铁通过保温罐或热输送机，送入电炉进行冶炼，生产出铁水与炉渣。气基竖炉直接还原工艺具有能耗低、环境负荷小、碳排放低、还原效率高、技术成熟、生产规模大、产品优质纯净、生产过程稳定等优点，是钢铁行业后高炉时代最具碳减排潜力的工艺之一[3]。图6-4为MIDREX/HYL气基竖炉工艺流程。实践证明，气基竖炉直接还原-电炉熔分直接还原工艺用于普通矿冶炼是可行的。

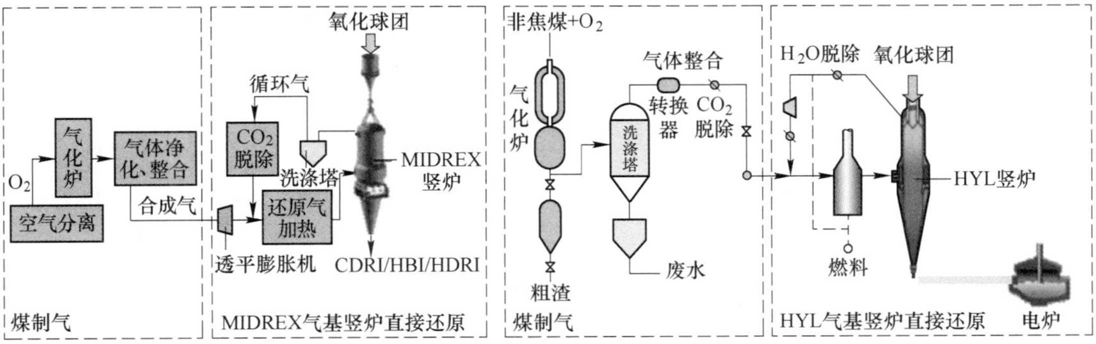

(a)　(b)

图6-4　典型气基竖炉直接还原工艺流程图

（a）MIDREX气基竖炉流程；（b）HYL气基竖炉流程

研究学者纷纷将气基竖炉直接还原-电炉工艺应用于钒钛磁铁矿的高效清洁综合利用。东北大学进行红格钒钛磁铁矿气基竖炉直接还原-熔分的实验研究[4]，最终 Fe、V、Cr 的收得率分别为 97.91%、96.71%和 97.8%，TiO_2 的收得率和渣中 TiO_2 的含量为 89.82%和 39.78%。另外，东北大学基于煤制气-气基竖炉直接还原-电炉熔分工艺，对俄罗斯高铬型钒钛磁铁矿高效清洁综合利用进行研究[5]。结果表明，随着还原温度提高和还原气氛中 H_2 含量增多，球团还原率不断增大。在 1100 ℃、$x_{H_2}/x_{CO}=5/2$、CO_2 体积分数为 5%条件下还原 35 min，球团还原率能达到 95%；在配碳比 1.20、CaF_2 添加量 2%、熔分温度 1650 ℃、熔分时间 45 min、碱度 1.10 的熔分条件下，Fe、V、Cr 和 TiO_2 回收率分别为 99.87%、98.26%、95.32% 和 95.04%，其相应的质量分数分别为 94.16%、0.94%、0.76%和 38.21%，实现 Fe、V、Cr 与 Ti 的高效分离。但值得注意的是，钒钛磁铁矿是典型的较难还原类复合铁矿资源[6]，宜采用高还原温度和高氢还原气氛，目前氢气的低成本大规模制取与供应市场仍不稳定，将限制钒钛磁铁矿气基竖炉工艺的整体经济效益。另外，熔分后获得了含钒生铁和含钛炉渣，对于含钛炉渣后续提钛的要求，应加大钒钛磁铁矿选矿投入，尽可能减少原矿中 CaO、MgO 的含量，提高钒钛磁铁矿的铁品位和钛品位，以获得应用价值和经济效益俱佳的富钛产品，提升整体工艺的应用推广价值。因此，钒钛磁铁矿气基竖炉直接还原-电炉熔分工艺距离工业应用仍需进一步优化与探索，寻求环境负荷低和经济效益好的协调发展。

综合来看，转底炉运行及维护难度大、能耗高，料层厚度难以增加[7]；回转窑易结圈[8]，电炉熔分过程中，含钒钛铁水粘罐严重，生产稳定性差；而直接还原-磨选工艺在冶炼过程中对钒钛磁铁矿原料要求极高，同时其生产规模也受到一定的限制，导致直接还原-磨选工艺很难在工业上大规模使用[9]。气基竖炉直接还原-电热熔分虽然在冶炼钒钛磁铁矿时需要高还原温度和高氢还原气氛，氢气的高成本对钒钛磁铁矿气基竖炉工艺的整体经济效益会产生影响[10]，但该工艺可实现 Fe、V、Cr 与 Ti 的高效分离，同时可以有效实现低碳发展，有望成为未来的主流工艺。

钒钛矿气基竖炉直接还原-电热熔分新工艺流程如图 6-5 所示。需要指出的是，气基竖炉分为普通竖炉（入炉工艺气 x_{H_2}/x_{CO} 低于 1.5）、富氢竖炉（入炉工艺气 H_2/CO 高于 1.5，氢气含量高于 55%）和氢气竖炉（入炉工艺气氢气含量高于 90%），后两者称为氢基竖炉。本章基于钒钛磁铁矿氧化焙烧-氢基竖炉直接还原-电热熔分工艺，以典型钒钛矿为原料，系统研究氧化球团、氢基竖炉直接还原以及金属化球团电炉熔分等技术，获得实

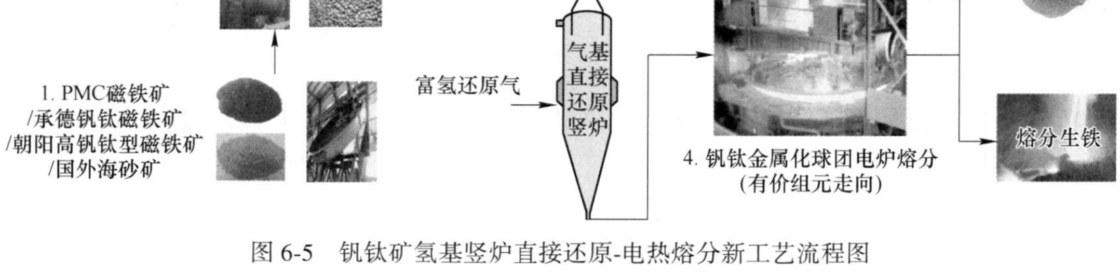

图 6-5　钒钛矿氢基竖炉直接还原-电热熔分新工艺流程图

现钒钛矿氢基竖炉直接还原-电炉熔分适宜的工艺参数，为钒钛矿高效清洁综合利用新工艺研发和应用提供理论依据和技术指导。

6.2 多元化钒钛资源氧化球团制备

6.2.1 黑山钒钛矿氧化球团制备

本研究所用钒钛磁铁矿是黑山钒钛精矿粉，主要化学组成见表 6-1。其中，TFe 含量为 61.45%，TiO_2 含量为 6.35%，V_2O_5 含量为 0.73%，Cr_2O_3 含量为 0.66%。其中 V、Cr、Ti 的含量都较高，属于高钒高铬低钛型钒钛磁铁矿。实验以膨润土作为黑山钒钛磁铁矿球团的黏结剂进行生球制备实验，其中膨润土的主要化学成分和物理性能见表 6-2。检测结果表明，黑山钒钛磁铁矿球团制备所使用的膨润土中主要成分为 SiO_2，并有少量的 CaO、MgO 和 Na_2O 等。

表 6-1 黑山钒钛磁铁矿的主要化学组成 (%)

成分	TFe	FeO	CaO	SiO_2	MgO	Al_2O_3	TiO_2	V_2O_5	Cr_2O_3
质量分数	61.45	30.17	0.45	2.09	1.13	2.71	6.35	0.73	0.66

表 6-2 实验用膨润土的化学组成 (%)

成分	CaO	SiO_2	MgO	Na_2O	Al_2O_3	K_2O	FeO
质量分数	2.88	54.98	2.08	0.98	14.70	0.88	0.04

在制备球团过程中，采用质量称重配料，所用 METTLER TOLEDO PM4000 型电子天平精度为 0.1 g，如图 6-6（a）所示。图 6-6（b）为行星球磨机，可进行变频调速控制、径向和轴向交叉转动，实现混匀和细磨两种功能。造球设备为圆盘造球机，如图 6-6（c）所示，直径 $\phi=1000$ mm，边高 $h=250$ mm，倾角 $\alpha=45°$。生球干燥在电热鼓风干燥箱中进行，如图 6-6（d）所示。生球预热、焙烧过程在以硅碳棒为发热体的马弗炉内进行，如图 6-6（e）所示。氧化球团的抗压强度测试使用铁矿球团抗压强度测试系统，如图 6-6（f）所示，其最大试验力为 10 kN，测量范围为 100 N~10 kN，一级准确度。

黑山钒钛矿球团制备工艺流程如图 6-7 所示。

（1）配料。实验原料经烘干后，按照配料方案计算矿粉及膨润土的加入量，使用电子天平（精度 0.1 g）称取定量的矿粉和膨润土，膨润土使用外配的方式。

（2）混料。将配好的原料装到球磨罐中，置于行星球磨机中进行混匀，混匀转速 200 r/min，混匀时间 10 min。

（3）焖料。原料混合均匀后，多次向混合物料中喷入雾状水对混合物料进行润湿。每次喷洒一定量的雾状水后，采用手工方式对喷水后的混合物料进行再次混匀。当钒钛矿外配水量达到 6%~8%时，停止喷入雾状水，然后用塑料薄膜包裹润湿的造球混合料进行焖料操作，闷料时间 40 min，使其混合物料均匀吸收水分。

（4）生球制备。造球分为形核、长大、压实 3 个阶段。形核时在圆盘造球机内根据需要取少量原料加水，造球时间从母球开始长大开始计时，控制在 40 min，造球过程加水要根据实际情况确定，生球压实时间为 10 min 左右。

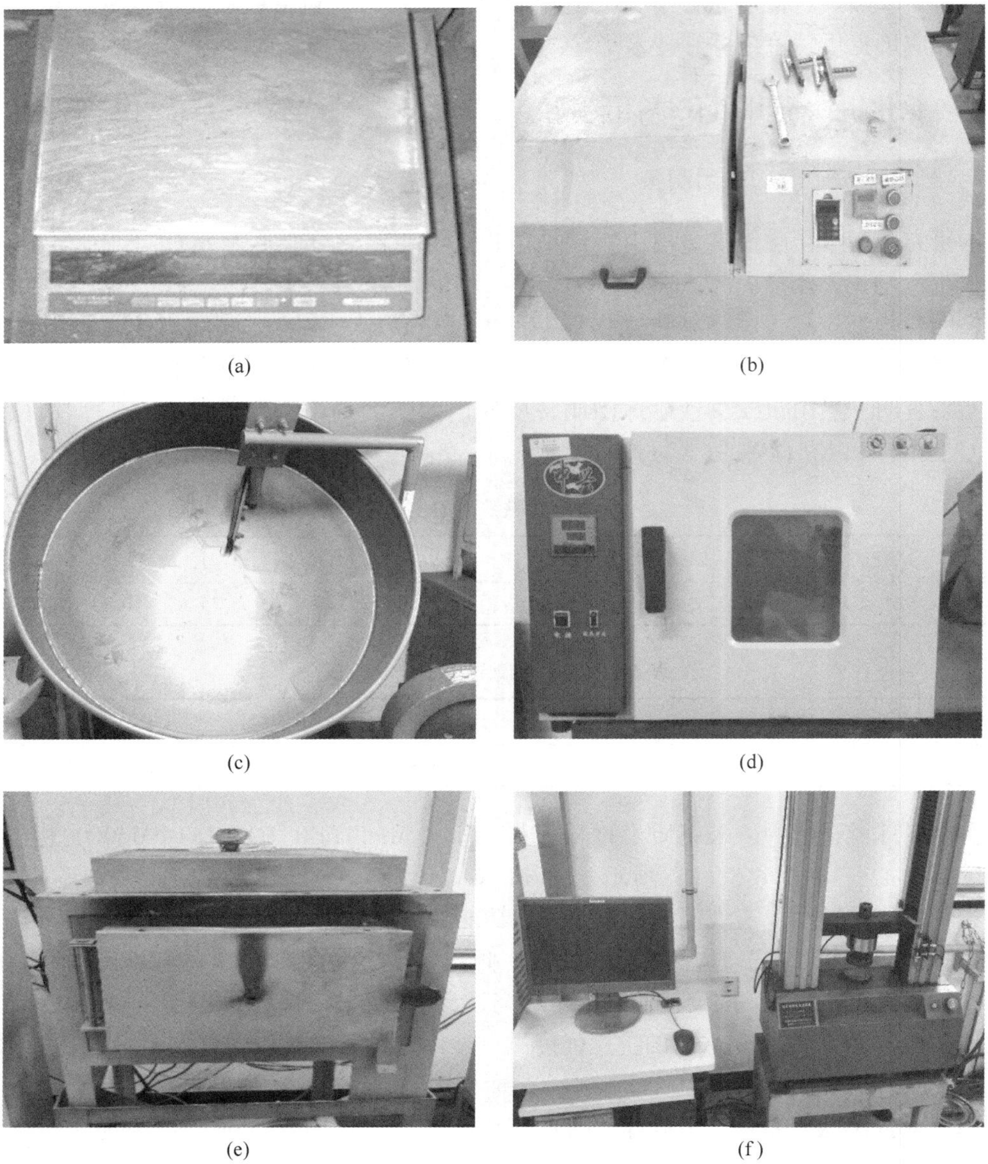

图 6-6　氧化球团制备所用的实验设备

（a）电子天平；（b）行星球磨机；（c）圆盘造球机；（d）电热鼓风干燥箱；（e）马弗炉；（f）铁矿球团抗压强度测试系统

（5）生球干燥。为了防止生球在焙烧过程中因为温度应力而爆裂，先在电热鼓风干燥箱中干燥，去除多余水分。一般干燥时间为 5 h，干燥温度为 100 ℃。

（6）氧化焙烧。焙烧工艺参数对氧化球团质量的影响极大，本实验模拟链箅机-回转窑球团生产工艺，对生球进行干燥、预热和焙烧。具体焙烧步骤为：首先设定炉温按一定速率升至预热温度，在此温度下，将干燥后的生球平铺在耐火材料盛球板上，并平稳放至马弗炉中心位置；球团经充分预热后，以 5 ℃/min 升至焙烧温度，此温度下的保温时间记为焙烧时间；焙烧完成后，球团随炉冷却，之后将其取出。整个焙烧过程中鼓入空气，

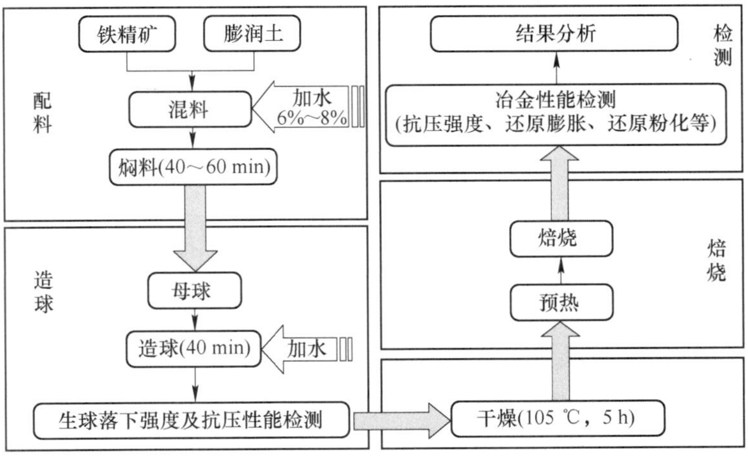

图 6-7　球团制备流程示意图

以保证炉内氧化性气氛。

造球流程如图 6-8 所示。

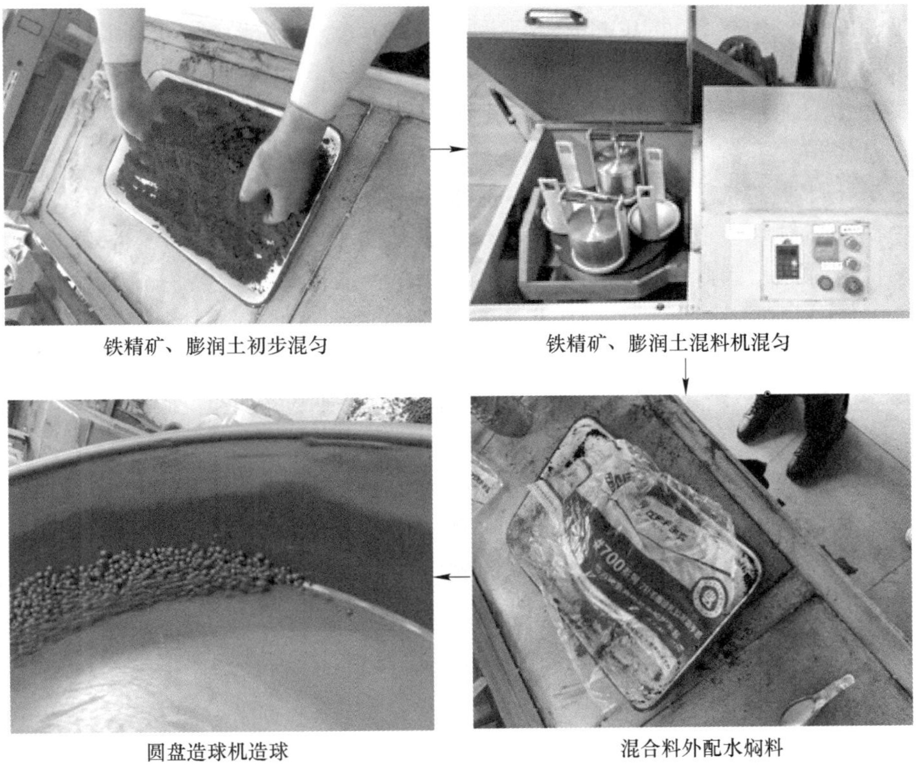

图 6-8　造球流程

6.2.2　黑山钒钛矿氧化球团强度

球团矿的抗压强度采用《高炉和直接还原用铁球团矿抗压强度的测定》（GB/T

14201—2018）测定。每次取 52 个氧化球团进行测定，去除最大和最小值，取剩余 50 个球团抗压强度的平均值记为该球团矿的抗压强度。

按照上述的氧化球团制备流程，混磨前黑山钒钛矿制得的生球形貌如图 6-9 所示，氧化球团形貌如图 6-10 所示。

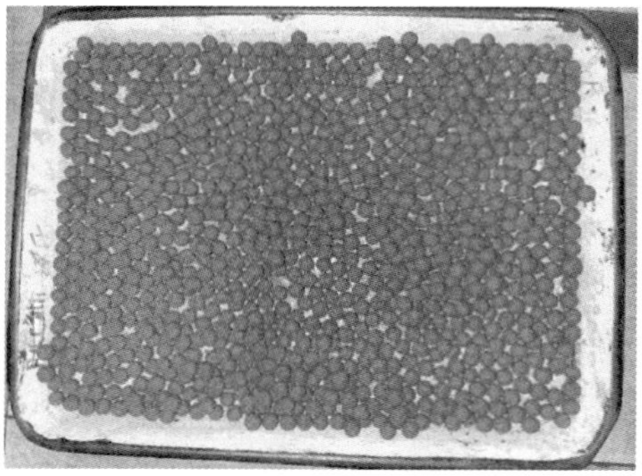

图 6-9　黑山钒钛磁铁矿生球

图 6-10　黑山钒钛磁铁矿氧化球团

对未润磨、外配 1%和 1.5%膨润土的黑山钒钛矿生球球团分别进行预热焙烧实验，预热温度 900 ℃，预热时间 10 min，焙烧温度 1250 ℃，焙烧时间 30 min。对不同膨润土配加量的黑山矿氧化球团进行抗压强度检测，结果如图 6-11 所示。

当膨润土配加量为外配 1%的时候，黑山钒钛磁铁矿氧化球团的抗压强度为 1818 N，不满足气基竖炉冶炼对原料质量的要求。提高膨润土配加量至外配 1.5%的时候，黑山钒钛磁铁矿氧化球团的抗压强度增加至 1998 N，仍然不满足气基竖炉冶炼对原料的要求。由于矿粉润磨后粒度会下降，比表面积会增加，从而可以改善铁矿粉的造球性能，提高氧化球团的抗压强度。因此，在膨润土外配 1.5%的条件下，对润磨前后的黑山钒钛磁铁矿分别进行氧化球团制备过程，预热温度 900 ℃，预热时间10 min，焙烧温度 1250 ℃，焙烧时间 30 min。抗压强度检测结果如图 6-12 所示。可知，润磨前黑山钒钛磁铁矿氧化球团抗压强度为 1998 N，润磨后，黑山矿氧化球团抗压强度增加至 2197 N，满足气基竖炉要求。

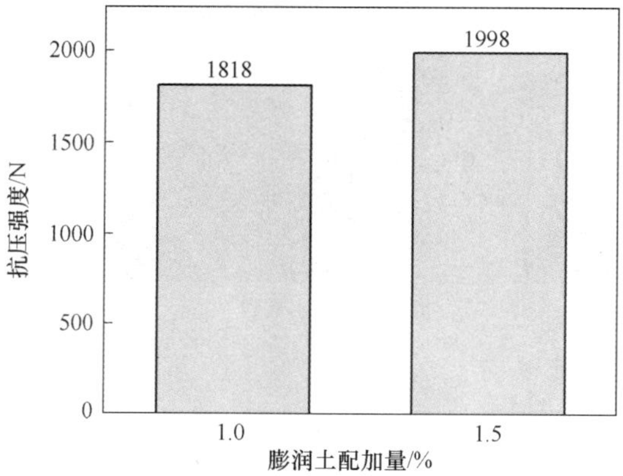

图 6-11　不同膨润土配加量黑山矿氧化球团的抗压强度

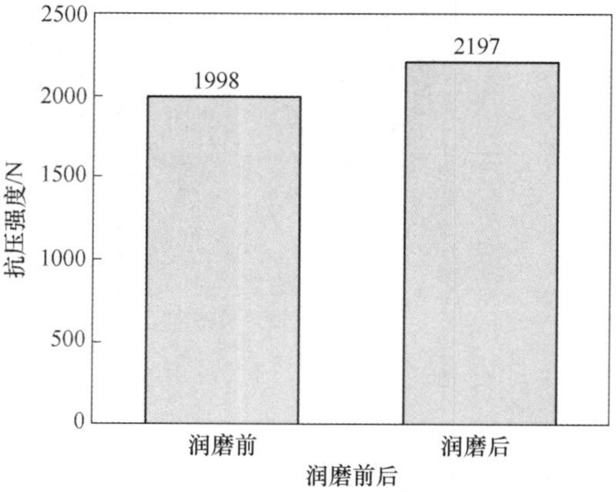

图 6-12　润磨前后黑山矿氧化球团的抗压强度

为了进一步提高黑山矿氧化球团的抗压强度，改变预热焙烧制度，在膨润土外配1.5%，焙烧温度1250 ℃，焙烧时间30 min的条件下，将润磨后的黑山矿在不同预热制度下制备成氧化球团，抗压强度测试结果如图6-13所示。在预热温度900 ℃，预热时间10 min时，黑山矿氧化球团的抗压强度为2197 N。在预热温度925 ℃，预热时间15 min时，黑山矿氧化球团的抗压强度增至2276 N，抗压强度呈小幅增长。

在膨润土外配1.5%，预热温度925 ℃，预热时间30 min的预热条件下，将润磨后的黑山钒钛矿在不同焙烧制度下制备成氧化球团，抗压强度测试结果如图6-14所示。在焙烧温度1250 ℃，焙烧时间30 min的焙烧条件下，黑山钒钛矿氧化球团的抗压强度为2276 N；当焙烧温度提高至1280 ℃时，氧化球团抗压强度增加至2541 N；当焙烧温度提至1300 ℃时，抗压强度继续增加至2739 N，可见焙烧温度对黑山矿氧化球团的抗压强度影响较大。

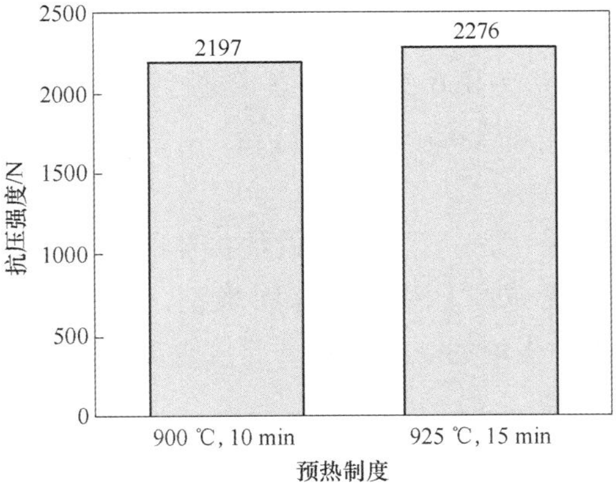

图6-13　不同预热制度下黑山矿氧化球团的抗压强度

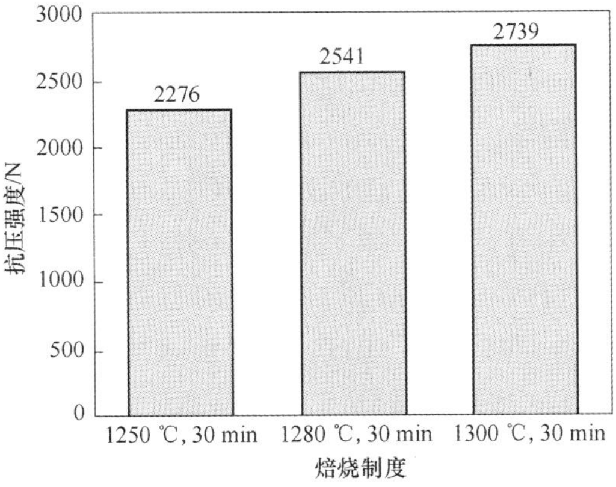

图6-14　不同焙烧制度下黑山矿氧化球团的抗压强度

6.2.3　黑山钒钛矿氧化球团低温还原粉化性能

依据HYL气基竖炉标准，采用还原粉化测定温度500 ℃，在H_2、CO_2、CO、N_2气体组成的混合气氛条件下开展实验，其中N_2作为保护气。具体步骤如下：

（1）将焙烧后的黑山钒钛矿氧化球团在干燥箱中烘干4 h后取出，称取（500±1）g的氧化球团并数出球团总数，随后装入载料反应管中；

（2）将载料反应管放入还原炉（见图6-15）的炉体中，使还原炉开始升温，当炉料温度升高至200 ℃后，通入5 L/min的N_2，在N_2保护下继续升温；

（3）待炉料温度升高至500 ℃并稳定后，开始通入设定好的混合还原气体，流量为15 L/min，并开始对实验计时，还原时间共2 h；

（4）直到还原实验结束后，关闭还原气，通入5 L/min的N_2，将载料反应管从炉体中取出，在室温下

图6-15　氢基还原实验炉

冷却，料温降至 100 ℃以下时可关闭保护气；

（5）取出还原球团后称重，放入转鼓中，以 18 r/min 的转速旋转共 300 r，取出后依次过孔径为 6.3 mm 和 3.2 mm 的圆孔筛，随后数出尚完整的球团数量，计算低温粉化指数（low temperature disintegration，LTD）。

低温粉化指数 LTD 是一个质量分数，由下列公式计算得出：

$$LTD_{+6.3} = \frac{m_1}{m_0} \times 100\% \tag{6-1}$$

$$LTD_{-3.2} = \frac{m_2}{m_0} \times 100\% \tag{6-2}$$

$$LTD_{up} = \frac{n_2}{n_1} \times 100\% \tag{6-3}$$

式中，m_0为当试样中铁的氧化物还原到 Fe_3O_4 阶段时，试样的理论质量，g；m_1 为用 6.3 mm 筛子进行筛分后，筛上部分的质量，g；m_2 为用 6.3 mm 的筛子进行筛分后所得的筛下部分，再用 3.2 mm 的筛子进行筛分，所得的筛上部分的质量，g；n_1 为初始球团个数；n_2 为最后完整球团的个数。

在 HYL 竖炉球团低温还原粉化指标中，$LTD_{+6.3}$是一个比较好的评价球团还原粉化趋势的指数。此值越高，球团在还原过程中的强度越高。对氧化球团来说，此值应大于 80%才可被接受。LTD_{up}是评价球团在还原过程中强度的一个指数。此值越高，球团在还原过程中的强度越高，此值应大于 60%才可被接受。

接下来分别对不同强度的黑山矿球团进行低温还原粉化检测，结果见表 6-3 和图 6-16。可知，黑山矿球团的低温还原粉化性能均较差，$LTD_{+6.3}$ = 51.58%，$LTD_{-3.2}$ = 46.58%，LTD_{up} = 33.20%，难以满足氢基竖炉要求，即使通过调整焙烧制度也难以改善。

表 6-3　黑山矿球团低温还原粉化结果

系列	强度/N	温度/℃	气氛（摩尔分数，%）				粉化指数/%		
			H_2	CO	CO_2	N_2	$LTD_{+6.3}$	$LTD_{-3.2}$	LTD_{up}
1	2276	500	60	18	4	18	30.94	63.95	28.1
2	2541	500	70	8	4	18	51.58	46.58	33.2
3	2739	500	70	8	4	18	21.08	73.09	32.5

6.2.4　黑山钒钛矿氧化球团性能优化

低温还原粉化指数是评价球团在竖炉内性能的一个重要指标。若低温还原粉化指数过差，则炉料在生产过程中易产生大量粉末，恶化料柱透气性，影响炉况顺行。在抗压强度达到 2276 N/个的情况下，黑山矿氧化球团的低温还原粉化性能过差。同时，1000 ℃的还原性实验表明其最终还原度可达到 89.61%，也未能达到竖炉要求的 90%。

综合各实验结果，黑山钒钛磁铁矿的冶金性能并不理想，主要是粉化性能较竖炉要求差距过大，其粉化指数远低于生产性能指标，在竖炉实际生产中将严重影响竖炉透气性和

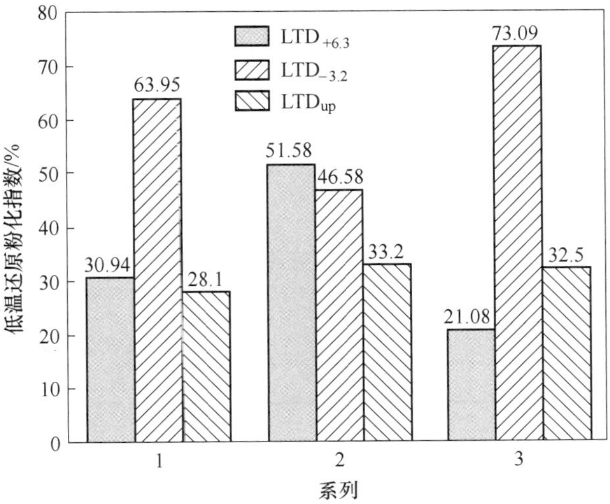

图 6-16 黑山矿氧化球团低温还原粉化实验结果

炉况顺行。因此，为了实现黑山钒钛矿氧化球团适用于氢基竖炉，应考虑与其他矿种配矿，调整其原料组成，优化冶金性能，保证其用作竖炉炉料的可行性。

高品位铁精矿具有较高的铁品位和较低的脉石含量，使其相比于普通钒钛矿具有更好的成球性能，氧化球团的冶金性能也相对更佳。在黑山矿中配加一定比例的高品位铁精矿，可以优化氧化球团冶金性能。秘鲁高品位铁精矿的化学成分见表 6-4，其全铁含量高达 70. 24%，矿粉中的铁主要以 Fe_3O_4的形式存在。高品位铁精矿物相组成如图 6-17 所示。与黑山钒钛矿相比，秘鲁高品位铁精矿的各项基础性能较为优秀，本研究添加 50%的秘鲁高品位铁精粉与黑山矿进行配矿，研究配矿后球团的冶金性能。

表 6-4 高品位铁精矿化学成分 (%)

成分	TFe	FeO	CaO	SiO_2	MgO	Al_2O_3	TiO_2	V_2O_5	Cr_2O_3
质量分数	70. 24	30. 15	0. 25	1. 29	0. 73	0. 33	0. 08	0. 06	<0. 01

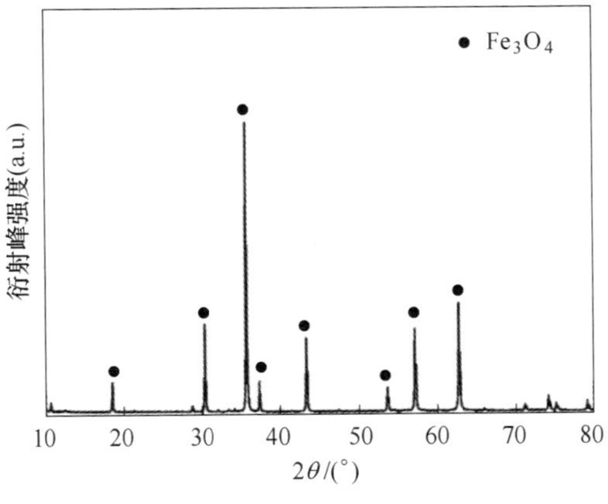

图 6-17 高品位铁精矿物相组成

将 50% 秘鲁高品位铁精粉与 50% 黑山钒钛矿混合后，在同上述的预热焙烧制度（925 ℃预热 15 min、1250 ℃焙烧 30 min）下制备氧化球团，得到配合矿氧化球团的抗压强度为 3223 N/个，相比于黑山矿单矿球团提高了近 1000 N。

配矿球团还原粉化实验条件和结果见表 6-5。在相同条件下，配矿球团的还原粉化指数为 $LTD_{+6.3}=90.31\%$，$LTD_{-3.2}=9.69\%$，$LTD_{up}=98.39\%$。各项指标明显优于黑山单矿球团，达到了竖炉要求。

表 6-5　配矿球团还原粉化实验结果

温度/℃	粉化实验气氛（摩尔分数,%）				粉化指数/%		
	H_2	CO	CO_2	N_2	$LTD_{+6.3}$	$LTD_{-3.2}$	LTD_{up}
500	65	13	4	18	90.31	9.69	98.39

但是，配加过多的高品位铁精粉会降低经济性，主要是由于高品位矿的价格较高，原料成本增加。另一方面，可以添加部分钛精矿，以提高配合矿的钛品位。合作企业要求熔分钛渣的 TiO_2 品位达 40%以上，以便后续的提钛流程。配矿所使用的钛精矿的化学成分见表 6-6。其中，TFe 含量为 36.9%，TiO_2 含量为 45.39%。粒度分布测试结果表明，该钛精矿粒度较粗，所有颗粒直径均超过 0.2 mm，对球团的性能会造成很大的影响。因此，对钛精矿进行润磨处理，处理后的钛精矿小于 0.074 mm 粒级占 93.38%。

表 6-6　钛精矿化学成分　　(%)

成分	TFe	FeO	CaO	SiO_2	MgO	Al_2O_3	TiO_2	V_2O_5	Cr_2O_3
质量分数	36.9	7.47	0.9	2.33	0.77	0.91	45.39	0.2	<0.01

根据高品位铁精矿和钛精矿的化学成分，估算了混合矿的熔分渣成分。在配加 50% 高品位矿优化球团冶金性能的同时，额外加入 10%钛精矿，混合矿熔分钛渣的 TiO_2 品位为 40.08%。因此，采用的配矿比例为 50%高品位矿+40%黑山矿+10%钛精矿。

6.2.4.1　焙烧温度对球团抗压强度的影响

黑山钒钛矿经过配矿后制备生球。在不同的焙烧温度下，采用单因素实验方法，进行了氧化焙烧实验，实验条件见表 6-7。据相关文献，钛精矿预氧化温度为 750 ℃左右。因此，在配矿中加入钛精矿后，增加了 750 ℃的预热阶段 1，预热时间为 30 min。

焙烧温度对氧化球团抗压强度的影响如图 6-18 所示。焙烧温度的提高使球团的抗压强度不断增加，1260 ℃焙烧得到的混合矿球团抗压强度为 2032 N/个；当焙烧温度升高到 1300 ℃后，抗压强度最高达到 3209 N/个。

表 6-7　焙烧温度实验条件

序号	预热制度				焙烧温度/℃	焙烧时间/min
	温度 1/℃	时间 1/min	温度 2/℃	时间 2/min		
1	750	30	925	15	1260	30
2	750	30	925	15	1270	30
3	750	30	925	15	1280	30
4	750	30	925	15	1290	30
5	750	30	925	15	1300	30

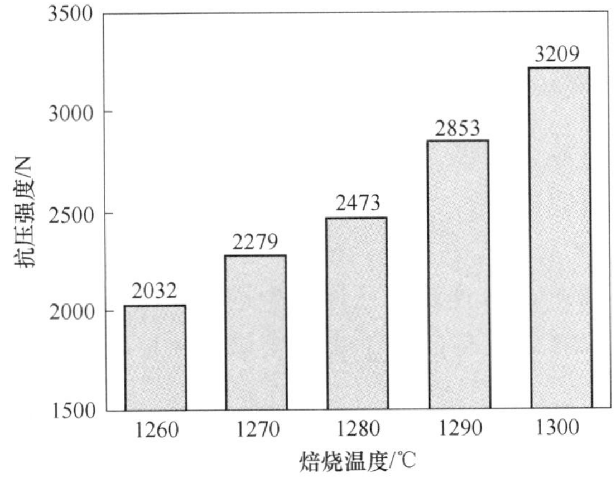

图 6-18 焙烧温度对球团强度的影响

6.2.4.2 焙烧时间对球团抗压强度的影响

对黑山配矿球团进行了不同焙烧时间的氧化焙烧实验，实验条件见表 6-8。焙烧时间对氧化球团抗压强度的影响如图 6-19 所示。由实验结果可见，随着焙烧时间的延长，混合矿球团的抗压强度小幅上升，1290 ℃焙烧 10 min 后球团抗压强度为 2698 N；焙烧时间增加到 40 min 后，抗压强度为 2889 N。

表 6-8 混合矿焙烧时间实验条件

序号	预热制度				焙烧温度/℃	焙烧时间/min
	温度 1/℃	时间 1/min	温度 2/℃	时间 2/min		
1	750	30	925	15	1290	10
2	750	30	925	15	1290	20
3	750	30	925	15	1290	30
4	750	30	925	15	1290	40

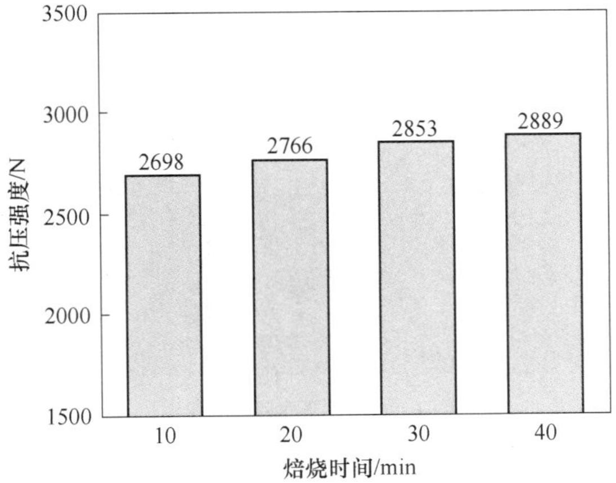

图 6-19 焙烧时间对混合矿球团强度的影响

6.3　钒钛矿氧化球团氢基竖炉还原

6.3.1　钒钛矿球团氢基竖炉还原实验方案

低温还原粉化实验见 6.2.3 节。下面主要介绍氢基竖炉条件下钒钛矿球团的还原性、还原膨胀以及黏结行为研究方法。

6.3.1.1　还原性能实验

还原性测试同样在如图 6-15 所示的还原炉中进行，具体步骤如下：

（1）将焙烧后的钒钛矿氧化球团在干燥箱中烘干 4 h 后取出，称取（500±1）g 的氧化球团装入反应管中；

（2）将反应管放入还原炉中，还原炉开始升温，手动升温至炉温 200 ℃后改为自动升温，控制自动升温速率为 10 ℃/min，炉料温度升高至 200 ℃后，向反应管内通入 5 L/min的 N_2，在 N_2 保护下继续升温，直到升温至实验还原温度并保持温度；

（3）炉料温度升高至指定还原温度并稳定后，开始通入混合还原气体 15 L/min，每 1 min记录一次还原失重；

（4）直到还原失重不再变化之后，关闭还原气，通入 8 L/min 的 N_2，将反应管从炉中取出，冷却至室温；

（5）将 DRI 制样后对其主要化学成分进行检测，主要包括 TFe 和 MFe 含量，并计算其金属化率。

6.3.1.2　还原膨胀性能实验

采用如图 6-20 所示的还原膨胀测试仪，考察钒钛矿球团在竖炉还原过程中的膨胀行为。该装置主要由计算机控制系统、气体控制系统、卧式加热炉和红外摄像仪组成。装置操作平台上依次分布着红外摄像仪、载样刚玉管和卧式加热炉体，其中加热炉体以底部导轨控制可实现横向平移，升温速率及恒温温度由计算机系统控制，最高温度可达 1400 ℃，满足氢冶金还原温度要求。载样刚玉管呈 U 形，具有耐高温性能，管中配有热电偶以实时测量样品温度。当加热炉在导轨上移动时，载样刚玉管可以伸入炉膛内部，达到预定位置后停稳进行恒温。卧式加热炉尾部连接进气管，还原气体经由流量控制阀进入进气管混合，再通入炉腔内。

图 6-20　还原膨胀测试仪

具体实验步骤包括：

（1）将钒钛矿氧化球团试样置于电热干燥箱中，于 110 ℃烘干后备用；

（2）开启设备电源及计算机系统，设定升温程序，使炉温升至实验所需温度并保持恒温；

（3）调节气体流量控制阀，向炉腔内通入 2 L/min 的 N_2 并持续数分钟，排空炉腔内的空气，形成保护性气氛，随后将干燥好的球团矿 1 个放置于载样刚玉管上，转动控制柜旋钮移动加热炉炉体，直至载样刚玉管伸入炉腔到达指定位置并开始升温；

（4）样品温度到达指定值并保持恒定后，关闭 N_2 保护气，调节气体流量控制阀向炉腔内通入还原气开始实验并计时，还原气流量为 2 L/min，此时红外摄像仪可实时观测炉内球团样品图像；

（5）实验开始后的前 10 min，每隔 1 min 在计算机上截取样品照片，10 min 后时间间隔放缓至 2 min，30 min 后可放缓至 5 min；

（6）还原进行 60 min 后，膨胀实验结束，此时停止加温，样品在 N_2 保护下冷却至室温。

实验所选取的钒钛矿氧化球团样品均尽可能接近于球形，还原过程中假定其体积膨胀保持各向同性，因此可将球团还原过程中拍摄到的截面变化用以表征球团的体积膨胀过程。在整个实验过程中，红外摄像仪取景框内物像均保持不变，仅有球团样品截面面积随还原反应的进行而变化，如图 6-21 所示。红外摄像仪所取得的图像中，球团部分与背景具有显著的对比度，将还原过程中不同时刻的图像截取后，运用 Image Pro Plus 软件对图像中的球团截面面积进行计算，如图 6-22 所示，计算过程对每张图片采用统一的比例尺。

将还原前 0 min 的球团截面面积记为 S_0，还原 n min 时的球团截面面积记为 S_n，则每一时刻的球团还原膨胀率可由下列公式得出：

$$\mathrm{RSI}_{[n]} = \frac{S_n^{\frac{3}{2}} - S_0^{\frac{3}{2}}}{S_0^{\frac{3}{2}}} \tag{6-4}$$

由式（6-4）算出各点的还原膨胀率后，以其为纵坐标对还原时间作图，即可得到球团的膨胀曲线。

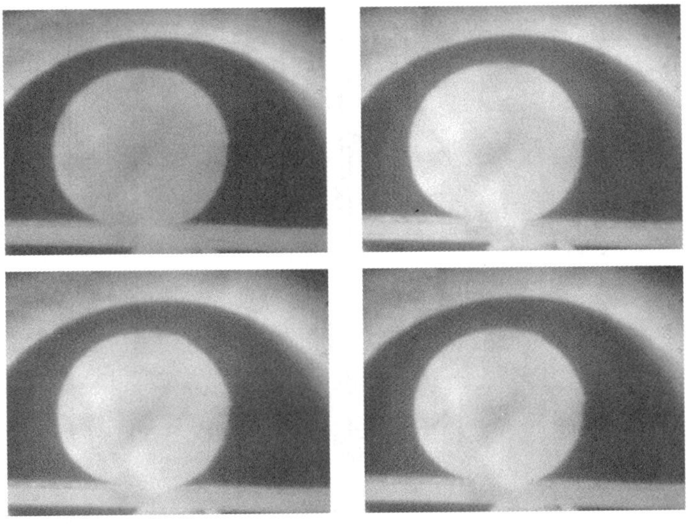

图 6-21 球团体积膨胀表征方法

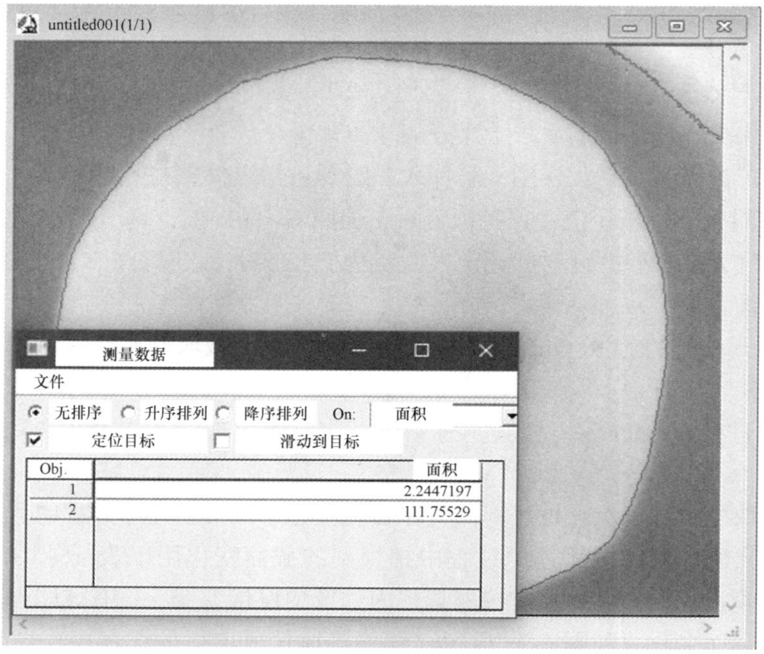

图 6-22　球团截面面积计算方法

6.3.1.3　还原黏结实验方案

还原黏结实验使用如图 6-23 所示的荷重还原炉。

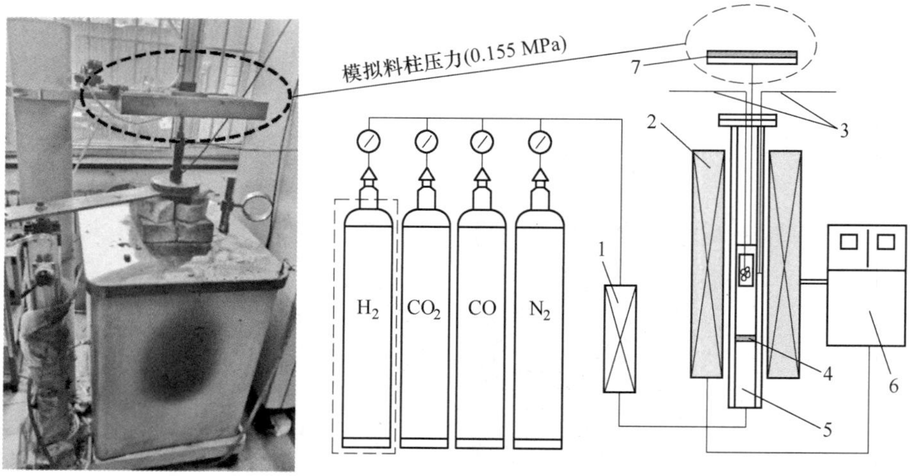

图 6-23　荷重还原炉

1—气体流量计；2—加热炉；3—热电偶；4—氧化铝球；5—反应管；6—计算机；7—气压荷重装置

具体步骤如下：

（1）将钒钛矿氧化球团在干燥箱中烘干后取出，称取（500±1）g 的氧化球团，放入坩埚中后置入反应管中；

（2）将反应管放入荷重还原炉中开始升温，手动升温至炉温 200 ℃后改为自动升温，控制自动升温速率为 10 ℃/min，炉料温度升高至 200 ℃后，向反应管内通入 5 L/min 的

N_2，在 N_2 保护下继续升温，直到升温至实验还原温度并保持温度；

(3) 炉料温度升高至实验温度并稳定后，开始通入还原气体 10 L/min，并模拟料柱压力，在炉料料面上部施加 0.155 MPa 的载荷压力；

(4) 直到还原达到还原终点后，关闭还原气，卸掉载荷压力，通入 8 L/min 的 N_2，将反应管从炉中取出，冷却至室温；

(5) 取出还原后炉料称重，将相互黏结的球团进行落下实验，并计算黏结指数。

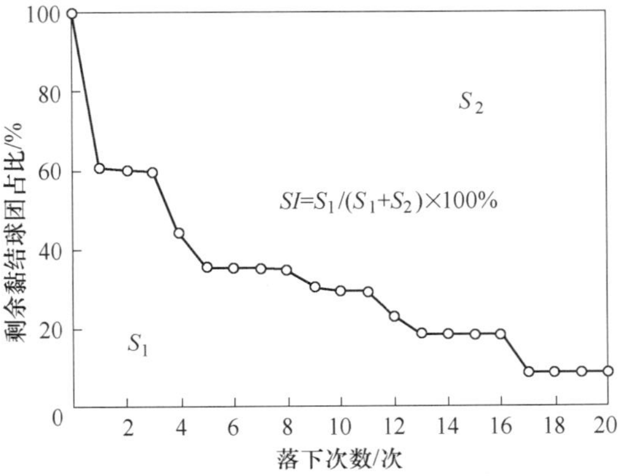

图 6-24 黏结指数计算示意图

对不同还原样品冷却后的结块球团进行落下测试，并计算得出黏结指数。黏结指数的计算方法为：对还原后样品中相互黏结的球团进行称重，在 1 m 的高度落下 20 次。每次落下后，对仍然黏结的部分进行称重并记录，然后用每次落下后黏结的球团质量对应落下次数作图。黏结指数（SI）的定义为图 6-24 中曲线之下面积所占整个图片的百分比，当还原后的球团样品中无黏结现象发生，则黏结指数为 0，而当落下 20 次后球团黏结部分的质量无变化，则认为此时球团还原后的黏结指数为 100%。黏结指数为 2.5%时，指黏结球团在一次落下后便全部散开。黏结指数低于 20%时，说明球团在 20 次落下实验中几乎已完全分离，黏结指标较好，而黏结指数越高代表其球团黏结越紧密，不利于实际生产。

6.3.2 黑山配矿球团氢基竖炉直接还原

6.3.2.1 配矿球团粉化行为

黑山钒钛矿配矿氧化球团的化学成分见表 6-9。TFe 含量为 61.66%。在 500 ℃进行各个气氛的还原粉化实验，还原气中 H_2 摩尔分数比例分别为 50%、65%、100%，具体实验条件见表 6-10。

表 6-9 黑山配矿氧化球团化学成分 (%)

成分	TFe	FeO	CaO	SiO_2	MgO	Al_2O_3	TiO_2	V_2O_5	Cr_2O_3
质量分数	61.66	0.61	0.58	2.26	0.98	1.35	7.28	0.34	0.24

表 6-10 配矿球团还原粉化实验条件

序号	温度/℃	气氛（摩尔分数）/%			
		H_2	CO	CO_2	N_2
1	500	50	28	4	18
2		65	13	4	18
3		100	0	0	0

不同还原气氛条件下球团的低温还原粉化指数如图 6-25 所示，图中深色部分表示 $LTD_{-3.2}$，下部浅色部分代表 $LTD_{+6.3}$。随着气氛中 H_2 比例的不断提高，柱状图上部深色区域不断收窄，同时浅色部分变宽，这表明了球团经转鼓后留在孔径为 6.3 mm 的筛子上的物体质量增加，通过小孔径被筛分掉的球团粉末或碎块减少，球团的粉化指数降低，粉化性能更好。相应地，图中的折线表明了 LTD_{up} 指数呈上升趋势，即球团经转鼓后保持完整的能力提升。显而易见，H_2 可以抑制球团的还原粉化，当还原气中 H_2 占比 65%时，球团的粉化指数 $LTD_{+6.3}=88.41\%$，$LTD_{-3.2}=9.8\%$，$LTD_{up}=98.24\%$，球团转鼓后小于 3.2 mm 的部分小于 10%。当还原气中 H_2 占比达到 65%以上时，均满足氢基竖炉要求。

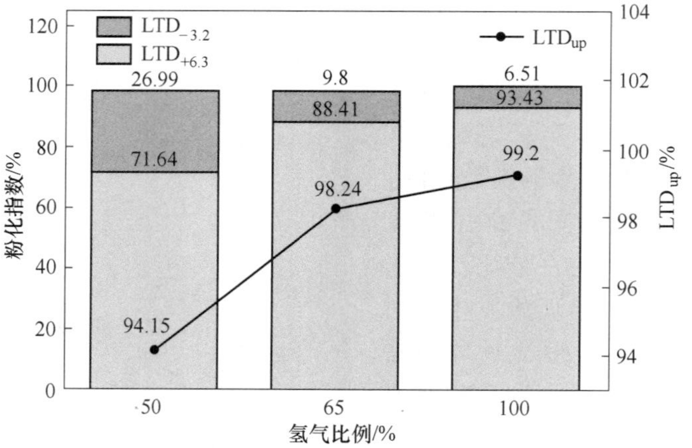

图 6-25　不同氢气比例条件下球团的粉化指数

对 H_2 占比 65%和 H_2 占比 50%下得到的粉化球团进行了 SEM 及面扫描分析，结果如图 6-26 及图 6-27 所示。图中深色阴影处为 Si、Ca、Al 富集的脉石相，其余部分则为 Fe 的主要分布区域。可以看到，在 H_2 占比 65%的条件下，粉化球团内部结构更为密实，能够更好地抵抗球团还原过程中产生的内应力，而在 H_2 占比 50%下得到的粉化球团中出现了明显的裂纹，这些裂纹在 Fe 相和脉石相交界的边缘向球团内部扩展，造成了球团的粉化。

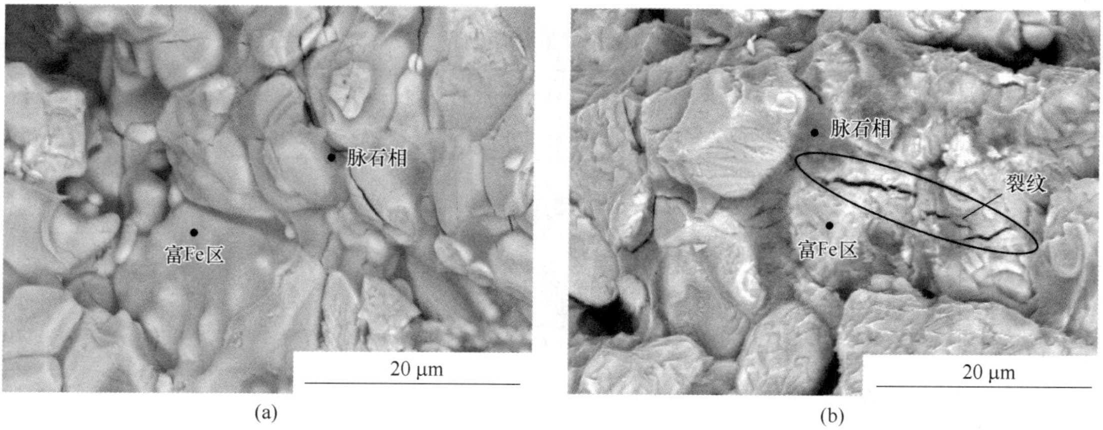

图 6-26　粉化球团 SEM 照片

（a）氢气占比 65%；（b）氢气占比 50%

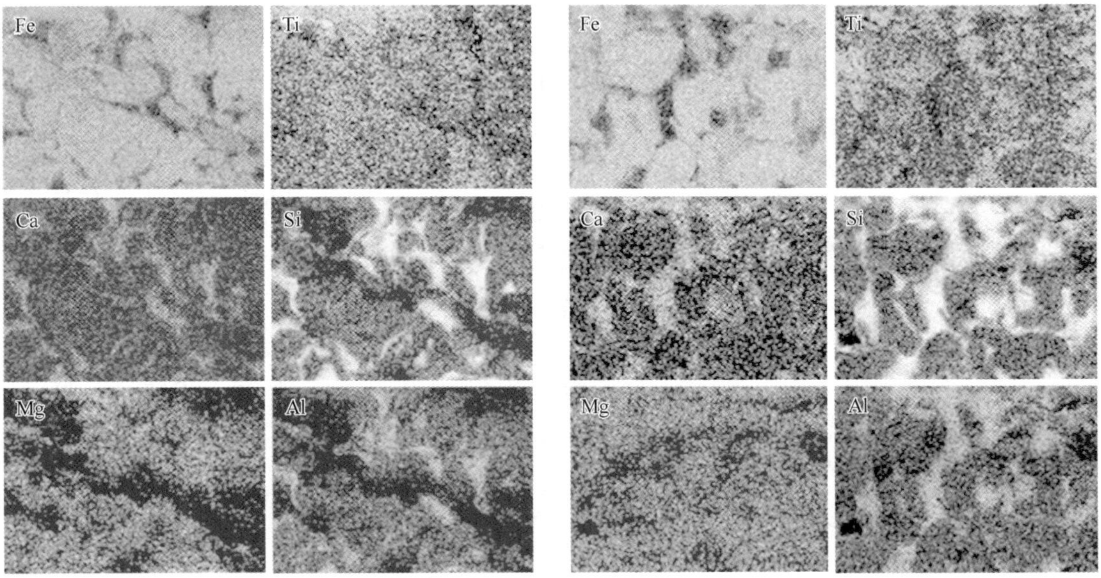

(a) (b)

图 6-27 粉化球团的元素面分布

（a）氢气占比 65%；（b）氢气占比 50%

6.3.2.2 配矿球团还原性实验

为了考察还原气氛和还原温度对配矿球团还原行为的影响，采用 3 种 H_2 含量不同的还原气氛和 4 种温度进行了组合实验，具体的实验条件见表 6-11。

表 6-11 还原性实验条件

序号	温度/℃	气氛（摩尔分数）/%			
		H_2	CO	CO_2	N_2
1	900	50	28	4	18
2	900	65	13	4	18
3	900	100	0	0	0
4	950	50	28	4	18
5	950	65	13	4	18
6	950	100	0	0	0
7	1000	50	28	4	18
8	1000	65	13	4	18
9	1000	100	0	0	0
10	1050	50	28	4	18
11	1050	65	13	4	18
12	1050	100	0	0	0

A　还原气氛对钒钛球团还原过程的影响

在不同还原温度，H_2 比例分别为 50%、65%、100%的还原气氛下进行还原性实验，结果如图 6-28 所示。在各还原条件下，球团的还原曲线呈现相似的变化趋势：在还原初期，球团还原反应速率较快，曲线斜率较高；随着还原反应的进行，球团中的还原产物层逐渐加厚，使还原气体扩散速率下降；还原后期反应速率逐渐减慢，最终趋于稳定，还原曲线进入平台期。不同还原气氛下还原曲线的差异仅在于各阶段的变化速率以及到达平台期的时间不同，且随着 H_2 比例的变化，球团所达到的最终还原度也不一致。

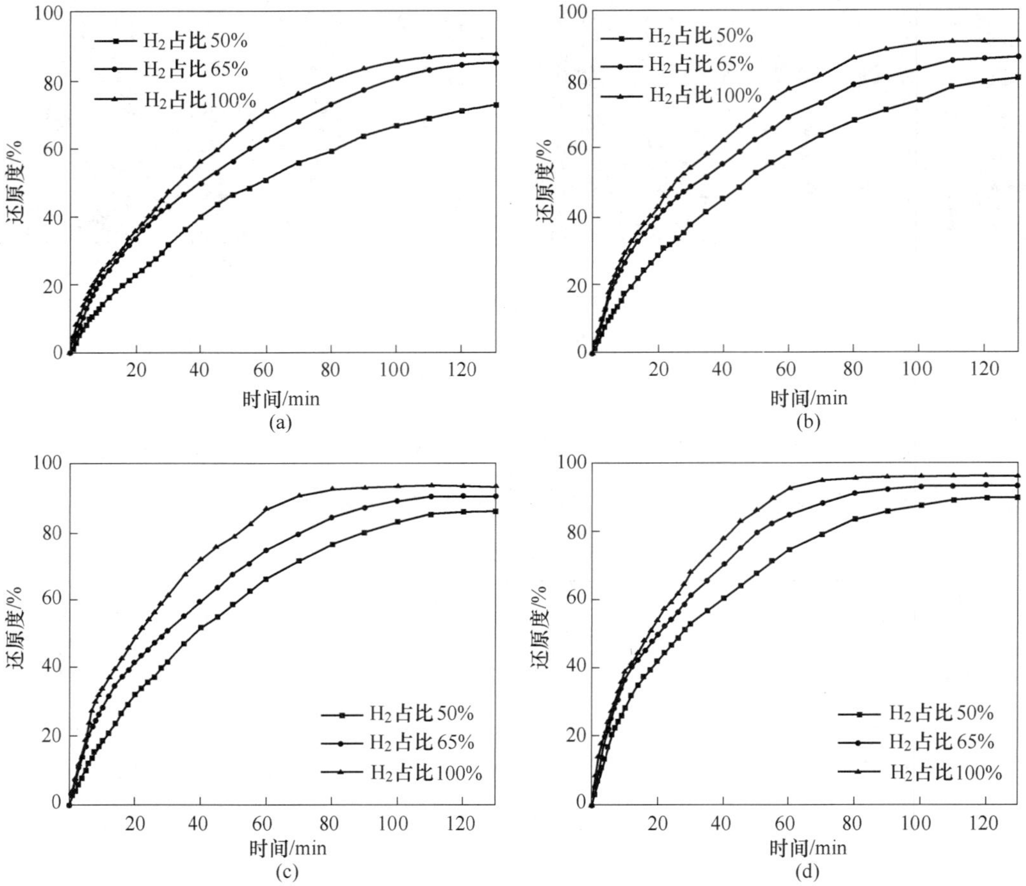

图 6-28　不同还原温度下还原气氛对球团还原度的影响

（a）900 ℃；（b）950 ℃；（c）1000 ℃；（d）1050 ℃

在 1000 ℃的条件下，当还原气中 H_2 占比 50%时，球团需经 120 min 的还原才到达平台期，样品甚至仍有轻微的失重；当还原气中 H_2 占比 65%时，球团经 110 min 的还原到达平台期，最终还原度达 90. 32%；在纯氢气氛下，球团在 80 min 后进入平台期，最终还原度达 93. 42%。同样经 60 min 的还原时长，还原气中 H_2 占比 50%、H_2 占比 65%、H_2 占比 100%条件下球团所能到达的还原率分别为 66. 02%、74. 52%和 86. 61%。可见，H_2 浓度的增加可明显加快球团的还原速率，并提高最终还原度。

B 还原温度对球团还原过程的影响

在900~1050 ℃范围内的4个还原温度下进行还原性实验，结果如图6-29所示。可知，温度的变化对于球团的还原速率以及最终还原度也有显著的影响。在900 ℃下，球团在H_2占比50%的还原气氛下最终还原度仅达到72.78%，且需还原130 min；即使在纯氢气氛下最终还原度也仅为87.64%，未达到氢基竖炉要求。但在纯氢气氛下，还原温度为1050 ℃时可使球团的最终还原度高达96.09%。

当还原气氛H_2占比65%时，球团在900 ℃、950 ℃、1000 ℃、1050 ℃下还原所达到的最终还原度分别为85.20%、86.33%、90.32%、93.08%，并且还原到终点所用的时间为130 min、120 min、110 min、110 min。可见还原温度的提高不仅使还原球团的最终还原度增大，且还原的速率也得到提升，球团还原到终点所需时间有所减少。

综合以上实验结果，当还原气中H_2占比65%时，1000 ℃和1050 ℃还原温度可使球团还原度达90%以上；当还原气氛中H_2占比100%时，大于950 ℃的还原温度均可使最终还原度达90%以上。

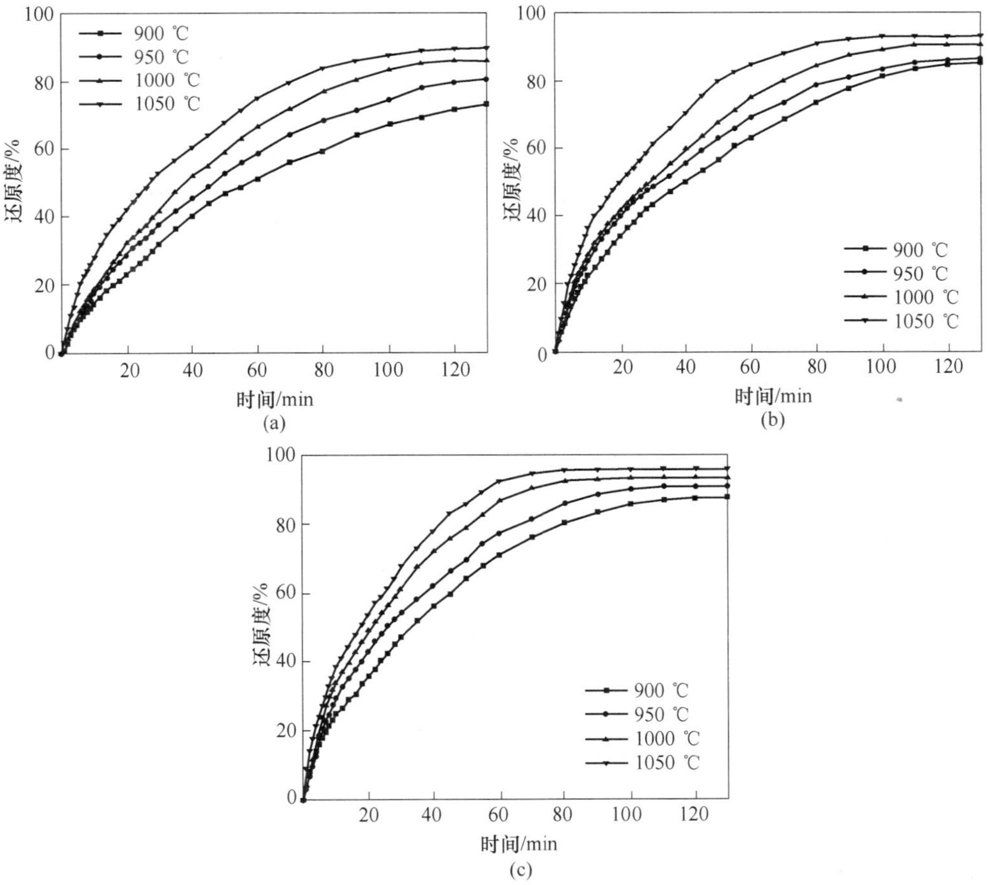

图6-29 不同还原气氛下还原温度对球团还原度的影响

(a) H_2占比50%；(b) H_2占比65%；(c) H_2占比100%

C　还原过程中球团微观形貌及物相演变规律

在还原气氛中 H_2 占比 65%、还原温度 1000 ℃的条件下，对不同还原时间的球团进行了 SEM 分析，结果如图 6-30 所示。还原时间 0 min 时为氧化球团的微观照片，其中可见大量孔洞分布；当还原进行 5 min 后，球团内部迅速出现了白色的金属铁相；还原进行 20 min 后，球团中的金属铁相分布增加；还原达到 50 min，球团内部基本被金属铁相填充，氧化球团中孔洞逐渐消失；还原时间为 80 min 和 120 min 时，球团内部形貌均为金属铁相填充，无明显变化。

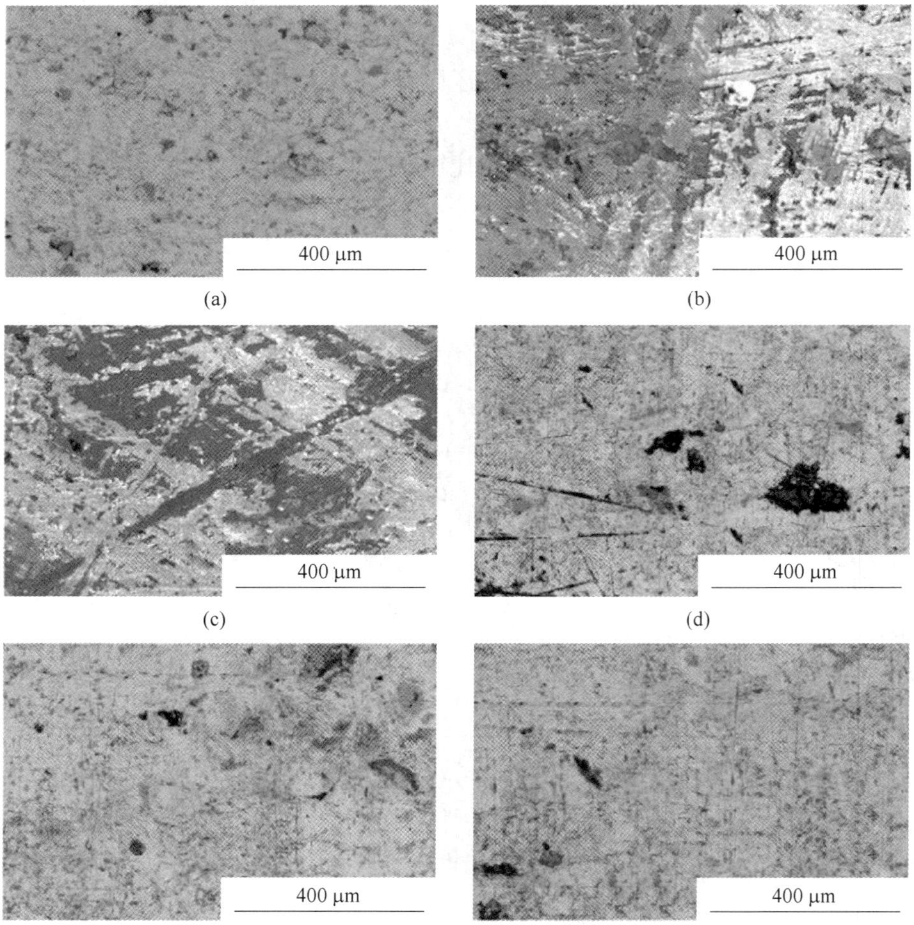

(a)　(b)　(c)　(d)　(e)　(f)

图 6-30　不同还原时间条件下球团的 SEM 照片

(a) 0 min；(b) 5 min；(c) 20 min；(d) 50 min；(e) 80 min；(f) 120 min

结合还原球团的 XRD 分析结果（见图 6-31）可知，还原时间为 5 min 时，球团中开始出现 Fe 相，随着反应时间的推进，Fe 的峰强不断增长，并且各铁（钒、铬、钛）氧化物被还原至消失，还原进行 50 min 以后剩余较为纯净的 Fe 峰，这与 SEM 结果吻合得较好。因此可认为，反应进行 50 min 以后，球团已经还原得比较完全，所以在还原反应的后期，球团的还原速率趋于缓慢。

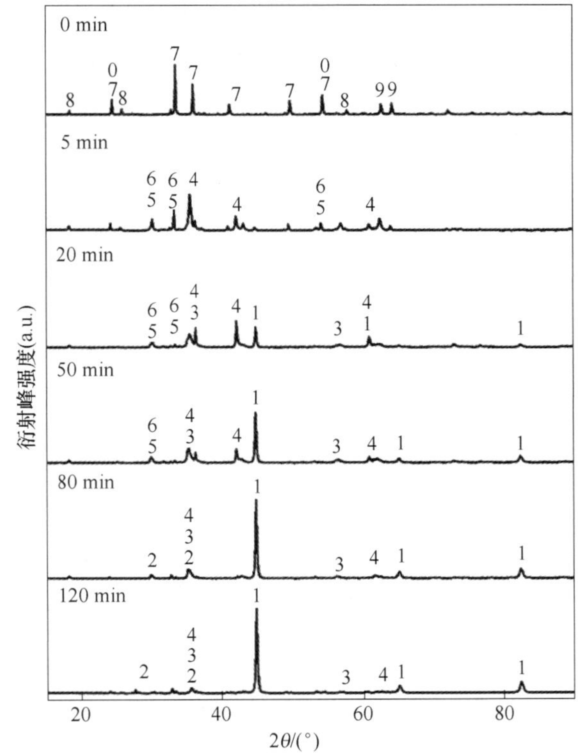

图 6-31 不同还原时间条件下球团的 XRD 分析结果

0—V_2O_3；1—Fe；2—TiO_2；3—$FeTiO_3$；4—FeO；5—Fe_2VO_4；6—$FeCr_2O_4$；7—Fe_2O_3；8—Fe_2TiO_5；9—$(Fe_{0.6}Cr_{0.4})_2O_3$

6.3.2.3 球团还原膨胀性能研究

A 还原气氛对球团还原膨胀的影响

在 900~1050 ℃的不同温度条件下，还原气氛对球团还原膨胀过程的影响如图 6-32 所示。在各种还原条件下，球团膨胀曲线均呈现相似的变化趋势，即球团的还原膨胀率经历先增加、再降低、最后趋于平缓的 3 个阶段。整个还原过程中在初始的膨胀阶段和收缩阶段之间存在一个峰值，此为球团的最大膨胀率。这说明球团通入还原气后球团立即从初始体积开始膨胀，达到最大膨胀体积后收缩，且收缩速率不断变缓，并缩至最终体积，球团的最终体积大于初始体积。

但在不同的气氛条件下，球团达到的最大膨胀率和最终膨胀率有所不同，到达最大膨胀率所需时间也不同。由图 6-32 中的曲线可看出，当还原气中 H_2/CO 上升时，球团的最大膨胀率降低，且达到最大膨胀率的时间减短，图中表现为曲线峰向图的左下方移动。在 1000 ℃的条件下，使用 H_2 占比为 50%的还原气氛还原时，最大膨胀率在 18 min 达到 12.91%；当还原气氛中 H_2 比例提高到 65%时，达到最大膨胀的时间提前至 16 min，且最大膨胀率降为 11.22%；在纯氢气氛下，仅需 12 min 就达到 9.23%的最大膨胀率。此外，H_2 比例的提高使最终膨胀率逐步减小，50%、65%和 100%氢气条件下最终膨胀率分别为 9.37%、6.62%和 5.54%。多组实验结果共同表明，H_2 浓度增加可抑制球团在还原过程中的膨胀行为，且在各条件下最大膨胀率均低于 20%，符合氢基竖炉要求。

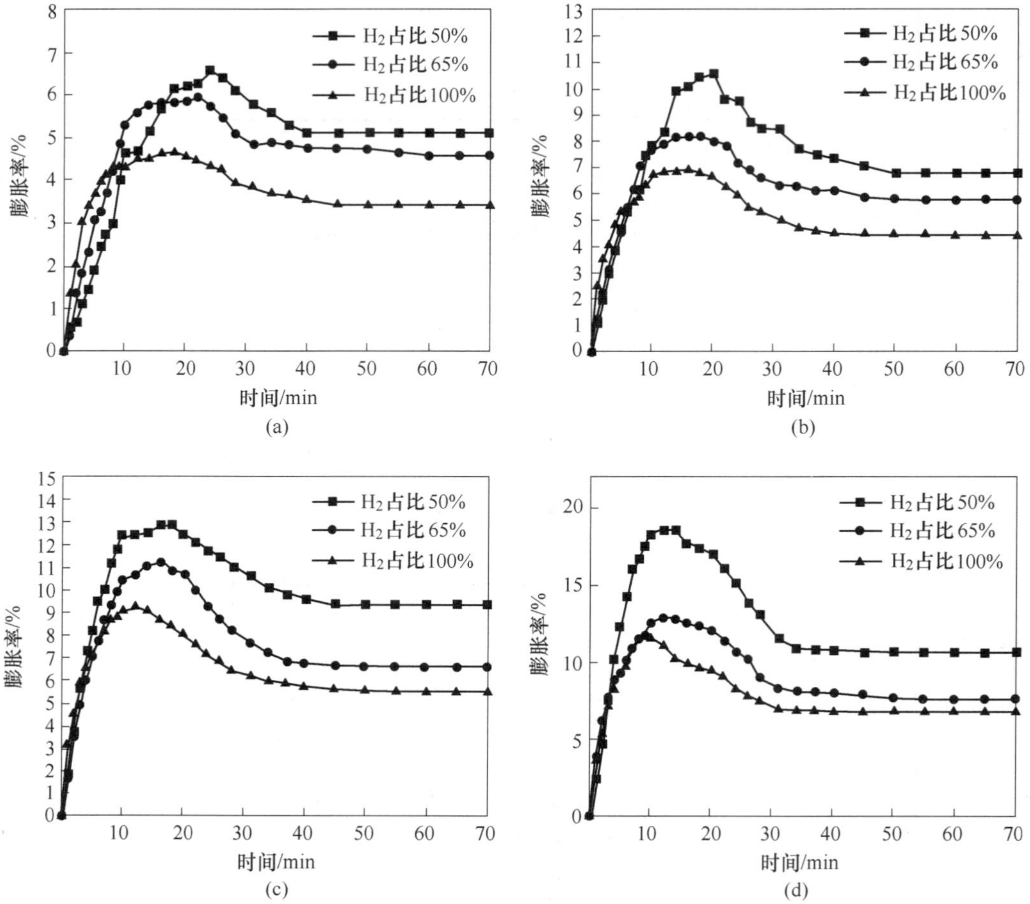

图 6-32　不同温度条件下还原气氛对球团膨胀率的影响

(a) 900 ℃; (b) 950 ℃; (c) 1000 ℃; (d) 1050 ℃

球团的还原膨胀受到多种因素的综合影响，从产物形貌的角度出发，通常认为金属铁晶须的生成会使球团的膨胀加剧。球团还原过程中，当浮氏体（FeO）向金属铁转变时，受到还原条件以及晶体结构的影响，金属铁会在浮氏体表面特定的点位以晶须状形态析出，生长出铁晶须，并迫使周围晶粒发生位移或开裂，造成异常膨胀的发生。

相比于其他还原气氛，纯 CO 气氛下的还原会导致炉料产生更多的膨胀，这是由于炉料在高 CO 气氛下形成了更多的长铁晶须。对本实验中不同气氛下还原后的球团样品进行了 SEM 分析，在纯氢气氛下，金属铁基本上都以层状铁形式生长，如图 6-33（a）所示，新生铁相互相交叠，空间利用率较高，整体上看铁相长成的结构更加紧密。在较低倍数下观察，如图 6-33（c）所示，图中略微凸起的金属铁核心数量多，密度较大。当还原气氛中 H_2 的含量为 50%，CO 的含量为 18%时，球团还原后的微观形貌如图 6-33（b）（d）所示，可以看到金属铁的生长形貌与纯氢气氛下有很大区别。此时，金属铁的生长相互分离，以晶须的形态析出，同样在低倍数下观察，铁晶须周围的金属铁核心分布稀疏，形核条件不足，因此随着还原的推进铁晶须会继续向前生长，最终生成长铁晶须。在铁晶须的形态下，球团内部空间利用率较低，铁晶须之间无序的生长容易导致相互交错和孔洞的形成，引起球团较大的膨胀。

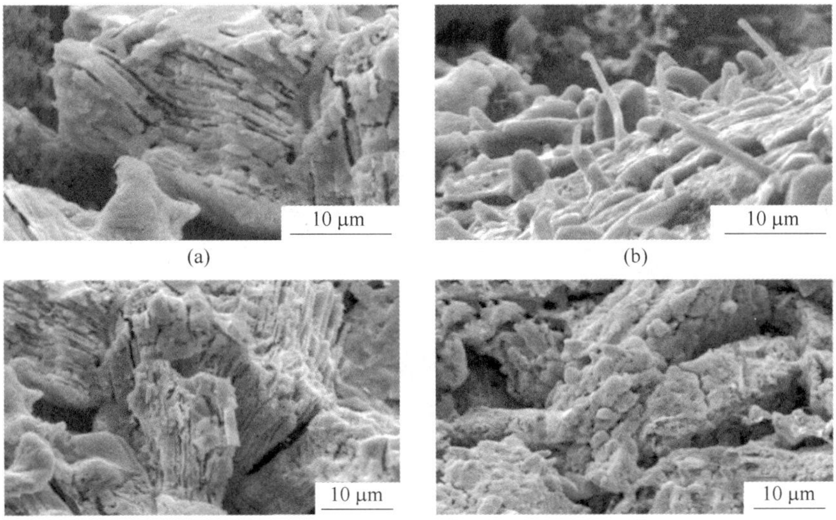

(a) (b) (c) (d)

图 6-33 不同气氛条件下球团内部形貌 SEM 照片

(a) 100%H_2，高倍数；(b) 50%H_2，高倍数；(c) 100%H_2，低倍数；(d) 50%H_2，低倍数

除铁相生长形态的影响外，球团还原过程中气固反应致使浮氏体界面上产生的 CO_2 或 H_2O 气泡对球团膨胀亦有影响。一方面，反应体系平衡时 CO/CO_2 形成的气泡压要远大于 H_2/H_2O 的气泡压，因此当 FeO 向 Fe 转变时，高 CO 气氛使得气泡对浮氏体表面的金属铁层产生更大的破坏，出现裂纹和不规则破裂，不利于球团的正常收缩。而当还原气中的 H_2 含量增加时，还原中所产生的气泡压力较小，从而呈现较低的膨胀率。另一方面，球团在还原过程中，金属铁层表面的气固界面处会发生析碳反应，碳在铁相中不断沉积并在球团的微小孔隙或晶体裂缝内累积，进而使球团发生膨胀或碎裂。一部分沉积的碳可与浮氏体中游离的氧作用生成 CO 和 CO_2 气体，也会在金属铁层与浮氏体层之间聚集产生气泡，导致金属铁层的破裂。因此，还原气中过高的 CO 分压可能促进渗碳体 Fe_3C 的形成，并进一步引起球团的异常膨胀。

B 还原温度对球团还原膨胀的影响

在 H_2 比例为 50%、65%、100% 3 种还原气氛条件下，对球团在 900 ℃、950 ℃、1000 ℃、1050 ℃、1100 ℃的还原膨胀行为进行研究，结果如图 6-34 所示。

在同一气氛条件下，升高温度使得最大膨胀率增大，且达到最大膨胀率的时间缩短。在还原气中 H_2 占比 65%、CO 占比 13%时，在 950 ℃的最大膨胀率仅为 5.95%，950 ℃、1000 ℃ 的最大膨胀率分别为 8.18%、11.22%，在 1050 ℃ 最大膨胀率达到最高的 16.14%，达到最大膨胀所需的时间分别为 22 min、18 min、16 min、12 min。在其他气氛条件下，温度对于球团膨胀的影响均类似。

还原温度的提高对于球团矿还原速率的促进作用是显而易见的，高温不仅满足了还原反应的热力学条件，也使得分子热运动加剧，改善气固反应动力学条件。由未反应核模型可知，球团矿的还原反应从球体表面开始，球团外层的铁氧化物优先被还原，而内层的铁离子受气体分子扩散的限制性环节影响，还原速率较慢。球团内外层铁氧化物的还原速率

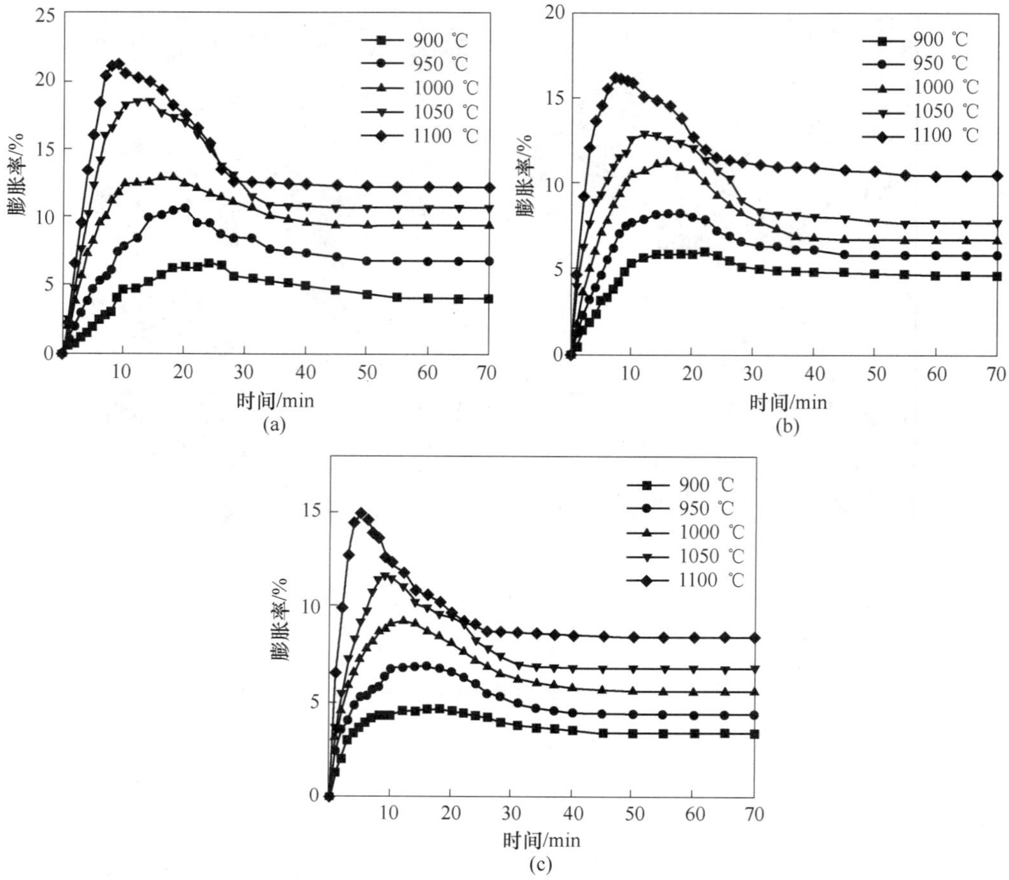

图 6-34　不同 H_2 比例下还原温度对球团膨胀率的影响

（a）H_2 占比 50%；（b）H_2 占比 65%；（c）H_2 占比 100%

不一致，这就导致了它们所处的还原阶段不同。在还原反应的第一阶段发生赤铁矿 α-Fe_2O_3 到磁赤铁矿 γ-Fe_2O_3 的转变，其中 α-Fe_2O_3 为三方晶系，γ-Fe_2O_3 为等轴晶系，反应所产生的晶格畸变会导致约 20%的体积膨胀，这一阶段发生的晶型转变是球团还原膨胀的主要原因之一，也对球团的还原膨胀通常在还原初期剧烈发生这一现象做出了解释。当球团进行还原时，其核心处总有一部分尚未参与还原，过高的还原温度使得球团表层的气固还原反应加快，还原气分子向内扩散，在更多反应位置发生晶格转变，从而导致球团内应力增加。内应力的产生使晶体结构错位，晶体沿断裂面产生滑移，最终导致塑性形变，增加球团的膨胀体积。同时，内应力会造成球团强度的降低，使其无法抵抗还原产生的体积膨胀而产生裂纹。

对在 H_2 占比 65%、还原温度为 1000 ℃的条件下球团还原膨胀过程中的微观形貌进行了 SEM 分析，结果如图 6-35 所示。在还原反应的初期，氧化球团的内部微观结构被破坏，此过程中即发生了前述的晶格转变，在 15 min 左右球团产生剧烈膨胀，并发展出了裂纹和孔隙，球团的膨胀率实验结果也表明此时球团的膨胀达到了最高值左右。随后，球团内部的孔隙逐渐被生成的金属铁填充，重新连结收缩，内部结构变得致密。因此，球团在还原后期膨胀率呈现下降趋势，并最终达到平台期。

图 6-35 不同还原时间条件下的球团 SEM 照片

(a) 0 min；(b) 5 min；(c) 15 min；(d) 30 min；(e) 50 min；(f) 70 min

6.3.2.4 还原黏结性能研究

为了考察球团在不同条件下的还原黏结行为，同样采用 H_2 比例为 50%、65%、100% 的 3 种气氛条件，在 900~1050 ℃内的 4 个温度开展组合实验。

A 还原气氛对球团还原黏结的影响

还原温度为 900 ℃时，各气氛条件下球团均不发生黏结现象。当还原温度达到 950 ℃以上时，球团开始发生黏结，在 950~1050 ℃的温度范围内，对各气氛条件的黏结实验结果如图 6-36 所示。

950 ℃球团在还原前中期几乎不发生黏结，直至 50 min 以前，球团的还原黏结指数均在 2.5%以下，即所有球团都在一次跌落后分离。还原达到 60 min 后，黏结指数也仅略微增加，气氛中 H_2 占比 50%时最大，为 3.03%。在 1000 ℃下，球团的黏结情况有所恶化，各气氛条件下球团黏结指数均在 30 min 后超过了 2.5%，并随着还原时间的延长逐步升高，气氛中 H_2 占比分别为 65%和 100%时，球团黏结指数最终在 60 min 分别升至 4.26% 和 3.77%，而在 H_2 占比 50%时，球团的黏结指数迅速升至 7.42%。当还原温度为 1050 ℃时，球团在 20 min 之后黏结指数就超过了 2.5%，随着还原时间的延长，H_2 占比 50%下的球团黏结发展迅速，在 60 min 达到了 9.86%。

由 6.3.2.3 节中对球团膨胀的分析可知，在 H_2 占比 50%条件下，还原气中较多的 CO 有利于铁晶须的生成，而铁晶须与层状铁相比，具有更高的空间碰撞概率，容易发生相互的勾连，形成金属铁相的连接，使球团之间的黏结更强。

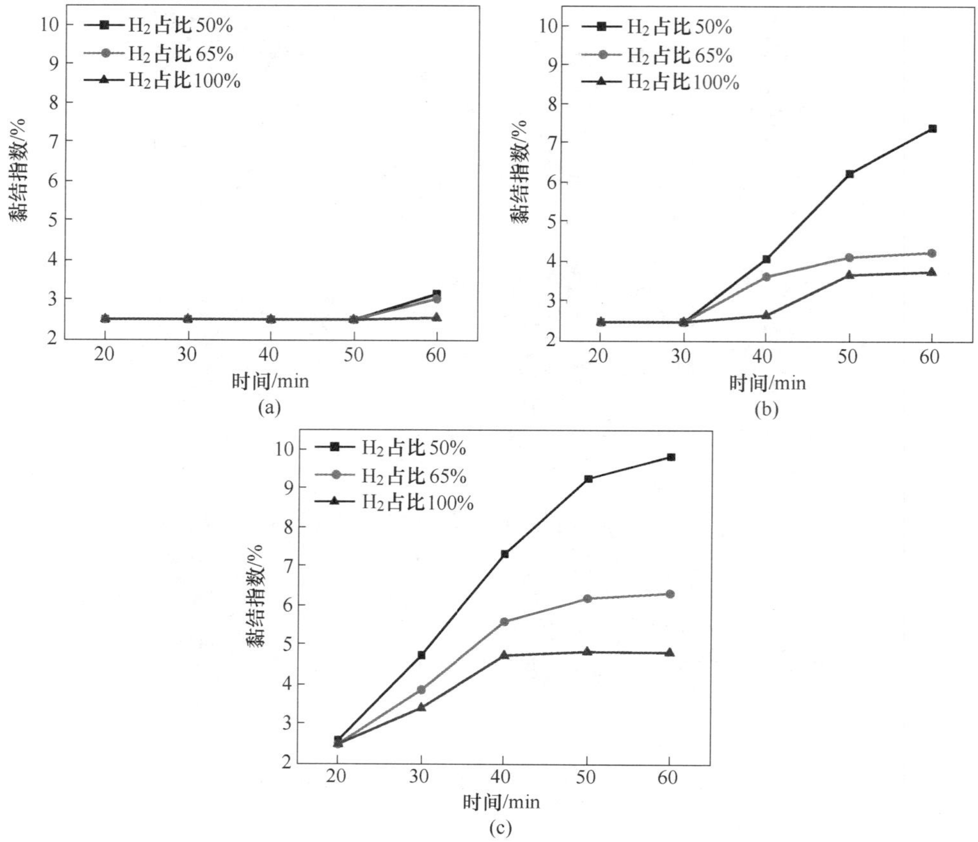

图 6-36　不同温度条件下还原气氛对球团黏结的影响

（a）950 ℃；（b）1000 ℃；（c）1050 ℃

对 1000 ℃采用 50% H_2 和 100% H_2 还原后的黏结球团进行了 SEM 分析，结果如图 6-37 所示。H_2 占比 50%的条件下，出现了大面积的铁相粘连，而纯氢时黏结更倾向于点的连接，形成了柱状铁，进一步证明了气氛中的高 CO 比例对还原黏结起到了促进作用。

B　还原温度对球团还原黏结的影响

在不同气氛条件下，球团在 950 ℃、1000 ℃、1050 ℃的还原黏结实验结果如图 6-38 所示。

图 6-37　不同气氛条件下球团黏结界面微观形貌

（a）50%H_2；（b）65%H_2

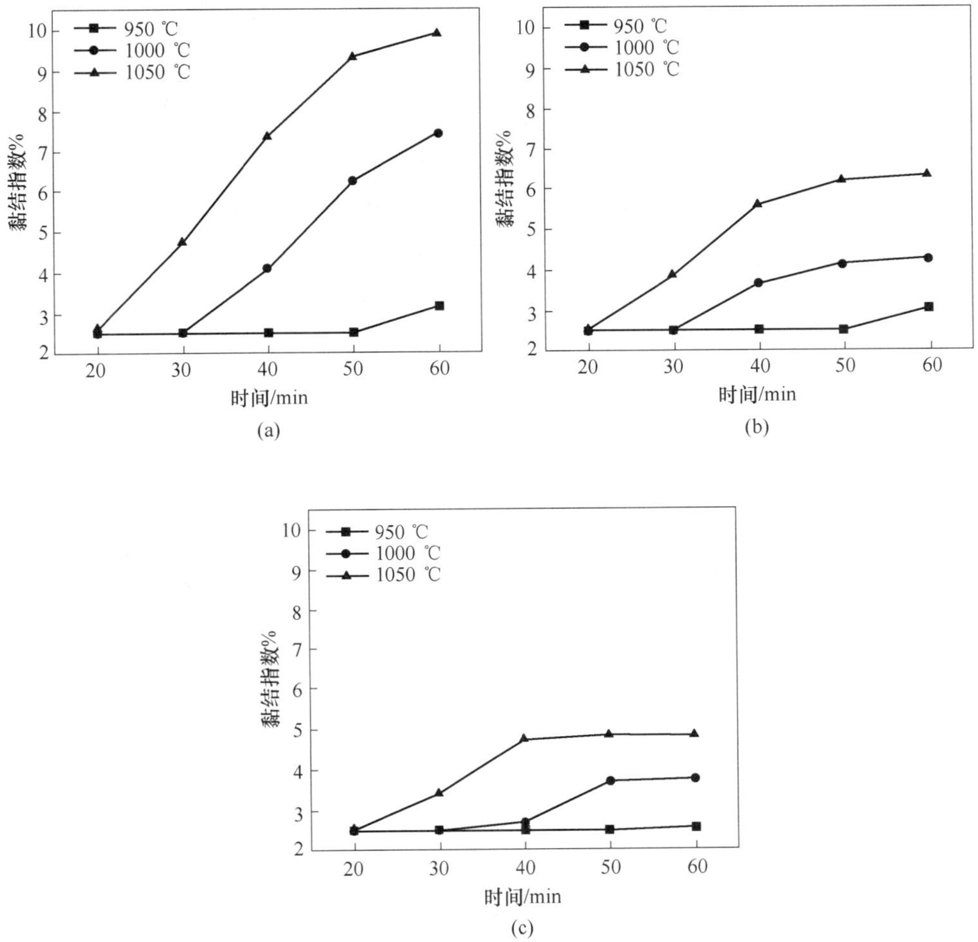

图 6-38　不同还原气氛条件下温度对球团黏结的影响

（a）H_2 占比 50%；（b）H_2 占比 65%；（c）H_2 占比 100%

当还原气氛中 H_2 占比 50%时，球团在 950 ℃的黏结指数不超过 2.5%，1000 ℃和 1050 ℃均发生了较多黏结，最大黏结指数分别达到 7.42%、9.86%。当还原气氛中 H_2 占比 65%时，随着还原温度提高，球团在 950 ℃、1000 ℃、1050 ℃时的最大黏结指数分别达到 3.15%、4.26%、6.35%。在纯氢气氛下 1050 ℃还原时，球团在还原后期黏结指数的增长出现了明显的减缓，到 60 min 时黏结指数仅为 4.84%。1000 ℃和 950 ℃下球团在前 40 min 的黏结程度很小，50 min 后 1000 ℃下的球团黏结指数才逐渐升高至 3.69%；950 ℃下球团黏结指数在 60 min 时才升至 3.03%。总体来看，还原温度的升高明显使球团的黏结增强。这是因为还原温度的提高使还原速率加快，球团的还原程度也越高，促进了黏结界面处金属铁相的发育，从而使球团发生了更多的黏结。

由 H_2 占比 50%时 950 ℃和 1050 ℃还原到终点的黏结球团微观形貌如图 6-39 所示。可知，低温下钒钛矿球团生成的铁相细短，高温时新生铁相粗壮，铁相间接触面积增大，黏结指数升高。

(a)　(b)

图 6-39　不同温度球团黏结界面微观形貌
(a) 950 ℃；(b) 1050 ℃

6.4　黑山钒钛磁铁矿金属化球团电热熔分

为了实现金属化球团中有价组元的分离，需进行电热熔分。以氢基竖炉金属化球团为原料，通过热力学计算并结合前期研究成果，分别考察温度、时间、碱度、配碳比等 4 个因素对熔分结果的影响，得出最佳的熔分工艺参数。

6.4.1　熔分实验方案

熔分实验原料为 50%高品位矿、40%黑山矿、10%钛精矿混合配矿后制备的氧化球团再经氢基竖炉还原后得到的金属化球团，还原气氛组成为 65% H_2、13% CO、4% CO_2、18% N_2，还原温度为 1000 ℃。

金属化球团的化学成分见表 6-12。其中 TFe 含量为 80.44%，金属化率为 88%。

表 6-12　黑山钒钛矿金属化球团的化学成分　(%)

成分	TFe	MFe	FeO	CaO	SiO_2	MgO	Al_2O_3	TiO_2	V_2O_3	Cr_2O_3
质量分数	80.44	70.78	12.41	0.50	3.74	1.13	1.70	9.03	0.36	0.33

熔分实验采用 XZ-40B 型中频感应炉。实验系统由控制柜、炉体、铜感应线圈、进气系统、循环水冷却系统组成，其中铜感应线圈围绕炉腰组成发热炉体，以模拟工业电炉熔炼过程。实验过程中，通过调节控制柜的输出频率，可实现铜线圈的感应加热，使熔分温度在较短时间内达到预设值，线圈中通入流动的冷却水，避免线圈的局部过热。实验过程 Ar 保护气由进气系统从炉体底部吹出保护受热炉体和坩埚，并防止熔分产物发生再氧化，炉体上部有敞口，实验过程中实时温度由红外测温枪进行测量，感应炉实验系统如图 6-40所示。

熔分实验中，采用 CaO 纯化学试剂调节熔分渣碱度以控制钛渣流动性，并采用活性炭粉作为还原剂还原金属化球团中的目标氧化物。具体步骤包括：

(1) 使用制样机将金属化球团破碎成颗粒状，与一定量的 CaO 试剂和活性炭粉混合均匀，并装入致密的高纯石墨坩埚中；

(2) 将坩埚放入感应炉的炉体中，使其处于铜感应线圈的高度范围内；

(3) 开启水泵，检查冷却水，确保冷却水流通并循环 3 min；

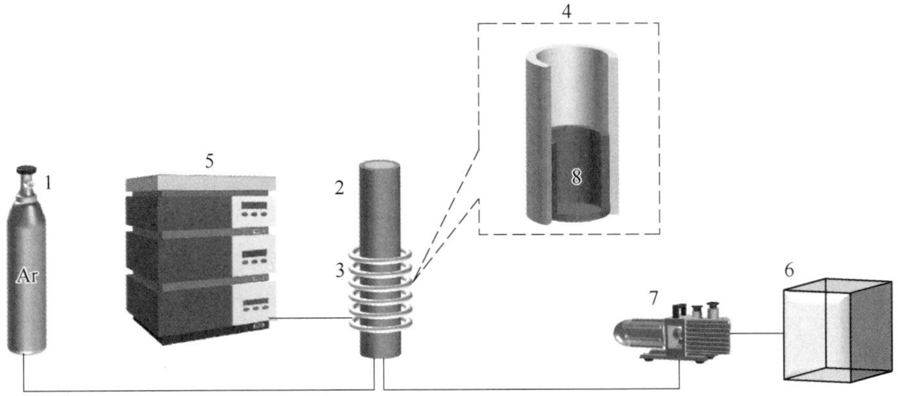

图 6-40 熔分中频感应炉实验系统

1—氩气瓶；2—炉体；3—铜感应线圈；4—炉体截面图；5—控制柜；
6—蓄水箱；7—水泵；8—石墨坩埚

（4）开启送气阀，使 Ar 气吹入炉管中，等待数分钟至管中空气排尽；

（5）打开控制柜电源，调节，并启动加热，试验开始；

（6）每隔 5 min 调节电流频率升高，期间使用红外测温枪测量炉体中料面温度，直到样品温度升至预期值，同时开始计时；

（7）用测温枪频繁测量样品温度，并调节电流频率使样温稳定在预期温度附近，经过预定的熔分时间后停止加热，样品在坩埚中随炉冷却，冷却过程中保持 Ar 气通入，样品冷却至室温后关闭，试验结束。

采用单因素实验方法，分析熔分温度、熔分时间、二元碱度（CaO/SiO_2）及配碳比对金属化球团中各有价组元在熔分渣铁中收得率的影响。熔分温度范围为 1550～1625 ℃，熔分时间范围为 10～40 min，二元碱度范围为 0.3～0.9，配碳比范围为 0.7～1.3，实验的基准条件为熔分温度 1600 ℃，熔分时间 30 min，熔分碱度 0.5，配碳比 1.1，实验方案见表 6-13。表征金属化球团中有价组元分离效果的指标为 Fe、V、Cr 在熔分生铁中的收得率及质量分数、TiO_2 在熔分钛渣中的收得率及质量分数。Fe、V、Cr 组元在熔分生铁中的收得率以及 TiO_2 在熔分钛渣中的收得率可由式（6-5）和式（6-6）计算。

$$\eta_{(i)} = \frac{w_{[i]} \times m_{PI}}{w_{(MPi)} \times m_{MP}} \times 100\% \tag{6-5}$$

式中，$\eta_{(i)}$ 为 Fe、V、Cr 在熔分生铁中的收得率，%；$w_{[i]}$、$w_{(MPi)}$ 分别为 Fe、V、Cr 元素在熔分生铁中和金属化球团中的质量分数，%；m_{PI}、m_{MP} 分别为熔分生铁和金属化球团的质量，g。

$$\eta_{(TiO_2)} = \frac{w_{(TiO_2)} \times m_S}{w_{MPTiO_2} \times m_{MP}} \times 100\% \tag{6-6}$$

式中，$\eta_{(TiO_2)}$ 为 TiO_2 在熔分生铁中的收得率，%；$w_{(TiO_2)}$、w_{MPTiO_2} 分别为 TiO_2 在熔分钛渣中和金属化球团中的质量分数，%；m_S、m_{MP} 分别为熔分钛渣和金属化球团的质量，g。

表 6-13　熔分实验方案

序号	温度/℃	时间/min	碱度	配碳比
1	1550	30	0.5	1.1
2	1575	30	0.5	1.1
3	1600	30	0.5	1.1
4	1625	30	0.5	1.1
5	1600	10	0.5	1.1
6	1600	20	0.5	1.1
7	1600	30	0.5	1.1
8	1600	40	0.5	1.1
9	1600	30	0.3	1.1
10	1600	30	0.5	1.1
11	1600	30	0.7	1.1
12	1600	30	0.9	1.1
13	1600	30	0.5	0.7
14	1600	30	0.5	0.9
15	1600	30	0.5	1.1
16	1600	30	0.5	1.3

6.4.2　钒钛矿金属化球团熔分热力学分析

在电热熔分过程中，金属化球团在高温下被熔化成熔融态形成熔池，还原剂将铁氧化物还原为铁水后，铁水和熔渣由于密度和黏度差异逐渐分离，金属铁相沉降于熔池底部。进入熔融态后，熔池中相继出现铁熔滴或熔渣持续聚集长大和渣铁分离的关键行为，而铁熔滴聚集长大须经过铁熔滴自发形核、反应界面形成和扩大、反应界面缩小及铁熔滴聚集长大 3 个过程。

斯托克斯定律描述了当物体在黏滞性流体中做匀速运动时，物体克服其表面附着的液体阻滞力和液层之间的内摩擦力，由于流体性质不同，物体的沉降速度也不同，具体可由斯托克斯公式描述：

$$v = \frac{2gr^2}{9\eta}(\rho_m - \rho_s) \tag{6-7}$$

式中，v 为物体沉降速度；ρ_m为物体密度；ρ_s为流体密度；r 为液滴半径；η 为流体的动力黏度。

铁熔滴在熔体中的沉降符合黏性流动特征，从式（6-7）中可以看出，熔体的黏度为重要影响因素。随着熔体动力黏度 η 的降低，可以获得更高的沉降速度，有利于金属铁与熔渣的分离。

理论上，通过熔分工艺参数的变化，可以调控熔体的性质，从而优化熔分效果，主要途径包括：

（1）提高熔分温度。温度对流体黏度产生直接影响，使流体的黏度降低，并且高温提供了更佳的热力学条件，提高反应速率，从而促进渣铁分离。

（2）延长熔分时间。在黏性流体中，物质的运动速度及运动时间均对传质过程产生影响，在相同的运动速率下，延长反应时间使物质间反应更充分，优化熔化分离。

（3）改变渣系组成。通过调整原料的成分，将直接改变熔体的性质，如加入添加剂可以生成低熔点的化合物，使渣相熔点降低，流动性变好，有利于熔分。但过多的添加剂将会稀释熔渣 TiO_2 品位，对 Ti 回收不利，故添加剂的使用量应有最佳值。

采用 Factsage 7.0 软件中的 Equilib 和 Viscosity 模块对黑山矿配矿金属化球团在不同碱度下的熔分反应进行了计算，选取的数据库为 Ftoxid 和 FSstel。不同碱度条件下，熔渣的熔化温度如图 6-41 所示，熔渣在各温度的黏度如图 6-42 所示。可知，随着碱度的升高，熔渣的熔化温度及黏度均明显下降。碱度从 0.2 提高至 0.9 时，熔渣熔化温度从 1480 ℃降低到了 1300 ℃；熔渣黏度在 1550 ℃最高，达到 0.113 Pa · s，碱度提高至 0.9 时，黏度降至 0.061 Pa · s。将熔分温度提高至 1600 ℃，熔渣在碱度 0.2 时的黏度降至 0.09 Pa · s，碱度 0.9 时的黏度降至 0.05 Pa · s。根据热力学计算结果，高碱度有利于降低熔渣黏度，促进渣铁分离。

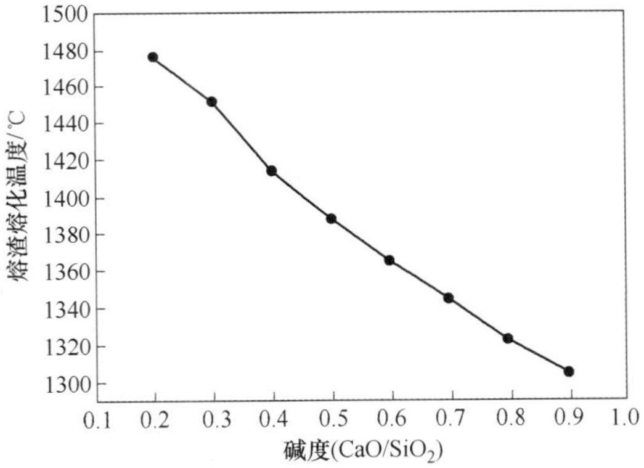

图 6-41 二元碱度对熔渣熔分温度的影响

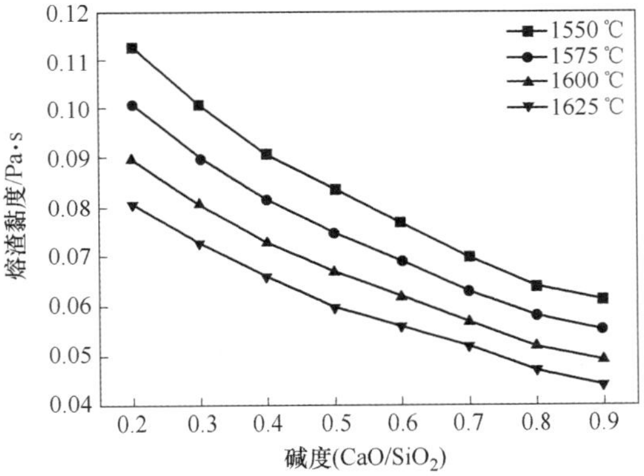

图 6-42 二元碱度对熔渣黏度的影响

6.4.3 工艺参数对金属化球团熔分效果的影响

6.4.3.1 熔分温度的影响

在不同熔分温度条件下，金属化球团中 Fe、V、Cr 在熔分生铁中的收得率及 TiO_2 在熔分钛渣中的收得率如图 6-43（a）所示，Fe、V、Cr 在熔分生铁中的质量分数及 TiO_2 在熔分钛渣中的质量分数如图 6-43（b）所示。在 1550~1600 ℃内随着熔分温度的提高，Fe 收得率从 94.79%提高到 97.29%；V 收得率从 80.44%提高到 90%；Cr 收得率从 82.67%提高到 92.76%；TiO_2 在钛渣中的收得率从 82.67%提高到 93.47%，在 1600 ℃条件下均达到最大收得率。在此条件下，各组元的质量分数也达到了最高值，Fe、V、Cr 在熔分生铁中的质量分数分别为 95.13%、0.263%、0.249%，TiO_2 在熔分钛渣中的质量分数为 46.13%。当熔分温度增加到 1625 ℃时，熔分效果有所降低，Fe、V、Cr 收得率分别降至 84.56%、65.73%、67.26%；TiO_2 在钛渣中的收得率降至 82.66%。因此，最适宜的熔分温度应为 1600 ℃。

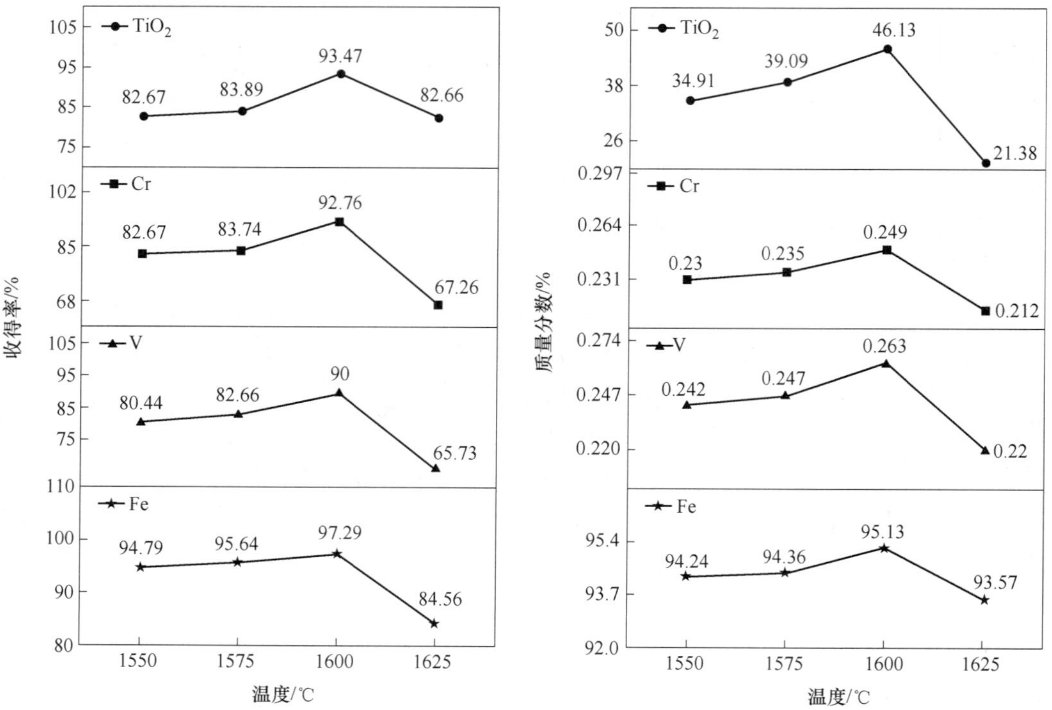

(a)　　(b)

图 6-43　不同温度条件下有价组元的收得率（a）和质量分数（b）

显然，熔分温度在一定范围内的升高促进了渣铁分离，使得各组元收得率增加，熔分生铁中的 Fe、V、Cr 与渣中 TiO_2 质量分数也相应增高，但温度升至一定程度后，进一步提高温度却恶化熔分效果。为了进一步阐明不同温度条件下的熔分机理，对 3 个不同温度的熔分渣样品进行 SEM-EDS 分析，结果如图 6-44 所示。

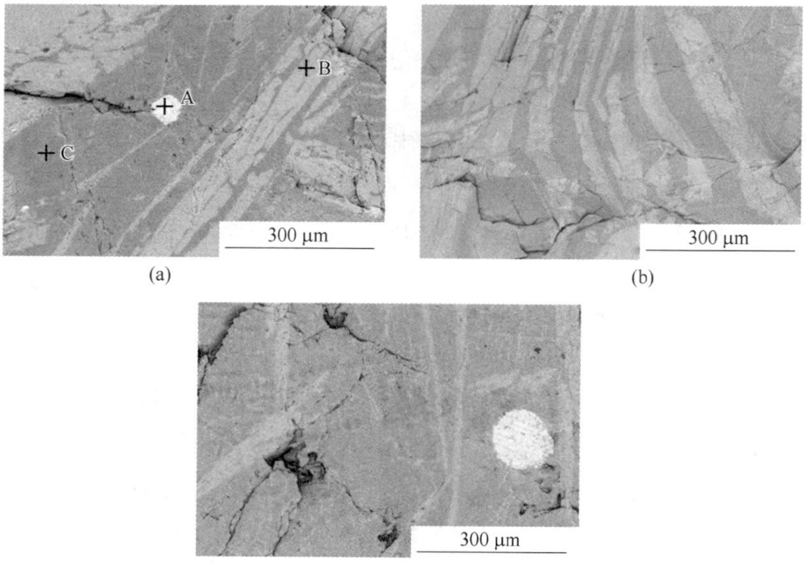

(a)　(b)　(c)

图 6-44　不同温度下熔分渣 SEM 照片

（a）1550 ℃；（b）1600 ℃；（c）1625 ℃

图 6-45 对应着图 6-44（a）1550 ℃熔分温度条件下的熔分渣 SEM 图。由 A 点 EDS 分析可知，渣中的亮白色颗粒为金属铁物相，此时金属铁夹杂于熔渣中，呈块状分布，这表明在 1550 ℃时熔渣黏度较大，流动性不佳，部分金属铁颗粒难以沉降至铁液内，随着冷却凝固保留在渣中。由 B 点 EDS 分析可知，图中灰白色长条纹中的元素分布主要以 Ti、O 为主，同时存在少量 Mg、Al，为钛氧化物或以钛氧化物为主的固溶体。C 点 EDS 分析结果表明，图中深灰色部分的 O、Ca、Al、Si 元素含量较高，含有少量 Mg 和 Ti，为渣中的硅酸盐相。当熔分温度提高到 1600 ℃时，渣中夹杂的铁相消失，长条状富钛相分布变多，这表明熔分效果变好。将熔分温度进一步提高到 1625 ℃，渣相中又出现了金属铁相，且对应的富钛相减少，熔分效果重新恶化。

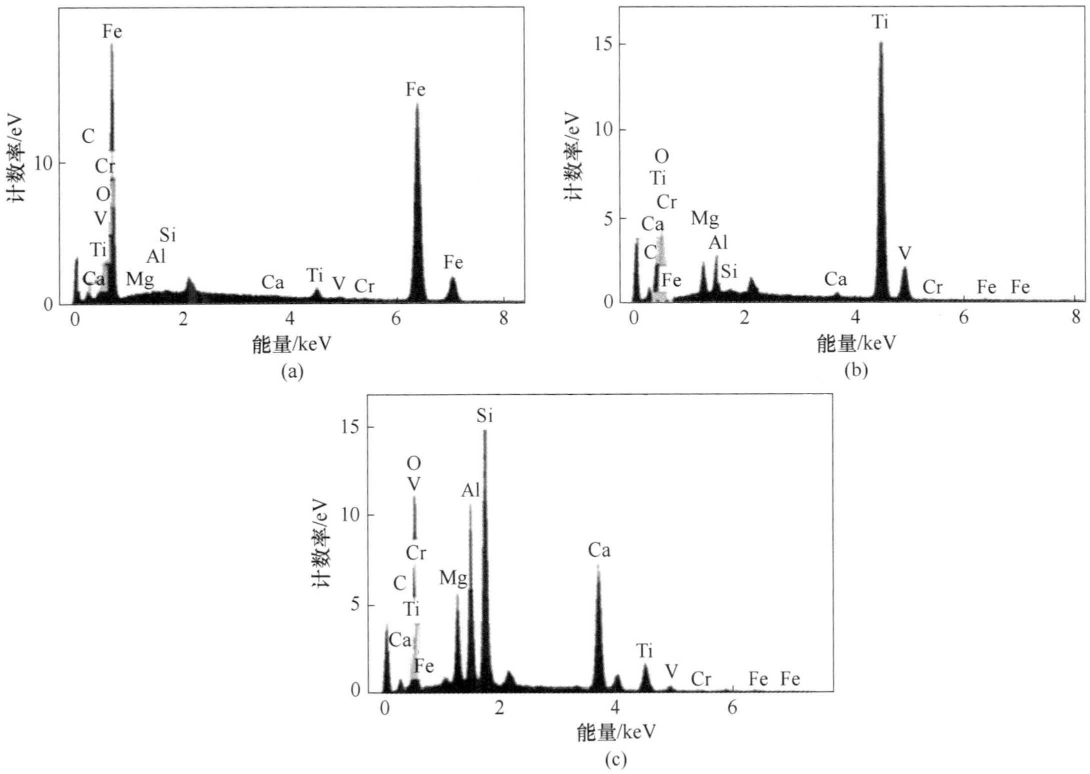

图 6-45 各点 EDS 打点分析结果

（a）A 点；（b）B 点；（c）C 点

为了进一步阐明熔分温度对熔分的影响机理，对熔分渣进行了 XRD 分析，结果如图 6-46所示。由图中的强度峰信息可知，黑钛石相（$MgTi_2O_5$）为熔渣中的基体物相，结合之前的 EDS 分析，应为图中的长条状区域。此外，熔渣中还有 $MgAl_2O_4$ 相、Mg_2SiO_4 相，以及复杂的硅酸盐相。由相关文献可知，这些硅酸盐相易形成复杂的黏流单元，使熔渣流动性能变差，对熔分产生不利影响。在 1550 ℃熔分时，渣中还可见金属铁物相，这说明在此温度下熔分渣铁分离不完全，而温度上升至 1600 ℃后，渣中的金属铁相消失，这与 SEM 的结果高度一致。随着温度的提高，金属化球团熔分热力学条件得到改善，促进了金属化球团中铁、钛等氧化物还原反应进行。渣中的复杂硅酸盐相同时不断被还原，使其在渣中的数量减少，改善了渣的流动性，使 Fe 元素在熔分生铁中实现更好的富集。但是当温度进一步升高到 1625 ℃以后，渣中反而重新出现了金属铁相，并有新的 TiC 物相生成。这是因为熔分温度过高导致了渣中的 Ti 被还原至更低的价态，生成 TiC，此物相具有极高的熔点，大大恶化熔渣的流动性，从而导致铁渣的分离受到影响。从图中还可以看到，1625 ℃渣中重新出现了大块金属铁相。根据以上结果，将黑山矿金属化球团的熔分温度控制在 1600 ℃，可达到最佳熔分效果。

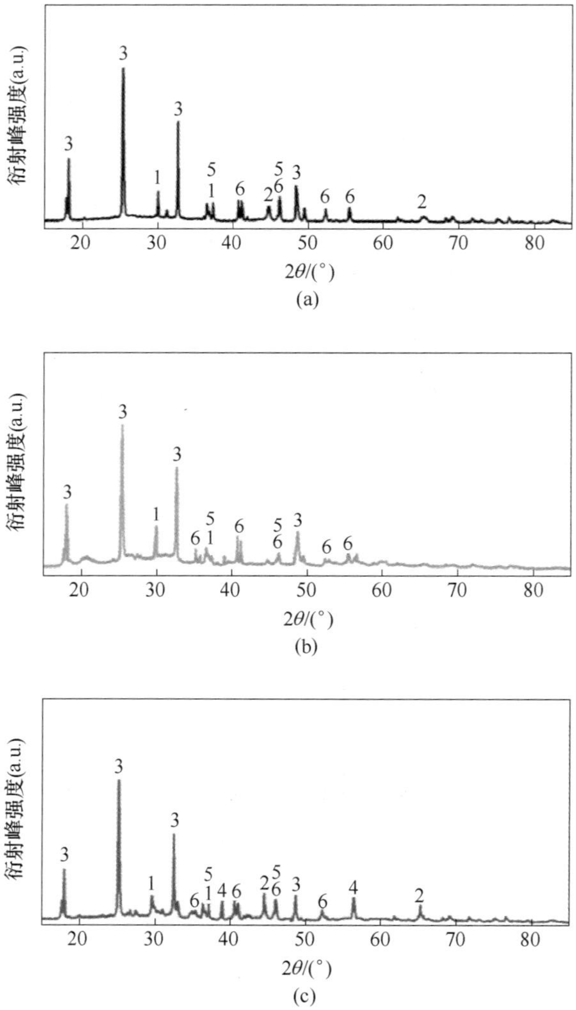

图 6-46　不同温度下熔分渣的 XRD 分析结果

（a）1550 ℃；（b）1600 ℃；（c）1625 ℃

1—Mg_2SiO_4；2—MFe；3—$MgTi_2O_5$；4—TiC；5—$MgAl_2O_4$；6—复杂硅酸盐

6.4.3.2　熔分时间的影响

在不同熔分时间条件下，金属化球团中 Fe、V、Cr 在熔分生铁中的收得率及 TiO_2 在熔分钛渣中的收得率如图 6-47（a）所示，Fe、V、Cr 在熔分生铁中的质量分数及 TiO_2 在熔分钛渣中的质量分数如图 6-47（b）所示。熔分时间从 10 min 延长到 30 min 时，Fe 的收得率从 85.7%提高到 97.29%；V 的收得率从 74.1%提高到 90%；Cr 的收得率从 69.96%提高到 92.76%；TiO_2 在钛渣中的收得率从 80.41%提高到 93.47%。在此条件下，各组元的质量分数也达到了最高值，Fe、V、Cr 在熔分生铁中的质量分数分别为 95.13%、0.263%、0.249%，TiO_2 在熔分钛渣中的质量分数为 46.13%。当熔分时间延长到 40 min 后，熔分效果有所降低，Fe、V、Cr 的收得率分别降至 94.64%、87.37%、86.31%；TiO_2 在钛渣中的收得率降至 91.12%。因此，最适宜的熔分时间应为 30 min。

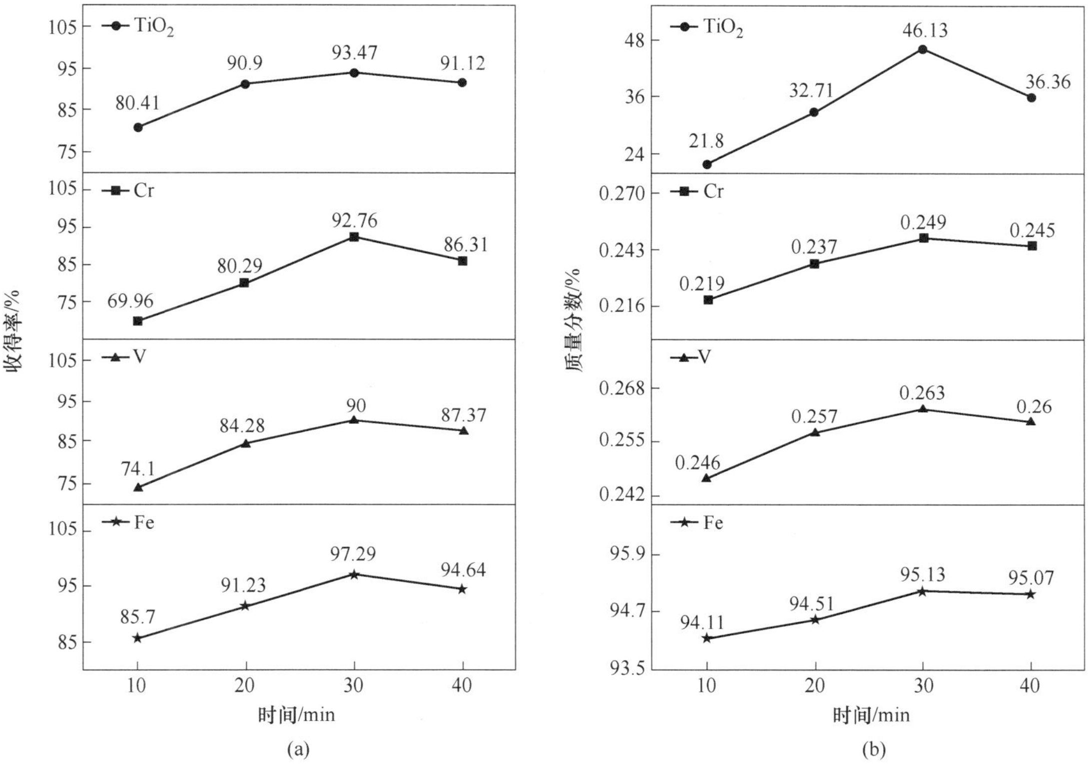

图 6-47 不同熔分时间条件下有价组元的收得率（a）和质量分数（b）

熔分时间的增加与温度的作用类似，均使各组元收得率先升高后降低，在某点存在一个最佳值。对不同熔分时间条件下得到的熔分渣样品进行了 SEM 分析，结果如图 6-48 所示。当熔分时间为 10 min 时，熔分渣中存在大量金属铁嵌布，熔分效果较差。而熔分时间延长至 30 min 时，渣中不再出现明显的金属铁相，而是由黑钛石物相均匀分布。这是因为熔分时间过短使得熔渣中的生铁来不及完全向下层的铁液中沉降，从而被包裹在渣相当中；随着熔分时间的增加，金属化球团中铁、钒、铬氧化物的碳热还原反应得以充分进行，且生成的金属单质有更多的时间传递到熔分生铁当中，促进了熔分中各组元收得率的提高。但是熔分时间延长到 40 min 以后，渣相中出现了金属铁相，熔分效果转而恶化。

熔渣的 XRD 分析结果如图 6-49 所示。可以看出，熔分时间为 10 min 时，熔渣中的金属铁相较为明显，此时的熔分效果不理想，与其收得率指标和 SEM 图像体现的一致。过长的熔分时间也使得钛渣的过还原程度加深，生成了低价钛的 TiC 物相，恶化了熔渣的流动性，导致熔分效果受到影响，Fe 在熔分生铁中的收得率降低。综上所述，黑山矿金属化球团的熔分时间应为 30 min。

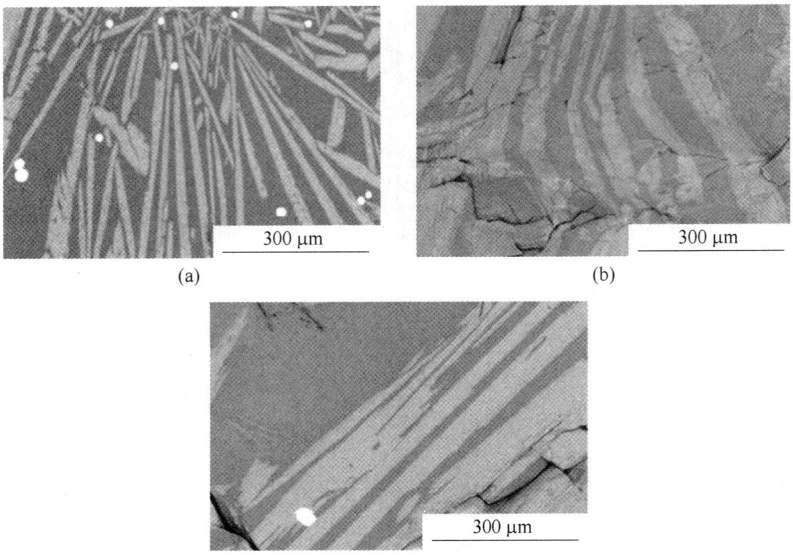

(c)

图 6-48　不同熔分时间下熔分渣 SEM 照片

（a）10 min；（b）30 min；（c）40 min

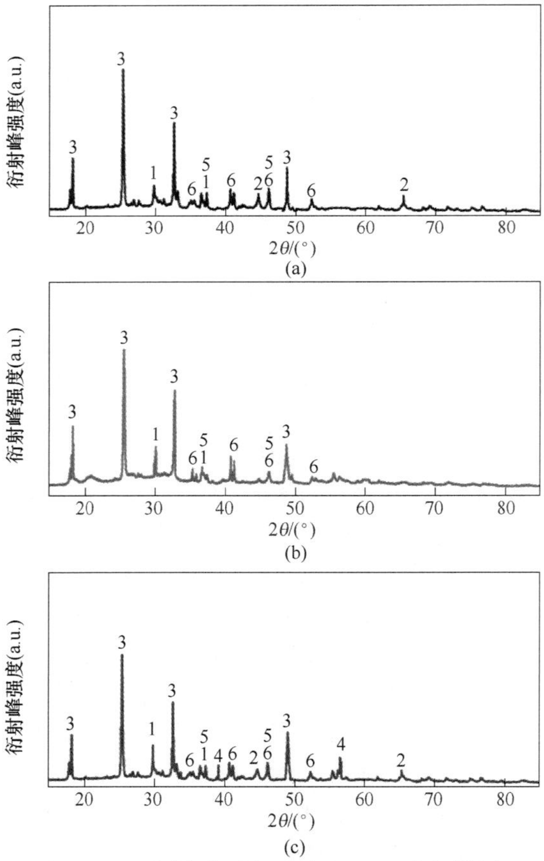

图 6-49　不同熔分时间下熔渣 XRD 分析结果

（a）10 min；（b）30 min；（c）40 min

1—Mg_2SiO_4；2—MFe；3—$MgTi_2O_5$；4—TiC；5—$MgAl_2O_4$；6—复杂硅酸盐

6.4.3.3　配碳比的影响

熔分配碳比即将活性炭作为还原剂配加入金属化球团粉末后，原料中含 C 量与原料中 Fe、V、Cr 氧化物总 O 量的比值。在不同配碳比下，黑山钒钛矿配矿金属化球团中 Fe、V、Cr 以及 TiO_2 在熔分钛渣中的收得率如图 6-50（a）所示，Fe、V、Cr 在熔分生铁中的质量分数及 TiO_2 在熔分钛渣中的质量分数如图 6-50（b）所示。当配碳比从 0.7 增加到 1.1 时，Fe、V、Cr 在熔分生铁中的收得率上升，分别由 95.64%、87.12%、86.83%增加到 97.29%、90%、92.76%，TiO_2 在熔分钛渣中的收得率从 91.61%增加到 93.47%。在配碳比为 1.1 的条件下，Fe、V、Cr 及 TiO_2 在熔分生铁和渣中的质量分数也达到了最高值，分别为 95.13%、0.263%、0.249%，TiO_2 在渣中的质量分数达到 46.13%。而当配碳比增加到 1.3 后，熔分效果有所降低，Fe、V、Cr 收得率分别降至 96.91%、88.35%、86.94%；TiO_2 在钛渣中的收得率降至 92.24%。因此，熔分最适宜的配碳比应为 1.1。

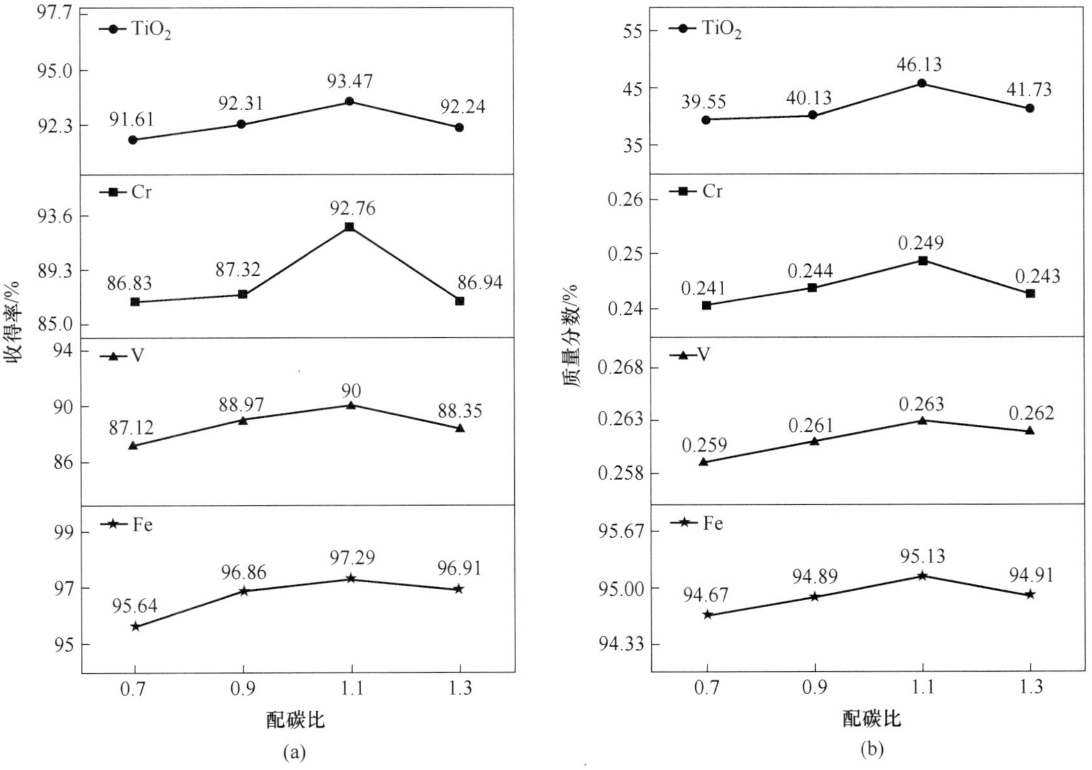

图 6-50　不同配碳比条件下有价组元的收得率（a）和质量分数（b）

对不同配碳比条件下熔分后的熔渣样品进行了 SEM 分析，结果如图 6-51 所示。在配碳比为 0.7 的条件下，熔分渣中存在金属铁相，熔分效果欠佳。当配碳比提高至 1.1 时，渣中无金属铁相分布。当配碳比进一步提高至 1.3，渣中再次出现少量金属铁相，Fe、V、Cr 及 TiO_2 收得率降低。

同样，对不同配碳比条件下的熔渣进行了 XRD 检测，结果如图 6-52 所示。在配碳比为 0.7 时，检测到金属铁相生成，配碳比提高至 1.1 后，提供了更多的还原剂，促进碳热还原反应朝反应方向进行，这改善了熔分的热力学条件，使熔分过程得到增强，渣铁中的

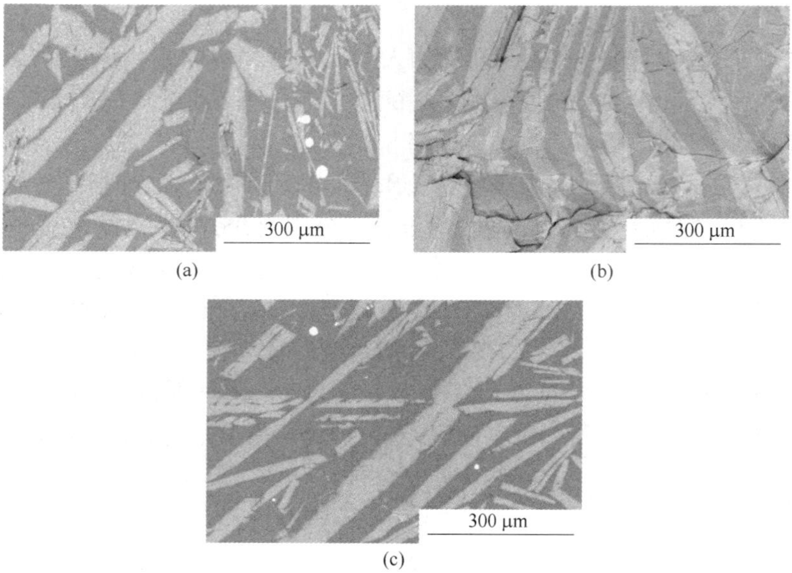

图 6-51　不同配碳比条件下熔分渣的 SEM 照片

（a）0.7；（b）1.1；（c）1.3

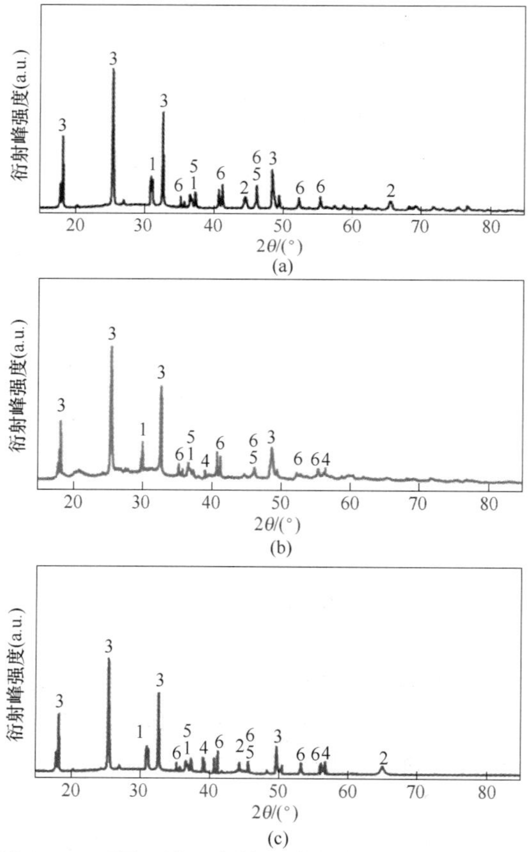

图 6-52　不同配碳比条件下熔分渣的 XRD 分析结果

（a）0.7；（b）1.1；（c）1.3

1—Mg_2SiO_4；2—MFe；3—$MgTi_2O_5$；4—TiC；5—$MgAl_2O_4$；6—复杂硅酸盐

各组元更好地分离开来。但是继续添加 C 还原剂后，过量的还原剂会使钛氧化物的过还原被加强，随着配碳比提高到 1.3 后，钛渣还原程度加深，熔渣中出现了更多的 TiC 物相，熔渣的流动性变差，所以 Fe、V、Cr、TiO_2 的收得率再次降低。因此，适宜黑山矿金属化球团熔分的配碳比条件为 1.1。

6.4.3.4 碱度的影响

在不同碱度条件下，金属化球团中及 TiO_2 在熔分钛渣中的收得率如图 6-53（a）所示，Fe、V、Cr 在熔分生铁中的质量分数及 TiO_2 在熔分钛渣中的质量分数如图 6-53（b）所示。碱度从 0.3 增加到 0.5 时，各组元收得率增加，Fe、V、Cr 在熔分生铁中的收得率及 TiO_2 在熔分钛渣中的收得率分别由 81.95%、69.09%、69.5% 和 80.63% 上升至 97.29%、90%、92.76%和 93.47%，此时 Fe、V、Cr 在熔分生铁中的质量分数分别为 95.13%、0.263%、0.249%，TiO_2 在熔分钛渣中的质量分数为 46.13%。随着碱度继续增加，生铁中 Fe、V、Cr 收得率呈现微弱的上升趋势，但 TiO_2 在熔分钛渣中的收得率却有明显下降，当碱度达到 0.9 时，Fe、V、Cr 在熔分生铁中的收得率分别为 97.33%、90.07%、92.82%，TiO_2 在熔分钛渣中的收得率为 90.98%。因此，综合各组元的熔分效果，最适宜的碱度为 0.5。

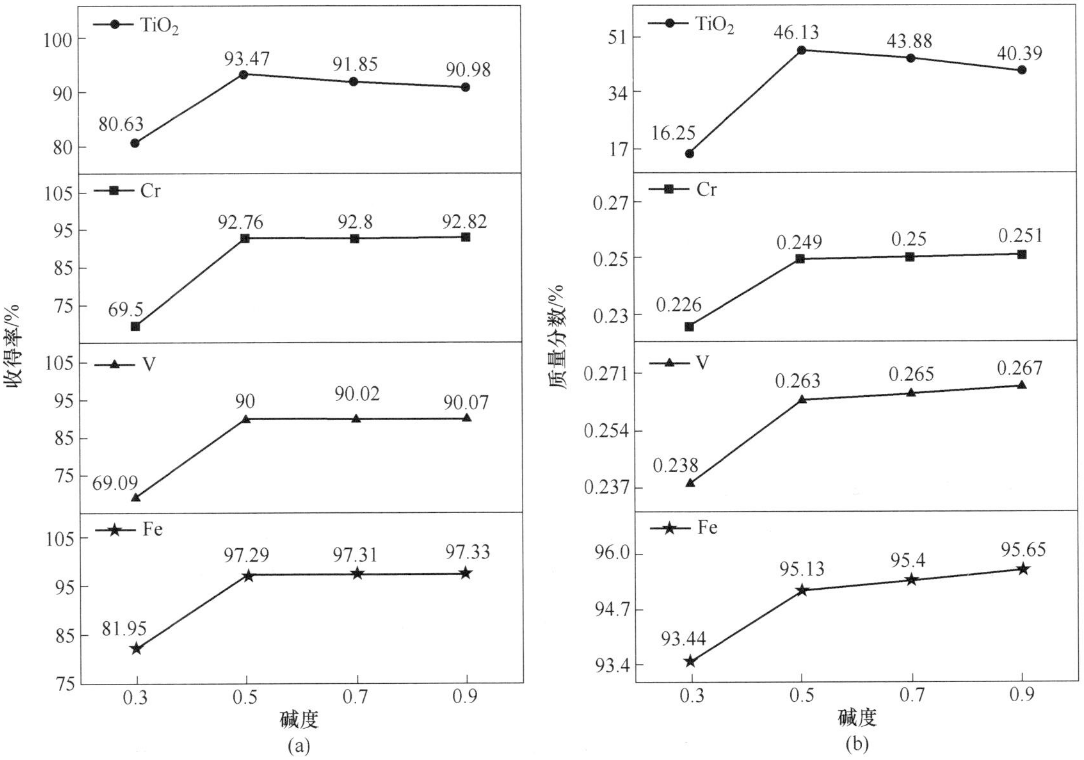

图 6-53 不同碱度条件下熔分后有价组元收得率（a）和质量分数（b）

将不同碱度条件下获得的熔分渣进行了 SEM 检测，结果如图 6-54 所示。在碱度 0.3 的条件，熔渣中有大块的金属铁颗粒存在，此时对应的 Fe、V、Cr 收得率均低于 90%，熔分效果差。这是由于黑山钒钛磁铁矿配矿金属化球团的原始碱度仅为 0.13，熔渣呈酸性渣特性，渣中的复杂黏流单元数量和聚合程度高，大大恶化了熔渣的流动性，限制了熔分渣铁中金属单质组元从渣相中分离。向熔分渣中添加 CaO 试剂使其碱度增加后，渣中的自由氧离子数量增加，它们能够解聚渣中的复杂黏流单元，迅速降低渣的黏度，使其流动性变好。从热力学计算也可知，碱度的提高对于熔渣黏度的降低作用明显。碱度升高到 0.5 后，熔分渣铁中各组元的收得率有明显提升，且在碱度为 0.5 时，Fe、V、Cr 的收得率基本达到了最高水平，继续提高碱度对其收得率变化的影响微弱。但是，TiO_2 在钛渣中的收得率却呈下降趋势，由图 6-54（c）可看到，其中富钛的灰白条纹带状区减少。

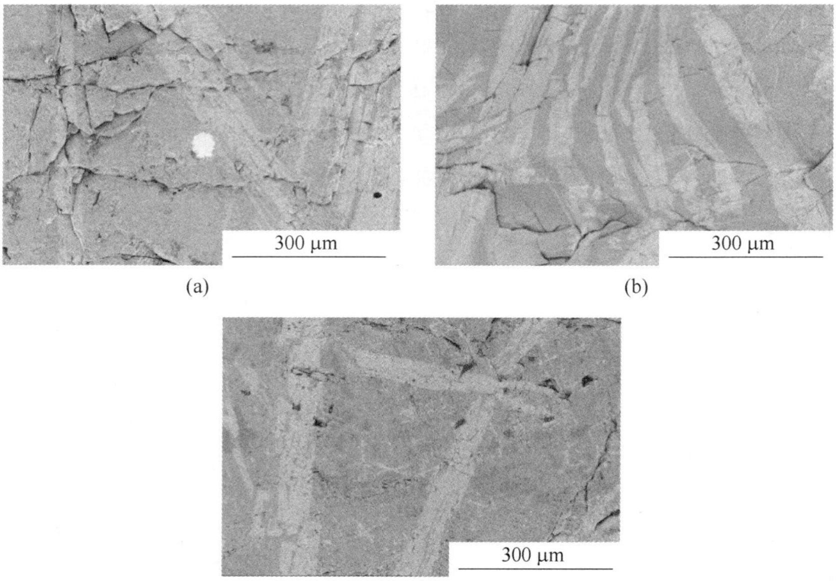

图 6-54　不同碱度下熔分渣 SEM 照片

（a）0.3；（b）0.5；（c）0.9

不同碱度条件下熔渣的 XRD 分析结果如图 6-55 所示。可以看到，碱度从 0.3 升高到 0.5，代表复杂硅酸盐的物相总体上降低，这导致了熔渣的流动性变好，熔分效果增强，这与收得率的结果吻合。碱度进一步升高，渣中的复杂黏流单元继续被缓慢解聚，但引入过多的 CaO 形成了新的含钛物相，此时谱图中出现了新的钙钛矿物相峰。对于新出现的 $CaTiO_3$ 物相，其中的 Ti 以低价钛的形式存在，降低了 TiO_2 在熔渣中的质量分数，使其收得率降低。

秦晋[11]计算了钒钛矿在熔分过程中渣铁中元素的分配常数，并得到了分配常数的影响因素。当渣系中碱度提高时，V、Cr、Ti 的分配常数均降低，有利于其还原进入铁水。因此，提高碱度不利于 TiO_2 在渣中的富集，致使 TiO_2 在渣中的收得率降低。根据相关文献，$CaTiO_3$ 比 $MgTi_2O_5$ 的酸溶性差，对后续湿法提钛不利，应尽量避免其生成。所以，最终选择 0.5 的碱度作为黑山钒钛矿配矿球团熔分的适宜碱度。

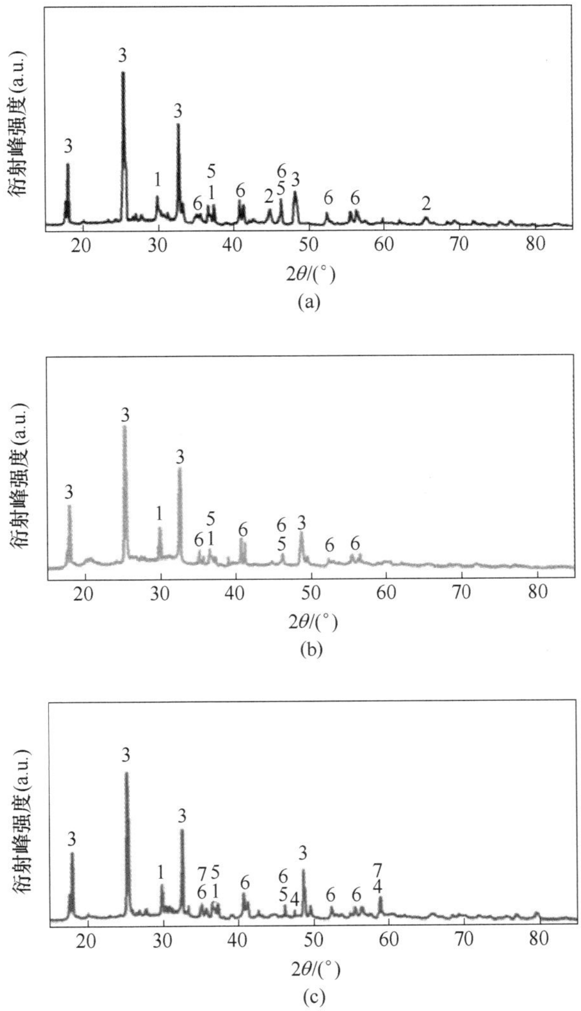

图 6-55 不同碱度下熔分渣 XRD 分析结果

(a) 0.3；(b) 0.5；(c) 0.9

1—Mg_2SiO_4；2—MFe；3—$MgTi_2O_5$；4—$CaTiO_3$；5—$MgAl_2O_4$；6—复杂硅酸盐；7—$CaTi_2O_4$

6.5 钒钛矿氢基竖炉还原-电炉熔分短流程质能转化及其绿色评价

6.5.1 氧化球团制备系统工艺模型

目前，链箅机-回转窑-环冷系统氧化球团焙烧系统是氧化球团矿主流的生产工艺流程之一。链箅机-回转窑-环冷机工艺流程如图 6-56 所示。其主要特点是在链箅机、回转窑、环冷机 3 个不同热工设备中分别进行生球干燥预热、预热球团固结焙烧及焙烧球冷却。链箅机主要用于生球干燥和预热氧化，将生球均匀分布在链箅机缓慢运行的篦板上，利用环冷机的余热及回转窑排出的高温气流对生球进行鼓风干燥、预热氧化、脱除吸附水，并达到要求的抗压强度（300~500 N），而后直接送入回转窑中进行氧化焙烧。回转窑中温度高，回转速度快，受热均匀，因此可以得到质量稳定的球团。从回转窑排出的球团经过筛分后进入环冷机，通过环冷机受料斗均匀布料在环冷机车上进行冷却，同时球团也可进一步氧化，最终得到成品球团。

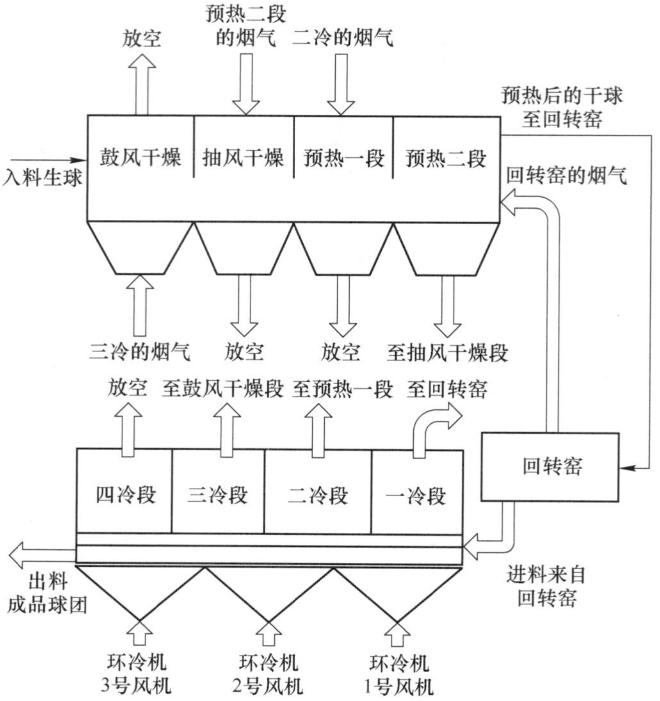

图 6-56　链箅机-回转窑-环冷机系统工艺流程

6.5.1.1　氧化球团制备工艺物质平衡

氧化球团制备使用的混合料见表 6-14，其配矿球团为 40%黑山钒钛矿+10%钛精矿+50%秘鲁高品位铁精粉。

表 6-14　混合料化学成分　（%）

成分	TFe	FeO	SiO_2	Al_2O_3	MgO	CaO	TiO_2	V_2O_3	Cr_2O_3
质量分数	61.81	0.59	1.67	1.31	0.87	0.39	7.94	0.33	0.26

A　链箅机系统的质量平衡

链箅机系统进入质量包括进入链箅机物料质量 G_1、鼓风干燥段鼓入气体质量 G_2、抽风干燥段鼓入气体质量 G_3（抽风干燥段鼓入气体即为预热二段烟气，为系统循环量）、预热一段鼓入气体的质量 G_4、预热二段鼓入气体的质量 G_5（预热二段鼓入气体即为回转窑烟气）、预热二段吸风的质量 G_6。总收入吸风质量 $G_{收入} = G_1 + G_2 + G_3 + G_4 + G_5 + G_6$。

链箅机系统支出的质量包括物料带出质量 G_7、鼓风干燥段烟气质量 G_8、抽风干燥段与预热一段东侧排除烟气质量 G_9、抽风干燥段与预热一段西侧排除烟气质量 G_{10}、预热二段烟气质量 G_{11}（预热二段烟气量为系统循环量）、干返料质量 G_{12}、多管除尘中除去的飞灰质量 G_{13}、漏风及其他 ΔG，物料各项收入总和与支出总和之差即为 ΔG。总支出质量 $G_{支出} = G_7 + G_8 + G_9 + G_{10} + G_{11} + G_{12} + G_{13} + \Delta G$。根据质量守恒：$G_{收入} = G_{支出}$。

B 回转窑系统质量收入

回转窑系统质量收入包括燃料消耗量 G_1（喷煤粉消耗量和煤气消耗量），入窑料球质量 G_2，助燃风质量 G_3，二次风质量 G_4。回转窑系统质量支出包括出口熟料质量 $G_{料出}$，烟气质量 $G_{窑烟}$。根据质量守恒：$G_{收入} = G_{支出}$，即 $G_1 + G_2 + G_3 + G_4 = G_{料出} + G_{窑烟}$。

C 环冷机系统的质量平衡

环冷机系统质量收入包括进入环冷机物料质量 $G_{入料}$，1 号风机进入环冷机系统风量 $G_{1号}$，2 号风机进入环冷机系统的风量 $G_{2号}$，3 号风机进入环冷机系统风量 $G_{3号}$。环冷机系统质量支出包括球团出料量 $G_{球出}$，一冷段排出气体 $G_{一冷}$，二冷段排出气体 $G_{二冷}$，三冷段排出的气体 $G_{三冷}$，四冷段排出的气体 $G_{四冷}$，漏风量 $G_{漏风}$及其他 ΔG。根据物料质量平衡，可得 $G_{入料} + G_{1号} + G_{2号} + G_{3号} = G_{球出} + G_{一冷} + G_{二冷} + G_{三冷} + G_{四冷} + G_{漏风} + \Delta G$。经计算，得到链箅机-回转窑-环冷系统的物料平衡见表 6-15。

表 6-15 链箅机-回转窑-环冷系统的物料平衡

项目	名　　称	进料量/kg	比例/%
收入	进入物料	1407. 79	30. 36
	预热二段吸风	999. 67	21. 56
	燃料消耗量	14. 63	0. 32
	助燃风质量	27. 95	0. 60
	1 号风机进环冷机风量	690. 67	14. 89
	2 号风机进环冷机风量	648. 94	13. 99
	3 号风机进环冷机风量	847. 89	18. 28
	合计	4637. 54	100. 00
支出	球团出料量	1298. 88	28. 01
	鼓风干燥段烟气质量	119. 74	2. 58
	预热一段与抽风东侧烟气量	1286. 78	27. 75
	预热一段与抽风西侧烟气量	1300. 45	28. 04
	干返料	21. 08	0. 45
	除尘气飞灰	9. 40	0. 20
	四冷排出气体量	390. 49	8. 42
	漏风量	170. 71	3. 68
	其他	40. 01	0. 86
	合计	4637. 54	100. 00

6. 5. 1. 2 氧化球团制备工艺热平衡

A 链箅机系统热量平衡

链箅机系统进入的热量包括进入链箅机物料带入的热量 Q_{L1}，鼓风干燥段鼓入的气体带入的热量 Q_{L2}，预热一段鼓入气体所带的热量 Q_{L3}，预热二段鼓入气体所带入的热量 Q_{L4}，氧化亚铁氧化放出的热量 Q_{L5}，预热二段鼓入气体燃烧产生的热量 Q_{L6}。由于回转窑烟气中不含可燃成分，故 $Q_{L6}=0$。

链箅机系统支出的热量包括物料带出的热量 Q_{L7}，鼓风干燥段烟气带走的热量 Q_{L8}，抽风干燥段与预热一段东侧排出烟气所带走的热量 Q_{L9}，预热二段鼓入气体所带的热量 Q_{L10}，氧化亚铁氧化放出的热量 Q_{L11}，预热二段鼓入气体燃烧产生的热量 Q_{L12}，冷却水带走的热量 Q_{L13}，炉体散热 Q_{L14}，生料中水分蒸发所吸收的热量 Q_{L15}，箅板带走的热量 Q_{L16}。

B　回转窑系统热量平衡

回转窑系统进入热量包括燃料燃烧热量 Q_{h1}，入窑料球带入物理热量 Q_{h2}，二次风（环冷机）带入的热量 Q_{h3}，氧化亚铁燃烧放热 Q_{h4}，助燃空气带入物理热 Q_{h5}。

回转窑系统支出的热量包括熟料带出的热量 Q_{h6}，烟气带出的热量 Q_{h7}，冷却风带走的热量 Q_{h8}，窑体表面散热 Q_{h9}，炉门辐射散热 Q_{h10}。

C　环冷机系统的热量平衡

环冷机系统进入的热量包括进入环冷机球团带入的热量 Q_{H1}，球团矿在环冷机内氧化放热 Q_{H2}，1 号风机带入的热量 Q_{H3}，2 号风机带入的热量 Q_{H4}，3 号风机带入的热量 Q_{H5}。

环冷机系统支出的热量包括一冷排出烟气带走的热量 Q_{H6}，二冷排出烟气带走的热量 Q_{H7}，三冷排出烟气带走的热量 Q_{H8}，四冷排出烟气带走的热量 Q_{H9}，出料球团带出的热量 Q_{H10}，隔墙风冷带出的热量 Q_{H11}，固定筛高端水冷带出热量 Q_{H12}，固定筛低端水冷带出的热量 Q_{H13}，平料托冷却水带出的热量 Q_{H14}，受料斗隔墙风冷带出的热量 Q_{H15}，固定晒条冷却水带出的热量 Q_{H16}，环冷机向外散失的热量 Q_{H17}，管道散热损失 Q_{H18}。

链箅机-回转窑-环冷系统的热平衡见表 6-16。对于整个系统分析，燃烧放热和铁氧化放热占据整个系统热量的 90%以上，其余热量很少；而支出项中，炉体散热、水分蒸发、箅板散热都占据了一定的比例，因此可以将炉体和箅板绝热保温做得更充分，能够减少球团中的含水量，从而减少水分蒸发带走的热量。

表 6-16　链箅机-回转窑-环冷系统的热平衡表

项目	名　称	热量/kJ	含量/%
收入	系统进料	4718. 17	0. 42
	燃料	360346. 75	31. 83
	助燃空气	421. 81	0. 04
	预热二段吸风	49496. 93	4. 37
	铁氧化物放热	684037	60. 41
	1 号风机进环冷机风量	10497. 56	0. 93
	2 号风机进环冷机风量	9865. 79	0. 87
	3 号风机进环冷机风量	12858. 55	1. 14
	合计	1132242. 56	100. 00

续表 6-16

项目	名　　称	热量/kJ	含量/%
支出	系统出料	9441.11	0.83
	鼓风干燥段出口	13618.18	1.20
	抽风干燥与预热段东侧排出烟气的热	122729.69	10.84
	抽风干燥与预热段西侧排出烟气的热	137274.52	12.12
	环冷出口	31915.41	2.82
	管道散热	31578.53	2.79
	炉体散热	116468.38	10.29
	冷却水带走的热	46208.30	4.08
	水分蒸发	325226.43	28.72
	篦板散热	284415.78	25.12
	漏风及其他	13366.24	1.18
	合计	1132242.57	100.00

6.5.1.3 氧化球团制备系统㶲平衡

A 链算机系统的㶲平衡

链算机系统进入的㶲值包括物料带入的㶲值 E_{xL1}，鼓风干燥段鼓入气体所带入的 E_{xL2}，预热一段鼓入气体所带入的㶲值 E_{xL3}，预热二段鼓入气体所带入的㶲值 E_{xL4}，氧化亚铁氧化放热带入的㶲值 E_{xL5}，篦板带入的㶲值 E_{xL6}。

离开链算机系统的㶲值及㶲损包括物料带走的㶲值 E_{xL7}，鼓风干燥段排出烟气带走的㶲值 E_{xL8}，抽风与预热一段东侧排出烟气带走的㶲值 E_{xL9}，抽风与预热一段西侧排出烟气带走的㶲值 E_{xL10}，预热二段烟气在系统管道内损失的㶲值 E_{xL11}，干返料所带走的㶲值 E_{xL12}，炉体散热损失的㶲值 E_{xL13}，生料中水分蒸发所消耗的㶲值 E_{xL14}，篦板带走的㶲值 E_{xL15}，鼓风干燥过程中损失的㶲值 E_{xL16}，抽风干燥过程中传热㶲损失 E_{xL17}，预热一段传热㶲损失 E_{xL18}，预热二段传热㶲损失 E_{xL19}，链算机吸风混合㶲损失 E_{xL20}。

B 回转窑系统的㶲平衡

进入回转窑系统的㶲值包括燃料的化学㶲 E_{xH1}，入窑物料带入的㶲 E_{xH2}，二次风带入的㶲 E_{xH3}，氧化亚铁氧化放热带入的㶲 E_{xH4}。

离开系统带走的㶲值及㶲损包括物料带走的㶲 E_{xH5}，烟气带走的㶲 E_{xH6}，窑体散热㶲损失 E_{xH7}，传热过程㶲损失 E_{xH8}，燃烧过程㶲损失 E_{xH9}。

C 环冷机系统的㶲平衡

进入环冷机系统的㶲值包括进入环冷机物料带入的㶲 E_{xh1}，氧化亚铁氧化放热带入的㶲 E_{xh2}。

离开环冷机系统的㶲值及㶲损包括一冷段排出气体所带走的㶲值 E_{xh3}，二冷段排出气体所带走的㶲值 E_{xh4}，三冷段排出气体所带走的㶲值 E_{xh5}，一冷段传热过程㶲损失 E_{xh6}，二冷段传热过程㶲损失 E_{xh7}，三冷段传热过程㶲损失 E_{xh8}，四冷段传热过程㶲损失 E_{xh9}。

链算机-回转窑-环冷系统㶲平衡见表 6-17。由表中数据可知，链算机-回转窑-环冷机系统的㶲收入主要是链算机 FeO 氧化带入的㶲和燃料化学㶲，可以占到收入总㶲值的近

90%，是㶲收入的主要来源；而支出项中篦板带走的㶲、生料水分带走的㶲、热量散失带走的㶲和其他损失㶲都占了相对较大的比例。因此，在优化能量高效利用方面可以着重考虑。

表 6-17　链箅机-回转窑-环冷系统的㶲平衡

项目	名　称	㶲值/MJ	比例/%
收入	链箅机 FeO 氧化㶲	395.39	46.48
	篦板带入的㶲	36.73	4.32
	燃料化学㶲	346.28	40.71
	回转窑 FeO 氧化㶲	55.07	6.47
	环冷机 FeO 氧化㶲	17.16	2.02
	合计	850.64	100.00
支出	鼓风、抽风段干燥带走㶲	37.82	4.45
	预热二段烟气在管道内损失㶲	1.79	0.21
	干返料㶲	1.64	0.19
	炉体散热㶲	6.29	0.74
	生料中水分蒸发㶲	76.41	8.98
	篦板带走的㶲	132.56	15.58
	鼓风、抽风干燥段传热㶲损失	73.72	8.67
	预热段传热㶲损失	59.00	6.94
	链箅机吸风混合㶲损失	67.86	7.89
	回转窑炉体表面散失㶲	24.15	2.84
	传热㶲损失	44.73	5.26
	燃烧过程㶲损失	60.61	7.12
	环冷段传热㶲损失	106.36	12.50
	其他㶲损失	147.70	17.36
	二冷段气体到预热一管道㶲损失	9.98	1.77
	合计	850.64	100.00

6.5.2　气基竖炉直接还原工艺模型

6.5.2.1　气基竖炉直接还原工艺物质平衡

炼铁工艺计算中，物料平衡占重要的组成部分，包括还原前后的物料收入支出及入炉和出炉的煤气量等各项内容计算。下面以生产 1 t 直接还原铁为基准进行计算。

A　竖炉用氧化球团原料

表 6-18 为本研究所用的氧化球团的化学组成。

表 6-18　球团矿化学成分　(%)

成分	TFe	FeO	SiO_2	Al_2O_3	MgO	CaO	TiO_2	V_2O_3	Cr_2O_3
质量分数	61.02	0.60	2.24	1.34	0.97	0.57	7.20	0.34	0.24

B 入炉还原煤气成分

表 6-19 为煤制气工序输出的高温净煤气成分，作为竖炉还原煤气成分来源。本研究为还原温度为 1000 ℃的球团的还原过程。

表 6-19 煤制气化学成分 (%)

成分	CO	H_2	CO_2	CH_4	N_2	H_2O
摩尔分数	9.49	61.54	0.94	12.86	11.86	3.31

主要的计算条件设定为：拟定 DRI 的金属化率为 88%，冷却段通入天然气将 DRI 冷却至 80 ℃，渗碳量为 2.88%。

C 生产每吨直接还原铁需要的煤气量

在计算还原气消耗量时，为了保持竖炉内反应的平衡，受控的第三阶段反应消耗的（$CO+H_2$）量为 V_{H_2+CO}。本研究拟定还原段处直接还原铁产品的金属化率为 88%，所以按平衡计算得到的还原气消耗量与受控反应的平衡浓度足够使 Fe_2O_3还原到 FeO，且还原气量也是足够的，因此，在还原反应中可以不考虑 V_{FeO}对还原气总量的影响。

综上，可以得到还原每吨直接还原铁消耗的最低煤气需求量 $V_{理论}$为：

$$V_{理论} = \frac{V_{H_2/CO(FeO-Fe)} + V_{CO(渗碳)} + V_{H_2+CO(CH_4转换)}}{\eta_3} = 1747.12\ (m^3) \tag{6-8}$$

D 生产 1 t DRI 需要的球团量

直接还原铁生产发生的铁氧化物还原反应是在铁矿原料软熔温度以下进行的，因此过程中不存在造渣现象，原料中进入的脉石在反应前后成分变化很小。根据直接还原铁计算公式“总质量=金属铁质量+氧化亚铁质量+渣量+渗碳量”，其中 M 代表金属化率。在考虑炉尘量的情况下，入炉球团和出炉 DRI 应满足的质量关系为：

$$G_{DRI} = (G_{球团} - G_{炉尘}) \times [w(TFe)_{球团} \times M + w(TFe)_{球团} \times \frac{72 \times (1 - M)}{56} + (1 - w(Fe_2O_3)_{球团} - w(FeO)_{球团})] + (G_C)_{DRI} \tag{6-9}$$

因此，生产 1 t 直接还原铁需要的球团矿质量为 1298.88 kg。

E 炉尘量

假定竖炉炉尘全来自球团矿产生的粉尘，约占入炉球团矿质量的 1%，并且炉尘成分与球团成分基本一致。

F 直接还原铁成分组成计算

根据质量守恒，计算出直接还原铁的化学成分的含量，见表 6-20。

表 6-20 DRI 化学成分 (%)

成分	Fe_3C	Fe	FeO	SiO_2	Al_2O_3	MgO	CaO	TiO_2	V_2O_3	Cr_2O_3
质量分数	43.20	28.29	12.03	2.86	1.71	1.24	0.73	9.21	0.43	0.30

G 炉顶煤气成分计算

还原气在竖炉中与球团产生逆向流动接触，主要发生铁氧化物还原反应、渗碳反应、水煤气反应、甲烷的催化裂化反应等。

a　铁氧化物还原消耗及产生气体量

生产 1 t DRI 消耗的 H_2 和 CO 的量及其产生的 H_2O 和 CO_2 量分别满足式（6-10）和式（6-11），消耗量以及产生量见表 6-21。

$$V_{H_2(还原)} = V_{H_2O(还原)} = \frac{x_{H_2(入炉)}\eta_{H_2}}{\eta} \times \left(\frac{1.5 \times w(MFe)_{DRI} \times 10^3}{56} + \frac{0.5 \times w(FeO)_{DRI} \times 10^3}{72} - \frac{0.5 \times 0.99 \times w(FeO)_{球团} \times G_{球团}}{72}\right) \times 22.4 \tag{6-10}$$

$$V_{CO(还原)} = V_{CO_2(还原)} = \frac{x_{CO(入炉)}\eta_{CO}}{\eta} \times \left(\frac{1.5 \times w(MFe)_{DRI} \times 10^3}{56} + \frac{0.5 \times w(FeO)_{DRI} \times 10^3}{72} - \frac{0.5 \times 0.99 \times w(FeO)_{球团} \times G_{球团}}{72}\right) \times 22.4 \tag{6-11}$$

表 6-21　生产 1 t 直接还原铁还原反应消耗及产生的气体量

铁氧化物还原	消耗 H_2	产生 H_2O	消耗 CO	产生 CO_2
体积/m^3	388.91	388.91	47.65	47.65

b　渗碳反应消耗及产生气体量

本研究入炉气中含有 12.86% 的 CH_4，在还原段金属铁的催化作用下，发生如式（6-12）的渗碳反应。本研究中，DRI 球团渗碳率为 2.88%，其中 30% 发生在还原段，剩余 70% 发生在冷却段。渗碳反应如式（6-13）所示，还原段消耗的甲烷和产生氢气的量如下：

$$3Fe + CH_4 = Fe_3C + 2H_2 \tag{6-12}$$

$$V_{CH_4(渗碳)} = \frac{2.88\% \times 30\% \times 1000 \times 22.4}{12} = 16.13(m^3) \tag{6-13}$$

$$V_{H_2(产生)} = 2V_{CH_4(消耗)} = 32.26(m^3) \tag{6-14}$$

c　水煤气转换反应消耗及产生气体量

当竖炉中有 H_2、CO、H_2O 和 CO_2 4 种混合煤气时会发生水煤气转换反应，如式（6-15）所示。假设水煤气转换反应前后 H_2、CO、H_2O 和 CO_2 4 个组分的转变量为 $\Delta x_{水煤气}$，反应平衡时气相组分满足：

$$CO + H_2O = CO_2 + H_2 \tag{6-15}$$

$$\frac{(x_{H_2(入炉)} - \Delta x_{水煤气})(x_{CO_2(入炉)} - \Delta x_{水煤气})}{(x_{H_2O(入炉)} + \Delta x_{水煤气})(x_{CO(入炉)} + \Delta x_{水煤气})} = K_{水煤气} \tag{6-16}$$

水煤气转换反应消耗的 H_2、CO 及产生的 H_2O 和 CO_2 气体量满足式（6-17）和式（6-18），结果见表 6-22。

$$V_{H_2(水煤气)} = V_{H_2O(水煤气)} = \Delta x_{水煤气} V_{入炉} \tag{6-17}$$

$$V_{CO(水煤气)} = V_{CO_2(水煤气)} = -\Delta x_{水煤气} V_{入炉} \tag{6-18}$$

表 6-22 水煤气转换反应消耗及产生的气体量

水煤气转换	产生 H_2	消耗 CO	消耗 H_2O	产生 CO_2
气体量/m^3	12.94	12.94	12.94	12.94

d 甲烷的催化裂解反应

当入炉煤气中含有少量 CH_4 时，这些 CH_4 被还原出来的金属铁催化裂解，反应式见式（6-19）和式（6-20）。本研究中由于入炉的重整剂含量不多，CH_4 发生裂解反应的裂解剂需由还原反应产生的氧化气氛提供。还原后气体成分 H_2O 远大于 CO_2，所以只考虑式（6-19）的裂解反应，生成 H_2 和 CO 的量及消耗 CH_4、CO_2 和 H_2O 的量见表 6-23。

$$CH_4 + H_2O \xlongequal{} CO + 3H_2 \tag{6-19}$$

$$CH_4 + CO_2 \xlongequal{} 2CO + 2H_2 \tag{6-20}$$

表 6-23 甲烷的催化裂解反应消耗及产生的气体量

甲烷催化裂解	生成 H_2	生成 CO	消耗 H_2O	消耗 CO_2	消耗 CH_4
气体量/m^3	93.16	31.05	31.05	0	31.05

e 炉顶煤气组分

根据质量守恒定律，反应前后 C 和 H 保持不变，炉顶煤气中 CO、CO_2、H_2 和 H_2O 的气体量分别为：

$$V_{CO(炉顶)} = V_{CO(入炉)} - V_{CO(水煤气)} - V_{CO(还原)} \tag{6-21}$$

$$V_{CO_2(炉顶)} = V_{CO_2(入炉)} + V_{CO_2(水煤气)} + V_{CO_2(还原)} \tag{6-22}$$

$$V_{H_2(炉顶)} = V_{H_2(入炉)} - V_{H_2(水煤气)} - V_{H_2(还原)} + V_{H_2(渗碳)} \tag{6-23}$$

$$V_{H_2O(炉顶)} = V_{H_2O(入炉)} + V_{H_2O(还原)} + V_{H_2O(水煤气)} \tag{6-24}$$

N_2 不参与化学反应，反应前后体积不变。

综合上述反应，炉顶煤气各成分含量见表 6-24。

表 6-24 炉顶煤气各组分的含量

项目	H_2	H_2O	CO	CO_2	CH_4	N_2	总量
体积量/m^3	824.63	402.75	136.26	77.02	177.50	207.21	1825.36
质量/kg	73.63	323.64	170.33	151.29	126.78	259.01	1104.67
摩尔分数/%	45.18	22.06	7.46	4.22	9.72	11.35	100.00

H 竖炉物料平衡表

竖炉物料收入与支出情况见表 6-25。生产 1 t DRI 需要氧化球团 1298.88 kg，还原煤气需要消耗 1747.12 m^3。

表 6-25 竖炉物料平衡表

项目		质量/kg
收入	氧化球团	1298.88
	入炉煤气	801.48
	冷却天然气	20.16
	合计	2120.52

续表 6-25

项　目		质量/kg
支出	直接还原铁	1000.00
	炉顶煤气	1104.67
	炉尘	15.85
	合计	2120.52

6.5.2.2 气基竖炉直接还原工艺热平衡

竖炉热平衡是对竖炉冶炼能量收支情况的研究，热平衡计算建立在物质能量守恒原则上，即竖炉收入热量总和等于消耗热量总和。本研究依据入炉物料的形态和出炉物料的形态，计算产生和消耗的热量，并考虑水煤气转换、渗碳、甲烷催化裂化反应等热效应，也更能从根本上反映竖炉内的热量交换。在物料平衡计算结果的基础上，以 25 ℃为基准温度，对竖炉内能量收支进行计算。

A 热收入

a 入炉煤气带入的物理热

根据式（6-25）可求出入炉煤气带入的物理热：

$$Q_{入炉} = C_{入炉}\frac{V_{入炉}}{22.4}(T_{入炉} - 298) = \frac{V_{入炉}}{22.4}\sum C_{i(T_{入炉})}x_{i(入炉)}(T_{入炉} - 298) \tag{6-25}$$

式中，C_i 为入炉气体的热容，主要包括 H_2、CO、H_2O 和 N_2 等；$Q_{入炉} = 3245966.91$ kJ。

b 球团带入的物理热

由于球团入炉温度是环境温度 25 ℃，因此球团带入的物理热为：

$$Q_{球团} = \sum (C_i)_{球团}(n_i)_{球团}(T_{球团} - 298) = 0 \quad (\text{kJ}) \tag{6-26}$$

B 热支出

各化学反应消耗的热量为该反应消耗物质的量与标准反应热效应的乘积，即：

$$Q_{反应} = n_{反应}\Delta H_T^{\ominus} = n_{反应}\{\Delta H_{298}^{\ominus} + \sum[m_i(H_T^{\ominus} - H_{298}^{\ominus})_i]_{生成物} - \sum[m_i(H_T^{\ominus} - H_{298}^{\ominus})_i]_{反应物}\} \tag{6-27}$$

a 铁氧化物还原反应耗热

球团经竖炉还原后 DRI 的金属化率为 88%，故残存一定量的 FeO。因此，铁氧化物还原耗热分为：还原反应第一阶段所耗的热（$Q_{H_2(Fe_2O_3\text{-}Fe_3O_4)} + Q_{CO(Fe_2O_3\text{-}Fe_3O_4)}$）、还原反应第二阶段所耗的热（$Q_{H_2(Fe_3O_4\text{-}FeO)} + Q_{CO(Fe_3O_4\text{-}FeO)}$）和还原反应第三阶段所耗的热（$Q_{H_2(FeO\text{-}Fe)} + Q_{CO(FeO\text{-}Fe)}$）。其中，还原反应耗热见表 6-26～表 6-31。

还原反应第一阶段所消耗的 H_2 和 CO 量分别为式（6-28）和式（6-29）。

$$V_{H_2(Fe_2O_3\text{-}Fe_3O_4)} = \frac{G_{球团} \times 99\% w(Fe_2O_3)_{球团}}{480} \times 22.4\theta_{H_2}^1 \tag{6-28}$$

$$V_{CO(Fe_2O_3\text{-}Fe_3O_4)} = \frac{G_{球团} \times 99\% w(Fe_2O_3)_{球团}}{480} \times 22.4\theta_{CO}^1 \tag{6-29}$$

式中，$\theta_{H_2}^1$、θ_{CO}^1 为还原反应第一阶段 H_2 和 CO 的还原占比。

表 6-26　反应 $3Fe_2O_3+H_2 = 2Fe_3O_4+H_2O$ 的热耗

T/℃	$(\Delta H_T^{\ominus})_{H_2(Fe_2O_3\text{-}Fe_3O_4)}$/J	$V_{H_2(Fe_2O_3\text{-}Fe_3O_4)}$/m^3	$Q_{H_2(Fe_2O_3\text{-}Fe_3O_4)}$/kJ
1000	13130. 14	44. 66	-26179. 50

表 6-27　反应 $3Fe_2O_3+CO = 2Fe_3O_4+CO_2$ 的热耗

T/℃	$(\Delta H_T^{\ominus})_{CO(Fe_2O_3\text{-}Fe_3O_4)}$/J	$V_{CO(Fe_2O_3\text{-}Fe_3O_4)}$/m^3	$Q_{CO(Fe_2O_3\text{-}Fe_3O_4)}$/kJ
1000	-45546. 00	7. 81	-15885. 12

还原反应第二阶段所消耗的 H_2 和 CO 量分别为式（6-30）和式（6-31）。

$$V_{H_2(Fe_3O_4\text{-}FeO)} = \frac{\dfrac{G_{球团} \times 99\% \, w(Fe_2O_3)_{球团}}{480} \times 464}{232} \times 22.4\theta_{H_2}^2 \tag{6-30}$$

$$V_{CO(Fe_3O_4\text{-}FeO)} = \frac{\dfrac{G_{球团} \times 99\% \, w(Fe_2O_3)_{球团}}{480} \times 464}{232} \times 22.4\theta_{CO}^2 \tag{6-31}$$

式中，$\theta_{H_2}^2$、θ_{CO}^2 为还原反应第二阶段 H_2 和 CO 的还原占比。

表 6-28　反应 $Fe_3O_4+H_2 = 3FeO+H_2O$ 的热耗

T/℃	$(\Delta H_T^{\ominus})_{H_2(Fe_3O_4\text{-}FeO)}$/J	$V_{H_2(Fe_3O_4\text{-}FeO)}$/m^3	$Q_{H_2(Fe_3O_4\text{-}FeO)}$/kJ
1000	34830. 34	87. 90	136675. 17

表 6-29　反应 $Fe_3O_4+CO = 3FeO+CO_2$ 的热耗

T/℃	$(\Delta H_T^{\ominus})_{CO(Fe_3O_4\text{-}FeO)}$/J	$V_{CO(Fe_3O_4\text{-}FeO)}$/m^3	$Q_{CO(Fe_3O_4\text{-}FeO)}$/kJ
1000	2413. 49	17. 05	1837. 14

还原反应第三阶段所消耗的 H_2 和 CO 量分别为式（6-32）和式（6-33）。

$$V_{H_2(FeO\text{-}Fe)} = \frac{G_{DRI} w(TFe)_{DRI} w(MFe)}{56} \times 22.4\theta_{H_2}^3 \tag{6-32}$$

$$V_{H_2(FeO\text{-}Fe)} = \frac{G_{DRI} w(TFe)_{DRI} w(MFe)}{56} \times 22.4\theta_{CO}^3 \tag{6-33}$$

式中，$\theta_{H_2}^3$、θ_{CO}^3 为还原反应第三阶段 H_2 和 CO 的还原占比。

表 6-30　反应 $FeO+H_2 = Fe+H_2O$ 的热耗

T/℃	$(\Delta H_T^{\ominus})_{H_2(FeO\text{-}Fe)}$/J	$V_{H_2(FeO\text{-}Fe)}$/m^3	$Q_{H_2(FeO\text{-}Fe)}$/kJ
1000	21324. 07	256. 35	244039. 43

表 6-31　反应 $FeO+CO = Fe+CO_2$ 的热耗

T/℃	$(\Delta H_T^{\ominus})_{CO(FeO\text{-}Fe)}$/J	$V_{CO(FeO\text{-}Fe)}$/m^3	$Q_{CO(FeO\text{-}Fe)}$/kJ
1000	-11092. 79	22. 79	-11286. 83

b 水煤气转换反应耗热

1000 ℃水煤气转换反应耗热见表 6-32。

表 6-32 反应 $H_2O+CO=H_2+CO_2$ 的热耗

T/℃	$(\Delta H_T^{\ominus})_{水煤气}$/J	$V_{CO(水煤气)}$/m^3	$Q_{水煤气}$/kJ
1000	-32416.85	12.94	-18728.01

c 渗碳反应耗热

CH_4在还原产生的金属铁的催化作用下发生渗碳反应，渗碳反应耗热见表 6-33。

表 6-33 反应 $3Fe+CH_4=Fe_3C+2H_2$ 的热耗

T/℃	$(\Delta H_T^{\ominus})_{渗碳}$/J	$V_{CH_4(渗碳)}$/m^3	$Q_{渗碳}$/kJ
1000	135940.36	53.76	315974.30

d 甲烷的催化裂化耗热

1000 ℃甲烷催化裂化反应耗热见表 6-34 和表 6-35。

表 6-34 反应 $CH_4+H_2O=CO+3H_2$ 的热耗

T/℃	$(\Delta H_T^{\ominus})_{裂解}$/J	$V_{CH_4(裂解)}$/m^3	$Q_{裂解}$/kJ
1000	227914.53	31.05	315974.30

表 6-35 反应 $CH_4+CO_2=2CO+2H_2$ 的热耗

T/℃	$(\Delta H_T^{\ominus})_{裂解}$/J	$V_{CH_4(裂解)}$/m^3	$Q_{裂解}$/kJ
1000	260331.38	0	0

e 炉顶煤气带走的物理热

炉顶煤气温度约 445 ℃，炉顶煤气带走的物理热为：

$$Q_{炉顶} = C_{炉顶} \frac{V_{炉顶}}{22.4}(T_{炉顶} - 298) = \frac{V_{炉顶}}{22.4} \sum C_{i(T_{炉顶})}(T_{炉顶} - 298) \tag{6-34}$$

式中，i 为炉顶煤气成分，具体见表 6-24；$Q_{炉顶}$ =1241943.82 kJ。

f 直接还原铁带走的物理热

入炉还原煤气在还原段与以浮氏体为主的球团逆流接触，完成传热和还原反应。但假定得到的直接还原铁温度一致为 800 ℃，由于直接还原铁中 P、S 及其他组分较少，所以忽略这些物质带走的物理热，则直接还原铁带走的物理热为：

$$Q_{DRI} = \sum (C_i)_{DRI} (n_i)_{DRI}(T_{DRI} - 298) \tag{6-35}$$

式中，i 为 DRI 球团中主要成分，具体见表 6-20；Q_{DRI} =616520.73 kJ。

g 炉尘带走的物理热

炉尘的温度与炉顶煤气的温度相同，为 445 ℃。同样忽略炉尘中 P、S 及其他组分带走的物理热。则炉尘带走的物理热为：

$$Q_{炉尘} = \sum (C_i)_{炉尘} (n_i)_{炉尘}(T_{炉顶} - 298) \tag{6-36}$$

式中，i 为炉尘中主要成分，同氧化球团；$Q_{炉尘}=6527.41$ kJ。

C 竖炉热平衡表

竖炉的热量收入与支出情况见表 6-36。热支出中近 40%的热量被炉顶煤气带走，而铁氧化还原耗热仅占 10.07%。若设计有炉顶煤气的预热回收装置，便可以提高竖炉的能量利用。DRI 显热带走的总热量为 15.66%，若电炉炼钢采用热装会更好地利用此热量。

表 6-36 竖炉热平衡表

项　目		热量/kJ	比例/%
热收入	入炉煤气物理热	3245966.91	99.43
	水煤气反应放热	18728.01	0.57
	氧化球团带入	0	0
	合计	3264694.92	100.00
热支出	铁氧化物还原	329200.29	10.08
	甲烷裂解	315974.30	9.68
	渗碳	326256.87	9.99
	炉尘	6527.41	0.20
	直接还原铁显热	616520.72	18.88
	炉顶煤气	1241943.82	38.04
	热损失	428271.51	13.12
	合计	3264694.92	100.00

6.5.2.3 气基竖炉直接还原工艺㶲平衡

根据之前描述的㶲的计算方法，考虑气基竖炉直接还原输入和输出的㶲信息，来剖析和测算竖炉内部的㶲情况。

气基竖炉直接还原工艺㶲平衡需要计算入炉球团矿㶲、入炉煤气带入的㶲、出炉的直接还原铁带走的㶲、炉尘㶲、炉顶煤气带走的㶲等冶炼原料及产品的㶲值。

A 球团矿㶲

球团矿入炉温度为 25 ℃，其带入的物理㶲为 0，只考虑其化学㶲，见表 6-37。

表 6-37 球团矿的化学㶲值

项　目	Fe_2O_3	FeO	CaO	SiO_2	Al_2O_3	MgO	TiO_2	V_2O_3	Cr_2O_3	总量
质量分数/%	87.64	0.59	0.39	1.67	1.13	0.87	6.94	0.33	0.26	100.00
球团化学㶲	0.00	1.43	1.08	0.00	0.00	1.51	0.00	0.59	0.00	4.61

B 入炉煤气㶲

入炉还原气为 1000 ℃，3 个标准大气压，其带入的物理㶲（温度㶲及压力㶲）及化学㶲见表 6-38。

表 6-38 入炉煤气㶲值

项　目	H_2	CO	CO_2	CH_4	N_2	H_2O	总量
质量分数/%	64.54	9.48	0.94	12.86	11.86	3.31	100.00

续表 6-38

项　　目	H_2	CO	CO_2	CH_4	N_2	H_2O	总量
还原气标准高热值	285.38	283.14	0.00	891.97	0.00		317.20
还原气化学㶲							301.34
还原气物理㶲							28.08

C　直接还原铁㶲

直接还原铁的排料温度为 800 ℃，其带入的物理㶲及化学㶲见表 6-39。

表 6-39　直接还原铁的㶲值

项目	FeO	Fe	C	CaO	SiO_2	Al_2O_3	MgO	TiO_2	V_2O_3	Cr_2O_3	总量
质量分数/%	12.24	69.79	2.88	0.49	2.14	1.68	1.12	8.91	0.43	0.33	100.00
DRI 化学㶲											5859.989
DRI 物理㶲											203.906

D　炉尘㶲

炉尘排出的温度为 400 ℃，炉尘的物理㶲及化学㶲见表 6-40。

表 6-40　炉尘的㶲值

项　　目	FeO	CaO	SiO_2	Al_2O_3	MgO	Fe_2O_3	TiO_2	V_2O_3	Cr_2O_3	总量
质量分数/%	0.59	0.39	1.67	1.31	0.87	87.64	6.94	0.33	0.26	100.00
炉尘化学㶲										33.204
炉尘物理㶲										154.627

E　炉顶煤气㶲

炉顶煤气出炉温度为 400 ℃，其物理㶲及化学㶲见表 6-41。

表 6-41　炉顶煤气㶲值

项　　目	H_2	H_2O	CO	CO_2	CH_4	N_2	总量
质量分数/%	6.77	28.96	15.90	13.73	11.19	23.45	100.00
炉顶煤气化学㶲							16636.95
炉顶煤气物理㶲							784.746

F　热散失㶲

物质有温差的传热过程是不可逆的，因此会产生㶲损失。传热造成的㶲损失是热散失㶲，根据计算得每 tDRI 的热散失㶲为 328.02 MJ。

G　㶲平衡

冶炼 1 t DRI 的㶲见表 6-42。综合物料平衡及热平衡结果，可知气基竖炉直接还原㶲大部分来于还原气带入的㶲，其中还原气带入的化学㶲占到约 84.43%；输入的㶲主要是炉顶煤气化学㶲和直接还原铁化学㶲，而其他部分相对较少。因此，提高炉顶煤气化学能的利用率是提升气基竖炉能量利用的关键。

表 6-42 气基竖炉直接还原㶲平衡

项目		㶲值/MJ	比例/%
收入	球团矿化学㶲	42.87	0.15
	冷却气物理㶲	148.68	0.53
	冷却气化学㶲	1952.59	7.01
	还原煤气物理㶲	2190.25	7.87
	还原煤气化学㶲	23503.23	84.43
	合计	27837.62	100.00
支出	直接还原铁物理㶲	203.91	0.73
	直接还原铁化学㶲	5859.99	21.05
	炉尘物理㶲	2.45	0.01
	炉尘化学㶲	0.53	0.00
	炉顶煤气物理㶲	859.21	3.09
	炉顶煤气化学㶲	18378.34	66.02
	热散失㶲	328.02	1.18
	内部㶲损失	2205.18	7.92
	合计	27837.62	100.00

随入炉煤气成分、入炉煤气量、排料温度、渗碳量等参数变化，竖炉㶲效率也会随之改变。由图 6-57 可知，入炉煤气量、排料温度、渗碳量不变的情况下，随还原煤气中 x_{H_2}/x_{CO} 的升高，吨铁支付㶲先逐渐降低，入炉煤气中的 x_{H_2}/x_{CO} 在 1.5 时，吨铁支付㶲变化量最小，吨铁收益㶲固定为 5487.164 MJ；且普遍㶲效率逐渐降低，目的㶲效率逐渐上升。鉴于直接还原操作吨铁支付㶲最低、㶲效率最高以及总的㶲损失最低的原则，入炉煤气中的 x_{H_2}/x_{CO} 应不低于 1.5。

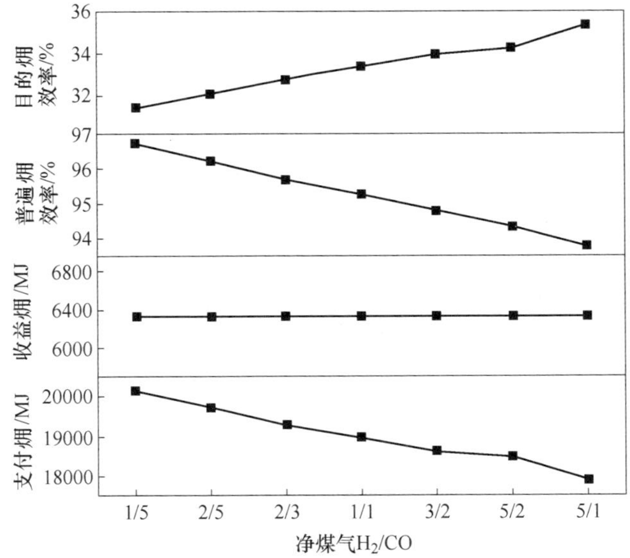

图 6-57 净煤气中 x_{H_2}/x_{CO} 对竖炉直接还原㶲效率的影响

由图 6-58 可知，在入炉煤气成分、排料温度和直接还原铁渗碳量不变的情况下，随入炉煤气量的增加，吨铁支付㶲增大；吨铁收益㶲固定为 5487.164 MJ；且普遍㶲效率逐渐增大，目的㶲效率逐渐降低。因此，在满足反应平衡和热量供应的前提下，应尽可能减少入炉煤气量，避免能耗损失。

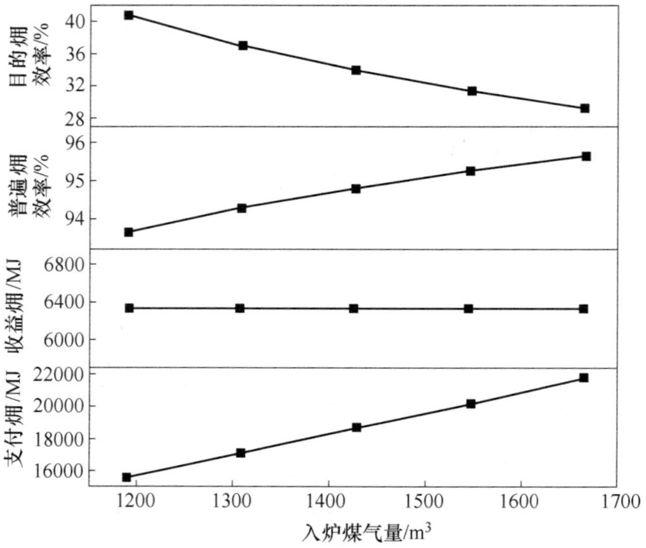

图 6-58　煤气量对竖炉直接还原㶲效率的影响

由图 6-59 可知，在入炉煤气成分、入炉煤气量和排料温度不变的情况下，随直接还原铁渗碳量的增加，吨铁支付㶲固定为 17402.523 MJ，吨铁收益㶲逐渐增大，普遍㶲效率和目的㶲效率均呈上升趋势。因此，直接还原铁渗碳量的增加有利于能量的高效利用。

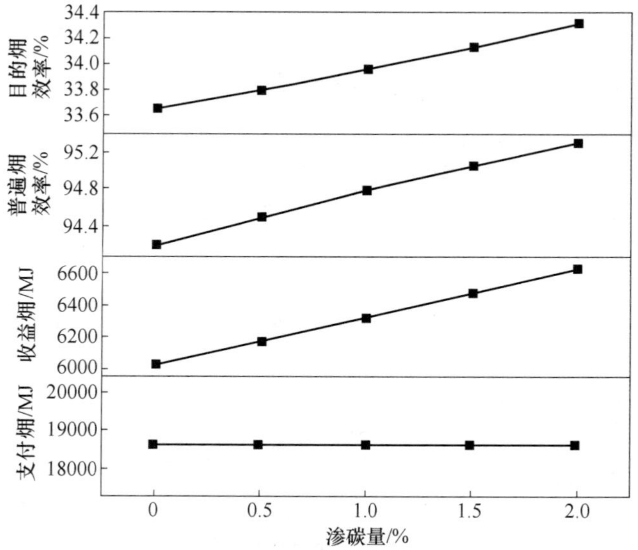

图 6-59　直接还原铁渗碳量对竖炉直接还原㶲效率的影响

6.5.3 电炉工艺模型

6.5.3.1 电炉工艺物质平衡

A 原料成分

采用的 DRI、碳粉、电极、造渣剂、其他原料成分及熔分过程中用到的其他数据分别列于表 6-43～表 6-46。

表 6-43 DRI 的化学成分

组成	Fe_3C	Fe	FeO	SiO_2	Al_2O_3	MgO	CaO	TiO_2	V_2O_3
质量分数/%	43.20	28.29	12.03	2.86	1.71	1.24	0.73	9.21	0.43

表 6-44 碳粉和电极的化学成分（质量分数） （%）

组元	C	H_2O	灰分	挥发分
碳粉	100	—	—	—
电极	99	—	1	—

表 6-45 造渣剂及其他原料成分（质量分数） （%）

成分	CaO	SiO_2	MgO	Al_2O_3	Fe_2O_3	CO_2	H_2O	P_2O_5	S	C
炉顶高铝砖	1.25	6.40	0.12	91.35	0.88					
造渣剂	100									
炉衬铝镁砖	1.60	1.92	79.6	1.28	1.60					14
电极灰分	8.90	57.80	0.10	33.10						

表 6-46 炼钢计算过程中的其他数据

名　称	参　数
配碳量	配碳比 1.1
电极消耗量	4 kg/tDRI；熔化期占 75%；氧化期占 25%
炉顶高铝砖消耗量	1.275 kg/tDRI；熔化期占 59%；氧化期占 41%
炉衬镁铝砖消耗量	3.5 kg/tDRI；熔化期占 57%；氧化期占 43%
熔化期和氧化期所需氧量	100%来自空气
碳粉中 C 的利用率	75%用于 DRI 氧化物的还原，25%被氧化
碳氧化产物	按照 70%生成 CO，30%生成 CO_2 考虑
Fe 收得率	97.83%
Ti 收得率	97.52%
V 收得率	89.59%
Cr 收得率	89.85%
熔化期造渣剂配入量	依照熔分碱度 0.5
渣中 Fe 氧化物含量	5%FeO 氧化成 Fe_2O_3，95%进入渣中； 渣中 75%以 FeO 形式存在，25%以 Fe_2O_3 形式存在

B　物料平衡计算

以 1 t DRI 炉料为基准计算，按照熔化期和氧化期两个阶段进行研究。

（1）熔化期。

1）造渣剂和碳粉入炉量。

以 1 t DRI 为钢铁入炉炉料进行物料平衡计算，拟采用碳含量为 100%的碳粉，CaO 含量为 100%的造渣剂作为分析试剂。配碳量由熔分实验配碳比决定，具体添加量计算方式为：所需碳粉带入的碳量=(铁氧化物含氧量+钒氧化物含氧量+铬氧化物含氧量)×配碳比×碳相对原子质量。

碳粉收得率为 75%，另外 25%在熔化阶段被氧化，则需要加入的碳粉量为：

$$G_{碳粉} = G_{所需碳粉带入的碳量}/75\% = 32.57 \quad (\mathrm{kg}) \tag{6-37}$$

造渣剂添加量计算方式为：

$$G_{造渣剂} = G_{DRI} \times [0.6 \times ([SiO_2]_{DRI} + [Al_2O_3]_{DRI}) - [CaO]_{DRI} - [MgO]_{DRI}] \tag{6-38}$$

造渣剂添加量为 2.98 kg/t。

2）空气中消耗量。

根据表 6-47 中数据，可以得到各个物料元素的氧化量和产物量。空气中氧气的消耗主要用于炉尘中 FeO 的氧化以及配加碳粉中 C 的氧化。

表 6-47　入炉物料元素氧化量、产物量及耗氧量

名称	元素	反应	元素氧化/kg	耗氧/kg	产物/kg	去向
DRI 氧化	Fe	$2[FeO] \rightarrow (Fe_2O_3)$	5.25	0.58	5.84	炉渣
		$2[FeO] \rightarrow \{Fe_2O_3\}$	1.11	0.12	1.23	炉尘
碳粉氧化	C	$[C] \rightarrow \{CO\}$	5.70	7.60	13.30	炉气
		$[C] \rightarrow \{CO_2\}$	2.44	3.26	5.70	炉气

空气带入的氧量为：$W_{O_2,O} = 11.37$ kg。

3）炉渣量及其成分。

炉渣量及其成分包含废钢中各元素的氧化产物，DRI 中脉石成分进入炉渣、炉衬的蚀损，焦粉和电极中的灰分，以及加入的熔剂形成炉渣。结果见表 6-48。

表 6-48　熔化期的炉渣量及成分

项目	CaO	SiO_2	MgO	Al_2O_3	TiO_2	V_2O_3	Cr_2O_3	FeO	P_2O_5	Fe_2O_3
DRI	4.94	21.44	11.18	16.76	89.06	0.45	0.34	15.76	0.00	5.84
炉顶	0.01	0.05	0.00	0.69						0.01
炉衬	0.03	0.04	1.59	0.03						0.03
电极	0.00	0.02	0.00	0.01						
造渣剂	2.98									

4）金属液量 $W_{m,r}$。

$$W_{m,r} = \text{DRI} - \text{脉石成分} + \text{配碳} - \text{还原耗碳} - \text{还原失氧} = 810.65 \quad (\mathrm{kg}) \tag{6-39}$$

5）炉气量。

炉气量主要包括活性炭氧化和铁、钒、铬氧化物还原产生的 CO 和 CO_2 及碳粉中被氧化的 CO 和 CO_2。计算结果见表 6-49 和表 6-50。

表 6-49 熔化期炉气量

项目	FeO 还原	V_2O_3 还原	Cr_2O_3 还原	碳粉氧化
质量/kg	32. 12	1. 93	1. 48	19

表 6-50 还原过程质量流变化

项目	产物	耗碳量/kg	还原失重/kg	炉气增重/kg
FeO 还原	Fe+CO	8. 99	11. 99	20. 99
	Fe+CO_2	3. 85	10. 28	14. 13
V_2O_3	V+CO	0. 50	0. 66	1. 16
	V+CO_2	0. 21	0. 57	0. 78
Cr_2O_3	Cr+CO	0. 38	0. 51	0. 89
	Cr+CO_2	0. 16	0. 43	0. 60

6）熔化期物料平衡。

熔化期物料平衡见表 6-51。

计算误差为：

$$\varepsilon_1 = (\text{收入质量} - \text{支出质量}) / \text{收入质量} \times 100\% = 0 \qquad (6\text{-}40)$$

表 6-51 熔化期物料平衡表

收入项	质量/kg	比例/%	支出项	质量/kg	比例/%
DRI	1000. 00	94. 99	金属液	822. 83	78. 15
碳粉	32. 57	3. 09	炉渣	171. 25	16. 27
电极	3. 00	0. 28	炉气	57. 54	5. 46
造渣剂	2. 98	0. 28	烟尘	1. 23	0. 12
炉顶衬砖	0. 75	0. 07			
炉壁炉衬	2. 00	0. 19			
氧气	11. 56	1. 10			
合计	1052. 86	100. 00		1052. 85	100. 00

（2）氧化期。

在氧化期需扒除融化渣造新渣，金属液中元素进一步氧化，炉顶和炉壁的炉衬要被侵蚀，电极被烧损。

通常去除 70%左右熔化期的渣，留下 30%渣进入氧化期，故炉内留渣量为：

$$W_{s1} = 171.25 \times 30\% = 51.38 \quad (\text{kg}) \qquad (6\text{-}41)$$

由于氧化期与熔化期计算过程大致相同，同样包括计算渣量及终渣成分、氧化期元素耗氧量和供氧量、钢液量及成分和炉气量及成分，因此根据上述的方程详细计算。通过计算得到氧化期的热平衡见表 6-52。

计算误差为：

$$\varepsilon_1 = (\text{收入质量} - \text{支出质量})/\text{收入质量} \times 100\% = 0 \quad (6\text{-}42)$$

表 6-52　氧化期物料平衡表

收入项	质量/kg	比例/%	支出项	质量/kg	比例/%
金属液	822.83	93.80	金属液	824.03	93.49
炉渣	55.51	5.86	炉渣	57.34	6.51
炉顶侵蚀	0.52	0.06	炉气	0.02	0
炉衬侵蚀	1.51	0.17			
电极	1.00	0.11			
氧气	0.02	0			
合计	881.39	100.00	合计	881.39	100.00

C　电炉综合物料平衡

综合上述计算熔化期和氧化期物料平衡（见表 6-53），以消耗 1 t DRI 为基准，可生产生铁 824.03 kg，得到钛渣 173.08 kg，钛渣品位 51.46%，消耗电能 479.05 kW·h，排放 CO_2 21.22 kg。

表 6-53　综合物料平衡表

收入项	质量/kg	比例/%	支出项	质量/kg	比例/%
DRI	1000.00	94.71	金属液	824.03	78.04
碳粉	32.57	3.08	炉渣	173.08	16.39
电极	2.98	0.28	炉气	57.56	5.45
炉顶衬砖	1.28	0.12	烟尘	1.23	0.12
炉衬	3.50	0.33			
造渣剂	4.00	0.38			
氧气	11.58	1.10			
合计	1055.90	100.00	合计	1055.90	100.00

计算误差：$\varepsilon = [(1055.90 - 1055.90)/1055.90] \times 100\%$。

6.5.3.2　电炉工艺热平衡

根据上述给出的综合物料平衡表，计算以 1 t 金属液为基准单位的热平衡。

A　热收入

a　物料带入的物理热 Q_{w1}

熔化期开始时，假定炉顶、炉衬和电极的温度分别为 600 ℃、600 ℃和 450 ℃，则根据物料的质量热容和物料的消耗量，可以计算带入的热量，见表 6-54。

表 6-54 物料带入的物理热

物料	质量热容/kJ·(kg·K)$^{-1}$	温度/℃	消耗量/kg	物理热/kJ
DRI	—	25	1000	0
炉顶	0.879	600	1.57	644.42
炉衬	0.996	600	4.32	2004.45
电极	1.507	450	4.93	2561.90
合计				5210.77

b 元素氧化放热及成渣热 Q_{or}

根据熔化期、氧化期元素的氧化量，渣中的 SiO_2 和 P_2O_5 量以及反应热，可以计算出元素氧化放热及成渣热，见表 6-55。

表 6-55 元素氧化放热及成渣热

项目	元素	反应	氧化量/kg	ΔH/kJ·kg^{-1}	放热量/kJ
碳粉氧化	C	C →CO	5.70	11639.00	66331.21
		C →CO_2	2.44	34834.00	85080.26
金属液 C 烧损	C	C →CO	0.01	11639.00	72.22
		C →CO_2	0.00	34834.00	92.64
成渣热	P	[P] →(P)	—	4880.00	—
	Si	[Si] →(Si)	21.61	1620.00	35015.46
炉尘 FeO 氧化	Fe	FeO →Fe_2O_3	1.11	-196964.65	-3026.33
合计					183565.46

B 热支出

a 钢液的物理热

通过查阅《无机物热力学数据手册》，确定摩尔定压热容与温度的关系，计算不同温度区间内的摩尔定压热容，结合金属液中各组元的摩尔量，计算不同区间内该组元的热量。摩尔定压热容与温度函数的关系，由如下经验公式计算：

$$c_p = a + b \times 10^{-3} T + c \times 10^5 T^{-2} + d \times 10^{-6} T^2 \tag{6-43}$$

式中，a、b、c、d 均为系数。

金属液中某些组元的摩尔定压热容与温度的关系见表 6-56。

金属液在该温度条件下所具有的热量为该物质的量与摩尔定压热容和温差的乘积之和，即：

$$Q = \sum (c_{pi} n_i \Delta T) \tag{6-44}$$

经计算，金属液的物理热为 910431.43 kJ。

表 6-56　金属液中某些组元的摩尔定压热容与温度的关系

物质	a/J·(mol·K)$^{-1}$	b/J·(mol·K)$^{-1}$	c/J·(mol·K)$^{-1}$	d/J·(mol·K)$^{-1}$	温度范围/K
Fe	28. 175	-7. 318	-2. 895	25. 041	298~800
	-263. 454	255. 810	619. 232	0	800~1000
	-641. 905	696. 339	0	0	1000~1042
	1946. 255	-1787. 500	0	0	1042~1060
	-561. 932	334. 143	2912. 114	0	1060~1184
	23. 991	8. 360	0	0	1184~1665
	24. 635	9. 04	0	0	1665~1809
	46. 024	0	0	0	1809~3135
Fe_3C	82. 174	83. 680	0	0	298~463
	107. 194	12. 552	0	0	463~1500
	121. 336	0	0	0	1500~2000
V	26. 489	2. 632	-2. 113	0	298~600
	16. 711	12. 669	11. 431	0	600~1400
	95. 32	-50. 459	-362. 887	14. 69	1400~2175
Cr	17. 715	22. 966	-0. 377	-9. 033	298~1000
	18. 067	15. 531	-16. 698	0	1000~2130
P	19. 121	15. 816	0	0	298~317
	26. 326	0	0	0	317~550
	26. 326	0	0	0	550~870
	26. 326	0	0	0	870~2000

b　炉渣的物理热 Q_s

炉渣的物理热分为熔化期炉渣的物理热和氧化期炉渣的物理热。根据前面的计算结果可知，熔化期结束扒除 70%的炉渣，剩余 30%炉渣和炉衬等设备的磨损产生的渣量进入氧化期。假设熔化期结束温度为 1530 ℃，氧化期结束温度为 1600 ℃（即为实验熔分温度），炉渣物理热的计算方法与金属液相同。

炉渣中某些组元的摩尔定压热容与温度的关系见表 6-57。

表 6-57　某些组元的摩尔定压热容与温度的关系

物质	a/J·(mol·K)$^{-1}$	b/J·(mol·K)$^{-1}$	c/J·(mol·K)$^{-1}$	d/J·(mol·K)$^{-1}$	温度范围/K
CaO	49. 622	4. 519	-6. 945	0	298~2888
SiO_2	55. 982	15. 397	-14. 811	0	298~2000
MgO	48. 953	3. 138	-11. 422	0	298~3098
Al_2O_3	103. 851	26. 267	-29. 091	0	298~800
	120. 516	9. 192	-48. 367	0	800~2327
TiO_2	62. 844	11. 339	-9. 958	0	298~2143
V_2O_3	122. 8	19. 916	-22. 677	0	298~1800

续表 6-57

物质	a/J·(mol·K)$^{-1}$	b/J·(mol·K)$^{-1}$	c/J·(mol·K)$^{-1}$	d/J·(mol·K)$^{-1}$	温度范围/K
Cr_2O_3	119.37	9.205	-15.648	0	298~1800
FeO	50.794	8.619	-3.305	0	298~1650
	68.199	0	0	0	1650~3687
Fe_2O_3	98.282	77.822	-14.853	0	298~953
	150.624	0	0	0	953~1053
	132.675	7.364	0	0	1053~1767
$(CaO)_2P_2O_5$	221.878	61.756	-46.693	0	298~1413
	318.612	0	0	0	1413~1626
	405.011	0	0	0	1626~1767

经计算炉渣的物理热为 290831.69 kJ。

c 吸热反应 $Q_{reaction}$

电炉熔分时碳粉的作用一是作为 DRI 剩余金属氧化物的还原剂，二是作为金属增碳的碳源。故吸热反应包括金属氧化物的还原吸热和金属增碳吸热。

FeO 还原耗热见表 6-58。

表 6-58 FeO 还原耗热

配矿条件	反应物	产物	反应量/mol	ΔH_T/kJ·mol^{-1}	热量/kJ
黑山配矿	FeO	CO	749.56	153042	114714.37
		CO_2	642.48	140755	90432.65

V_2O_3 还原耗热见表 6-59。

表 6-59 V_2O_3 还原耗热

配矿条件	反应物	产物	反应量/mol	ΔH_T/kJ·mol^{-1}	热量/kJ
黑山配矿	V_2O_3	CO	13.76	424166.05	5836.48
		CO_2	11.79	600338.82	7080.51

Cr_2O_3 还原耗热见表 6-60。

表 6-60 Cr_2O_3 还原耗热

配矿条件	反应物	产物	反应量/mol	ΔH_T/kJ·mol^{-1}	热量/kJ
黑山配矿	Cr_2O_3	CO	10.55	770338.01	8128.72
		CO_2	9.04	522344.74	4724.45

经计算，金属增碳反应耗热为 6458.61 kJ。

d 炉气、炉尘的物理热

取炉气、炉尘温度为 1200 ℃，则炉气（Q_g）、炉尘（G_d）带走的物理热见表 6-61。

表 6-61 炉气、炉尘带走的物理热

项目	炉气	炉尘
热量/kJ	76899.92	1135.05

e　其他热损失

假设冷却水带走热量总收入 Q_m 的 8%，变压器及断网系统的热损失占总收入的 5%。综合炉体表面的热损失、炉门开关的热损失、电极的热损失；同时热损失与设备使用的大小、冶炼时间、开关炉门时间和炉内温度均有关，因此占总收入的 8%。

f　热能消耗

由热平衡原理得出：

$$Q_{in} = Q_m + Q_s + Q_{reaction} + Q_d + Q_g + Q_{in}(8\% + 8\% + 5\%) \tag{6-45}$$

需要的供电产生的热量 = Q_{in} − 物料带入的热 − 元素氧化放热和成渣热。

g　电耗

以 1 t DRI 为基准单位进行计算，已知 1 kWh = 3600 kJ，则 1 t DRI 在电炉熔分过程中的耗电量为 479. 05 kWh。

C　电炉热平衡表

针对黑山配矿 DRI 球团，以 1 t DRI 为基准的热平衡见表 6-62。其中铁水带走物理热约占 47. 41%，反应耗热 12. 37%，炉渣带走物理热 15. 15%，其他热损失为确定值 21%。热量主要由电热能提高，约占 89. 85%。若球团采用热装方式，可节约部分电能。

表 6-62　电炉炼钢热平衡

收入项	热量/kJ	比例/%	支出项	热量/kJ	比例/%
炉料物理热	5210. 77	0. 27	铁水物理热	910081. 41	47. 41
氧化热	189618. 13	9. 88	反应耗热	237375. 79	12. 37
电能热	1724568. 39	89. 85	炉渣物理热	290831. 69	15. 15
			炉气物理热	76899. 92	4. 01
			炉尘物理热	1135. 05	0. 06
			其他热损	403073. 43	21. 00
合计	1919397. 29	100. 00	合计	1919397. 29	100. 00

6. 5. 3. 3　电炉工艺㶲平衡

以 T_0 = 298. 15 K、$p_0 = 1.01 \times 10^5$ Pa 为基准状态，计算直接还原铁和钢水的㶲值，钢水的温度为 T_{hm}，计算如下。

A　DRI 的㶲值

DRI 的㶲值见表 6-63。

表 6-63　直接还原铁的㶲值

项　目	FeO	CaO	SiO_2	Al_2O_3	MgO	Fe_2O_3	TiO_2	V_2O_3	Cr_2O_3	总量
质量分数/%	0. 59	0. 39	1. 67	1. 31	0. 87	87. 64	6. 94	0. 33	0. 26	100. 00
化学㶲/MJ										5859. 989

B　钢水的㶲值

钢水㶲值包括 Fe、C、Mn、P、S 5 种元素㶲及化学㶲。

a Fe 元素的㶲值

根据式（6-46），计算 Fe 的热㶲：

$$E_{\text{Fe-th}} = \int_{T_0}^{T_{\text{hm}}} c_p \left(1 - \frac{T_0}{T}\right) \mathrm{d}T \tag{6-46}$$

Fe 在不同温度下的摩尔定压热容不同，见表 6-64。对每个温度范围进行计算，最终得到 Fe 的摩尔热㶲。

根据式（6-46）计算得到 $E_{\text{Fe-th}}$ = 423. 77 kJ/mol。

Fe 元素基准物为 Fe_2O_3，查相关数据得摩尔化学反应㶲为 $E_{\text{Fe-ch}}$ = 368. 151 kJ/mol。

表 6-64 Fe 的摩尔定压热容温度系数

物质	a/J·(mol·K)$^{-1}$	b/J·(mol·K)$^{-1}$	c/J·(mol·K)$^{-1}$	温度范围/K
Fe	28. 175	−7. 318	−2. 895	298～800
	−263. 454	255. 810	619. 232	800～1000
	−641. 905	696. 339	0	1000～1042
	1946. 255	−1787. 500	0	1042～1060
	−561. 932	334. 143	2912. 114	1060～1184
	23. 991	8. 360	0	1184～1665
	24. 635	9. 904		1665～1809
	46. 024			1809～3135

b C 元素的㶲值

根据式（6-47），计算出 C 元素在不同温度阶段的热㶲值，见表 6-65。

$$E_{\text{C-th}} = \int_{298.15}^{1100} c_{p_1} \left(1 - \frac{T_0}{T}\right) \mathrm{d}T + \int_{1100}^{T_{\text{hm}}} c_{p_2} \left(1 - \frac{T_0}{T}\right) \mathrm{d}T \tag{6-47}$$

C 元素存在基准物为 CO_2，查相关数据得摩尔化学反应㶲为 $E_{\text{C-ch}}$ = 410. 53 kJ/mol。

表 6-65 C 的热容温度系数

物质	a/J·(mol·K)$^{-1}$	b/J·(mol·K)$^{-1}$	c/J·(mol·K)$^{-1}$	d/J·(mol·K)$^{-1}$	温度范围/K
C	0. 109	38. . 940	−1. 481	−17. 385	298. 15～1100
	24. 439	0. 435	−31. 627		1100～4073

c V、Cr 元素的㶲值

根据式（6-48），计算出 V、Cr 元素在不同温度阶段的热㶲值。表 6-66 和表 6-67 为 V、Cr 元素的热容系数。

$$E = \int_{298.15}^{600} c_{p_1} \left(1 - \frac{T_0}{T}\right) \mathrm{d}T + \int_{600}^{1400} c_{p_2} \left(1 - \frac{T_0}{T}\right) \mathrm{d}T + \int_{1400}^{T_{\text{hm}}} c_{p_3} \left(1 - \frac{T_0}{T}\right) \mathrm{d}T \tag{6-48}$$

表 6-66 V 的热容温度系数

物质	a/J·(mol·K)$^{-1}$	b/J·(mol·K)$^{-1}$	c/J·(mol·K)$^{-1}$	d/J·(mol·K)$^{-1}$	温度范围/K
V	26. 489	2. 632	−2. 113	0	298～600
	16. 711	12. 669	11. 431	0	600～1400
	95. 32	−50. 459	−362. 887	14. 69	1400～2175

表 6-67　Cr 的热容温度系数

物质	a/J·(mol·K)$^{-1}$	b/J·(mol·K)$^{-1}$	c/J·(mol·K)$^{-1}$	d/J·(mol·K)$^{-1}$	温度范围/K
Cr	17.715	22.966	−0.377	−9.033	298～1000
	18.067	15.531	−16.698	0	1000～2130

d　熔渣的㶲值计算

熔渣主要是 CaO、SiO_2、Al_2O_3、MnO、MgO、FeO 等的化学物，表 6-68 给出了各渣相组分在不同温度阶段的热容系数。以 $T_0=298.15$ K，$p_0=1.01\times10^5$ Pa 为基准状态，按下式计算熔渣的㶲值。

$$E_{熔渣}=\int_{T_0}^{T}c_p\left(1-\frac{T_0}{T}\right)\mathrm{d}T \tag{6-49}$$

表 6-68　渣相的热容系数

物质	a/J·(mol·K)$^{-1}$	b/J·(mol·K)$^{-1}$	c/J·(mol·K)$^{-1}$	温度范围/K
Fe	28.175	−7.318	−2.895	298～800
	−263.454	255.810	619.232	800～1000
	−641.905	696.339	0	1000～1042
	1946.255	−1787.500	0	1042～1060
	−561.932	334.143	2912.114	1060～1184
	23.991	8.360	0	1184～1665
FeO	50.794	8.619	−3.305	298～1650
SiO_2	43.890	38.786	−9.665	298～847
	58.911	10.042	0	847～1696
CaO	49.622	4.519	−6.945	298～2888
Al_2O_3	103.851	26.267	−29.091	298～800
	120.516	9.192	−48.367	800～2327
Fe_3C	82.174	83.680	0	298～463
	107.194	12.552	0	463～1500
Fe_2O_3	98.292	7.822	−14.853	298～953
	150.624	0	0	953～1053
	32.675	7.364	0	1053～1730

根据电弧炉熔分的综合物料平衡，计算其㶲平衡见表 6-69。可以看出，电炉熔分的㶲收入项主要是直接还原铁带入的化学㶲和电能带入的㶲，占比为总㶲的 85%，而支出㶲主要是铁水带走的㶲，占比为 84.82%。一般情况下，把铁水、钛渣看作是支出项的收益㶲。根据表 6-68 数据计算出电炉的㶲效率 $\eta=88.54\%$，外部㶲损失为 4.68%，内部㶲损失为 6.78%。从计算结果可以看出，电炉熔分是一个热力学较为完善的过程，因为电炉中的反应主要在 1300～1700 ℃进行的，化学能可以较好地转化为高温热能，而高温热能的㶲值较高。

表 6-69　电炉炼钢的㶲平衡

项　　目		㶲值/MJ	比例/%
收入	DRI 化学㶲	5859.99	65.98
	碳粉㶲	1114.07	12.54
	造渣剂㶲	6.64	0.07
	炉衬㶲	26.96	0.30
	炉顶衬砖㶲	2.21	0.02
	氧气㶲	0.98	0.01
	电极㶲	145.62	1.64
	电能㶲	1724.57	19.42
	合计	8881.03	100.00
支出	钢水㶲	7533.10	84.82
	钛渣渣㶲	330.43	3.72
	炉尘㶲	0.78	0.01
	炉气㶲	414.86	4.67
	内部㶲损失	601.86	6.78
	合计	8881.03	100.00

6.6　钒钛矿竖炉短流程全流程生命周期评价

生命周期评价（life cycle assessment，LCA）是用于评估产品、生产工艺以及活动对环境压力的方法，通过量化其能量物质利用以及废弃物排放对环境的影响，寻求改善环境的机会以及利用这种机会。LCA 的基本技术框架包括以下 4 个相互关联的内容：

（1）目标与范围界定（goal and scope definition）。该步骤是确定系统边界和功能单位，建立工艺从“摇篮”到“大门”的生命周期模型。在本研究中，以铁水为最终产品。

（2）生命周期清单分析（life cycle inventory，LCI）。编制生命周期清单是 LCA 的核心问题和基础，生命周期清单的数据主要是基本流的输入输出，在编制清单过程中，将收集到的实物流数据转化为基本流，并与功能单位产品相关联。

（3）生命周期影响评价（life cycle impact assessment，LCIA）。此步骤是将清单数据进行处理并转化为对不同环境影响类型的程度的过程，分为影响分类、特征化和量化 3 个阶段。

（4）结果解释（interpretation）。结果解释是对前两步内容的分析与总结，目的是找出主要影响环境因素，在此基础上进行合理评估，并给出优化建议。

主要的生命周期评价软件有荷兰的 SimPro 软件、法国的 TEAM 软件和德国的 Gabi 软件。软件中不仅包含了详细的产业清单数据库和相应的产品特征化和归一化功能，同时还具有数据一致性检验等附属功能。LCIA 的评价方法众多，其中比较有代表性的有 CML、EDIP、Eco-indicator、IMPACT 2002+等。本研究基于 ISO14040 标准，采用 GaBi10 软件及搭载的 CML2001 评价方法进行分析。

6.6.1　钒钛矿竖炉短流程生命周期清单分析

根据计算得到的数据，结合典型钒钛磁铁矿高炉的生产数据，高炉和竖炉两种不同生产工艺流程的生命周期清单分别见表 6-70 和表 6-71。

表 6-70　钒钛磁铁矿高炉流程生命周期清单

输入与输出	单位	球团	烧结	焦化	高炉
输入					
铁精矿	kg/t	691.20	892.18	—	
无烟煤	kg/t	19.31	11.28	—	125.00
烟煤	kg/t	—	—	—	
洗精煤	kg/t	—	—	699.28	—
COG	m^3/t	—	43.49	83.03	6.34
电	kW · h/t	15.44	40.95	38.68	67.00
蒸汽	kg/t	—	7.03	77.99	—
O_2	m^3/t	—	—	—	47.33
新水	kg/t	64.73	86.28	576.06	480.00
CaO	kg/t	—	68.40	—	—
压缩空气	m^3/t	—	11.59	21.44	—
黏结剂	kg/t	6.99	—	—	—
热风	m^3/t	—	—	—	1453.04
球团	kg/t		—	—	641
烧结矿	kg/t	—	—	—	1082
块矿	kg/t				80
焦炭+焦粉	kg/t	—	50.73	—	441
高炉煤气	MJ/t	—	—	910.52	—
输出					
产品					
球团	kg/t	641	—	—	—
烧结矿	kg/t	—	1082	—	—
焦炭	kg/t	—	—	491.73	—
铁水	kg/t	—	—	—	1000.00
副产品					
硫黄	kg/t	—	—	0.46	
粗苯	kg/t	—	—	6.42	
焦油	kg/t	—	—	23.57	
氨水	kg/t	—	—	3.45	—
排放					
CO_2	kg/t	68.37	281.72	303.48	1597.16

续表 6-70

输入与输出	单位	球团	烧结	焦化	高炉
输出					
CO	kg/t	0.55	29.53	7.42	7.15
SO_2	kg/t	0.067	0.18	0.81	1.68
NO_x	kg/t	0.14	0.61	0.26	0.15
粉尘	kg/t	0.17	0.62	1.16	1.27
炉渣	kg/t	—	—	—	542.45

表 6-71 钒钛磁铁矿竖炉短流程生命周期清单

输入与输出	单位	球团	气基竖炉	电炉
输入				
黑山钒钛磁铁矿	kg/t	563.12	—	—
钛精矿	kg/t	140.78	—	—
秘鲁高品位铁精粉	kg/t	703.89	—	—
入炉还原气	m^3/t	—	1747.12	—
碳粉	kg/t	—	—	32.57
造渣剂	kg/t	—	—	2.98
球团	kg/t	—	1298.88	—
DRI	kg/t	—		1000
炉衬	kg/t	—		3.50
甲烷渗碳（冷却）	m^3/t	—	37.63	—
电极	kg/t	—	—	4
炉顶	kg/t	—		1.28
电	kW · h/t			479.05
输出				
产品				
球团	kg/t	1298.88	—	—
DRI	kg/t	—	1000	—
含钒铁水	kg/t	—	—	824.03
钛渣	kg/t	—		173.08
炉顶煤气	m^3/t	—	1825.36	—
排放				
CO_2	m^3/t	—	77.02	10.80
CO	m^3/t	—	136.26	29.07
粉尘	kg/t	—	15.85	1.23

6.6.2　钒钛矿综合利用工艺流程生命周期影响评价

生命周期影响评价一般分为影响分类、特征化、归一化和加权分析等步骤。

6.6.2.1　生命周期影响分类

影响分类是将生命周期清单中的所有环境因子分别归类到不同的影响类型的过程。CML2001 数据库中影响类型一共有 8 种，分别是资源消耗、酸化、富营养化、全球变暖、人体健康毒害、光化学臭氧合成、淡水生态毒性和海洋生态毒性。由于本研究所涉及的生产流程对于水体污染较小，且生命周期清单所统计的环境因子数据在淡水生态毒性和海洋生态毒性两个类别中与数据库具有一定偏差，分析结果与实际相差过大，不具有代表性。因此，本研究只选取前 6 种影响类型进行生命周期影响评价，影响分类结果见表 6-72。

表 6-72　本研究影响类型分类结果

影响类型	类型参数	环 境 因 子
资源消耗	kg Sb eq	铁矿石、无烟煤、烟煤、水、电等
酸化	kg SO_2 eq	SO_2、NO_x
富营养化	kg PO_4^{3-} eq	NO_x
全球变暖	kg CO_2 eq	CO_2、CO、CH_4
人体健康毒害	kg DCB eq	SO_2、NO_x、粉尘
光化学臭氧合成	kg Ethene eq	SO_2、NO_x、CO、CH_4

6.6.2.2　特征化

特征化是选取某一特定的环境因子作为参考物，将该类型下其他环境因子以相对的特征化因子统一成同一单位数值的量化分析过程。量化分析的结果被称为影响类型潜值：资源消耗潜值（ADP）、酸化潜值（AP）、富营养化潜值（EP）、全球变暖潜值（GWP_{100}）、人体健康毒害潜值（HTP）、光化学臭氧合成（POCP）。因世界各地区资源分布以及利用情况各不相同，为增加 ADP 计算结果的代表性，本研究在计算 ADP 时使用中国标准，其余影响类型分类则参考 GaBi 数据库。

6.6.2.3　归一化和加权分析

归一化是将不同特征化结果与该影响类型基准值作对比得到相对值的过程。然而，经归一化处理的环境影响潜值仍然不能直接代表这种影响类型对环境影响的大小，因为不同的影响类型对环境影响的程度不同，所以还需要对归一化结果进行加权处理，以确定研究目标不同影响类型对环境影响的贡献大小。

本研究权重分配方法采用层次分析法，通过给 6 种影响类型的重要性排序，得到判断矩阵 $\boldsymbol{A}$，再使用 MATLAB 对 $\boldsymbol{A}$ 求解特征向量，从而得到权重分配系数。当 GWP_{100}、EP、AP、POCP、HTP 和 ADP 6 种影响类型重要性标度分别为 1、2、3、4、5 和 7 时，判断矩阵 $\boldsymbol{A}$ 如式（6-50）所示。

$$
\boldsymbol{A}=\begin{matrix} GWP_{100} \\ EP \\ AP \\ POCP \\ HTP \\ ADP \end{matrix}\begin{bmatrix} 1 & 2 & 3 & 4 & 5 & 7 \\ 1/2 & 1 & 2 & 3 & 4 & 5 \\ 1/3 & 1/2 & 1 & 2 & 3 & 4 \\ 1/4 & 1/3 & 1/2 & 1 & 2 & 3 \\ 1/5 & 1/4 & 1/3 & 1/2 & 1 & 2 \\ 1/7 & 1/5 & 1/4 & 1/3 & 1/2 & 1 \end{bmatrix} \tag{6-50}
$$

本研究使用的归一化标准和权重分配系数结果见表6-73。通过计算得到各工艺的归一化和加权结果。

表 6-73　本研究采用的归一化标准和权重系数

影响类型	类型参数	归一化标准	权重系数
ADP	kg Sb eq	2.14×10^{10}	0.0411
AP	kg SO_2 eq	2.99×10^{11}	0.1585
EP	kg PO_4^{3-} eq	1.29×10^{11}	0.2491
GWP_{100}	kg CO_2 eq	4.45×10^{13}	0.3878
HTP	kg DCB eq	4.98×10^{13}	0.0636
POCP	kg Ethene eq	4.55×10^{10}	0.0999

图 6-60 为经过归一化与加权分析后的生命周期评价计算结果，分别为酸化潜值（AP）、富营养化潜值（EP）、全球变暖潜值（GWP_{100}）、人体健康毒害潜值（HTP）、光化学臭氧合成（POCP）。其中，GWP_{100}、AP、HTP 与 POCP 的影响远远大于其他各项指标，说明工艺对环境影响最大的环节为全球变暖效应。与高炉长流程相比，钒钛矿氢基竖炉短流程除 ADP 外，各影响类型均明显降低，其中，GWP_{100} 由 4.96×10^{-10} 降低至 1.22×10^{-10}，POCP 由 2.79×10^{-10} 降低至 5.84×10^{-11}。对 GWP_{100} 与 POCP 产生影响的气体主要为 CO_2。这意味着竖炉短流程在温室气体排放上相对于高炉-转炉长流程有了明显的改善，对环境更为友好。

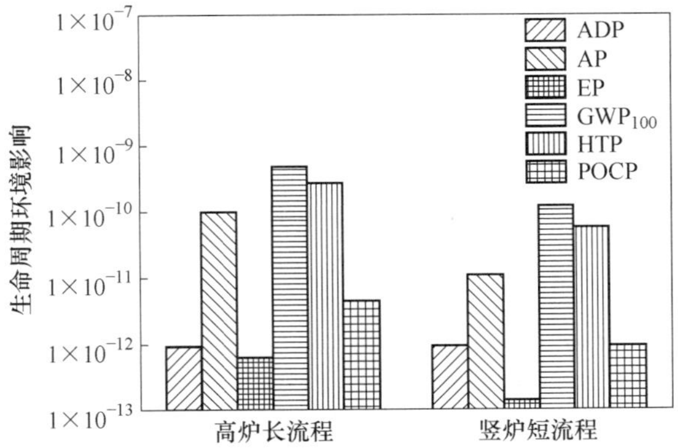

图 6-60　钒钛矿综合利用两种工艺流程的生命周期计算结果

图 6-61 为高炉-转炉长流程与氢基竖炉短流程的总体环境影响。与高炉长流程相比，氢基竖炉短流程的总体环境影响大幅降低，由 2.31×10^{-10} 降低至 5.53×10^{-11}。相比现行的

高炉流程，总体环境影响降低了 76%，环境优势较为明显。

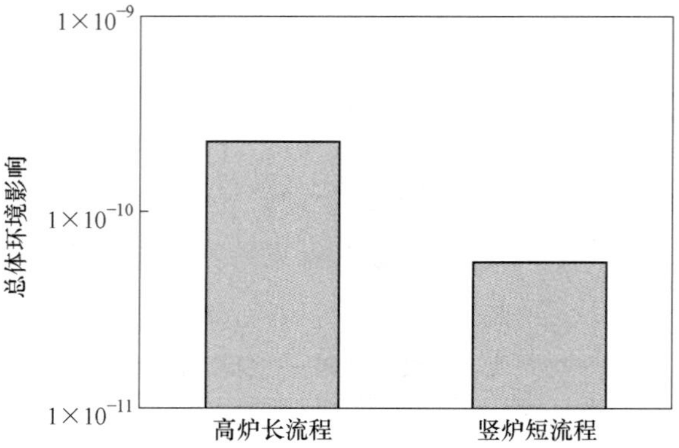

图 6-61　钒钛矿综合利用两种工艺流程的总体环境影响

图 6-62 为高炉-转炉长流程与竖炉短流程排放污染物对环境的影响。与高炉长流程相比，竖炉短流程排放污染物对环境影响大幅降低，AP 由 9.86×10^{-11} 降低至 1.10×10^{-11}，EP 由 6.30×10^{-12} 降低至 1.41×10^{-12}，HTP 由 4.55×10^{-12} 降低至 9.25×10^{-13}。相比于现行高炉流程，氢基竖炉-电炉短流程的污染物减排效果更为显著。

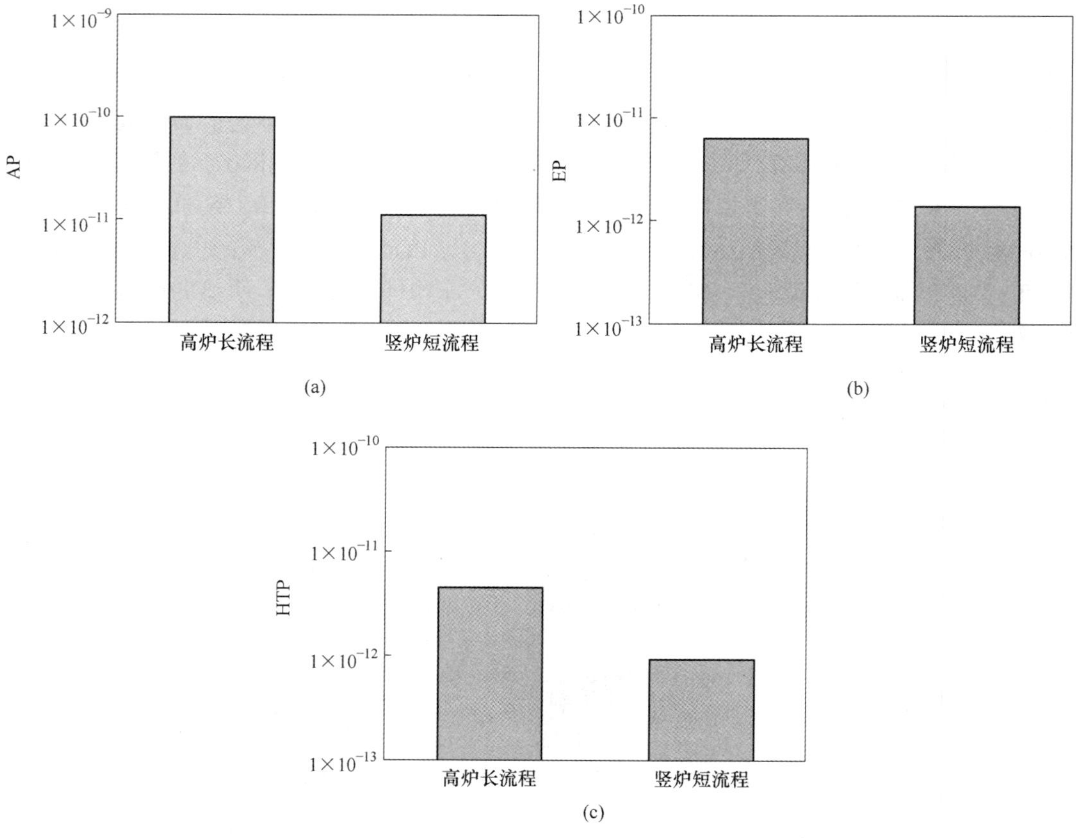

图 6-62　钒钛矿综合利用两种工艺流程排放污染物对环境的污染

(a) AP；(b) EP；(c) HTP

参 考 文 献

[1] 李翠，郭会良，玄振法，等．我国非高炉炼铁的现状与发展［J］．山东冶金，2024，46（2）：7-10.
[2] 朱德庆，郭宇峰，邱冠周，等．钒钛磁铁精矿冷固球团催化还原机理［J］．中南工业大学学报（自然科学版），2000（3）：208-211.
[3] 张福明，曹朝真，徐辉．气基竖炉直接还原技术的发展现状与展望［J］．钢铁，2014，49（3）：1-10.
[4] 王南．红格钒钛磁铁矿气基竖炉直接还原-熔分实验研究［D］．沈阳：东北大学，2018.
[5] 唐珏．高铬型钒钛磁铁矿气基竖炉直接还原-熔分新工艺基础研究［D］．沈阳：东北大学，2017.
[6] 王勋，韩跃新，李艳军，等．钒钛磁铁矿综合利用研究现状［J］．金属矿山，2019（6）：33-37.
[7] 洪流，丁跃华，谢洪恩．钒钛磁铁矿转底炉直接还原综合利用前景［J］．金属矿山，2007（5）：10-13.
[8] 陈茂熙．钒钛磁铁矿回转窑直接还原工艺浅析［J］．四川冶金，1992（4）：11-17.
[9] 谢志诚，胡兵，胡佩伟．钒钛磁铁矿高效综合利用新工艺研究［J］．钢铁钒钛，2020，41（5）：14-21.
[10] 唐珏，储满生，李峰，等．我国氢冶金发展现状及未来趋势［J］．河北冶金，2020（8）：1-6，51.
[11] 秦晋．钒钛矿块矿回转窑直接还原-电热熔分工艺优化实验研究［D］．沈阳：东北大学，2018.

7 钒资源高效清洁利用工艺技术

7.1 含钒铁水高效提钒技术

含钒铁水是将钒钛磁铁矿经直接还原-电炉熔分流程或高炉长流程处理而得到的钒含量较高的铁液。南非、新西兰、俄罗斯、中国等地生产含钒铁水，不同国家和地区所产的含钒铁水成分见表 7-1。

表 7-1 不同国家/地区的含钒铁水成分

国家/地区	铁水主要成分/%							
	C	V	Si	Mn	P	S	Ti	Cr
南非	3.60	1.20	0.12	0.19	0.040	0.030	0.14	0.33
新西兰	4.10	0.42	0.11	0.33	0.06	0.06	0.16	—
俄罗斯	4.47	0.47	0.089	0.31	0.04	0.029	0.1	0.1
中国攀枝花	4.33	0.33	0.08	0.18	0.035	0.08	0.08	—
中国承德	4.30	0.35	0.44	0.1	0.097	0.046	0.25	—

作为钒钛矿还原和钒渣提钒工艺的中间环节，含钒铁水提钒工艺是钒钛磁铁矿提钒工艺的关键环节之一。因此，针对不同的铁水成分，开发了不同的处理工艺。中国和俄罗斯钢铁企业多采用高炉对钒钛磁铁矿进行还原冶炼，如攀枝花钢铁公司、承德钢铁、马钢和下塔尔钢铁厂。而新西兰和南非采用电炉冶炼获得含钒铁水。目前，在世界范围内，成熟的含钒铁水提钒工艺主要有：铁水包工艺、摇包工艺、转炉工艺（见表 7-2)。

表 7-2 含钒铁水的主要生产及其冶炼工艺

国家/地区	含钒铁水的生产	含钒铁水提钒工艺
南非	回转窑+电炉	摇包
新西兰	回转窑+电炉	铁水包
俄罗斯	高炉	转炉
中国攀枝花	高炉	转炉
中国承德	高炉	转炉

7.1.1 铁水包提钒工艺

铁水包提钒工艺主要在新西兰使用。在新西兰，钒钛磁铁矿的处理工艺流程是：回转窑还原—电炉熔分—铁水包提钒—转炉炼钢。含钒矿石经过回转炉还原后经电炉冶炼得到含钒铁水，然后向铁水包中的含钒铁水吹氧提钒，获得钒渣和半钢。其中铁水包提钒流程包括：（1）将含钒铁水送入铁水包中；（2）将其安放在带有包盖的吹钒装置下方插入氧枪和氮枪吹炼；（3）采用扒渣机扒出钒渣并将包中半钢送往下一炼钢工序。铁水包提钒工艺采用顶部氧枪供氧、底部氮枪搅拌的冶炼模式，供氧强度为 0.28（标态）$m^3/(min \cdot t)$，氮气搅拌强度为 0.01（标态）$m^3/(min \cdot t)$，图 7-1为铁水包提钒过程。

图 7-1 铁水包提钒过程

在吹炼过程中，使用氧化铁皮作为冷却剂，熔池温度为 1350~1450 ℃，铁水包提钒工艺的冶炼周期约为 35 min。在吹炼终点，半钢的钒含量为 0.07% ~ 0.08%，钒元素的氧化率为 85%左右，所产钒渣中 V_2O_3 含量为 18%~22%。

7.1.2 摇包提钒

采用摇包提钒法的是南非海威尔德公司。摇包提钒工艺流程简单，即在偏心摇动的摇包中，通过顶部吹氧使含钒铁水中的钒氧化，如图 7-2 所示。摇包提钒采用氧气软吹和机械振动搅拌相结合的冶炼模式，在冶炼过程中添加无烟煤补充熔池碳元素，同时使用氧化铁皮等物料作为冷却剂控制熔池温度。

摇包提钒法能够有效处理钒含量高达 1.2%的含钒铁水，得到 V_2O_3 含量 25%的钒渣，这种钒渣非常适合钠化焙烧。但由于供氧强度仅为 0.35~0.53（标态）$m^3/(min \cdot t)$，并且偏心摇动的机械搅拌功能不足，摇包法冶炼周期高达 90 min。

7.1.3 转炉提钒工艺

转炉提钒法是指含钒铁水通过扒出表面浮渣后兑铁送入转炉，采用纯氧气或者富氧空气进行吹炼，获得钒渣和半钢的方法。其中钒渣采用破碎—焙烧—水浸—过滤—沉淀等过程获得钒制品，半钢则采用转炉冶炼。我国一些钢铁厂如攀钢攀枝花厂和俄罗斯下塔吉尔公司采用顶吹氧气转炉进行提钒，攀钢西昌钢钒和承德钢铁采用复吹转炉提钒，俄罗斯丘索夫钢铁厂采用空气底吹转炉进行提钒。

转炉提钒工艺由最初的顶部供氧模式，发展为顶部供氧、底部供氮的复吹模式。复吹提钒转炉的示意图如图 7-3 所示。复吹提钒工艺冶炼周期短，钒元素收得率高，半钢质量好。

评价转炉提钒的技术经济指标主要有：半钢质量、钒渣质量、钒回收率、转炉炉龄、冶炼周期等。

（1）半钢质量。

复吹转炉提钒工艺中，影响半钢质量的因素主要有 3 个：碳含量、钒含量、温度，其评价指标分别为：$[C] \geqslant 3.2\%$，$[V] \leqslant 0.05\%$，半钢温度 $T \geqslant 1320$ ℃[1-2]。半钢碳含量取决于铁水初始碳含量和供氧制度，半钢钒含量取决于铁水初始钒含量和供氧制度，半钢温度由铁水初始温度、供氧制度和冷料加入制度决定。

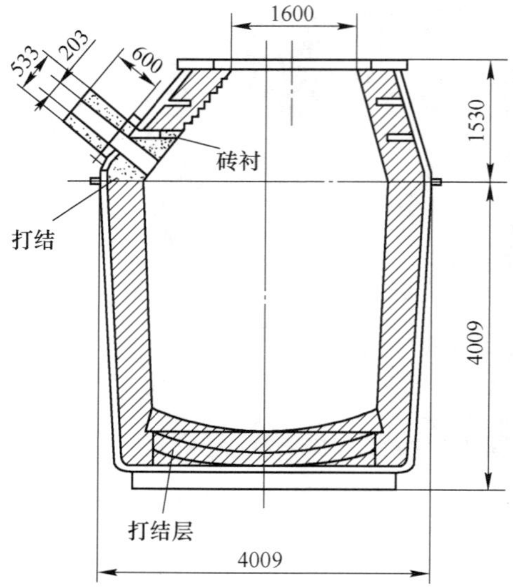

图 7-2　摇包示意图

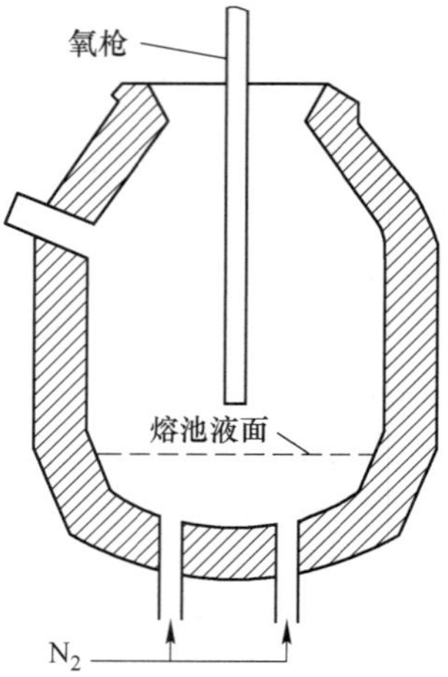

图 7-3　复吹提钒转炉示意图

（2）钒渣质量。

钒渣中 SiO_2、CaO、MgO、TiO_2、P 等物质阻碍钒渣中钒的提取，因而影响钒渣的质量。SiO_2 不仅能与 MgO 等氧化物反应，产生硅酸盐相，包裹钒铁尖晶石相，还能够在钒渣提钒过程中与其他物质反应生成不溶的硅钒酸钠。这两种情况均抑制钒渣中钒的提取。在钒渣提钒过程中，钒渣中的 P 与 V 元素一起被浸出，影响 V_2O_5 的纯度。需要特别指出，CaO 会与钒氧化物生成不溶于水的钒酸钙，极大降低钒渣中钒的提取率，因此必须严格控制钒渣中的 CaO 含量。

（3）钒回收率。

转炉提钒工序中，钒的回收率是指所产钒渣中钒绝对量与初始铁水中钒绝对量的比值。在转炉提钒工艺中，钒收得率为 80%~84%。

（4）炉龄。

转炉提钒工艺的特点为：氧压低、吹炼时间短、钢液几乎裸露吹炼等。钒渣是影响提钒转炉炉衬寿命的主要因素，因为钒渣是酸性渣，容易侵蚀炉衬。

（5）冶炼周期。

目前，提钒转炉的实际冶炼周期为 16~18 min。

7.1.4　铁水提钒工艺的比较

3 种铁水提钒工艺的冶炼指标见表 7-3。可知，在 3 种铁水提钒工艺中，复吹转炉提钒工艺的生产效率最高，主要体现在：复吹转炉提钒工艺供氧强度是其他工艺的 4~10 倍；复吹转炉提钒工艺冶炼周期为其他工艺的 1/5~1/4；复吹提钒转炉的最大装入量高于其他工艺；从钒氧化率、钒收得率、半钢收得率等冶炼指标来看，复吹提钒工艺与其他工艺相当。

由于复吹转炉提钒工艺能够大幅提高生产效率，故推荐采用复吹提钒工艺冶炼低碳高钒铁水。

表 7-3 3 种铁水提钒工艺的铁水成分和冶炼指标

铁水提钒工艺	铁水包提钒	摇包提钒	复吹转炉提钒
公称容量/t	70	72	120
铁水钒含量/%	0.42	1.1~1.2	0.3~0.5
铁水碳含量/%	3.4	3.6	4.2~4.5
半钢钒含量/%	0.07~0.08	0.08	0.03~0.05
半钢碳含量/%	1.66	3.0	3.5~3.8
半钢温度/℃	1350~1450	1380	1350~1390
炉渣 V_2O_3 含量/%	20	22	12~14
炉渣 T_{Fe}/%	26	23	25~30
冶炼周期/min · 炉$^{-1}$	62	90	16~18
供氧时间/min · 炉$^{-1}$	39	50	4~5
供氧强度/m^3 · (min · t^{-1})	0.28	0.35~0.53	2.0~3.5
供氧量/m^3 · t^{-1}	10.9	17.5~26.5	8~11.5
钒氧化率/%	85	93	90~92
钒收得率/%	—	82	80~84
半钢收得率/%	90	93	95
炉龄/炉	150	300	7000~8000

7.2 含钒铁水与钒渣直接合金化新技术

7.2.1 钒在钢中的应用

20 世纪 60 年代发展起来的 V、Ti、Nb 微合金化技术，以其显著的技术经济优势，在世界范围内获得了广泛的应用。微合金化技术的发展对钢铁工业的进步起到了巨大的推动作用，经过半个多世纪的研究开发，微合金化技术包括其合金设计原理、生产工艺、应用领域等，得到了巨大的发展和完善，微合金化钢也已发展成为不可缺少的一类结构用钢。在 V、Ti、Nb 3 种微合金化元素中，一般认为 V 主要是通过沉淀强化来提高钢的强度。

研究结果表明，为了充分发挥 V 的沉淀强化作用，在含 V 钢中增 N 是十分必要的。目前，已经广泛接受了 N 作为 V 微合金化钢中一个重要合金元素的观点。近年来的深入研究还证实，采用 V-N 微合金化不仅能够充分发挥 V 的沉淀强化作用，而且可以通过促进晶内铁素体形核，有效细化铁素体晶粒。V 在低碳贝氏体中可产生明显的析出强化作用。这些新成果拓展了 V 微合金化技术应用的领域。

V 在钢中应用最大的领域是高强度低合金结构钢（HSLA 钢），也称为微合金化钢。微合金化钢的发展始于 20 世纪 50 年代后期。随着第二次世界大战后焊接结构的广泛应用，C 对焊接结构韧性及焊接性的不利影响凸显出来，通过增 C 提高钢的强度的手段受到限制。与此同时，晶粒细化被发现可以同时提高材料的强度和韧性。因此，这种新的观点强烈刺激着新工艺和新钢种的开发。同时，微合金化元素的沉淀强化可以替代 C 的强化作用，而且使焊接性得到改善。20 世纪 60 年代初期，美国 Beth-lehem 钢铁公司在 C-Mn 钢基础上开发了系列 V-N 钢，其 C、Mn 质量分数上限分别为 0.22%和 1.25%，屈服强度达 320~460 MPa，以热轧态供货使用，规格包括了板、带和型钢的所有产品。

VAN80 钢是美国 Jone and Laughlin 早期（1975 年左右）开发的 V 微合金化带钢，该钢首次采用在线控制加速冷却工艺生产，通过利用微合金析出增加了晶粒细化和沉淀强化作用，其屈服强度达到 560 MPa。伴随控轧控冷技术的发展，在 1980 年左右一种新的控轧工艺路线被开发，称为再结晶控制轧制。该工艺采用 V、Ti 微合金化设计，通过使每道次变形后奥氏体反复再结晶，可以同样达到传统上低温控轧方法（Nb 微合金化钢）所能达到的晶粒细化效果。此工艺可采用较高的终轧温度，因此对轧机的轧制力要求较低，不但能提高生产率，还能在轧制力较弱的轧机上实现控制轧制生产。20 世纪 90 年代发展的薄板坯连铸连轧工艺（TSRC），促进了 V 微合金化技术在高强度带钢产品中的应用。采用 V/V-N 微合金化，可以在 TSRC 工艺下开发出屈服强度 350~700 MPa 级的系列高强度带钢产品。

近年来，V 微合金化技术的研究取得了一些新发展。在高 N 的含 V 钢中，利用 VN 在奥氏体中的析出，促进了晶内铁素体形核，有效地细化了铁素体晶粒尺寸。基于这一研究成果，把 VN 晶内铁素体形核技术（IGF）与再结晶控制轧制（RCR）工艺结合，形成了第 3 代 TMCP 工艺。采用这种新工艺，在 V-N 钢中不仅发挥了 V 的沉淀强化的传统优势，还利用 VN 促进晶内铁素体形核达到晶粒细化的效果，充分发挥了微合金钢晶粒细化和沉淀强化的优点，在一些难以实现低温控轧的钢铁产品上，如厚壁型钢、高强度厚板等，获得了良好应用。瑞典的研究结果表明，V 在低碳贝氏体中析出产生析出强化作用。进入 21 世纪，中国在低成本 V-N 微合金化高强度钢筋方面的研究成果及推广应用，有力地促进了中国 V 微合金化钢的生产和应用。目前，中国 400 MPa 级高强度钢筋产量已经超过 3000 万吨，并且正在大力发展 500 MPa 级的高强度钢筋，显示出钒在中国钢铁生产中的广阔应用前景。

7.2.2　含钒铁水直接合金化技术背景

铁水是液态铁的俗称，主要成分是单质铁，此外还含有碳、硅、锰、磷、硫等多种元素。

含钒铁水直接合金化是一种炼钢技术。在这一技术中，含钒铁水无须先加工成中间铁合金（如钒铁），而是直接用于钢铁的合金化过程。铁水中的碳处于饱和状态，气体含量低，杂质少，可以利用铁水进行微合金化作业。铁水可以直接微合金化作为转炉炼钢合金化的一部分，根据钢种合金化需要，先对铁水进行预处理，降低液态铁中有害元素，保留有益元素。将处理后的铁水兑入脱氧后的钢水中，铁水变成钢水，液态铁中有益元素得到高效利用。

钒在钢中具有多种有益作用，如提高淬透性、改善焊接性、增强耐磨性等。传统的冶炼方法是将含钒氧化物的矿物加工成钒铁，再将钒铁加入钢包内进行钒合金钢的冶炼。然而，这种方法存在诸多弊端，如工艺复杂、能耗物耗高等。因此，含钒铁水直接合金化技术具有重要意义。

7.2.3 含钒铁水直接合金化技术优势

（1）简化工艺流程：含钒铁水直接合金化避免传统方法中钒铁生产过程，简化了工艺流程。

（2）降低能耗物耗：由于减少中间环节，可以降低能耗和物耗。

（3）提高生产效率：直接合金化技术可以更快地实现钢水的合金化，从而提高生产效率。

（4）实现钢水成分的准确调配：通过精确的计算方法和工艺控制，可以实现钢水成分的准确调配，满足不同钢铁产品的需求。

7.2.4 含钒铁水的化学成分及主要元素的作用

以钒钛磁铁矿为原料的企业，生产的铁水主要成分除单质铁外，还含有碳、硅、锰、钒、钛、铬、磷、硫等多种金属及非金属元素，同时，铁水中碳处于饱和状态，其中的溶解 O_2、N_2 等气体含量较低，杂质相对较少，因此具备了直接进行炼钢微合金化作业的条件。表 7-4 为含钒铁水的成分。

表 7-4 含钒铁水成分 （%）

成分	C	Si	Mn	P	S	V	Ti	Cr
质量分数	4.00~4.50	0.15~0.35	0.15~0.25	0.06~0.10	0.02~0.07	0.32~0.41	0.15~0.35	0.10~0.30

7.2.5 含钒铁水直接合金化的原理

7.2.5.1 含钒铁水直接合金化技术方案

液态金属中有价组元高效利用技术方案根据所炼钢种合金化需要，液态金属中有价组元高效利用技术方案有如下几种：

（1）生产低合金钢筋时，普通铁水、含钒铁水或提钒后的半钢均可直接合金化。为了达到效益最大化，含钒系列钢筋选用含钒铁水进行微合金化，除利用液态铁中 C、Si、Mn 外，还能高效利用 V、Ti、Cr 等元素。转炉出钢后，取样分析钢水成分。根据钢水中碳含量，计算合金化用铁水或半钢量，利用钢水预处理装置将铁水或半钢倒入钢水中。

（2）生产中高碳钢时，因兑入铁水量大，为降低铁水中 S、P 有害元素以及 V、Cr 等残余元素对钢水成分的不利影响，避免成分不合格，要求选用除碳以外其他元素含量低的普通铁水或半钢，直接利用普通铁水或半钢中的碳元素。出钢后，以钢水碳含量为准计算合金化用普通铁水或半钢量。

（3）生产低合金高强度结构钢时，首选低 S、P 含钒铁水。出钢后将含钒铁水倒入钢水中，高效利用铁水中的 C、V、Ti 等元素。

含钒铁水直接合金化的基本原理是利用含钒铁水中的钒元素与钢水中的其他元素进行反应，从而实现合金化。具体步骤可能包括：

（1）获取含钒铁水，其化学成分通常包括 C、Si、Mn、P、S、Ti、V、Cr 等，其余为 Fe 及不可避免的杂质。

（2）根据钢水的终点成分、含钒铁水的成分和钢铁生产的目标成分进行计算，确定所需含钒铁水的用量。

（3）将计算得到的含钒铁水与废钢等原料一起加入转炉，进行冶炼操作。

（4）通过吹炼、调整温度等工艺手段，使钢水中的钒元素与其他元素充分反应，实现合金化。

（5）对得到的粗级钢水进行进一步处理，如吹氩处理等，以得到最终的钢铁产品。

7.2.5.2　专用钢水预处理装置的结构

利用天车等吊运工具将铁水（或半钢）倒入钢包内的方式，存在占用生产设备、影响生产效率、控制精度低、铁水保温效果差等问题。为解决上述问题，相关专家研究设计了专用钢水预处理装置。在转炉炉后设置专用钢水预处理装置，如图 7-4 所示，该装置包括倾翻机构、钢包称量系统以及煤气烘烤装置。倾翻机构位于钢包车轨道左右两侧，对称布置；半钢包支架凹槽设置在倾翻台架上，将半钢包置于支架凹槽内。通过液压驱动装置的驱动，半钢包可进行与垂直中心线最大 90°角的倾翻作业。在钢包车两侧的钢包支座上，各安装两个钢包称重压头，称量误差控制在±10 kg，以确保倒入铁水（或半钢）质量的准确性。为保证半钢包内的铁水（或半钢）温度，在半钢包上面设置烘烤装置，支架位于倾翻支架的一侧；安装煤气及氧气管道，使煤气进行富氧燃烧，保证半钢包内铁水（或半钢）温度。为实现操作自动化，提高作业效率，作业过程由计算机系统进行控制。转炉出钢完毕，称重信号传送至控制器。设定铁水（或半钢）质量后点击“开始”，包盖抬起后半钢包开始向前倾翻，铁水（或半钢）从包内流出时停止倾翻。当倒入的铁水（或半钢）质量达到设定值时，半钢包立即向后倾翻直至复位。半钢包复位后盖下包盖，通过一键式操作，大大提高了生产效率及控制精度。

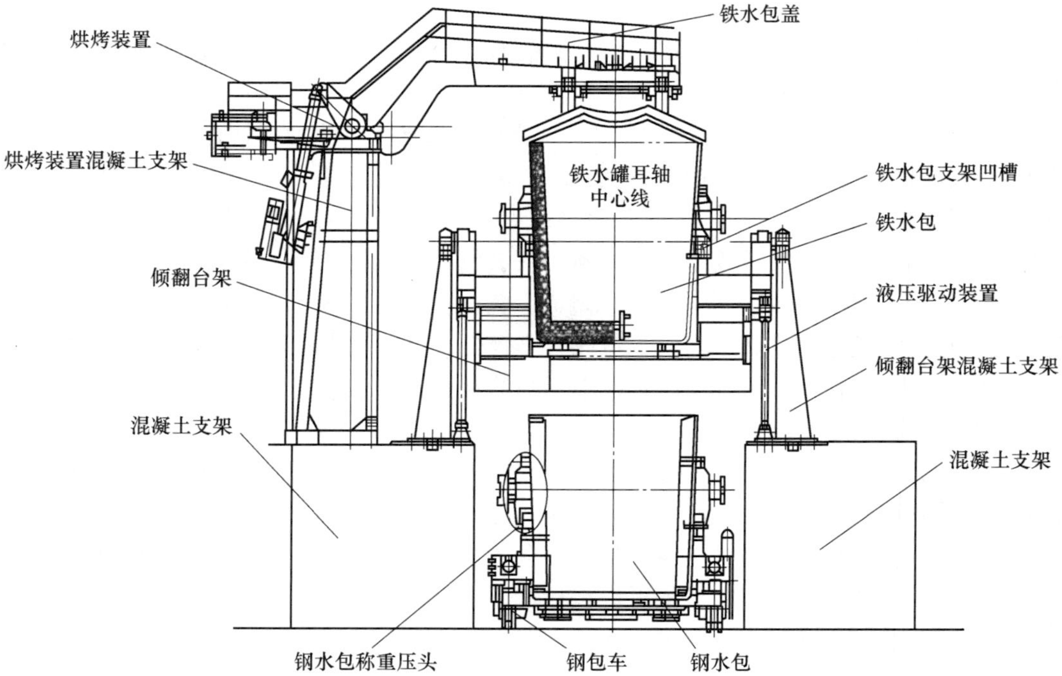

图 7-4　含钒铁水进行钒合金化装置简图

7.2.6 含钒铁水直接合金化的应用实例

7.2.6.1 含钒钢筋系列

含钒钢筋以Ⅲ级钢筋（HRB400）为代表，出钢后选用含钒铁水进行合金化作业，在100 t转炉中进行微合金化的过程控制如下。

（1）出钢后吹氩站取样分析，结果见表7-5。

表7-5 合金化前的钢水成分 （%）

炉号	C	Si	Mn	P	S	V	Cr
7908	0.08	0.26	1.28	0.014	0.028	0.027	0.06
7909	0.07	0.22	1.25	0.017	0.028	0.028	0.05
7910	0.11	0.29	1.26	0.017	0.031	0.031	0.08

（2）合金化用含钒铁水的成分及温度，见表7-6。

表7-6 铁水成分及温度

成分/%								温度/℃
C	Si	Mn	P	S	V	Ti	Cr	
4.25	0.17	0.15	0.075	0.036	0.298	0.143	0.12	1285

（3）兑入铁水量及兑铁前后的温度变化，见表7-7。单次兑铁水为2.51～3.49 t，过程温降达到11～17 ℃。吨钢兑0.01 t铁水，温降为3～5 ℃。

表7-7 兑入铁水量及温度变化

炉号	兑入量/t	兑铁前温度/℃	兑铁后温度/℃	兑铁过程温降/℃
7908	3.22	1592	1580	12
7909	3.49	1587	1570	17
7910	2.51	1598	1587	11

（4）LF精炼炉进站、出站钢水成分见表7-8。从表7-8可以看出，按每吨钢兑入铁水0.01 t计算，钢水增碳0.04%，增钒0.003%，硅、锰含量变化为0～0.02%，增磷量为0～0.001%，增硫为0～0.001%，铬含量增加0～0.01%。应用含钒铁水合金化，钢水的增碳、增钒较稳定，收得率达到98%以上，有益元素得到高效利用。

表7-8 合金化后的钢水成分

炉号	取样点	成分/%						
		C	Si	Mn	P	S	V	Cr
7908	LF进站	0.20	0.26	1.25	0.016	0.028	0.035	0.06
7909	LF进站	0.20	0.21	1.21	0.020	0.028	0.037	0.06
7910	LF进站	0.21	0.28	1.23	0.018	0.031	0.037	0.08

（5）轧制后钢筋的力学性能见表7-9。选用含钒铁水进行合金化生产的铸坯，轧制后钢筋的各种力学性能均符合抗震的标准要求。

表 7-9　钢筋的力学性能

炉号	钢种	直径/mm	屈服强度/MPa	抗拉强度/MPa	伸长率/%	屈标比	强屈比
7908	HRB400	16	440	585	22	1. 10	1. 33
7909	HRB400	16	450	600	22	1. 13	1. 33
7910	HRB400	16	455	610	20	1. 14	1. 34

（6）夹杂物分析。用金相显微镜对合金化炉次进行了低倍夹杂物检验（见表 7-10）。可以看出，A、B、D 类夹杂物级别较小（≤1.0），主要脱氧产物 C 类夹杂物为 1.5~2.0 级，夹杂物中未见粗系超尺寸夹杂物。表 7-10 的结果表明，经合金化处理后，各类夹杂物变化不大，采用合金化对夹杂物没有影响。

表 7-10　夹杂物分析

试样编号	低倍夹杂物/级			
	A 类	B 类	C 类	D 类
1	1. 0	0. 5	1. 5	0. 5
2	0. 5	1. 0	2. 0	0. 5
3	0. 5	0. 5	2. 0	0. 5
4	0. 5	1. 0	1. 5	0. 5
5	1. 0	1. 0	1. 5	0. 5
6	0. 5	0. 5	1. 5	0. 5

7. 2. 6. 2　中高碳钢系列

承钢生产的中高碳钢如 45~75 号、C77B、C82B 等均可采用铁水或半钢增碳。考虑到钒、钛等残余元素对硬线钢的影响，需对经脱硫、脱磷预处理后的半钢增碳，不足部分用增碳剂补足。用 100 t 转炉对 C77B 钢半钢直接合金化过程如下。

（1）选用经脱硫、提钒、脱磷处理的半钢，成分及温度见表 7-11。

表 7-11　半钢的成分及温度

成分/%								温度/℃
C	Si	Mn	P	S	V	Ti	Cr	
3. 86	—	0. 09	0. 045	0. 021	0. 015	—	0. 03	1375

（2）兑入 7. 01 t 半钢后，钢水成分变化见表 7-12。

表 7-12　合金化后钢水成分的变化　（%）

成分	C	Si	Mn	P	S	V	Cr
吹氩站	0. 48	0. 19	0. 65	0. 014	0. 021	0. 003	0. 02
LF 进站	0. 71	0. 19	0. 62	0. 017	0. 020	0. 005	0. 03

（3）根据增碳用半钢成分、兑半钢前钢水成分，加权计算兑入 7. 01 t 半钢后各元素的理论含量及钢水实际成分对比，见表 7-13。

表 7-13 实际检测与理论计算的钢水成分 (%)

项目	C	Si	Mn	P	S	V	Cr
兑半钢前钢水成分	0.48	0.19	0.65	0.014	0.021	0.003	0.02
兑铁后理论计算成分	0.71	0.18	0.61	0.016	0.021	0.004	0.02
兑铁后实际分析成分	0.71	0.19	0.62	0.017	0.020	0.005	0.03
各元素的计算值变化	+0.23	−0.01	−0.04	+0.002	0	+0.001	0
各元素的检测值变化	+0.23	0	−0.03	+0.003	−0.001	+0.002	+0.01

各元素的理论计算值与实际检测结果均在分析误差之内，尤其是碳元素理论计算值与实际检测结果相同，增加值稳定，吸收率均达到98%以上。半钢中钛为痕迹量，铬含量较低（0.03%），微合金化时残余元素不会对钢水产生影响。综合考虑冶炼高碳钢时终点磷控制在0.010%以下，利用低硫、磷半钢进行微合金化，吨钢兑入量铁水控制在0.10 t以下，各种成分均能满足内控要求。

（4）生产C77B、C82B钢铸坯中的气体分析结果见表7-14。利用半钢增碳带入的氮、氢含量比增碳剂等其他合金料带入的气体含量低。与此同时，生产C77B、C82B等中高碳钢时，使用低硫、磷半钢增碳能够实现不经过脱气装置达到成品钢中 [N] $\leqslant 40\times10^{-6}$、[H] $\leqslant 0.3\times10^{-6}$的要求。

表 7-14 气体分析

项目	熔炼号	钢种	N	H	终点碳/%	兑入半钢量/t	半钢增碳量/%
使用半钢增碳炉次	9163	C77B	46×10^{-6}	0.41×10^{-6}	0.13	0	0
	9164	C77B	40×10^{-6}	0.34×10^{-6}	0.15	0	0
	9170	C82B	42×10^{-6}	0.39×10^{-6}	0.14	0	0
使用增碳剂炉次	9171	C82B	39×10^{-6}	0.31×10^{-6}	0.16	0	0
	9172	C82B	33×10^{-6}	0.24×10^{-6}	0.14	5.98	0.2
	9173	C82B	29×10^{-6}	0.21×10^{-6}	0.12	6.99	0.23
	9165	C77B	30×10^{-6}	0.22×10^{-6}	0.13	7.01	0.23
	9166	C77B	38×10^{-6}	0.27×10^{-6}	0.16	5	0.17

7.2.6.3 低合金高强度结构钢

优化前后Q345B钢的成分对比见表7-15。

表 7-15 Q345B 钢的成分对比 (%)

项目	C	Si	Mn
优化前	0.12~0.18	0.20~0.40	1.00~1.40
优化后	0.15~0.20	≤0.20	0.40~0.65
项目	P	S	V
优化前	≤0.035	≤0.035	—
优化后	≤0.035	≤0.035	0.015~0.035

承钢在 150 t 钢包生产 Q345B 钢种基础上进行推广，根据生产工艺及钢种特点重新对成分进行了优化。使用含钒铁水微合金化应用于 Q345B，将原成分中的锰含量降低，适当增加钢中钒的含量，保证锰钒比达到 15 以上，对钢的质量不会造成负面影响。

合金化用含钒铁水的成分及温度见表 7-16。兑铁水前后钢水成分变化及 LF 出站时钢水成分见表 7-17。LF 精炼过程中根据进站成分，用钒合金调整钢中的钒含量至目标值。

表 7-16　铁水成分及温度

化学成分/%								温度/℃
C	Si	Mn	P	S	V	Ti	Cr	
4.15	0.28	0.21	0.072	0.031	0.270	0.116	0.10	1275

表 7-17　合金化后钢水的成分变化

炉号	兑入铁水量/t	取样点	化学成分/%						
			C	S	Mn	P	S	V	Cr
2116	3.60	吹氩站	0.06	0.14	0.54	0.016	0.020	0.007	0.04
		LF 进站	0.15	0.14	0.53	0.017	0.020	0.013	0.04
		LF 出站	0.16	0.13	0.53	0.017	0.011	0.024	0.05
2117	0	LF 出站	0.15	0.26	1.06	0.016	0.010	0.005	0.04

从表 7-18 的性能对比看，Q345B 钢利用含钒铁水微合金化实现提钒降锰，比 Q345B 原成分钢中钒控制在 0.024%，锰含量降低 0.53%，屈服强度增加 15 MPa、抗拉强度降低 10 MPa、伸长率降低 1%，纵向 V 型冲击功增加 2 J。在 Q345B 整体成分降低的条件下，力学性能未发生明显变化，均达标准控制要求。

表 7-18　Q345B 钢力学性能对比

熔炼号	屈服强度/MPa	抗拉强度/MPa	伸长率/%	纵向 V 型冲击/J	冷弯 180°
兑铁水后 2116	415	535	30	88.03	合格
LF 出站 2117	400	545	31	86.03	合格

7.3　钒渣清洁高效利用技术

7.3.1　钒渣亚熔盐法钒铬清洁共提

为了破解钒渣中钒铬资源高效清洁提取利用这一世界难题，中国科学院过程工程研究所建立了以活性氧量化调控为核心的亚熔盐非常规介质新理论，形成了两性金属矿产资源亚熔盐绿色反应分离平台[3-5]，并以含铬钒渣为研究重点。河钢与中科院过程所合作，共同开发了以亚熔盐液相氧化反应[6-8]-钒铬清洁相分离[9-10]-钒产品绿色短流程制备[11-13]尾渣全量化增值利用[14]为特色的具有自主知识产权的钒的清洁提取与产品绿色制造新技术，并在承钢建成国际首套万吨级钒渣亚熔盐法清洁提钒示范工程。

自 2007 年开始，经过理论创新、实验室研发、公斤级扩试（2011 年 5 月完成）、千吨级中试（2015 年 4 月完成）、5 万吨产业化放大（2017 年 4 月投产），反应条件持续优化，在国际上首次实现了反应温度 150 ℃以下钒铬的高效清洁提取，该工艺比传统的钒渣钠化焙烧温度降低 700 ℃以上，钒资源利用率由 80%提高至 90%以上，铬资源利用率由完全不能回收提高至 80%以上，且从源头避免了有害窑气、高盐氨氮废水的产生，尾渣可全量化利用，为钒钛磁铁矿中的钒铬资源高效绿色利用提供了有效解决方案，支撑了我国特色高铬型钒钛磁铁矿资源的开发利用。在投产后达产达效攻关期间，通过大型工业化设备，以钒渣为提钒原料对液相氧化、液固分离、钒酸钠结晶、三效蒸发等工序进行了系统研究，确定了最佳的工业生产工艺参数。此外，对传统钠化焙烧工艺废水处理过程中产生的钒铬泥进行提钒铬研究，提高了溶液中铬元素的富集速度，实现了铬酸钠产品的生产。

7.3.2 亚熔盐法钒铬清洁共提工艺流程

亚熔盐法钒铬清洁共提工艺流程和装备如图 7-5 所示。主要工艺过程包括：

（1）配料。50%液碱（新液补充）和循环碱液（三效蒸发后液，碱浓度 50%）与钒渣（或钒铬泥）按碱矿比（4～5）∶1 混合，配好的浆料泵送浆液卧式反应釜（氧化反应器）。

（2）液相氧化。卧式反应釜内通入蒸汽和氧气进行氧化反应，反应后浆料进入闪蒸槽进行降温降压。浆料经闪蒸后，温度降至约 135 ℃，压力降为常压。从闪蒸槽排出的浆料靠自身的压力直接从下部进入稀释除杂反应槽，与尾渣洗涤水、钙化滤液洗水以及氧化钙浆料混合，将浆液碱浓（NaOH 浓度）稀释至 25%、温度保持高于 80 ℃。浆液在此条件下进行脱硅脱钠反应 1 h。

（3）尾渣分离洗涤。对尾渣进行三级逆流分离和洗涤，生产过程维持浆料温度高于 80 ℃。压滤分离所得滤液（约 80 ℃）为富含钒、铬等可溶性钠盐的溶出液，经压滤净化除杂作为原料用于后续的钒铬结晶生产工段。

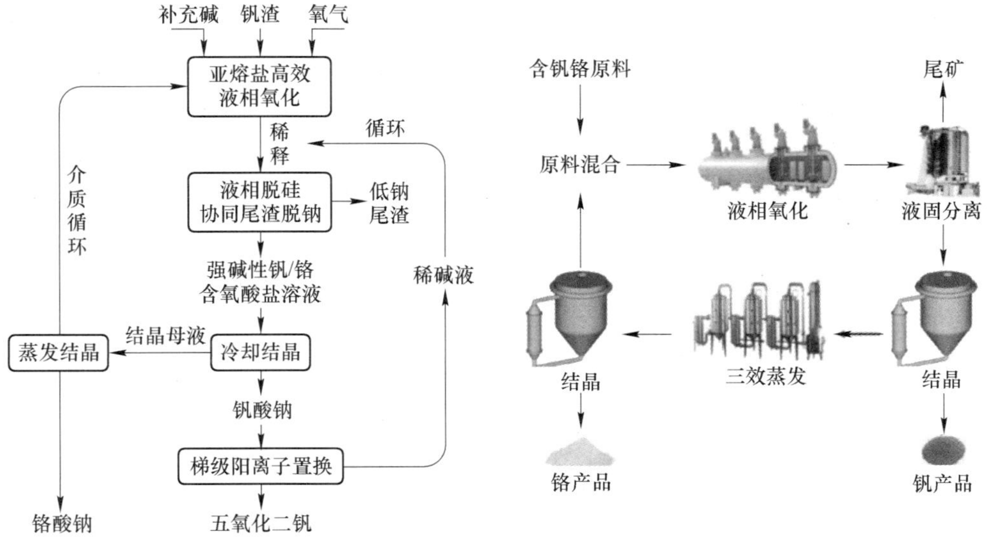

图 7-5 亚熔盐法清洁提钒技术工艺流程与装备

(4) 钒酸钠结晶。经压滤净化除杂后的钒铬溶液泵入钒酸钠结晶器进行自然冷却，液体降温至 40 ℃且保温 1 h 实现钒酸钠的结晶析出。含晶浆料进行固液分离，获得的钒结晶后液（含铬酸钠）进入铬酸钠结晶工段。

(5) 三效蒸发及铬酸钠结晶。采用三效蒸发浓缩钒结晶后液至 NaOH 浓度为 50%，再降温至 80~120 ℃使铬酸钠结晶析出。

7.3.3　钒渣亚熔盐法提钒铬产业化应用

7.3.3.1　钒渣物性分析

对承德、攀西及国外钒渣进行了成分分析，结果见表 7-19。可知，承钢钒渣中 Fe 含量为 32.82%，V 含量为 4.69%，Cr 含量为 2.06%，Si 含量为 8.02%。攀西地区和国外的钒渣性质不同于承钢钒渣，攀西地区的钒渣属难处理高铬型钒渣，原渣 Cr 含量高达 7.3%，而国外钒渣为高品位钒渣，原渣 V 含量高达 8.60%。

表 7-19　钒渣成分分析

钒渣	组成/%								
	Al	Ca	Cr	Fe	Mg	Mn	Si	Ti	V
承德	1.12	3.17	2.06	32.82	1.62	5.73	8.02	4.97	4.69
攀西	1.45	6.71	7.30	27.94	0.51	5.85	4.17	4.93	11.68
国外	0.85	1.92	0.75	28.96	0.88	10.22	7.53	10.32	8.60

A　液相氧化工序

液相氧化工序是亚熔盐工艺的核心操作工序，随着示范工程现场生产方案的调整及反应釜运行状态的变化，液相氧化工序的工艺参数也随之做出调整。

a　间歇生产时不同反应条件对钒铬浸出效果的影响

试生产初期，采用间歇生产方式研究液相氧化工序最佳反应工艺参数，分 3 个阶段考察不同反应温度和压力条件下钒渣中钒和铬的浸出效果，具体见表 7-20 和图 7-6。

阶段 1：高温氧化。将卧式反应釜的操作温度控制在 160~180 ℃，操作压力控制在 0.6~1.0 MPa，同时在反应釜的 3 个隔室中分别加入 1 台曝气机强化钒渣氧化，尾渣中平均含 V 0.49%，平均含 Cr 0.52%，其对应钒和铬转化率分别达到 93%和 85%，完全达到钒和铬转化率指标要求。值得提出的是，最高操作温度 180 ℃比设计温度低 20 ℃，最高操作压力 1.0 MPa 比设计压力低 1.0 MPa，即在低于设计温度和压力的情况下实现钒和铬的转化率分别达到 90%和 80%以上，说明采用纳微曝气法[15]可以强化亚熔盐介质中活性氧的生成，提高钒和铬的转化率。并且随着亚熔盐介质流场的放大，这种强化效应更加明显，其技术指标远优于实验室和中试结果。

阶段 2：低温氧化。为了在尽可能低的温度和压力下实现钒和铬的同步提取，考察了反应温度 140~160 ℃，压力 0.5~0.6 MPa 下钒和铬的浸出效果。当温度降至 150 ℃左右时，尾渣中的 V 和 Cr 的含量分别为 0.89%和 0.761%，对应钒和铬的转化率为 83%和 76%，说明随着反应条件的降低，钒和铬的转化率均有下降，钒转化率仍有 83%，而铬转化率不足 76%，温度和氧气压力的降低对铬的影响较大。

阶段 3：空气氧化。试运行阶段还考察了以空气作为氧化介质时，钒渣中钒和铬的浸出情况。从图 7-6 中可以看出，当反应温度调整为 130 ℃和 150 ℃时，尾渣中钒和铬的含量为 1.04%和 1.06%，对应钒和铬的转化率为 81%和 68%。说明在纳微曝气强化作用下，即使使用空气作为反应气体，温度降至 150 ℃，钒的转化率仍然高达 81%，而温度降低对铬的转化率影响较大，仅为 68%，说明铬的氧化需要具备较高的温度和氧气分压，这与亚熔盐基础理论研究结果相符[16]。

表 7-20　液相氧化工序主要运行参数

参　数	阶段 1	阶段 2	阶段 3
温度/℃	160~180	140~160	130~150
压力/MPa	0.6~1.0	0.5~0.6	0.3~0.5
曝气气体	O_2	O_2	空气
V 浸出率/%	93	83	81
Cr 浸出率/%	85	76	68

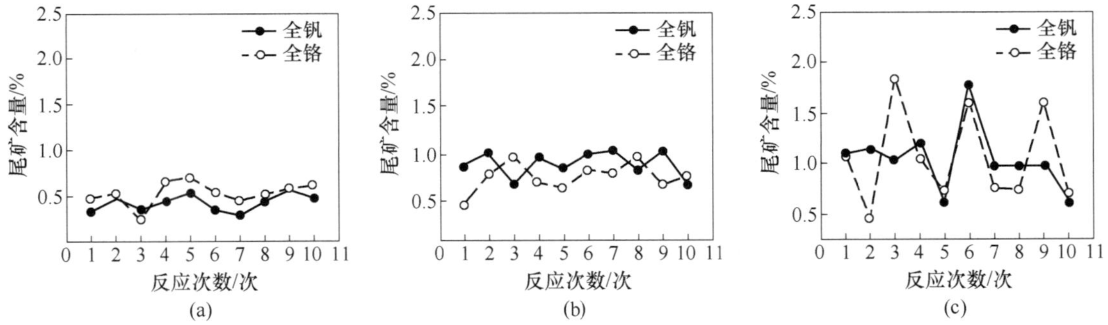

图 7-6　不同反应条件下液相氧化工序尾渣中钒、铬的含量变化
（a）阶段 1；（b）阶段 2；（c）阶段 3

b　亚熔盐技术对不同钒渣的适用性研究

除利用承钢钒渣外，2017 年 12 月至 2018 年 1 月期间，示范线还使用了大约 35 t 攀西地区钒渣和 80 t 国外钒渣，用以考察亚熔盐技术对不同钒渣的适用性。3 种钒渣在示范线的处理效果见表 7-21。可以看出，亚熔盐技术对 3 种钒渣均表现出良好的钒提取效果，尾渣 V 含量均低于 0.6%，国外钒渣钒提取率 93.4%，攀西地区钒渣钒提取率高达 95.3%。而对于 Cr 来说，攀西地区钒渣的 Cr 含量从 7.3%降至 1.08%，转化率达到 85%。实验结果表明，亚熔盐技术对高铬型钒渣和高品位钒渣具有较好的处理效果，这为亚熔盐技术在全世界的推广应用提供了有力的支撑。

综上所述，在纳微曝气氧化及规模放大效应共同作用下，亚熔盐示范工程实现了较低温度（140~180 ℃）和较低压力（0.6~1.0 MPa）条件下钒和铬的高效同步提取，钒和铬的转化率分别为 93%和 85%。对不同原料来源的钒渣，纳微曝气亚熔盐技术均体现出优异的浸出性能。

表 7-21　亚熔盐技术对不同钒渣的处理效果

钒渣	反应阶段	组成/%								
		Al	Ca	Cr	Fe	Mg	Mn	Si	Ti	V
承德	反应前	1.12	3.17	2.06	32.82	1.62	5.73	8.02	4.97	4.69
	反应后	0.80	4.20	0.86	31.52	1.18	3.46	6.00	3.01	0.45
攀西	反应前	1.45	6.71	7.30	27.94	0.51	5.85	4.17	4.93	11.68
	反应后	0.73	5.27	1.08	26.34	1.89	4.35	5.87	3.87	0.55
国外	反应前	0.85	1.92	0.75	28.96	0.88	10.22	7.53	10.32	8.60
	反应后	0.46	2.30	0.73	29.66	1.02	12.31	7.73	9.49	0.57

c　连续生产过程中进料速度对钒和铬浸出效果的影响

连续生产过程是指卧式反应釜首隔室连续进料，尾隔室连续出料，进出料量基本平衡的过程。连续生产过程中，由于卧式反应釜与外界连通，压力外泄易造成釜内压力不稳定；进料温度在 100 ℃左右，而反应温度却在 140~180 ℃，若进料量和加热速率不匹配，加之物料外排带走部分热量，极易造成反应温度过低。因此，连续生产过程中维持反应釜内压力和温度稳定是保证钒铬浸出效果的重要因素。

图 7-7 考察了反应温度 155 ℃，反应压力 0.65 MPa，不同进料速度 0.625 t/h、1.25 t/h、1.875 t/h、2.5 t/h 对钒和铬浸出效果的影响，每隔 8 h 取一次尾渣样，同一进料速度取 9 次样。由图 7-7 可知，当进料速度为 0.625 t/h 时，尾渣中钒、铬含量都较低，钒含量平均为 0.46%，铬含量为 0.58%，反应效果极好；随着进料速度逐渐增加，尾渣中钒、铬含量逐渐升高，当进料速度为 2.5 t/h 时，钒含量平均为 1.13%，铬含量平均为 1.03%。反应温度、压力和通氧量基本保持不变的情况下，钒铬浸出率随进料速度增加逐渐降低的主要原因是本工序加热方式为蒸汽加热，随着进料速度的增加，反应自身放热和低流量蒸汽加热无法保证反应釜内温度保持稳定，需逐渐增大蒸汽加热流量，导致系统内部引入大量的水，造成碱液浓度逐渐降低。在进料速度为 2.5 t/h 时，对卧式反应釜尾隔室排出浆液进行 3 次取样分析，经检测浆液碱浓度分别为 29.05%、28.85%、25.98%，因此可知，溶液中的 NaOH 除少部分参与反应外，大部分被蒸汽加热产生的水所稀释。

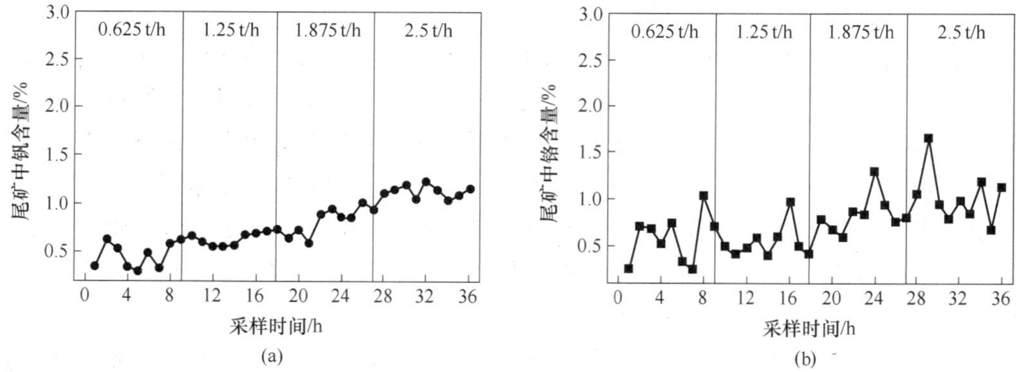

图 7-7　连续生产过程中进料速度对钒（a）和铬（b）浸出效果的影响

B　液固分离工序

亚熔盐浸出后的浆料属于难过滤的物料，具有粒度小、黏度大、含硅高的特点。针对这一物料特性，选用全自动立式压滤机作为液固分离设备，采用三级逆流洗涤方式考察立式压滤机的过滤和洗涤效果。三级逆流洗涤洗水梯级利用，可降低洗水使用量，提高洗水中碱浓度，为后续碱液蒸发浓缩过程减小负担，节约能耗。三级逆流洗涤示意图如图 7-8 所示。用前一个物料、后一级的洗涤后液作为当前物料、当前级的洗水；当前物料、当前级的洗涤后液作为后一个物料、前一级的洗水；第一级的洗涤后液中 NaOH 浓度最高，直接进入闪蒸后的稀释除杂反应槽，用于稀释和降温。

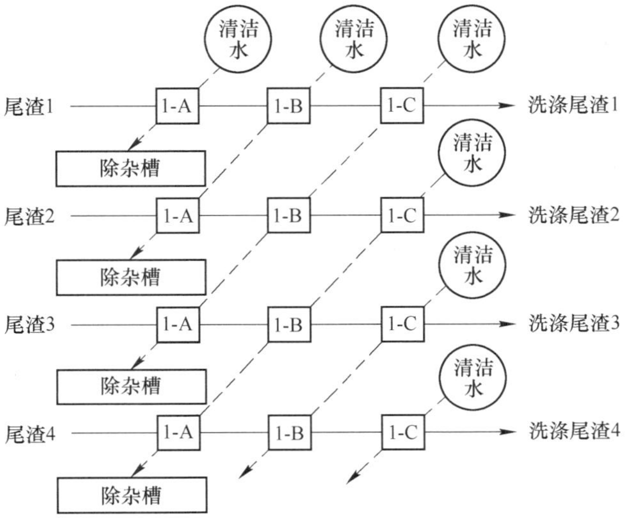

图 7-8　三级逆流洗涤示意图

以第一阶段液相氧化连续运行时物料的过滤性能为例，其尾渣含水率如图 7-9 所示。可知，除个别批次尾渣含水率大于 30%外，其余含水率均在 30%以下，其平均含水率为 29.4%，设计值为 30%，达到了设计要求。说明立式压滤机具有良好的过滤性能，即使难过滤的亚熔盐物料，其含水率仍然可以控制在 30%以下。

此外，还考虑了立式压滤机的洗涤效果，以尾渣中可溶性钒和铬的含量作为其考察指标，结果如图 7-10 所示。可以看出，尾渣中可溶性钒的平均值为 0.14%，可溶性铬的平均值为 0.047%，同样满足工艺设计指标要求（可溶性钒含量小于 0.15%，可溶性铬含量

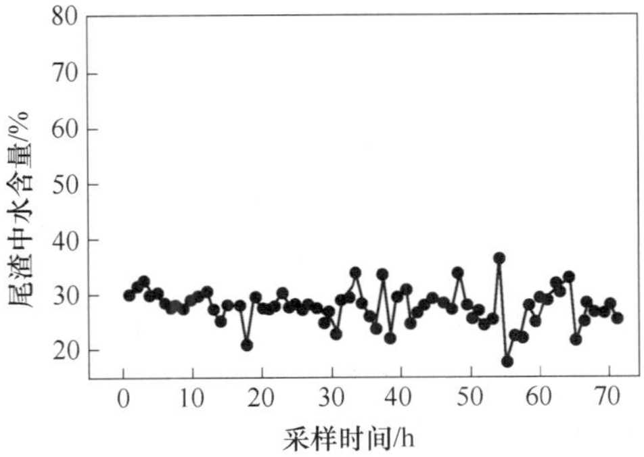

图 7-9　尾渣含水分析结果

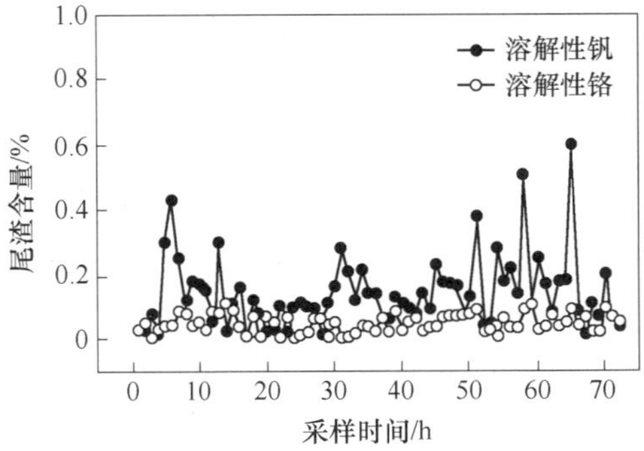

图 7-10　尾渣中可溶性钒和铬分析

小于 0. 05%），说明立式压滤机对亚熔盐物料具有较好的适用性，可实现难过滤物料的高效过滤和洗涤。

C　钒酸钠结晶工序

钒酸钠是亚熔盐示范工程重要的中间钒产品，重点考察钒酸钠的结晶率，获得钒酸钠的提取效率。示范线运行过程中，钒酸钠结晶前后钒浓度的变化如图 7-11 所示。可以看出，钒酸钠浓度变化较大，这与不同批次的结晶条件和结晶环境有关。结晶前液平均钒浓度为 10. 87 g/L，结晶后液平均钒浓度为 4. 19 g/L，钒酸钠的结晶率为 61. 5%，可将每次溶出的钒全部结晶析出，保证钒酸钠浓度不随循环次数增加出现累积，满足工艺生产要求。生产初期，为提高生产效率，当检测到结晶前液钒浓度较低（如小于 8 g/L）时，放弃进行冷却结晶，钒酸钠溶液直接进入三效蒸发工序，该方法造成的问题为结晶后液缓冲罐和三效蒸发系统之间的管道容易结晶堵塞，需定期对结晶缓冲罐、管道、浆料泵和三效蒸发系统进行清洗，浪费大量人力物力，降低生产效率，并影响设备的使用寿命。因此，为保证生产过程顺利进行，液相氧化工序浸出液必须经过结晶工序才能进入三效蒸发工序。

D　三效蒸发工序

三效蒸发是将钒酸钠结晶后的碱液蒸发浓缩至 45%～50%，然后循环用于钒渣浸出，是亚熔盐工艺实现介质循环利用的关键步骤，碱液浓度的高低直接决定钒渣的氧化浸出效果。因此，考察了连续稳定运行时三效蒸发器所得碱液浓度变化趋势，如图 7-12 所示。

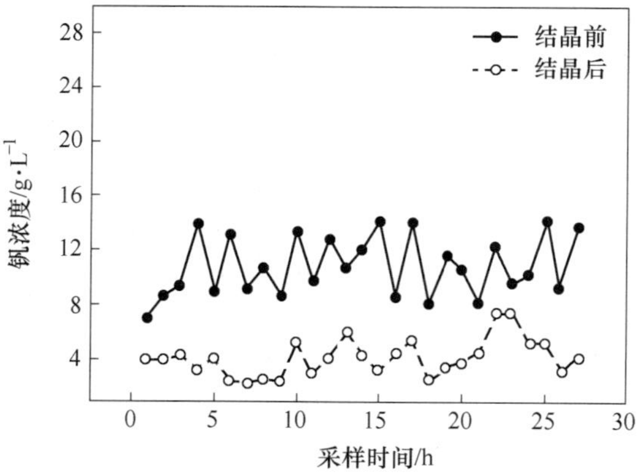

图 7-11　钒酸钠结晶前后钒浓度变化

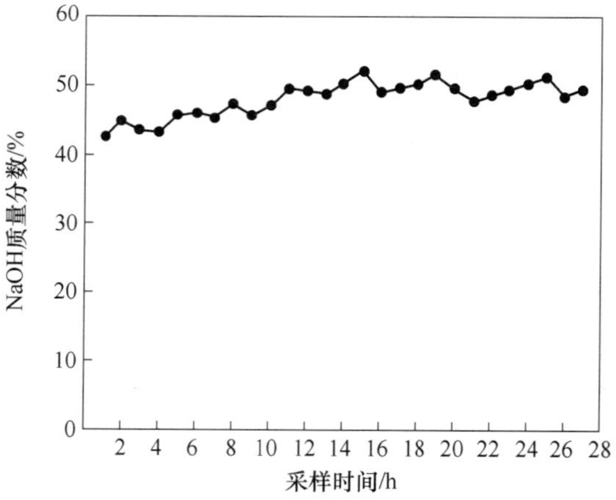

图 7-12　三效蒸发碱液浓度变化

从图 7-12 可以看出，前 10 次蒸发后的碱液浓度均低于 50%，均值为 45. 17%；后 17 次碱液浓度提高到接近 50%甚至超过 50%，均值为 49. 82%。这是由于亚熔盐示范工程的蒸汽接口处于整个厂区蒸汽末端，过来的蒸汽通常为不稳定的过饱和蒸汽，过饱和蒸汽进行三效蒸发时蒸汽热焓释放不彻底，导致能量利用效率低，碱液始终无法蒸发到 50%的浓度。后期进行工艺改造，在蒸汽接口处增设了减温减压器，使 0. 8 MPa 的蒸汽为饱和蒸汽，蒸汽热值利用效率得到提高，因此，后续所得碱液浓度达到设计的 50%浓度。碱液的总体平均浓度为 47. 5%，基本满足液相氧化工序碱浓度要求。

E 钒产品制备

由钒酸钠制备五氧化二钒，需经过钙化和铵化转型获得偏钒酸铵，偏钒酸铵煅烧可制得五氧化二钒。承钢通过利用现有提钒产线设备，将部分浸出工序产线改造为钙法制备高纯钒生产线，钒酸钠经过钙化和铵化转型可制备出高纯度五氧化二钒，转型后的碱液返回亚熔盐工序循环利用，从而使整个工艺流程实现废水零排放。部分高纯五氧化二钒产品的分析结果见表 7-22。

表 7-22 高纯五氧化二钒粉剂成分分析结果 (%)

编号	V_2O_5	Na_2O+K_2O	Fe	P	Si	Al	S	Ca
1	99.61	0.009	0.014	0.020	0.063	0.019	0.003	0.044
2	99.58	0.017	0.004	0.001	0.052	0.032	0.023	0.068
3	99.52	0.009	0.007	0.002	0.075	0.029	0.035	0.082
4	99.59	0.015	0.031	0.003	0.059	0.030	0.010	0.041
5	99.58	0.013	0.010	0.002	0.072	0.012	0.004	0.050
6	99.55	0.005	0.007	0.002	0.075	0.008	0.002	0.080
7	99.63	0.008	0.013	0.003	0.051	0.015	0.004	0.053
8	99.68	0.005	0.007	0.001	0.042	0.017	0.008	0.023
9	99.61	0.005	0.015	0.001	0.041	0.023	0.005	0.081
10	99.66	0.011	0.006	0.001	0.040	0.018	0.008	0.040

7.3.4 钒铬泥亚熔盐法提钒铬

钒铬泥为钒渣钠化焙烧工艺生产氧化钒过程中废水处理工序产生的含钒、铬废弃物[17]。利用碱法浸出钒铬泥方法已有报道，杨康等[18]采用 $KClO_3$ 弱酸性氧化-30%NaOH 溶液浸出工艺提钒，钒的浸出率可达 79.30%，但对后续钒铬分离未做具体研究。马闯等[19]采用一段 100 g/L NaOH 碱浸-二段 H_2O_2 氧化浸出工艺对含钒铬泥中 V、Cr 进行了提取，V、Cr 浸出率分别达到 95.68%和 92.9%，也未对后续钒铬分析做具体研究。承钢采用亚熔盐产线成熟工艺和设备，对产生的钒铬泥进行回收利用，得到了钒酸钠和铬酸钠两种产品，为钒铬泥综合利用提供了新思路。

7.3.4.1 钒铬泥物理化学性质分析

因钒铬泥中铬元素以 $Cr(OH)_3$ 形式存在，含湿率较高（54%~57%），现将钒铬泥放入烘箱中，在温度 100 ℃条件下干燥 6 h，然后进行成分分析，分析结果见表 7-23。可知，钒铬泥中 Cr 含量（以 Cr_2O_3 计）为 30.93%、V 含量（以 V_2O_5计）为 8.44%，具有较高的回收利用价值。

表 7-23 钒铬泥成分分析 (%)

成分	SiO_2	Cr_2O_3	Al_2O_3	V_2O_5	CaO	Na_2O	Fe_2O_3	MnO
质量分数	29.3	30.93	9.61	8.44	7.74	7.66	3.42	1.12

7.3.4.2 钒铬泥液相氧化浸出工序

考察了反应温度 175 ℃，反应压力 0.65 MPa，进出料速度 0.25 t/h 工作条件下钒和铬浸出效果，每隔 8 h 取一次尾渣样，取样 27 次，实验结果如图 7-13 所示。从图 7-13中可以看出，尾渣中含钒和铬的含量为 1.15%和 1.49%，由于钒铬泥中大部分元素在该反应条件下溶解于 NaOH 溶液中，所以反应完成后尾渣量极少，经计算得出钒、铬浸出率分别为 93.68%、96.76%。

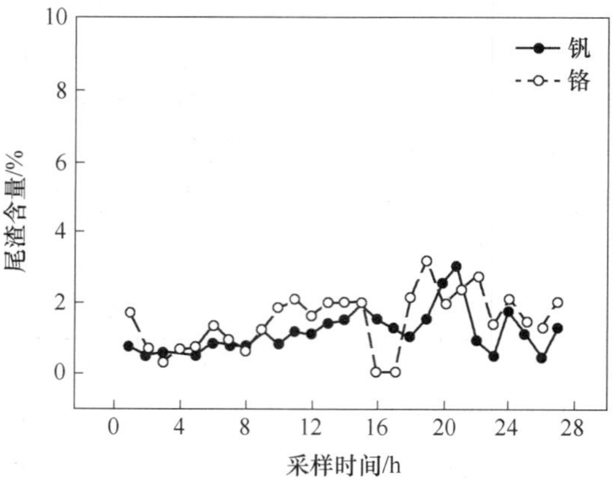

图 7-13　钒铬泥液相氧化工序尾渣中钒、铬的含量变化

7.3.4.3　浸出溶液中铬元素累计规律

由于产线没有安装钒铬泥配料装置，加料方式为人工加料，加料量为 6 t/d。因此，体系内铬元素富集较慢，实验考察了体系内铬元素富集规律，每 8 h 取一次样，取样 105 次，实验结果如图 7-14 所示。可知，体系内铬元素在逐渐富集，105 次时铬元素已富集到 30.21 g/L。从图 7-14 还可看出，铬元素在某些点呈下降趋势，可能的原因为在钒酸钠结晶过程中，部分铬元素被钒酸钠晶体包裹夹带，造成铬元素的流失。

对钙化沉钒工序钒酸钠溶液反应前后进行取样分析，检测分析钙化反应前后溶液中的各元素含量，实验结果见表 7-24。可知，钒酸钠溶液中钒铬浓度比约为 20∶1，因此钒酸钠结晶过程中钒酸钠晶体包裹夹带铬量还是较高的，但这并不影响铬元素的累计，因为从表中还可以看出钙化沉钒工序的杂质元素走向为铁、铬、钠、铝等杂质元素保留在液相，磷、硅等杂质元素留在钒酸钙固相中。而钙化沉钒工序产生的液相会返回三效蒸发工序，保证了铬元素的富集。

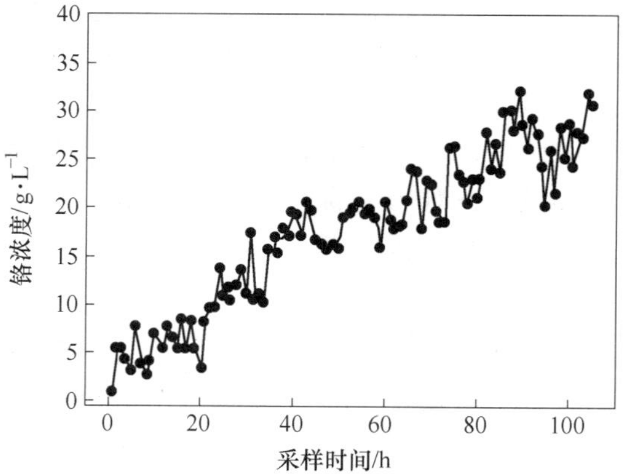

图 7-14　浸出溶液中铬元素累计规律

表 7-24　钙化沉钒工序钒酸钠反应前后溶液成分变化　　(mg/L)

编号	反应阶段	Al	Ca	Cr	Fe	Si	P	V
1	反应前	124.59	1.13	1318	0.70	370.8	268.94	21047
	反应后	163.38	13.3	1325.9	1.18	36.4	0.8	563.12

续表 7-24

编号	反应阶段	Al	Ca	Cr	Fe	Si	P	V
2	反应前	114.53	11.2	1154	3.19	249.7	625.93	20587
	反应后	184.5	25.55	1074	0.12	51.22	0.63	352.17
3	反应前	102.9	42.96	1170.96	10.37	275.14	1038.39	20706
	反应后	106.58	17.61	1049.19	2.52	148.00	4.84	632.21
4	反应前	93.77	9.57	837.38	3.51	261.18	797.73	19751
	反应后	167.23	43.06	793.26	1.86	138.76	3.25	427.24
5	反应前	77.96	79.34	805.04	0.01	157.69	616.00	18623
	反应后	108.31	37.26	459.25	0.01	49.56	0.81	610.38

7.3.4.4 三效蒸发-铬酸钠结晶

将铬酸钠结晶工序得到的 NaOH-Na_2CrO_4混合溶液泵入三效蒸发系统进行蒸发，将 NaOH 浓度蒸发至 50%后，泵入结晶器进行冷却结晶，实验结果如图 7-15 所示。由图 7-15 可知，铬酸钠结晶后液即蒸发前液铬元素浓度平均为 22.75 g/L，蒸发后液铬元素平均浓度为 38.59 g/L，结晶后液铬元素平均浓度为 31.71 g/L，铬酸钠的结晶率为 17.65%。当溶液中铬元素浓度达到 25~30 g/L 后，可保证将每次液相氧化反应溶出的铬全部结晶析出，保证铬酸钠浓度不随循环次数增加出现累积，满足工艺生产要求。

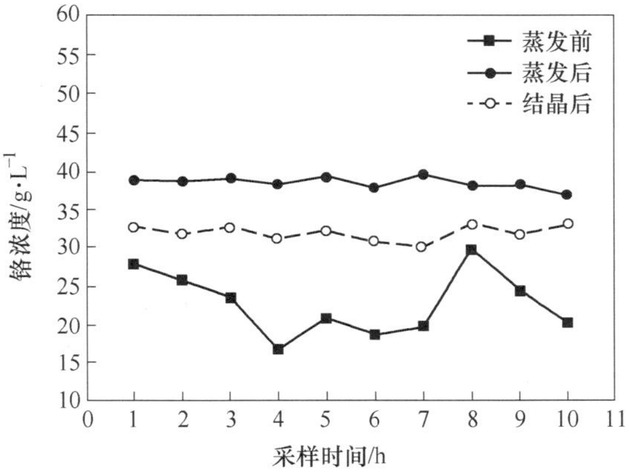

图 7-15 铬酸钠结晶前后钒浓度变化

7.4 钒渣无盐焙烧清洁提钒

目前，钒渣提钒主要工艺为钠化焙烧-水浸提钒工艺。但是，钒渣中钒主要以钒铁尖晶石相赋存，理化性质稳定，焙烧过程是在气-固界面发生的反应，氧气传质效果差，即使经过反复地高温焙烧，钒的回收率仍旧不高。另外，钒渣在钠化焙烧过程会产生较多的含硅低熔点物相，不利于钒的氧化以及后续浸出阶段的处理。同时，钠化焙烧会产生相关环保问题。

为解决钠化焙烧过程存在的废气污染，及因钠盐熔点低而产生的炉料结块、结圈等问题，同时结合现有钠化焙烧工艺装备，不进行大的工艺装备改造，研究形成了钒渣无盐焙烧-碱浸提钒技术。该技术焙烧过程中不添加任何添加剂，避免了有害窑气的产生，且由于未添加钠盐，所以焙烧过程中不会产生低熔点的钠盐烧结相，也就不会产生烧结结圈现象，焙烧过程更容易控制，提高了焙烧效率。钒渣经过焙烧后钒铁尖晶石中的 3 价钒转化为碱溶性的 4 价、5 价钒化合物，在 NaOH 溶液介质中可实现高效溶出，含钒溶出液经过除杂后，可通过冷却结晶的方式实现分离，得到正钒酸钠产品[20]。

7.4.1　钒渣无盐焙烧清洁提钒技术流程

图 7-16 给出了钒渣无盐焙烧清洁提钒工艺流程。钒渣经过空白焙烧-水热碱浸提钒流程后，尾渣中的 V_2O_5降低到 0.5%以下，实现了钒的高效浸出，后对钒液进行钙化除杂-冷却结晶，可将钒以正钒酸钠的形式从钒液中结晶析出，结晶母液作为循环液进入下一次循环反应流程，实现了反应介质的闭路循环，为清洁提钒流程。

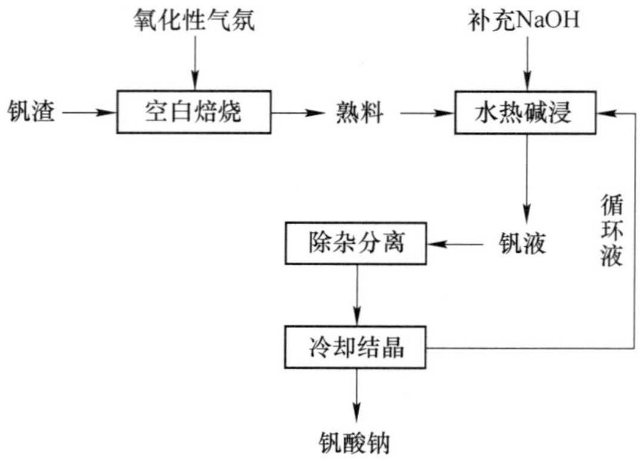

图 7-16　钒渣无盐焙烧清洁提钒工艺流程

7.4.2　钒渣无盐焙烧过程物相转化规律

以承德所产钒渣为例进行研究，介绍相关的实践探索和应用情况。

7.4.2.1　钒渣物性分析

A　化学成分分析

各粒级所含元素成分以其氧化物的形式计量，分析结果见表 7-25。可以看出，钒渣粒度较大，大于 150 μm 时，钒渣中主要的金属元素是 Fe，这是由于钒渣粒度大，有大量的金属铁颗粒存在。随着钒渣粒度的降低，铁化合物的含量逐渐降低，V、Cr、Si、Ti 元素含量逐渐提高，含钒矿物存在于较小的颗粒中。

表 7-25　承钢不同粒度钒渣的化学成分分析

粒度/μm	成分/%								
	V_2O_5	SiO_2	Cr_2O_3	MnO	Al_2O_3	MgO	TiO_2	FeO	CaO
大于 150	6.86	14.23	2.55	3.56	1.83	1.04	7.61	67.37	0.86
96~150	9.32	18.66	3.64	4.96	2.50	1.55	10.93	45.89	1.20
58~96	9.68	19.74	3.67	5.22	2.65	1.69	11.25	45.80	1.37
48~58	9.83	19.75	3.88	5.25	2.49	1.66	11.41	45.79	1.29
小于 48	10.22	19.42	3.98	5.10	2.45	1.57	11.62	42.16	1.17

B　物相组成分析

运用 XRD 分析物相组成，结果如图 7-17 所示。钒渣主要由钒铁尖晶石（FeV_2O_4）、铁橄榄石（Fe_2SiO_4）、石英（SiO_2）、铬铁尖晶石（$FeCr_2O_4$）等物相组成。钒、铬均以尖晶石的形态存在，而硅则以铁橄榄石和石英的状态赋存。

C 钒渣形貌分析

使用扫描电镜对不同粒度的钒渣进行形貌及元素面分布分析，如图 7-18所示。可以看出，钒渣中的 V、Cr、Ti 存在于较亮的一相中，Si 存在于颜色较暗的一相中，而 Fe、Mn 在两相中均存在，通过比较钒渣 XRD 分析可以看出，亮色的一相为钒铬钛铁共存的尖晶石相，而灰色的一相主要为橄榄石相。且钒渣中的矿物颗粒结合比较紧密，尖晶石相和橄榄石相共生在一起，很难通过物理方法实现矿物的单体解离。

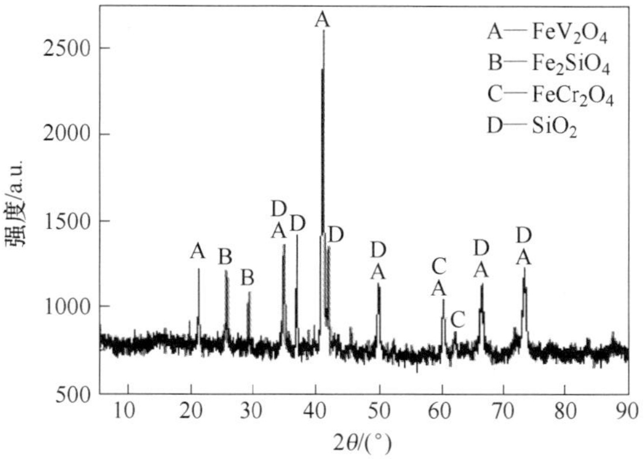

图 7-17 承德钒渣的 XRD 分析结果

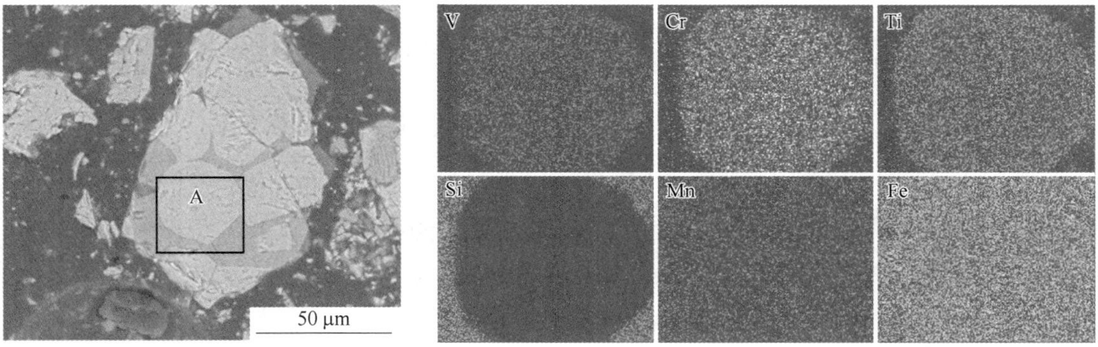

图 7-18 钒渣的背散射电子图像及 A 区域元素面分布分析

7.4.2.2 钒渣无盐焙烧过程物相转化过程分析

A 纯氧气氛条件下钒渣无盐焙烧过程 TG-DSC 分析

钒渣焙烧过程 TG-DSC 分析图如图 7-19 所示，钒渣在以 10 ℃/min 的升温速度从室温升到 1000 ℃的时候，在 326 ℃之前钒渣发生失重现象，在 326~ 920 ℃内钒渣重量单调增加，并增重 6.63%。这是由于在 326℃之前，随着温度的增加，钒渣失去结合的游离水分，重量降低；当温度超过 356 ℃后，钒渣中的尖晶石结构开始氧化分解，其中的 Fe^{2+} 与 V^{3+} 分别氧化为 Fe^{3+} 与 V^{5+}。$FeO \rightarrow Fe_2O_3$ 增重 5.08%；$V_2O_3 \rightarrow V_2O_5$ 增重 2.12%，这两者增重总量为 7.18%，高于钒渣焙烧过程实际增重的 6.63%。这是因为，钒渣氧化过程中产生熔点为 690 ℃的 V_2O_5 氧化物，而 V_2O_5 在 700 ℃以上会显著挥发，造成钒渣的重量损失，从而导致实际增加量低于理论增加量。

B 钒铁、钒锰尖晶石相氧化过程分析

钒铁尖晶石氧化过程的氧化 $\Delta_f G^{\ominus}/\Delta_f H^{\ominus}$ 与温度关系如图 7-20 所示。钒铁尖晶石氧化过程中在 680 ℃出现吸热峰，这与钒渣氧化过程中的 TG-DSC 分析一致。

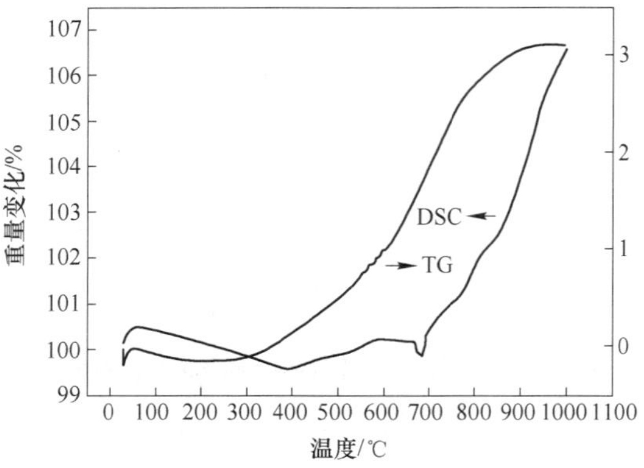

图 7-19　钒渣差热-热重曲线

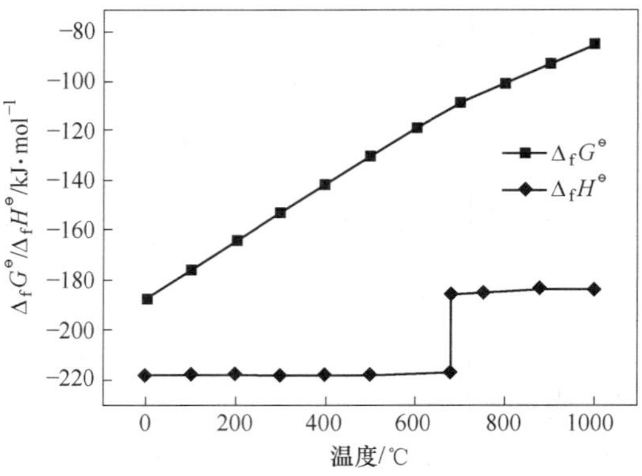

图 7-20　FeV_2O_4氧化 $\Delta_f G^{\ominus}/\Delta_f H^{\ominus}$与温度关系

通过 X 光衍射分析研究了尖晶石相的氧化相变过程，发现钒铁尖晶石的相变过程如下[21-22]：

$$FeV_2O_4 \xrightarrow{O_2} FeV_2O_4 + R_2O_3 \xrightarrow{O_2} FeV_2O_4 + R_2O_3' + FeVO_4 + V_2O_5$$

$$\xrightarrow{O_2} Fe_2VO_4 + V_2O_4 + R_2O_3'' \xrightarrow{O_2} R_2O_3'' + V_2O_5 + VO_2$$

在氧化性气氛中，氧化初期生成的氧化物相 R_2O_3 在尖晶石相表面形成一层薄膜。当钒铁尖晶石的氧化程度达到 18.5%时，开始生成正钒酸铁 $FeVO_4$；而氧化程度达到 30%时，生成 V_2O_5。在氧化温度 600～800 ℃时出现 R_2O_3' 与 $FeVO_4$相；在 900 ℃时出现 VO_2相；以后 $FeVO_4$分解成 R_2O_3' 与 V_2O_5相。钒铁尖晶石相在 600～700 ℃完全分解需要 6 h；在 800 ℃分解需要 20 min；在 900 ℃仅需 5 min。

钒锰尖晶石在 400～800 ℃间的相变过程为[22]：

$$MnV_2O_4 \xrightarrow{O_2} MnV_2O_4 + Mn_2O_3 + V_2O_5 \xrightarrow{O_2} Mn_2V_2O_7 + V_2O_5 \xrightarrow{O_2} Mn(VO_3)_2$$

C　铁橄榄石相氧化过程分析

铁橄榄石在焙烧过程中极不稳定，在高温条件下会迅速分解。铁橄榄石的氧化动力学研究表明，铁橄榄石氧化分为 4 个阶段：反应孕育期、迅速反应期、缓慢反应期和反应平衡期[23]。随着氧化温度和时间的增加，宏观氧化率增大，增加速率加快，达到平衡时间越短，800 ℃时，迅速增加和缓慢增加阶段的时间最长，氧化速率最大，最终宏观氧化率最大。迅速反应期主要发生在颗粒表面，反应平衡期是由于颗粒表面形成了较厚的氧化产物层，影响了氧气向内扩散到反应界面，从而控制了反应的进行。因此，为了延长反应迅速期的时间，需要在焙烧反应过程中对物料进行搅拌。

铁橄榄石相的分解有利于钒尖晶石的析出，这就增加了尖晶石相同氧的接触机会，从而有利于钒的转化。由于焙烧过程中没有碱性附加剂存在，则钒渣中的偏硅酸盐不会生成低熔点的玻璃体 Na_2SiO_3，所以焙烧过程中不会发生钠化焙烧中所产生的烧结现象，更有利于钒的氧化，浸出过程中钒的损失更小。

7.4.3 钒渣无盐焙烧行为理论与实践

7.4.3.1 焙烧温度对钒渣焙烧行为的影响

钒渣的焙烧过程是在氧化气氛条件下，物料由低温到高温再逐渐降温的连续过程，主要发生的物理化学反应如下：

300 ℃左右金属铁氧化：

$$Fe + 1/2O_2 \longrightarrow FeO$$

$$2Fe + 1/2O_2 \longrightarrow Fe_2O_3$$

在 500~600 ℃，铁橄榄石氧化分解：

$$2FeO \cdot SiO_2 + 1/2O_2 \longrightarrow Fe_2O_3 \cdot SiO_2$$

$$Fe_2O_3 \cdot SiO_2 \longrightarrow Fe_2O_3 + SiO_2$$

600~700 ℃，尖晶石发生氧化分解：

$$FeO \cdot V_2O_3 + FeO + 1/2O_2 \longrightarrow Fe_2O_3 \cdot V_2O_3$$

$$Fe_2O_3 \cdot V_2O_3 + 1/2O_2 \longrightarrow Fe_2O_3 \cdot V_2O_4$$

$$Fe_2O_3 \cdot V_2O_4 + 1/2O_2 \longrightarrow Fe_2O_3 \cdot V_2O_5$$

$$Fe_2O_3 \cdot V_2O_5 \longrightarrow Fe_2O_3 + V_2O_5$$

同时，五氧化二钒与铁、钙等氧化物生成钒酸盐：

$$V_2O_5 + CaO \longrightarrow Ca(VO_3)_2$$

$$V_2O_5 + Fe_2O_3 \longrightarrow 2FeVO_4$$

7.4.3.2 焙烧温度对钒渣物相的影响

钒渣无盐焙烧产物的 XRD 分析结果如图 7-21 所示。可以看出，在相同的焙烧时间下，钒渣经过 500~800 ℃的焙烧，钒渣物相随着焙烧温度的升高发生变化。在 550 ℃时，焙烧后物料中 V 主要以钒铁尖晶石相（FeV_2O_4）的形式存在，Cr 主要以铬铁矿（$FeCr_2O_4$）的形式存在，Si 主要以橄榄石（Fe_2SiO_3）的形式存在，Fe 主要以铁尖晶石和铁橄榄石的形式存在，表明在该温度焙烧条件下焙烧钒渣物相未发生变化；在 650 ℃时，V 主要以钒铁尖晶石的形式存在，Cr 主要以铬铁矿的形式存在，物料中出现了赤铁矿相，表明铁橄榄石在该温度下发生了分解，铁橄榄石的分解有助于尖晶石的氧化；在 750 ℃时，物料中出现了三氧化二钒相，表明钒铁尖晶石发生了分解，铬铁矿物相消失，出现了三氧化二铬的物相，表明铬铁矿发生了氧化分解；在 850 ℃时，物料中 V 主要以五氧化二钒相的形式存在，Fe 主要以赤铁矿的形式存在，Cr 主要以三氧化二铬的形式存在，Si 主要以石英相的形式存在。当焙烧温度继续升高后，在 950 ℃时，物料中出现了 $FeVO_4$和 $Ca(VO_3)_2$ 两种新的物相，表明钒铁尖晶石氧化分解生成的 V_2O_5与物料中 Fe、Ca 的氧化物生成了新的物相。

7.4.3.3 焙烧温度对钒浸出率的影响

钒渣无盐焙烧温度对钒浸出率的影响如图 7-22 所示。可以看出，随着焙烧温度的升高，钒的浸出率逐渐增大。在 550~750 ℃之间，钒浸出率不高；在 850 ℃时，钒的浸出率显著提高，达到 95%。这是因为随着温度的提高，钒尖晶石的氧化加快，有利于致密尖晶石晶格的破坏，在 850 ℃时已不存在尖晶石相，打破了钒的包裹相，增大了钒与空气的接触面积，提高了钒由低价氧化为高价的速度，因此浸出率会随着温度的升高逐渐增

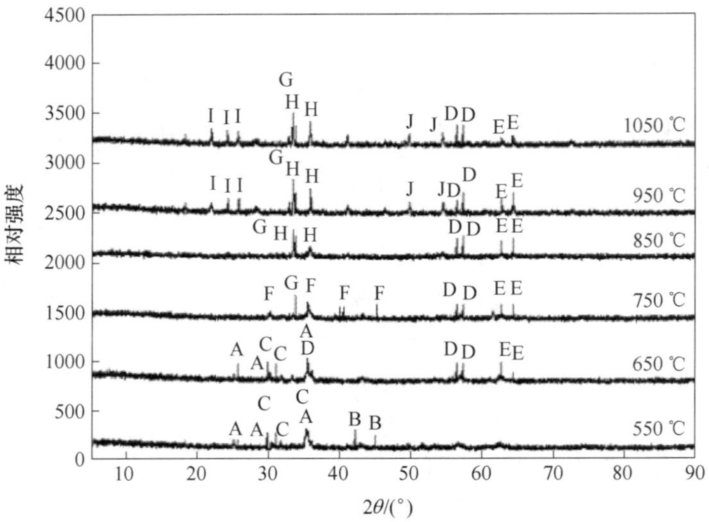

图 7-21　钒渣焙烧后产物 XRD 分析结果

A—FeV_2O_4；B—Fe_2SiO_3；C—$FeCr_2O_4$；D—Fe_2O_3；E—SiO_2；F—V_2O_3；G—Cr_2O_3；H—V_2O_5；I—$FeVO_4$；J—$Ca(VO_3)_2$

大。而超过 850 ℃，钒尖晶石氧化速度趋于平缓。

7.4.3.4　焙烧时间对钒渣焙烧行为的影响

在钒渣无盐焙烧过程中，焙烧时间主要指钒渣氧化时间，氧化时间是钒渣中低价氧化物氧化为高价态所需的时间，在这段时间内，要完成金属铁的氧化、低价铁氧化为高价、硅酸盐的分解、尖晶石的氧化及分解过程。只有实现以上氧化物相的氧化分解后，致密尖晶石相才能氧化分解。因此，必须要有充分的焙烧时间才能使焙烧充分进行。

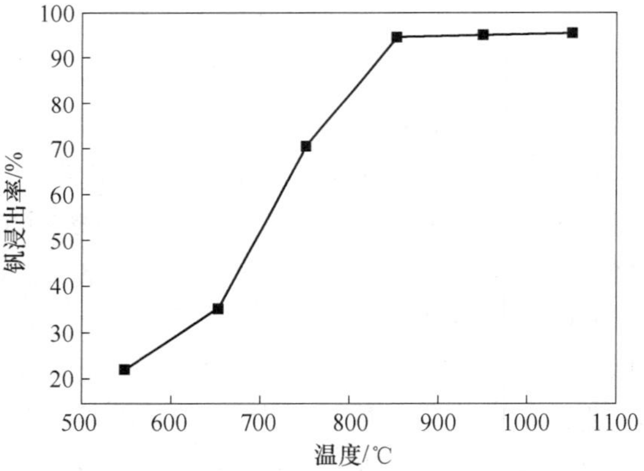

图 7-22　焙烧温度对钒浸出率的影响

A　焙烧时间对钒渣物相的影响

钒渣在 850 ℃不同焙烧时间条件下焙烧产物 XRD 分析结果如图 7-23 所示。可知，焙烧时间为 0.5 h 时，钒渣中铁主要以铁尖晶石相（FeV_2O_4）、铁橄榄石相（$FeSiO_3$）、铬铁矿（$FeCr_2O_4$）的形式存在。这是由于焙烧时间较短，铁尖晶石和铁橄榄石未充分发生氧化分解，钒渣中物相未发生变化。焙烧 1 h 后，钒渣中铁橄榄石相消失，出现了石英相（SiO_2），但仍然有铁尖晶石存在，表明铁橄榄石已经完成氧化分解，铁橄榄石的分解能够加速铁尖晶石的氧化分解，同时焙烧后物料出现了三氧化二铬的物相，表明铬铁矿在焙烧 1 h 后发生了分解。焙烧时间为 2 h 时，钒渣中铁主要以赤铁矿相的形式存在，硅主要以石英相的形式存在，钒铁尖晶石相消失，物料中出现了五氧化二钒（V_2O_5）相。这是由于随着焙烧时间的延长，钒渣的氧化更加充分，钒铁尖晶石得到了最终的氧化产物五氧化二钒，在碱浸过程能生成可溶性的钒酸盐，钒得到有效浸出。焙烧时间继续增加后，钒渣中出现了钒酸钙物相，这是由于随着时间的延长，钒铁尖晶石氧化分解得到的五氧化二钒与钒渣中的其他物质发生了反应。铁的物相与硅的物相并未发生变化，主要物相是赤铁矿相和石英相，钒的浸出率增长缓慢，且并未显著提高。

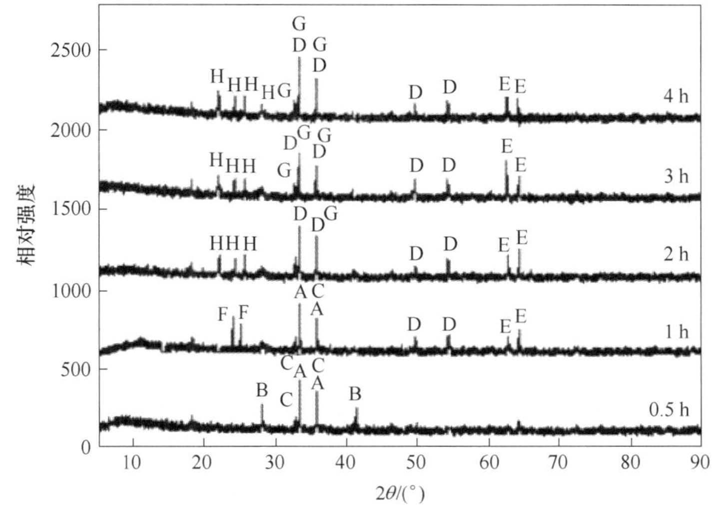

图 7-23 钒渣不同焙烧时间条件下产物的 XRD 分析结果

A—FeV_2O_4；B—$FeSiO_3$；C—$FeCr_2O_4$；D—Fe_2O_3；

E—SiO_2；F—V_2O_5；G—Cr_2O_3；H—V_2O_3

B 焙烧时间对钒浸出率的影响

焙烧时间对钒浸出的影响如图 7-24 所示。可以发现，焙烧时间由 0.5 h 增加到 2 h 的过程，钒的浸出率增幅较大，由 54%增长到 95%。这是由于焙烧时间较短，钒铁尖晶石未氧化完全，未生成高价钒氧化物，不能在碱介质中有效浸出；随着时间的推移，钒铁尖晶石的氧化更加彻底，生成了高价的钒氧化物，因此，钒的浸出率显著提高；焙烧时间超过 2 h 后，钒的浸出率增加不大。综合考虑能耗、生产成本，焙烧时间不宜过长，只需保证钒渣充分氧化即可。

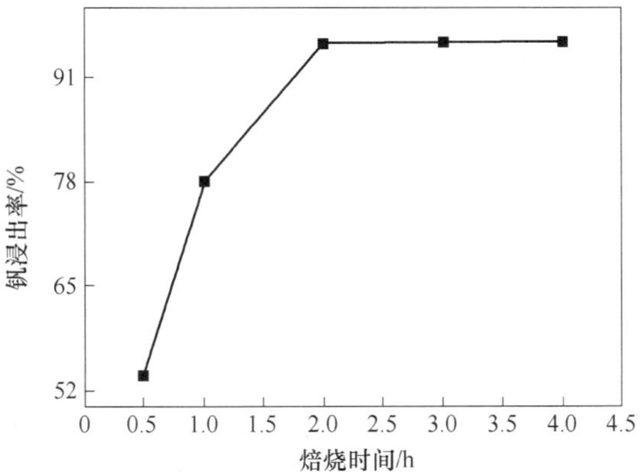

图 7-24 焙烧时间对钒浸出率的影响

7.4.3.5 钒渣粒度对焙烧行为的影响

钒渣在氧化焙烧过程必须破碎到一定粒度，才能使低价的钒氧化物与空气充分接触氧化，钒渣磨细后有利于钒的氧化。但是，磨矿粒度越细、磨矿时间越长，消耗的磨矿成本越大。另外，在工业生产中，粒度越细，传输与焙烧过程中产生的粉尘量过大，造成资源浪费及环境污染。因此，研究钒渣粒度对焙烧的影响具有一定的现实意义。

A　钒渣粒度对钒渣物相的影响

不同粒度钒渣无盐焙烧后物相分析如图 7-25 所示。可知，相同焙烧条件下，不同粒度级别的钒渣在焙烧后，物相具有一定差异。150 μm 的钒渣，焙烧后主要物相是钒铁尖晶石相、铬铁矿相和石英相；96 μm 的钒渣，焙烧后主要物相是铁尖晶石相、铬铁矿相、石英相、和赤铁矿相；74 μm 的钒渣，焙烧后主要物相是赤铁矿相、石英相、三氧化二钒相、三氧化二铬相；48 μm 的钒渣，焙烧后主要是赤铁矿相、石英相、五氧化二钒相和三氧化二铬相；38 μm 的钒渣焙烧后物相与 48 μm 的物料焙烧后差别不大。以上分析表明，在焙烧过程中，主要是铁橄榄石与铁尖晶石的氧化，其中伴随着铬铁矿的分解。

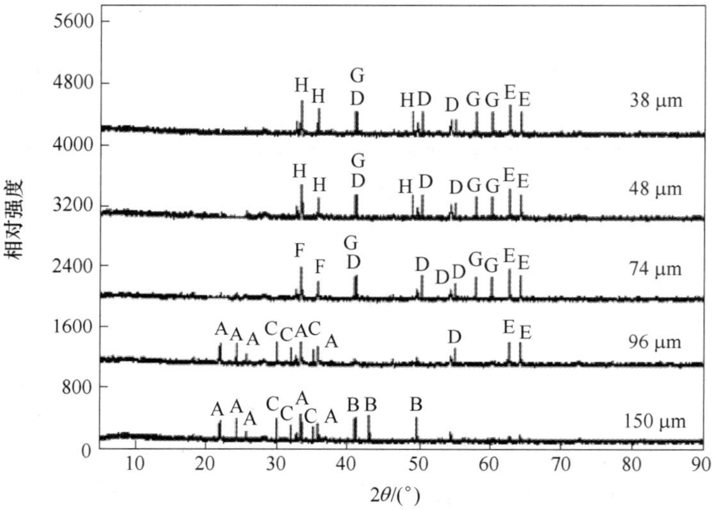

图 7-25　不同粒度钒渣焙烧后产物的 XRD 分析结果

A—FeV_2O_4；B—$FeSiO_3$；C—$FeCr_2O_4$；D—Fe_2O_3；

E—SiO_2；F—V_2O_3；G—Cr_2O_3；H—V_2O_5

由物相分析可知，铁橄榄石较易分解，分解受粒度影响不大，钒渣粒度较粗时也能发生分解。钒铁尖晶石的氧化分解只有在物料粒度足够细时才能进行。在相同焙烧条件下，钒渣粒度越细，钒渣氧化越彻底。这是因为随着物料粒度的减小，矿物颗粒比表面积增大，钒铁尖晶石相被更多地剥离裸露，增大了与氧气的接触机会，氧化更加彻底。

B　钒渣粒度对钒浸出率的影响

不同粒度的钒渣焙烧后碱浸结果如图 7-26 所示。可知，随着物料粒度的减小，钒的浸出率逐渐增大，钒渣粒度在 48 μm 时，钒的浸出率最大，达到 95%。但是，粒度继续减小后，钒的浸出率反而降低。这是因为，随着物料的粒度减小，比表面积增大，相同的时间反应会更加充分。但是，钒渣粒度过小，相同的浸出条件下，料浆黏度增大，气-液-固传质效果变差，不利于钒的高效浸出。

7.4.4　钒渣无盐焙烧熟料碱浸行为理论与实践

7.4.4.1　浸出温度对钒浸出率的影响

浸出温度对提钒的影响如图 7-27 所示。可以看出，随着浸出温度的升高，钒的浸出率逐渐增大，温度达到 180 ℃时，钒的浸出率达到95%；温度高于 180 ℃，钒的浸出率有所提高，但变化不大。这是因为，随着浸出温度的升高，熟料中的石英相开始与溶液中的碱发生反应进入液相，消耗了部分 NaOH，造成了碱浓度的降低和液相黏度的增加，减弱了浸出效果。所以，浸出温度高于 180 ℃后，钒的浸出率增加不大。

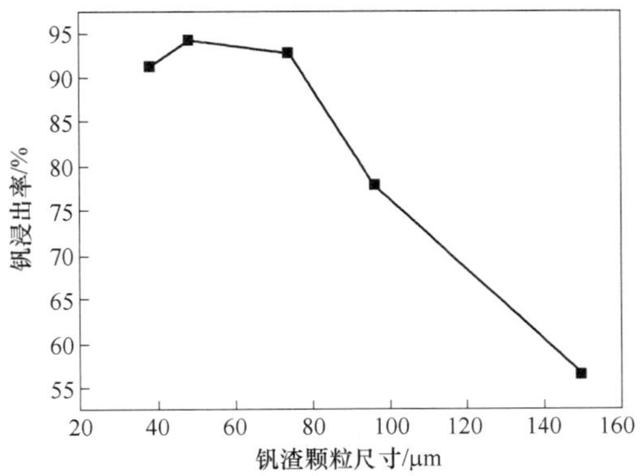

图 7-26　钒渣粒度对钒浸出率的影响

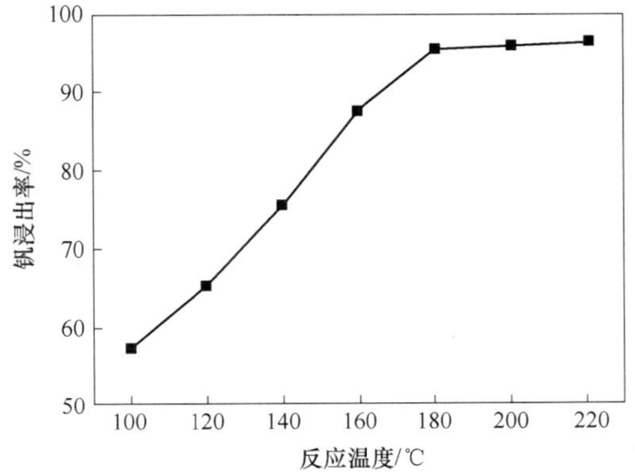

图 7-27　浸出温度对提钒的影响

7.4.4.2　浸出时间对钒浸出率的影响

浸出时间对钒浸出的影响如图 7-28 所示。可知，随着浸出时间的延长，钒的浸出率急剧增大，2 h 后钒的浸出率增加平缓。这是因为反应初期 NaOH 介质浓度高，且有较好的流动性，浸出效果好。随着反应的进行，物料中的 Si 得到溶出，增大了浸出液相黏度，导致反应介质的流动性变差，从而导致钒的浸出效率降低[24]。所以，并不是无限延长反应时间越对反应有利，单纯的延长反应时间只能造成能耗的增加。

7.4.4.3　碱浓度对钒浸出率的影响

碱浓度对提钒的影响如图 7-29 所示。可知，随着碱浓度的增大，钒的浸出率逐渐增

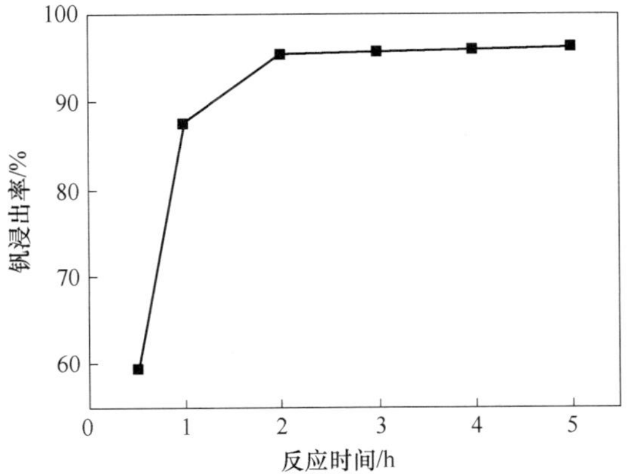

图 7-28　反应时间对钒浸出率的影响

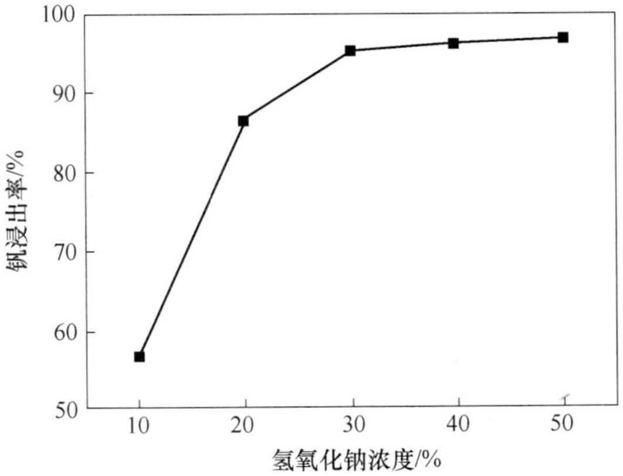

图 7-29　碱浓度对钒浸出率的影响

大，在碱浓度为30%时，钒的浸出率达到95%，当碱浓度高于30%的条件下，钒的浸出率增加不大。这是因为，在钒渣熟料浸出过程中，不仅钒要消耗碱，而且硅也会消耗大量的碱，以硅酸盐的形式进入浸出液中。因此，既要保证钒在碱液中的有效浸出，又要结合后续钒酸钠的结晶条件要求，控制氢氧化钠的浓度。

7.4.4.4　液固比对钒浸出率的影响

液固比对钒浸出率的影响如图 7-30 所示。可以看出，钒的浸出率随着液固比的增大而显著增加。这是由于，随着反应液固比的增大，水的消耗量增加，浸出时间较短时，溶液内钒的浓度很低，钒大多以单核分子的形式存在，浸出速率较快；液固比较小时，随着钒不断地被浸出，单位体积内钒的含量增多，钒的浓度增大，钒将产生聚合反应以二聚或多聚体形式存在，导致钒的浸出速度减慢，浸出率增加的幅度较小；不仅如此，由于反应介质的液固比较小，生成的硅酸钠在短时间单位体积内含量激增，易使物料团聚，增大了黏度，对介质中的反应物不能起到充分分散的作用，不利于浸出的顺利进行[24]；此外，随着液固比的增大，浸出液中反应生成的盐浓度相对减小，提高了浸出推动力，有利于浸出，但是液固比过大，单位体积内钒含量降低，极大弱化了浸出过程的生产能力，而且给浸出液的后期处理带来经济负担[25]。

7.4.4.5　搅拌速度对钒浸出率的影响

搅拌速度对钒浸出率的影响如图 7-31 所示。可以看出，钒的浸出率随着搅拌速度的提高而提高，超过 500 r/min 后变化不大。这是因为，搅拌速度的提高能使物料与反应介质更好地接触，提升了浸出动力学条件，有利于钒的浸出。但是，由于碱浸提钒过程受内扩散控制影响而不是外扩散控制，搅拌速度继续增加后，对浸出动力学条件影响不大，所以钒浸出率变化不大。

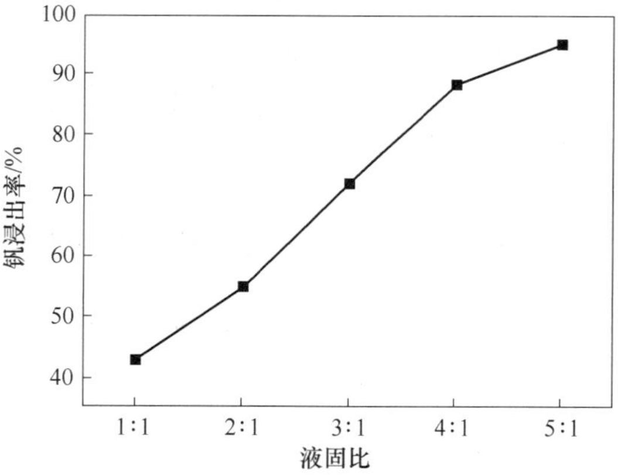

图 7-30　液固比对钒浸出率的影响

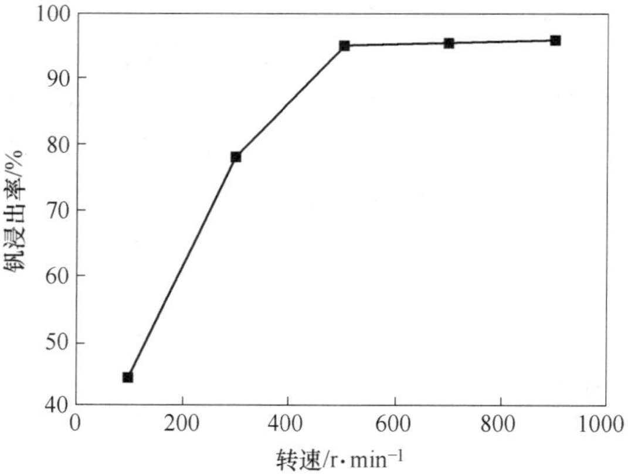

图 7-31　搅拌速率对钒浸出率的影响

综合钒渣无盐焙烧过程物相转化规律可知，由于焙烧过程中没有引入钠盐，焙烧后熟料的主要物相是赤铁矿相和石英相，以硅酸盐为主的易熔玻璃相（辉石相）没有生成锥辉石相包裹在钒化合物周围[24]形成“裹络”。因此，碱浸过程可以实现钒的高效提取，5价钒氧化物以钒酸盐的形式进入浸出液中，并极大地富集了提钒尾渣中的铁，通过进一步的中间品转化工艺（硅酸盐除杂分离、钒酸盐冷却结晶分离），可实现钒、硅、铁资源的综合利用。

7.5 钒生产工艺优化及技术集成创新研究

7.5.1 钒渣提钒工艺概述

承钢围绕提高资源中钒的提取率和节能减排，研发具有自主知识产权的以钒渣为原料高效率提钒新技术、新工艺。通过装备大型化，开展钒渣预处理、大型回转窑氧化钠化焙烧、钒酸铵流态化干燥煅烧、五氧化二钒闪速熔化等关键技术和生产工艺攻关，实现钒产品清洁生产。

针对图 7-32 给出的以钒渣为原料提取 V_2O_5的工艺流程，重点开展综合提高钒回收率工艺技术和提钒工艺综合节能减排技术研究。前者对以钒渣为原料提钒生产中的关键设备和生产工艺进行优化和集成创新，主要涵盖：(1) 钒渣预处理技术研究；(2) 大型回转窑氧化钠化焙烧技术研究；(3) 钒酸铵流态化干燥煅烧、五氧化二钒闪速熔化技术研究；(4) 钒渣熟料水淬急冷技术及磷酸铵镁沉淀法除磷新技术研究。后者针对钒渣提钒生产的关键环节，通过对提钒系统优化，采用钒、铬回收综合利用技术、回转窑尾气余热回收、钒渣熟料水淬急冷等技术，使钒产品能源消耗显著降低，生产“废水”零排放，实现钒产品加工的清洁生产。承钢在以下方面实现了创新：

(1) 在国际提钒领域首次实施、采用了钒渣预处理技术与装置，通过钒渣（堆取料机）预均化、粉料均化库再均化技术和钒渣（四次）梯度除铁技术（MFe 含量不大于3%），使钒渣入窑品位（均化比 10∶1）稳定状况达到了国际领先水平，使钒渣与附加剂

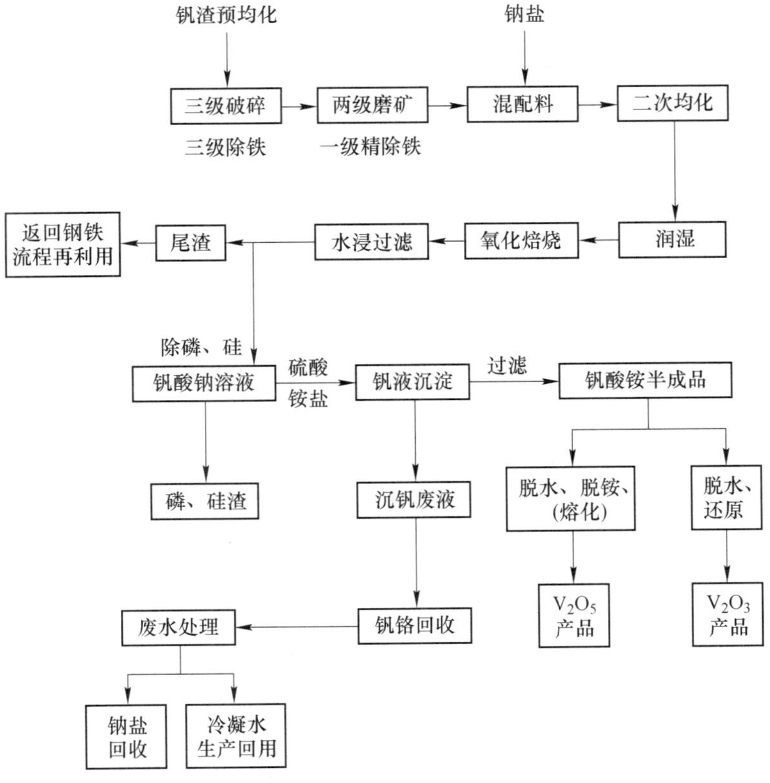

图 7-32 以钒渣为原料提取 V_2O_5的工艺流程

充分接触，充分实现了钒渣混合料入窑反应条件的均匀、稳定；为提高钒渣氧化、钠化焙烧转化率、稳定操作创造了良好的物料条件。

（2）回转窑设备大型化。国内首家将 ϕ4.5 m×100 m 大型回转窑用于钒渣氧化钠化焙烧，在保证高转化率的同时，大窑“熟料”产量实现了 25 t/h，创造了高效高产的现代生产能力。

（3）在国内首次开发并成功运行了全新三步法、流态化粉剂氧化钒（V_2O_3）与片剂五氧化二钒（V_2O_5）生产装置。用钒酸铵流态化（及盘式连续）干燥、动态煅烧、五氧化二钒还原、熔化技术取代过去的反射炉熔化湿钒酸铵（含水 50%）生产粉剂氧化钒（8 t/h V_2O_3）及片剂五氧化二钒（14 t/h）。

7.5.2　综合提高钒回收率工艺技术研究

7.5.2.1　钒渣预处理

A　钒渣的物相组成

承钢钒渣 XRD 分析结果如图 7-33 所示，主要由如下物相组成：钒铁尖晶石（FeV_2O_4）、钒锰尖晶石（MnV_2O_4）、铁橄榄石（Fe_2SiO_4,$(MgO)_{0.432}(FeO)_{0.568}$）、石英（$SiO_2$）、铁或铁氧化物（Fe,$Fe_3O_4$）、铬铁尖晶石（$FeCr_2O_4$）、钛磁铁矿（$Fe_{2.5}Ti_{0.5}O_4$）。物相分析表明，钒、铬均以尖晶石的形态存在，而硅则以铁橄榄石和石英的状态赋存。

B　钒渣的粒度分布及化学组成

应用激光粒度分布仪，分析承钢钒渣的粒度分布情况，结果如图 7-34 所示。从钒渣的粒度分布图上可以看出承钢钒渣颗粒较为细小，粒度主要集中分布在 10~100 μm 之间。因此，-125 μm 的分布图几乎和原钒渣相同，而+125 μm 的钒渣由于颗粒较大，不宜用激光粒度分布仪进行测量。因此，分布图呈不规则的分散分布。不同粒度钒渣的成分见表 7-26。

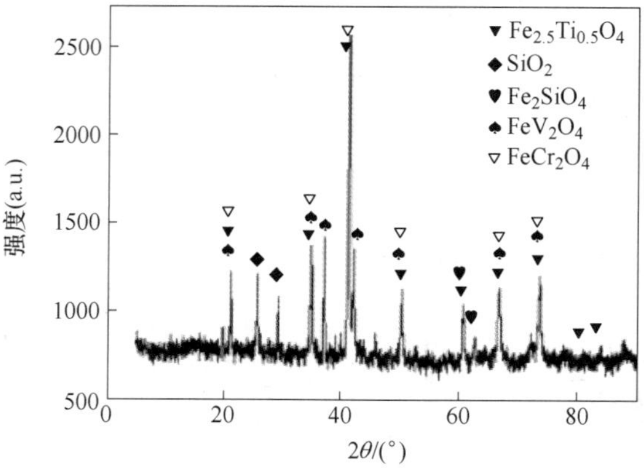

图 7-33　承钢钒渣的 XRD 分析结果

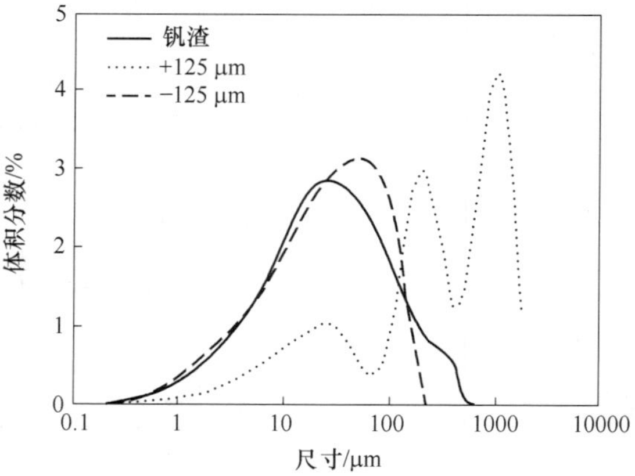

图 7-34　承钢钒渣的粒度分布

表 7-26　不同粒度承钢钒渣的成分

粒度/μm	占比/%	成分/%									
		Al_2O_3	CaO	Cr_2O_3	FeO	K_2O	MgO	MnO	SiO_2	TiO_2	V_2O_5
大于 150	15.7	0.7	0.86	1.9	64.08	0.43	1.36	3.08	11.6	5.71	6.31

续表 7-26

粒度/μm	占比/%	成分/%									
		Al_2O_3	CaO	Cr_2O_3	FeO	K_2O	MgO	MnO	SiO_2	TiO_2	V_2O_5
75~150	17.55	0.67	1.25	2.6	33.83	0.75	1	3.37	9.93	6.87	6.12
48~75	30.65	1.35	1.35	3.8	41.96	0.56	2.06	4.42	20	11.4	10.6
小于 48	36.1	2.12	1.88	4.1	41.71	0.1	2.03	4.59	20.7	12.5	12.2

从表 7-26 可以看出，在钒渣颗粒较大时（>150 μm），渣中铁化合物含量明显高于其他粒度区间钒渣中的铁含量，初步判断为大量金属铁颗粒的存在造成。在其他粒度范围内，随着钒渣颗粒度的减小，V、Cr、Si、Ti 元素的含量逐渐增高，而铁化合物的含量呈现逐渐减少的趋势，因此可以推断尖晶石类矿物主要存在于颗粒度较小的钒渣中。

通过以上研究，确定承钢钒渣预处理技术条件为：对待入窑焙烧钒渣采用钒渣预均化、均化技术，钒渣磨细、精除铁技术，钒渣混碱技术，使钒渣粒度细化至-106 μm，实现钒渣与钠盐的混合料入窑均匀、稳定，为提高钒渣氧化、钠化焙烧转化率创造良好的条件。

（1）钒渣预均化、均化技术：在国际上首次采用原料钒渣预均化和钒渣、纯碱均化技术，使入窑钒渣品位相对稳定，实现精准配料，渣、碱均匀。预均化采用堆取料机在封闭厂房内作业，ϕ60 m 圆形堆取料场，储存能力 14000 t，有效储量 11402 t（相当于 20 天的钒渣消耗量），均化比 10∶1；堆料方式为连续合成式，堆料层数大于 400 层，堆料机能力 500 t/h，堆料半径 15.75 m；取料形式为全断面取料，取料机能力 200 t/h。

（2）均化：钒渣粉料与纯碱（已磨细）经螺旋剂量称计量、连续链条式混料机初混后，输入 ϕ12 m×36 m 均化库二次均混，使钒渣与纯碱混料同期得到稳定均化。

（3）钒渣磨细、精除铁技术：采取三级破碎和四级除铁、二级闭路粉磨工艺。入厂块状钒渣（粒度不大于 300 mm，金属铁含量 18%~23%）送至一级破碎，破碎至 100~150 mm，皮带机输送至二级破碎（一级除铁），经二级破碎料将钒渣破碎至 40~60 mm，用皮带机输送至三级破碎（二级除铁），经三级破碎将钒渣破碎至粒度不大于 25 mm，用皮带机输送（三级除铁）至钒渣预均化库再入球磨料仓；进入一段（20~30 t/h）干式球磨（机），出机粉料经高效转自选粉机（55~60 t/h）分选，细料（≤106 μm）进入成品仓，粗料（残余金属铁进入粗料）经双层直线振动筛筛除残余细粉，再经筒式永磁干粉磁选机除铁后，进入二段（20~30 t/h）干式球磨（机），出机粉料经高效转自选粉机（55~60 t/h）分选，细料（≤106 μm）进入成品仓，粗料返回二段（20~30 t/h）球磨循环。合格钒渣细料粉（≤106 μm）残余金属铁含量不超过 4%。

7.5.2.2 回转窑大型化

选用目前国内最大的 ϕ4.5 m×100 m 回转窑作为钒渣焙烧设备，设计生产能力是老区在用回转窑（ϕ2.6 m×60 m）的 4.24 倍，环境散热面积是前者的 2.89 倍，降低散热损失 30%。大型回转窑可以使窑内温度场更加稳定，物料界面更新次数增加，热能利用率提高，钒转化效果更佳。

A 回转窑设备与工艺参数

（1）设计产量 $G = KD^{1.5}L = 0.03065 \times 4.1^{1.5} \times 100 = 25.44(t/h)$。

（2）长径比 22，斜度 2.97%，转速 0.25~0.5 r/min 可调。

（3）入窑炉碱钒比（以 Na_2CO_3 计）$Na_2CO_3 : V_2O_5 = 1.5 : 1$。

（4）入窑钒渣粒度控制 −125 μm 不低于 90%。

（5）入窑钒渣全铁含量不超过 5%，入窑炉料水分含量不超过 6%。

（6）燃料为焦炉与高炉（或转炉）混合煤气，发热量为 13143 kJ/m^3。

（7）窑尾气含氧量（体积计）12%；引风负压 200~300 mmH_2O（1 mmH_2O≈9.8 Pa）。引风量调节为：当增大料量时，每增大 1%，引风量增大 2%；当减少料量时，每减少 1%，引风量降低 2%。

（8）焙烧高温带温度 780~850 ℃，高温带长度 22~27 m。

（9）炉料在窑内停留时间 7~8.5 h。

（10）炉料堆比重运动状态为 1.35 t/m^3；填充系数为 7%~9%。

（11）窑衬总厚度 250 mm（比 ϕ2.6 m×60 m 提高 50 mm）。

B　钒渣氧化钠化焙烧化学反应

首先，在 300 ℃左右金属铁氧化：

$$Fe + 1/2O_2 \longrightarrow FeO$$

$$2FeO + 1/2O_2 \longrightarrow Fe_2O_3$$

在 500~600 ℃，黏结相铁橄榄石氧化并分解：

$$2Fe \cdot SiO_2 + 1/2O_2 \longrightarrow Fe_2O_3 \cdot SiO_2（低价氧化物氧化）$$

$$Fe_2O_3 \cdot SiO_2 \longrightarrow Fe_2O_3 + SiO_2（复合氧化物分解）$$

在 600~700 ℃，尖晶石氧化分解：

$$FeO \cdot V_2O_3 + FeO + 1/2O_2 \longrightarrow Fe_2O_3 \cdot V_2O_3（Fe^{2+} 氧化为 Fe^{3+}）$$

$$Fe_2O_3 \cdot V_2O_3 + 1/2O_2 \longrightarrow Fe_2O_3 \cdot V_2O_4（V^{3+} 氧化为 V^{4+}）$$

$$Fe_2O_3 \cdot V_2O_4 + 1/2O_2 \longrightarrow Fe_2O_3 \cdot V_2O_5（V^{4+} 氧化为 V^{5+}）$$

$$Fe_2O_3 \cdot V_2O_5 \longrightarrow Fe_2O_3 + V_2O_5（分解）$$

在 600~700 ℃，五氧化二钒与钠盐反应生成溶于水的钒酸钠：

$$V_2O_5 + Na_2CO_3 \longrightarrow 2NaVO_3$$

C　钒渣焙烧工艺条件的研究

影响工业窑炉钒氧化钠化焙烧转化率的因素有物料窑内填充量、钒渣的粒度、添加剂的种类及用量、焙烧温度（分布）、停留时间、氧化气氛等。这些条件均需在试验与运行条件下确定，钒渣粒度、添加剂种类及用量，从磨矿至混配比工业控制较易实现，而焙烧温度、焙烧时间、氧化气氛等条件均需现场操作调整。

在上文提到的提钒工艺流程过程中，钒渣的氧化钠化焙烧，是影响和制约钒生产经济指标的关键环节。国内外各钒厂均致力于钒渣焙烧工艺条件的研究。本试验考察盐碱配比、焙烧温度、焙烧时间、氧化气氛等因素对一次渣转化率的影响。为了迅速找到适宜的条件范围，选择焙烧温度、盐碱配比和焙烧时间 3 个因素进行了焙烧 L9(34) 正交试验，考察钒转化率的变化，结果见表 7-27。由表 7-27 可确定承钢钒渣焙烧工艺条件是：焙烧温度约 830 ℃较好，盐碱配比约 13%较好，焙烧时间 4 h 或更长。实验过程中，所用一次渣全钒为 6.57。

表 7-27 焙烧探索试验结果

序号	焙烧温度/℃	盐碱配比/%	焙烧时间/h	转化率/%
1	770	13	3	68.48
2	770	15	3.5	74.35
3	770	18	4	75.12
4	800	13	3.5	78.76
5	800	15	4	79.31
6	800	18	3	76.69
7	830	13	4	85.25
8	830	15	3	80.64
9	830	18	3.5	78.77

a 钒渣焙烧条件优化实验

按不同苏打比进行配料，每批配料 100 g 钒渣，共 3 批，将每批分为 3 等份。每炉 3 个样品，按温度控制条件进行焙烧，共 3 炉。

物料在 300 ℃入炉，800 ℃焙烧实验下，每 10 min 升温 27.7 ℃直至升温至 800 ℃，恒温 40 min，冷却 20 min 至 650 ℃出炉；825 ℃焙烧实验下，每 10 min 升温 29.2 ℃直至升温至 825 ℃，恒温 40 min，冷却 20 min 至 650 ℃出炉；850 ℃焙烧实验条件下，每 10 min升温 30.5 ℃直至升温至 850 ℃，恒温 40 min，冷却 20 min 至 650 ℃出炉。

一次渣纯碱混合焙烧后熟料及其残渣的全钒、可溶性钒见表 7-28。可以得出，一次渣配碱焙烧熟料中的可溶性钒随着配碱量的增加而提高，全钒则变化不大。因此，转化率随着配碱量的增加而提高，残渣中的全钒和可溶性钒随着碱量的增大而降低，当焙烧温度为 t_3℃、配碱量的苏打比为 k3 时，达到最大转化率值 90.47%。

表 7-28 C 系列熟料及其残渣的全钒和可溶性钒 (%)

试验编号	样品			残渣	
	全钒	可溶性钒	转化率	全钒	可溶性钒
C_1-1	5.85	3.76	64.27	2.69	0.026
C_2-1	5.74	4.68	81.53	1.56	0.020
C_3-1	5.69	4.65	81.72	0.93	0.022
C_1-2	5.88	4.52	76.87	1.60	0.023
C_2-2	5.81	4.93	84.85	1.09	0.022
C_3-2	5.76	5.03	87.33	0.71	0.017
C_1-3	5.83	5.11	87.65	1.05	0.024
C_2-3	5.84	5.20	89.04	0.77	0.022
C_3-3	5.77	5.22	90.47	0.64	0.020

注：其中英文字母 C 代表一次渣、碱、水混合焙烧，下角标 1、2、3 分别代表苏打比 k1、k2、k3，-1、-2、-3 代表焙烧温度 t_1℃、t_2℃、t_3℃。

b　窑尾氧化气氛控制

窑尾氧化气氛对一次渣转化率的影响如图 7-35 所示。可知，窑尾氧化气氛（以体积计）由 6%增加到 10%，转化率从约 66%上升到接近 79%，氧化气氛增加到 12%，转化率略有上升达到 80%左右，当氧化气氛继续增加到 15%，转化率变化不大，为保证焙烧温度场的稳定，窑尾氧化气氛可控制在 12%左右。

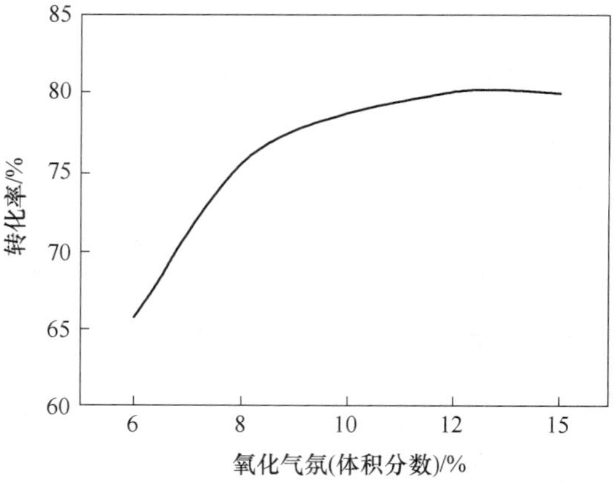

图 7-35　窑尾氧化气氛对一次渣转化率的影响

D　改进大型回转窑喂料方式

ϕ4. 5 m×100 m 回转窑投产之初，原设计安装的 ϕ4. 5 m×100 m 回转窑窑尾加料装置是斜溜管重力进料，因溜管直径较大（ϕ800 mm），在满足回转窑进料的同时，尚存在如下弊端：（1）溜管进风（窑内为微负压）使窑尾引风短路；（2）窑内压力波动，常使窑内烟气自溜管返至加料室，使窑尾厂房内操作环境恶化，无法留人作业；（3）另一方面带水（含水 6%~8%）、带碱物料溜入回转窑，往往导致溜管内壁结料严重，下料量受到限制，需周期性停窑处理，既影响回转窑开车率，又使加重回转窑再升温的能源消耗；（4）回转窑上料系统普遍存在返回料现象（已加进窑内的炉料又从窑尾溢出挡圈），一般比例占进料量的 30%左右，导致设备作业率下降、回转窑焙烧转化率降低、现场工作环境恶劣、增加二次运输和清理费用。

改进后的大型回转窑喂料方式如图 7-36 所示。取消溜管下料方式，在大型回转窑尾端，通过安装一条水平螺旋进料装置，增加窑尾物料进窑的深度，使挡料环起到全部封挡作用来减少部分料返回的产生，同时可杜绝溜管返烟、漏风，减低风机运行负荷，稳定大窑热工状态。该装置投入生产应用后，运行状况良好，达到并超过了设计要求，返料率由原来的 30%降低到 0. 5%以下，一次转化率提高了 1%，回转窑开车率提高 5%以上，既稳定生产，又实现节能、减排。

E　大料量钒渣氧化钠化焙烧工业技术分析

由于大型回转窑填充量增大，料层增厚，料程增长，窑内供热强度增大，耗氧量增加，引风量改变，致使窑内预热带、氧化带、钠化带和冷却带的分布发生变化。

大型回转窑需稳定工况操作，切忌大变量快速调节。若快速增大入窑料量，同时增大燃气供应量，会破坏窑内热平衡及温度分布，造成预热带长度加长，氧化带、钠化带长度相应缩短，钠化带局部温度升高，并导致钒渣焙烧转化率降低，“熟”料中球料量增加。

若缓慢增大入窑料量，燃气供应量相应增加，引风量缓慢增加，会保持原热平衡条件，使得预热带、氧化带、钠化带、冷却带长度不变。即物料在窑内各段的停留时间不变，从而保证了钒渣氧化钠化焙烧实现高、稳定转化率的必要条件。

7. 5. 2. 3　钒酸铵干燥、煅烧、五氧化二钒熔片技术

A　钒酸铵干燥、煅烧、五氧化二钒闪速熔化半工业试验

“三步法”片剂五氧化二钒生产装置是由承钢与辽宁东大粉体设备公司共同开发。与国内外现有片剂五氧化二钒生产流程相比，该装置是一种全新的“流态化”片剂五氧化

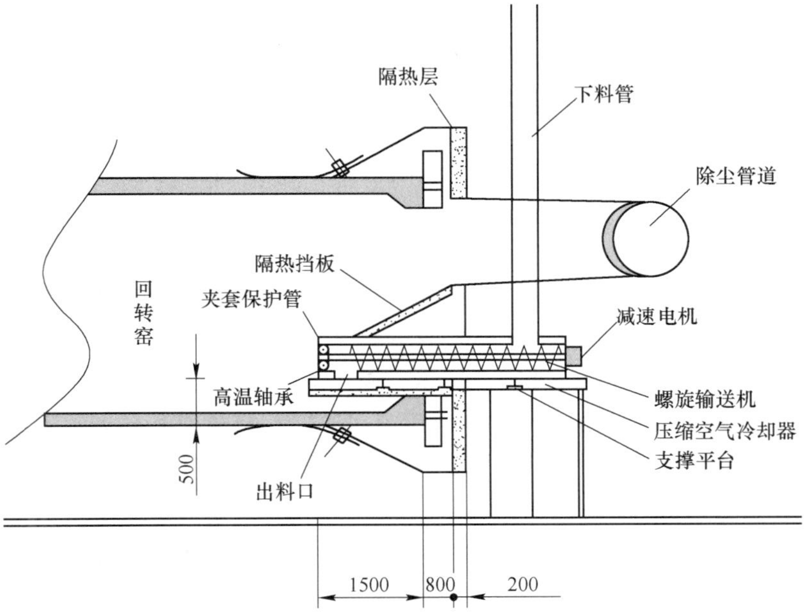

图 7-36 改进后的大型回转窑喂料方式

二钒生产系统，如图 7-37 所示。在新系统中，钒酸铵的脱水、脱氨与熔化“三步”既分别由闪蒸干燥、悬浮煅烧、闪速熔化 3 组流态化功能设备高效完成，又通过能源与流态气（物）流把 3 组设施一体化集成。整套新装置集环保、清洁生产、能源梯次利用、全程自动控制等现代化装备特点为一身，并具有模块化设计功能，工艺技术水平和指标在国际同行业中处于领先水平。

下面介绍新“三步法”片剂五氧化二钒生产装置的具体功能、条件参数与特点。

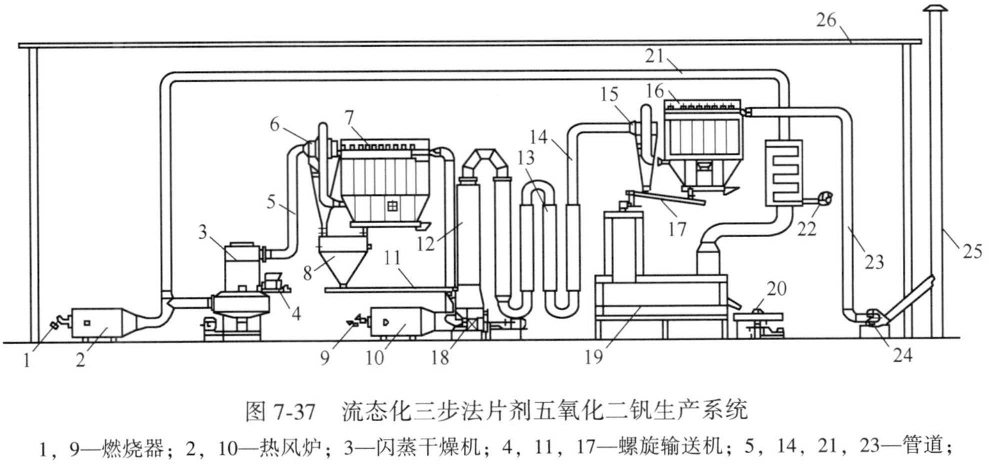

图 7-37 流态化三步法片剂五氧化二钒生产系统

1，9—燃烧器；2，10—热风炉；3—闪蒸干燥机；4，11，17—螺旋输送机；5，14，21，23—管道；6，15—旋风除尘器；7，16—布袋除尘器；8—料仓；12—悬浮煅烧炉；13—热换器；18，24—引风机；19—闪速熔化炉；20—铸片机；22—鼓风机；25—烟囱；26—厂房

a　闪蒸干燥

钒酸铵滤饼的闪蒸干燥过程为：

（1）钒酸铵滤饼经给料机定量喂入闪蒸干燥机，滤饼进入闪蒸干燥机后瞬间即被机内高速（400~500 r/min）旋转的叶片打散。

（2）闪蒸干燥机的传热介质是来自热风炉的热风（350~500 ℃），热风在系统高压引风机的引导下，在闪蒸干燥机旋闪段分气环内形成 15~20 m/s 的热气流。此时，被打散的物料在热气流的带动下进入闪蒸干燥机的干燥段，同时分散的物料在快速吸收了热空气的热量后，存于物料中的水分被迅速蒸发并被上升气流带走。颗粒较小的物料脱水后在系统引风机的吸引下进入系统的干物料捕集装置，而颗粒超大的物料沉降下来再被打散叶片打散并被气流带到（返回）闪蒸干燥机的干燥段。

（3）闪蒸干燥机是切线方向进风，切线方向出风，使得热风在闪蒸干燥机内形成漩流。另外，闪蒸干燥机干燥段由于截面积增大，所以被打散的物料在闪蒸干燥机内也形成了慢速旋流运动。这样不仅延长了物料的干燥时间，而且使得物料与闪蒸干燥机内的热风热交换更为充分。

钒酸铵干燥后的水分一般被控制在不超过 1%，闪蒸干燥机的出料水分由闪蒸干燥机出料口的气流温度调控（110~150 ℃）。干燥物料的布袋收集率不低于 99.5%。在闪蒸干燥过程中，被干燥的物料呈分散态悬浮于气流中，悬浮物料以其全部的几何表面参与传热与传质，物料在反应器内分散形成的细小颗粒，使热交换的面积骤然增大，使干燥可在瞬间完成。所以闪蒸干燥系统热效率可达 60%~75%。

b　悬浮煅烧

所谓悬浮煅烧，即是物料在煅烧炉内气流的作用下，物料自下而上呈悬浮状态运动，在所形成的煅烧过程中，悬浮物料的全部几何表面从各个方位得到均匀受热，并与载热气流之间瞬时完成最充分的传质过程。

钒酸铵煅烧的上限为温度 675 ℃（五氧化二钒熔点），但在悬浮煅烧的条件下，由于分散细小物料表面能的作用，试验发现工业品五氧化二钒粉料可在低于其熔点数十摄氏度的情况下发生熔融现象。因此，钒酸铵的悬浮煅烧温度被控制在 500~600 ℃。同时，与静态煅烧相比，悬浮煅烧因物料传热、传质面积大，反应动力学条件异常优越，使钒酸铵的热分解反应速度同其比表面积一样呈几何级数增长，脱氨反应在数秒钟之内即可完成。

在悬浮煅烧的条件下，钒酸铵脱氨之后的化学反应过程（较反射炉过程）较为复杂。多个化学过程同时存在：

$$2NH_3 \rightleftharpoons 3H_2\uparrow + N_2\uparrow$$

$$V_2O_5(s) + H_2(g) = V_2O_4(s) + H_2O(g)$$

$$1/2O_2 + H_2 = H_2O$$

$$V_2O_4(s) + 1/2O_2(g) = V_2O_5(s)$$

钒酸铵悬浮煅烧的反应结果：（1）产品氧化钒是 5 价与 4 价钒的混合物，其中 4 价氧化钒的比例一般在 5%~13%；（2）在氨气和有还原气氛存在的条件下，钒酸铵的悬浮煅烧不产生对环境有害的 NO_x 物。

c　闪速熔化

闪速炉是闪速熔化装置的核心设备，其运行过程是将悬浮煅烧得到的氧化钒粉料经送料系统从闪速炉的竖式反应塔进入闪速喷头内管，预热空气同时进入其外管（文氏管型），两者在外管的缩口处相遇并充分混合，使炉料呈悬浮状进入反应塔，在高温（约800 ℃）塔内瞬间完成传质、传热，并熔化（细粉料五氧化二钒的熔点低于650 ℃）聚成雨滴状，滴落汇集到闪速炉熔池内形成“钒水”，再由出料口到制片机制成片钒。在800 ℃的温度条件下，五氧化二钒的蒸汽压极低（低于27 Pa），且入炉钒物料不带水分。因此，五氧化二钒在闪速熔化过程中不具备类似于“一步法”反射炉熔钒时形成大量“钒溶胶”的相关条件。

闪速炉是一个微负压的闭路操作系统，闪速熔化过程所产生的带温炉气被管路引入“第一步”闪蒸干燥机内作为干燥热源直接使用，除实现系统热能的梯次利用之外，炉气内所夹带的极少量钒溶胶及雾粉被闪蒸干燥机内悬浮态的湿钒酸铵捕集为一体，再由干燥系统的布袋除尘器一并回收，使钒物料的加工过程最大限度地实现了清洁生产。

B 钒酸铵干燥、煅烧、熔化工业装置与运行

本项目“三步法”氧化钒生产集成技术在承钢新钒厂实际应用中，被改造成三氧化二钒与片剂五氧化二钒两套生产装置。

a 钒酸铵流态化干燥、煅烧-回转窑还原制备三氧化二钒装置

4000 t/a 三氧化二钒生产系统由闪蒸干燥、动态煅烧、回转窑还原设备单元组成。

由沉淀压滤工序来之含水30%~50%钒酸铵 APV，用天车吊至湿 APV 料仓，经螺旋输送机运至气流干燥器，与热风炉来之500 ℃热风，顺流直接加热，经旋风除尘器、布袋除尘器，两级回收干燥后的 APV（含水1%以下），经螺旋输送机送至 APV 集料仓。之后再经螺旋输送机（或气流输送）将 APV 送入煅烧脱氨器内，经550~630 ℃热气流实施流态化脱氨及预还原，产出的氧化钒混合物经旋风除尘器、布袋除尘器，两级回收到中间料仓，之后再经螺旋输送机（或气流输送）将其送入外燃式加热还原窑内，用焦炉煤气继续将氧化钒混合物还原为 V_2O_3，冷却后进入造粒仓。经挤压造粒后，装专用料罐运至钒铁车间；粉料直接罐装运至氮化钒车间。钒物料在整个工序流程中闭路运行、清洁生产。

上述装置于2010年初正式投产运行，目前月产三氧化二钒不小于450 t，产品质量全部达标，TV≥64%；产品钒收率不低于99%，较投产运行前提高3个百分点。

b 钒酸铵干燥、煅烧、熔化制备片状五氧化二钒生产装置

“三步法”4000 t/a 五氧化二钒片剂生产系统由盘式连续干燥器、煅烧回转窑、片剂熔化炉等设备单元组成。由沉淀压滤工序来之含水30%~50%钒酸铵 APV，用天车吊至湿 APV 料仓，经斗梯输送机运至盘式连续干燥器，与热风炉来之500 ℃热风，逆流直接加热，经旋风除尘器、布袋除尘器，两级回收干燥后的 APV（含水1%以下），经螺旋输送机送至 APV 干粉料仓。之后再经螺旋输送机将 APV 送入外燃式加热煅烧回转窑内，经逆流脱氨及氧化，产出的氧化钒混合物经螺旋输送机（或气流输送）送入片剂熔化炉内，用转炉煤气加热到±850 ℃，将氧化钒混合物熔化为液态 V_2O_5，再经铸片机铸成不大于30 mm×30 mm×3 mm 片剂 V_2O_5产品。钒物料在整个工序流程中闭路运行、清洁生产。

上述装置正式投产运行后日产片剂五氧化二钒12~16 t，产品质量全部达标，产品钒收率不低于99%，与一步法相比提高3个百分点。

C 新“三步法”系统特点综述

a 环境友好

全系统闭路运行设计，采用负压（或微负压）操作，正常操作无烟气、粉尘外溢，

现场作业环境良好。

除 CO_2 之外，系统无“三废”外排，环境友好；氨气回收，循环利用。

b　金属工序收率高

全系统闭路运行，负压（或微负压）操作，炉气回用；从系统设计与工艺、参数的源头上最大限度地消减了钒物料的工序损失，钒金属工序收率大于99%，与一步法相比提高3个百分点以上。

c　能源消耗大幅度降低

本系统具有如下特点：（1）反应炉设计运行温度低，其中熔化炉850 ℃、悬浮煅烧500~600 ℃、闪蒸干燥350~500 ℃，比一步法反射炉运行温度低200~500 ℃；（2）外排烟气温度低，煅烧回转窑排烟气温度250 ℃、闪蒸干燥排烟气温度130 ℃、闪速炉烟气由系统回用不直接外排，比一步法反射炉外排烟气温度低600~800 ℃；（3）能源梯次利用，熔化炉外排热炉气（600~800 ℃）被管路引入“第一步”干燥机内作为干燥热源直接再利用（二次排烟气温度降为130 ℃）；煅烧回转窑出口炉气（温度400~500 ℃），被其出口设置的热平衡器换热到250 ℃以下排放，热平衡器换出的热风用于煅烧回转窑及熔化炉煤气烧嘴的预热助燃风和配风，提高了系统的二次能源利用率。

上述节能措施使新“三步法”比现行“一步法”工序能耗降低30%以上。现全部使用承钢回收煤气，万吨级氧化钒生产线年可节约外购重油5000 t，1 t V_2O_5 消耗混合煤气（热值（标态）2400 kcal①/m^3）量为1650（标态）m^3。

d　一体化集成设计

系统集成度高，模块化闭路运行，全程自动控制；从滤饼送料开始，到干燥、煅烧、熔化、制片实现连续进料，连续出料；全面体现清洁生产流程。

7.5.2.4　冷却熟料工艺技术

A　钒渣“熟”料粒度及其对提钒工艺技术指标影响

钒渣“熟”料粒度及其对提钒工艺技术指标影响见表7-29~表7-31。实验表明，对钒渣“熟”料采用磨细浸出的方式对提高钒渣的钒浸出率非常必要。

表 7-29　钒渣焙烧“熟”料（未磨）的粒度分布

粒度/μm	小于150	150~180	180~380	大于380
比例/%	11.3	24.8	38.5	25.4

表 7-30　“熟”料与浸出率的关系

粒度/μm	小于150	150~180	180~380	大于380
焙烧转化率/%	85.4	82.3	83.5	73.2
浸出率/%	98.82	98.65	98.41	93.4

表 7-31　“熟”料粒度与二次焙烧转化率的关系

粒度/μm	小于150	150~180	180~380	大于380
二次渣焙烧转化率/%	72.5	68.4	55.3	42.5
尾渣全钒/%	0.45	0.57	0.63	0.95

① 1 kcal=4.184 kJ。

B 钒渣“熟”料处理效果与装置

从回转窑钒渣烧成的“熟”料经湿格球磨机磨浸，使渣、水热能直接交换，“熟”料在湿磨——将粒度细化的同时，完成钒的有效浸出。“熟”料处理效果见表7-32。可知，对钒渣“熟”料采用磨细浸出可有效提高“熟”料的125 μm筛下物比例，为提高钒渣的二次焙烧转化率打下良好的基础。

表7-32 钒渣焙烧“熟”料（磨浸后）的粒度分布

粒度/μm	小于125	125~150	大于150
比例/%	64~71	6~12	20~27

7.5.2.5 钒渣“熟”料浸出钒溶液的除杂净化工艺条件

钒渣经过原料破碎，混配料，到达窑尾下料，在大窑中氧化钠化焙烧成为“熟”料进入湿球磨，在湿球磨中加入硫酸镁和硫酸铵溶液，实现在浸出过程除磷，浸出液中加入硫酸铝除硅，下面将通过研究pH值、除杂剂加入量、搅拌时间及温度来确定最佳除杂条件。

A pH值对除杂的影响

浸出液pH值的高低，取决于添加剂中苏打的配入量、焙烧氧化钠化化学反应条件的控制、钒渣的化学成分等条件。浸出液的pH值高，原则上有利于钒酸钠的溶解，可提高浸出率。但同时使溶液中阴离子杂质增多，不利于澄清。溶液pH值高对含硅高的“熟”料，易在“熟”料颗粒表面生成硅酸钠胶体，阻碍可溶钒向外扩散，反而会降低浸出率。因此根据上述情况确定最佳的浸出液pH值。

取pH值为9~10的原液500 mL 4份，加热搅拌，分别加入不同体积的硫酸，调成不同pH值，再根据除硅剂的加入量加入1.0倍硫酸铝，观测在不同pH值下，除杂效果及钒泥的沉降速度，结果见表7-33。可知，当pH值为$h_3 \sim h_4$或$h_4 \sim h_5$时，钒液的透明度很差，需24 h才能较澄清，沉降时间过长，不利于工业生产；当pH值为$h_1 \sim h_2$或$h_2 \sim h_3$时，钒液能在几小时内澄清，不仅沉降速度快，而且除硅效果也较好，原液在$h_1 \sim h_2$除杂为较优。此时，除硅效果不理想与硫酸铝加入量有关。

表7-33 pH值对除杂的影响

钒液pH值		$h_4 \sim h_5$	$h_3 \sim h_4$	$h_2 \sim h_3$	$h_1 \sim h_2$
加入硫酸量/mL		0	3.5	4.5	6
沉降时间(min)以及沉降速度(m/min)	5	100	100	100	150
	10	290	245	260	280
	15	325	300	305	320
	20	340	320	320	345
	25	350	330	330	350
	30	355	340	340	360
	35	360	350	345	365
	40	365	355	350	370

续表 7-33

钒液 pH 值	$h_4 \sim h_5$	$h_3 \sim h_4$	$h_2 \sim h_3$	$h_1 \sim h_2$
溶液颜色及性状	浅黄色 悬浊液	橙黄色 不透明浊液	浅橙红色 较透明浊液	橙红色 透明液
浓度/g · L^{-1}	10.90	11.10	10.94	10.78
磷含量/mg · L^{-1}	5.05	1.29	1.48	1.88
硅含量/mg · L^{-1}	154.13	283.14	315.53	312.06

B　硫酸铝的加入量对除杂的影响

取 pH 值为 9~10 的原液 500 mL 4 份，分别加热搅拌，于 T_3 时加入硫酸调 pH 值至 $h_1 \sim h_2$，并加入不同量的硫酸铝（×1 $Al_2(SO_4)_3$、×2 $Al_2(SO_4)_3$、×3 $Al_2(SO_4)_3$、×4 $Al_2(SO_4)_3$），搅拌 n_1 min，将除杂后的液倒入 500 mL 量筒中，观测硫酸铝加入量对除杂效果的影响，结果见表 7-34。可以看出，除杂剂 0.9 倍时，沉降速度最快，但溶液的透明度很差，内有很多悬浮物，除硅效果也不是很好；当除杂剂加入量为 1.1 倍时，不仅沉降速度快，溶液透明度高，而且磷硅含量也很低，确定 1.1~1.2 倍硫酸铝为最佳除杂剂加入量。

表 7-34　硫酸铝的加入量对除杂的影响

硫酸铝加入量		×1 $Al_2(SO_4)_3$	×2 $Al_2(SO_4)_3$	×3 $Al_2(SO_4)_3$	×4 $Al_2(SO_4)_3$
沉降时间（min）以及沉降速度（m/min）	5	10	10	5	5
	10	185	200	100	10
	15	355	280	295	15
	20	370	305	295	235
	25	375	320	315	285
	30	385	325	330	300
	35	390	330	340	315
	40	390	337	350	320
	45	400	340	355	325
	50	405	345	360	330
	55	405	350	365	340
	60	405	350	370	340
溶液颜色及性状		橙红色 混浊液	橙红色 较透明液	橙红色 透明液	橙红色 较透明液
浓度/g · L^{-1}		12.19	11.94	11.31	11.53
磷含量/mg · L^{-1}		2.97	5.05	0.39	5.25
硅含量/mg · L^{-1}		316.69	341.56	276.19	276.77

C　搅拌时间对除杂的影响

取 pH 值为 9~10 的原液 500 mL 3 份，加热，于 T_3 时加入硫酸调节 pH 值至 $h_1 \sim h_2$，加入 1.0 倍的硫酸铝，分别搅拌不同时间（n_1，n_2，n_3），将除杂后的液倒入 500 mL 量筒中，观测除杂时间对除杂效果的影响，结果见表7-35。可知，搅拌时间对除硅的影响不是很大，钒液的透明度和硅含量相差不多，故确定除杂时间为 n_1。本次除杂效果不是很理想，是因为搅拌速度较慢，没有达到全混状态。

表 7-35 除杂时间对除杂的影响

搅拌时间/min		n_1	n_2	n_3
沉降时间（min）以及沉降速度（m/min）	5	5	5	5
	10	10	10	25
	15	290	15	155
	20	315	230	24
	25	345	275	267
	30	360	295	280
	35	365	310	290
	40	370	315	293
	45	375	322	298
	50	385	330	310
	55	387	333	313
	60	395	335	316
溶液颜色及性状		橙红色透明液	橙红色透明液	橙红色透明液
浓度/$g \cdot L^{-1}$		11.97	11.75	12.34
磷含量/$mg \cdot L^{-1}$		4.65	1.88	0.59
硅含量/$mg \cdot L^{-1}$		313.79	330.57	305.12

D 温度对除杂效果的影响

取 pH 值为 9~10 的原液 500 mL 4 份，于搅拌下分别加热到不同温度（T_1，T_2，T_3，T_4），加入硫酸调节 pH 值至 $h_1 \sim h_2$，再加入×4 倍硫酸铝溶液，搅拌 n_1 min，考察在不同温度下，除杂效果及钒泥的沉降速度，结果见表 7-36。可知，当温度低于 T_3 时，钒泥的沉降速度较快，但钒液的透明度不高，内有颗粒悬浮；T_3 时，钒泥的沉降速度很快，溶液的透明度也很高；超过 T_3 以后，沉降速度和除杂效果都不理想。因此，确定除杂温度为 T_3。

此外，还从现场取转化率 82.65%一次渣“熟”料用体积比 2∶1（80 ℃）热水浸出，除杂前浓度 18.36 g/L，磷含量 20.39 mg/L，硅含量 432.38 mg/L，溶液 pH 值为 8~9，加入 1.1 倍硫酸铝除杂后浓度 17.69 g/L，磷含量 0.396 mg/L，硅含量 289.50 mg/L，用 500 mL 此液沉钒，得到颗粒较大的橙红色的钒酸铵 15.8 g，且钒酸铵品位及钾钠含量分别为 88.94%和 0.57%。

综上所述，可知钒制品厂生产的一次渣在球磨浸出除磷后，在 T_3 下，1 m^3 钒液需加入硫酸将 pH 值调至 $h_1 \sim h_2$，然后根据除硅剂每立方米钒液加入 4 倍硫酸铝溶液，搅拌 n_1 min，沉降，通过叶滤机，合格钒液到达沉钒工序。

表 7-36　温度对除杂效果的影响

温度/℃		T_1	T_2	T_3	T_4
沉降时间（min）以及沉降速度（m/min）	5	30	30	5	10
	10	140	280	30	30
	15	245	340	200	120
	20	275	360	245	180
	25	295	365	280	215
	30	310	375	300	230
	35	320	385	313	240
	40	330	390	320	245
	45	335	395	330	250
	50	340	395	335	255
	55	345	400	340	260
	60	351	405	345	260
溶液颜色及性状		浅黄色 不透明液	橙黄色 较透明液	浅橙红色 透明液	橙红色 透明液
浓度/$g \cdot L^{-1}$		10.52	10.85	11.21	13.55
磷含量/$mg \cdot L^{-1}$		3.17	1.78	1.39	0.99
硅含量/$mg \cdot L^{-1}$		266.94	196.94	184.79	324.79

7.5.2.6　钒液沉钒参数的确定

由于钒在溶液中的存在状态与溶液的含钒浓度和 pH 值都有关系，沉钒时 pH 值调节最好分次进行，再结合加入铵盐沉淀剂的控制方式，通常沉钒采用多次加酸，多次加铵的方法。为尽量简化操作，现场采用 2 次加酸、1 次加铵进行沉钒。

A　pH 值对沉钒的影响

采用酸性铵盐沉钒，将钒液调至不同的酸度，在实验室内用便携式酸度计测定钒液酸度，并采用相同的加铵系数和沉钒时间进行沉钒，结果见表 7-37。

表 7-37　pH 值对沉钒的影响

pH 值	1.30	1.44	1.56	1.82	1.90	2.10	2.31	2.47	2.75	6.13	6.95
沉钒现象	红钒	红钒	正常	正常	正常	正常	正常	正常	正常	正常	无沉淀
沉钒率/%	97.24	98.26	98.50	99.32	99.55	99.68	99.74	98.12	94.01	56.31	—

沉钒率与 pH 值（1~3）的关系如图 7-38 所示。可以看出，在 pH 值介于 1.9~2.3 之间沉钒率都可达到 99%，所得钒酸铵品位也在 99%以上。且在实验过程中发现，当 pH < 1.9 时，所得钒酸铵品位降低，当酸度逐渐变大，超过 2.5 以后，沉钒率立即下降，故沉钒 pH 值取 1.9~2.1。

B　加铵系数对沉钒的影响

酸性铵盐沉钒多用硫酸铵和氯化铵两种，考虑到环保及后续废水处理，沉钒时使用硫酸铵作沉淀剂，在不同的加铵系数下，沉钒率结果如图 7-39 所示。可知，加铵系数大于

k_5 时，沉钒率达到99%，钒酸铵品位达到99.51%~99.96%；加铵系数小于 k_5 时，由于铵量不足，置换反应不完全，导致沉钒率下降，并影响产品纯度。加铵系数大于 k_{10} 时，虽然有助于反应进行，但铵耗增加。通过多次试验，为避免铵量不足，将加铵系数选在 k_9。

故沉钒时将钒液在反应釜内加热至 T_5，加入硫酸调 pH 值到 4，继续加热，当温度达到 T_6 时，加入硫酸铵（加铵系数为 k_9），再加入硫酸调 pH 值到 1.9~2.1，待上清液浓度不高于 0.08 g/L 时，停止沉钒。

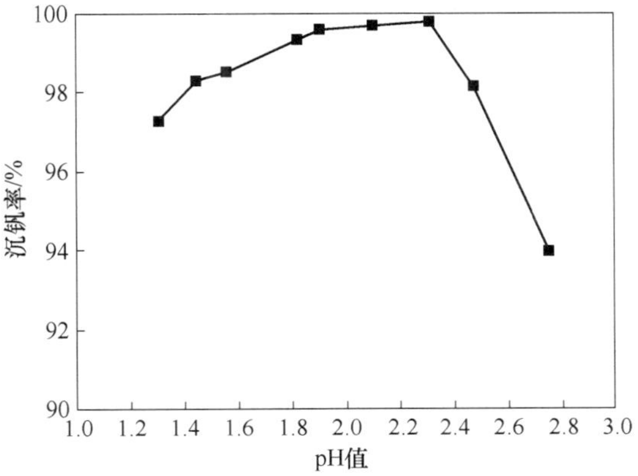

图 7-38 沉钒率与沉钒溶液 pH 值关系

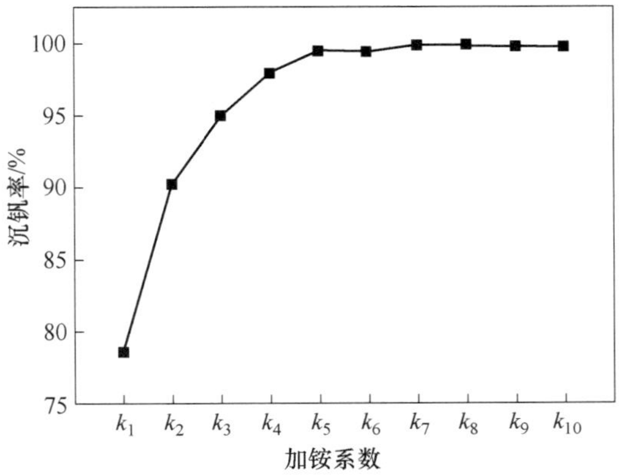

图 7-39 沉钒率与沉钒加铵系数关系

7.5.3 提钒工艺综合节能减排技术研究

在项目工业化实施过程中，针对钒渣提钒生产的各个工艺环节，通过对提钒系统优化设计、装备大型化、余热回收、能源替代等多项节能技术的采用，使新流程钒产品能源利用率显著提高。通过生产“废水”零排放，工业尾渣资源化利用，实现承钢钒产品加工的清洁生产。

7.5.3.1 设计、装备大型化节能

选用目前国内最大的 ϕ4.5 m×100 m 回转窑（现有 ϕ2.6 m×60 m），该回转窑的设计生产能力是现有的 4.24 倍，但环境散热面积只是现有的 2.89 倍，直接降低散热损失30%；新 ϕ4.5 m×100 m 回转窑的耐火层厚度为250 mm，现有 ϕ2.6 m×60 m 回转窑耐火层厚度为 200 mm。在同样焙烧温度下，新窑因耐火层厚度增加 50 mm，使窑外表皮温度下降 40~70 ℃，设计节能效果明显；大型回转窑因窑体加长使加热气体的停留时间延长了 1/3 以上，气、料换热效果得到显著改善，在相同窑中温度的情况下，窑尾气温度同比降低 30~80 ℃，燃料节能提高约 10%。大型回转窑可以使窑内温度场更加稳定，物料界面更新次数增加，热能利用率提高，钒转化效果更佳。

钒酸铵流态化干燥煅烧、五氧化二钒闪速熔化技术为：用钒酸铵流态化干燥煅烧、五氧化二钒闪速熔化技术取代过去的反射炉熔化湿钒酸铵（含水 50%）生产片剂五氧化二钒工艺，承钢新型“三步法”工业装置生产 1 t V_2O_5 平均消耗混合煤气（热值约 2400（标态）kcal/m^3）1650 m^3；重油（热值 9600~10000 kcal/kg）；折吨 V_2O_5 重油消耗 396~412 kg。使能源利用率提高 30%以上。

7.5.3.2　余热回收节能

ϕ4.5 m×100 m 回转窑窑尾气（350~410 ℃）设置余热回收锅炉换热，每台回转窑每小时产蒸汽 2.5~3 t/h，供沉钒生产使用，换热后的排烟温度降至不超过 150 ℃，烟气热能回收节能 25%~31%。

600~700 ℃回转窑焙烧熟料，直接入水磨浸（取代原工艺大于 80 ℃热水浸出），节省五氧化二钒生产总蒸汽用量 20%~30%。

钒酸铵料浆采用立式压滤机代替原转鼓真空过滤机，压滤后钒酸铵产品中的水分由原转鼓真空过滤机 50%降至低于 25%。这样可减少钒酸铵干燥脱水所需能源 40%以上。

7.5.3.3　能源替代节能

本项目新流程所用燃料能源全部来自承钢钢铁流程的回收副产煤气，同传统的生产系统相比，新钒厂纳入钢铁总体循环经济流程，通过能源替代，钒厂新流程可实现年减少煤炭消耗 86000 t。另外，新钒厂空压风用承钢钢铁流程制氧副产高压氮气替代，每年节约电能 138.24×10^4 kW·h，节能效益十分显著。

7.5.3.4　综合节能减排技术研究与应用

综合节能减排技术研究与应用的主要效果有：（1）钒液浓度由 20 g/L 提高至 25 g/L 以上，每吨 V_2O_5 节水 5.6 m^3/t。（2）钒酸铵在立式压滤机上直接水洗代替沉淀罐水洗，每吨 V_2O_5 节水 5 m^3/t。（3）用沉钒上清液溶解硫酸铵、硫酸亚铁、纯碱，每吨 V_2O_5 节水 2 m^3/t。（4）用沉钒上清液补加硫酸吸收氨气，使钒酸铵煅烧外排氨气被资源化再利用。（5）将生产废水处理后通过四效蒸发器，实现废水零排放与水资源的循环再利用。（6）提钒工业尾渣部分做陶瓷黑色颜料外售、部分返回钢铁烧结流程全部资源化利用，实现钒产品加工的清洁生产。（7）用钢铁流程回收煤气全部代煤，年节约标煤 103840 t。承钢新钒厂年可减少 CO_2 排放 269984 t，减少二氧化硫排放 2492 t，减少氮氧化物排放 727 t。

参 考 文 献

[1] 邹建新，李亮．钒钛产品生产工艺与设备［M］．北京：化学工业出版社，2014：186-210.

[2] 杨绍利．钒钛材料［M］．北京：冶金工业出版社，2007：19-20.

[3] 郑诗礼，杜浩，王少娜，等．一种液相氧化分解钒渣的方法：CN102127656A［P］．2011-07-20.

[4] 郑诗礼，杜浩，王少娜，等．一种氢氧化钠溶液常压分解钒渣的方法：CN102127655A［P］．2012-11-28.

[5] LIU B，DU H，WANG S N，et al. A novel method to extract vanadium and chromium from vanadium slag using molten NaOH-$NaNO_3$ binary system［J］. Aiche Journal，2013，59（2）：541-552.

[6] 郑诗礼，杜浩，王少娜，等．亚熔盐法钒渣高效清洁提钒技术［J］．钢铁钒钛，2012，33（1）：15-19.

[7] LI L J，ZHENG S L，CHEN D H，et al. A novel method of leaching vanadium from extracted vanadium residue using sodium sub-molten salt medium［J］. Advanced Materials Research，2012，402：253-260.

[8] LIU H B，LIU B，LI L J，et al. Novel methods to extract vanadium from vanadium slag by liquid oxidation technology［J］. Advanced Materials Research，2012，396-398：1786-1793.

[9] FENG M，WANG S N，DU H，et al. Solubility investigations in the NaOH-Na_3VO_4-Na_2CrO_4-Na_2CO_3-H_2O at 40 and 80 ℃［J］. Fluid Phase Equilibrium，2016，409：119-123.

[10] FENG M, ZHENG S L, DU H, et al. Solubility investigations in the quaternary $NaOH$-Na_3VO_4-Na_2CrO_4-H_2O system at 40 and 80 ℃ [J]. Fluid Phase Equilibrium, 2013, 360: 338-342.

[11] 王少娜，杜浩，郑诗礼，等．钒酸钠钙化-碳化铵沉法清洁制备钒氧化物新工艺 [J]. 化工学报，2017，68 (7)：2781-2789.

[12] LI L J, DU H, YANG N, et al. Solubility in the quaternary Na_2O-V_2O_5-CaO-H_2O system at 40 and 80 ℃ [J]. Journal of Chemical & Engineering Data, 2011, 56 (10): 3920-3924.

[13] 赵楚，冯曼，王少娜，等．40 ℃和 75 ℃下三元体系 NH_4HCO_3-NH_4VO_3-H_2O 中 NH_4VO_3 溶解度的测定 [J]. 化工进展，2014，33 (6)：1408-1412.

[14] 李兰杰，赵备备，王海旭，等．提钒尾渣高效脱碱及配矿炼铁工艺 [J]. 过程工程学报，2017，17 (1)：138-143.

[15] 冯曼．亚熔盐多元体系中钒铬酸盐清洁分离应用基础研究 [D]. 北京：中国科学院大学（中国科学院过程工程研究所），2018.

[16] 郑诗礼，薛玉冬，杜浩，等．碱性介质活性氧调控技术在湿法冶金中的研究进展 [J]. 过程工程学报，2019，19 (S1)：58-64.

[17] 卢明亮，李九江．V_2O_5生产废水钒铬回收工艺的工业应用 [C] //河北省冶金学会、安徽省金属学会、四川省金属学会．2007 年度冀、皖、川第二届钒钛技术交流会论文集，2007.

[18] 杨康，田学达，杨用龙，等．碱法浸出某含钒铬泥中的钒 [J]. 矿冶工程，2010，30 (3)：70-73.

[19] 马闯，高峻峰，黄振宇，等．从含钒铬泥中提取 V、Cr 的工艺研究 [J]. 稀有金属与硬质合金，2016，44 (3)：17-20.

[20] 谭爱华．某石煤钒矿空白焙烧-碱浸提钒工艺研究 [J]. 湖南有色金属，2008，24 (1)：24-26.

[21] LIU B, ZHENG S L , WANG S N, et al. A novel method of extracting vanadium and chromium from vanadium slag by molten $NaOH$-$NaNO_3$ binary system [J]. AICHE Journal, 2012, 59 (2): 541-542.

[22] 廖世明，柏谈论．国外钒冶金 [M]. 北京：冶金工业出版社，1985：129-131.

[23] 石晓燕，廖曾丽，张怀伟，等．铁橄榄石的氧化动力学研究 [J]. 中国有色冶金，2013，8 (4)：75-77.

[24] 李兰杰，陈东辉，白瑞国，等．含钒尾渣 NaOH 亚熔盐浸出提钒 [J]. 过程工程学报，2011，11 (5)：747-754.

[25] 金丹．钒渣焙烧-浸出过程的实验研究 [D]. 沈阳：东北大学，2009：1-60.

8　钛渣绿色低碳资源化利用

含钛高炉渣中钛含量低，可以作为水泥、混凝土、胶凝材料等使用，但此类产品附加值低，应用于钒钛企业附近区域时尚有价格优势。若远销外地，则增加产品的运输成本。因此，市场规模受限。而且钛渣中钛含量高，用作建材等是对钛资源的极大浪费。含钛高炉渣的绿色低碳资源化利用，本质就是提钛利用。

虽然目前我国钒钛矿直接还原-电炉熔分工艺应用较少，新工艺的熔分钛渣提钛利用研究仍处于起步阶段，但随着氢冶金短流程的蓬勃发展，含钛高炉渣利用技术有望在新工艺熔分钛渣中推广应用。

因此，本章重点介绍当前含钛高炉渣和熔分钛渣提钛利用技术进展。

8.1　钛渣的特性

8.1.1　钛渣的化学组成

钛渣主要由 TiO_2、FeO、Fe_2O_3、MgO、CaO、Al_2O_3 等成分组成。

典型含钛高炉渣的组成见表 8-1。

表 8-1　典型含钛高炉渣的化学组成　（%）

成分	TiO_2	CaO	MgO	SiO_2	Al_2O_3	TFe	V_2O_5	MnO_2
质量分数	40~55	5~15	5~10	5~15	10~20	2~4.2	0.1~0.5	0.1~0.5

典型熔分钛渣的化学组成见表 8-2，其 TiO_2 含量通常在 40%~55%，其他杂质元素，如 MgO、CaO、Al_2O_3 等，虽然含量相对较少，但可能改变渣系的性质，影响提钛的反应速率和产物质量。

表 8-2　典型熔分钛渣的化学组成　（%）

成分	TiO_2	CaO	MgO	SiO_2	Al_2O_3	TFe	V_2O_5	MnO_2
质量分数	40~55	5~15	5~10	5~15	10~20	2~4.2	0.1~0.5	0.1~0.5

8.1.2　钛渣的矿相组成

钛渣的矿物结构较为复杂，由钙钛矿/黑钛石/金红石、硅酸盐和金属铁组成。不同的熔炼工艺会导致矿物相的结晶程度、分布状态各异。如采用矿热炉熔分得到的钛渣，钛铁矿相可能呈现出粗大的晶粒，且与其他矿物相存在包裹、共生关系。这种矿物结构使得提钛加工过程中，还原剂/氧化剂需要克服矿物相界面的阻力，才能与 TiO_2 等目标矿物充分反应，增加了反应难度。

8.2 钛渣提钛利用工艺

从提钛工艺的角度，钛渣的利用包括火法和湿法两种。其中，湿法浸出制备 TiO_2 工艺历史悠久，包括酸浸、碱浸、联合浸出等。而火法制备包括多个技术分支：高温碳还原制备 $TiC/TiCl_4$、金属热还原制备钛合金、电热还原制备金属钛、改性选择性富集等。

8.2.1 湿法浸出提取 TiO_2 技术

在我国，含钛高炉渣和熔分钛渣提钛相关专利里，超过 50%是关于制备 TiO_2 的。过去几十年间，众多学者在湿法提钛方面投入了大量精力进行科学探索。然而，由于技术难度大、工艺流程复杂、运行环境要求苛刻、设备布置困难、经济成本高昂及环保要求严格等诸多因素的限制，至今在该领域仍未取得本质性突破。其主要采用的湿法浸出工艺包括酸浸、碱浸、硫酸铵焙烧-酸浸、加碱焙烧-酸浸工艺等。

8.2.1.1 酸浸

利用酸浸工艺从含钛高炉渣中提钛的技术主要有硫酸浸出、盐酸浸出、混合酸浸出等。浸出液经过净化除杂、水解后，再经煅烧可得到 TiO_2（钛白粉）。

A 硫酸浸出

我国最早的含钛高炉渣提钛专利是中南大学于 1986 年提交的（专利申请号为 CN86108511），其核心内容是运用硫酸浸取含钛高炉渣来制取钛白粉。此后，硫酸法的相关研究不断涌现，但工艺路线并未发生根本性改变。其工艺流程如图 8-1 所示，首先采用湿法冶金技术，利用硫酸将含钛炉渣中的钛溶解至溶液内，接着对含钛溶液进行净化以去除杂质，而后依次经过水解、煅烧等步骤，最终获得钛白粉，这便是以钛白粉形式富集钛的基本原理。

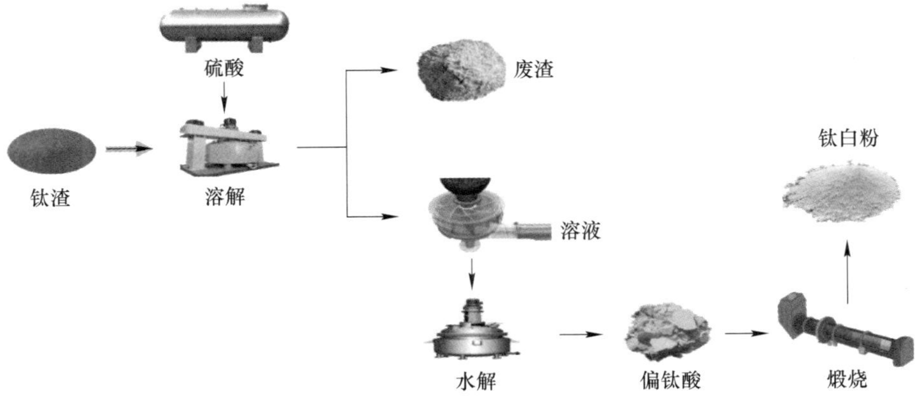

图 8-1 硫酸法利用含钛高炉渣制备二氧化钛流程

仲斌年等[1]的研究成果显示，钛元素溶入溶液的比例会随着液固比的提升及硫酸浓度的增加而显著上升。然而，值得注意的是，在设定反应的初始液固比时，应避免其数值过大。此外，研究还发现，硫酸的质量浓度在 5%~10%时，浸出效果最为理想。

硫酸浸出过程发生的主要化学反应如下：

$$CaO(s) + H_2SO_4(l) \longrightarrow CaSO_4(s) + H_2O(l)$$

$$TiO_2(s) + H_2SO_4(l) \longrightarrow TiOSO_4(l) + H_2O(l)$$
$$Al_2O_3(s) + 3H_2SO_4(l) \longrightarrow Al_2(SO_4)_3(l) + 3H_2O(l)$$
$$MgO(s) + H_2SO_4(l) \longrightarrow MgSO_4(l) + H_2O(l)$$
$$Fe_2O_3(s) + 3H_2SO_4(l) \longrightarrow Fe_2(SO_4)_3(l) + 3H_2O(l)$$
$$FeO(s) + H_2SO_4(l) \longrightarrow FeSO_4(l) + H_2O(l)$$

在浸出过程中，TiO_2、Al_2O_3、MgO、FeO 和 Fe_2O_3 首先转化为可溶性硫酸盐（包括 $TiOSO_4$、$Al_2(SO_4)_3$、$MgSO_4$、$FeSO_4$和 $Fe_2(SO_4)_3$），而 $CaSO_4$沉淀由 CaO 与酸反应形成，可作为石膏原料。然后加热浸出液，使其维持在沸腾状态，$TiOSO_4$发生水解反应，生成难溶物偏钛酸 $TiO_2 \cdot H_2O$（H_2TiO_3），水解生成的另一产物是 H_2SO_4，也有助于实现硫酸的循环利用。固液分离后，得到偏钛酸固体，再经过煅烧去除 H_2O，即可得到钛白粉 TiO_2。

$$TiOSO_4(l) + 2H_2O(l) \longrightarrow TiO_2 \cdot H_2O(s) + H_2SO_4(l)$$
$$TiO_2 \cdot H_2O(s) \longrightarrow TiO_2(s) + H_2O(l)$$

但由于高炉渣中杂质多、量大且物相复杂，仅通过简单的酸解/水解处理要完成钛与杂质的分离很困难，特别是硅的溶解会形成凝胶，难以有效分离 Ti 和 Si。基于渣中各组分的浸出性能不同，研究人员尝试添加絮凝剂，开发了多种先低温/常压/低浓度，后高温/高压/高浓度的分段式浸出技术。

相对于其他含钛高炉渣提钛方法而言，硫酸浸出法具有技术成熟、成本低、对设备要求低、提取效率高、组分利用率高、原料适应性强等优点。但硫酸浸出耗酸过多，对设备腐蚀严重，产生的废酸、废水及绿矾易对周围环境造成二次污染。同时，反应过程中会生成硅胶，加大了各有价金属的分离难度。因此，硫酸法处理含钛高炉渣研究虽多，却基本处于实验室阶段，很少有项目进展到中试级。

而在熔分钛渣的硫酸浸出实践上，攀钢、龙蟒分别开展了年产能 10 万吨和 7 万吨的半工业级熔分，所产熔分钛渣与钛精矿搭配，作为硫酸法钛白粉的原料，但因为熔分成本偏高、钛渣酸解率偏低，试验先后终止，未能获得推广应用。

B　盐酸浸出

盐酸浸出钛渣杂质的反应比硫酸浸出更复杂，但其除杂能力强，对铁的分离效率高，具有更大的应用潜力。TiO_2 属于两性氧化物，酸、碱性都较弱，对应的钛酸盐和钛盐在特定条件下容易水解，所以在盐酸浸出反应过程中，TiO_2 主要会发生如下化学反应[2]：

$$TiO_2 + 4HCl = TiCl_4 + 2H_2O \tag{8-1}$$
$$TiCl_4 + 4H_2O = H_4TiO_4 + 4HCl \tag{8-2}$$
$$H_4TiO_4 = H_2TiO_3 + H_2O \tag{8-3}$$

故钛最终以白色偏钛酸（H_2TiO_3）沉淀的形式进入滤渣，而欲使钛以钛离子的形式稳定存在于滤液中，必须是在酸性条件下，需要消耗大量的酸，提高了成本。而式（8-1）~式（8-3）的总反应式可归纳为：

$$TiO_2 + H_2O = H_2TiO_3 \tag{8-4}$$

由式（8-4）可知，整个反应过程中，TiO_2 可以视为不消耗稀盐酸，若将钛富集于滤渣中，就可以在节约大量用酸的同时，达到富集钛的目的。

盐酸浸出杂质过程发生的主要化学反应如下：

$$CaTiO_3(s) + 4HCl(l) \longrightarrow CaCl_2(l) + TiOCl_2(l) + 2H_2O(l)$$
$$FeO(s) + 2HCl(l) \longrightarrow FeCl_2(l) + H_2O(l)$$
$$Fe_2O_3(s) + 6HCl(l) \longrightarrow FeCl_3(l) + 3H_2O(l)$$
$$CaO(s) + 2HCl(l) \longrightarrow CaCl_2(l) + H_2O(l)$$
$$MgO(s) + 2HCl(l) \longrightarrow MgCl_2(l) + H_2O(l)$$
$$Al_2O_3(s) + 6HCl(l) \longrightarrow 2AlCl_3(l) + 3H_2O(l)$$

盐酸法更适用于晶体有序度高的干渣，从干渣中回收钛的工艺流程如图 8-2 所示。

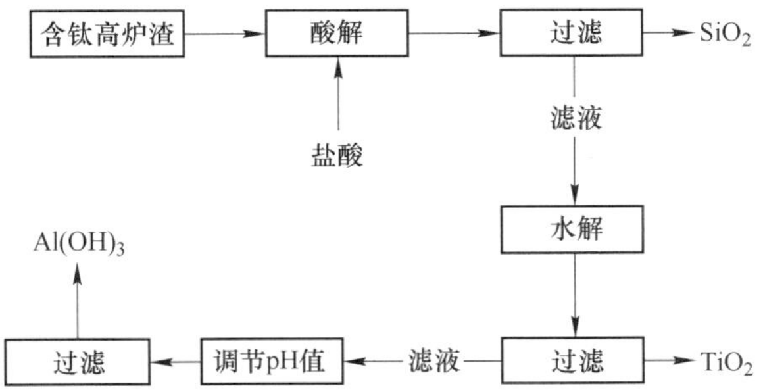

图 8-2 盐酸法利用含钛高炉渣制备二氧化钛流程图

盐酸浸出钛渣后，将钛液低温蒸发浓缩，然后在酸性环境下加热水解生成偏钛酸沉淀，除杂、煅烧后可得到高纯富钛料；为节约成本，也可选用低浓度盐酸，浸出镁、铝等杂质，浸出液中溶解的少量钛通过水解回收，然后再通过碱处理分离渣中的钛和硅；废液中的铁离子和铝离子半径接近，需用氨水分步调节 pH 值，先沉淀铁，再沉淀铝，最后低温结晶回收氯化铵。然而，由于盐酸浸出耗酸量大，浸出时间长，对设备腐蚀严重，产生的废渣、废液不易处理，盐酸法并未得到大规模应用。

有人将硫酸和盐酸混合，浸出含钛渣。该方法实现了不溶性钙钛矿的浸出，回收酸和水，避免了固体废物（$CaSO_4$）形成，从而降低能耗。混合酸浸法适用于处理复杂的矿物成分。与单酸浸出相比，该方法结合了多种酸的特性，能够更全面地浸出钛和其他金属元素，显著提高钛收率。硫酸可有效溶解钙钛矿中的钛，而盐酸可进一步加工其他金属氧化物。当钛酸盐难以溶解时，混合酸表现出更强的浸出能力。在提高钛的浸出率的同时，可以高效回收其他有价金属，同时实现废酸的循环利用，减少了二次污染物的排放。然而，这个过程相对复杂、成本高昂，并且需要大量的酸，存在重大的环境污染风险。还需要精确控制酸比和反应条件，实现镁、铝、铁等有价金属与钛的分离，操作复杂，也处于实验室阶段。

C 硝酸加压浸出

2024 年 5 月，攀枝花钒钛高新区与深圳纳毕集团合作，拟投资 120.8 亿元处理 430 万吨高钛型高炉渣。一期投资约 12.8 亿元，建设 30 万吨/年高钛型高炉渣处理线。项目基于硝酸加压浸出工艺，可回收提取钛、铁、镁、铝、钙、硅等元素，联产高附加值产品。主要工艺流程为高炉渣焙烧→加压硝酸浸出除钙得到钛硅渣→硫酸酸解除硅得到硫酸氧钛→水解制得 TiO_2，如图 8-3 所示。通过硫酸废酸浸出含钒钢渣、硫酸亚铁混合沉淀硝酸钙，实现了硝酸的回收利用。

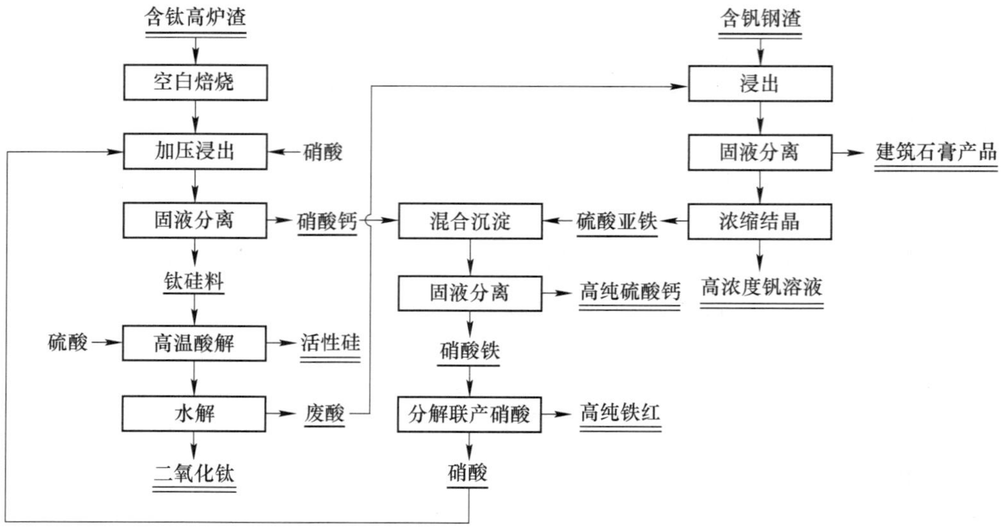

图 8-3　加压硝酸浸出法利用含钛高炉渣制备二氧化钛流程

8.2.2　焙烧-酸浸

焙烧-酸浸法主要是将高炉渣和分离剂如硫酸铵、氢氧化钠混合焙烧生成可溶盐，然后水浸、酸浸除杂，得到 TiO_2。

8.2.2.1　*硫酸铵法*

硫酸铵法工艺流程如图 8-4 所示，是将硫酸铵与高炉渣按质量比（2~5）：1 混合，在 350~450 ℃条件下，焙烧 30~90 min，将金属元素转化为水溶性的硫酸盐，主要反应为：

$$(NH_4)_2SO_4 \longrightarrow NH_4HSO_4 + NH_3(g)$$

$$TiO_2 + 2NH_4HSO_4 \longrightarrow (NH_4)_2SO_4 + TiOSO_4 + H_2O(g)$$

$$CaO + 2NH_4HSO_4 \longrightarrow (NH_4)_2SO_4 + CaSO_4 + H_2O(g)$$

$$MgO + 2NH_4HSO_4 \longrightarrow (NH_4)_2SO_4 + MgSO_4 + H_2O(g)$$

$$Fe_2O_3 + 6NH_4HSO_4 \longrightarrow 3(NH_4)_2SO_4 + Fe_2(SO_4)_3 + 3H_2O(g)$$

$$Al_2O_3 + 6NH_4HSO_4 \longrightarrow 3(NH_4)_2SO_4 + Al_2(SO_4)_3 + 3H_2O(g)$$

焙烧产物通过水浸溶解，可过滤出难溶的 $CaSO_4$ 等产物，可用于钢渣固碳；浸出液经沸腾水解，过滤焙烧，可得到纯度 94%以上的 TiO_2；焙烧时生成的氨气可配置氨水，然后与硫酸浸出液反应，沉淀回收镁、铝，总体工艺流程如图 8-4 所示，钛、镁、铝元素的回收率均可达到 90%以上。

该工艺能高效浸出钛等组分，同时熔剂可实现循环利用。产生的 SO_2、NH_3 等尾气可回收利用，减少对环境的污染。焙烧过程中添加钾盐助熔，也可降低焙烧温度。但该工艺复杂且难以操作，由于钾盐等价格昂贵，大规模生产增加了成本。此外，硫酸氧钛的热稳定性较差，对操作温度要求较高。

8.2.2.2　*碱熔盐法*

碱熔盐法工艺流程如图 8-5 所示，利用 NaOH 等强碱，在高温下与含钛高炉渣反应，将生成可溶性盐，主要反应如下：

$$TiO_2 + 2NaOH \longrightarrow Na_2TiO_3 + H_2O(g)$$
$$SiO_2 + 2NaOH \longrightarrow Na_2SiO_3 + H_2O(g)$$
$$Al_2O_3 + 2NaOH \longrightarrow 2NaAlO_2 + H_2O(g)$$

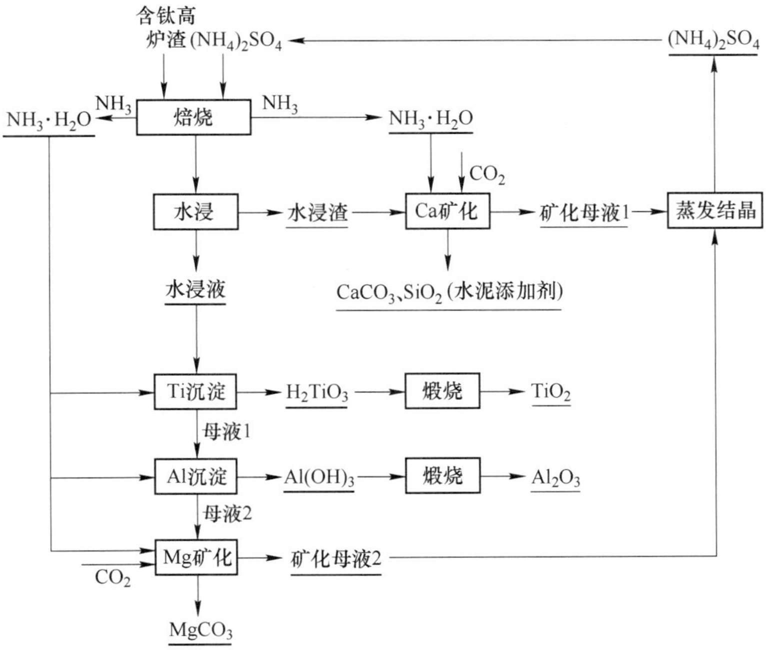

图 8-4 硫酸铵法利用含钛高炉渣制备二氧化钛的工艺流程

主要生成产物中，$NaAlO_2$ 和 Na_2SiO_3 是水溶性物质，而 Na_2TiO_3 不溶于水，因此在高温反应完成后，经水溶过滤，即可除去溶液中的铝和硅，随后再用稀硫酸溶解渣，水解沉淀生成二氧化钛。

由于不同含钛相与 NaOH 的反应活性不同，不同炉渣所需的反应温度也不同。对于活性高、钙钛矿相含量高的炉渣，可以在低于 600 ℃的温度下进行熔盐反应；而若渣中透辉石相含量高，反应只能在高于 1200 ℃的温度下有效进行。为此，可采用 Na_2CO_3 和 $NaNO_3$ 等碱性试剂，降低反应温度。

王强等[3]采用钠碱熔盐法，在常压及相对较低的温度条件下，成功实现了富钛渣中钛的高效且高选择性转化，生成钛酸盐中间体。在此过程中，惰性的铁、镁、钙等组分并未与熔盐体系发生反应，而是被保留在渣相中，从而实现了钛与铁、钙、镁等杂质的有效分离。实验进一步揭示，通过减小含钛炉渣颗粒的比表面积及提升反应温度，均能有效加速这一转化过程的反应速率。

中国科学院过程工程所研发的以亚熔盐为反应介质的氧化钛清洁冶金技术，明显区别于传统的钛白粉生产工艺。亚熔盐以碱金属氢氧化物的亚熔盐状态存在，在标准大气压强和相对低温条件下，高效高选择性地将钛铁矿或钛渣中的钛转化为钛酸盐中间体。亚熔盐中的铁、镁、钙元素均作为非反应物种保留在残渣中，因此，实现钛与铁、钙、镁杂质的选择性分离。经过后续一系列的离子交换、水解等步骤，得到钛酸盐后可制备为纯净的二氧化钛和六钛酸钾晶须产物[4-5]。

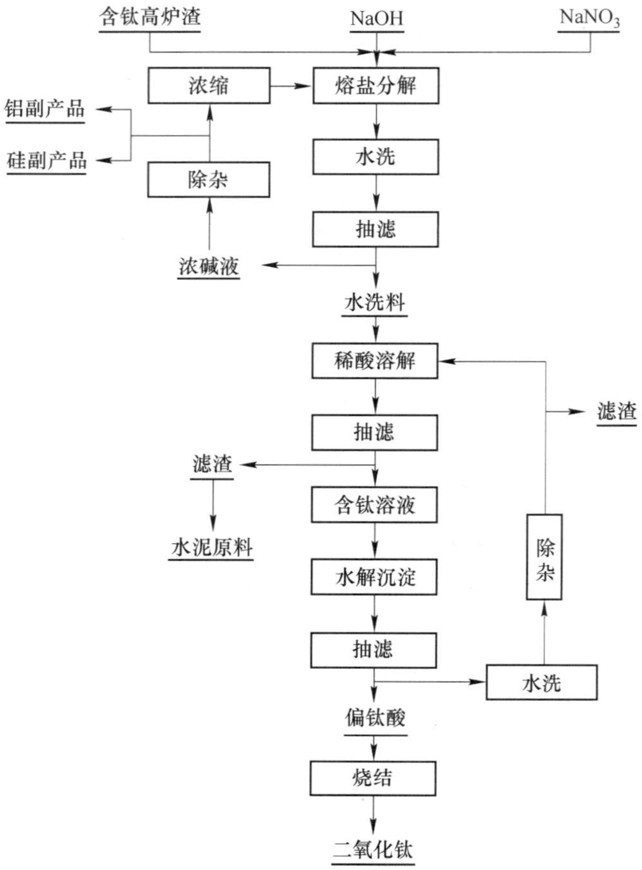

图 8-5　碱熔盐法利用含钛高炉渣制备二氧化钛工艺流程

相比湿法浸出，碱熔盐法回收率高，可充分利用有价元素，减少了废液污染；但反应温度高，工艺复杂，操作难度高，反应过程中溶液 pH 值的急剧变化消耗大量的酸碱，而且碱的热处理过程中难以避免设备的腐蚀，Na_2CO_3 和 $NaNO_3$ 释放的有害气体也需要考虑，目前为止，碱熔盐法处理钛渣没有实现规模化生产。

8.2.3　选择性富集工艺

选择性析出富集技术的原理是通过选定合适的富集相，调控适宜的碱度、渣系成分和冷却速度等条件，促使含钛炉渣中的钛进入富集相中，接着让富集相不断长大、析出，最终通过物理选矿手段（磁选、重选等）从渣中分离出富集相，以此实现炉渣钛的选择性富集，工艺流程如图 8-6 所示。现阶段，主要的富集相包含钙钛矿、黑钛石及金红石 3 种，该工艺重点在于优化分离效率、降低能耗和减少环境污染，实现钛资源和副产物的综合利用。

8.2.3.1　*以钙钛矿形式富集*

钙钛矿 $CaTiO_3$ 是含钛高炉渣在未改性的情况下，占比最高的含钛物相，且其中 TiO_2 分布率较高、结晶温度高；而攀钛透辉石和富钛透辉石均为透辉石变种的有限固溶体，分

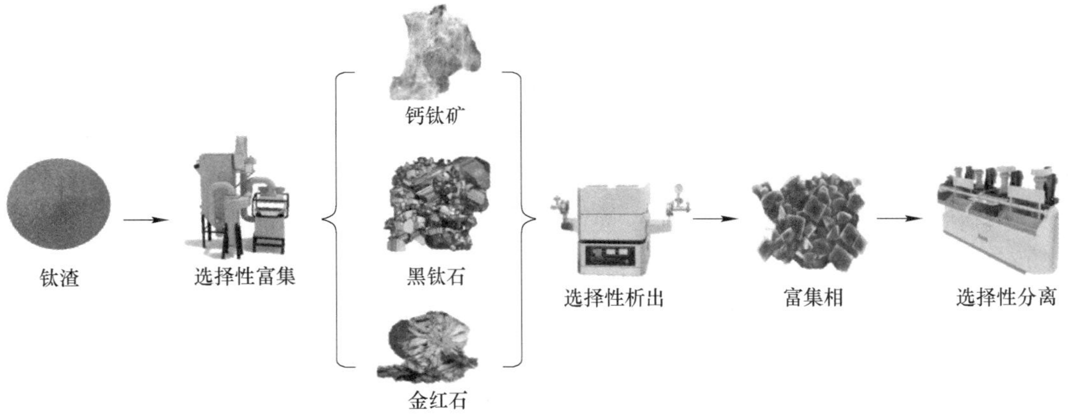

图 8-6 选择性富集工艺流程

别混有 36.1%和 34.22%的 $CaTiAlO_6$，钛量可变，因此一直以来，钙钛矿就是最简单直观的富集相。

傅念新等[6]发现冷却速度对钙钛矿的富集效果具有显著影响：当冷却速度较慢时，钙钛矿的晶粒较大，同时结晶量也较多；相反，冷却速度加快会导致钙钛矿的晶粒尺寸和结晶量均减少。而过高的过冷度则有利于钙钛矿的形核、晶粒长大及结晶量的增加。REN S 等[7]发现在高炉渣中添加 B_2O_3，有助于富集相从钙钛矿向黑钛石转变，但其结晶条件过于复杂，不适用于组分多变的含钛炉渣。21 世纪初东北大学隋智通开发了“选择性析出回收攀枝花含钛高炉渣中钛组分”技术（工艺流程见图 8-7），通过添加氧化钙/氧化铁等改性剂使钛组分选择性富集至钙钛矿—控温冷却促进钙钛矿晶粒选择性长大—钙钛矿选择性分离。有研究认为，冷却速率对钙钛矿相中的钛富集起决定性作用。缓慢降温可形成较大晶粒的钙钛矿相，产出更多结晶，快速降温能形成细小晶粒的钙钛矿，结晶量减少。在一定的过冷度下有利钙钛矿相的成核、晶体长大及结晶总量。在过冷度恒定时，温度越高（1523~1623 K），更有利于钙钛相析出，在该温区能形成 42 μm 左右的平均直径。再以炉渣本体来说，碱度是影响炉渣结构及性能的关键因素，随碱度升高结晶量增多，当二元碱度为 1.4 时可获得最大结晶量 22.57%，且高碱度对晶体形态具有改善作用，有利于晶体向等轴晶方向转变，利于后续分离处理。添加质量分数为 1%~5%的 $CaCO_3$、3%~5%的 CaF_2、3%~5%的 Cr_2O_3，都能促进钙钛矿析出。东北大学张力在此基础上，研发了含钛高炉渣-钢渣混合提钛技术，在攀钢、川威、德胜等企业进行了含钛量 6%~25%高炉渣的改性富集中试实验，获得钙钛矿精矿，其中最高钛品位达 45%。

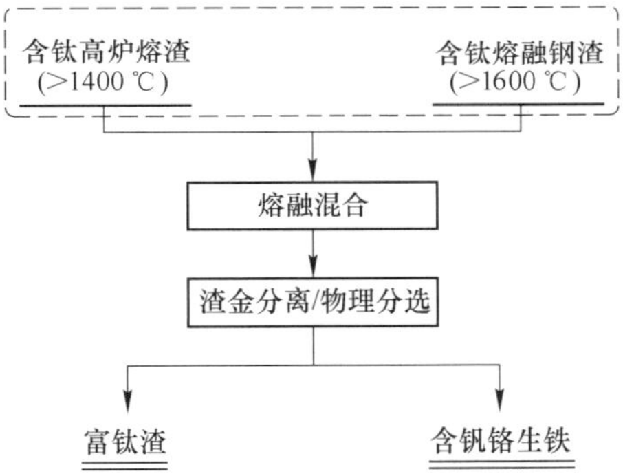

图 8-7 含钛高炉渣-钢渣混合提钛工艺流程

然而钙钛矿密度接近玻璃相，后续分离存在困难；且纯钙钛矿中 TiO_2 的质量占比也只有 58%，生产钛产品前必须用酸浸法除去 CaO，不及钛精矿便利。因此，该技术在钛渣处理领域没有大规模工业化，反而成功应用于火法熔炼铜的尾渣富集。

8.2.3.2　以黑钛石形式富集

黑钛石是多物相组成的固溶体，化学式可概括为：$m(AO \cdot TiO_2) \cdot n(B_2O_3 \cdot TiO_2)$，A 可能是 Ti^{2+}、Fe^{2+}、Mg^{2+}或 Mn^{2+}等，B 可能是 Ti^{3+}、Fe^{3+}或 Al^{3+}等。黑钛石中 TiO_2 的理论含量为 70%~90%，且黑钛石密度为 4.19，大于炉渣的密度（2.6~3.2）。因此，经过适当的聚集后，可通过重选分离法作为富集介质。

在含钛高炉渣中添加 SiO_2、B_2O_3 等改性剂，减少 CaO 和 TiO_2 的结合，即可抑制钙钛矿的富集，间接促进黑钛石相的形成。并且渣中 Ti 的含量越高，越容易使这种变化发生以至使得黑钛石成为唯一富集相。

然而，黑钛石相的形成对温度要求较为苛刻：高于 1240 ℃急冷、1240~1200 ℃定速缓冷，而且黑钛石相结晶条件过于复杂，对成分多变的含钛高炉渣适应性很差。因此，尚未实现中试级生产。

8.2.3.3　以金红石形式富集

天然金红石精矿的 TiO_2 含量可达 95%~96%，是钛工业的优质原料，但其原矿储量较低。通过湿法工艺可得到 TiO_2 含量在 88%~96%的富钛料，即人造金红石。金红石相的主要成分是 TiO_2，与黑钛石（$m(AO \cdot TiO_2) \cdot n(B_2O_3 \cdot TiO_2)$）和钙钛矿（$CaTiO_3$）不同，其钛含量占比相对较高。所以，即便它在初始钛渣中的含量极低，也成为改性富集研究的关键目标。

现阶段研究显示，金红石相的形成依赖于氧化气氛和低碱度环境。黑钛石在经过氧化、高温处理并添加一定量的添加剂后，能够转变为金红石。例如，额外添加 SiO_2、CaO、P_2O_5、B_2O_3、ZrO_2 或 TiO_2 等改性剂都有助于金红石的形成。LI 等[8]研究发现，当 ZrO_2 的添加量处于 0~5%时，增加 ZrO_2 含量有助于提升金红石的结晶量。ZrO_2 作为成核剂，在渣中二氧化锆含量小于 3%时，能够延缓金红石相晶体的形成时间，使晶粒变得细小且结晶更加均匀，进而促进均质金红石相晶粒的形成，显著增加金红石相的占比，并有利于后续的选矿分离。韩吉庆等[9]通过将高炉渣与钛渣混合，并精准控制 TiO_2 和 SiO_2 的添加量，成功实现了含钛物相向金红石的转化。不过，由于金红石化学性质稳定，若要利用它生产钛白粉等产品，必须采用盐酸处理。并且，如果不能获得高纯相（人造金红石），其利用成本会高于硫酸法，这就导致其难以推广。此外，张力等在含钛炉渣中添加 CaO 和 P_2O_5，有效促进了金红石的析出，经过合理控制冷却速率和热处理，金红石的晶粒尺寸得以增大，结晶量也显著提高。酸性氧化物 B_2O_3 具有降低碱度和黏度的协同作用，在微量添加二氧化硼的情况下，能高效加速金红石的再结晶。

然而，正如前面所提到的，金红石化学性质稳定，高纯金红石是理想的钛原料，可通过盐酸法生产钛白粉等产品。但对于改性富集出的钛渣，如果金红石相占比超过 10%，也需要采用盐酸法才能充分利用其中的钛资源，相较于能用廉价硫酸法处理的同品位钛精矿或钙钛矿、黑钛石相钛渣，这种情况下成本反而会增加。

综上所述，改性富集工艺具有流程简短、操作简单且对环境污染小的优势，所得到的富钛料能够进一步用于提钛开发，产生的尾渣还可作为建筑材料等使用。但该工艺存在钛回收率低、能耗偏高的问题，因此未来的研究重点应放在如何提高富集效率和降低分离成本上。

8.2.4 碳化/氯化技术

这种富集形式主要采用氯化法将渣中的 TiO_2 氯化成 $TiCl_4$，其反应方程式为：

$$TiO_2 + 2Cl_2 = TiCl_4 + O_2, \quad \Delta G = 184300 - 58T \tag{8-5}$$

式中，ΔG 为吉布斯自由能，J/mol；T 为温度，K。

基于吉布斯自由能的分析，可知该化学过程需在 3178 K 以上的温度才能够进行。

$$TiO_2 + 2Cl_2 + C = TiCl_4 + CO_2, \quad \Delta G = 21000 - 58T \tag{8-6}$$

$$TiO_2 + 2Cl_2 + 2C = TiCl_4 + 2CO, \quad \Delta G = 48000 - 266T \tag{8-7}$$

由反应式（8-6）的吉布斯自由能可知，当温度高于 362 K 时反应可发生。由反应式（8-7）的吉布斯自由能可知，当温度达到 180 K 时反应即可发生，即常温下氯化反应可自发进行。

四氯化钛在钛资源的回收和利用起到了核心作用，但其对原料钛品位要求很高。制备四氯化钛的方法主要为液态氯化法和固态氯化法。

（1）采用液态氯化法，含钛的废弃料要磨成 74 μm 的细度，然后按等量与石油焦进行配比，将这些原材料混合，放入液态反应器中，在反应器的底部通入氯气，由于受其力作用从而使得粉末状态的原料被沸腾起来，参与流动反应，因此这一反应过程叫作沸腾床反应。这样就可以收集复合气体，然后再进行一系列的收集气、净化气、冷凝、提纯，这样就会得到四氯化钛的成品。

（2）固态氯化法更加适合于富含 CaO 和 MgO 的钛残渣，这一工艺就是先将含钛残渣和石油焦制成粉末状，放入融盐（主要由 NaCl 和 KCl 组成）环境中，在高热的条件下进行一系列反应，生产出来的气体混合物由上端排出，再经过一系列洗涤、冷凝、分离的收集，提纯四氯化钛。

因此，氯化法在钛资源利用方面有十分重要的地位。国内外对高钛渣的精炼多采用了氯化法，如美国、日本、哈萨克斯坦、乌克兰等国家。但是，氯化制取有典型的限制性，通常钛品位要求在 85%以上[10]。

8.2.4.1 高温碳化制备 TiC

钛渣具有一定的还原度，TiO_2 可在 1400 ℃以上的温度下被碳还原生成碳化钛，而 CaO、MgO、SiO_2、Al_2O_3 等杂质氧化物被碳还原的反应温度高于 1650 ℃。因此可以先用碳将渣中的 TiO_2 还原成 TiC，然后用矿选手段从渣中把 TiC 分离出来达到富集，将炉渣中的 TiO_2 用碳在高温下变为 TiC，反应过程主要有：

$$TiO_2 + 3C = TiC + 2CO, \quad \Delta G = 527400 - 336.58T \tag{8-8}$$

$$Ti_3O_5 + 8C = 3TiC + 5CO, \quad \Delta G = 1308700 - 811.75T \tag{8-9}$$

$$Ti_2O_3 + 5C = 2TiC + 3CO, \quad \Delta G = 789300 - 490.32T \tag{8-10}$$

$$TiO + 2C = TiC + CO, \quad \Delta G = 215400 - 147.33T \tag{8-11}$$

上述反应表明，在整个还原过程中将会出现许多中间产物。在此条件下，选用相对易产生 Ti_3O_5、Ti_2O_3、TiO 的温度。若要促进 TiC 的出现，则必然需减小周围压力或提升温度。通过分析显示，在富钛冶金废渣内存在 $CaTiO_3$、$MgAl_2O_4$、$CaMg(SiO_3)_2$、$CaFe(SiO_3)_2$。此四者将会对 TiC 生成的过程造成一定影响。

在合适的温度下碳化钛渣，可得到大量碳化钛，如图 8-8 所示。碳化钛是高级耐火材料，熔点高（3107 ℃）、抗氧化性强、密度（4.9）大于高炉渣（2.6~3.2），同时属于铁磁性物质。因此，可以通过磁选、重选与其他杂质相分离。

然而，碳化钛在 1600 ℃时难以长大，平均粒径仅 2 μm，常规细磨处理时单体解离度低，难以分离。为提取碳化钛，必须在更高温度下碳化以促进碳化钛长大，或进一步通过酸浸等手段除杂。因此，虽然通过碳化反应制取 TiC 很容易，但获得高纯 TiC 难度较高，更多是将 TiC 作为中间产物，进行下一步氯化工艺。

高温碳化技术成熟度极高，碳化渣生产成本对整个项目的经济性影响最大（成本核算见表 8-3）。通过技术进步，最大限度降低碳化渣的生产成本是实现产业化的关键。研究攻关方向主要包括：综合电耗（冶炼电耗、破磨电耗和动力电耗）；石墨电极、还原剂的选型和单耗；耐火材料的选型搭配和单耗。

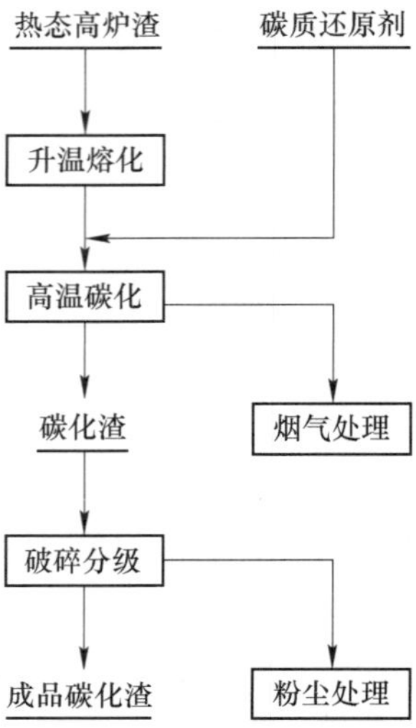

图 8-8　高温碳化工艺流程示意图

表 8-3　攀钢高温碳化工艺吨碳化钛成本核算　（元/t）

项　　目	中试线预算成本	中试实际成本	中试最优指标
原辅料	248.36	1032	386.4
燃动力	531.48	1484.47	756.42
工资及附加	54.35	124.62	124.62
管理费用	62.92	19.23	19.23
财务费用	52.12	140.77	140.77
设备折旧	120.77	111.54	111.54
合计	1077	2912.63	1638.98

8.2.4.2　高温碳化-低温氯化制备 $TiCl_4$

Leonard E. Olds 于 1968 年首次提出了碳化渣低温选择性氯化技术。利用低温（约 600 ℃）条件下，TiC 氯化反应速率远高于其他杂质氧化物的特性，达到选择性氯化，避免了沸腾氯化对原料钙镁含量的苛刻要求。

高温碳化-低温选择性氯化工艺流程如图 8-9 所示[11]，该技术主要针对钛质量分数高于 20%的高炉渣。由于 TiO_2 被碳还原的反应温度（1400 ℃）低于 CaO、MgO、SiO_2 等杂质的反应温度（1650 ℃以上），将熔融炉渣导入密封电炉内，升温至 1400~1600 ℃进行碳化处理，可获得碳化钛渣。该渣提纯难度大，再与氯气在 400~550 ℃进行氯化反应，可生成四氯化钛蒸气，再经除尘及冷凝分离后获得四氯化钛产品及氯化渣副产品[12]。本工艺在攀钢实现了半工业级生产，但因为高温碳化工艺能耗过高以及副产品氯化渣难以处理，所以未能在攀西实现大规模应用，更无法处理其他地区含钛量偏低的高炉渣。重庆大学提出了可在 1100 ℃还原钛的低温碳/氮化工艺，有助于降低高温碳化流程的高额能耗成本。

许宇宙[13]发现在真空条件下，碳热还原过程得以促进，并且随真空度的提升，反应

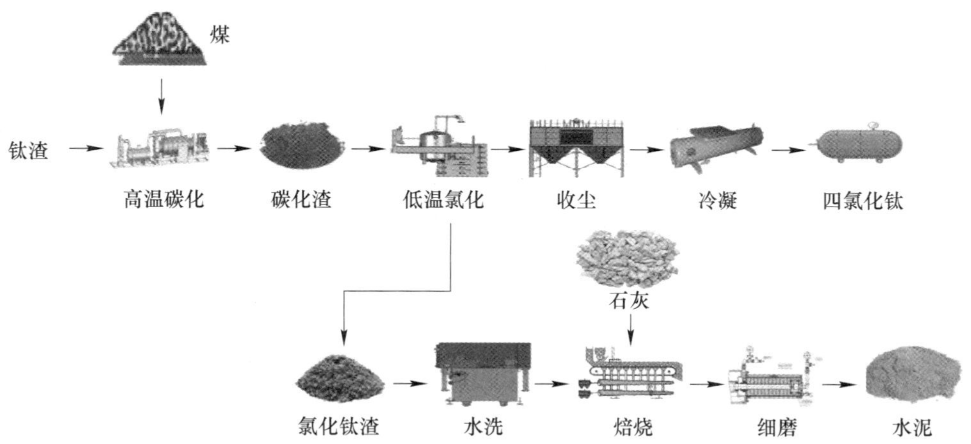

图 8-9 高温碳化-低温氯化工艺流程

起始温度会逐渐下降。当处于低真空度且温度较高时，渣中的 SiO_2 还原生成的 SiO 以及 MgO 还原产生的 Mg 能够以蒸汽的形式被有效脱除，从而防止了硅镁基杂质在渣中的形成，进而提升了 TiC 的产率。王东生等[14]的研究结果显示，当磨样粒度达到约 80%小于 74 μm，并且磁场强度设定为 0.06 T 时，干法磁选的效果达到最佳。高启瑞等通过使用超重力处理技术，可以实现 TiC 的定向分离，且分离效果与重力系数成正比。在温度为 1593 K、重力系数为 300 的条件下处理 20 min 后，还原产物中 TiC 含量可从 11.6%显著提升至 23.8%。

在实际生产中，攀钢渣中 TiO_2 碳化还原率可稳定控制在 85%以上，效果较好。而低温选择性氯化运行效果不理想（成本核算见表 8-4），TiO_2 综合氯化效率偏低，仅为 60%~70%，很难达到 85%以上，严重影响 Ti 回收利用效率。为此，攀钢将碳化钛渣筛分为粗粒级、细粒级和微细粒级，分别在 3 个氯化炉进行反应，如图 8-10 所示，粒度越大，反应温度越高、氯气流速越慢、反应时间越长，从而提高含钛高炉渣的氯化效率至 85%~90%。

表 8-4 碳化渣低温氯化生产吨四氯化钛成本核算 （元/t）

项目	中试线预算成本	中试实际成本	中试最优指标
原辅料	4450.25	12264.12	5682.75
燃动力	518.3	191.03	129.523
工资及附加	360	144	144
管理费用		50	50
财务费用		228	228
设备折旧	1371.6	340	340
合计	6700.15	13217.15	6574.27

8.2.4.3 低温碳/氯化制备 TiC

虽然高温碳化-低温氯化工艺可充分利用熔渣物理热，但碳化过程需进一步升高熔渣温度，电耗问题依然明显，碳化电耗成本可占总成本的 80%。为此，重庆大学提出了低

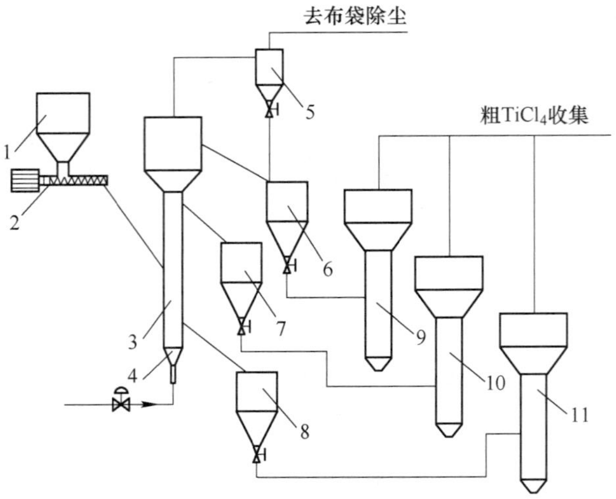

图 8-10　碳化钛渣分粒级氯化示意图

1—高位料仓；2—进料螺旋及配套变频电机；3—流态化分级装置；4—气流分布板；5—旋风分离器；6—微细粒级碳化渣料仓；7—细粒级碳化渣料仓；8—粗粒级碳化渣料仓；9—微细粒级碳化渣沸腾氯化反应器；10—细粒级碳化渣沸腾氯化反应器；11—粗粒级碳化渣沸腾氯化反应器

温碳/氮化-低温氯化工艺，如图 8-11 所示，即以熔分钛渣为原料，采用甲烷/氨气代替碳，甲烷/氨气在高温下裂解，生成碳/氮气和氢气，从而还原钛渣生成 TiC/TiN，将液-固反应更换为气-液反应，显著提高反应效率，降低反应温度至 1000～1100 ℃，显著降低能耗成本。

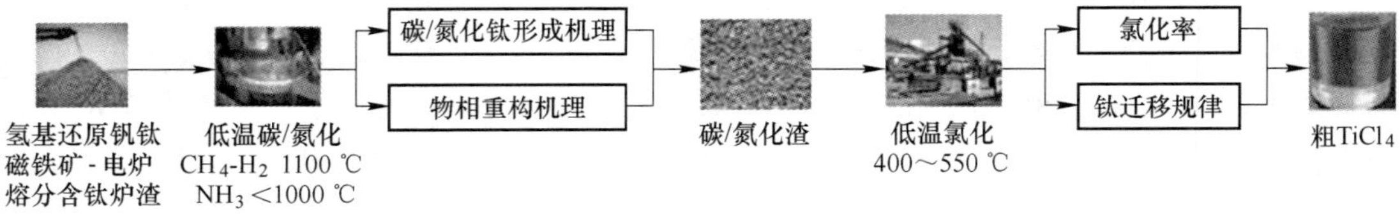

图 8-11　低温碳化-低温氯化工艺流程示意图

8.2.5　含钛高炉渣制备钛合金

使用含钛高炉渣制备钛合金，主要采用铝热法或硅热法。在铝热工艺（见图 8-12）中，加入过量的铝作为还原剂与二氧化硅和二氧化钛反应，新生成的金属硅、钛和残余的铝形成钛-硅-铝合金。用硅作还原剂时，只有钛被还原以产生钛-硅合金。两种反应都是强放热反应，甚至有部分合金颗粒溅入残渣中，降低提取效率。渣中钛含量低，虽水硬性略高，处理后可用作水泥原料。

根据热力学定律，通过计算反应的吉布斯自由能（ΔG）来判断金属热还原反应的可行性。以常见的铝热还原钛渣制备钛合金为例，反应方程式为：

$$3TiO_2 + 4Al \xlongequal{} 3Ti + 2Al_2O_3$$

$$3SiO_2 + 4Al \xlongequal{} 3Si + 2Al_2O_3$$

$$3MnO + 2Al \xlongequal{} 3Mn + Al_2O_3$$

$$3FeO + 2Al \xlongequal{} 3Fe + Al_2O_3$$

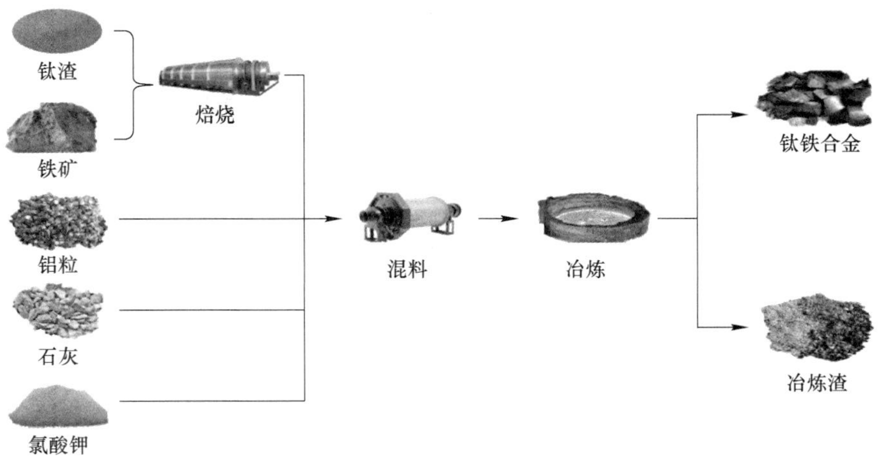

图 8-12 铝热过程制备钛铁合金流程

根据热力学数据及公式 $\Delta G = \Delta H - T\Delta S$（$\Delta H$ 为反应焓变，T 为绝对温度，ΔS 为反应熵变），在不同温度下计算得出 ΔG 值，如图 8-13 所示。

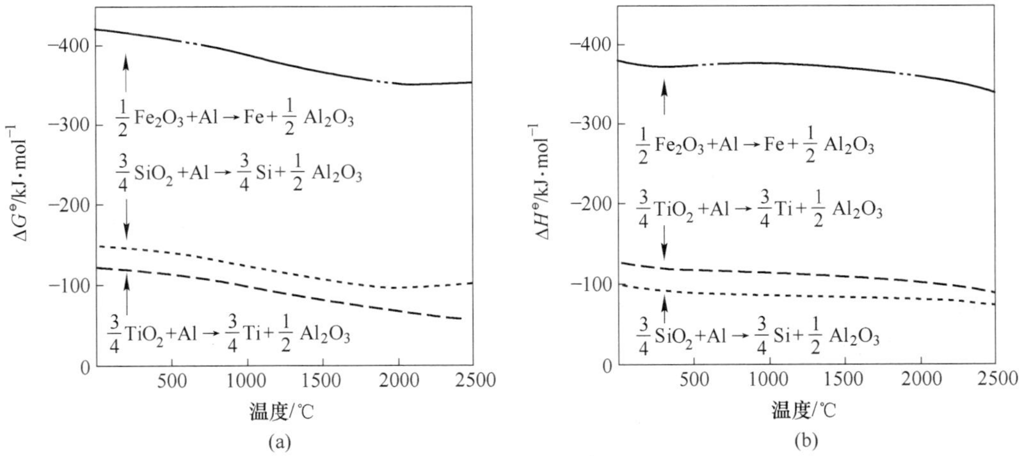

图 8-13 铝热过程中主要反应的 $\Delta G^\ominus$(a)和 $\Delta H^\ominus$(b)

8.2.5.1 动力学机制

钛渣金属热还原作为典型的多相反应，其反应速率控制步骤通常涉及界面化学反应、扩散传质等过程。钛渣具有较高的熔点，一般在 1500～1700 ℃，这就要求金属热还原过程具备足够高的温度条件，以保证反应体系处于良好的熔融状态，促进反应物之间充分接触与反应。此外，钛渣的黏度、导电性等特性也对金属热还原制备合金有显著影响。高黏度的钛渣不利于还原剂的扩散及反应产物的上浮分离，易导致反应不完全、渣金分离困难等问题；而适当的导电性有助于在电炉熔炼等工艺中实现高效的电能传输，保障反应稳定进行。

8.2.5.2 含硅钛合金

早在二十世纪七八十年代，重庆大学、攀钢等就开发了含钛高炉渣冶炼钛合金工艺，制得了钛硅、硅钛铝等合金，相关工艺较为成熟。如 1988 年重庆大学徐楚韶等开发的冶炼硅铁复合合金工艺，采用 TiO_2 含量 24.18%的高炉渣，用 75%的硅铁为还原剂，工业石灰作溶剂，在 50 kV · A 实验室电炉上进行试验，获得含 27.08%Ti、31.05%Si、20.20%Fe 的硅钛铁合金，钛回收率为 76.70%[15]。攀钢利用硅铝铁新型还原剂，冶炼出钛含量大于 32.5%，硅含量小于 28.4%的钛硅铁合金，残渣中 TiO_2 含量降为 22%，在攀钢 200 kV · A直流矿热炉内成功进行了半工业化试验，所得钛硅合金中含钛量均大于 30%。曹丽及其团队[16]的研究揭示，在酸溶性钛渣的硅热还原流程里，所有有价值的金属氧化物均可被有效还原，FeO 与 MnO 能够直接与硅反应，转化为金属铁和锰。相比之下，二氧化钛的还原路径有所不同，它主要被还原成钛-硅金属间化合物，而非直接转变为金属钛。丁满堂等使用铝热法还原攀钢的含钛高炉渣，在 1500 ℃下配加 30%~40%铝、5%~15%石灰和 5%萤石，成功制取钛硅铝合金，钛、硅、铝利用率分别为 73%~88%、84%~95%和 67%~77%。

尽管利用攀枝花的高钛型高炉渣可以生产出质量合格的硅钛合金，可代替硅铁或钛铁用于特殊钢冶炼，附加值高。但是，由于同时需要钛和硅作为合金化剂的钢种很少，钛硅合金的应用范围窄，用量少，相对庞大的含钛高炉渣产量无异于杯水车薪，因此难以产业化。

后续业界开发了定向凝固和多步湿法冶金等工艺，对所得的硅钛合金继续进行深加工，但处理工艺复杂、成本较高，阻碍了其工业化应用。

8.2.5.3　钛铁合金

钛铁合金是中间合金，根据含钛量的不同可分为 3 种：低钛铁（FeTi30，含钛 25%~35%）、中钛铁（FeTi40，含钛 35%~45%）、高钛铁（FeTi70，含钛 65%~75%）。钛铁合金具有脱氧、除气、储氢作用，作为合金添加剂具有改善结晶组织、提高钢的强度、固定间隙元素等作用。目前国内外制备高品位高钛铁的主要方法是重熔法，多以海绵钛、废钛为原料，因原料来源有限、价格受市场影响大，生产成本高[17]。比起重熔法，以富钛料或钛矿为原料的铝热还原法因其原料来源广泛又经济，是目前制备钛铁合金的发展方向[18]。但目前该法生产出来的钛铁合金中含氧量在 5%~10%，只能用于那些对氧含量没有要求的场合。将来若采用铝热法处理熔分钛渣，获得钛铁合金，其应用范围广、市场大，有利于后续推广乃至实现工业化应用[19]。王斌及其团队的研究结果显示，渣中氧化钙含量的增加对 TiO_2 的还原比例以及钛铁合金中钛的含量产生了特定的影响。具体而言，这两者的数值均呈现出一种先上升后下降的趋势。在 CaO 与 Al 的质量比达到 0.3 时，TiO_2 的还原比例达到了最高点。豆志河等研究者观察到，钛铁合金的产出率会随着铝添加比例的增加而显著提升。这一现象主要归因于 TiO_2 在还原过程中的中间产物特性。具体而言，钛的低价氧化物，如 Ti_2O_3 和 TiO，相较于其他氧化物更难还原，且它们更容易与因铝添加比例提高而增多的 Al_2O_3 发生反应。这种反应导致 TiO_2 的有效还原比例下降，从而间接促进了钛铁合金产出率的提升。Chen 等[20]对铝热还原制备高钛铁进行了热力学和动力学的研究，研究表明，第二次精炼可以降低产品中的氧含量，而且合金更致密，所得的氧含量基本符合优质钛铁的技术要求。

8.2.6　熔盐电解工艺

电化学熔盐电解是一种替代的钛提取方法，电解质包括熔融氧化物（$CaO-MgO-SiO_2$-

Al_2O_3-TiO_2）和熔盐（NaCl、$CaCl_2$）。在这个过程中，液态金属用作阴极，石墨作为阳极，Ti 离子在阴极被还原。液体电极扩散性好，避免了沉积过程中的金属氧化；液态阴极中的金属具有较低的活性，允许金属离子沉淀电位发生正向偏移，从而导致去极化沉积。阴极金属和沉积金属以合金形式富集。熔融氧化物的分解电压遵循以下顺序：MgO > CaO > Al_2O_3 > TiO_2 > SiO_2。

当使用熔盐作为电解质时，钛渣充当阴极，通过电极产生金属钛。朱鸿民等研发了可溶阳极熔盐电解钛工艺（USTB 法），将钛精矿碳热还原制备为 TiC_xO_{1-x}，然后以熔盐电解法将其电解分离，在阴极制备沉积钛金属，该技术已完成中试，工艺流程如图 8-14 所示，可克服克劳尔法的高成本和对原料的高品位要求[21]。

团队后续开发了熔融电解-真空蒸馏处理工艺，应用于含钛高炉渣的提钛，获得金属钛和副产品钙及氧气，高效利用钛资源，减少能量损失，环境友好[22]。然而，其电极材料采用稀有金属，工艺前期投入偏高，若适配品位更高的熔分钛渣，有望促进工业化应用。

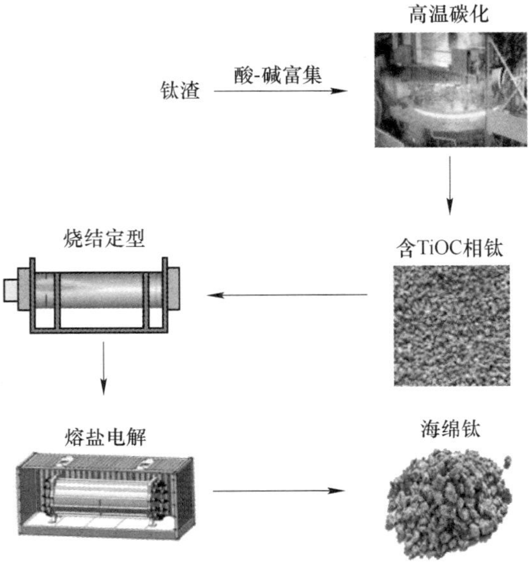

图 8-14 可溶阳极熔盐电解工艺示意图

8.2.7 其他提钛工艺

8.2.7.1 磷酸活化焙烧法

磷酸活化焙烧的方式是让磷酸与钛渣一同进行焙烧操作，其目的在于破坏钛渣里包含的各物相，进而使其转变为更易于浸出的物相。在这一过程中，所生成的磷酸盐能够溶解在酸浸液内，由此实现对部分杂质的去除，最终达到提高 TiO_2 品位的效果。不过，采用磷酸活化焙烧的方法所得到的产物中，TiO_2 品位相对还是比较低的，所以只能将其当作富钛料来使用。目前，这种磷酸活化焙烧的方法还没有在工业化方面得到应用。

8.2.7.2 硫酸氢铵焙烧法

高钛渣与硫酸氢铵在焙烧过程中发生的主要化学反应如下[23]：

$$NH_4HSO_4 + TiO_2 = TiOSO_4 + NH_3 + H_2O$$

$$NH_4HSO_4 + FeO = FeSO_4 + NH_3 + H_2O$$

$$NH_4HSO_4 + CaO = CaSO_4 + NH_3 + H_2O$$

$$NH_4HSO_4 + MgO = MgSO_4 + NH_3 + H_2O$$

$$3NH_4HSO_4 + Al_2O_3 = Al_2(SO_4)_3 + 3NH_3 + 3H_2O$$

硫酸氢铵与 TiO_2、FeO、MgO 和 Al_2O_3 反应，经过溶出进入溶液中；硫酸氢铵与 CaO 反应得到不溶产物 $CaSO_4$ 与 SiO_2 一起残留在渣相中。

硫酸氢铵焙烧法制备二氧化钛因硫酸氢铵用量大、焙烧温度高、工艺成本高等技术和经济问题未能解决而未实现工业化应用。

8.2.7.3　超重力分离富钛相

超重力场是通过离心场产生的。随着重力系数的增加，分子和相之间的传质显著加速，随着晶粒离心速率的增加，晶粒直径变大。在超重力场中，通过改变炉渣的物理化学条件，其中一个含钛相富集为金红石、钙钛矿或钛铁矿。然后，在超重力条件下，强化富钛相与杂质的相对运动，富集相沿超重力方向定向迁移到液态渣的底部，而液态渣则沿相反方向向上移动。北京科技大学研发先后在 TiC、金红石、钙钛矿等多种含钛相下进行了实验（见图 8-15），最高钛回收率达 75.28%。

然而，超重力分离技术还处于基础实验阶段，含钛高炉渣在结晶规律、黏度等方面的性质比较特殊，尤其是含钛熔渣的熔点比较高，温度达到 1300～1500 ℃时，其才会达到比较好的流动性，这就为含熔渣工程化处理带来比较高的难度，结晶和分离工艺参数还需要进一步完善。

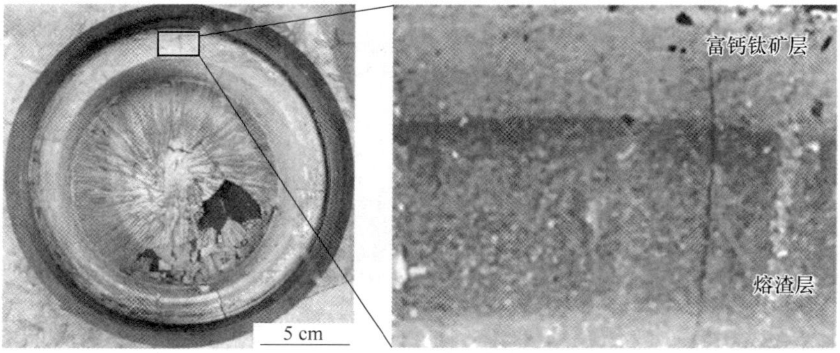

图 8-15　含钛高炉渣钙钛矿公斤级超重力分离实验结果

参 考 文 献

[1] 仲斌年，薛天艳，胡国平，等．磷酸活化焙烧-酸浸法富集低品位还原钛渣［J］．过程工程学报，2013（3）：378-384.

[2] 高洋，贵永亮，宋春燕，等．高钛高炉渣综合利用现状及展望［J］．矿产综合利用，2019（1）：6-10.

[3] 王强，张庆武．熔盐法处理富钛渣制备金红石型 TiO_2［J］．应用化工，2008（2）：140-141.

[4] 仝启杰，齐涛，刘玉民，等．KOH 亚熔盐法制备钛酸钾晶须和二氧化钛［J］．过程工程学报，2007（1）：85-89.

[5] 薛天艳，齐涛，王丽娜，等．钠碱熔盐法处理高钛渣制备 TiO_2 的基础研究［C］// 中国金属学会. 2008 年全国冶金物理化学学术会议论文集，2008.

[6] 傅念新，卢玲，隋智通．高钛高炉渣中钙钛矿相的析出行为［J］．钢铁研究学报，1998（3）：74-77.

[7] Ren S, Zhang J L, Liu Q C, et al. Effect of B_2O_3 on reduction of FeO in Ti bearing blast furnace primary slag［J］. Ironmaking and Steelmaking, 2015, 42（7）: 498.

[8] Li Z, Sun Y, Liu L, et al. Enhancement of rutile formation by ZrO_2 addition in Ti-bearing blast furnace slags［J］. ISIJ International, 2015, 55（7）: 1384-1389.

[9] 韩吉庆，张力，殷红梅，等．改性含钛高炉渣中金红石的选择性分离及浸出机理研究［J］．有色金属工程，2024（10）：81-91.

[10] 魏佩杰、杨正蕾．简议氯化法生产粗四氯化钛［J］. 有色金属设计，2014（1）：45-48.
[11] 邓勇、甄常亮、李俊国，等．含钛高炉渣钛富集工艺及钛资源利用［J］. 中国冶金，2022（8）：25-31.
[12] 张荣禄．含钛高炉渣制取四氯化钛的方法［P］. CN87107488.
[13] 许宇宙．真空碳热还原-酸浸联合工艺制备碳化钛研究［D］. 重庆：重庆大学，2015.
[14] 王东生．含 TiC 炉渣除铁试验研究［J］. 钢铁钒钛，2020（4）：87-91.
[15] 徐楚韶，刘天福．用高炉钛渣冶炼复合铁合金［J］. 矿冶工程，1988（2）：41-45.
[16] 曹丽，朱奎松，王军，等．酸溶性钛渣硅热还原制备高硅 Ti-Si 基合金的试验研究［J］. 中国有色冶金，2024（6）：30-40.
[17] 戴玮，秦博，颜恒维，等．钛铁合金制备研究现状［J］. 有色金属，2019（5）：50-55.
[18] 肖翔鸿，刘名扬，罗发应．铝热法冶炼高钛铁工艺试验［J］. 钢铁钒钛，2001（4）：47-51.
[19] 程楚．多级深度还原制备低氧低铝钛铁基础研究［D］. 沈阳：东北大学，2018.
[20] Chen J, Jiao Y, Wang X. Thermodynamic studies on gas-based reduction of vanadium titano-magnetite pellets［J］. International Journal of Minerals, Metallurgy and Materials, 2019, 26（7）：822-830.
[21] 朱鸿民，肖九三，焦树强，等．钛金属冶炼的生产成本以及新型钛冶金工艺的可能性［J］. 钢铁钒钛，2021，42（3）：10-16.
[22] 蒲正浩．熔融含钛高炉渣电解制备钛及其合金的基础研究［D］. 北京：北京科技大学，2022.
[23] 隋丽丽，翟玉春．硫酸氢铵焙烧高钛渣反应动力学［J］. 中国有色金属学报，2014，24（2）：542-546.

9 钒钛利用过程固体废弃物高效资源化利用

9.1 钒钛磁铁矿尾矿

钒钛磁铁矿作为典型多金属共生矿体，是我国重要的战略资源储备，其富含铁、钛、钒等主量金属及镍、钴、铬、镓、钪等稀有元素。我国已探明储量位居世界前列，资源分布呈现显著地域集聚性，尤以攀西地区为核心产区，襄樊、汉中等区域亦形成规模化资源储备。

大规模工业化开采伴生的尾矿处置问题日益凸显。统计显示，当前全国钒钛磁铁矿尾矿堆存量已逾十亿吨，但综合利用率尚不足30%。这类工业固废以硅铝质成分为主，兼具镁、钙等碱土金属氧化物，其矿物组成与发泡陶瓷基料高度契合，展现出资源化利用的可行性。然而，现行以填埋为主的处置模式已造成双重环境负荷：一方面，超百万亩土地被尾矿堆场长期占据，导致国土空间资源低效利用；另一方面，尾矿中赋存的重金属元素（钒、铬等）在自然风化过程中持续释放，通过扬尘扩散、淋溶渗透等途径形成复合型污染。环境监测数据显示，受影响区域土壤重金属迁移活性达12%~35%，地下水超标点位超四成，生态环境修复面临严峻挑战。

9.1.1 钒钛磁铁矿尾矿的产生与危害

钒钛磁铁矿作为全球重要战略资源，其探明储量逾400亿吨，我国以180亿吨储量占比超45%，稳居全球首位。其资源分布呈现显著区域聚集特征，攀西地区、河北承德及辽西朝阳构成三大核心产区，其储量规模位列国内铁矿资源第三。工业开发中多采用磁-浮联合选矿工艺提取钒钛磁铁精矿，后续通过传统高炉冶炼与新型非高炉工艺（如直接还原法）两大技术路线实现资源转化。

钒钛磁铁矿的开发利用过程产生的尾矿蕴含二次开发潜力，除残留铁、钛、钒等主量金属外，更富集钴、镓、钪等战略稀有元素。然而受限于矿物嵌布复杂、赋存形态特殊等技术瓶颈，这类固废资源化率长期低迷。统计显示，截至2015年末全国钒钛磁铁矿尾矿堆存规模已达75亿吨，年均新增量超2亿吨。环境风险研究表明，尾矿堆场中重金属元素（如Cr、V等）在自然风化作用下，通过地表径流和地下水迁移的复合污染路径，导致周边土壤镉、铅含量高，流域内30%以上监测点位水质超标。这不仅造成年均超百亿元的环境治理成本，更对矿区生态安全构成持续性威胁。突破尾矿高效利用技术瓶颈，已成为资源循环与生态保护双重压力下的行业亟须。

9.1.2 钒钛磁铁矿尾矿综合利用研究进展

钒钛磁铁矿尾矿因伴生元素较多，具有良好的发展前景，对于攀西地区钒钛磁铁矿尾矿而言，可从再选利用，即回收其中有价金属和整体利用这两个方面，实现尾矿元素的高效利用。

9.1.2.1 钒钛磁铁矿尾矿再选

尾矿中富含有价金属元素，因此可以采用选矿、煅烧、浸出和萃取等方法进行有价金属回收，实现资源高效利用。

A 铁元素的回收

尾矿资源化再生技术始终是学术界关注焦点，尤其在钒钛磁铁矿领域，尾矿中铁组分的高效回收兼具环境治理与经济增值双重效益。当前主流技术路径包括：（1）还原-磁选联合工艺，通过碳热还原煅烧将尾渣中的氧化铁转化为磁性金属铁单质，经超细研磨与高梯度磁选实现铁组分高效富集。研究表明，该工艺可使铁回收率达 82%，精矿铁品位提升至 90%以上，形成“还原—分选—湿法提纯”的资源化闭环。（2）加压酸浸-材料化转化技术，采用加压酸浸工艺选择性溶出铁元素，生成硫酸亚铁晶体（$FeSO_4 \cdot 7H_2O$）。进一步通过模板调控策略，以生物质衍生碳源（如葡萄糖）为结构导向剂，利用水热合成技术制备出形貌可控的纳米级氧化铁材料，实现铁的回收利用。两种技术体系均突破传统物理分选局限，通过化学重构实现铁元素定向转化，为尾矿资源高值化利用提供创新解决方案。

B 钛元素的回收

钛凭借其低密度、高强度及优异耐腐蚀特性，成为航空航天器件与医疗植入体的关键材料。在钒钛磁铁矿尾矿体系中，钛元素主要赋存于钛铁矿（$FeTiO_3$）晶格内，其弱磁性与表面润湿性显著区别于硅酸盐脉石矿物，为物理分选创造了条件。攀西矿区通过创新“强磁预富集-高效浮选提纯”联合工艺，成功实现钛资源梯级回收：强磁选阶段可剔除 80%以上弱磁性脉石，使 TiO_2 预富集至 15.96%；后续采用专用调整剂 EMZT-01 优化浮选体系，通过选择性抑制硅铝矿物并活化钛铁矿，最终获得 TiO_2 品位达 47.78%的优质精矿。该技术突破使尾矿钛回收率提升至 62%，较传统工艺提高 18 个百分点。

C 钒元素的回收

钒因有优良的理化性质，具有钢铁中的“维生素”之称，是重要的合金添加剂。除从钢铁副产品提钒外，钒钛磁铁矿也是提钒原料之一。在对钒钛磁铁矿进行高炉冶炼制备半钢过程中，会产生大量钒渣，若不处理会造成水土污染和资源浪费。因此，可通过焙烧-浸出-沉钒工艺或直接浸出-沉钒工艺实现钒的增值利用。

9.1.2.2 钒钛磁铁矿尾矿的整体利用

钒钛磁铁矿尾矿经有价金属提取后，其残余组分（SiO_2、Al_2O_3、MgO、CaO 等）占比超 80%，与硅酸盐建材体系高度兼容。基于此特性，尾矿可转化为多类高附加值材料，形成“金属回收—建材转化”的全资源化路径。

A 用于生产尾矿瓷制砖

钒钛磁铁矿尾矿能用于瓷砖生产，有诸多优势。一方面，它可替代黏土、长石等传统原料，降低成本、保护资源；另一方面，能提升瓷砖性能，像铁、钛元素可提高强度与耐磨性，调整热膨胀系数，还能赋予瓷砖特殊性能，如钛带来独特光学效果，部分成分具备抗菌性。

B 作为混凝土的活性粉末

钒钛磁铁矿尾矿能有效应用于混凝土。一方面，经加工，尾矿可替代部分天然砂，缓解资源短缺，降低成本；另一方面，适量尾矿可提升混凝土工作性能，让其更易振捣，减少离析。此外，尾矿能填充孔隙，提升混凝土力学性能，增强结构强度。尾矿中稳定矿物质还能增强混凝土耐久性，抵抗侵蚀，延长混凝土结构的使用年限。

C　用于制备泡沫陶瓷

钒钛磁铁矿尾矿在泡沫陶瓷中的应用研究为固体废弃物资源化利用提供了创新方向。钒钛磁铁矿尾矿富含 Fe、Ti、V 及硅铝酸盐矿物，其成分特性与陶瓷原料具有相容性，经适当预处理后可替代部分传统陶瓷原料。在泡沫陶瓷制备中，尾矿中的金属氧化物可作为助熔剂降低烧结温度，同时赋予材料独特功能。通过添加造孔剂或发泡工艺，可制备出孔隙率达 60%～85%的多孔陶瓷材料，其三维连通孔结构展现出优异的隔热、吸声和过滤性能。

D　用于提取贵金属及有色金属

钒钛磁铁矿尾矿富含钒、钛、铁及微量贵金属（如铂、钯等），通过湿法冶金、生物浸出或高温氯化等技术可高效回收贵金属。例如，采用酸性浸出结合离子交换或溶剂萃取，选择性提取钒、钛后，残余物中贵金属经氧化焙烧、氰化浸出或吸附富集进一步分离。新型技术如微波辅助浸出、纳米材料吸附等提升了贵金属回收率（可达 80%以上），同时降低能耗。

E　用于制备水泥骨料

钒钛磁铁矿尾矿作为水泥骨料替代材料，可有效推动固废资源化利用。其富含硅、铝、铁等成分，经破碎、筛分后，粒径分布与天然骨料相近，具备良好的颗粒级配和力学稳定性。研究表明，尾矿骨料掺量达 30%～40%时，混凝土抗压强度可达 30～40 MPa，满足建筑标准要求，且耐磨性和抗渗性提升。

9.2　含钛高炉渣

随着我国冶金工业的快速发展，矿产资源的供需矛盾日益尖锐，而冶金过程中产生的含钛高炉渣作为典型固废，其高效利用成为资源循环与环境保护的双重挑战[1]。我国每年钒钛磁铁矿冶炼生铁约产生 4 亿吨含钛高炉渣（以攀钢渣为例，TiO_2 平均含量达 24%），但传统处理方式存在显著缺陷：若简单将其作为水泥混合材料或混凝土骨料，虽处理量大，但渣中 10%以上的 TiO_2 会抑制水泥水化反应，导致水泥强度下降，且未实现钛资源价值；若作为提钛原料，则因渣中钛赋存形态复杂（以钙钛矿为主）、品位低（相比钛精矿），需通过高温酸浸（120～180 ℃）或氯化工艺提取，存在能耗高（回收成本超原生矿 30%）、二次污染风险（废酸、氯气排放）等问题。目前攀钢累计堆存含钛渣超 1 亿吨，不仅占用土地资源，更造成每年近百万吨钛资源的流失，并伴随重金属迁移的环境风险。

针对这一困境，亟须突破传统“单一组分提取”或“低值建材化”的局限，开发“全组分协同利用—环境材料转化”的创新路径。这不仅是钢铁行业绿色转型的关键抓手，更是破解战略资源问题的重要突破口，对推动“无废城市”建设具有战略意义。

9.2.1　含钛高炉渣组成与特性

含钛高炉渣的化学成分主要包括 CaO、MgO、SiO_2、Al_2O_3和 TiO_2 等多元氧化物体系。

依据渣中 TiO_2 含量的梯度差异，可将其划分为 3 个典型类别：低钛型（TiO_2 含量小于10%）、中钛型（TiO_2 含量为 10%~15%）以及高钛型（TiO_2 含量约 24%）。在我国冶金工业体系中，这 3 类渣体分别对应马鞍山钢铁、承德钢铁与攀枝花钢铁等企业的冶炼产物，其差异源于原料矿石特性与工艺参数的适配关系。如表 9-1 所示，不同类别的含钛渣在 TiO_2、SiO_2 和 CaO 含量等关键指标上呈现显著区分，这些组分特征直接影响着渣系的冶金性能与环境化利用潜力。例如，攀钢高钛渣因 Al_2O_3 含量偏低（约 14%），需通过添加剂调整其玻璃化倾向以实现建材化应用。

表 9-1 含钛高炉渣的化学组成 （%）

化学成分	TiO_2	SiO_2	Al_2O_3	Fe_2O_3	CaO	MgO
攀钢渣	21.51	15.55	14.11	0.43	24.60	7.65
承钢渣	16.03	24.94	14.89	0.57	32.12	7.47
马钢渣	1.84	32.61	8.82	0.61	42.50	6.67

高钛型高炉渣属于高温短渣体系，其熔融特性显著区别于常规炉渣。在典型碱性条件下，该渣系的熔化温度区间为 1380~1450 ℃，较普通高炉渣提升约 100 ℃，同时表现出独特的流变特性：高温阶段熔体黏度维持在 0.1~0.2 Pa · s 的低值范围，但相变窗口极窄，仅 20~30 ℃的温度波动即可导致流态从良好流动性突变为完全凝固状态。这种特殊行为与其组分中 TiO_2 的化学演变密切相关——在氧化环境下，TiO_2 作为助熔剂改善熔体流动性；而在强还原性高温条件下，部分 TiO_2 会转化为 Ti(C,N) 等亚微米级难熔物相（粒径 1~5 μm），这些弥散分布的固相颗粒显著提升体系黏度，导致熔渣稠化现象。

热力学分析表明，还原过程会促进钛元素形成复杂晶体组合，包括钛辉石、钙钛矿、巴依石等具有高结晶倾向的矿物相（见表 9-2）。这些晶体在冷却过程中快速析出，其界面效应不仅阻碍熔体内气泡的聚合过程，更会通过表面张力作用稳定气泡结构，最终形成高稳定性泡沫渣[2]。值得注意的是，尖晶石类矿物的生成进一步加剧了熔体结构化程度，其片状或链状结晶形态显著降低渣系流动性能，这是导致钛渣操作窗口收窄的关键因素。这种相变调控的敏感性对冶炼工艺提出特殊要求：一方面需严格控制还原剂用量以避免过度生成 Ti(C,N)，另一方面要通过温度梯度管理延缓矿物结晶速度。因此，建立钛组分形态与流变特性的定量关系模型，是优化高钛渣冶炼工艺的重要理论基础。

表 9-2 含钛高炉渣内各矿相组成 （%）

化学成分	SiO_2	Al_2O_3	V_2O_3	FeO	MgO	CaO	TiO	Ti_2O_3	TiO_2	MnO
钙钛矿	2.61	2.49		0.27	0.90	34.45	0.17	5.25	21.12	0.11
钛辉石	33.41	14.53	0.18	0.08	8.06	24.25	0.11	7.84	10.19	0.48
安诺石	3.77	9.13	1.25	2.93	9.08	2.73	0.06	10.77	60.63	0.33
尖晶石	2.63	53.07	0.20	0.1	22.14	4.31	0.18	3.76	13.98	0.22
富钛透辉石	23.78	20.56	0.07	0.66	9.63	19.51	0.17	12.20	12.19	0.84

9.2.2 含钛高炉渣综合利用

国际冶金行业的高炉渣普遍具有钛含量偏低的特点（TiO_2 含量小于 10%），因其不具备钛资源回收价值，通常采用建材化处置模式。此类渣体经破碎筛分后，粗颗粒用于路基填料或混凝土骨料，细粉则作为水泥混合材，其低钛特性使得工艺适配性与环境风险管控相对简单。

相比之下，我国攀钢高钛型高炉渣（TiO_2 含量高达 24%）的利用面临显著技术瓶颈。针对其资源化路径形成了两种技术路线：一是钛组分提取路线，但受限于矿物赋存特性——钛元素以钙钛矿、钛辉石等微晶相形式嵌布于硅酸盐基体中，导致矿物解离度和钛精矿品位低，选矿分离技术难度高和经济效益差；二是全渣利用路线，虽通过机械活化或化学激发可制备地质聚合物材料，但产品附加值有限，难以覆盖预处理成本。这一困境的根源在于高钛渣多相耦合特性与单一技术路线的局限性，要实现突破，需构建多级资源回收路线，以提升整体经济性。

9.2.2.1　含钛高炉渣用作建筑材料

高炉渣的化学组分及矿物相构成与常规硅酸盐基建材具有高度相似性，其物理形态特征（如颗粒形貌、堆积密度等）也与天然建材原料接近。基于这种物化特性适配优势，渣体经破碎分级等物理改性后即可直接应用于建材生产体系，此类材料不仅具备生产工艺简化、能耗低且经济性突出等优势，更可缓解天然资源消耗压力。多年来，国内已经开展了大量关于利用高炉渣作建筑材料的研究，并取得了一系列成果，取得了显著社会效益。

A　在水泥混合料中的研究

含钛高炉渣（尤其是提钛尾渣）因其富含 CaO、SiO_2 和 Al_2O_3 等成分，与硅酸盐水泥原料具有化学相似性，可通过激发剂活化后直接替代部分水泥原料。例如，攀钢开发的钛渣水泥专利技术中，提钛尾渣占比达 50%~90%，通过添加消石灰、脱硫石膏等激发剂，制备的水泥抗压强度可达普通硅酸盐水泥 325R 等级标准，适用于预制块、砂浆、路基水稳层等领域，且该技术可降低水泥生产成本 20%~40%，同时减少天然石灰石消耗 30% 以上[3]。

B　制作混凝土

高钛高炉渣经破碎、水淬处理后，可替代天然骨料用于混凝土制备。黄双华等[4]发现在相同配比条件下，采用高钛高炉渣与天然骨料配制的混凝土对比试验发现，前者制备的混凝土的强度更高，分析其原因，可能是：（1）矿渣碎石表面粗糙、多孔，与浆体接触面积增大，浆体注入骨料孔中，形成销栓效应，增强了骨料和胶体界面的黏结力；（2）矿渣骨料含水率较高，这些水分在胶体材料硬化过程中逐渐释放出来，促进了水泥胶体向结晶体的转化，加强了混凝土的养护；（3）矿渣骨料中无针片状颗粒，骨料受力性能好。因此，矿渣砂混凝土的强度较天然砂混凝土的强度可提高 5 MPa 左右，且渣砂中的渣粉有活性，对混凝土强度增长有益。李俊翰[5]以破碎后的水淬含钛高炉渣作为碎石，渣砂为骨料，掺和水泥、粉煤灰后制备了路面砖、盖板和墙体材料，各类产品外观光滑平整，颜色自然多变，各项技术指标均满足《混凝土路面砖》（JC 446—1991）标准的要求。

C　其他方面

杨合等[6]系统研究了含钛高炉渣制备泡沫玻璃的工艺优化，重点探究了发泡剂（碳化硅）、稳泡剂（磷酸钠）及助熔剂（硼砂）的协同作用机制。通过阶梯式热工制度，成功制备出具有蜂窝状孔结构的非晶态泡沫玻璃，其平均孔径控制在 0.2~0.5 mm，导热系数低至 0.056 W/(m·K)。实验表明，发泡剂掺量与孔径呈正相关性，而稳泡剂与助熔剂对孔结构影响较弱。XRD 分析证实材料主相为玻璃基质，伴有微量钙铁透辉石晶相，这解释了材料兼具低热导率与较高抗压强度的特性。

韩兵强等[7]则聚焦于含钛高炉渣提取硅钛合金提取尾渣的高值化利用，开发出钙长石-尖晶石质轻质多孔材料制备技术。研究揭示尾渣主要物相为铝酸一钙（CA）、镁铝尖晶石（MA）及残余硅酸盐相。通过调控原料配比、发泡剂及烧成制度，获得显气孔率$(75\pm2)\%$、体积密度 450~850 kg/m^3 的优化产物。物相演变分析表明，高温下 CA 与石英反应生成钙长石，而 MA 相作为增强骨架抑制结构坍塌。该材料在 800 ℃热震循环后仍保持 92%的强度保留率，展现出优异的抗热震性能，适用于高温窑炉隔热衬里。

含钛高炉渣在非建材领域的应用虽拓展了其资源化路径，但钛资源的低效利用问题仍为核心瓶颈。具体而言，该渣体可用于石油支撑剂、微晶铸石、家庭卫生陶瓷、耐碱玻璃纤丝等制备过程，以实现高值转化。然而，上述应用均未实现钛元素的选择性提取，会造成大量钛资源的浪费。

9.2.2.2 含钛高炉渣获得 Ti（含 TiO_2、$TiCl_4$、TiC、Ti(C,N)、Ti 合金）

含钛高炉渣的钛提取技术主要分为火法冶金、湿法浸出及富钛渣制备三大类。火法提钛工艺包括高温碳（氮）化-选择性分离碳（氮）化钛、高温碳化-低温选择性氯化及相分离技术等路线。湿法提钛工艺通常以酸性浸出为主（碱性体系研究较少），其核心流程为：通过酸液与含钛高炉渣反应生成混合溶液，经过滤、除杂得到净化液，再经水解、萃取、沉淀、洗涤及焙烧等工序制备钛白粉及副产品。相较于火法工艺，湿法提钛具有流程短、设备投资少、能耗低等优势，但目前相关技术仍处于实验室研究阶段。该工艺在矿石处理方面表现出工艺简单、生产成本可控等特点，未来需进一步突破浸出效率与资源综合利用的技术瓶颈。

A TiO_2 的提取方法

a 含钛高炉渣（钙钛矿）-硫酸法生产钛白粉

目前我国 98%以上的钛白粉生产采用含钛高炉渣（钙钛矿型）-硫酸法工艺。该技术路线最早由莫似浩等于 1986 年提出，其核心工艺为：首先使用浓度 50%~85%的浓硫酸，在 160~230 ℃温度区间内对含钛高炉渣进行酸解处理，经酸解反应后，通过水解、分离得到硫酸钛溶液与固体残渣，对硫酸钛溶液实施煅烧工艺，最终获得钛白粉产品。

严芳等[8]针对水淬含钛高炉渣的酸解动力学特性开展研究，采用 20%硫酸溶液为浸出介质，发现浸出过程呈现明显的阶段性特征：前期浸出阶段，钛、铝、镁等元素以非晶态物质形式快速溶出，其中铝元素几乎完全浸出，钛和镁的浸出率分别达 64%和 46%，通过引入边磨边浸工艺，可显著强化钛元素的溶出效率；后期浸出阶段主要针对被难溶性物相包裹的细晶粒钛酸钙，其溶出速率较为缓慢。经两段浸出工艺处理后，高炉渣中钛元素的综合浸出率可提升至 94%以上。该研究揭示了含钛高炉渣酸解过程中不同物相的溶出规律，为优化浸出工艺参数提供了理论依据。

该工艺通过优化酸解条件实现了钛资源的高效转化，但生产过程中存在浓硫酸消耗量大、高温酸解能耗高、副产物处理复杂等问题，制约着工艺的进一步优化升级。

b 含钛高炉渣-硫酸铵-氨水沉淀法

含钛高炉渣经 70~100 μm 超细研磨后，按 1∶6 比例与硫酸铵混合，置于高温炉内 350 ℃煅烧 27 min 形成熔融物。将该熔融体经去离子水溶解、多级过滤分离后，滤液采用氨水沉淀工艺处理。通过调控 2-羟基丙烷-1,2,3-三羧酸与硅的摩尔比为 1∶1，乙二胺四乙酸二钠（EDTA）与铁离子的螯合比例 3∶1，并控制体系 pH 值至 2.0，在 90 min 反应时间内生成含钛前驱体。经 600 ℃高温煅烧后，获得 TiO_2 纯度达 96.35%的白色粉体[9]。

该工艺通过化学沉淀法有效提升了钛白粉纯度，但熔融过程中会释放大量氨气，不仅加剧设备腐蚀，还存在刺激性气味污染问题，需配套尾气回收系统实现循环利用。此外，高温煅烧环节能耗较高，未来需开发低温合成技术以降低工业化生产成本，同时探索绿色化处理工艺路径。

c　含钛高炉渣-盐酸法

工艺流程是含钛高炉渣与盐酸混合酸解后，再通过进一步水解获得盐酸钛液，经焙烧获得钛白粉。曹洪杨等[10]采用改性含钛高炉渣为原料，通过盐酸加压浸出工艺提取 TiO_2，实验数据显示，当控制反应参数为温度 120 ℃、盐酸浓度 30%、渣酸比 1∶15、反应时长 25 h 及原料粒度 60 μm 时，钛浸出率可达 95%以上。该技术高酸渣比导致盐酸消耗量剧增，同时高温酸解与长时间反应造成能耗攀升，配套的高温煅烧工序进一步提高生产成本。此外，生产过程中产生的大量废酸与固体残渣难以有效处理，形成严重的环境负荷。上述技术瓶颈使该方法目前仍停留在实验室研究阶段，工业化应用面临技术经济与环保双重挑战。

d　含钛高炉渣-钠盐提钛技术

该工艺将 NaOH 与含钛高炉渣进行混合，通过高温熔融反应 Na_2TiO_3，再利用钛酸盐水溶特性，通过水浸或碱浸实现渣钛分离，最后对钛液加热和焙烧，即可获得钛白粉。

基于镁铝尖晶石优先于透辉石与助剂 Na_2CO_3 发生反应，而钙钛矿保持化学惰性的特性，何思祺等[11]设计了 Na_2CO_3 协同含钛高炉渣高温焙烧-水浸分离工艺。该工艺通过调控焙烧温度至 900 ℃、碱渣质量比 2∶1 及反应时间为 189 min，实现了 Si、Al、Ti 3 种组分的分离。其中焙烧熟料经去离子水水浸后，硅铝组分以可溶性硅酸盐和铝酸盐形式进入浸出液，而钛组分因钙钛矿结构稳定保留在浸出渣中。在最优实验条件下，SiO_2 和 Al_2O_3 的提取率分别达 47.52%和 82.97%，浸出渣中 TiO_2 含量显著富集至 58.36%。该工艺利用矿物反应活性差异实现了有价元素的高效分离，为含钛高炉渣的资源化利用提供了新路径。

但是该工艺耗碱量大，钠盐回收利用的同时增加生成成本，且该方法提钛效果较差，在提钛过程伴随高温、残渣堆积和污染环境等问题，抑制其大范围应用。

e　其他的提钛技术

李晨等[12]摒弃传统高温钛盐溶液富集工艺，创新采用低温混合酸浸技术处理含钛高炉渣。该工艺利用盐酸和硫酸（体积比 3∶1）的协同作用，在 6 mol/L 酸浓度、酸渣比 1.2∶1 条件下，80 ℃反应 5 h，使钙、铝、镁、铁等元素选择性溶出至酸性滤液，钛元素则富集于滤渣中。滤液经化学沉淀可分步回收钙、镁、铝、铁等金属，盐酸通过精馏实现循环利用；富钛滤渣经二次酸浸提钛，所得钛液经水解、焙烧工序制备钛白粉。优化条件下滤渣中 TiO_2 含量可达 30%以上，并降低能耗。

针对含钛高炉渣物相密度差小、重选效率低及后续处理成本高等难题，郭培民等[13]提出二步调渣分离富集法。该工艺通过调控炉渣成分与温度制度，首先实现钛元素的选择性富集，再利用熔分技术分离硅铝组分。经两步处理后，可获得 TiO_2 纯度达 65%的富钛渣，同时副产硅铝质材料用于建材生产，钛资源回收率提升至88%。该技术路线突破传统物理分选局限，通过化学调控实现资源高效分离，兼具技术经济性与环境友好性，为我国含钛高炉渣规模化利用提供了创新解决方案。

B 高温碳化-碳化渣分选-制备Ti(C,N)和TiC

Ti(C,N)因具有低密度、高熔点、高硬度及优异抗氧化性等特性，被广泛应用于高端耐火材料及硬质合金领域[14]。现有工艺主要采用高温碳氮化—物理分选路线：将1600~1800 ℃高温液态高炉渣导入密闭电炉进行碳化反应，经3次选矿分离得到Ti(C,N)精矿。李慧等[15]采用等离子炉对高钛渣实施1700 ℃碳氮化处理，钛的碳氮化率达92%，其中大于20 μm的Ti(C,N)晶粒占比40%，经重选获得Ti(C,N)含量大于50%的钛精矿，钛回收率超90%。

该方法能耗高、晶粒必须长到足够大以便选矿分离、不宜酸浸，易产生大量“三废”污染环境。

C 高温碳化-低温氯化制法

含钛高炉渣高温选择性碳化-低温选择性氯化工艺提取$TiCl_4$的关键在于精准控制反应温度：首先在1500 ℃以上使TiO_2与碳反应生成TiC，随后降温至400~500 ℃时，氯气选择性氯化TiC生成气态$TiCl_4$，其他组分仍以固相存在。气态$TiCl_4$经除杂精炼后可作为海绵钛及钛白粉生产原料。

该工艺有效突破钛元素在炉渣中分布离散、低品位钛资源提取效率低下的技术瓶颈，同时规避钙镁高含量对氯化工艺的不利影响。其具有分离效率高、氯化残渣可建材化或肥料化利用实现零污染排放的优势和广阔的市场前景。但其碳化工艺体系不完善、氯化残渣利用率不足、粗四氯化钛精制技术待突破，特别是碳化钛氯化热平衡控制技术尚未完全解决。未来需重点攻关碳化动力学调控、氯化热管理及残渣高值化利用技术，构建更具竞争力的绿色冶金工艺体系。

9.2.2.3 含钛高炉渣用于制备含钛合金

含钛高炉渣富含钛、铁等有价元素，是制备含钛合金的优质原料。在制备过程中，首先通过物理或化学选矿方法，富集渣中的钛元素，提升其品位。之后，采用先进的熔炼技术，比如真空熔炼，精确控制温度与成分，去除杂质，将精选后的含钛物料与其他合金化元素融合。利用含钛高炉渣制备的含钛合金，广泛应用于航空航天、化工等领域。一方面，降低了合金的生产成本；另一方面，实现了工业废渣的资源化利用，减轻环境负担，契合绿色可持续发展理念，具有显著的经济效益和环境效益。

9.2.2.4 含钛高炉渣用于制备吸附剂

含钛高炉渣因其独特的物理化学性质被广泛研究作为高效吸附剂。其内部多孔结构、高比表面积以及含有的活性矿物相（如钙钛矿、透辉石等），赋予其优异的吸附能力。研究表明，通过酸处理或高温活化可进一步优化孔隙结构，增强表面官能团活性，从而提升对重金属离子、磷酸盐及有机污染物的吸附性能。Cr(Ⅵ)是一种有害污染物，既污染水环境，也会对人体造成伤害。董晓涵等[16]以工业固废含钛高炉渣为原料，通过酸浸得到浸出渣基体，经壳聚糖改性，制备一种新型GLZ-jcz/CS复合吸附剂，用来去除废水中的Cr(Ⅵ)。并研究了吸附温度、废水pH值、吸附剂量、Cr(Ⅵ)初始浓度、吸附时间对Cr(Ⅵ)吸附性能的影响，发现吸附温度为70 ℃、废水pH=4、吸附剂用量为0.13 g、

Cr(Ⅵ) 初始浓度为 50 mg/L、吸附时间为 2 h 时，吸附率可达到 99.8%，吸附容量达到 67 mg/g，GLZ-jcz/CS 复合吸附剂经过 6 次洗脱，吸附率仍可达到 96%以上。

9.2.2.5　用于制备抗菌材料

含钛高炉渣作为钢铁冶炼副产物，其矿物组成中含有二氧化钛、钙镁硅酸盐等活性成分，为抗菌材料的开发提供了独特资源。邹爽等[17]以攀钢的含钛高炉渣作为光催化剂抗菌材料，通过抑菌环法和烧瓶振荡法对其进行抗菌性能评价。结果表明其在紫外区域有一定的光吸收能力，主要组成为钙钛矿和透辉石；含钛高炉渣大肠杆菌（ATCC25922）无明显抑菌作用，对白色念珠菌（ATCC10231）抑菌作用表现不明显，而对金黄色葡萄球菌（ATCC6538）表现出一定抑菌性，在作用 1 h 时抑菌率达 54.54%。

9.3　含钒钢渣

9.3.1　含钒钢渣的来源

含钒钢渣是钒钛磁铁矿冶炼流程产生的固体废物，其产生过程有两种途径：一种是钒渣吹炼后的半钢中的余钒，经过炼钢氧化后进入钢渣中得到的含钒钢渣；另一种途径是未经吹炼钒渣的铁水直接炼钢得到的含钒钢渣，如图 9-1 所示。

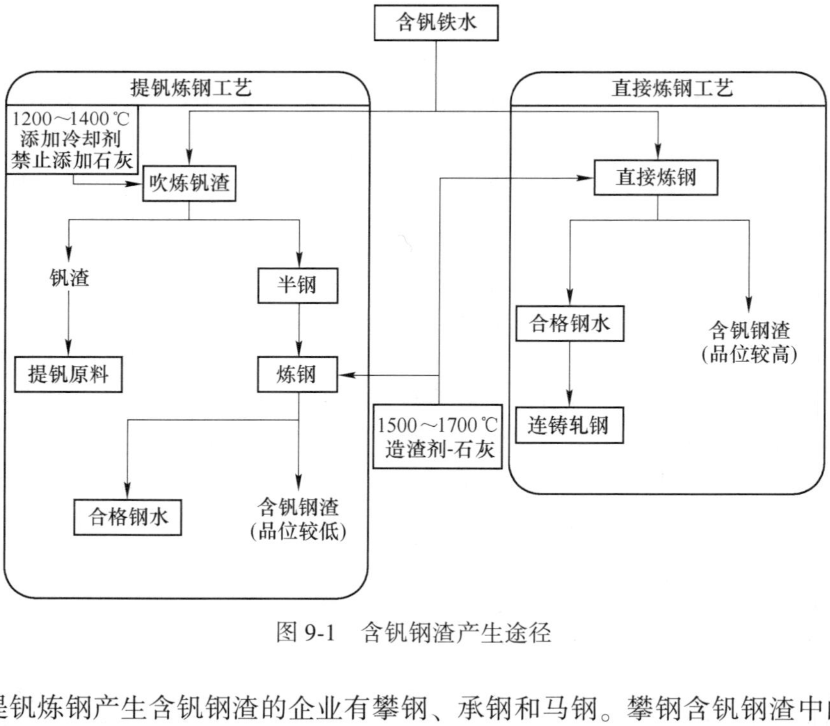

图 9-1　含钒钢渣产生途径

国内提钒炼钢产生含钒钢渣的企业有攀钢、承钢和马钢。攀钢含钒钢渣中的 V_2O_5 的品位在 2.5%~5%，承钢含钒钢渣 V_2O_5 品位在 1%~4%，马钢的含钒钢渣中 V_2O_5 品位达 2%~4%。另外，南非采用的摇包提钒工艺和新西兰采用的铁水包吹钒工艺，得到的半钢含残钒高达 0.2%，这些钒会在进一步吹炼氧化过程中形成含钒钢渣。我国攀钢、承钢等企业每年产出的含钒钢渣达百万吨。其中，含钒铁水未经吹炼钒渣而直接进入炼钢系统产生的含钒钢渣超过 40 万吨，由于缺乏成熟的工艺和技术，除了极少数的含钒钢渣返回炼铁工序利用以外，大多数的含钒钢渣尚未得到有效的提取利用。虽然含钒钢渣中的 V_2O_5 品位（在 1%~5%波动）与钒渣相比较低，但与石煤中 V_2O_5 品位（0.13%~1.2%）相比，仍然要高出很多。近几年，随着钒价格居高不下，钒渣供不应求，含钒钢渣必将成为一种重要的、可以利用的二次资源。

各国对钢渣的处理和综合利用都很重视，发达国家转炉钢渣利用率都较高，我国转炉钢渣利用率仅为 50%。普通钢渣经处理可作为冶金原料、水泥、路基材料等建筑材料，还可作为农业磷肥或废水吸附剂。由于含钒钢渣中钙、铁的质量分数较高，含钒品位较低，钒赋存状态复杂，弥散分布于多种矿相中，使得其中的钒按现有工艺难以得到高效提取。至今，含钒钢渣在提钒技术上仍未取得关键性突破，大多数堆存，如图 9-2 所示。

图 9-2 含钒钢渣渣场堆存场景

9.3.2 含钒钢渣湿法提钒利用现状

含钒钢渣中钒的提取主要采用湿法工艺，也就是将含钒钢渣作为含钒原料经过湿法冶金过程直接提钒。随着湿法提钒工艺的发展日趋成熟，含钒钢渣逐渐成为一种新的钒资源。传统的湿法提钒工艺主要包括钠盐高温焙烧—浸出—铵盐沉钒等工序，工艺成熟可靠，但该工艺会产生有害窑气及大量的高盐氨氮废水，且对于高钙含钒钢渣提钒时钒的回收率低。另外，也可以采用火法冶炼将含钒钢渣返回炼铁系统，经炼钢炼出高品位钒渣，再进一步提钒。但是由于含钒钢渣的磷、硫含量较高，回吃难度较大。俄罗斯的下塔吉尔钢铁联合公司曾对该工艺展开大量的研究与试验，但是未能形成可靠的工艺路线。攀钢等多家企业也曾开展矿热炉熔炼含钒钢渣生产低钒铁试验，取得了成功，但成本过高，要实现工业化生产还需做大量工作。此外，随着二次资源利用新技术如选择性析出的逐渐完善，其有望应用于含钒钢渣提钒，并带来一些突破性的进展。

9.3.2.1 钠化焙烧

A 钠化焙烧-碳酸化浸出

钠化氧化焙烧提钒工艺是目前工业化生产应用最多的提钒工艺，其基本过程是向含钒原料中添加少量的工业盐或碳酸钠，通过高温氧化焙烧将原料中的低价钒氧化为五价钒，并转化为可溶性钒酸钠。对熟料浸出得到含钒溶液，再采用二次沉淀法得到偏钒酸铵或多钒酸铵，煅烧后即可得五氧化二钒产品。含钒钢渣钠化焙烧法提钒工艺，是将含钒钢渣经粉磨后添加15%~20%的 Na_2CO_3，焙烧温度控制在1050 ℃左右，高温段保温2 h后，生成块状熟料，钒的转浸率为76%，总回收率达到65%，较火法提钒收率高，但与钒渣相比相对低。

钠化焙烧工艺较为成熟，对设备要求不高，技术简单，世界上多数钒生产厂家也多采用此工艺进行提钒。但对于高钙的含钒钢渣而言，易生成难溶于水的钒酸钙导致钒无法浸出，需要通过碳酸化方可浸出。我国从20世纪80年代就对含钒钢渣湿法提钒进行了研究，其最有代表性的是钠盐焙烧-碳酸化浸出工艺。中国科学院化工冶金研究所（现中国科学院过程工程研究所）进行了大量的研究，并对浸出动力学深入研究[18]。含钒钢渣碳酸化浸出反应为气液固多相反应，主要原理是将钒酸钙转化为更难溶碳酸钙沉淀，钒生成可溶性的钒酸钠进入溶液。随着 CO_2 的通入，pH值逐渐降低，生成的 Na_2CO_3 又生成 $NaHCO_3$，后者的浸出速度更快。钠化焙烧-碳酸化浸出提钒工艺通过实验室试验、半工业试验和工业试验的系列研究，贯穿全流程，得到了成熟的工艺路线，钒总回收率为55%~60%。中科院化工冶金研究所曾在南京铁合金厂针对该工艺开展了半工业化试验，采用原有的机械搅拌浸出槽改成气体搅拌碳酸化浸出槽。钒的收率可达58%，但是该工艺辅料消耗量大，碱耗较高，生产成本比较高，仅适用于钒品位较高的原料。

成都科技大学采用类似的焙烧方法处理攀钢平炉钢渣，获得了不错的提钒效果。为提高钢渣转化率，在焙烧的过程中添加了食盐。将含CaO含量23.11%~42.15%，V_2O_5 含量1.78%~6.36%的钢渣与苏打（10%~25%）和食盐（4%~10%）混合焙烧，焙烧温度850~1100 ℃，焙烧时间2~3.5 h，焙烧后在60~70 ℃的温度下通入 CO_2 浸出熟料，钒转浸率大于70%。

由于含钒钢渣中钒的品位相对较低，焙烧后熟料经一次浸取后，浸出液中五氧化二钒浓度较低，一般小于10 g/L，达不到经济的沉钒浓度。工业生产上大都是采用连续、逆流、循环浸取的方式来提高浸出液的 V_2O_5 浓度。钠化焙烧经过长期的发展，虽已比较成熟，但焙烧过程中所产生的 Cl_2、HCl、SO_2 污染空气，环境效益差。同时，V_2O_5 的转浸率和回收率较低，从浸出液到得到钒产品工艺流程较长，物料消耗大，生产成本比较高，不适合于含 V_2O_5 低、含CaO高的转炉渣，使得该方法的应用受到了限制。

B 钠化焙烧-碱浸

伊朗德黑兰大学Fereshteh Rashchi团队针对Esfahan钢铁公司生产的LD转炉含钒钢渣进行一系列研究[19-21]，提出了钠化焙烧-碱浸的钢渣提钒工艺，通过碱浸或酸浸的方法强化钢渣的分解。其钢渣主要物相包括：焦钒酸钙（CaV_2O_7）、氢氧化钙（$Ca(OH)_2$）、铁酸钙（$CaFe_2O_5$）、硅酸钙（Ca_3SiO_5）。钠化焙烧-碱浸是在钢渣中添加20%的碳酸钠，在1000 ℃下焙烧2 h得到焙烧熟料，焙烧后钢渣的物相组成包括偏钒酸钠（$NaVO_3$）、氢氧化钙（$Ca(OH)_2$）、铁酸钙（$Ca_2Fe_2O_7$和$CaFeO_2$）和锰酸钙（$CaMn_2O_4$）。显然，钠盐焙烧后钢渣中的CaV_2O_7转化为水溶性的$NaVO_3$，在NaOH溶液中浸出得到$NaVO_3$浸出液。NaOH碱溶液有助于提高钢渣的分解率，从而实现钒的高效提取。并获得碱法浸出的最优工艺条件：NaOH浓度为3 mol/L、粒度小于0.85 mm、液固比15∶1、温度70 ℃、浸出时间150 min，钒的提取率可达94%。

虽然该方法的钒提取率很高，但钠盐消耗量较钠化焙烧-碳酸化浸出方法更大，不仅在焙烧过程添加了渣量20%的碳酸钠，而且浸出过程中使用了100～200 g/L的NaOH溶液，这势必导致钒浸出液中氢氧化钠浓度增高。过高的钠盐含量造成生产成本的升高，导致后续酸法沉钒困难，钒产品氢氧化钠浓度高，难以获得合格的钒产品。目前该方法仅进行了实验研究，工业可行性有待考证。

C 钠化焙烧-酸浸

Fereshteh Rashchi团队提出的钠化焙烧-酸浸，是在与钠化焙烧-碱浸同样的焙烧条件下得到焙烧熟料，在硫酸溶液中浸出得到硫酸氧钒浸出液。通过考察硫酸浓度、熟料粒度、浸出液固比和反应温度对钒提取率的影响，获得焙烧-酸浸的优化工艺条件：H_2SO_4浓度为3 mol/L、粒度小于0.85 mm、液固比15∶1、温度70 ℃、浸出时间150 min，钒的提取率可达95%[21]。作者还采用反应曲面法（Response Surface Methodology，RSM）研究方法对工艺参数进一步优化，获得了更优的浸出条件：H_2SO_4浓度2.05 mol/L、液固比20∶1、温度70 ℃、搅拌转速558 r/min、浸出时间60 min，钒的提取率达96%[22]。

钠化焙烧-酸浸方法虽然钒的转化率较高，但由于钢渣钒品位低，单位钒产品的钠盐和硫酸的消耗量较大。其未对浸出液的成分进行深入分析，但酸浸液通常杂质浓度较高，钒的分离提取复杂，工艺的可行性有待验证。

9.3.2.2 钙化焙烧

钙化焙烧是将含钒原料与石灰等钙质添加剂混合，经高温焙烧后酸浸或者碳酸化浸出的过程。由于含钒钢渣中含有一定量的氧化钙，焙烧过程可降低氧化钙的消耗。钙化焙烧过程是将钒转化成难溶于水的钒酸钙（$Ca(VO_3)_2$、$Ca_2V_2O_7$），因此必须采用特殊的浸出方法，如酸浸或者碳酸化浸出等。邹晓勇等[23]研究发现，含钒钢渣经钙化焙烧后，有效提高了钒在弱酸条件下的浸出率，转化率较空白焙烧-酸浸工艺大幅提高。钙化焙烧反应式如下。

$$V_2O_3 + O_2 = V_2O_5 \tag{9-1}$$

$$2V_2O_4 + O_2 = 2V_2O_5 \tag{9-2}$$

$$V_2O_5 + V_2O_3 + 4CaO + O_2 = 2Ca_2V_2O_7 \tag{9-3}$$

$$V_2O_5 + V_2O_3 + 6CaO + O_2 \longrightarrow 2Ca_3(VO_4)_2 \tag{9-4}$$

该工艺由于在焙烧过程未加入工业盐，废气中不产生Cl_2、HCl等有害气体，消除了钠化焙烧工艺的有害窑气污染问题。焙烧后的浸出尾渣中不含钠盐，富含钙，有利于综合利用，解决了尾渣堆存的危害。但钙化焙烧对物料特性具有一定的选择性，对一般含钒钢渣存在转化率偏低、成本偏高等问题，不适于大量生产。

9.3.2.3　降钙焙烧

含钒钢渣中钙含量非常高，一般达到40%左右，采用传统焙烧提钒工艺，钒会在焙烧过程生成难溶于水的钒酸钙，采用水浸或者碱浸工艺浸出率较低，采用酸浸工艺，钒酸钙会与酸结合，酸耗很大，成本较高。针对以上问题，Amiri M C 提出了磷酸盐降钙钠化焙烧方法，在含钒钢渣中将一定量的 Na_3PO_4、Na_2CO_3混合加入，焙烧过程中 Na_3PO_4 与含钒钢渣中的 Ca 结合生成更难溶于水的 $Ca_3(PO_4)_2$，钒与 Na_2CO_3结合生成可溶性钒酸钠，然后通过水浸提钒得到含钒溶液。该方法存在着磷酸盐的配比大、成本高的问题，磷酸盐的加入带入杂质磷，造成后续除杂困难，产品品质下降。因此，该方法尚未工业化推广，只停留在实验室研究阶段。智利 CAP 钢厂转炉采用碱性吹氧精炼工艺，得到的含钒钢渣 CaO 和 P 的质量分数较高，钒主要以 $CaO \cdot P_2O_5 \cdot V_2O_5$ 及 $CaO \cdot V_2O_5$ 两种形态存在。为优化钒资源回收效率，该厂采用黄铁矿协同焙烧-酸浸-红饼沉淀的联合工艺：在焙烧阶段，通过引入黄铁矿（FeS_2）触发钙组分硫酸盐化反应，使钢渣中的 CaO 转化为惰性硫酸钙（$CaSO_4$），从而实现选择性降钙，有效降低后续酸浸工序的酸耗；经焙烧后的熟料通过酸浸提取钒组分，最终经沉淀获得钒红饼产品。工艺全流程中，钒的综合回收率可达约80%，兼具经济性与环境友好性。

9.3.2.4　空白焙烧

空白焙烧工艺是在焙烧过程中不添加任何添加剂，目的是将低价钒在高温下转化为酸可溶的高价钒，并与原料中的钙、镁、锰等结合成钒酸盐，焙烧后熟料采用硫酸将钒浸出。该工艺的优点是过程不添加任何添加剂，环境负荷小，成本相对较低，但由于采用酸浸工艺，浸出液中杂质较多，须进一步除去铁、锰等杂质。另外，焙烧转化率和热利用效率低，同时，空白焙烧后采用酸浸，酸耗较高，对生产成本影响最大，沉钒时铵盐消耗也较高，因而生产规模小。

9.3.2.5　直接酸浸提钒

含钒钢渣具有一般钢渣的特性，具有氧化钙、硫、磷和铁质量分数高，钒质量分数低的特点，不适应钠盐或钙盐碱性体系提钒，需引入酸体系，最大限度减少氧化钙、硫和磷的影响。酸浸提钒主要是将含钒钢渣经选铁预处理后深度细磨，用一定酸度的硫酸在助剂作用下浸出，使钒进入溶液。

目前研究较多的酸浸方法主要有硫酸和盐酸浸出工艺，硫酸直接酸浸提钒工艺具有原料易得、成本低等优点，但过程中硫酸浓度高，浸出时间长，且大部分硫酸盐难溶于水。盐酸的反应能力较硫酸更强，且大部分氯化物的溶解度更大，但是盐酸的腐蚀性更强，易挥发，操作环境恶劣。直接酸浸提钒是指不用焙烧而直接用湿法提钒（一般用于氧化剂存在下）。

杨静翎等[24]系统研究了硫酸直接浸出含钒钢渣的工艺流程，主要包括浸出、萃取、反萃、氨水沉钒、煅烧这几个主要步骤。钒的浸取率达到95%以上，提钒酸浸液经固液分离后得到 V_2O_5 含量 15~20 g/L 的酸浸溶液。酸浸过程中，钒以离子形式进入溶液，同时大量的其他杂质离子也浸出液相，采用 TBP 和 P204 混合萃取剂萃取钒，可以实现钒液的净化和浓缩。得到的 $VO(OH)_2$ 在水中的溶解度比五价的多钒酸铵低，钒的沉淀更彻底。而且，沉钒废水可用来稀释液氨生产氨水来沉淀下一批次的反萃液，实现废水的循环利用，减少了酸浸工艺废水污染的问题。$VO(OH)_2$ 沉淀经烘干后送马弗炉，于 500 ℃煅烧 2 h，可得 V_2O_5 纯度为 99%以上的产品。

刘文[25]提出一种湿法酸浸钢渣提钒方法，主要步骤包括：预处理、酸浸、氧化、萃取、沉钒、溶片。

（1）预处理。含钒钢渣经原料预处理，磨细达到所需粒径并除去所夹带的铁后，送入酸浸工段。

（2）酸浸。酸浸分两段进行，第一段酸浸除去大部分 Fe、Cr、Mn、Si、P、S 等杂质，底流进行二段酸浸提钒，钒以三价和五价钒共存的形式进入浸出液。两段酸浸可以减少酸的消耗量，最大限度地降低钒液除杂负担。

第一阶段控制 pH 值在 4 左右，钢渣中的钒主要以钒酸钙形式留在渣中，大量的 Fe、Cr、Mn、S 和 P 等杂质被浸出，以离子形态进入上清液，铁以硫酸亚铁形式存在，铬在硫酸亚铁还原作用下以 Cr^{3+}形式存在于上清液，Mn、S 和 P 也一同进入液相。底流钒酸钙进入二段浸出，上清液用黄铵铁矾除铁，分离后的黄铵铁矾用作炼铁原料，清液循环浸出。反应方程式如下：

$$Fe + H_2SO_4 = FeSO_4 + H_2 \tag{9-5}$$

$$FeO + H_2SO_4 = FeSO_4 + H_2O \tag{9-6}$$

$$MnO + H_2SO_4 = MnSO_4 + H_2O \tag{9-7}$$

$$3Fe^{2+} + Cr^{6+} = 2Fe^{3+} + 2Cr^{3+} \tag{9-8}$$

$$S + 2H_2SO_4 = 3SO_2 + 2H_2O \tag{9-9}$$

$$2P + 5H_2SO_4 = 5SO_2 + 2H_2O + 2H_3PO_4 \tag{9-10}$$

$$Cr_2O_3 + 3H_2SO_4 = Cr_2(SO_4)_3 + 3H_2O \tag{9-11}$$

$$CaO + FeS + 2O_2 = FeO + CaSO_4 \tag{9-12}$$

第二段浸出将 pH 值控制在 1 左右，在加热条件下，钒以 V^{3+}和 V^{5+}的形式存在于浸出液中，一段浸出的余量 Fe 和 Cr 在高酸度条件下溶出进入溶液，液相净化处理，残渣送至渣场堆存。反应方程式如下：

$$Fe_2(SO_4)_3 + 2H_2O = 2Fe(OH)SO_4 + H_2SO_4 \tag{9-13}$$

$$2Fe(OH)SO_4 + 2H_2O = Fe_2(OH)_4SO_4 + H_2SO_4 \tag{9-14}$$

$$Fe(OH)SO_4 + Fe(OH)_4SO_4 + 2NH_3 \cdot H_2O = (NH_4)_2Fe_6(SO_4)_4(OH)_{12} \tag{9-15}$$

$$V_2O_5 + H_2SO_4 = (VO_2)_2SO_4 + H_2O \tag{9-16}$$

$$Ca(VO_3)_2 + 2H_2SO_4 = (VO_2)_2SO_4 + CaSO_4 + 2H_2O \tag{9-17}$$

（3）氧化。酸浸液中部分钒以低价钒形式存在，如 V(Ⅲ) 和 V(Ⅳ)，为提高钒的萃取率，酸浸液中三价钒必须预处理氧化成五价，氧化剂可以选择双氧水、次氯酸钠和臭氧，用氨水调节 pH=1.5，达到萃取钒的 pH 值要求。

（4）萃取。氧化处理的酸浸液经过 N235+TBP+磺化煤油萃取体系处理，通过调控工艺参数，将钒萃入有机相，洗涤除去 Fe^{3+}，含钒有机相经纯碱反萃得到含钒溶液，并按照传统钠化焙烧提钒工艺提取五氧化二钒。

9.3.2.6 直接碱浸提钒

A 含钒钢渣高碱度 NaOH 体系浸出

由于含钒钢渣中的钒 95%以上都为高价钒，因此，此部分钒不需要氧化气氛即可与 NaOH 发生反应，另外，含钒钢渣主要矿物组成由 $3CaO \cdot SiO_2(C_3S)$、$2CaO \cdot SiO_2(C_2S)$、

$2CaO \cdot Fe_2O_3$、FeO 相、游离 CaO 等组成，钒与钙结合固熔在不同的物相中。

对于五氧化二钒及钒酸钙主要与 NaOH 发生以下反应：

$$V_2O_5 + 6NaOH(a) \longrightarrow 2Na_3VO_4 + 3H_2O \tag{9-18}$$

$$CaO \cdot V_2O_5 + 6NaOH(a) \longrightarrow 2Na_3VO_4 + Ca(OH)_2 + 2H_2O \tag{9-19}$$

$$3CaO \cdot V_2O_5 + 6NaOH(a) \longrightarrow 2Na_3VO_4 + 3Ca(OH)_2 \tag{9-20}$$

$$2CaO \cdot V_2O_5 + 6NaOH(a) \longrightarrow 2Na_3VO_4 + 2Ca(OH)_2 + H_2O \tag{9-21}$$

为了考察不同钒的物相与 NaOH 反应的热力学条件，计算了式（9-18）~式（9-21）的吉布斯自由能随温度的变化，如图 9-3 所示。在所研究的温度区间，上述 4 个反应的吉布斯自由能均为负，说明上述 4 个反应在热力学上具有发生的可能性。反应式（9-18）、式(9-19）的标准吉布斯自由能随着反应温度的升高越来越负，说明温度的升高有利于 V_2O_5、$CaO \cdot V_2O_5$ 与 NaOH 发生反应。温度的变化对反应式（9-20）和式（9-21）影响不大。从图中还可以看出，不同的钒酸钙物相与 NaOH 反应的趋势不同，其反应趋势的大小顺序为 $CaO \cdot V_2O_5 > 3CaO \cdot V_2O_5 > 2CaO \cdot V_2O_5$。

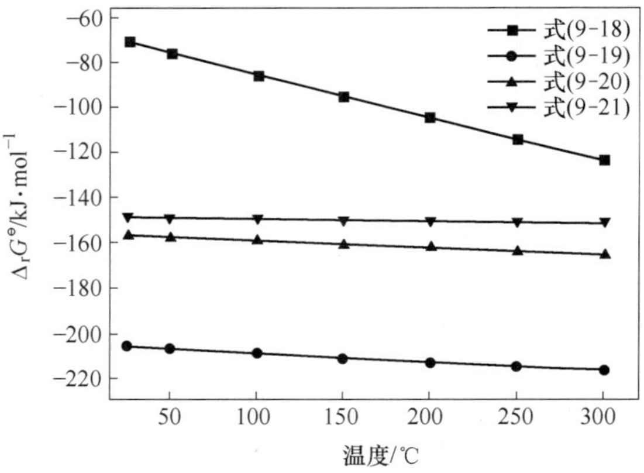

图 9-3　NaOH 与含钒组分反应的吉布斯自由能

另外，含钒钢渣中钒的浸出必须破坏固溶钒的物相。因此，计算了含钒钢渣中其他物相与 NaOH 反应的吉布斯自由能，结果如图 9-4 所示。在所研究的温度范围内，钛酸钙、硅酸二钙与 NaOH 反应的吉布斯自由能为正，说明钛酸钙、硅酸二钙与 NaOH 不反应。硅酸三钙和铁酸钙与 NaOH 反应的吉布斯自由能都为负，说明两种矿相与 NaOH 具有反应的可能性。$3CaO \cdot SiO_2$ 与 NaOH 反应的热力学趋势比铁酸钙要大。且随着温度的增加，$3CaO \cdot SiO_2$ 与 NaOH 反应的吉布斯自由能越来越负，说明温度的增加有利于硅酸三钙的分解。铁酸钙与 NaOH 反应的吉布斯自由能基本保持不变，说明温度的增加对铁酸钙的分解影响不大。以上分析可知，含钒钢渣主要固熔钒的硅酸三钙和铁酸钙相与 NaOH 具有反应的可行性，说明，采用 NaOH 介质提取含钒钢渣中的钒具备热力学条件。

$$2CaO \cdot SiO_2 + 2NaOH(a) + H_2O \longrightarrow 2Ca(OH)_2 + Na_2SiO_3 \tag{9-22}$$

$$3CaO \cdot SiO_2 + 2NaOH(a) + 2H_2O \longrightarrow 3Ca(OH)_2 + Na_2SiO_3 \tag{9-23}$$

$$CaO \cdot TiO_2 + 2NaOH(a) \longrightarrow Ca(OH)_2 + Na_2O \cdot TiO_2 \tag{9-24}$$

$$2CaO \cdot Fe_2O_3 + 2NaOH(a) + H_2O \longrightarrow 2Ca(OH)_2 + 2NaFeO_2 \tag{9-25}$$

图 9-5 为含钒钢渣各组分与 NaOH 反应的标准反应热与温度的关系，在所研究的温度范围内，$3CaO \cdot SiO_2$，$2CaO \cdot Fe_2O_3$ 与 NaOH 反应是放热的，V_2O_5、$CaO \cdot V_2O_5$、$2CaO \cdot V_2O_5$、$3CaO \cdot V_2O_5$ 与 NaOH 反应是吸热的。

研究了不同初始 NaOH 浓度下钒的浸出情况。实验在反应温度为 240 ℃，碱渣比为 4 : 1，反应时间 4 h，搅拌速度为 600 r/min 的条件下，研究了粒度为小于 75 μm 含钒钢在 $NaOH\text{-}H_2O$ 体系中的浸出规律。实验结果如图 9-6（a）所示。随着 NaOH 浓度的增加，

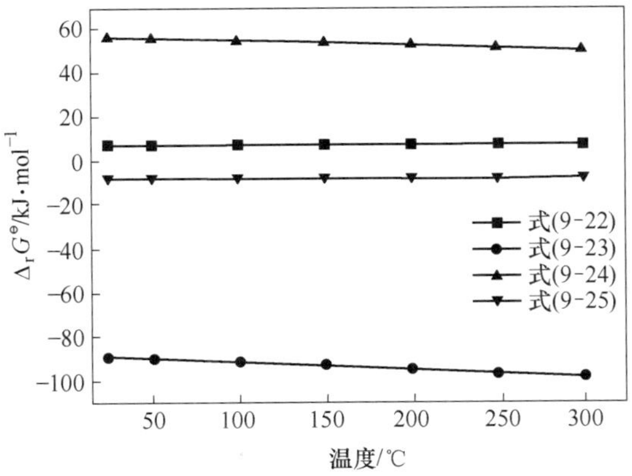

图 9-4　其他组分与 NaOH 反应的吉布斯自由能

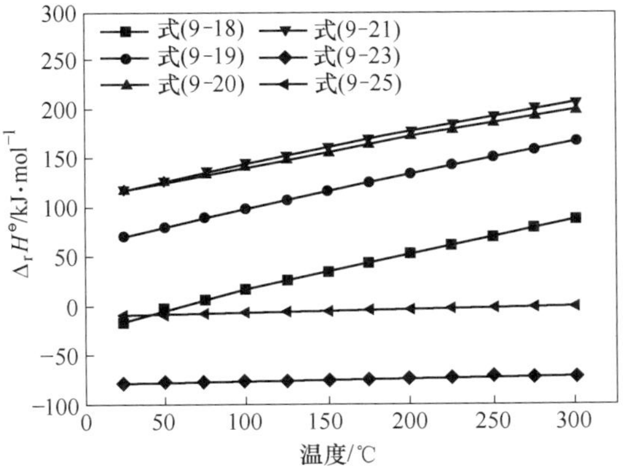

图 9-5　NaOH 与含钒钢渣各组分反应的反应焓变

钒的浸出率一直增加，高浓度 NaOH 提供了一个强化分解的介质，具有良好的流动性，因此对反应物及产物均有一定的溶解度，同时对反应体系起到良好的分散、传递作用以加速反应的动力学过程，能使反应过程进行得更彻底。从图 9-6（a）中可以看出，当初始 NaOH 的质量分数为 40%时，钒的浸出率不足 30%，随着碱度的提升，钒的浸出率逐渐提高，当初始 NaOH 质量分数为 80%时，钒的浸出率达到 80%左右。主要原因是：在反应过程中，除了含钒钢渣中的钒，其他元素包括 Si、P、Al 等也与 NaOH 发生反应，消耗大量的 NaOH。碱度的提升，保证了介质在反应过程中碱度的相对恒定。

含钒钢渣中含有 40%左右 CaO，在反应过程中和尾渣洗涤浆料中存在以下溶解平衡，如式（9-26）所示。由溶解平衡方程式可知为了使钒以可溶性钒酸盐形态存在，必须控制在一定碱度条件下，抑制钒酸钙的生成。否则使得钒的浸出率无法提高。

$$Ca_3(VO_4)_2 + 6NaOH \rightleftharpoons 2Na_3VO_4 + 3Ca(OH)_2\downarrow \tag{9-26}$$

另外，由于含钒钢渣表面致密，采用低碱溶液很难打破。而高碱体系提供了高化学活性的碱金属高浓度离子化介质，具有高反应活性，可破坏和分解固溶了钒的硅酸二钙、铁酸钙等物质，生成可溶性的钒酸盐和不溶的氢氧化钙沉淀。然而，碱度的提高会降低介质的流动性和分散性。并且，碱度过高会影响后续产品处理以及工序能耗，综合考虑，选择 80%为最优碱度。

细颗粒的矿物可以增大比表面积，缩短反应时间。为了研究含钒钢渣不同粒度对钒浸出率的影响，反应过程控制碱渣质量比 4∶1，NaOH 初始含量 80%，反应温度 240 ℃，考察了含钒钢渣粒度对提钒的影响，结果如图 9-6（b）所示。可以看出，随着含钒钢渣粒度的减小，钒的浸出率呈现增长趋势，这是因为随着含钒钢渣粒度的减小，含钒钢渣与 NaOH 介质接触的面积增大，则化学反应活性点增多，导致分解过程强化。另外，在粒度大于 178 μm 时，粒度对钒的浸出率影响较明显。当粒度小于 178 μm 时，对浸出率的影响趋势减缓；当粒度小于 124 μm 时，钒的浸出率可达到 80%以上。但是，若粒度过细，会增加磨矿能耗。综上，选取含钒钢渣粒度为 74~124 μm 进行研究。

温度是影响反应动力学的重要因素，因此研究了不同温度下钒的浸出情况。反应条件为：含钒钢渣粒度为 74~124 μm，碱渣比 4∶1，NaOH 初始含量 80%，钒的浸出曲线如图 9-6（c）所示。从图中可以看出，温度对于钒的浸出速率影响非常大，随着温度的提高，钒的浸出率明显提高，由 160 ℃的 30%的浸出率增长至 240 ℃的 80%。但当温度高于 220 ℃以后，温度对钒浸出率影响减小。在浸出温度 240 ℃时，反应时间达到 2 h 后，浸出率基本达到稳定。

碱渣质量比是影响碱性体系浸出目标元素的重要因素，因此，研究了浸出温度 240 ℃，含钒钢渣粒度为 74~124 μm，NaOH 初始含量 80%，含钒钢渣在 $NaOH\text{-}H_2O$ 体系下碱渣质量比对钒浸出率的影响。结果如图 9-6（d）所示。钒浸出率随碱渣质量比增加逐渐增加，这是由于碱渣比低时，溶液中固体含量增加，黏度增大，阻碍了液相传质和浸出过程的进行。因此，碱渣比越大越有利于钒浸出。然而碱渣比越高，浸出过程中循环的碱量越大，循环效率越低。因此，希望浸出过程的碱渣比越低越好。当碱渣质量比为 3 时，钒浸出率仅为 70%，而当碱渣质量比为 4 时，钒浸出率达 80%以上，碱渣比超过 4，浸出率增加逐渐缓慢。此时，碱渣比再升高已没有意义。因此，选择碱渣比 4∶1 为佳。

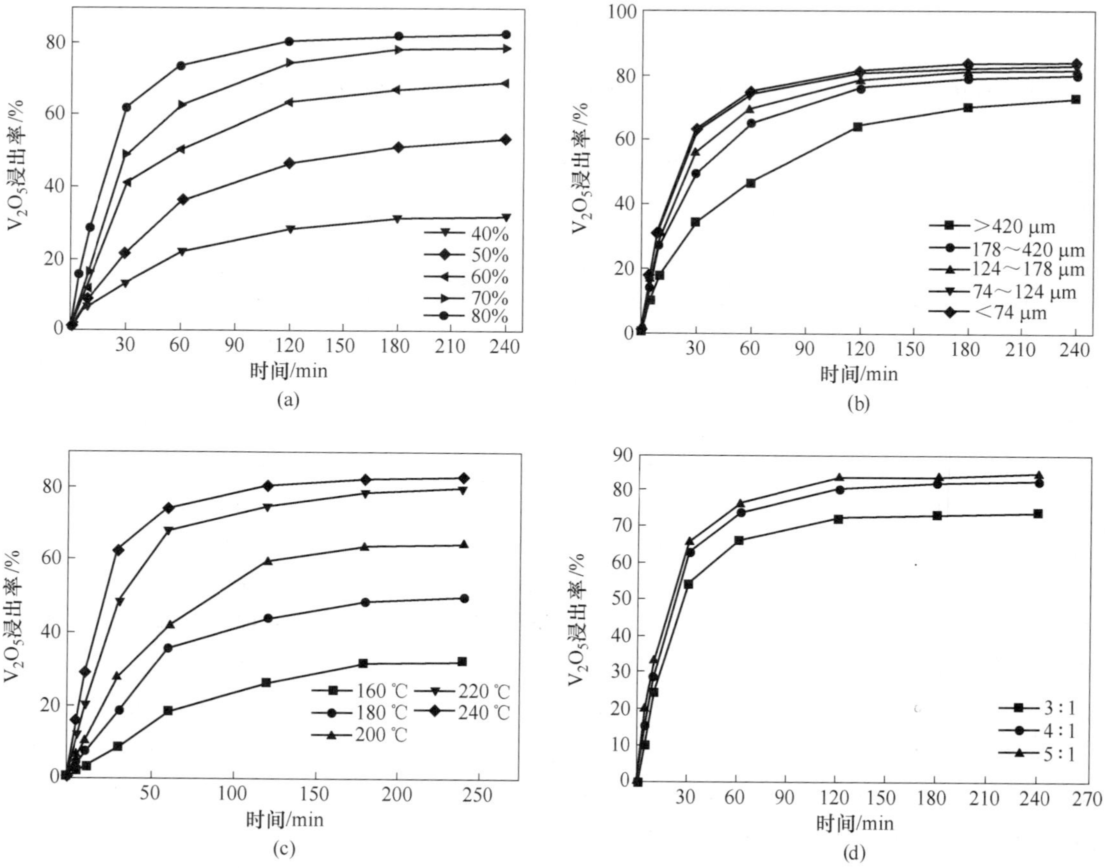

图 9-6　不同碱度（a）、含钒钢渣粒度（b）、反应温度（c）和碱渣比（d）对浸出率的影响

实验结果表明，初始 NaOH 浓度、反应温度、碱渣比和含钒钢渣粒度对钒的浸出均有一定的影响，其中初始 NaOH 浓度和反应温度影响较大，随着初始 NaOH 浓度和反应温度的提高，钒的浸出率大幅提升，而碱比和含钒钢渣粒度对钒的浸出影响很小。单因素实验确定含钒钢渣在 $NaOH\text{-}H_2O$ 体系中分解的反应条件为反应温度 240 ℃，初始浓度为质量分数 80%的 NaOH，碱渣比 4∶1，含钒钢渣粒度 74~124 μm，反应时间 240 min，钒的浸

出率为 82.7%。浸出碱液可通过钒酸钠结晶—钙化实现钒产品的转化。

B 含钒钢渣高浓度 Na_2CO_3 体系浸出

高碱度 Na_2CO_3-H_2O 浸出含钒钢渣中钒的工艺流程如图 9-7 所示。Na_2CO_3-H_2O 体系可以与 VO_3^- 离子间起交换反应，即使钒酸钙转化为溶度积更小的碳酸钙，从而使钒进入溶液。另外，Na_2CO_3 的腐蚀性比 Na_2OH 腐蚀性小，对硅等杂质的浸出率很低，可有效避免硅酸钠的生成对后续过滤的影响。

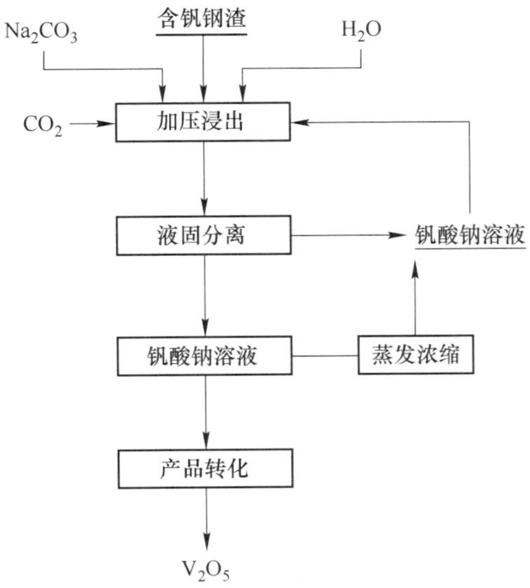

图 9-7 高碱度 Na_2CO_3-H_2O 浸出含钒钢渣中钒的工艺流程

根据含钒钢渣的矿物学特性分析，含钒钢渣主要矿物组成由 $3CaO \cdot SiO_2$ (C3S)、$2CaO \cdot Fe_2O_3$、$2CaO \cdot SiO_2$ (C2S)、FeO 相以及游离 CaO 等组成，钒与钙结合固熔在不同的物相中。对于 V_2O_5 及钒酸钙主要与 Na_2CO_3 发生以下反应：

$$V_2O_5 + Na_2CO_3(a) = 2NaVO_3 + CO_2(g) \tag{9-27}$$

$$V_2O_5 + 3Na_2CO_3(a) = 2Na_3VO_4 + 3CO_2(g) \tag{9-28}$$

$$CaO \cdot V_2O_5 + Na_2CO_3(a) = 2NaVO_3 + CaCO_3 \tag{9-29}$$

$$3CaO \cdot V_2O_5 + 3Na_2CO_3(a) = 2Na_3VO_4 + 3CaCO_3 \tag{9-30}$$

$$2CaO \cdot V_2O_5 + 2Na_2CO_3(a) = Na_4V_2O_7 + 2CaCO_3 \tag{9-31}$$

为了考察含钒物相与 Na_2CO_3 反应的热力学条件，计算了式（9-27）~式（9-31）的吉布斯自由能随温度的变化，如图 9-8（a）所示。25~300 ℃时，V_2O_5 与碳酸钠反应生成偏钒酸钠的吉布斯自由能为负，且小于生成正钒酸钠的吉布斯自由能，也可以看出当温度高于 160 ℃时才会生成正钒酸钠，说明含钒物相与碳酸钠反应倾向于生成偏钒酸钠。$3CaO \cdot V_2O_5$ 与碳酸钠不发生反应，$CaO \cdot V_2O_5$ 与碳酸钠反应生成偏钒酸钠的反应的吉

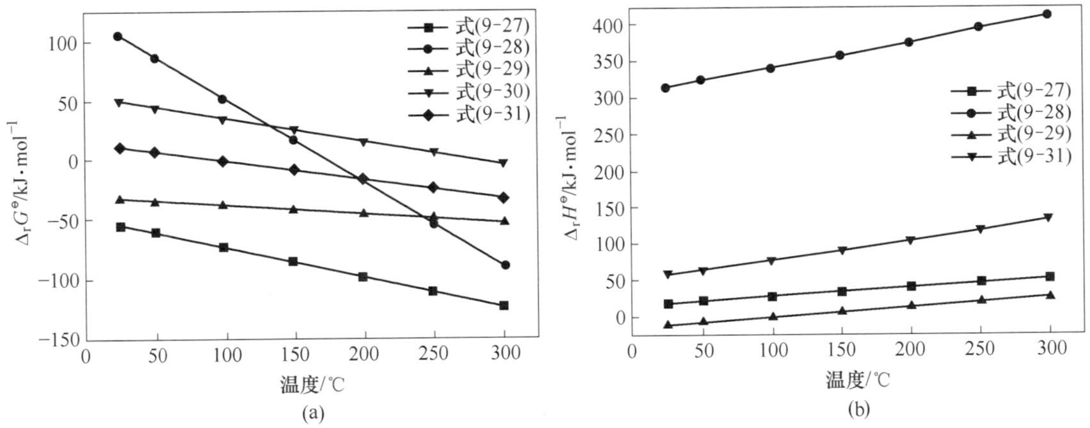

图 9-8 Na_2CO_3 与含钒组分反应的吉布斯自由能（a）和 Na_2CO_3 与含钒钢渣含钒各组分反应的焓变（b）

布斯自由能为负，说明该反应在热力学上可行，并且 $2CaO \cdot V_2O_5$ 与碳酸钠在反应温度高于 100 ℃时才会发生。此外，还可以看出温度的升高有利于含钒矿物与碳酸钠反应的进行。

图 9-8（b）为含钒钢渣含钒各组分与 Na_2CO_3 反应的标准反应热与温度的关系，在所研究的温度范围内，各含钒组分与碳酸钠反应是吸热的，因此在反应过程需补充热量。

另外，含钒钢渣中钒在碳酸钠溶液中的浸出，与在 $NaOH-H_2O$ 体系中相似，必须破坏或者转换含钒固相，使含钒固相暴露在反应介质中。因此，有必要计算含钒钢渣中其他物相与 Na_2CO_3 反应的吉布斯自由能，结果如图 9-9 所示。

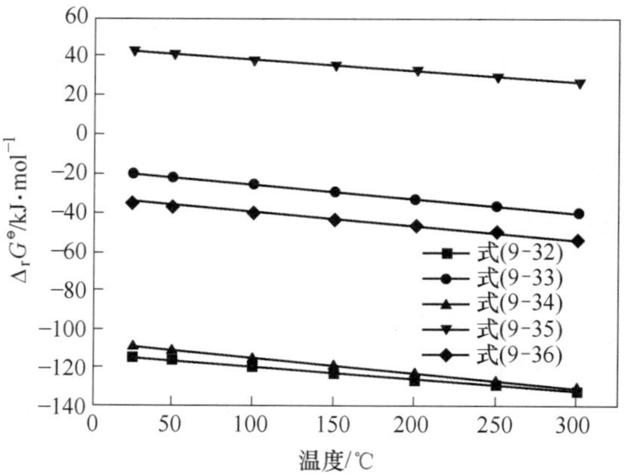

图 9-9　其他组分与 Na_2CO_3 反应的吉布斯自由能

温度为 25～300 ℃时，钛酸钙与 Na_2CO_3 反应的吉布斯自由能为正，说明钛酸钙与 Na_2CO_3 不反应。硅酸二钙、硅酸三钙、铁酸钙与碳酸钠反应的吉布斯自由能都为负，说明 3 种矿相与 Na_2CO_3 能够产生反应，并且随着温度的增加，吉布斯自由能逐渐降低，表明温度的增加有利于破坏这 3 种物相。另外，游离氧化钙与碳酸钠反应的吉布斯自由能为负，说明氧化钙能与碳酸钠发生反应，但是温度的增加对反应吉布斯自由能基本没影响，说明氧化钙与碳酸钠的反应不受温度影响。从图中还可以看出，$3CaO \cdot SiO_2$ 与 Na_2CO_3 反应的热力学趋势比 $2CaO \cdot SiO_2$ 和铁酸钙反应趋势大。结合该研究中所有钒渣实际为硅酸三钙渣，可以看出研究所用含钒钢渣在 $Na_2CO_3-H_2O$ 体系下分解的热力学趋势明显。

$$CaO + Na_2CO_3(a) + H_2O = CaCO_3 + 2NaOH(a) \quad (9\text{-}32)$$

$$2CaO \cdot SiO_2 + 2Na_2CO_3(a) + H_2O = 2CaCO_3 + Na_2SiO_3 + 2NaOH(a) \quad (9\text{-}33)$$

$$3CaO \cdot SiO_2 + 3Na_2CO_3(a) + 2H_2O = 3CaCO_3 + Na_2SiO_3 + 4NaOH(a) \quad (9\text{-}34)$$

$$CaO \cdot TiO_2 + Na_2CO_3(a) = CaCO_3 + Na_2O \cdot TiO_2 \quad (9\text{-}35)$$

$$2CaO \cdot Fe_2O_3 + 2Na_2CO_3(a) + H_2O = 2CaCO_3 + Na_2O \cdot Fe_2O_3 + 2NaOH(a) \quad (9\text{-}36)$$

在所研究的温度范围内，铁酸钙和氧化钙与碳酸钠反应是放热的，硅酸二钙和硅酸三钙反应是吸热的。

浸出反应中，浸出速率与液固接触的表面积成正比。减小原料粒度可以增大液固反应面积，降低内扩散阻力，有利于提高浸出速率。但是，原料粒度过小，会使矿浆的黏度增大，外扩散速率降低，从而降低浸出速率，同时给固液分离造成困难。反应过程控制搅拌速度 600 r/min，液固比 4∶1，反应温度 180 ℃，初始碳酸钠浓度为质量分数 30%。考察含钒钢渣粒度对提钒的影响，结果如图 9-10（a）所示。随着粒度的增加，钒的浸出率逐渐减小，当含钒钢渣粒度小于 74 μm 时，粒度的减小对浸出率的影响减小，当含钒钢渣粒度小于 38 μm，反应 2 h 后，钒的浸出率可达到 80%以上。当含钒钢渣的粒度大于 124 μm 时，钒的浸出率减小明显。另外，考虑到粒度的过度减小会增加磨矿能耗及工艺难度。因此，选择含钒钢渣的粒度小于 74 μm 为最佳浸出条件。

反应过程控制搅拌速度 600 r/min，液固比 4：1，含钒钢渣粒度小于 74 μm，碳酸钠质量分数 30%，考察反应温度在 130 ℃、160 ℃、168 ℃、200 ℃、220 ℃对提钒的影响，结果如图 9-10（b）所示。结果表明，钒的浸出率对温度条件非常敏感。随着反应温度的提高，钒的浸出率迅速增大，但当温度超过 180 ℃以后钒浸出率变化不再明显，浸出温度在 180~220 ℃时，钒的浸出率随着温度的增加影响较小，且对钒的浸出效果较好。在 130 ℃时钒的浸出率仅为 61%左右，在 220 ℃时钒的浸出率为 82%。

反应过程控制搅拌速度 600 r/min，液固比 4：1，含钒钢渣粒度小于 74 μm，反应温度 180 ℃，考察碳酸钠浓度对提钒的影响如图 9-10（c）所示。随着初始碳酸钠浓度的增加，钒的浸出率逐渐增加，主要是因为增加了反应介质的数量。在碳酸钠初始质量分数 15%时，钒的最终浸出率不到 60%。当碳酸钠质量分数增加至 20%，钒的浸出率可增加至 80%左右，当碳酸钠的质量分数从 20%增加至 30%时，钒的浸出率增加程度减小，当达到 30%时，钒的浸出率可达到 81.6%。因此，综合考虑，选择初始质量分数为 30%的碳酸钠作为最佳工艺参数。

通常情况下，高液固比有利于降低反应浆液的黏度，提高传质速率，因此实验中研究了 3：1、4：1、5：1 和 6：1 的条件下钒的浸出效果。反应过程控制搅拌速度 600 r/min，含钒钢渣粒度小于 74 μm，反应温度 180 ℃，碳酸钠质量分数 30%。考察液固比对提钒的影响如图 9-10（d）所示。从图中可以看出，随着液固比的提高，钒的浸出率略有提高，在由 3：1 提高到 4：1 时，变化比较明显，钒的浸出率由 69%提高至 78%，随着液固比的继续提高，浸出率增加的幅度降低。原因是液固比的增加，增加了反应介质碳酸钠的量，降低了反应体系的黏度。

搅拌速度直接影响到体系传质，加强搅拌可以有效降低液相边界层的厚度，合适的搅拌速率是降低外扩散阻力的有效手段。当搅拌速率不大时，随着搅拌速度的增加，扩散层厚度降低，反应加快，外扩散速度很快，其不再是控制步骤，故进一步加强搅拌对反应速率的影响不大。因此，实验研究了搅拌转速分别在 200 r/min、400 r/min、600 r/min 和 800 r/min 时对钒的浸出率的影响。反应过程控制含钒钢渣粒度小于 74 μm，反应温度 180 ℃，碳酸钠质量分数 30%，液固比 4：1，结果如图 9-10（e）所示。随着搅拌强度的增加，钒的浸出率显著增加，并且在 200 r/min 提高至 600 r/min 时尤为明显，钒的浸出率由 200 r/min 的 50%提高至 600 r/min 的 80%。主要原因是，在搅拌强度较低时，反应过程生成的碳酸钙包裹在未反应颗粒的表面，阻碍反应的进程。当搅拌速度增加至 800 r/min，钒的浸出率为 82%，相对 600 r/min 仅增加 2%。综合分析，最优的搅拌速度为600 r/min。

实验结果表明，含钒钢渣粒度、反应温度、碳酸钠初始浓度、液固比和搅拌速度对钒的浸出均有一定的影响，其中含钒钢渣粒度、反应温度、碳酸钠初始浓度和搅拌对钒的浸出率影响较为显著。随着粒度的减小，碳酸钠初始浓度的增加，反应温度的升高，搅拌强度的增加，钒的浸出率显著提高。液固比对钒的浸出影响较小。单因素实验确定含钒钢渣在 $Na_2CO_3 \cdot H_2O$ 体系中分解的反应条件为反应温度 180 ℃，碳酸钠初始质量分数 30%，液固比 4：1，含钒钢渣粒度小于 74 μm，反应时间 120 min，搅拌速度 600 r/min，钒的浸出率为 81.6%。

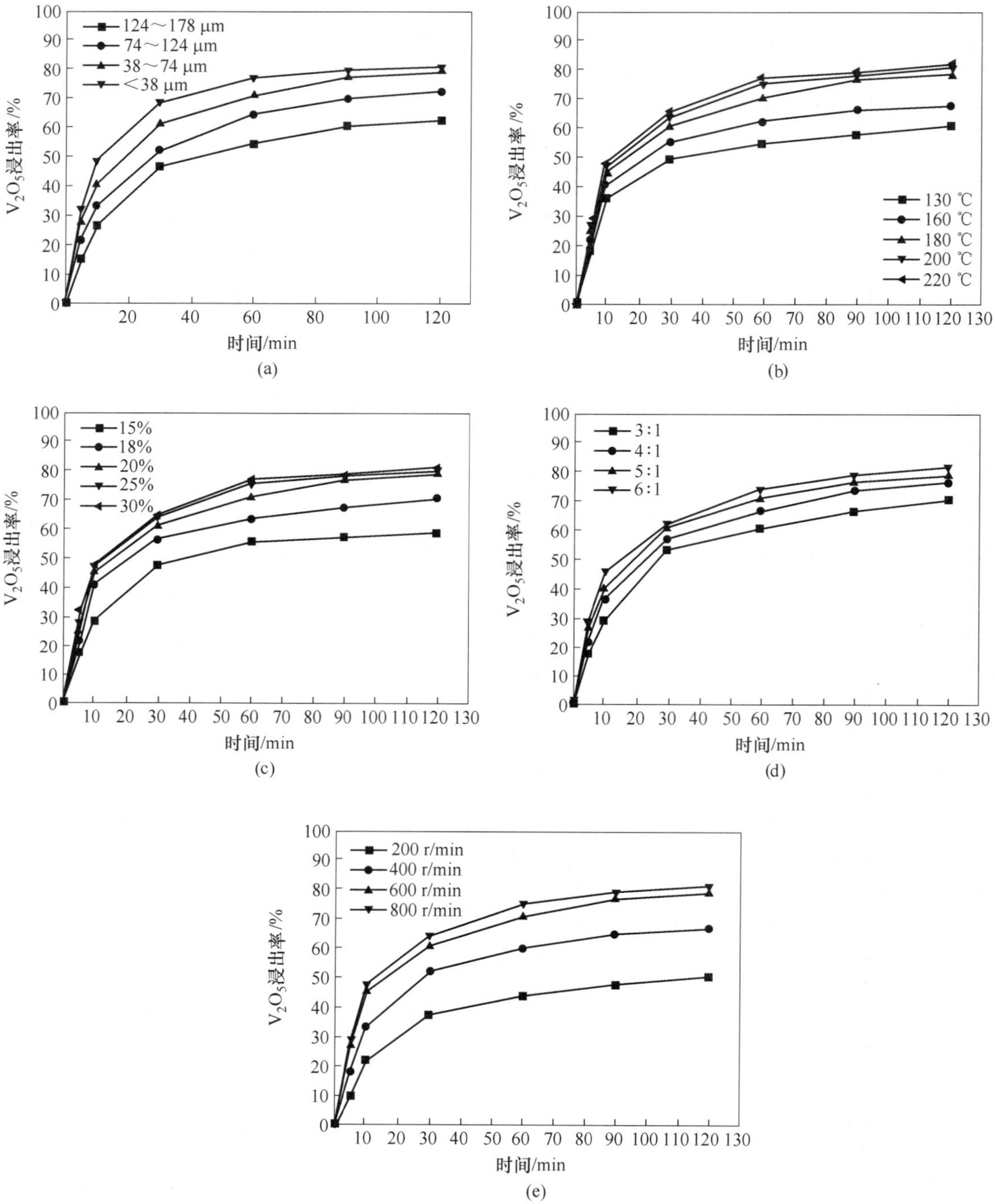

图 9-10　不同条件对钒浸出率的影响

（a）含钒钢渣粒度；（b）反应温度；（c）碳酸钠浓度；（d）液固比；（e）搅拌速度

9.3.3 含钒钢渣火法提钒利用现状

9.3.3.1 钢渣返回烧结提钒法

含钒钢渣中的主元素为钙和铁，因此，含钒钢渣作为溶剂添加在烧结矿中进入高炉系统还原，钒同时被还原进入铁水中，再吹炼得到 V_2O_5 品位 10%~20%的钒渣，用作提钒的原料[26]。20 世纪 70 年代末 80 年代初，攀钢和马钢先后进行了不同条件的富集提钒半工业与工业试验。在试验成功的基础上，攀钢和马钢已将该技术推广应用于生产。马钢利用的是低钒铁水炼钢的平炉初期渣，经烧结配料（50%钢渣）在 75 m^3高炉中冶炼高钒生铁（年产量约 20000 t），此高钒生铁全部用作二炼钢转炉吹钒的冷却剂（配比约为 14%）。

根据长期的生产实践，合理的炉渣碱度 CaO/SiO_2 为 1.15~1.20，渣量较普钒生铁高炉增加较多，钢渣配比 50%时，炉渣量 800 kg/t 左右。冶炼含钒生铁采取低硅操作，这是降低高炉燃料比的一项行之有效的措施。含钒钢渣返回炼铁可节省溶剂费用，降低了固体燃料消耗，单吨生铁矿耗增加，总体矿石成本增加。同时，高钒生铁高炉渣量比普钒生铁增加 387 kg/t，高炉燃料比上升 54 kg/t，提钒阶段所得钒渣品位从 11.6%提高至 16.46%，产量大幅增加，由于钒价格总体保持上升趋势，综合经济效益较好。该方法存在的问题是：钒得到富集的同时提钒有害元素磷也发生富集，并且大部分留在含钒铁水中，最终进入钒渣中。钢渣配比每提高 10%，铁水中钒质量分数增加 0.15%的同时，P 和 Fe 质量分数各升高 0.14%和降低 4.33%。

1979 年，攀钢在西昌 410 厂 28 m^3高炉进行了含钒钢渣转炉炼铁的半工业化试验，将攀枝花精矿配加 40%左右的含钒钢渣，制出 V_2O_5 含量为 2%，CaO/SiO_2 为 3 的钢渣烧结矿原料。高炉渣碱度按 CaO/SiO_2 为 1.2~1.3 操作，在炉料中配入硅石进行调整。渣量为 1700~1800 kg/t，生铁平均含 P 量为 0.45%~0.6%，个别炉次达到 0.7%。所得含钒铁水在 1.5 t 氧气底吹转炉中进行含钒铁水富集高钒渣的试验，发现钒的平均氧化率达到 96.16%，最高可达 98.32%；半钢中余钒 0.084%，最低达到 0.042%；在铁水含 V 2.45%，Si 0.7%的条件下，渣中 V_2O_5 平均为 37.12%，最高可达 40.6%。

德国也曾将含钒 1.5%的含钒钢渣返回烧结系统再次炼铁，并经过提钒吹炼出 10%的钒渣，作为后续提钒的原料，钒回收率可达 90%以上。该方法在回收钒的同时，铁、锰等有价元素也得到利用，含钒钢渣的处理量大。并且可利用现有生产设备，无须额外投资。该方法的优点是：含钒钢渣粒度较大，熔点较低，对烧结有利，可有效改善烧结性能，降低烧结能耗；钢渣可部分取代石灰、白云石等熔剂，降低烧结成本。缺点是：含钒钢渣含磷较高，在铁水中循环富集，加重炼钢脱磷任务。此外，有效氧化钙质量分数相对低，会降低烧结矿品位，增加炼铁过程能耗。

9.3.3.2 用还原剂从钢渣中还原

用还原剂将含钒原料直接还原，钒和铁同时被还原进入铁水中，得到钒铁用作合金的添加剂。南非的 Abdel-latif[27]将含钒重油灰首先除去渣中的碳、硫等杂质，破碎后采用硅铁或者铝作为还原剂，在氩气保护下的电弧炉中加热至 1873 K，渣中的钒被还原到铁中。虽然此工艺钒的回收率较高，但对原料的磷含量要求较高，易造成磷在钒铁中的富集。奥地利的 Tripathy 等[28]对含钒钢渣的直接还原进行了系统研究，并通过铝、硅、碳 3 种还原剂对含钒渣进行还原的热力学计算，确定还原温度条件和还原过程中随还原剂添加量的变化，以及渣中钒氧化物的成分变化。另外还研究了 V、Mn、Si、P 氧化顺序与渣中 FeO 及氧分压的关系。杨素波等[29]采用矿热炉冶炼含钒钢渣，将钢渣中的 V_2O_5 还原富集到铁水中得到低含钒生铁，低含钒生铁可用于感应炉中或者转炉中生产高钒品位钒渣。该方法为含钒钢渣的合理利用开辟了新途径。但钢渣中 V_2O_5 被还原的同时，钢渣中的 P_2O_5 也要被还原进入生铁中，从而造成生铁中的 P 质量分数较高，采用此高磷的含钒生铁进行提钒，钒渣和半钢中的 P 也较高。李光强等研究将含钒钢渣配入碳和 SiO_2 后煅烧，渣中的钒被还原到铁中，经磁选分离可得到钒铁合金，钒回收率可达 90%。R. Ressel 用铝、硅、碳对含钒钢渣进行还原，并进行了热力学计算，得出了还原温度条件及还原过程中渣中钒的质量分数与碳、硅、铝添加量的关系[30]。

综上所述，高温还原火法冶金利用现有设备还原回收金属钒是一种高效的钒回收技术，但该方法缺点是 V 在还原的同时有害元素 P 也发生还原，导致形成的钒铁合金 P 的质量分数增高，虽然有学者利用（CaO+MgO）-FeO-SiO_2 渣系对含钒铁合金进行氧化精炼，或利用钠化焙烧对含钒磷铁进行氧化焙烧，可分步回收磷和钒，但反复采用火法冶金的方法回收钢渣中的钒操作难度较大。

9.4　钒化工冶金固废资源化清洁利用

长期以来，传统的钒化工冶金流程伴生产出大量固体废物，主要有提钒尾渣、钒酸铁泥、铬泥、钒泥、钒铁炉渣等，其成分见表 9-3。每年仅提钒尾渣就高达近百万吨，其他钒化工固废也在十余万吨之上，并逐年上升。由于缺乏有效的处理和利用技术，钒化工冶金固废对产业的可持续发展形成日益严重的负面效应。

表 9-3　承钢钒化工冶金固废成分及产生量

固废	成分/%								产生量
	Fe_2O_3	V_2O_5	Cr_2O_3	SiO_2	MgO	Al_2O_3	TiO_2	Na_2O	$/t \cdot a^{-1}$
提钒尾渣	47.14	1.75	4.32	20.41	2.63	2.18	11.95	6.87	250000
铬泥	3.1	8.7	23.3	28.4	—	11.6	—	3.9	1440
钒酸铁泥	28.6	17.8	16.3	3.5	—	0.32	—	10.2	2000
钒泥	13.26	17.27	1.01	26.08	1.08	15.43	4.32	14.6	3500
50 钒铁炉渣	—	0.29	—	31.0	9.91	2.50	—	—	24000

钒化工冶金固废循环利用技术是钒钛磁铁矿绿色低碳利用流程的关键技术之一，长期以来，为解决钒化工冶金固废大量堆存及环境污染难题，国内外开展了大量研究工作，主要集中在以下方面：

（1）火法工艺。提钒尾渣再次钠化焙烧提钒，该法虽提高了钒利用率，但固体废物只增未减；或直接高温还原回收提钒尾渣中的铁资源。

（2）湿法工艺。铬泥、钒泥采用湿法工艺处理，主要通过酸浸提钒或碱浸提钒，但只是提高了钒利用率，浸后渣仍无法处理，且会产生大量含铬废水，须二次处理。

（3）跨界利用。将 50 钒铁炉渣用作建材或耐火材料，其中的钒资源流失。

这些处理技术均是针对某一种固体废弃物或单一的有价元素采用的常规处理方法，其缺点主要有：有价元素利用单一，不能实现钒化工固废的全部资源化利用；需新增投资建厂，技术经济性较差；处理过程又产生新的废渣、废水，清洁生产问题得不到根本解决。钒化工冶金固废处理是产业绿色发展的迫切需求。

承钢依据循环经济的理念，陆续开展了钒化工冶金固废循环利用技术的研发，主要研究内容包括：（1）提钒尾渣高效提钒-富铁尾渣协同炼铁技术；（2）铬泥直接合金化技术；（3）钒酸铁冶炼中钒铁技术；（4）钒泥钒化工流程再提钒技术；（5）50 钒铁炉渣生产钒钛烧结矿技术，利用流程图如图 9-11 所示。其成果不仅有效提高了全流程的清洁生产水平，且对全面提升钒钛磁铁矿资源综合利用率具有深远的影响，经济效益和社会效益显著。

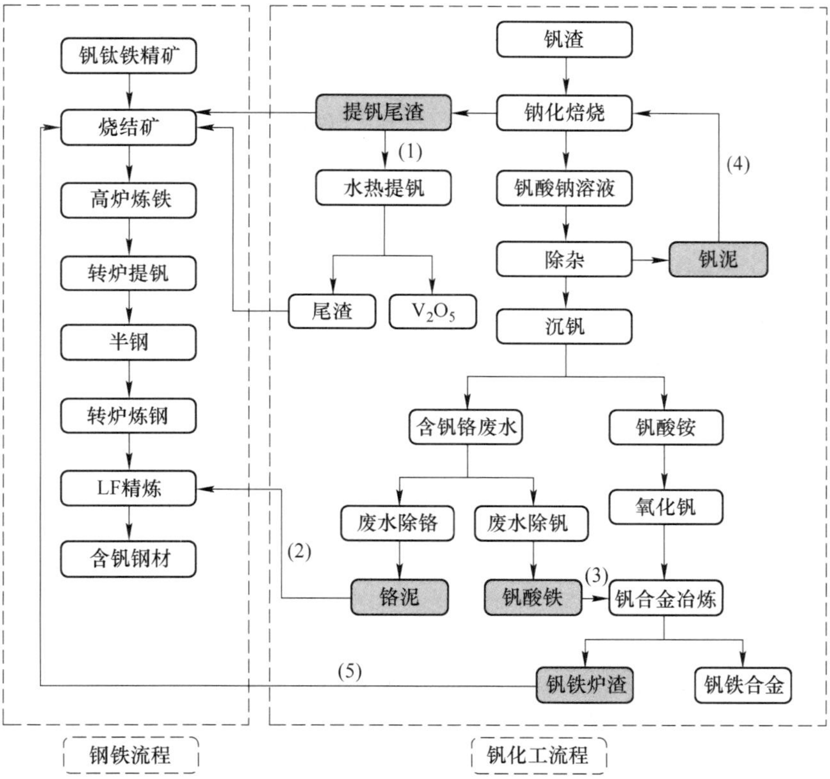

图 9-11　钒化工冶金固废资源化清洁利用流程图

9.4.1　提钒尾渣深度提钒-富铁尾渣高炉炼铁利用

本技术以回收提钒尾渣中的钒、提高尾渣中铁品位为目标，阐述提钒脱硅过程中 V_2O_5 及其他组分的浸出规律，并对转化过程进行了工艺优化。尾渣经脱碱脱硅后铁得以富集，可作为高炉炼铁的原料使用。

9.4.1.1　提钒尾渣物性分析

A　提钒尾渣物相组成分析

图 9-12 给出了未筛分提钒尾渣及其各个粒度下的物相组成分析结果。可以看出各个粒度下的尾渣主要由赤铁矿相、铁板钛矿相、锥辉石相等物相组成，且粒度对尾渣物相组成影响不大。由此说明，对于提钒尾渣中的含铁相难以通过物理选矿的方法实现富集，因

为钒渣高温氧化焙烧过程中产生了烧结相，并黏结了富铁相，导致各个粒度下提钒尾渣物相组成一致，颗粒组成相差不大，所以难以选矿富集铁相。

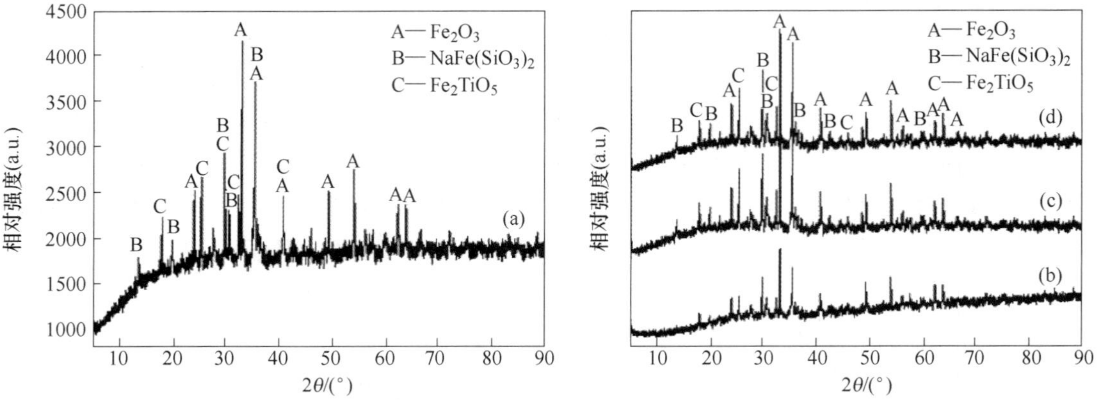

图 9-12　未筛分提钒尾渣及各粒度下提钒尾渣的 XRD 分析结果

（a）尾渣；（b）>74 μm；（c）38 ~ 74 μm；（d）<38 μm

B　提钒尾渣形貌及元素分布特性

图 9-13 给出了承钢提钒尾渣的背散射电子衍射图和二次电子放射图。可以得出，相比钒渣颗粒提钒尾渣变得疏松多孔且颗粒中出现粘连现象，说明钒渣在钠化焙烧过程中颗粒中出现烧熔现象。这是由于碳酸钠在 850 ℃会熔解，且高温下会与尖晶石相、橄榄石相发生氧化、化合反应生成低熔点物相，其中生成的锥辉石相熔点为 954 ℃，钒渣出现烧结粘连现象；而且碳酸钠、氯化钠、水在高温下会分解释放 CO_2、Cl_2 等气体，在融化的液相中产生气泡，导致尾渣中出现了孔隙。这种孔隙结构有利于提钒尾渣的分解和有价元素的转浸。

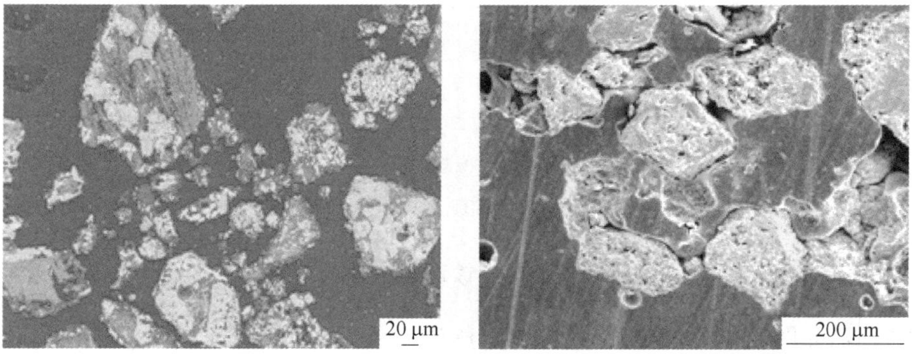

(a)　　(b)

图 9-13　提钒尾渣颗粒横截面背散射电子衍射图（a）及提钒尾渣颗粒元素分布图（b）

图 9-14 给出了提钒尾渣的背散射电子衍射图及对应的面分布扫描结果。可以看出，色度偏白的物相主要为含 Fe、Ti、Cr 相，即主要为赤铁矿相（Fe_2O_3）和铁板钛矿相（Fe_2TiO_5），偏黑的物相为含 Si、Na、Ca 相，即主要为锥辉石相（$NaFe(SiO_3)_2$）。说明尖晶石相及钛铁矿相经钠化氧化焙烧后仍在一相中，而铁橄榄石相经过焙烧后氧化转化为

锥辉石相，且 Ca 和 Si 在一相中。

由图 9-14（b）可以看出，钒更密、更集中地赋存于含 Fe 相中，同时还有少量的钒嵌入在含 Si 的物相中。说明，V 不仅赋存于赤铁矿相、铁板钛矿相中，还嵌入在锥辉石相中。这就证明了对于提钒尾渣很难仅通过单一的水浸、酸浸或者碳酸化浸出回收其中全部 V。对于 Cr，可看出更集中存在于含 Fe 的物相中，即 Cr 被氧化后依然赋存于赤铁矿相中。

综上所述，为了高效地回收钒铬，必须要充分地分解锥辉石相，使含钒铬物相充分与反应介质接触，进而使其转浸进入溶液，达到钒铬的高效回收。

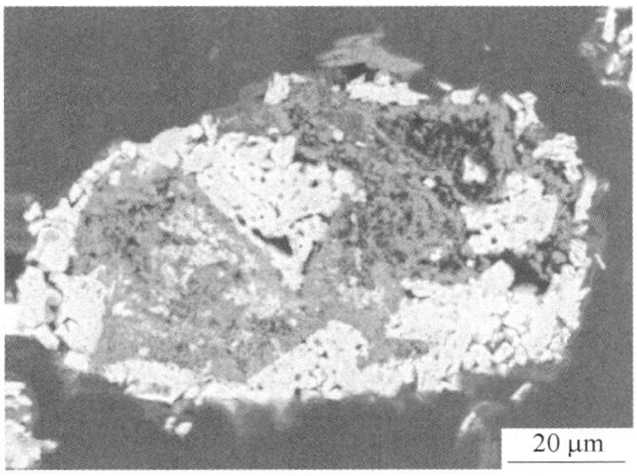

(a)

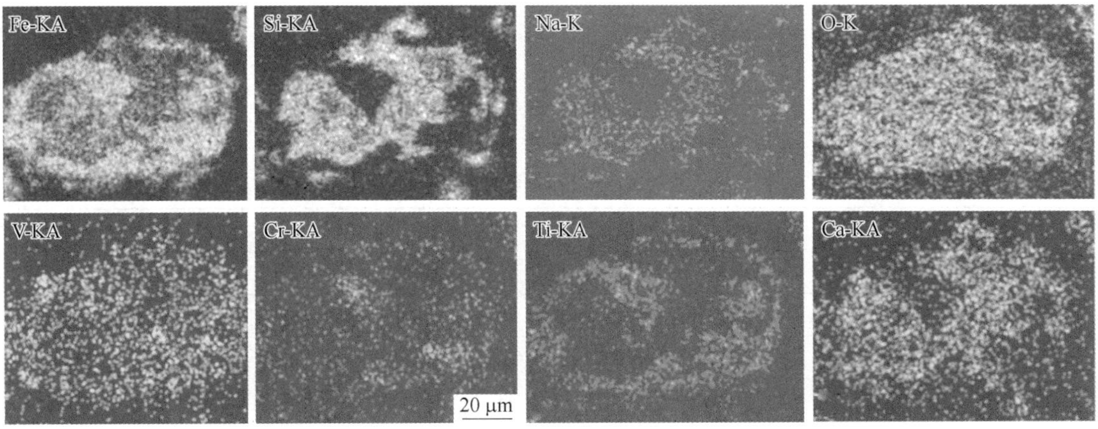

(b)

图 9-14 提钒尾渣颗粒背散射电子衍射图（a）和提钒尾渣颗粒元素分布图（b）
（扫描书前二维码看彩图）

C 提钒尾渣中钒的价态分析

图 9-15 给出了碱熔法测定含钒炉渣钒价态分析的步骤，具体包括：（1）碱熔。称取 1 g 粒度小于 74 μm 的炉渣，置于预先盛有 1~2 g NaOH 的刚玉坩埚中，混匀；将坩埚置于密闭马弗炉中，在惰性气氛氮气保护下于 500 ℃左右碱熔 1 h；（2）浸出。将坩埚放入盛有 100 mL 热水的烧杯中，浸取 1 h；（3）高价 V(Ⅳ/Ⅴ)、Cr(Ⅵ) 测定。测定浸出液中的钒铬含量，即为 V(Ⅳ/Ⅴ)、Cr(Ⅵ) 的含量。

根据含钒炉渣中的四价、五价钒具有两性，可与碱发生反应，形成可溶性的钒酸盐溶于碱溶液中；而二价与三价的钒只具有碱性，不能与碱发生反应的特点，采用碱熔法测定含钒炉渣钒价态，用电感耦合等离子体发射光谱仪对提钒尾渣进行成分分析，用电感耦合等离子体发射光谱仪和 X 荧光光谱仪对碱溶后残渣主要成分含量分别测定 3 次，取平均值，结果见表 9-4，提钒尾渣中的钒 92%以上是高价态的，即提钒尾渣的提钒过程不需氧化气氛即可进行。

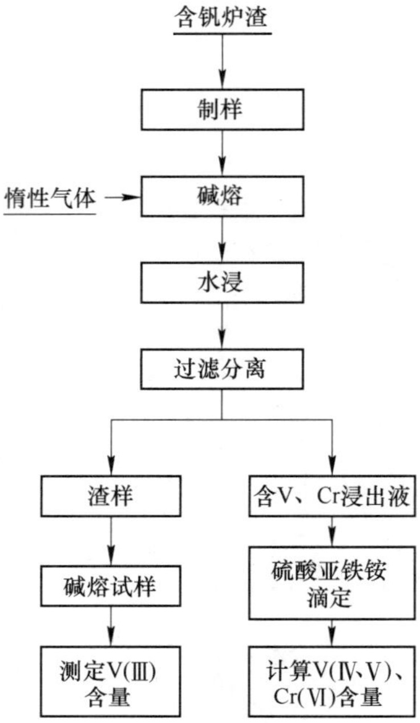

图 9-15　含钒炉渣钒价态分析步骤

表 9-4　提钒尾渣主要成分

试　样		化学组成/%						V(Ⅴ)/%
		Cr_2O_3	Fe_2O_3	Al_2O_3	TiO_2	MnO	V_2O_5	
含钒尾渣		4.32	47.14	2.18	11.95	4.87	1.75	—
残余物	ICP	4.55	58.71	0.029	12.88	5.14	0.18	92.25
	XRF	4.18	57.42	0.33	13.71	5.12	0.06	97.53

D　锥辉石相分析

结合钒渣焙烧过程机理分析及以上提钒尾渣中钒铬价态分析可以确定，在钒渣钠化氧化焙烧提钒过程中，含钒尖晶石相已被氧化，其中的钒已被氧化为五价，转变为可溶于强碱的钒酸钠或钒酸钙等钒酸盐，但因以硅酸盐为主体的易熔玻璃相（辉石相）经过焙烧后形成的辉石相包裹在钒化合物周围，形成硅“裹络”，则在后续的水浸或酸浸过程中，硅酸盐包裹相阻断了钒的浸出，导致钒的浸出率降低。即使对提钒尾渣进行多次焙烧，也无法彻底打破硅酸盐的包裹，提高钒的提取率，因此尾渣提钒一直未能取得实质性突破。而氢氧化钠碱溶液具有高活性负氧离子和氢氧根离子，且对含硅物相有很强的分解作用，在分解硅酸盐的同时打破其对钒酸盐的包裹，使提钒尾渣中的钒实现高效提取。氢氧化钠碱溶液分解提钒尾渣工艺不但达到了优异的提钒效果，同时硅得到大量脱除，因此极大地富集了尾渣中的铁，通过进一步的中间产品转化工艺（钒酸盐分离、硅酸盐分离、尾渣脱碱)，可实现钒、硅、铁资源的资源化利用，提高了新过程的经济性，有望解决长期制约提钒尾渣有效利用的难题。

硅酸盐包裹相主要为锥辉石相，也叫霓石，其化学式为 $NaFeSi_2O_6$，其中的 Fe 为 3 价，锥辉石是一种链硅酸盐，是霓辉石系列的一种，霓辉石中的 Na 可以被 Ca 和 Fe(Ⅱ)、Mg 替代，取代 Fe(Ⅲ)。锥辉石的莫氏硬度为 5~6，密度为 3.2~3.4 g/cm^3，其分子结构式如图 9-16 所示。

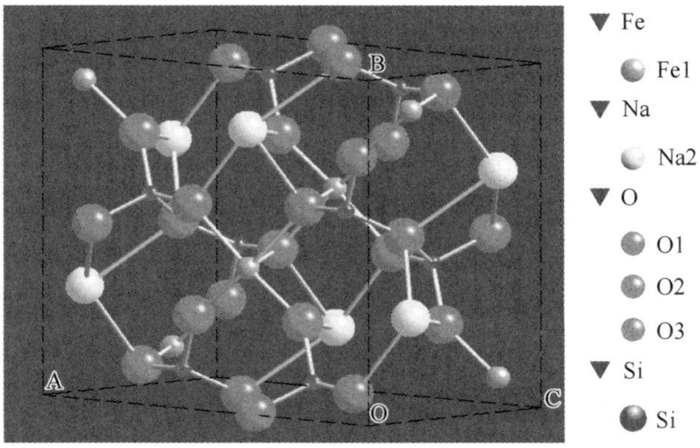

图 9-16　锥辉石分子结构
(扫描书前二维码看彩图)

锥辉石相比较稳定，900 ℃焙烧及强酸性条件下不分解，仅在碱性介质中才会被分解，其焙烧及酸浸条件下的物相分析如图 9-17 所示。可以看出，焙烧及酸浸条件下的 $NaFeSi_2O_6$均未被破坏，但是在碱性条件下锥辉石相得到破坏。

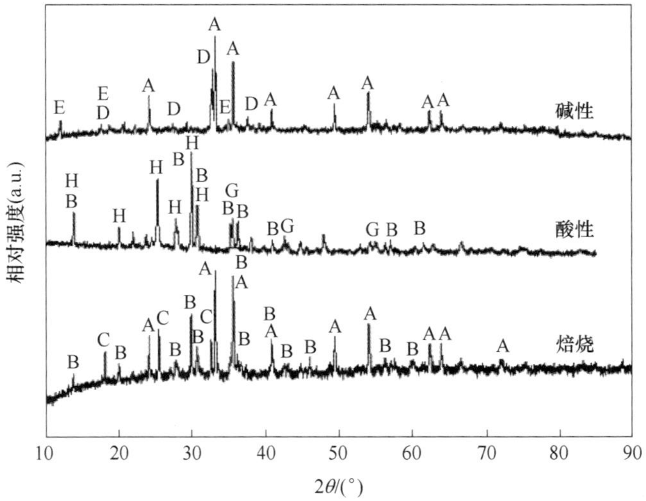

图 9-17　不同处理方法下提钒尾渣中的锥辉石相变化

A—Fe_2O_3；B—$NaFe(SiO_3)_2$；C—Fe_2TiO_5；D—$Ca_3TiFeSi_3O_{12}$；E—$Na_{0.3}Al_4Si_6O_{15}(OH)_6 \cdot 4H_2O$；G—$Fe_3O_4$；H—$Fe_2MgO_4$

9.4.1.2　提钒尾渣在 NaOH-H_2O 体系中溶出规律研究

鉴于提钒尾渣中 92%以上的钒为碱溶性的，即提钒过程不需要氧化气氛即可实现，为了掌握提钒尾渣在碱性介质中的溶解规律，研究了提钒尾渣在 NaOH-H_2O 体系中的分解规律。粒度为−75 μm 提钒尾渣中钒在无氧气参加的 NaOH 溶液中的溶出规律结果如图 9-18 所示。其中液固比定义为反应开始时体系中液体反应介质与固体矿物的质量比。

如图 9-18 所示，钒的溶出率随碱浓度升高呈持续增长趋势：在 170 ℃、80%碱浓度条件下，钒浸出率达 93%；同时，温度对溶出过程具有显著促进作用，当温度升至 220 ℃（碱浓度维持 80%）时，钒浸出率进一步提升至 98%。值得注意的是，在低碱度常规水溶液体系（图 9-19（a）左侧区域）中，钒溶出率与碱浓度呈线性正相关；而当碱浓度超过临界值进入高碱区域时，反应体系将转变为由中国科学院过程工程研究所张懿院士团队提出的亚熔盐非常规介质。该介质介于熔盐与常规电解质水溶液之间（图 9-19（a）右侧区域），其特征为碱金属盐的高浓度聚集态，可提供具有高化学活性与离子活度的氧化环境。在此亚熔盐体系中，钒溶出率仍保持线性增长规律，但其增长速率（斜率）较常规低碱体系显著降低。

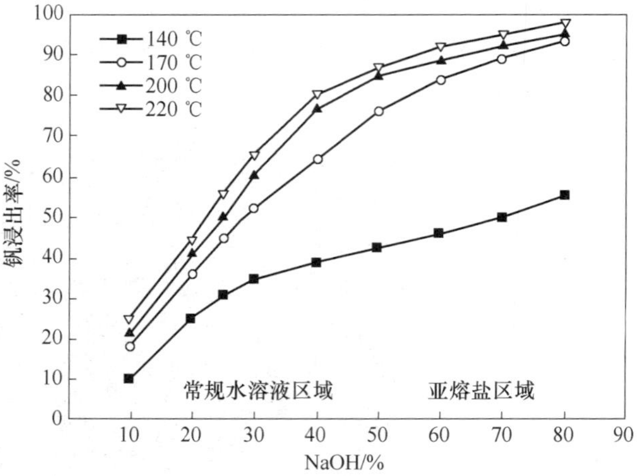

图 9-18　提钒尾渣中钒在全碱度范围内溶出规律

这是由于当碱浓度达到亚熔盐区域以后，NaOH 溶液的黏度迅速增加（见图 9-19（b）），反应体系的黏度迅速增加，所以介质流动性能变差，提钒尾渣与 NaOH 之间的传质受阻，钒的浸出效率降低。但总体上钒的浸出率是随着碱浓度的增加而呈现两段趋势线性增加的。

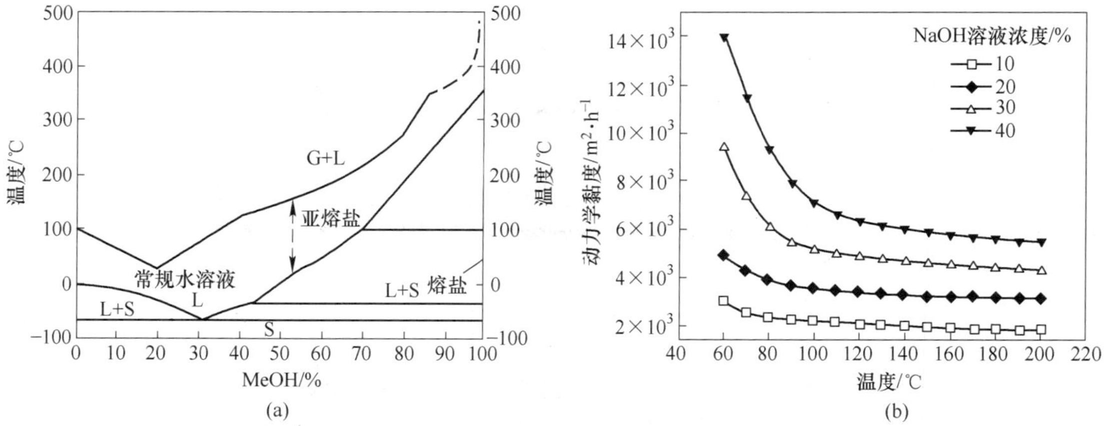

图 9-19　全浓度范围内多元盐水流动体系的分类（a）和
碱浓度及温度对 NaOH 溶液动力学黏度的影响（b）

由上述研究结果可知，在无氧气存在的条件下，增加反应温度或碱浓度均可以实现钒的高效溶出，具体采用低碱度高温反应介质还是高碱度低温介质要依照工艺设备和具体能耗指标等要求而定。

9.4.1.3 提钒尾渣高效提钒

不通氧气的条件下，考察了温度、时间对提钒脱硅率的影响，结果如图 9-20 所示。可以看出，在非氧化性气氛中，钒硅的溶出保持了一致性，表明钒在亚熔盐介质中的溶出规律与硅的溶出有内在联系，即钠化焙烧过程中钒浸出率低是由于不溶性锥辉石包裹了可溶性钒含氧酸盐，亚熔盐介质在溶出硅的同时，释放了高价可溶性钒酸盐，实现了钒硅同步溶出。

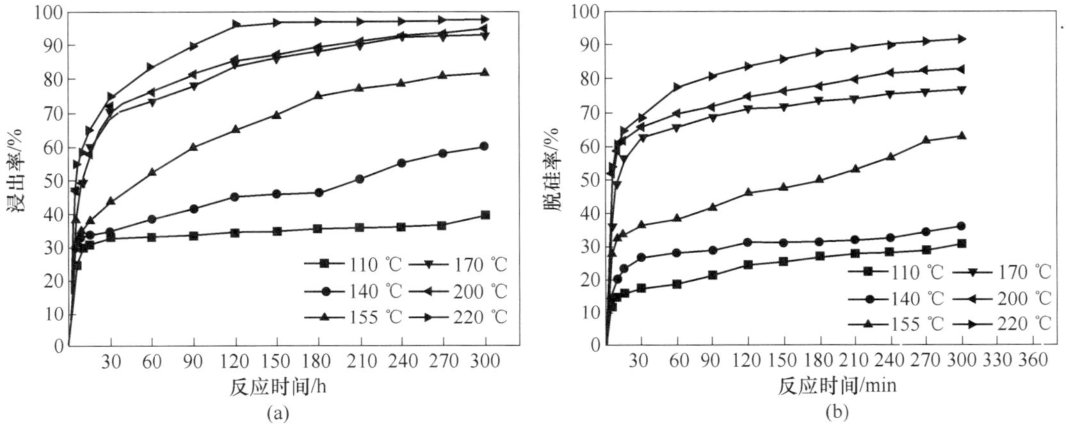

图 9-20 反应时间与温度对提钒率（a）和脱硅率（b）的影响

图 9-21 为提钒尾渣与碱分解后渣的 SEM 图。可以看出，提钒尾渣为钒渣在钠化焙烧过程中烧结粘连成的大颗粒，内部空隙较多。通过 NaOH 溶液分解，大颗粒变成了小颗粒，使提钒尾渣与碱介质的接触面积增大，且产物层减薄，促进了钒和硅的高效溶出。

图 9-21 提钒尾渣与碱分解后渣的 SEM 照片

9.4.1.4 碱性介质脱硅

提钒尾渣在碱介质中通过高效化学反应后，钒和硅以 Na_3VO_4 和 Na_2SiO_3 形式进入液相，其中 Na_2SiO_3 的分离效果直接影响后续钒的结晶分离及介质的循环，因此对碱性介质加 CaO 脱硅，结果如图 9-22 所示。可以看出，随 NaOH 浓度增加，脱硅率呈先缓慢升高后下降的趋势，NaOH 浓度低于 350 g/L 时脱硅率均在 70%以上；NaOH 浓度高于 100 g/L 时，脱硅渣中的 V_2O_5 含量约为 0.5%，表明在此浓度下 Na_3VO_4 沉淀率很小。

9.4.1.5　碱性介质分离钒

为得到合理的钒酸钠分离工艺，研究了钒酸钠在碱性介质中的溶解度。图 9-23 为 40 ℃和 80 ℃时 $NaOH-Na_3VO_4-H_2O$ 体系中 Na_3VO_4 的溶解度等温线。可以看出，Na_3VO_4 的溶解度在碱性介质中随温度变化明显，因此可选择冷却结晶的方法将钒酸钠从介质中分离出来。

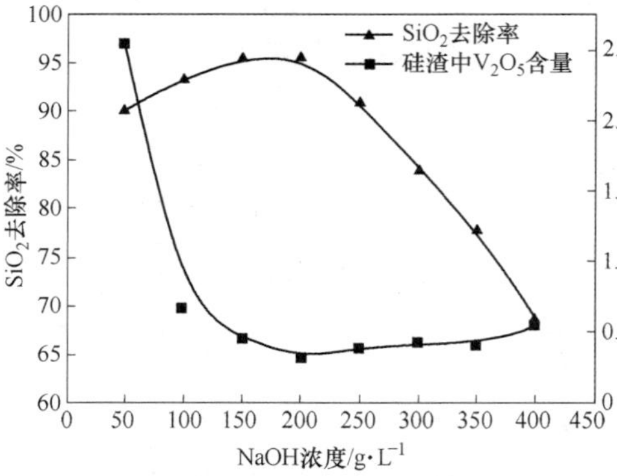

图 9-22　NaOH 浓度对脱硅率及钒损失率的影响

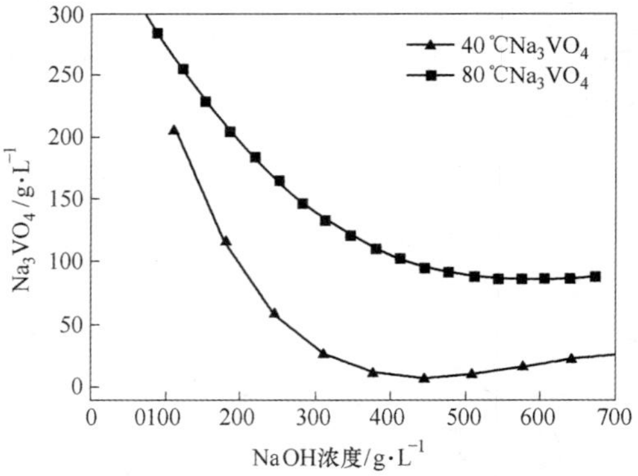

图 9-23　40 ℃和 80 ℃时 $NaOH-Na_3VO_4-H_2O$ 体系中 Na_3VO_4 的溶解度等温线

9.4.1.6　富铁尾渣脱钠

提钒尾渣经碱解离深度提钒后尾渣中 Fe_2O_3 含量在 60%左右，具有较高的回收价值。目前采用的提铁方法主要有磁化焙烧、螺旋溜槽-磁选、浮选提铁、配料炼铁等。磁化焙烧法可较好地回收尾渣中的铁，但产生大量碱性废水、残碱腐蚀焙烧设备，且工艺过程极其烦琐；尾渣配料炼铁受尾渣中碱金属含量高的影响，会造成高炉结瘤、恶化高炉料柱透气性、侵蚀炉衬，进而影响高炉顺行。综上分析，为了实现富铁尾渣的资源化利用，考虑到高炉炼铁的碱负荷（中国高炉生产过程中大都考虑采用 5.0 kg/t 界限），必须首先脱除渣中的 Na_2O。以承钢 3 号高炉为例，其碱金属平衡见表 9-5。

表 9-5　承钢高炉碱金属平衡表

新 3 号高炉		单耗 /$kg\cdot t^{-1}$	入炉比例 /%	R_2O /%	吨铁碱负荷 /kg	碱比例 /%
收入项	2号机烧结矿	1102.66	100	0.238	2.62	48.73
	华鑫球	588.28	20	0.167	0.20	3.65
	双福球		30	0.186	0.33	6.10
	创远球		50	0.348	1.02	19.01
	潞宝焦炭	359.03	10	0.128	0.05	0.85
	文峰焦炭		25	0.119	0.11	1.98
	神龙焦炭		20	0.148	0.11	1.97
	大土河焦炭		25	0.152	0.14	2.53
	中滦焦炭		20	0.128	0.09	1.71
	神华煤	142.19	40	0.51	0.29	5.39
	平罗煤		60	0.51	0.44	8.08
	合计				5.39	100

续表 9-5

新 3 号高炉		吨铁产生量/kg	R_2O /%	吨铁碱负荷 /kg	碱比例 /%
支出项	炉渣	380	0.79	3.00	86.87
	瓦斯灰	24	1.84	0.44	12.78
	除尘灰	2	0.61	0.01	0.35
	合计			3.46	100
排碱率/%				64.17	

以 3 号高炉碱金属为例，48.73%左右的碱金属来自烧结矿，28.75%来自球团矿，22.52%来自燃料；47.35%左右的锌来自烧结矿，40.97%来自球团矿，11.68%来自燃料。目前，3 号高炉的排碱率为 64.17%。以上数据说明，高炉炼铁过程中的碱金属一半来自烧结矿，只要烧结矿中的碱金属含量低于 0.25%，即可满足高炉炼铁要求。

综上所述，需脱除富铁尾渣中的钠，使其含量降至 2%以下。由图 9-24 可以看出，在相同 CaO 添加量下，随碱性体系碱浓度增加，脱钠终渣中的 Na_2O 含量急剧降低。结合脱钠效果与富铁的目的，确定 NaOH 浓度为 200 g/L，CaO 添加量为尾渣质量的 6%，此时脱钠终渣中 Na_2O 含量为 1.85%，且脱钠渣中 Fe_2O_3 含量达 60%以上。终渣脱钠后 Na_2O 含量低于 2%，可大比例替代低钒高品位铁精矿用于配矿烧结，配加量由原来的 20 kg/t 提高至 60 kg/t。

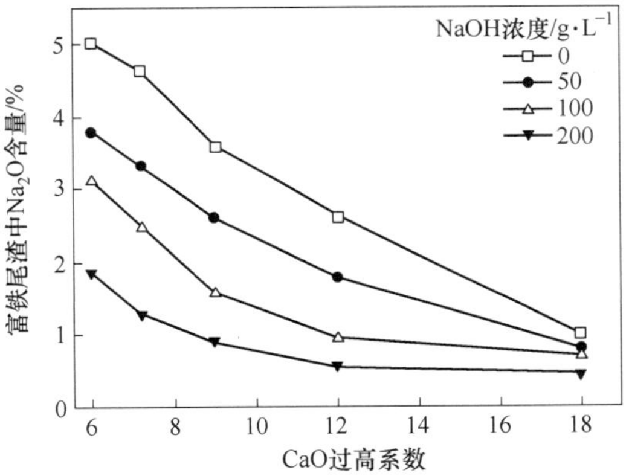

图 9-24　CaO 添加量对富铁尾渣中 Na_2O 含量的影响

将富铁尾渣由汽车运输至烧结料场，在料场与其他烧结物料一起配料，经过堆料机进行平铺混匀造堆，再经取料机直取，经皮带运输至烧结配料室参加烧结配料。生产过程中按吨矿 60 kg 配加含钒尾渣，配加时替代当地低钒高品位铁精粉，具体参数变化见表 9-6 和表 9-7。

表 9-6　试验前后机烧的配比　(%)

项目	低钒高品位铁精粉	澳矿粉	提钒尾渣	机烧钒矿	球团返矿	污泥	煤+焦	混合石灰粉
使用前	50.9	10	—	18	4.5	1.1	4.5	11
使用后	43.4	10	6	18	4.5	1.1	4.5	11

表 9-7　配加前后的主要工艺参数变化情况

项目	机速 /m·min⁻¹	垂直烧结速度 /m·min⁻¹	负压/kPa		烟道温度/℃		终点温度 /℃	料层厚度 /mm
			北	南	北	南		
使用前	1.30	0.011	14.8	15.0	168	173	380~450	700
使用后	1.29	0.010	15.0	15.1	165	176	380~450	700

吨矿配加量在 60 kg 左右，配加时替代当地低钒高品位铁精粉，配加前后烧结工艺参数没有影响，且由于承钢公司钒钛矿 SiO_2 品位低，配加尾渣后成品烧结矿指标改善。从表 9-8 可以看出，承钢烧结矿配加 60 kg 提钒尾渣，其机烧矿转鼓指数提高了 0.6%左右，效果较为明显。所以，在烧结矿中配加适量提钒尾渣对烧结矿质量的改善是有利的。

表 9-8　配加前后成品矿质量变化情况　(%)

项目	TFe	SiO_2	机烧矿转鼓指数	<10 mm
使用前	54.1	4.91	74.89	7.13
使用后	52.6	5.15	75.51	7.21

9.4.2　铬泥直接合金化利用

铬泥为钒渣钠化焙烧提钒工艺中废水除铬工序产生的含钒、铬废弃物，Cr 含量（以 Cr_2O_3计）10%~30%、V 含量（以 V_2O_5 计）为 5%~20%，具有很高的回收利用价值。本技术以直接回收铬泥中的钒、铬为目标，将铬泥直接作为合金剂加入钢包精炼炉（LF）中，利用精炼过程的还原气氛实现钒、铬的合金化。钒化工固废铬泥替代高成本铬铁合金、钒铁或氮化钒进行炼钢合金化，不仅能降低炼钢生产成本，且能解决钒化工固废铬泥的堆存问题。

9.4.2.1　铬泥典型化学成分

钒化工流程产生的铬泥 Cr 和 V 含量较高，其典型成分见表 9-9。

表 9-9　承钢铬泥典型化学成分

序号	组成/%							
	SiO_2	Cr_2O_3	Al_2O_3	V_2O_5	CaO	Na_2O	Fe_2O_3	MnO
1	29.4	22.5	9.61	9.45	7.74	7.66	3.42	1.12
2	26.3	24.2	15.6	6.79	5.61	8.95	2.17	0.607
3	29.4	23.3	9.7	9.88	7.7	6.94	3.85	1.17
平均值	28.4	23.3	11.6	8.7	7.0	7.9	3.1	1.0

9.4.2.2　技术方案

基于以上分析，将铬泥球在 LF 合金化过程加入，将铬泥中的 V_2O_5 和 Cr_2O_3还原至钢水中，达到增 V 和 Cr 的目的。生产含钒钢筋产品时，可替代钒合金增钒，有效降低炼钢成本。将块状、粉状铬泥通过添加有机黏结剂及 65 碳化硅“球骨架”，加工成粒径 5 ~ 30 mm 的球状物，并经过烘烤后（烘烤后水分含量不超过 1%），加入炼钢工序。钒泥球理化指标要求见表 9-10。

表 9-10　钒泥球理化指标

项目	组成/%						粒度 /mm	抗压强度 /kN
	CaO	Cr_2O_3	V_2O_5	SiO_2	P	S		
数值	4.0~8.0	12.0~16.0	20.0~24.0	≤13.0	≤0.03	≤0.59	10~40	≥600

9.4.2.3　铬泥直接合金化

精炼过程加入铬泥球进行增钒合金化，平均每 100 kg 铬泥球经还原后可增 V 0.009%，钒回收率平均为90%；增 Cr 0.005%，铬回收率达 80%。对铸坯质量进行了跟踪检验，结果见表 9-11。可知此工艺对铸坯质量无不良影响。

表 9-11　铸坯质量检测结果　(%)

炉号	钢号	中心孔隙率	中心偏析	缩孔率	边部裂纹	中间裂纹	中心裂纹
12613310	HRB400E	1.0	1.0	0.5	2.0	1.0	1.0
12613310	HRB400E	1.0	1.0	0.5	1.0	2.0	1.5

实验炉次随轧制规格轧制 16 直条螺纹钢筋，性能数据见表 9-12。可以看出，实验炉次各项性能完全符合 HRB400E 要求，与常规工艺相比，屈服和抗拉强度均有所提高，对钢筋性能提高有一定作用。

表 9-12　螺纹钢筋的性能

炉号	钢号	规格	屈服强度/MPa	拉伸强度/MPa	正向弯曲性能	强弯曲比	伸长率/%
12613273	HRB400E	16	472.5	620	合格	1.34	21
12613310	HRB400E	16	475	620	合格	1.28	21
平均值			473.75	620		1.31	21
传统平均值	HRB400E	16	460.59	606.39	合格	1.316	21.52
对比			+13.16	+13.61		−0.006	−0.52

9.4.3　钒酸铁电硅热法冶炼钒铁技术

钒酸铁泥为钒渣钠化焙烧提钒工艺废水除钒工序产生的含钒、铁固废，富含有价金属钒资源。本技术以回收钒酸铁中的钒为目标，将钒酸铁直接用于电硅热法冶炼中钒铁(中钒铁是钒含量为 48.00%~55.49%，铁含量为 41.00%~49.00%)。本研究对钒酸铁进行了成分分析，并对转化过程进行研究和工艺优化。

9.4.3.1　钒酸铁泥理化特性分析

通过电感耦合等离子体发射光谱仪检测湿钒酸铁泥中含 V_2O_5 5%~15%、$Cr_2O_3$5%~15%、Fe_2O_3约 20%及其他杂质，典型成分见表 9-13。

表 9-13　承钢钒酸铁典型成分

序号	组成/%						
	Al_2O_3	CaO	Cr_2O_3	Fe_2O_3	P_2O_5	SiO_2	V_2O_5
1	0.17	0.14	10.21	19.08	0.25	1.68	10.59
2	0.26	0.15	8.88	21.25	0.14	2.28	8.10
3	0.09	0.15	9.65	19.62	0.51	1.11	11.44
4	0.30	0.15	13.03	12.50	0.14	1.89	12.23
平均值	0.205	0.1475	10.4425	18.1125	0.26	1.74	10.59

图 9-25 为钒酸铁泥 XRD 分析结果。未发现钒酸铁，钒酸铁为无定形 $FeVO_4$，表明钒酸铁泥在较短时间内无法形成结晶型钒酸铁，而是形成无定形钒酸铁。由于沉钒酸铁过程中调节 pH 值至 5 ~ 6，夹带少量的 Na_2SO_4，经淋洗可脱除。

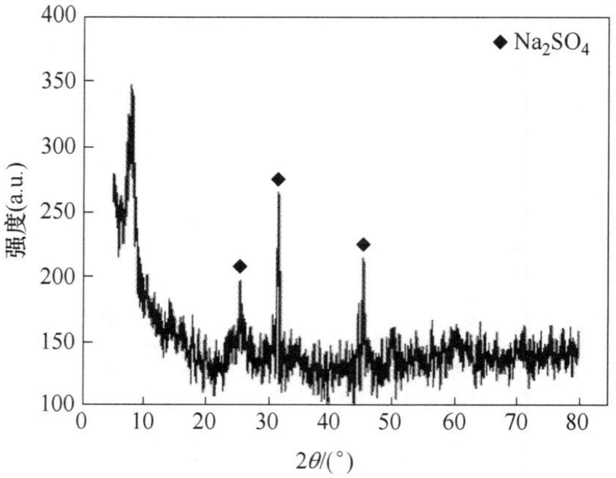

图 9-25　钒酸铁泥 XRD 分析结果

9.4.3.2　钒酸铁电硅热法冶炼中钒铁热力学

不同温度下采用 FeSi 合金还原 V_2O_5 和 $FeVO_4$ 的吉布斯自由能变化如图 9-26 所示。化学反应方程式如下：

$$FeVO_4 + 2FeSi = V + 3Fe + 2SiO_2 \tag{9-37}$$

$$FeVO_4 + 2FeSi + 4CaO = V + 3Fe + 2(2CaO \cdot SiO_2) \tag{9-38}$$

$$FeVO_4 + 2FeSi + 6CaO = V + 3Fe + 2(3CaO \cdot SiO_2) \tag{9-39}$$

$$2V_2O_5 + 5FeSi = 4V + 5Fe + 5SiO_2 \tag{9-40}$$

$$2V_2O_5 + 5FeSi + 10CaO = 4V + 5Fe + 5(2CaO \cdot SiO_2) \tag{9-41}$$

$$2V_2O_5 + 5FeSi + 15CaO = 4V + 5Fe + 5(3CaO \cdot SiO_2) \tag{9-42}$$

由图 9-26 可以看出，温度对各反应的标准自由能变的影响不尽相同，反应的 $\Delta_r G^\ominus$ 均为负值，表明反应在热力学上可发生。采用 $FeVO_4$ 作冶炼钒铁的原料，反应的 $\Delta_r G^\ominus$ 负值更大，反应热力学趋势更明显。

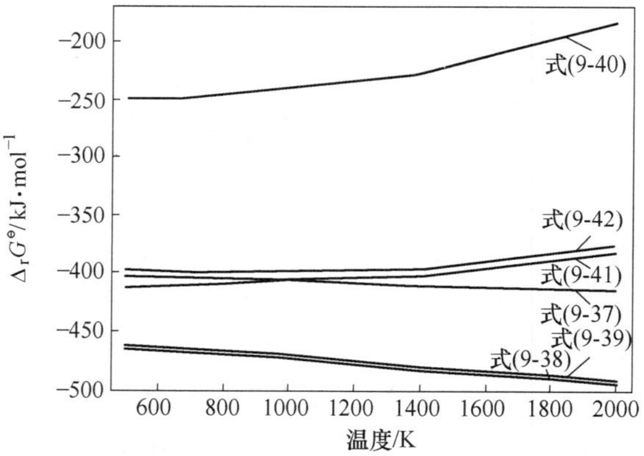

图 9-26　反应标准自由能变化与温度的关系

9.4.3.3　钒酸铁泥返回电硅热钒铁冶炼技术方案与应用效果

钒酸铁泥返回电硅热钒铁冶炼主要通过 3 种方法加入：(1) 在一期料中加入烘干的钒酸铁废料，每炉可消耗钒酸铁泥 50 ~100 kg，并对贫渣钒含量、冶炼时间等无影响；(2) 利用浇铸余渣通过对废料采取“夹心”法对钒酸铁废料热熔，即在上一炉浇铸余渣上平铺一层约 50 kg 的钒酸铁废料，再将本炉浇铸余渣浇在废料上，可增大废料的热熔量和回吃量，每炉可回吃钒酸铁泥 100 kg，提高钒收率；(3) 将钒酸铁废料与石灰掺混压球，该方法的原理是利用石灰的去潮干燥性，对湿钒酸铁废料干燥除水。对掺混料进行压球，提高入炉钒收率。

通过以上方法，对钒铁质量进行跟踪检验，结果表明此工艺对 50 钒铁质量无不良影响。采用钒酸铁部分替代 V_2O_5 冶炼中钒铁技术上可行，1 t 钒酸铁可代替 209 kg V_2O_5，硅铁消耗 0.2 t，钒回收率 90%以上，并生产出 A 级 50 钒铁产品，产品成分见表 9-14。

表 9-14 钒酸铁返回冶炼 50 钒铁产品的成分

批号	成分/%							牌号	粒度/μm
	V	Si	C	P	S	Al	Mn		
14050660	52.93	1.54	0.39	0.051	0.006	<0.5	—	50-A	10~70
14050661	52.94	1.24	0.38	0.051	0.006	<0.5	—	50-A	10~70
14050662	50.85	1.30	0.38	0.047	0.006	<0.5	—	50-A	10~70
14050663	50.70	1.52	0.28	0.047	0.006	<0.5	—	50-A	10~70
1405237F	50.41	1.58	0.33	0.051	0.006	<0.5	—	50-A	<5

参 考 文 献

[1] 王文忠．复合矿综合利用［M］．沈阳：东北大学出版社，1994：76.

[2] 裴鹤年，白晨光，周培土．高钦型高炉渣泡沫化机制探讨［J］．钢铁，1989，24（12）：6-10.

[3] 攀钢集团攀枝花钢铁研究院有限公司．一种钛渣水泥及其制备方法和应用：201910926736.4［P］．2019-12-31.

[4] 黄双华，陈伟，孙金坤，等．高钛高炉渣在混凝土材料中的应用［J］．新型建筑材料，2006（11）：71-73.

[5] 李俊翰．攀钢含钛高炉渣中钛组分的分离提取研究［D］．成都：成都理工大学，2010.

[6] 杨合，马明龙，高明磊，等．添加剂对含钛高炉渣制备泡沫玻璃性能影响［J］．钢铁，2009，44（11）：95-98.

[7] 韩兵强，李静捷，刘光平，等．含钛高炉渣还原提取钛硅合金后尾渣制备钙长石-尖晶石轻质多孔材料研究［J］．硅酸盐盐通报，2014（6）：1282-1286.

[8] 严芳，李春，梁斌．水淬含钛高炉渣二段酸解工艺［J］．过程工程学报，2006（3）：413-417.

[9] 张悦，王思佳，薛向欣．氨水沉淀法由含钛滤液提取二氧化钛［J］．化工学报，2012，63（10）：3345-3349.

[10] 曹洪杨，付念新，康常波，等．改性含钛高炉渣的盐酸加压浸出［J］．矿产综合利用，2008（4）：11-14.

[11] 何思祺，孙红娟，彭同江，等．碱法处理含钛高炉渣的矿相变化及工艺条件探索［J］．钢铁钒钛，2015，36（6）：44-50.

[12] 李晨，邱克辉，张佩聪，等．混合酸浸法分离含钛高炉渣中的主要成分［J］．过程工程学报，2011，11（5）：772-776.

[13] 郭培民，赵沛．从相图分析含钛高炉渣选择性分离富集技术［J］．钢铁钒钛，2005，26（2）：5-10.

[14] 仇圣桃，张明博，李建新，等．含钛高炉渣资源化综合利用研究现状与展望［J］．钢铁，2016，51（7）：1-8.

[15] 李慧，仇永全，杨则器，等．离子炉碳（氮）化处理高钛高炉渣［J］．北京科技大学学报，1996，18（3）：231-235.

[16] 董晓涵，田月，苏毅．含钛高炉渣制备复合吸附剂及其铬吸附性能［J］．化工进展，2024，43（3）：1552-1564.

[17] 邹爽，王辉，杨和．含钛高炉渣的抑菌性能研究［J］．钢铁钒钛，2016，37（3）：66-69.

[18] 钱强．高钙含钒转炉钢渣提钒工艺进展［J］．中国资源综合利用，2009（6）：15-17.

[19] Aarabi Karasgani M，Rashchi F，Mostoufi N，et al. Leaching of vanadium from LD converter slag using

sulfuric acid [J]. Hydrometallurgy, 2010, 102 (1/2/3/4): 14-21.

[20] 邱会东，杨治立，田仙丽，等. 低钒转炉钢渣提钒湿法工艺的动力学研究 [J]. 稀有金属材料与工程，2011，40 (7): 1198-1201.

[21] Mirazimi S M J, Rashchi, Saba M. Vanadium removal from roasted LD converter slag: optimization of parameters by response surface methodology [J]. Separation & Purification Technology, 2013, 116 (37): 175-183.

[22] 付自碧. 高钙高磷钒渣制备氧化钒工艺研究 [D]. 北京：中国科学院大学，2017.

[23] 邹晓勇，彭清静，欧阳玉祝，等. 高硅低钙钒矿的钙化焙烧过程 [J]. 过程工程学报，2001 (2): 189-192.

[24] 杨静翎，金鑫. 酸浸法提钒新工艺的研究 [J]. 北京化工大学学报 (自然科学版)，2007，34 (3): 254-257.

[25] 刘文. 浅析含钒钢渣湿法提钒生产工艺与发展前景 [J]. 中国有色冶金，2009 (3): 61-64.

[26] 史大钧. 高炉富集钒的生产实践 [J]. 钢铁，1989 (10): 6-10.

[27] Abdel-latif M A. Recovery of vanadium and nickel from petroleum flyash [J]. Minerals Engineering, 2002, 15 (11): 953-961.

[28] Tripathy P K, Rakhasia R H, Hubli R C, et al. Lectrorefining of carbothermic and carbonitrothermic vanadium: A comparative study [J]. Materials Research Bulletin, 2003, 38 (7): 1175-1182.

[29] 杨素波，罗泽中，文永才，等. 含钒转炉钢渣中钒的提取与回收 [J]. 钢铁，2005，40 (4): 72-75.

[30] Ressel R, Hochenhofer M, Antrekowitsch H. Processing of vanadiferous residues to ferrovanadium [J]. Rheumaorthopädie-Untere Extremität, 1996 (2): 15-21.